재료과학의 공정 및 설계

Materials
engineering, science, processing and design

Michael Ashby | Hugh Shercliff | David Cebon 저

윤석영 | 김석환 | 김선진 | 김지순 | 손근용 | 이동주 | 이준희 공역

ELSEVIER NEWNES

홍릉과학출판사

Materials

engineering, science, processing and design

Michael Ashby, Hugh Shercliff, David Cebon 공저
윤석영, 김석환, 김선진, 김지순, 손근용, 이동주, 이준희 공역

ISBN : 9780750683913
Translated Edition ISBN : 9788972837305
Publication Date in Korea : 2009. 03. 06

Translated by HongReung Publishing Co.
Printed in Korea.

머리말

과학적 접근 또는 설계적 접근? 본 책에서는 이 두 가지 방법을 중심으로 재료공학수업에 접근해 보겠다.

이러한 경우에는 보통 한 가지 방법 이상으로 접근한다. 이는 특히 재료공학에서는 적절한 방법이다. 외국어를 가르치는 경우에는 학생들이 요구하는 방법으로 진행된다. 문학작품이나 속담을 활용하거나, 숙박시설 이용하기, 음식 주문하기, 맥주 사러가기와 같은 방법을 활용한다. 이러한 방법들은 외국어를 가르칠 때의 목표와 상통되어지기 때문이다.

이러한 전통적인 방법들 중 합금이론 성립 발전 단계에 따르면 전자, 원자, 원자결합, 다 원자, 결정학, 결정결함과 같은 기본에서 시작된다. 동역학적 상 변태와 미세구조의 성장은 단계적으로 전자와 광학 현미경을 통해 관찰이 가능해졌다. 일반적으로 측정하는 데 쓰이는 mm나 cm의 단위구조로 성질에 대한 이해와 제어로 현 단계에 대한 상태를 알 수 있다. 위와 같은 접근 방법은 구조 반응, 재료의 선택판단과 설계가 다소 중요하게 여겨진다.

또 다른 접근방법은 설계를 우선적으로 하는 것이다. 이때는 다음과 같은 시작이 필요하다. 주어진 설계에서 제대로 시행하기 위해서는 알맞은 재료선택을 통해 요구하는 조건을 충족시켜야 한다. 설계에 적당한 재료를 선택하기 위해서는 선택을 위한 재료에 대한 견해와 정보가 있어야 한다. 일단 중요한 특성을 알아가는 것이 우선이다. 이는 알맞은 순차적인 접근 단계를 성립하는 것이다. 즉, 숨겨진 속성을 실험을 통해 찾아내는 것이다. 이렇게 성립된 기초지식들은 재료를 선택하고 사용하는 데 중요한 정보를 제공해 주게 된다.

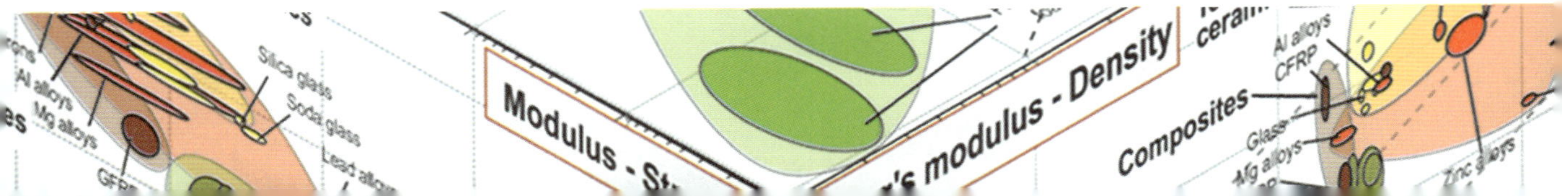

본 교재의 차별성

시중서점에는 재료과학에 대한 많은 책들이 있고, 다른 디자인을 한 더 많은 책들이 있다. 그렇다면 이러한 책들과 본 책은 어떠한 점이 다를까?

첫 번째 설계를 중심으로 한 이 책은 재료의 선택과 처리에 큰 도움이 되는 가이드 역할을 할 것이다. 계층적으로 적절한 재료를 찾는데 가이드 라인을 제시함으로써 가장 효과적인 재료를 판단하는데 도움이 될 것이다. 이러한 접근방법은 다양한 사례를 도표를 통하여 소개가 될 것이다. 그리고 이러한 사항들이 실전에 도움이 되도록 'Exercise' 가 본 책에 수록되어 있다.

두 번째는 시각적 이해를 돕기 위해 재료 특성도표와 같은 재료특성을 나타내는 그래프를 활용해 놓았다. 그래프와 도표들은 재료의 본질에 대한 이해와 성질, 조성, 특성 범위를 이해하기 위한 중요한 방법 중 하나이다. 이를 통해 적절한 실험장비의 선택과 재료 이용에 있어 알맞은 방향을 제시해 줄 것이다.

세 번째는 다양함이다. 우리는 재료의 특성과 본질을 알고, 엔지니어가 되고자 이 책을 통해 만나고 있다. 이 책의 목차를 보았겠지만, 다음과 같이 내용을 접해 보도록 하겠다.

- 물리적 특성
- 기계적 특성
- 열적 거동
- 전자/자기/광학적 반응
- 내구성
- 공정과 물성에 따른 방향
- 환경적 이슈

우리의 목적을 달성하기 위한 간단하고 직접적인 제시를 통해, 엔지니어가 되기 위해 필요한 재료과학을 알게 될 것이다. 자세한 설명은 이 장에서는 언급하지 않겠다.

네 번째는 CES(Cambridge Engineering Selector)와 함께 활용하는 것이다. 이 책에서는 컴퓨터를 이용해서 효과적이고 다양한 프로그램을 활용해서 재료의 근원과 진행 정보, 향상된 장비 운영방법이 언급되어 있다. 하지만 이 책은 꼭 프로그램과 함께 봐야 하는 것은 아니다. 하지만 CES EduPack 프로그램은 학습효과를 향상시켜 준다. 또한 실제로 활용되고 있는 복합재료, 재료의 진행특성과 같은 연구가례를 선별해 놓았다. 그리고 학생들이 재료 특성을 조정하는 방법을 알 수 있도록 엮어 보았다.

CES EduPack은 재료과학에 대한 좀 더 깊은 내용을 알 수 있는 부가적인 방법들을 포함하고 있다. CES Elements 자료들은 재료의 물리적, 결정학적, 기계적, 열적, 전자적, 자기적, 광학적인 모든 111개의 요소를 포함하고 있다. 또한 CES Element는 재료의 특성간 관계를 알 수 있으며, 더 심도 있는 내용은 본문을 통해 알 수 있다.

역자 머리말

산업혁명시대를 필두로 시작된 과학/공학은 20세기와 21세기에 접어든 지난 몇 십 년 동안에 크나큰 발전이 이루어져 왔으며, 금후로는 더욱 더 급격하게 발전 변화할 것이다. 오늘날 산업의 구조가 기존의 제품에 고기능의 특성을 부여하는 고부가 가치 산업으로 변화됨에 따라 정보, 에너지, 의학 등 다양한 산업분야에서 원천소재 개발에 대한 관심이 집중되고 있다. 한편, 과도한 문명의 발전은 한정된 자원과 에너지를 고갈시키고 환경오염 문제를 야기시킬 것이다. 따라서 날로 줄어드는 자원을 효율적으로 활용하고 에너지를 아끼며 환경오염을 줄이는 것이 앞으로 과학/공학기술자들이 풀어야 할 과제가 될 것이다.

따라서 재료공학에 대한 전반적인 이해는 재료공학을 전공하는 학생과 재료공학자뿐만 아니라 공학관련 분야에 종사하는 모든 분들에게 기초로서 갖추어야 할 필요충분조건이 되어 가고 있는 실정이다. 이러한 추세에 편승하여 재료의 구조와 성질 그리고 제조공정과 응용을 망라한 관련 서적들이 이미 많이 출판되었고, 또한 최근에도 계속 출판되고 있다. 하지만, 이미 출판된 교재들은 주로 재료공학에 대한 많은 정보와 지식을 망라하여 나열하는 방식으로 되어 있는 반면에 본 교재는 기존 교재와는 달리 창의적인 설계 관점에서 접근하여 재료공학을 이해시키려는 시도를 한 최초의 교재이다. 기존의 주입식이 아닌 공학도가 자기 주도적으로 제품을 설계하여 그에 맞는 재료를 어떻게 선택할 것이며, 이를 위하여 알아야 할 재료의 견해와 정보에 필요한 것이 무엇인지? 특성이 무엇인지? 등을 순차적으로 해결하게 하여 재료공학에 대한 기초 지식을 습득할 수 있게 한 교재로 판단되어 각 전문 분야의 여러 교수님들이 이 교재의 번역에 참여하여 저자의 뜻이 정확하게 전달될 수 있는 번역서가 되도록 미흡한 힘이나마 최선을 다하여 노력하였다.

이 교재가 재료공학에 입문한 학생과 재료공학자 그리고 재료를 이해하려는 모든 공학자들에게 재료공학 분야를 전반적으로 이해하는 데 도움이 되기를 바라며 이 책이 출판되기까지 협력을 아끼지 않으신 홍릉과학출판사 사장님과 관계 직원 여러분의 노고에 진심으로 감사드린다.

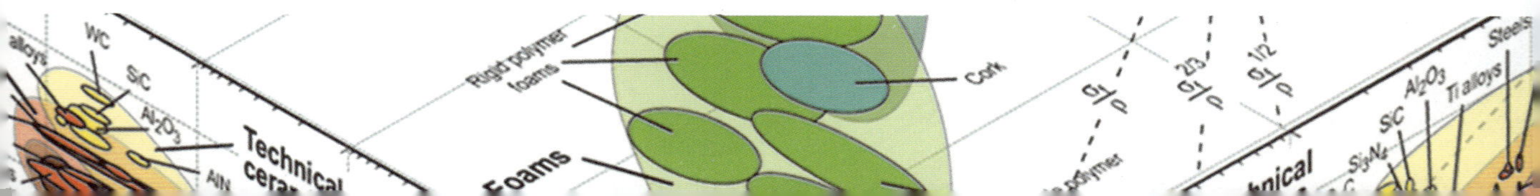

차례

Silica glass
Soda glass
Al alloys
CFRP
Composites
Zinc alloys

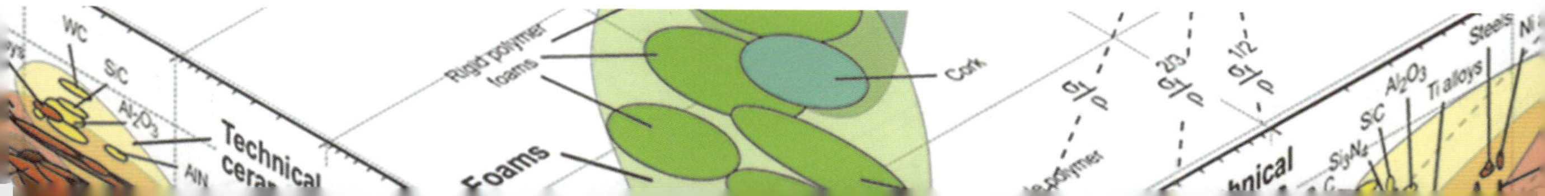
WC
SiC
Cork
Foams
Steels
Ti alloys

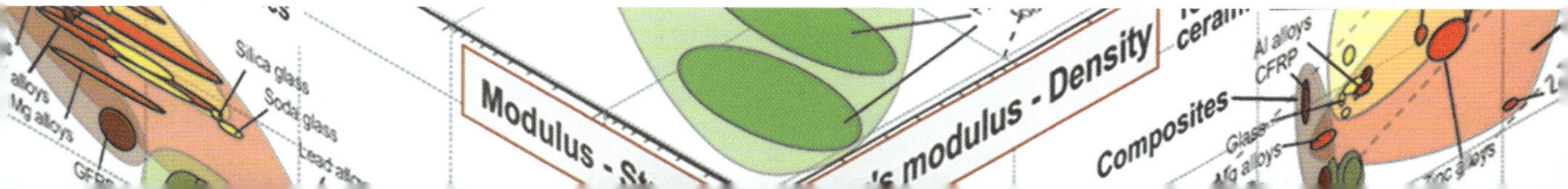

Silica glass
Soda glass
Mg alloys
Composites
Al alloys
CFRP

W alloys
WC
SiC
Rigid polymer foams
Cork
Ti alloys

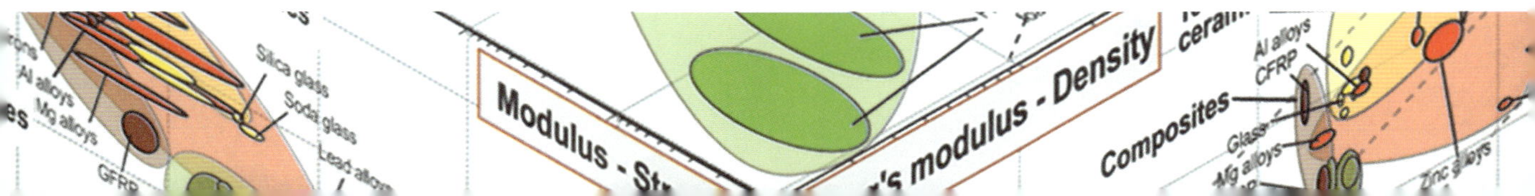

Al alloys
Mg alloys
Silica glass
Soda glass
Composites
CFRP

WC
SiC
Rigid polymer foams
Cork
Foams
Ti alloys
Steels

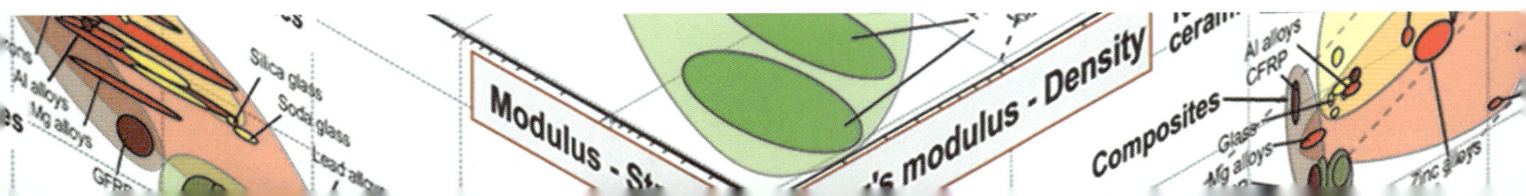
Silica glass
Soda glass
Al alloys
Mg alloys
Composites
CFRP
Zinc alloys

제20장 재료, 공정 및 환경 533

제 1 장

서론 : 재료의 역사와 특성

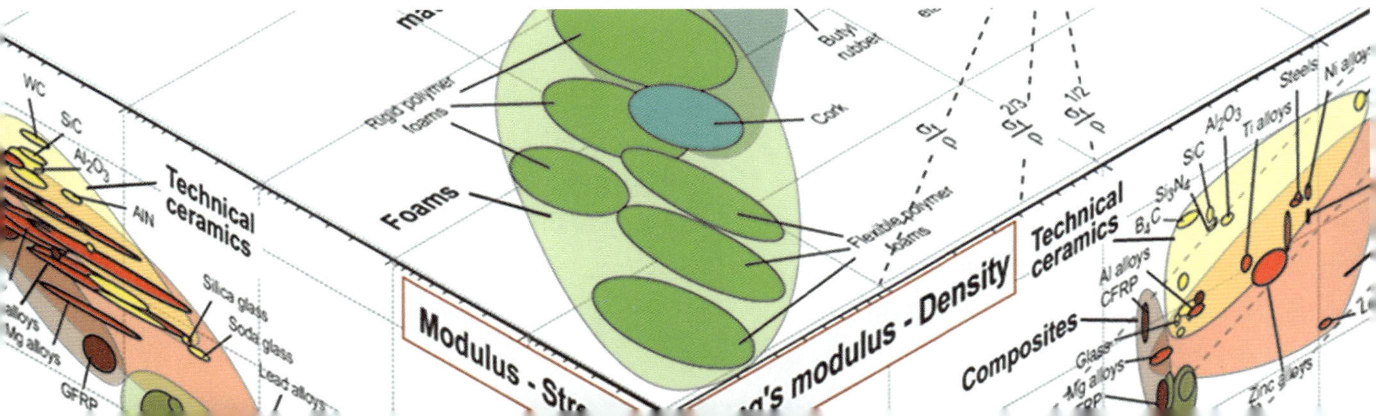

최초의 공과 교수, 캠브리지 대학의 제임스 스튜어드

1.1 재료와 공정의 선택

공학자(engineer)는 어떤 것들을 만든다. 그들은 재료를 이용하여 그것들을 만들어 낸다. 재료(material)는 하중을 견디고, 열과 전자를 전도나 절연시키며, 자기장을 막거나 받아들이고, 빛을 통과하거나 반사시키고, 열악한 환경에서 견디어야만 한다. 그리고 환경에 피해가 없거나 비용이 많이 들지 않아야 한다.

그리고 이 모든 것들에는 동반자가 있다. 어떤 것을 만들어 내기 위해서 또한 공정이 필요하다. 단지 공정 뿐만 아니라, 사용을 계획한 재료와 선택한 공정이 적합해야만 한다. 때때로 공정이 중요한 부분을 차지하고, 그에 적합한 재료를 찾아야 할 때도 있다. 이런 과정은 결혼과도 같다. 많은 결혼이 실패를 하듯이 적합성도 쉽게 찾을 수 없다. 잘못된 재료의 선택은 책임과 배상을 지는 비극을 만든다. 이것은 변호사를 위한 음식과도 같다. 몇몇 변호사는 실패한 재료를 포함한 법정 판례에서 전문적인 증인으로 그들의 삶을 꾸려간다. 하지만 우리의 목적은 말다툼이 아니라, 여러분들에게 재료와 공정의 무한한 우주의 미래을 보여주는 것이다. 그리고 행복을 지키는 재료 선택의 도구와 방법을 제공하는 것이다.

하지만, 누군가가 말하듯이, Isambard Kingdom Brunel, Thomas Telford, Gustave Eiffel, Henry Ford, Karl Benz, Gottleb Daimler, Wright 형제와 같은 공학자는 수백 년 동안 성공적으로 재료를 만들어 왔다. 왜 우리들은 그것들을 선택하는 새로운 방법이 필요한가? 짧은 역사가 도와줄 것이다. 단원이 시작하는 페이지에서 본 초상화가 기억이 날 것이다. 그는 1875년에서 1890년까지 Cambridge 대학의 첫 교수로 재직한 James Stuart이다. 그가 연구하던 시대에는 공학적으로 이용할 수 있는 재료의 수가 최대한 수백여 개 정도로 적었다. 지금처럼 45,000여 가지가 넘는 고분자 합성법도 없었다. 또한 수천 개나 되는 경합금도 없었다(알루미늄은 겨우 20세기 처음으로 공학 재료로 발표되었다). 그리고 수백 개인 고성능 복합체도 없었다. 그림 1.1에서 보듯이 역사가 길어질수록, 시간축의 시간간격이 길어진다. 이것은 재료의 분류별로 발달을 보여 주는 그림이다. 시간의 눈금자는 일정하지 않고, 대부분의 재료들이 최근 100년간 발견 또는 개발되었다. 오늘날 재료의 수는 무수히 많으며 공학자가 이용가능한 재료의 수가 16,000개가 넘는다. 지금은 수많은 재료들 중에서 적절한 선택이라는 Stuart 교수가 가지지 못했던 문제를 가지고 환경적으로 피해를 주지 않으며, 경제적이고 효율적인 기계의 수요가 증가함에 따라 적절한 재료선택을 하는 것이 매우 중요하게 되었다. 혁신적인 설계는 재료의 특성의 상상적인 개혁을 말한다.

오늘날 재료의 특성은 널리 알려져 있고, 'ASM Materials Handbook' 이라는 22

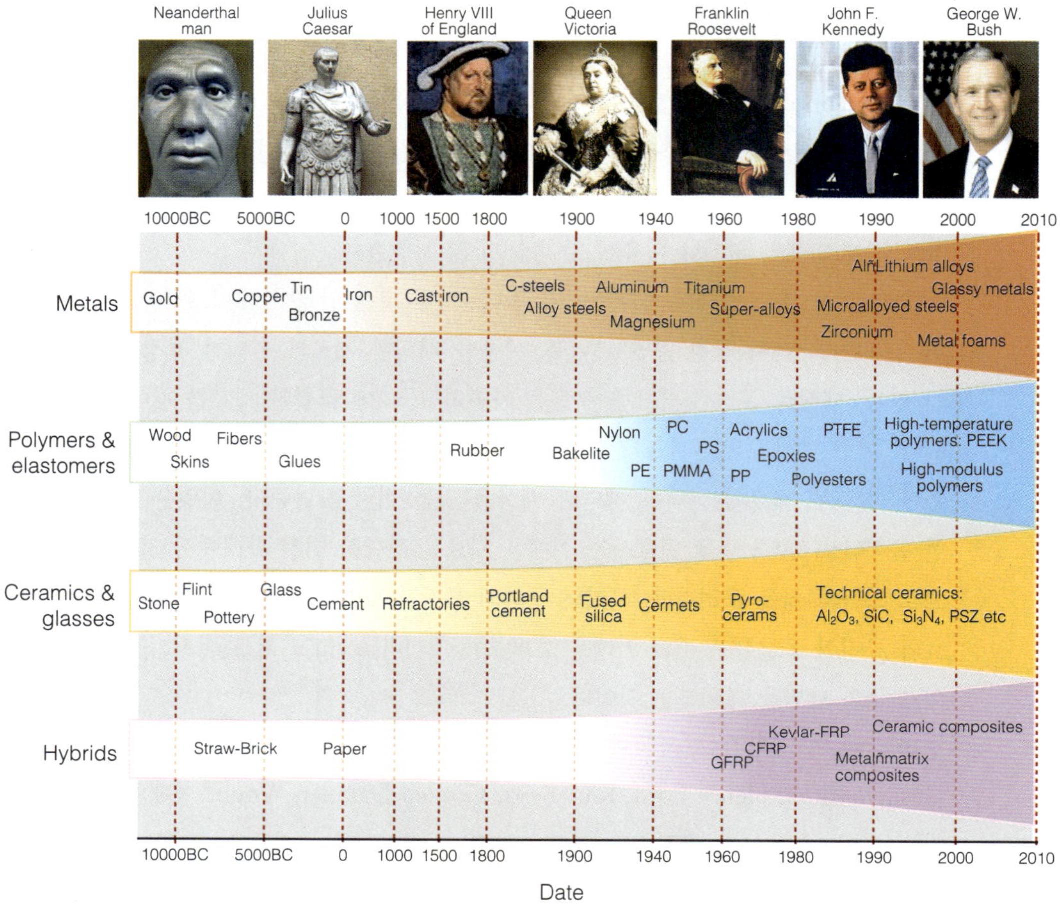

그림 1.1 시간에 따른 재료의 발달. 왼쪽 부분의 선사시대의 재료는 자연적으로 발견되었다. 그 시대의 공학자들에게는 그것들의 모양을 바꾸는 것이 목표였다. 열화학과 고분자 화학의 발달은 색이 있는 부분의 인위적인 재료를 만들 수 있게 했다. 돌과 동, 철은 그것들이 많이 사용된 시대의 이름을 결정하는 중요한 것이었다.

권의 방대한 양의 책으로 출판되었다. 이것 또한 많은 책들 중의 일부분이다. 우리들이 어떻게 이같이 방대한 양의 정보를 다룰 수 있을까? 다행히도 오늘날은 Stuart 교수가 연구하던 시대와는 다르게 디지털 정보로 저장이 되어 왔다. 오늘날 컴퓨터 지원 설계는 공학자의 공부에서 일반적인 것이 되었고 고체 모델링, 유한 요소 분석, 최적화 프로그램 등이 재료와 공정 선택에 도움이 되고 있다. 재료와 공정 선택에 사용되는 이러한 프로그램들은 재료와 공정 사이의 상호 호환성을 바탕으로 특성의 데이터베이스를 작성하고 설계가 요구하는 가장 좋은 선택을 검색하거나 볼 수 있게 해 준다.

도보, 자전거 또는 자동차를 이용하여 여행을 한다면, 지도를 가져갈 것이다. 지구와 같이 재료의 세계는 복잡하고 혼란스럽다. 여기서 지도는 좋은 소지품이다. 이 교재는 재료와 공정의 세계로 쉽게 접근할 수 있게 뛰어난 그래픽으로 나타내어 재료와 공정설계에 사용되는 지도를 설계지도 방법으로 사용하였다. 그리고 재료의 특성과 가능한 선택 사이의 관계를 거시적으로 알려 주어 재료의 특성을 설명하였다.

1.2 재료의 특성

재료의 특성에는 어떤 것들이 있는가? 밀도(단위 부피당 질량)와 가격(단위 부피나 무게당 비용)은 친근하지만, 다른 것들은 익숙하지 않으므로 우선 익숙해지는 것이 필요하다. 먼저 하중에 안전하게 견디는 데 사용되는 **기계적 특성**에 대해서 알아보자.

기계적 특성

철로 만들어진 자는 탄성적으로 쉽게 구부러진다(여기서 탄성이란 말은 힘을 제거하였을 때 되돌아오는 것을 말한다). **탄성률** *E*라고 정해진 탄성적 강성률은 얇은 부분은 쉽게 구부러지듯이 모양과 재료의 특성에 따라 달라진다. 철과 같은 높은 탄성률을 가진 재료는 본질적으로 단단하고, 폴리에틸렌과 같은 낮은 탄성률을 가진 재료는 그렇지 못하다. 그림 1.2(b)에서 부적절한 강성(stiffness)의 결과를 나타내었다.

철로 만들어진 자는 탄성적으로 구부러지지만, 그것이 좋은 제품이라면, 그것을 영구적으로 구부리기는 어렵다. 영구적인 변형은 강성이 아닌 강도(strength)라는 힘이 필요하다. 자가 영구적인 변형을 일으키는 것은 재료의 모양과 **항복강도**(yield strength, σ_y)라는 재료의 특성에 의존한다. 티타늄 합금과 같이 높은 항복강도를 가진 재료는 비록 높은 탄성률을 가지지 못하더라도 영구적인 변형이 어렵다. 납과 같은 낮은 항복강도를 가진 재료는 쉽게 변형된다. 금속이 변형될 때, 일반적으로 더 단단해진다(이를 가공경화(work hardening)라 한다). 하지만 이것은 **인장강도**(tensile strength)라는 한계가 있고, 재료의 파괴를 가져온다(파괴가 일어나기 전에 금속을 잡아당기는 정도를 **연성**(ductility)이라고 한다). 그림 1.2(c)에서 부적절한 강도의 결과를 나타내었다.

자를 철뿐만 아니라 유리나 PMMA(플렉시 유리, 투명 아크릴 유리)로 만들었다면, 그것은 투명한 자가 되겠지만, 영구적인 변형은 전혀 줄 수 없다. 자는 영구적인 변형이 일어나기 전에 갑자기 파괴된다. 우리들은 재료가 깨지기 쉬워서라고 생각을 한다. 이번에는 영구적인 변형이 없으므로, 이 현상을 설명하는데 있어서 인장강도는 적절하지 않는 특성이다. 재료가 크래킹과 파괴에 견디는 저항력은 파괴인성(fracture toughness, K_{1c})으로 측정된다. 물론 철도 쉽게 깨지게 할 수 있지만, 대부분의 철은

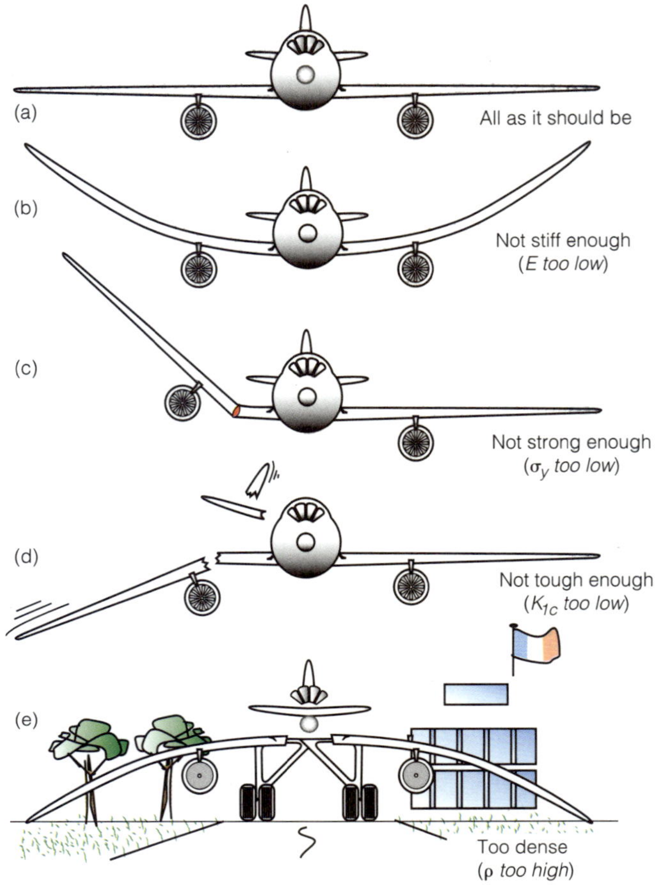

그림 1.2 기계적 특성

튼튼하여 파괴인성이 크다. 깨지기 쉬운 유리는 낮은 파괴인성을 가진다. 그림 1.2(d)에서 파괴와 인성의 잘못된 결과를 나타내었다.

재료의 특성을 단위부피당 질량인 밀도(density, ρ)로 시작을 하였다. 자에 있어서 밀도는 무관하다. 하지만 어떤 것을 옮기는 데 있어서, 밀도가 작은 물건을 옮기는 것 보다 자동차를 이동시키는 것이 더 어렵고, 그것보다는 트럭이나 기차를 이동시키는 것이 어렵고, 그것보다는 비행기 그리고 우주선을 이동시키는 것이 매우 어렵다. 나중에 자세하게 설명하겠지만, 중량을 최소화하는 것이 현명한 설계이다. 알루미늄은 낮은 밀도를 가졌고, 납은 밀도가 높다. 작은 비행기가 납으로 만들어졌다면, 그림 1.2(e)와 같이 지상을 벗어날 수 없을 것이다.

이것들만이 기계적 특성이 아니지만, 이것들이 가장 중요한 특성들이다. 4~11장에서 좀 더 깊이 공부할 것이다.

열적 특성

온도가 변하면 대부분 나빠지지만 재료의 특성이 바뀐다. 열을 지속적으로 가하면 크립(creep)이 시작되고, 강도가 떨어지고, 산화나 퇴화 또는 분해가 일어난다. 이 현상은 특정 온도 이상에서는 재료가 이용될 수 없는 한계가 있고 그것을 최대사용온도(maximum service temperature, T_{max})라 말한다. 스테인레스강은 최대사용온도가 높아서 800℃ 이상에서도 사용가능하고 대부분의 고분자는 최대사용온도가 낮아서 150℃ 이상에서 대부분 사용할 수 없다.

재료에 열을 가했을 때, 대부분의 재료는 그 재료가 가진 열팽창계수(thermal expansion coefficient, α)에 의존하여 다르게 팽창한다. 팽창이 작아도 그 결과는 달라질 수 있다. 그림 1.3(b)에서의 고정된 막대는 열을 받게 되면 팽창하는 힘에 의하여 구부러진다. 철도에서 이에 대한 준비가 되어있지 않다면, 구부러질 수 있다.

금속과 같은 몇몇 재료들은 차갑게 느껴지고, 나무와 같은 재료들은 따뜻하게 느껴진다. 이런 느낌은 재료가 가진 **열전도성**(thermal conductivity)과 **열용량**(heat capacity)이라는 특성 때문에 생겨난다. 열전도성은 재료의 한쪽 부분의 열이 재료를 통하여 반대쪽 부분으로 가는 속도로 측정한다. 높은 열전도성을 가진 재료는 후라이팬, 라디에이터, 열교환기와 같이 열을 잘 통과시키고 싶은 곳에 사용을 한다. 그림 1.3(c)와 같이 요리 용기로서 열전도성이 높고, 낮은 재료를 사용할 수 있다. 하지만, 열전도성이 낮은 재료는 집의 단열재로 사용되고, 냉장고와 냉동고의 에너지 소비를 줄여주고, 지구 대기에 대항하여 우주선이 다시 돌아올 수 있게 해 준다.

이러한 응용품들은 오랜 시간동안 꾸준히 열을 가해준다면, 한계시간이 지났을 때 **열용량**(heat capacity, C_p)문제를 만나게 된다. 열용량은 재료의 주어진 열량에 대비하여 재료의 온도가 올라간 정도를 이용하여 측정한다. 구리와 같이 열용량이 높은 재료는 재료의 온도를 바꾸기 위하여 많은 열이 필요하다. 반면에 고분자와 같이 열용량이 낮은 재료는 열이 훨씬 적게 필요하다. 지속적인 열 공급은 열전도성과 관련이 있다. 처음 열이 가해졌을 때 무슨 일이 일어나는 가를 설명하는 것에는 더 미묘한 특성이 있다. 그림 1.3(d)에서 보듯이 차가운 판위에 구형 아이스크림을 놓고 아래에서 열을 가한다고 생각해 보자. 점화 직후에는 아이스크림의 아랫부분은 뜨겁지만, 나머지부분은 여전히 차다. 시간이 지나면, 중간부분도 점점 뜨거워지지만, 나머지는 여전히 차다. 윗부분이 뜨거워지기 시작하고, 아이스크림이 녹기 시작한다. 얼마나 오랜 시간이 걸리는 것일까? 주어진 판재의 두께에서 시간은 판재의 **열확산성**(thermal diffusivity, a)에 반비례한다. 재료들이 각각 다른 열용량을 가지고 있기 때문에 각각의 재료들은

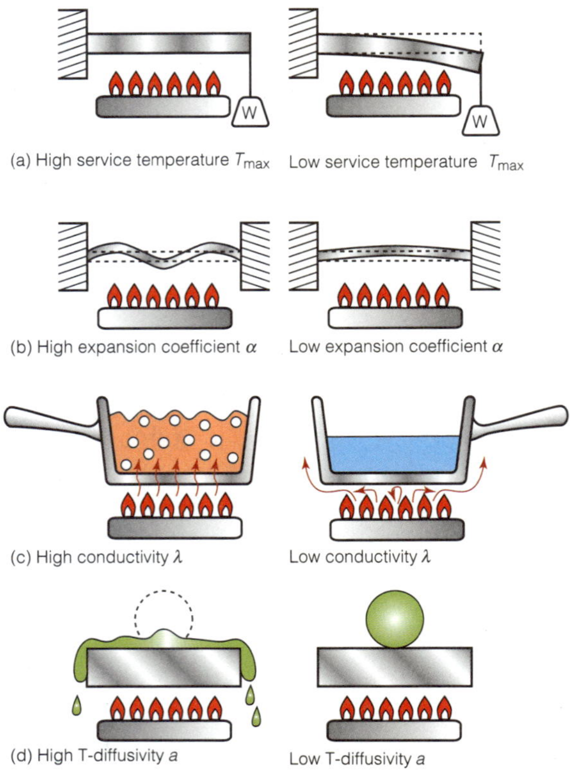

그림 1.3 열적 특성

다른 열전도성을 갖는다. 실제 열확산성은 λ/C_p에 비례한다.

다른 열적 특성도 있지만 지금은 이 정도로 충분하므로 나머지는 12장과 13장에서 자세하게 공부할 것이다. 지금부터는 전기적, 자기적, 광학적 특성에 대해서 공부할 것이다.

전기적, 자기적, 광학적 특성

그림 1.4(a)에 나오는 전기적 전도체와 절연체에 대해서 알아보자. 전기적 전도체가 없이는 우리는 오늘날 우리에게 주어진 빛, 열, 파워 등을 사용하는 데 부족함이 있을 것이다. 구리나 알루미늄과 같은 금속 재료들은 매우 뛰어난 전도체이다. 하지만, 전도체가 항상 좋은 것만은 아니다. 퓨즈 상자, 스위치 케이스, 현탄액의 통과 라인은 모두 절연체가 사용된다. 게다가 그것들은 약간의 하중을 견디고 열과 스파크에 잘 견뎌야 한다. 여기에서 사용되는 특성은 전기전도성(electrical conductivity, κ_e)에 반대되는 전기저항(resistivity, ρ_e)이다. 전기저항이 높은 플라스틱이나 유리는 특별한 처리를 통

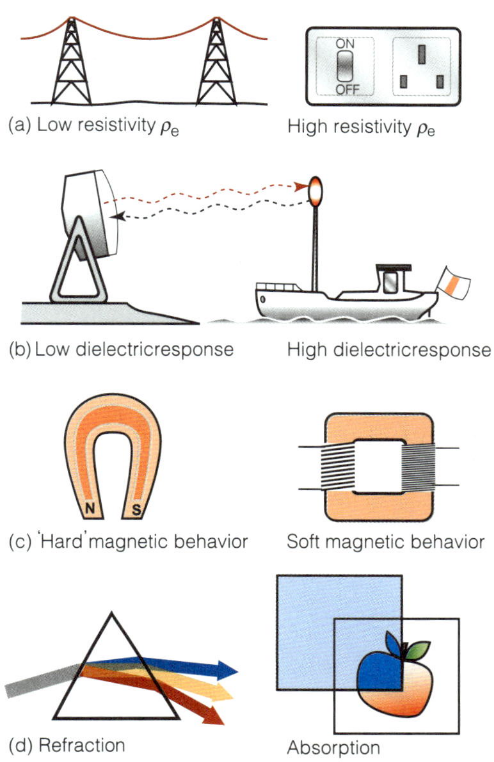

그림 1.4 전기적, 자기적, 광학적 특성

하여 전도가 약간 되게 할 수 있지만, 대부분은 절연체로서 사용된다.

그림 1.4(b)에서는 다른 전기적 특성을 보여 준다. 레이돔으로 사용되는 마이크로파의 복사를 통과할 수 있는 능력, 보트의 수동 반사경으로 사용되는 마이크로파의 복사를 반사할 수 있는 능력이 그것이다. 두 가지 모두 전기적 특성인 **유전율**(dielectric constant, ε_D)와 관련이 있다. 유전율이 높은 재료는 전기장에 반응하여 전자가 이동하여 분자가 재배열된다. 반면에 유전율이 낮은 재료는 전기장에 반응하지 않는다. 나머지 전기적 특성에 대해서는 14장에서 공부할 것이다.

전기와 자기는 밀접한 관계를 가지고 있다. 전기전도는 자기장을 생성한다. 전도체의 주변에서 자기장의 이동은 전기전도를 발생시킨다. 자기장에 대한 대부분의 재료들의 반응은 너무 작아서 실용적이지 못하다. 하지만, 강자성체와 페리자성체라 불리는 몇몇 재료들은 영구적인 자기장을 가지고 있다. 이것들은 한번 생성된 자기장을 없애기 어렵기 때문에 '강한' 자성체라고 한다. 영구적인 자성체로서 헤드폰, 모터, 발전기 등에 사용된다. 여기서 중요한 특성은 재료 내부에 가지고 있는 자기장의 세기를 측정한 **잔류자기**(remanence)이다. 몇몇 '약한' 자성체는 쉽게 자기장을 생성시키고 없앨

그림 1.5 화학적 특성. 물, 산, 염기, 유기용매, 산화염과 자외선에 대한 저항.

수 있다. 약한 자성체는 변압기의 코어와 TV 관의 편향 코일의 재료로 사용된다. 그림 1.4(c)의 약한 자성체는 자기장을 잘 통과시키지만, 영구적으로 가지고 있지는 않다. 여기에 나타나는 특성은 재료가 전달할 수 있는 자기장의 양을 측정한 **포화자성**(saturation magnetization)이다. 이것들은 15장에서 다시 공부할 것이다.

재료는 전자기장인 빛에 전기와 자기장만큼 반응을 잘한다. 불투명한 재료는 빛을 반사하고, 투명한 재료는 빛을 **굴절**한다. 그림 1.4(d)와 같이 몇몇은 빛이 통과하는 동안에 빛을 **흡수**한다. 이것들을 16장에서 더 깊이 공부할 것이다.

화학적 특성

제품은 종종 유동체의 부식, 뜨거운 증기, 방사능 등 열악한 환경에서 작동해야 한다. 물, 습도가 높은 공기, 땀에 젖은 손에서 다른 환경보다 쉽게 부식이 일어난다. 설계한 제품이 지속적으로 사용하기 위해서는 작동되고 있는 환경에서 견딜 수 있는 재료(최소한 견딜 수 있는 코팅된 재료)를 사용해야 한다. 그림 1.5에 물과 소금물, 산과 염기,

유기 용매, 산화염, 자외선 등의 가장 일반적인 부식 환경을 그려보았다. 재료의 자체의 화학적인 저항을 1(열악함)에서 5(좋음) 사이로 나타내어 사용한다. 재료의 내구성에 대한 것을 17장에서 공부할 것이다.

1.3 설계 한계 특성

만들어진 재료의 특징 때문에 조성의 선택에는 한계가 있다. 이것은 설계수준의 수행을 하기 위해서는 특정 시료에서 설계 한계 특성을 측정해 보아야 한다. 테스트한 결과가 설계수준에 미치지 못한다면 그것은 적절하지 않은 것이다. 그림 1.2에서 강성, 강도, 인성은 설계 한계이다. 만일 이들 중 하나가 너무 낮다면, 비행기는 날 수 없다. 송전선을 설계할 때, 전기적 저항이 설계 한계가 된다. 카메라 렌즈를 설계한다면, 광학적 품질과 굴절률이 설계 한계가 된다.

재료의 설계 한계 특성을 알아보고, 그것들을 테스트해 본 후에 안전하다는 것이 확인되면, 재료를 선택을 한다. 우리가 아직 공부하지 않았지만, 공정에도 특성이 있다. 공정에도 설계 한계가 존재하고, 실행가능한 공정을 선택하는 것도 중요하다.

1.4 요약 및 결론

공학 설계는 재료의 모양, 접합과 공정에 의존한다.

이 장에서는 몇 가지 설계 한계 특성을 소개하였다. 밀도와 같은 물리적 특성, 탄성률과 인장강도와 같은 기계적 특성, 열적, 전기적, 자기적, 광학적 특징을 소개한 기능적 특성 등이었다. 이 장에서는 이 정도로 충분하므로 다음 장부터 조금 더 깊이 있는 실험도 해 볼 것이다. 다음 장에서는 재료의 군(familiy), 분류(class), 집합체(member)에 대해서 알아 볼 것이다.

1.5 참고문헌

재료의 역사와 혁명

A *History of Technology* (1954-2001) (21 volumes), edited by Singer, C., Holmyard, E.J., Hall, A.R., Williams, T.I. and Hollister-Short, G. Oxford Umiversity Press, Oxford, UK. ISSN 0307-5451. (*A complication of essays on aspects of technology, including materials*)

Delmonte, J. (1985) *Origins of Materals and Processes*, Technomic Publishing Company, Pennsylvania, USA. ISBN 87762-420-8. (*A compendium of information about materials in engineering, documenting th history.*)

Tylecoate, R.F. (1992) *A History of Metallurgy*, 2nd edition, The Institute of Materials, London, UK. ISBN 0-904357-066. (*A total-immersion course in the history of the extraction and use of metals from 6000 BC to 1976, told by an author with forensic talent and love of detail.*)

1.6 연습문제

연습문제 E1.1 Google을 이용하여 다음의 재료의 적용 사례와 역사에 대해서 조사해 보라.

- 주석
- 유리
- 시멘트
- 티타늄
- 탄소 섬유

연습문제 E1.2 재료의 설계 한계 특성은 무엇을 의미하는가?

연습문제 E1.3 플라스틱 자전거 시장과 제조에 여러 가지 시도가 있어 왔다. 너무 쉽게 구부러진다. 어떤 설계 한계 특성이 부족한 것인가?

연습문제 E1.4 당신의 판단으로는 물고기를 자르기 위해 사용될 칼날로 사용될 재료의 설계 한계 특성은 무엇인가?

연습문제 E1.5 당신의 판단으로는 오븐용 장갑으로 사용될 재료의 설계 한계 특성은 무엇인가?

연습문제 E1.6 당신의 판단으로는 전기 램프의 필라멘트로 사용될 재료의 설계 한계 특성은 무엇인가?

연습문제 E1.7 연료 탱크에서 전동 잔디깎는 기계의 기화기까지 연료를 전달해 줄 튜브의 재료가 필요하다. 설계 시에 튜브는 구부러질 수 있고, 연료가 보여야 한다. 당신이 생각하는 설계 한계 특성들을 나열하여 보라.

연습문제 E1.8 자석 비누 홀더에 사용될 자성재료가 필요하다. 비누는 약한 알카리성이다. 당신이 생각하는 설계 한계 특성들을 나열하여 보라.

연습문제 E1.9 CD를 저장하는 케이스에 크래킹과 파괴를 유발하는 부분이 있다. 재료를 선택할 때 등한시한 설계 한계 특성은 무엇인가?

연습문제 E1.10 당신의 판단으로 높은 강성과 낮은 중량이 필요한 제품의 적용 사례를 세 가지 나열하라.

연습문제 E1.11 당신의 판단으로 광학적 특성이 뛰어난 유리가 필요한 제품의 적용 사례를 세 가지 나열하라.

제 2 장

조직도 : 재료와 공정의 조직화

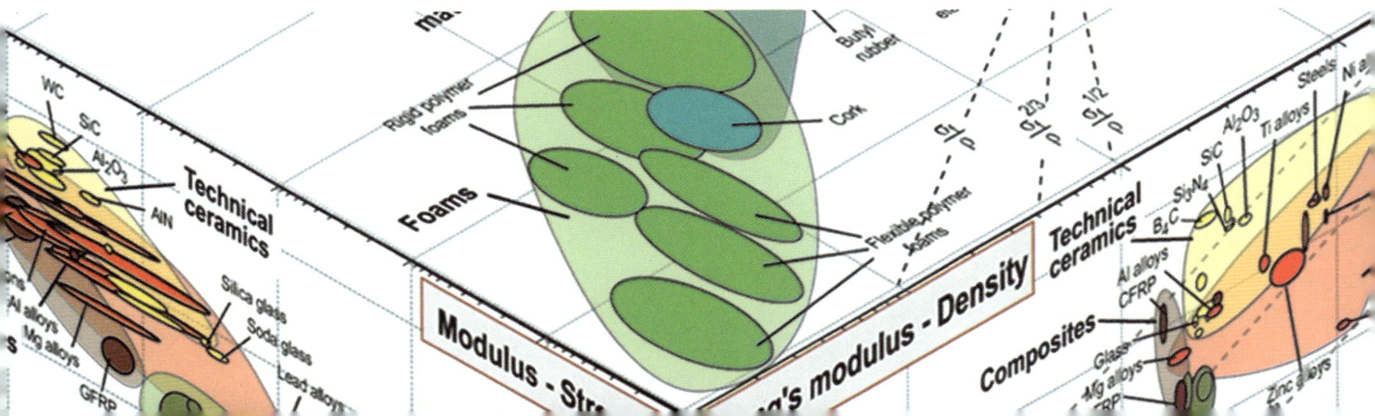

2.1 서론 및 개요

성공적인 산물(product)은 그들의 잠재력과 특성을 충분히 개발한 재료를 말하며 이러한 역할 수행이 훌륭한 산물은 재료적으로도 가치가 있으며 사용자에게 큰 편리를 제공하며 역할에 적합한 최고의 재료를 뜻한다.

금속(metal), 고분자(polymer), 세라믹스(ceramics) 등과 같은 재료(material)의 군(family)은 그것들은 2.2절에서 자세히 소개하겠다. 만약 우리가 재료를 사용하기 위해 설계를 한다면 우리는 무엇을 알아야 할까? 그 논제는 다양한 종류의 재료 정보에 대해서는 2.3절에서 자세히 설명하도록 하겠다. 하지만 그런 것들은 우리가 찾고자 하는 재료의 끝이 아니다. 재료를 찾는 다는 것은 설계의 요구 조건을 어느 정도 만족하는 재료 특징의 어떤 윤곽을 나타낼 뿐이다. 각 군은 그들 나름의 비슷한 특징적 윤곽을 가지고 있다. 그 특징들은 주어진 설계 및 사용 상황에 적절히 사용할 때 유용하게 이용된다. 2.2절은 재료를 구분하는 기준이 무엇이며, 어떻게 그것이 기준이 되는지 알려줄 것이다. 또 그것들을 통해서 군을 조직하고 편리하게 다룰 것인지 나타내겠다. 재료를 선택하는 것은 이 장의 반을 끝낸 것이나 마찬가지이다. 나머지 장의 반은 성형 및 접합을 하기 위한 공정을 말할 것이며 그걸로 이 책은 끝이 날 것이다. 2.3절은 군과 그들 속성에 따른 공정을 소개할 것이다. 재료의 선택과 공정은 매우 밀접한 관계를 가진다. 선택된 재료는 특정 방식으로의 공정이 가능하지만 다른 재료는 그에 적합하지 않다. 그리고 주어진 공정 또한 특정 재료에만 적용되고 다른 재료에는 적용되지 못하는 것도 허다하다. 가장 큰 이유는 그 공정으로 인해 재료의 특성이 바뀔 수도 있고 심지어 새로운 특성이 창조될 수도 있기 때문이다. 공정 군 또한 군들의 공통점을 나타낸다. 일반적으로 같은 군에 속한 재료들은 그들을 만드는 공통적인 방법으로 만들 수 있고 성형 또한 할 수 있다. 2.3절에서는 재료에 대한 공정의 종류를 소개하겠다.

군의 공통점은 대부분 **재료 성질 그래프**에서 현저하게 구분이 가능하며, 이 책의 중간 부분인 2.5절에서 소개하겠다. 이 재료의 성질을 나타내는 이런 그래프들은 그 군들과 그것들의 집합체들을 위치를 나타내는 축으로 잘 표현해 놓았다. 각 재료는 같은 군이 한 영역으로 모여 있어 서로 구분될 수 있는 각각의 특징을 가지고 있다. 이 영역을 **재료 특성**(material-property)이라 한다. 이 그래프는 이런 영역을 통해 2차원으로 표현 된다. 각 재료 군은 별개 공간의 부분을 차지하고, 다른 재료들과 서로 구별된다. 그 그래프들은 재료와 그들 성질의 개략을 나타낸다. 그것들은 과학의 근원이 되는 기초적 특성들의 한 눈에 보여 주며, 유용한 장비에 있어서 재료 선택의 중요성 또한 나타낸다. 현재의 공정은 또 다른 새로운 공정의 창조를 다루는 데 기여할 것이며 우리는 이 내용을 18장에 남기겠다.

2.2절과 2.3절의 구분 시스템은 컴퓨터를 이용한 정보 관리로 조직화하였고, 이것은 2.6절에 소개해 놓았다. 이 장은 요약으로 끝을 맺을 것이며, 더 많이 읽고 연습해야 할 것이다.

2.2 재료 체계화하기 : 재료 분류(the materials tree)

재료 분류하기

재료를 구분하는 것은 공학적으로 6가지 군으로 그림 2.1에 나타내었으며 이 방법은 효율적이고 편리하다. 이러한 재료군(family)들은 금속, 중합체, 탄성 중합체, 세라믹스, 유리, 그리고 하이브 리드로 나뉘는데 복합체는 그것들을 둘 또는 그 이상을 합해서 만들어진다. 이렇게 나뉜 것에는 그 만한 이유가 있으며, 군들을 구성하는 구성체들은 공통적은 특징, 유사한 특성, 유사한 공정 과정, 유사한 응용분야를 꼭 가지고 있다. 그림 2.2는 각 군들의 예를 보여 준다.

그림 2.3은 어떻게 군이 분류, 하위분류와 각각의 구성체로 확장되는지 보여 주고 있다. 이것들 모두는 **속성**(그것의 특성)의 집합으로 인해 구분된다. 예를 들어 재료 모집단은 **금속**이라는 군을 포함하고 있는데, 금속은 **알루미늄 합금**이라는 분류를 가지고 있고 그것은 또한 *'6000 series'* 라는 하위분류를 가지며 그 내에서 우리는 특별한 한

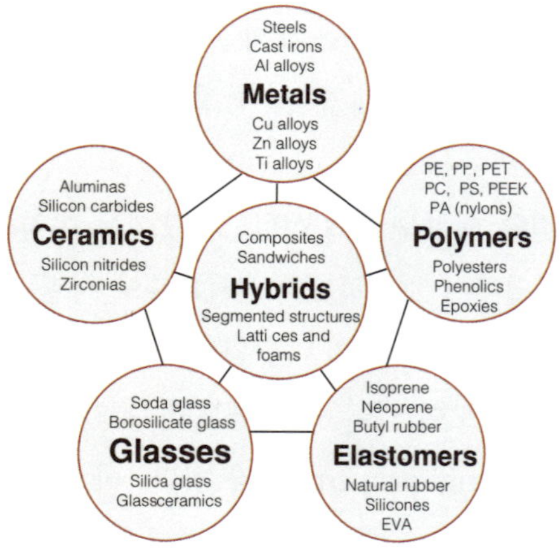

그림 2.1 공학 재료의 메뉴. 기본적인 금속 세라믹 유리 중합체 그리고 탄성중합체는 다양하게 구조적으로 결합되며 하이브리드를 만들 수 있다.

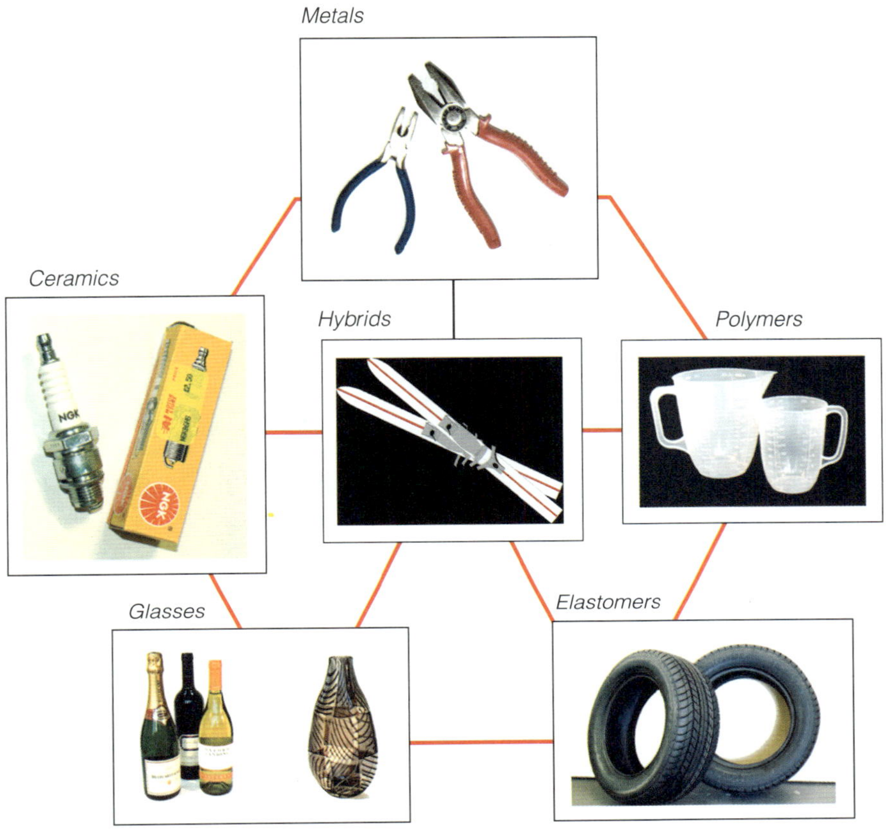

그림 2.2 각 재료 군의 예. 배열은 일반적인 형식인 그림 2.1을 따른다. 중앙에 위치한 샌드위치 구조를 가지는 하이브리드는 고정되게 섞여 있으면서 만들어지며 강한 알루미늄 계면을 balsa 재목의 중심부의 낮은 밀도를 가진 채 존재한다.

구성체인 *'Alloy 6061'* 을 찾을 수 있다. 그것은 그리고 모든 다른 모집단의 구성체를 가지고 있으며 그것들은 앞에서 말했듯이 1장에서 설명된 속성의 집합으로 인해 구분되어질 뿐 아니라, 그것의 사용과 그것의 전형적인 적용, 즉 공정 특징인 환경적 결과로도 또한 구분된다. 우리는 이런 것들을 **특성 정보(property profile)**이라 부른다. 재료의 설계에 있어서 선택은 특성 정보 사이의 최고의 조합을 찾는 것으로 이루어져야 할 것이다. 이미 언급했다시피 한 군의 구성체는 공통적으로 어떤 특징을 가지고 있다. 여기에 간략하게 그것의 몇 가지를 소개하겠다.

금속(Metal)은 상대적으로 탄성률, E로 측정되어지는 자성이 높게 측정된다. 그것들이 순수할 때 대부분 연하며, 쉽게 변형되며, 평균적으로 항복응력이 낮다. 합금과 기계적인 변형, 그리고 열처리와 항복 응력을 높임으로써 강도를 증진시킬 수 있으며, 그러면서도 여전히 연성을 가지고 있기 때문에, 소성가공으로 모양을 변형시켜 가공할

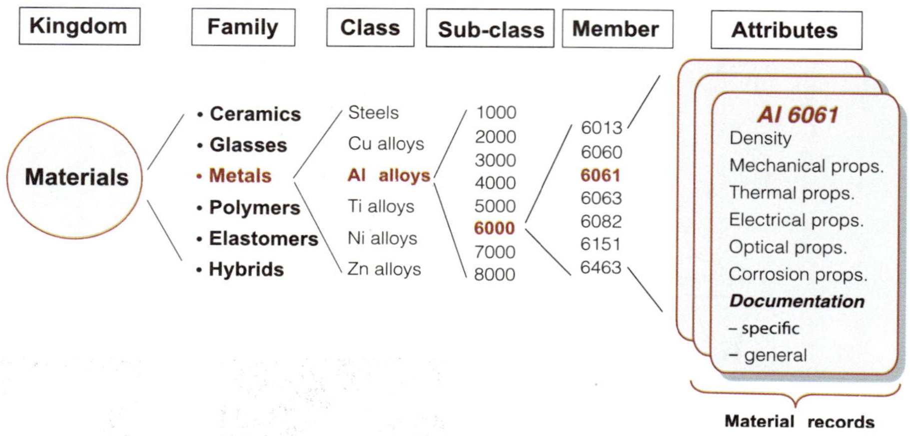

그림 2.3 재료의 분류학과 그들의 속성. 컴퓨터를 기초로 한 계통적 구조 선발 소프트웨어 분류 데이터

수도 있다. 그리고 금속은 실용적으로 높은 파괴 인성 K_{1c}을 가지므로 인성이 강하다. 그들은 또한 전기적 열적으로 도체이다. 하지만 금속은 경도가 낮고, 화학적으로 반응을 잘하고 대부분 방식되어 있지 않는 환경에서는 쉽게 부식이 일어난다.

세라믹(Ceramics)은 비금속류로 자기(porcelain) 또는 알루미나와 같은 무기물 고체로서 절연체의 중심적인 재료이다. 그것은 다양한 매력적인 성질을 가지고 있는데, 강성이 높고 경도와 내마모성이 강하며 높은 온도에서도 그 강한 내구성과 강도를 유지할 수 있고 부식성에도 강한 모습을 보인다.

그들은 또한 약점을 가지고 있는데 금속과 다르게 낮은 K_{1c}를 가지기 때문에 취성을 나타낸다. 이것이 세라믹이 응력집중(정공 또는 균열) 또는 높은 접촉 응력에 대한 낮은 파괴저항성을 나타내는 이유이다. 이런 이유로 인해서 세라믹은 금속보다 재료의 설계에 사용되기가 어렵다.

유리(Glass)는 비정질 고체로서 이 용어는 4장에서 더욱 충분히 설명될 것이다. 가장 흔한 것은 석회수와 붕 규산염 유리로 병과 파이렉스 오븐기구로 잘 알려져 있지만 그것은 그것보다 훨씬 많은 종류가 존재한다. 결정구조의 결핍은 세라믹과 유리들과 같이 경하며 눈에 띌 정도로 부식성이 강하지만, 가소성을 떨어뜨린다. 그들은 전기적인 절연체로 잘 알려져 있으며, 투명하다. 하지만 세라믹은 취성이며 응력집중에 약한 단점을 가지고 있다.

고분자(Polymer)는 탄소(또는 작지만 다른 분류로는 실리콘)원자의 긴 사슬 형태를 기본으로 한 유기적인 고체이다. 고분자는 가벼우며 가장 가벼운 금속의 밀도보다도 더 작다. 또한 다른 재료 군들과 비교해서 강도가 약하지만, 탄성계수 E는 금속보다 약 50배 정도 작은 성질을 보인다. 하지만 그들의 낮은 밀도와 그들의 단위무게당 강도를 감안하여 금속의 강도와 비교했을 때 오히려 금속보다 더 강해질 수도 있다. 그들의 성질은 온도에 의존하기 때문에 고분자는 실온에서는 인성이 높고 유연하지만, −4°C에서는 취성이며 또한 끓는점인 100°C에서는 고무같이 된다. 그러나 어떤 것들은 150°C 이상에서 쓸만한 강도를 가지는 것도 있다. 설계에서 이런 면들이 허용된다면, 고분자의 이러한 이점은 큰 장점이 될 수 있다. 그리고 이러한 고분자들은 매우 많이 존재한다. 그들은 성형을 하기에 쉬우며(이것이 왜 그들을 플라스틱이라고 부르는 이유이다) 복잡한 부품으로 가공시켜 몇몇의 기능을 단일 작업에서 고분자로부터 몰드화(molding)시킬 수도 있다. 그들의 물성은 부품으로 성형하기에 적합하기 때문에 서로를 잘 결합시키게 하여 쉽고 빠르게 조립을 할 수 있다. 그리고 정확하게 크기를 제어할 수 있기 때문에 주형과 사전 중합체 색조정이 가능하여 마무리 작업이 필요 없다. 좋은 성형성은 이런 성질에 큰 역할을 한다.

고무 밴드와 운동화 소재인 탄성 중합체(Elastomers)는 그들의 강성, 탄성률 E로 계산되는(금속에 비해 500∼5000배 정도까지 낮은) 특별한 성질을 가진 중합체이다. 그리고 그들은 그들의 원래 길이보다 몇 배까지 늘어나지만, 다시 그것을 놓았을 때 원래 그들의 최초의 모습으로 회복이 된다. 그들의 낮은 강성에도 불구하고 그들은 강도와 인성이 높아질 수 있는데 그것은 타이어를 생각해 보면 쉽게 이해 가능하다.

하이브리드(Hybrids)는 재료들의 장점을 서로 취하기 위해 두 재료들을 결합한 것이다. 유리와 탄소 섬유 강화 중합체(GFRP와 CFRP)는 하이브리드이다. 그것들은 샌드위치 구조를 가지며 얇은 박판의 구조를 가진다. 그리고 그 자연 재료의 대부분은(나무, 뼈, 피부, 잎) 하이브리드이다. 뼈가 수산화아파타이트(무기물)와 콜라겐(고분자)의 혼합으로 이루어져 있다는 것이 좋은 예이다.

하이브리드 복합재료(Hybrid component)는 비싸고 그것들은 상대적으로 형성시키고 연결하기 어렵다. 그래서 그들의 매력적인 성질들에도 불구하고 설계자는 단지 그것의 성능이 가격에 매치될 때에만 사용할게 될 것이다. 하지만 오늘날, 높은 성능과 에너지 효율성에 관해 높아져 가는 관심은 사용자에게 그것들의 사용을 증가시키는 기회를 제공하고 있다.

2.3 조직적 공정 : 공정 계보

공정은 재료의 형태를 갖추는 것, 접합시키는 것 또는 마무리 손질을 하는 것이다. 주조, 주입주형, 용해용접 그리고 전기적인 연마(electro-polishing)들이 모두 공정들이며 그

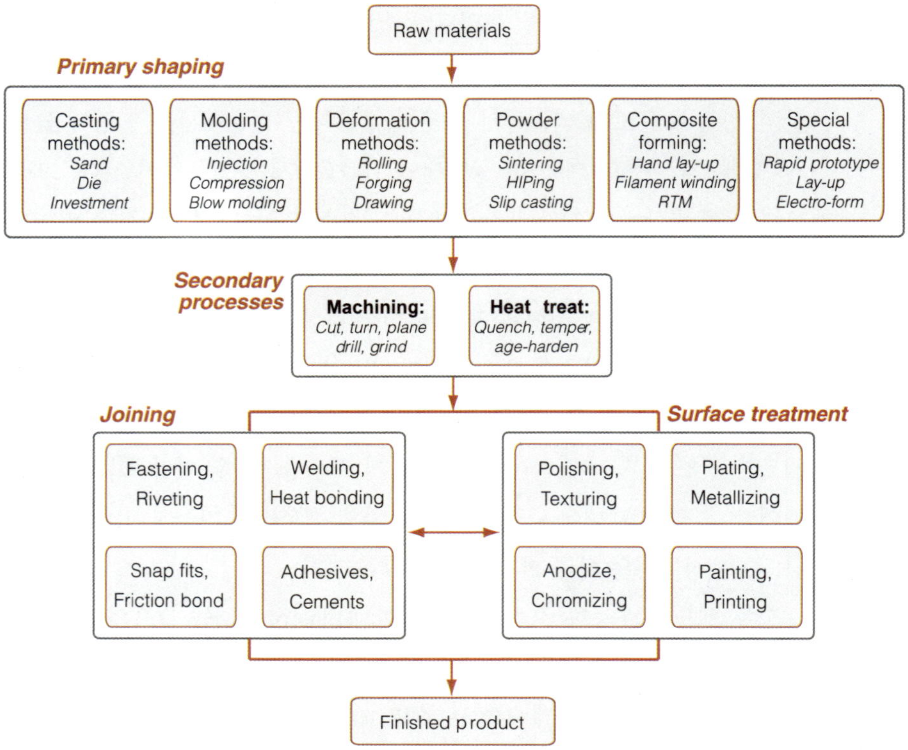

그림 2.4 공정의 분류. 제1열은 주요한 형태의 공정들이다. 아래는 2차 공정들인데, 기계 가공법, 열처리이며 그 뒤를 따라서 접합과 마무리손질 공정들이다.

종류에는 수백 가지가 있다(그림 2.4, 2.5). 공정에서는 공정하는 데 드는 과잉비용이 발생하기 전에 디자인의 초기단계에서 올바른 공정순서를 선택하는 것이 중요하다. 주어진 구성요소를 위한 선택은 만들려는 물질과 그것의 형태, 치수, 정확도, 그리고 얼마나 많이 만들어지는지에 좌우된다. 간단히 말해서 이것은 요구조건이다.

재료의 선택은 공정의 선택을 제한한다. 고분자는 주형(mold)을 할 수가 있지만 다른 재료들은 그럴 수 없다. 즉, 고분자와 같이 연성(ductile)을 지닌 재료들은 단조(forging), 압연(rolling), 인발(drawning)이 되지만 취성(brittle)을 지닌 재료들은 반드시 다른 방법으로 형태를 갖추게 해야 한다. 적당한 온도에서, 낮은 점도를 지닌 액체로 녹는 재료들은 주조가 될 수 있다. 그러나 그렇지 못한 재료들은 다른 방법에 의해서 제조되어야 한다. 만들고자 하는 형태 역시 공정의 선택에 영향을 준다. 가느다란 형태들은 주조가 아닌 압연이나 인발을 통해서 쉽게 만들 수 있다. 공동(空洞)의 형태들은 단조에 의해서 만들어질 수 없으나 주조나 주형에 의해 만들어진다.

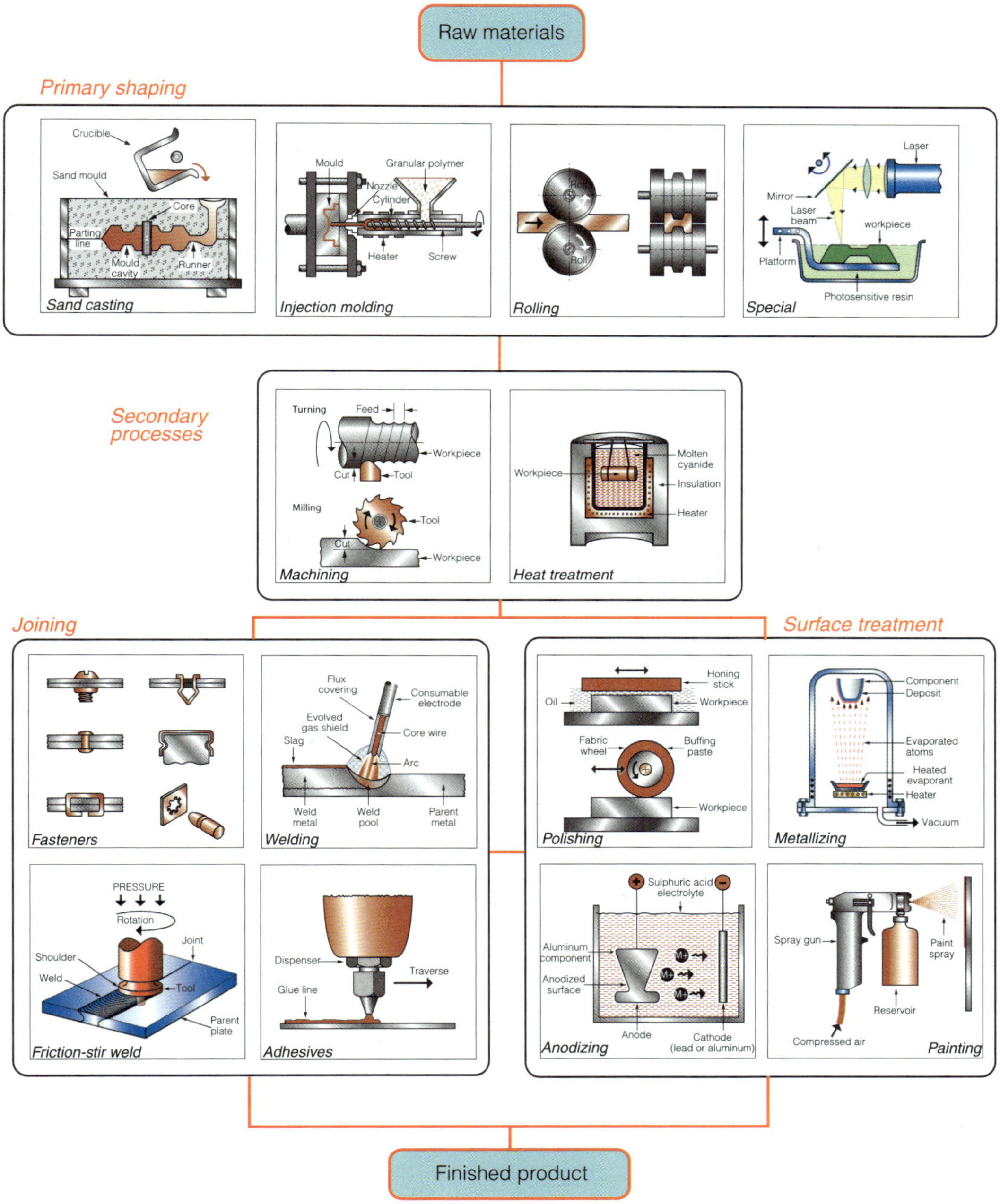

그림 2.5 군(family)의 예시들과 제조공정의 분류. 배열방법은 그림 2.4의 일반적인 패턴을 따른다.

분류 공정들

제조 공정들은 앞서 그림 2.4에서 보여 준 것과 같이 구성된다. 처음 공정들은 형태를 만드는 공정이다. 제1열은 6가지의 주요 공정들로 구성된다. 주조, 주형, 소성, 분말법, 금속 변형, 복합물을 만드는 법을 포함하는 특별한 방법이다. 2차 공정들은 형태나 물성들을 변화시킨다. 여기에는 소위 '기계변형' 이라는 것이 보여지는데 그것은 이미 형태를 갖춘 외형에 특성을 첨가시킨다. 그리고 '열처리' 라는 공정은 표면이나 벌크 특성을 강화시킨다. 그 아래로는 접합이라는 공정이 나오고, 끝으로는 표면처리 공정이다. 그림 2.5는 이들 중 일부를 삽화로서 예를 들었는데, 그것은 그림 2.4와 같은 방법으로 구성된다. 그림 2.4의 장점은 제조순서를 통해 진행경과를 연속적인 그래프로서 보여 준다는 것이다. 그것은 글자 그대로 다뤄져서는 안 되며 단계의 순서는 디자인의 요구를 충족시킬 수 있게 다양화될 수 있다. 그것을 만드는 요점은, 거기에는 3가지의 다양한 공정 군(family)이 있다는 것이다. 형태, 접합, 마무리 손질이 그것이다.

공정에 관한 정보를 조직화시키기 위해서 우리는 주어진 각각의 공정단계인 재료를 위해서 사용되는 계층적 분류를 필요로 한다. 그림 2.6은 계층의 일부를 보여 준다. 공정영역은 형태, 접합 그리고 표면처리로 이루어진 3개의 군(family)을 가지고 있다. 이 그림에서 형태 군(family)은 분류(class)들을 보여 주기 위해 나누어진다. 주조, 변형, 주형 등이 바로 그것이다. 이들 중 하나인 주형은 다시 그것의 구성체인 회전 주형, 송풍 주형, 주입 주형 등을 보여 주기 위해 나뉜다. 각각의 공정은 각각의 특징을 바탕으로 구분되며 그 특징들은 아래와 같다. 다룰 수 있는 재료들, 만들 수 있는 재료들, 그것들의 크기, 정확도 그리고 경제적인 1회분 크기(가장 경제적으로 만들 수 있는 단위체의 개수)가 바로 그것이다.

다른 두 가지 군(family)은 그림 2.7에서 부분적으로 나뉜다. 거기에는 3가지의 다양한 분류의 접합공정이 있다. 접착제, 용접 그리고 지퍼가 바로 그것이다. 이들 중 하나인 용접에 관한 그림은 그것의 구성체(member)를 보여 주기 위해 나뉜다. 앞서 말한 것처럼 각각의 구성체(member)는 각각의 특징을 가지고 있다. 첫 번째는 공정들을 접합시킬 수 있는 재료들이다. 여기에, 하중이 가해지는 접합부의 기하학적 배열과 그 방법, 접합부가 분해될 수 있는 또는 분해될 수 없는 조건으로서 방수성의 그리고 전기전도성이 중요하다.

그림의 아랫부분은 마무리 공정의 군(family)으로 나뉜다. 군에 포함되는 분류의 일부인 코팅은 그것의 구성체(member)의 일부로 나눠진다. 이러한 마무리 공정을 하는 이유는 가치를 높이기 위해 재료를 단단하게 하거나 보호하거나 표면을 장식하는 것으로 가격을 상승시킨다. 접합을 함으로써, 코팅된 재료는 중요한 특징을 지니지만 다른 것들은 다시 달라진다.

우리는 18장과 19장의 공정 선택으로 돌아간다.

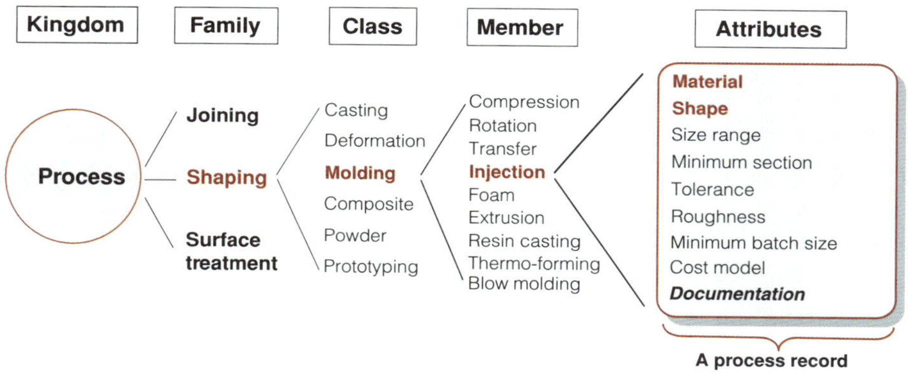

그림 2.6 형태를 갖춘 군(family)으로 나눠지는 부분을 가지는 공정범위의 분류. 각각의 구성체(member)는 각각의 특징에 의해 특징 지워진다. 공정선택은 이들을 디자인의 요건으로 매치시키는 것을 포함한다.

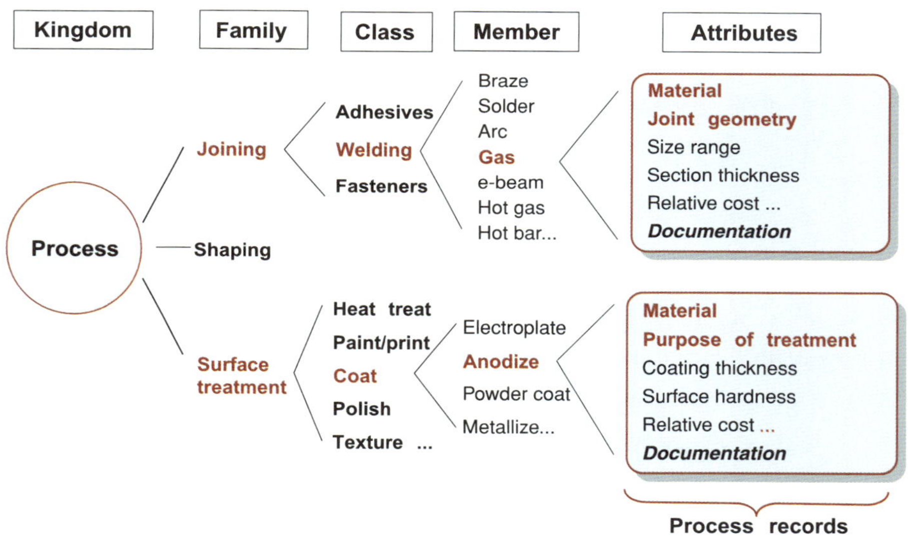

그림 2.7 부분적으로 나뉘어지는 군들(families)의 접합과 마무리를 다시 가지는 공정범위의 분류

2.4. 공정-물성 상호작용

공정은 물성을 바꿀 수 있다. 만약 당신이 금속을 망치질 한다면[단조(forging)] 금속은 더 단단히 질것이고 만약 당신이 금속에 열처리를 한다면[풀림(annealing)] 다시 연하게 될 것이다. 만약 플라스틱 가방의 재료인 폴리에틸렌이 섬유로 지어진다면 그것의 강도(strength)는 5의 요소로부터 증가될 것이다. 연하고 신축성이 있는 고무는 어렵게 만들어지며 경화되면 깨지게 된다. 독특한 방법으로 생성된 열처리 유리는 총알을 견딜만한 충분히 강한 저항을 줄 수 있다(방탄유리). 그리고 강화된 에폭시-탄소-섬

유와 같은 복합체는 그것은 중요한 공정을 거치기 전에는 합성수지의 비누와 섬유의 다발이었으며 모든 공정을 거치기까지 유용한 물성을 가지지 못하였다.

접합도 물성을 바꿀 수 있다. 용접은 부분적인 용융과 마주하는 부위들의 접합을 위한 재결정화를 포함한다. 용접부위는 접합으로부터 먼 재료의 물성과 다른 좀 더 나쁜 물성을 가진다고 예상한다. 반대로 표면처리는 일반적으로 물성을 증진시키려 선택된다. 전기도금은 부식저항력을 증진시키며 탄화처리는 마모를 증진시킨다. 공정-물성 상호작용은 많은 장(chapter) 안에 나타나 있으며 우리는 19장에서 다시 배우게 될 것이다.

2.5 재료 물성 그래프

재료에 대한 자료는 그들의 물성으로 나열되어 있다. 그들은 투시 할 수 없으며 비교를 할 수도 없다. 재료들의 특성을 알아내는 방법은 재료 물성그래프를 그리는 것이다.

막대 그래프는 영역에 존재하는 모든 재료의 하나의 특징을 간단하게 표시한 것이다. 그림 2.8은 막대 그래프의 하나의 예로서 탄성률을 보여 준다. 가장 큰 값을 가지는 것은 가장 작은 값을 가지는 것에 비하여 1,000만 배보다 큰 값을 가지며 많은 다른 물성들은 비슷한 범위를 가진다. 그래서 그것은 로그범위로 그래프에 표시되어진다. 각 막대기들의 길이는 군(family)으로부터 나누어진 각 재료를 위한 물성의 범위로 보여진다. 군(family)들 사이의 차이는 뚜렷하다. 이 중에서 금속과 세라믹은 높은 탄성률을 가지는 반면 고분자들의 탄성률은 작은 값을 가진다. 이은 금속에 비하여 작으며 50 정도의 값을 가진다. 탄성중합체의 탄성률은 금속에 비해서 약 500배 작다.

만약 두 물성이 그림 2.9에서와 같이 bubble chart에 그려진다면 더 많은 정보는 그림 안에 채울 수 있다. 그림 2.9에서는 탄성률 E와 밀도 ρ를 보여 준다. 이전과 같이 로그 범위로 나타낸다. 지금 각 군(family)은 확실하게 구별하였다. 모든 금속은 상부 오른쪽 붉은 지역에 자리 잡고 있다. 모든 고분자는 남색으로 표의 중앙부에 위치하였으며 탄성 중합체는 연 파랑으로 하부에 위치해 있다. 세라믹은 노란색으로 상부에 위치해 있다. 각 군(family)은 독특한 특성영역을 차지한다.

이와 같은 재료 물성 그래프들은 핵심 도구로 이 책에서 전체에 걸쳐 사용된다.

- 재료의 물리적인 기계적인 기능적인 특성들의 개요를 보여 주며 알맞은 방법으로 그들에 대한 정보를 나타낸다.
- 물성의 물리적인 근원의 양상을 밝히고 중요한 과학에 대한 이해를 돕는다.

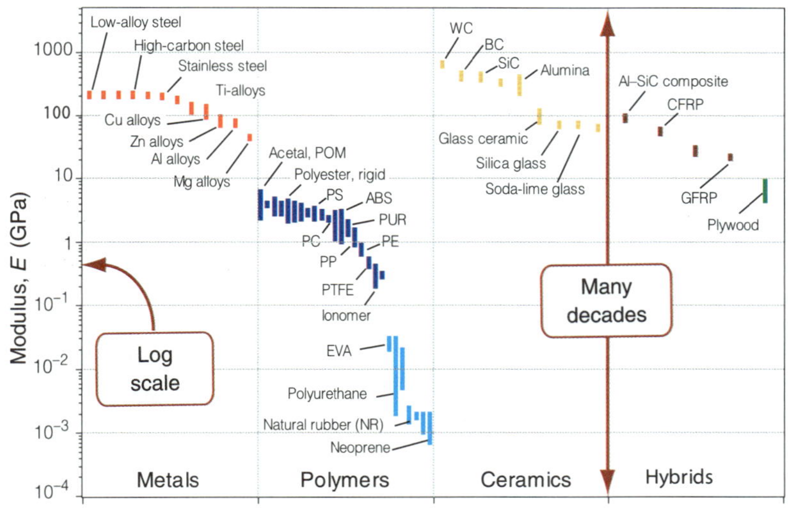

그림 2.8 탄성률의 막대그래프. 이것은 각 군(family) 사이의 강성의 차이를 밝힌다.

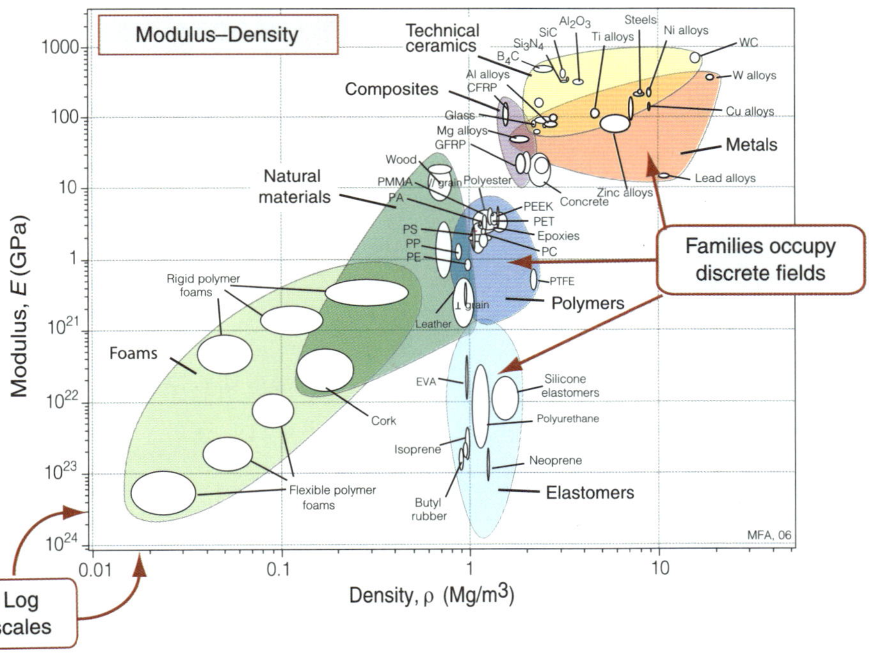

그림 2.9 탄성률과 밀도의 bubble chart. 각 군은 그래프의 분리된 지역을 차지한다.

- 설계하는 요구조건들에 부합하는 재료의 적합한 요소들을 찾기 위한 도구가 된다. 그리고 현재 사용되는 제품에 사용되는 재료의 특성에 대한 이해를 돕는다.

Acrylonitrile-butadiene-styrene(ABS)

재료

ABS는 단단하고, 탄성이 있으며 쉽게 성형된다. 일부는 광택을 가지나, 보통 무광택이다. 그리고, 선명한 색깔을 가진다. ABS-PVC는 기존의 ABS(순수 ABS) 보다 더 단단하다. 그리고, 자기 소화의 등급에서 ABS-PVC는 전기 장비의 포장재료(외피)로써 사용되어진다.

General properties

Density	1e3	–	1.2e3	kg/m^3
Price	2	–	2.7	USD/kg

Mecanical properties

Young's modulus	1.1	–	2.9	Gpa
Hardness–Vickers	5.6	–	15	HV
Elastic limit	19	–	51	Mpa
Tensile strength	28	–	55	Mpa
Compressive strength	31	–	86	Mpa
Elongation	1.5	–	1e2	%
Endurance limit	11	–	22	Mpa
Fracture toughness	1.2	–	4.3	$Mpa.m^{1/2}$

Thermal properties

Thermal conductivity	0.19	–	0.34	W/m.k
Thermal expansion	85		230	μ strain/℃
Specific heat	1400		1900	J/kg.K
Glass temperature	88		130	℃
Max service temp.	62		90	℃

Electrical properties

Resistivity	2.3e21		3e22	μohm.cm
Dielectric constant	2.8		2.2	

일반적인 사용

안전모, 자동차 camper tops, 오토클래버 장치 그리고 다른 내부 구성품, 배관 금속기구류, 휠 커버, 냉장고 라인선, 사무기기, 통신장비, 짐 커버, 자동차 그릴 등

이 두 그래프와 이 책의 모든 다른 그래프들은 CES 소프트웨어를 사용하여 만들어졌으며 특성들의 어느 짝도 그래프를 만들 수 있다. 또한 이 그래프는 특성의 함수들(E/ρ와 같은)로 만들어졌다. 그것들의 사용, 그리고 응용은 이 다음 장에서 설명될 것이다.

2.6 컴퓨터를 이용한 재료와 공정 정보 관리

분류하는 것은 컴퓨터를 이용한 재료와 공정 정보 관리를 창조하는 첫 번째 과정이다.

사출성형(Injection molding)

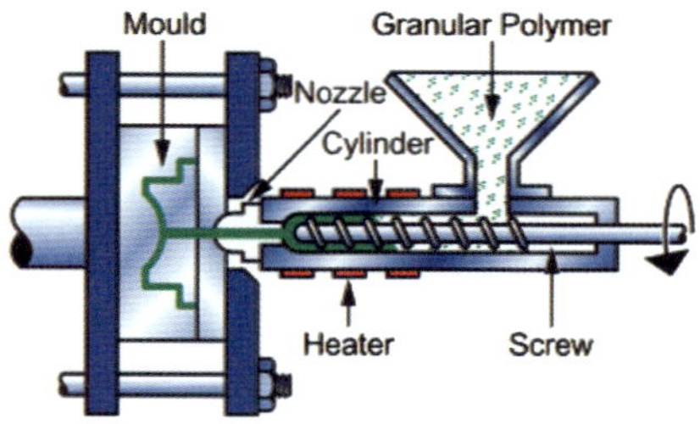

공정

주입주형(Injection molding)보다 제품의 원래 형태를 더 많이 변화시키는 공정은 없다. 주입주형 제품들은 제품 설계의 모든 부류에 나타난다: 소비자 제품, 산업, 컴퓨터, 통신, 의료 그리고 제품연구, 장난감, 화장품 포장, 운동기구. 열화플라스틱을 주형하기 위한 가장 일반적인 기구는 그림에 도식적으로 나타나 있는 왕복나선기계 이다. 고분자 알갱이들이 나선형의 압축기 속으로 들어가고 섞여서 반죽처럼 연화되어 하나 또는 여러 곳의 경로로 압축기 속으로 밀려들어 간다. 그 고분자 알갱이들은 압력을 받아 고형화되고, 부품들이 배출된다.

Physical attributes				
Mass range	1e-3	—	25	kg
Range of section thickness	0.4	—	6.3	mm
Surface roughness(A = v.smooth)	A			

Economic attributes			
Economic batch size(units)	1e4	—	1e6
Relative tooling cost	very high		
Relative equipment cost	high		
Labor intensity	low		

Shape	
Circular prismatic	true
Non-circular prismatic	true
Solid 3-D	true
Hollow 3-D	true

일반적인 사용

매우 다양한, 하우징, 용기, 커버, 손잡이, 도구 손잡이, 배관장치, 렌즈 등

그림 2.11 주입주형 과정에 대한 설명. 위 그림은 어떻게 작동하는지 그리고 그것의 성질인 numeric and Boolean 데이터와 텍스트를 나타내고 있다.

기록 속에는 각각의 세계에 있는 사람들의 목록이 있다. 즉, 그림 2.3, 2.6, 2.7과 같이 그림의 자기 위치가 있는 것이다. 각각의 기록들은 고유의 장소에 있어, 구조를 쉽게 만든다.

CES 소프트웨어는 이 구조를 이용한 정보와 선택 시스템의 한 예이다. 그림 2.10은 재료의 기록을 위한 파트의 한 부분을 보여 준다. 그림 2.11은 동일한 부분의 과정을 보여 준다. 이 기록은 나무 그림을 열어, 가지를 따라 요구된 기록이 있는 곳까지 가는 것['검색(*browsing*)'] 또는 원문 탐색기능을 이용하여 이름을 통하여 알아내는 것[탐색(*seaching*)] 이다.

이 시점에서 기록들의 자세한 목록에 관한 걱정은 할 필요가 없다. 그것들은 다음 장에서 설명될 것이다. 그러므로 두 분류의 각각에 포함된 데이터들을 알아두자. 구조적 데이터는 수치적인 것으로 Boolean법(예/아니오) 또는 분류법(discrete)(낮은/중간/높은)을 말하며 이것들은 그래프들에 축적되어진다. 이 후의 장들에서는 어떻게 구조적인 데이터가 분류에 사용되는지 보여 준다. 또한 비구조적인 데이터는 글자, 그림, 그래프와 도식들의 형식을 가진다. 이런 정보는 쉽게 분류에 이용될 수는 없지만 다음 장의 '문서화' 를 공부함에 있어 필수적이다.

2.7 요약 및 결론

설계를 위한 재료의 여섯 개의 넓은 집합이 있다. 이는 금속, 세라믹, 유리, 고분자, 탄성중합체, 그리고 두 가지 또는 더 많은 것들의 성질을 혼합한 복합체를 말한다. 공정들은 비슷하게 집합들 안에서 묶여지며 이것들은 모양을 만들고, 더해지고, 표면을 수정하거나 또는 보호한다. 이 집합들의 구성요소들은 나무와 비슷한 모양의 편람에 정리될 수 있고, 같은 방법으로 조회 가능하게 된다. 그것에 관해 저장된 정보들은 그것의 성질에 대한 수치적인 그리고 다른 표로 된 데이터, 그것의 용도와 활용에 대해 나타낸 글과, 그래프, 그림 등이 있다. 이 구조 양식은 CES 시스템으로 소개된 컴퓨터를 기반으로 한 분류 시스템의 기반이다. 그것은 재료와 공정에 관해 이 장에서 소개한 두 가지 속성그래프를 위해 유일한 방법을 가능하게 한다. 그것들은 뒤에 장들의 중심적인 특징이 될 것이다.

2.8 참고문헌

Ashby, M.F. and Johnson, K. (2002) *Materials and Design—The Art and Science of Material Selection in Product Design*, Butterworth-Heinemann, Oxford, UK. ISBN 0-7506-5554-2. (*Materials and processes from an aesthetic point of view, emphasizing product design.*)

Bralla, J.G. (1998) *Design for Manufacturability Handbook*, 2nd edition, McGraw-Hill, New York, USA. ISBN 0-07-007139-X. (*Turgid reading, but a rich mine of information about manufacturing processes.*)

Callister, W.D. (2003) *Materials Science and Engineering, An Introduction*, 6th edition, John Wiley, New York, USA. ISBN 0-471-13576-3. (*A well-respected materials text, now in its 6th edition, widely used for materials teaching in North America.*)

Charles, J.A., Crane, F.A.A and Furness, J.A.G. (1997) *Selection and Use of Engineering Materials*, 3rd edition, Butterworth-Heinemann, Oxford, UK. ISBN 0-7506-3277-1. (*A Materials Science approach to the selection of materials.*)

Dieter, G.E. (1991) *Engineering Design, A Materials and Processing Approach*, 2nd edition, McGraw-Hill, New York, USA. ISBN 0-07-100829-2. (*A well-balanced and respected text focusing on the place of materials and processing in technical design.*)

Farag, M.M. (1989) *Selection of Materials and Manufacturing Processes for Engineering Design*, Prentice-Hall, Englewood Cliffs, NJ, USA. ISBN 0-13-575192-6. (*A Materials Science approach to the selection of materials.*)

Kalpakjian, S. and Schmid, S.R. (2003) *Manufacturing Processes for Engineering Materials*, 4th edition, Prentice-Hall, Pearson Education, New Jersey, USA. ISBN 0-13-040871-9. (*A comprehensive and widely used text on material processing.*)

2.9 연습문제

연습문제 E2.1 공학재료의 6가지 주요 종류를 열거하라. 그것들의 순위를 점치기 위해서 당신의 고유한 경험을 사용하라:

(a) 강성(탄성률).

(b) 열전도도(λ).

연습문제 E2.2 그림 2.9의 재료 성질 차트를 평가하라. 고분자는 어떠한 요인으로 인해 금속보다 덜 완고한가?

연습문제 E2.3 형태를 갖추는 공정의 의미는 무엇인가? 당신이 보았던 것이 어떻게 형태를 갖추었는지 당신 주위를 둘러보고 당신 스스로에게 물어라.

연습문제 E2.4 몇몇 부품을 포함한 대부분의 모든 제품들은 연결되어 있다. 당신 주위에 있는 제품들을 즉각 평가하고 그것들을 조립하는 데 사용되었던 연결 방법들을 나열하라.

연습문제 E2.5 당신의 경험에 기초하여 얼마나 많은 다양한 표면처리법을 생각할 수 있는가? 그것들을 나열하고 그것들이 전형적으로 적용되는 재료들에 관한 리스트의 주석을 달아라.

연습문제 E2.6 폴리에틸렌 같은 2개의 얇은 박판을 붙일 수 있는 방법을 당신은 얼마나 많이 알고 있는가? 그것을 이용할 수 있는 적용법의 예시를 각각 열거하라.

연습문제 E2.7 좋은 분류법은, 예를 들어, 원소주기율표처럼 간단하게 생각할 수 있는 것처럼 보인다. 그러나 처음으로 그것을 창조하는 것은 또 다른 문제다. 이 장은 두 가지의 분류법 계획을 도입했다, 계획의 각각의 항은 독특한 방법을 가지고 있고, 새로운 항은 전체를 중단시키는 것 없이 그것의 적절한 위치에 삽입되었다. 한 가지를 스스로 시도해 보라. 여기에 몇 개의 시나리오가 있다. 각각 수준의 상하관계를 확실히 해라. 아마도 이를 실시하는 방법에는 적어도 한 가지 이상이 있을 것이나 보통 한 가지는 다른 것들보다 나을 것이다. 당신이 원하는 정보를 찾기 위해서 그것을 사용함에 있어서 어떻게 생각하는지 그것을 시험해 보라.

(a) 당신은 다양한 종류, 가격, 크기의 자전거를 파는 가게를 운영한다. 당신은 인터넷상으로 당신의 자전거를 올려서 손님들에게 보여줄 수 있는 분류 시스템을 만들 필요가 있다. 어떻게 만들겠는가?

(b) 당신은 당신회사에서 지퍼의 재고목록을 조직하라는 명령을 받았다. 거기에는 여러 가지 타입(스냅, 스크류, 리벳)과 다양한 재료와 크기가 있다. 그것들의 정보를 저장하기 위한 분류계획법을 고안하라.

제 3 장

전략적 사고 : 설계를 위한 재료 선택

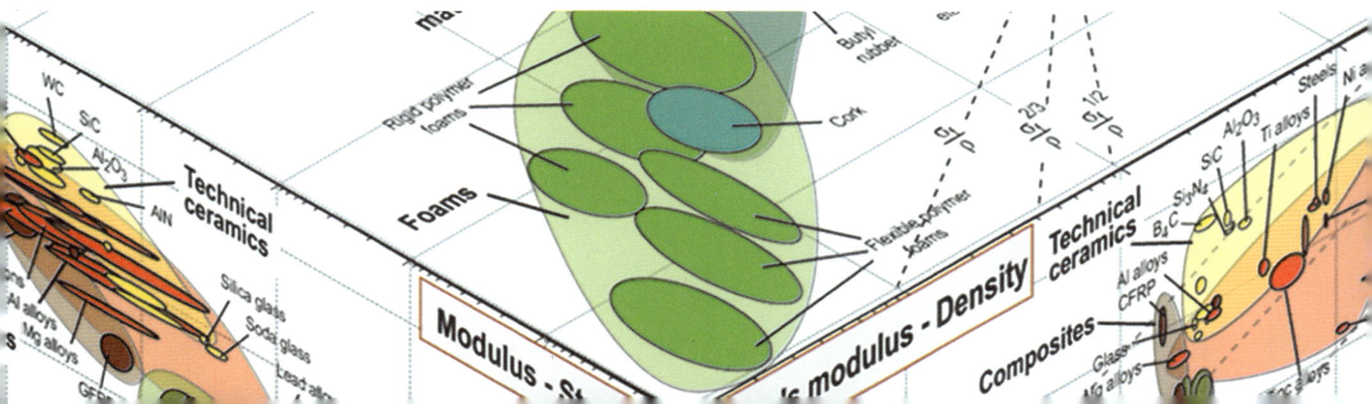

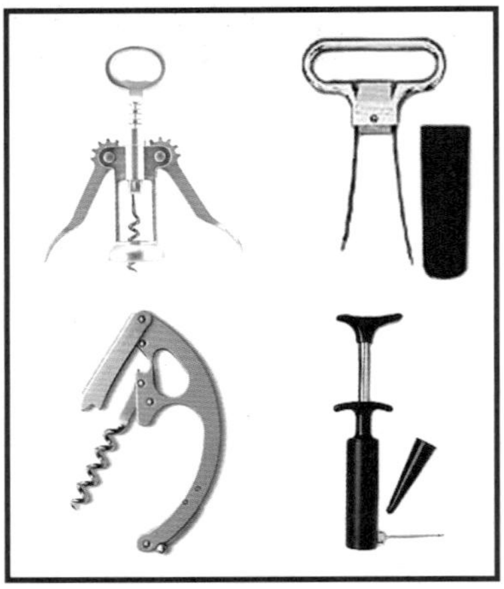

교재에서 기술한 개념을 표현한 그림 : 견인력, 기어 견인력, 전단력과 압력(Image courtesy of A-Best Fixtyre Co. 424 West Exchange Street, Akron, Ohio, 44302, USA.)

3.1 서론 및 개요

이번 장에서 우리의 목적은 재료와 공정을 선택하기 위한 전략을 세우는 것이다. 즉, 다시 말하면 컴퓨터에 정보를 입력하듯 전략은 설계의 요구조건이 필요하다. 이것을 하기 위해 우리는 우선 설계에 대한 전반적인 내용을 간략하게 살펴보아야 한다. 이 장은 설계, 그리고 설계를 구체화하는 단계들과 재료 선택이 이러한 것들과 연관된 방법들에 용어들을 소개한다.

설계는 시장수요에 의해 시작된다. 그 수요는 설계의 요구조건에 하나의 집합체로서 표현하고 분석되어진다. 이러한 것들(개념들)을 충족시키기 위한 방법은 제품에 대한 자료를 얻기 위해 노력하고, 개선하고(구체적으로) 그리고 세밀하게 구별(상세하게)하는 것이다. 재료와 공정의 선택은 이번 장에서 자세히 다뤄질 내용으로 이러한 과정을 통해 전개된다.

이런 배경 하에 우리는 선택적인 전략을 세울 수 있다. 이것은 변형(translation), 선별(screening), 평가(rank) 그리고 문서(documentation) 등 4단계이다. 이러한 단계들은 설명되어지며, 첫 번째 변형의 단계는 예로서 삽화되어진다.

3.2 설계공정

최초 설계는 새로운 발상(개념, concept)에서 시작하며, 설계를 하기 위해 필요한 정보를 수집한다. 재설계는 현재 사용되고 있는 물품(제품)에서 시작하며, 제품의 성능을 증가시키고, 비용을 절감하기 위해 또는 두 가지 모두를 변화시키기 위해 노력하는 작업이다.

최초 설계

최초 설계는 스크레치(scratch)에서 시작한다. 그것은 새로운 아이디어 또는 작동원리를 포함한다. (오디오 테이프, 컴팩트 디스크 그리고 MP3 플레이어는 그 당시에 모두 전혀 새로운 것들이었다). 최초 설계는 새로운 재료들의 발생으로 영향을 받을 수 있다. 예를 들면, 높은 순도의 실리콘은 트랜지스터를, 높은 순도의 유리는 광학 필터를, 높은 보자력을 가진 자석은 소형 이어폰을, 솔리드 스테이트(트랜지스터 등의 고정된 회로로 전류를 조정할 수 있다)의 레이저는 컴팩트 디스크를 실현시켰다. 가끔 새로운 재료는 새로운 제품을 만들어 낸다. 대신에 새로운 제품은 새로운 재료의 발생을 유도한다. 핵 기술(테크놀로지)은 새로운 지르코륨 합금과 스테인레스 강의 발달을 유도했

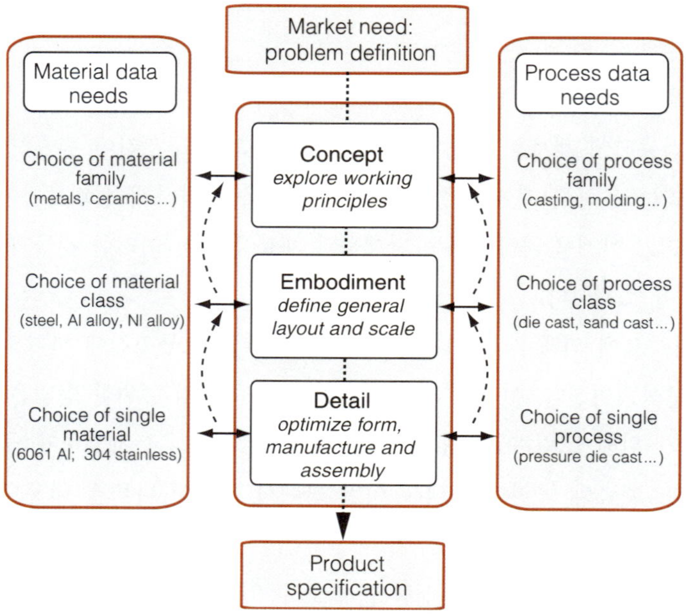

그림 3.1 설계 공정도, 어떻게 재료선택과 공정선택이 되는지 보여주고 있다. 각 단계마다 재료에 대한 정보가 필요하지만, 단계별로 필요한 정보의 범위와 사항은 다르다. 파선은 최초설계의 반복적인 특성과 재설계의 경로를 나타내고 있다.

으며, 공간 테크놀로지는 베릴늄 합금과 가벼운 복합체의 발달을 자극했다. 오늘날의 터빈 테크놀로지는 고온의 합금과 세라믹의 발달을 유도한다.

그림 3.1의 중앙 부분은 설계공정을 보여 준다. 시작점은 시장 수요 또는 새로운 아이디어이다. 최종점은 아이디어를 구체화하거나 또는 수요를 만족시키는 제품에 대한 완전한 제품 specification(명세서, 설명서)이다. 수요는 만족되기 전에 반드시 확인되어야만 한다. 수요를 정밀하게 정의하는 것은 중요하다. 즉, 수요조사를 명확히 하는 것은 어떤 작업을 하길 원하는 기기는 설계요구로부터 정해진다는 형식으로 되어 있다. need statement(수요 보고서)와 제품 specification(명세서, 설명서) 사이에 그림 3.1에 나타낸 단계들의 집합체가 놓여있으며, 개념에 관한 설계와 구체화 설계 그리고 상세한 설계의 단계들을 간략하게 설명하고 있다.

개념에 관한 설계 단계에서 모든 선택권은 열려있다. 설계자는 선택들을 분리할지 아니면, 합칠지에 대한 양자택일의 개념과 방법을 고려한다. 다음 구체화의 단계는 유용한 개념을 선택하며 그리고 적절한 수준에서 그것들의 유효 범위를 분석한다. 이것은 재료와 공정의 구성요소와 최초 선택을 평가하며, 성능과 비용과의 긴밀한 관계를 조사한다. 구체화 단계는 적절한(실행 가능한) 설계로 마무리된다. 그리고 그것은 상세한 설계 단계에서 입력(Input)된다. 여기서 각각의 구성요소에 대한 specification과 범위가 작성된다. 결정적인(critical) 구성요소는 정확한 기계적 또는 열적 분석을 해야 할 것이다. 최적화 방법은 성능의 최대화, 비용의 최소화 그리고 안전성을 확신하는 구성요소와 구성요소 그룹에 적용된다. 결합구조와 재료의 최종 선택은 이뤄지며, 생산 수단은 분석되고 비용이 계산된다. 그 단계는 상세한 제품 설명에서 마무리된다.

재설계

대부분의 설계는 일반적으로 새로운 아이디어에서 시작하는 최초 설계가 아니다. 그것은 영향을 미치는 또는 그것의 많은 구성요소의 정도에서 벗어나지 않고, 현존하는 제품에서 착안하는 것 그리고 단점을 바로 잡은 것, 개선하는 것, 성능을 강화하는 것 또는 그것의 비용을 절감하는 것 등의 재설계이다.

여기 재설계를 요구하는 어떤 계획안이 있다. 우선 가장 명백한 것은 제품 소환 계획안이다. 만약 일단 시장에서 유통되고 있는 제품이 안전성 기준을 통과하지 못했다면, 우선적으로 재설계가 요구된다. 보통 문제는 재료의 실패이다. 그때 대책 안은 최초 특징(이점)을 계속해서 유지하며, 동시에 그것의 단점을 극복하는 데 그 기초를 두어야 한다. 그 다음에는 돈에 대한 부족한 값어치('poor value of money') 계획안이 있다. 제품이 안전하게 사용되나 그 성능은 성능을 강화하기 위해 재설계를 요하는 가격에 비해 그렇지 않다.

또한, 제조가격이 시장에서 견딜 수 있는 가격을 넘어섰을 때, '부적절한 이익 마진' 계획이 있다. 대량생산제품의 가격 중 대부분은 만들어지는 재료와 그것을 만들기 위한 공정으로부터 정해진다. 가격을 절감하는 목적을 이루기 위해서는 이 두 가지를 생각해 보아야 한다. 그리고 나서 '경쟁에서 앞서 나가기' 계획이 있다. 가정제품 및 전자제품의 제작자들은 매년 향상된 제품을 출시하고, 자동차 회사에서는 2, 3년마다 새로운 모델의 자동차를 제작한다. 대부분의 제품들이 소비자들의 관심을 위해 경쟁을 하는 이런 시장 환경에서 다른 제품보다 우위에 설 수 있는 것이 시각적인 특징을 부각시키는 것이다. 색상, 촉감, 느낌, 모양이 만들어지는 능력 등의 미적인 감각에 의해서 재료를 선택하고 재료를 바꾸는 대부분의 창조적인 생각들은 '산업적 설계'에 속한다.

대부분의 재설계는 세밀—그림 3.1의 세 개의 상자 중에 중앙부분—하게 이뤄져야만 한다. 그러나 모두 그런 것은 아니다. 필요한 변화는 배치(configuration)와 설계(layout)—구체화 부분—또는 심지어 다른 것에 의해 기능을 수행하는 방법 중에 하나로 대체하는 기초개념의 변화를 요구한다. 그리고 그림 3.1에 흐름 도표는 유용한

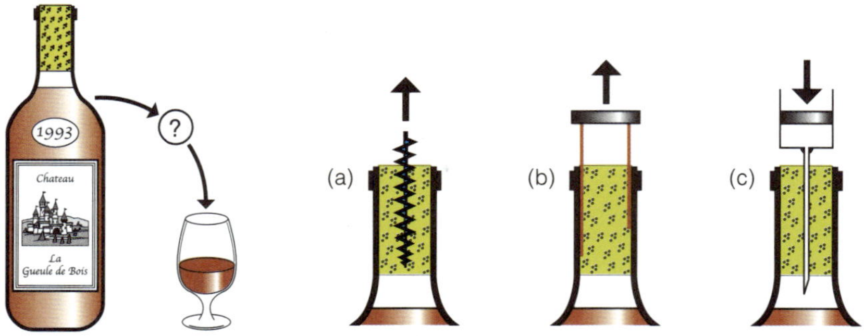

그림 3.2 시장의 요구—코르크로 밀봉된 병을 여는 것—과 이 요구를 충족시키는 세 가지 개념. 이 세 가지 개념에 기초하여 코르크 병따개를 만들어 졌다.

개요로 남아 있다. 또한 현존하는 설계를 분석하고 개념이나 구체화 단계로 만들어지는 마지막 제품의 얼마나 자주 변덕스러운 자세함을 이해는 도구로서 사용이 된다.

개요에서 설명된 이런 아이디어들은 이해하기 쉽지 않다. 예가 이해를 도울 것이다. 여기에 그것이 있다.

코르크로 밀봉된 병을 개봉하기 위한 장비

여러분이 원하는 와인을 샀을 때, 그것은 보통 코르크로 밀봉되어져 있다. 이것은 시장 수요를 창조한다. 이것은 와인 안쪽으로 접근하려는 것이 요구된다. 우리는 다음과 같이 말할 수 있다: '코르크로 밀봉되어진 와인을 마시기 위한 장비가 필요하다.' 그리고 '편리하게, 적당한 가격으로, 와인을 손상시키는 것 없이'.

이러한 일들을 수행하기 위한 세 가지 개념(concepts)을 그림 3.2에서 볼 수 있다. 순서에 따라 축의 수직 방향으로 당겨 코르크를 제거하고, 전단 응력을 가진 코르크를 제거한 다음, 밑에서부터 코르크를 밀어 올린다. 우선적으로, 나사가 축 방향으로의 당기는 힘이 적용된 코르크 안쪽으로 나사산을 만든다. 두 번째로, 코르크 면 아래쪽으로 삽입된 가느다란 탄성의 칼날은 당겨졌을 때 전단 응력을 적용한다. 세 번째로 코르크는 기체가 코르크를 밀어내며 펌프작용을 일으키면서 움푹 들어간 바늘에 의해 관통되어진다.

그림 3.3은 수직방향의 견인력의 개념을 기초로 한 장비에 대해 구현한 것을 그렸다. 첫 번째는 직접적인 견인력이다. 또 다른 세 개의 그림은 어떤 기계적 이점—지렛대, 기어 그리고 용수철을 이용한 견인력—을 이용한 것이다. 구체화는 설계와 메카니즘 그리고 기준을 제시한다. 최종 설계 단계에서 구성요소는 안전하게 작용하는 하중

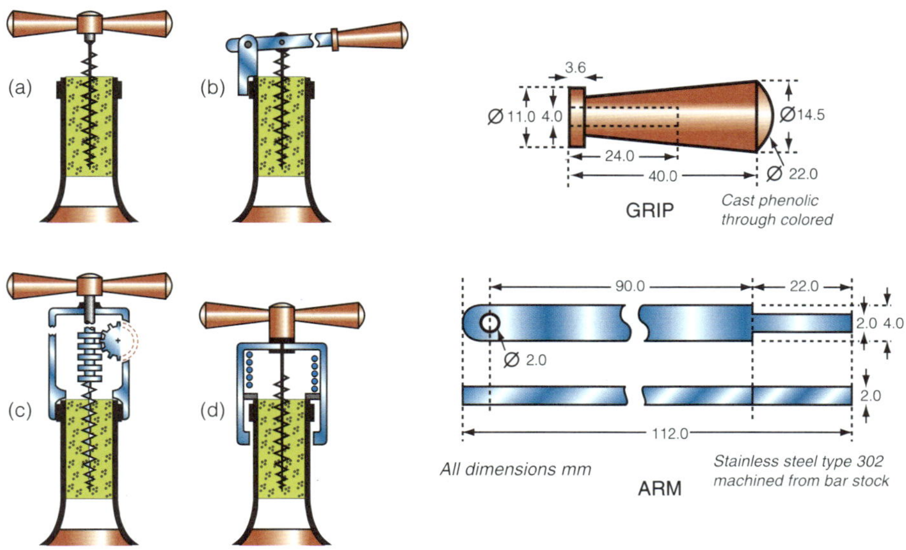

그림 3.3 첫 번째 개념의 구형 개략도 : 직접적인 견인력, 지렛대, 기어, 용수철을 이용한 견인력. 각 시스템은 각 세부기능을 수행하는 구성요소들로 만들어졌다. 그림 (b)의 지렛대의 세부설계는 오른쪽에 나타나 있다.

을 주기 위해서, 구성요소의 정확성과 표면 완성이 정의되어지기 위해 그리고 그림의 오른쪽에 제시되어진 것처럼 재료와 제조 과정의 최종 선택이 이뤄지기 위해 정확한 치수를 적용해야 한다. 어떻게 이것이 수행되는지 조사해 보자.

3.3 설계를 위한 재료와 공정 정보

재료의 선택은 설계의 각 단계의 첫걸음이다(그림 3.1, 왼쪽부분). 최초 단계에서 제시된 본래의 데이터는 이후에 제시되는 정밀도와 크기의 기준과 매우 다르다. 개념(발상) 단계에서 설계자는 단지 대략적인 특성 값을 요구할 뿐, 재료의 광범위한 범위에 대한 것이 아니다. 모든 선택은 열려있다. 고분자 또는 금속의 경우, 하나의 개념(발상)에 대한 최고의 선택일 수 있다. 이 단계에서 문제는 정밀도나 상세한 내용이 아니라, 접근성에 의한 효과와 스피드이다. 대책 안을 생각하는 설계자에게 최고의 특권을 부여하기 위해 광범위한 데이터는 어떻게 제공될 수 있는가?

구체화(구현) 단계에서 그 범위는 좁아진다. 여기서 우리는 높은 수준의 정밀도와 상세한 내용이 아닌 재료의 부분적인 데이터를 필요로 한다. 이러한 것들은 하나의 분류 또는 하위분류의 재료(예를 들어 금속 또는 알루미늄 합금)를 다룬, 좀 더 적절한 안내서와 프로그램에서 찾을 수 있다. 현재 위험한 것은 세부사항이 제대로 작동하지 않아 우리가 되돌아가야만 하는 재료의 큰 범위를 보지 못하고 놓치는 것이다. 또 다른 것들이 더 나은 해결책을 제시할 수 있는 가능성을 가짐에도 불구하고 오직 하나의 생각만을 고집하는 것은 함정에 빠지기 쉽다.

상세한 설계의 마지막 단계는 단지 하나 또는 몇 개의 재료에 대한 것이 아닌 항상 수준 높은 정밀도와 상세한 기술을 요구한다. 그러한 정보는 재료 생산자들이 논의한 데이터 시트에서 매우 잘 나타나 있으며, 제한된 재료의 분류에 대해 세부적인 데이터베이스에서 또한 마찬가지이다. 주어진 재료는(예를 들어, 폴리에틸렌) 다른 생산자가 만들어 낸 방법에서 차이점을 이끌어 낸 특성(의 범위)을 가진다. 상세한 설계 단계에서 공급자는 설계 산출결과에 기여하여 제품의 특성을 동일하게 취급해야 한다. 그리고 그것(제품)은 다른 공급자에 의해 비록 조금이라 할지라도 다른 특성을 가질 것이다. 그리고 이것은 그리 좋지 않다. 만약 구성요소가 실패했을 때 치명적인 것이라면, 제품을 만들 때 자주 사용되는 재료들을 이용하여 치명적인 특성을 측정하기 위해 구성요소의 접촉을 신중하게 할 것이다. 공정은 설계의 요구조건을 만족시킬 수 없는 재료를 골라내고, 남아 있는 것들을 평가하고, 가장 좋은 선택을 함으로써 재료의 조사 범위를 좁혀 가는 과정 중 하나이다(그림 3.4).

재료 입력(input)은 제품 생산이 끝이 아니다. 비록 제품을 사용함에 있어서 실패할지라도, 실패는 정보를 내포하고 있다. 실패한 것에 대해 데이터를 수집하지 않고 분석하지 않는 경솔한 제조업자가 있다. 종종 이것은 재료의 남용을 의미한다. 재설계 또는 재선택은 이 과정을 생략 또는 제외할 수 있다.

재료의 선택은 공정과 형상화하는 것에서 분류되어지지 않는다. 형상화하기 위한 재료는 전체적으로 우리가 제조라 부르는 공정에 의존한다. 2장의 그림 2.5에 관련된 내용을 소개했다. 공정의 선택은 재료의 선택에 있어서 동일한 노선을 따른다(그림 3.1, 오른쪽 부분). 그 시작점은 모든 공정의 목록이다. 그리고 그것은 그때 원하는 형태를 만드는 데 실패하거나 재료선택에 있어서 상반되는 재료를 선별하는 과정에서 그 범위가 좁혀진다. 재료, 형상화 그리고 공정은 상호 작용한다(그림 3.5). 공정의 선택은 재료(그리고 재료의 성형성, 가공성, 단접성, 열처리성 기타 등등)에 영향을 받는다. 공정 선택은 형상화에 대한 요구조건에 영향을 받는다. 공정은 넓은 범위에서 형태, 크기, 정밀도 그리고 구성요소의 비용을 조사한다. 상호작용에는 두 가지가 있다. 형상화는 재료와 공정의 선택을 제한한다. 그러나 공정의 상술은 여러분이 사용할 수 있는 재료와 그것들이 가질 수 있는 형상을 동등하게 제한한다. 설계가 복잡하면 할수록 더욱 더 다루기 힘들어지고, 상호작용에 영향은 커진다. 재료, 형상화 그리고 공정

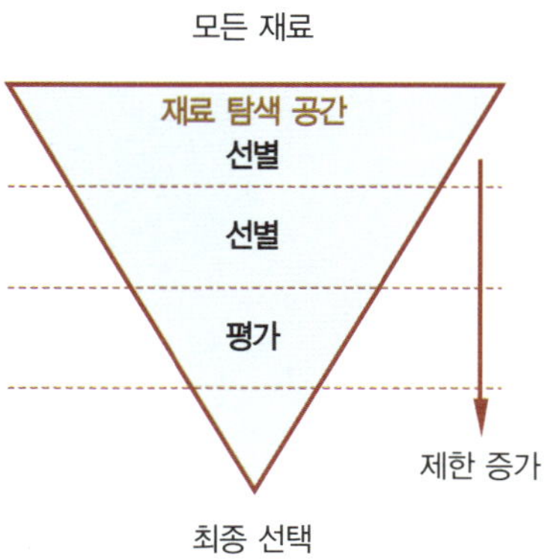

그림 3.4 설계 제한에 따라 재료 탐색 대상은 좁아진다.

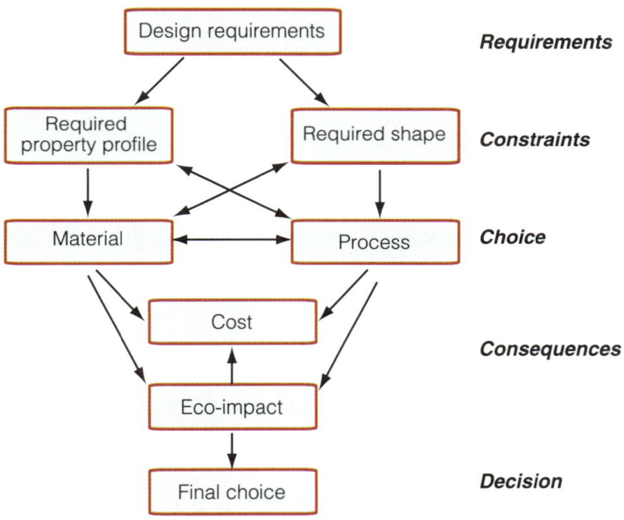

그림 3.5 설계 요건, 재료, 형상, 공정 간 상호영향

사이에 상호작용은 선택 과정에 있어서 문제점을 가진다. 이러한 상호작용으로 인해 발생하는 문제점을 해결하기 위해 우리는 전략이 필요하다.

3.4 전략 : 변형, 선별, 평가 그리고 문서

선택은 재료와 공정의 속성 데이터(프로필)—이러한 것들은 상호간에 양립할 수 있는 성질에 적합함—그리고 설계에 요구된 재료와 공정 사이에 최고의 적합성을 찾는 것을 포함한다. 재료에 적용한 전략은 그림 3.6에 나타냈다. 첫 번째 일(task)은 재료의

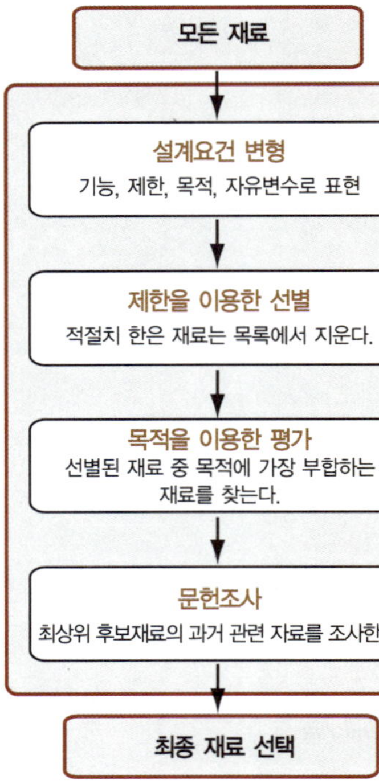

그림 3.6 재료 선정에 전략을 사용하는데, 같은 전략을 후에 공정산택에서 개안하여 사용한다. 전략에는 네 가지 단계가 있다. 변형, 선별, 평가와 지원정보, 모든 과정은 소프트웨어에서 실행되고 소프트웨어를 통해 광범위한 재료가 조사된다.

선택을 위해 설계 요구조건을 규칙적으로 변화시키는 변형(translation)이다. 이것은 재료가 반드시 충족되어져야만 한다는 제한(constrains)과 설계가 반드시 만족되어져야만 한다는 목적(objectives)을 확인함으로써 발생(시작)된다. 이것들은 여과기 역할을 한다. 제한을 받거나 목적을 충족할 능력이 높은 재료가 설계에서 잠정적인 후보가 된다. 다음 두 번째 일(task)은 제한(constrains)을 만족시킬 수 없는 재료를 제거하는 선별작업이다. 이것은 최소한의 비용과 같이 적절한 기준을 만족시킬 수 있는 그들의 능력에 의해 남겨진(살아 남은) 것을 처리하는 단계에 의존한다. 마지막 일(task)은 확실히 가능성 있는 후보(candidates)들이 어떻게 그것들이 현재 사용되고 있는지를 조사하고, 어떻게 그것들을 최적화하여 설계하였는지, 실패의 역사적인 예와 우리가 문서화(documentation)라 부르는 단계를 상세히 조사하는 것이다.

공정 선택은 같은 경향의 흐름을 따른다. 이러한 경우에 변형(translation)은 반드시 충족되어져야만 하는 기하학적으로 다른 제한들—치수, 형태, 정밀도 그리고 재료 적합성—을 식별하는 것과 재료를 제공할 수 없는 공정을 선별하기 위해 이러한 것들을 이용한다는 것을 의미한다. 우리는 18장과 19장에서 공정 선택을 언급한다. 당분간 우리는 재료에 충실할 것이다.

변형(Translation)

어떤 공학 요소는 하나 또는 그 이상의 기능을 가진다. 짐을 나르고, 압력을 수용하며, 열을 전달하는 등의 기능. 이것은 제한(constraints)의 종속되도록 한다. 어떤 치수(dimensions)는 고정되어 있으며, 구성요소는 틀림없이 설계 부하를 운반해야 하며, 열이나 전기의 절연 및 연결이 필요하며, 주어진 환경이나 특정 온도 범위에서는 작동이 되어야 한다. 구성요소를 설계하면서 설계자는 하나 또는 그 이상의 목적을 가진다. 가능한 비용을 절감해야 하며, 되도록 가볍게, 안전하게 또는 이러한 것들 중 일부를 조합한다. 어떤 특징이 되는 요소가 목적을 가장 효과적으로 활용하기 위해 추가될 수도 있다. 설계자는 설계 요구조건에 의해 제한되지 않는 수치(dimensions)를 변화시키는 데 자유롭다. 그리고 더 주목해야 할 것은 성분과 재료를 형상화하는 공정에 대해 재료를 선택하는 데 있어서 자유롭다. 우리는 자유변수(free variable)로서 이들을 적용한다.

제한, 목적 그리고 자유변수(free variable)(표 3.1)는 그것의 단면도(cross-section)에 대해 재료 그리고 부하를 견딜 수 있는 성분의 경우의 형태에 대한 경계조건을 정의한다.

제한과 목적 사이에 차이점을 명확히 하는 것은 중요하다. 제한(constraint)는 반드시 만족시켜야하는 필수적인 조건이다. 그리고 보통 재료와 공정의 속성에 대한 경계로써 표현되어진다. 목적은 다른 것이 아니라 극단적인 값(최대 또는 최소)인 비용, 질량 또는 부피 등을 조사하는 것에 대한 수량이다(표 3.2). 그것을 바르게 이해하는 것은 약간의 상상력을 가지는 것이 될 수 있다. 예를 들어 아주 가벼운 단거리 자전거에 대한 재료를 선택하는 데 있어서 그 목적은 제한함으로써 취급하는 비용에 대해 최상한가에 따라 최소한의 질량(무게)을 가지는 것이다. 그러나 싼 'shopping' 자전거에

표 3.1 기능, 제한, 목적 그리고 자유변수

기능	성분이 어떤 역할을 하는가
제한	어떤 필수 조건을 만족시켜야 하는가
목적	어떠한 사항이 극대화 혹은 최소화 되어야 하는가
자유변수	문제의 어떤 피라미터가 변화시키는데 자유로운가

표 3.2 일반 제한과 목적

일반 제한	일반 목적
충족시켜야 할 성능	최소화
• 경도	• 가격
• 강도	• 질량(무게)
• 파괴 인성	• 부피
• 열전도율	• 환경에의 영향
• 비저항	• 열손실
• 잔류자기	
• 광투과도	최대화
• 가격	• 에너지 보존
• 질량(무게)	• 열흐름

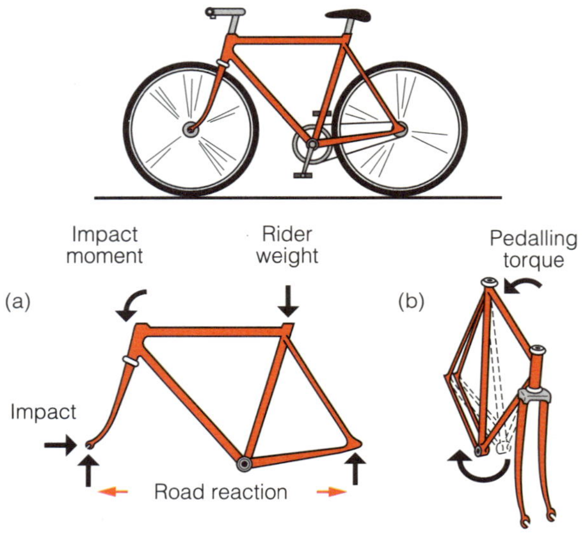

그림 3.7 자전거에 앞바퀴 걸이 봉이 휘어져 장착된다.

대한 재료의 선택에서는 두 가지 모두 반대가 된다. 이제 목적은 가능한 제한함으로써 그것을 취급하는 질량(무게)에 대해 최상한가에 따른 비용을 최소화하는 것이다(그림 3.7).

변형(translation) 단계의 결과는 설계의 한계적 특성과 그것들을 충족시켜야만 하는 제한의 목록화이다. 그러므로 재료 특성에 설계 요구조건과 관련된 첫 번째 단계는 기능, 제한, 목적 그리고 자유변수의 명확한 보고서(statement)이다.

선별(Screening)

제한(constraints)은 문(여과시, 걸러내는 필터)이다. 여러분이 문을 통과하면 제한을 만족시키는 것이며, 만약 만족시키는 데 실패했다면 여러분은 밖으로 나가야 한다. 선별(그림 3.6)은 단지 전혀 적용할 수 없는 후보들(candidates)를 제거하는 것이다. 왜냐하면, 하나 또는 그 이상 것들의 특성이 제한에 의해 통과되지 못하였기 때문이다. 예로서, '성분은 반드시 끓는 물에서 작용해야만 한다.' 또는 '성분은 반드시 투명해야 한다.' 는 요구조건은 성공적인 후보들이 충족시켜야만 하는 *maximum service temperature*와 *optical transparency*의 특성에 대한 명백한 한계를 부여한다. 우리는 *attribute limites*로서 이러한 것들을 적용한다.

평가(Ranking)

선별 단계에서 선별된 재료들을 평가하기 위해 우리는 우수한 기준이 필요하다. 그것들은 뒷장에 재료 인덱스에서 찾을 수 있다. 그리고 그것은 선별 단계를 통과한 후보가 얼마나 잘 적용될 수 있는지를 평가한다(그림 3.6, 제자리에). 성능은 가끔 어떤 하나의 특성에 의해 그리고 때때로 재료들의 결합에 의해 한계를 가진다. 이와 같이 부력에 대한 최고의 재료는 매우 낮은 밀도 ρ를 가진 재료이다. 열적 절연체에 대한 최고의 재료는 열적 전도성 λ의 값이 매우 작은 재료이다. 물론 그것들은 또한 설계에 의해 부여된 모든 다른 제한을 만족시킨다. 여기서 최대한의 또는 최소한의 어떤 하나의 특성은 성능을 극한까지 증가시키는 것이다. 그러나 그것은 가끔 성능도 아니고 관련된 특성 그룹도 아니다. 그리하여, 가볍고 단단한 타이로드(tie-rod)의 가장 적합한 재료는 E/ρ(탄성률 E)의 비강성(specific stiffness)가 가장 적합한 재료이다. 스프링의 가장 적합안 재료는 σ_y^2/E(항복응력 σ_y)가 가장 높은 재료이다. 주어진 설계에 대한 성능을 최대로 하는 특성 또는 특성 그룹은 그것의 재료 인덱스(materials index)라 명명한다. 최대의 성능의 어떤 모양(면)과 관련된 각각의 수많은 인덱스들이 있다. 그것들은 주어진 응용분야에서 잘 적용될 수 있는 그들의 가능성에 의해 재료의 평가를 승인하는 우수한 기준을 제공한다.

요약하면, 선별은 일을 하는 능력을 가진 후보들을 분류하는 것이다. 그리고 평가는 매우 잘 일할 수 있는 것들 사이에서 그것들을 확인하는 것이다.

문서화(Documentation)

지금까지 단계들의 결과는 평가된 어느 쪽에서라도 요구되어지는 제한을 충족시키고 우수한 기준을 최대 또는 최소화한 후보의 예비심사 합격정도이다. 여러분은 단지 최고로 평가된 후보를 선택할 수 있었다. 그러나 숨겨진 약함(약점)은 무엇인가? 그것의 평가는 무엇인가? 그것의 좋은 실적을 가졌는가? 우리는 더 나아가기 위해 각각의 상세한 프로필을 찾는다(그림 3.6, 아래 부분).

문서화(documentation)는 어떤 형태를 가지는가? 전형적으로 그것은 묘사적이며 도해적이고 그림과 같다.—재료의 앞선 사용에 대한 연구의 경우, 특히 환경에서 그것의 부식 거동에 대한 그리고 환경적인 영향 또는 독성의 적용성과 평가 그리고 충고에 대한 세부사항. 그러한 정보는 핸드북, 제공자의 데이터 시트, CD로 된 데이터 소스 그리고 높은 수준의 웹 사이트에서 찾을 수 있다. 문서화(Documentation)는 설계 요구조건과 재료와 공정 특성 사이에 만들어지는 최종적인 match를 가능하게 하는 최종 선택에서 예비 심사 기준을 좁혀 준다.

왜 모든 이러한 단계들이 필요한가? 선별과 평가 없이 후보 생산자 연합(pool)은 거대하며 문서화의 양은 압도적으로 많다. 우선 뛰어들고, 새로운 재료를 찾기를 원한다면 지금 여기서 얻을 수 있다. 그러나 일단 작더라도 가능성이 있는 후보들은 선별-평가 단계에서 확인되어 왔다. 그리고 상세한 documentation은 오로지 몇몇의 것에 대해서만 조사될 수 있으며, 그 일은 적합하게 된다.

3.5 변형(translation)의 예

다음의 예는 그림 3.3의 코르크 따개에 레버로부터 시작하는 수많은 문제에 대한 translation 단계를 묘사한 것이다. 그 다음은 재설계의 예이다.

표 3.3 코르크 따개 레버를 위한 변형

기능	• 지렛대(굽히면서 부하가 걸리는 막대)	
제한	• 충분한 경로 • 충분한 강도 • 인성 • 물과 공기에 대한 내부식성	기능적 제한
	• 길이 L	기하학적 제한
목적	• 비용의 최소화	
자유변수	• 재료의 선택 • 단면적의 선택	

코르크 따개의 레버

그림 3.3은 설계의 사례 연구에서 코르크 따개의 레버를 나타낸 것이다. 사용될 때 그것은 구부려지면서 부하를 이동시킨다. 그것은 주의를 요하는 정도에서 틀림없이 구부림의 운동을 가져야만 한다. 그리고 그것은 비록 어떤 값싼 코르크 따개를 사용하더라도 밀려서는 안 되며, 억지스러운 힘에 견딜 수 있도록 충분히 튼튼해야 한다. 마지막으로 그것은 와인이나 물에 부식되어선 안 된다. 레버의 길이는 명시해야 되지만, 횡단면은 아니다. 우리는 이용하는 적화물의 무게를 견디는 충분한 부품을 선택할 수 있는 자유가 있다. 주어진 모든 이러한 상황에서 레버는 가능한 한 싼값을 가져야 한다. 표 3.3은 translation을 목록화한 것이다.

설계 한계 특성(design-limiting properties)은 제한에 직접적으로 관련된 것들이다: 계수(modulus) E, 강도(strength) σ_y, fraction toughness K_{1c} 그리고 부식방지.

CD 케이스의 재설계

음악 애호가들은 CD는—그들의 최고의 소장품—아주 훌륭한 것이라고 확신할 것이다. 그러나 CD가 들어오면서 케이스는 힘든 일이 되었다(그림 3.8). 그것들은 시각적으로 명료함의 이유로 보석 상자라 불린다. 그러나 용도에 있어서 그것들은 보석과 거리가 멀다. 그것들은 보통 낮은 가격과 무색투명한 투명성 때문에 선택되어진 폴리스틸렌(PS)으로 만들어진다. 그리고 그것들은 주조 주입으로 만들어지며, 또한 만약 여러분이 아주 많이 만들 수 있다면 매우 값이 싸게 된다. 적어도 원칙적으로는 폴리스틸렌은 재활용될 수 있다. 그러나 PS 보석상자는 쉽게 금이 가며, 용면 부위와 경첩을 고장 나게 하고, 그리고 케이스의 모퉁이는 CD에 주기적인 충격을 주기에 충분히 단단하고 날카롭다. 여러분이 정말로 문제라고 생각하는 특징을 결정하라. 그리고 CD 케이스의 재설계를 위해 제한, 목적 그리고 자유 변수를 고려하라.

문제를 해결하기 위한 방법은 오래된 재료 중에 문제가 없는 훌륭한 특성을 가진 대체 재료를 조사하는 것이다. 이와 같이, 우리는 라벨을 읽을 수 있도록 시각적으로 투명한 그리고 많을 수량을 만들 수 있는 가장 경제적인 방법인 성형 주입이 될 수 있는 재료를 찾는 것이다. 그러나 그것은 폴리스틸렌보다 튼튼해야 한다. 이러한 제한들을 충족시키는 재료 중에 우리는 비용 면에서 가장 저렴한 것을 원한다. 표 3.4는 변형(translation)을 요약한 것이다.

잠재성 있는 설계 제한 특성은 시각적인 투명성, 파괴 인성, K_{1c}(PS보다 반드시 나은 것), 그리고 성형 주입되어질 수 있는 가능성이 있어야 하며 재활용되어야 한다.

그림 3.8 폴리스틸렌 CD 케이스. 이것은 싸지만, 깨지거나 금이 가기 쉽다.

표 3.4 재설계된 CD 케이스를 위한 변형

기능	• CD의 보관 및 보호	
제한	• 투명성 • 몰드 성형 가능성 • 재활용성 • 폴리스틸렌보다 좋은 인성	기능적 제한
	• 폴리스틸렌 케이스와 동일한 규격	기하학적 제한
목적	• 비용의 최소화	
자유변수	• 재료의 선택	

마이크로 칩에 열 탱크(sinks)

마이크로 칩은 아마 밀리와트와 같은 아주 작은 에너지를 소비한다. 그러나 이 힘은 높은 파워 밀도를 만드는 아주 작은 체적에서 흩어져 사라지게 된다. 칩이 수축하고 클럭(clock) 스피드가 증가하면, 과열의 문제가 발생한다. 여러분의 PC의 칩은 85℃에 이르면, 이를 식히기 위한 강제적인 냉각이 필요하게 된다. 다양한 칩 모듈(MCMs)은 하나의 토대 위에 130개의 칩만큼 많이 채워져 있다. 그리고 칩들은 180℃까지 가열된다. 가열은 열 탱크(sink)에 칩을 붙임으로써 통제되며, 유지된다. 그 열 탱크는 이제 전자공학의 발전을 좀 더 제한하는 결정적인 요소가 되었다. 어떻게 그것의 성능이 최대로 할 수 있는가?

전자적인 결합을 방지하고 칩과 열 탱크 사이에 축전기를 벗어나도록 하기 위해 열 탱크는 반드시 좋은 전기 절연체여야 한다. 만약 그것이 180℃ 정도가 칩 표면에서 작

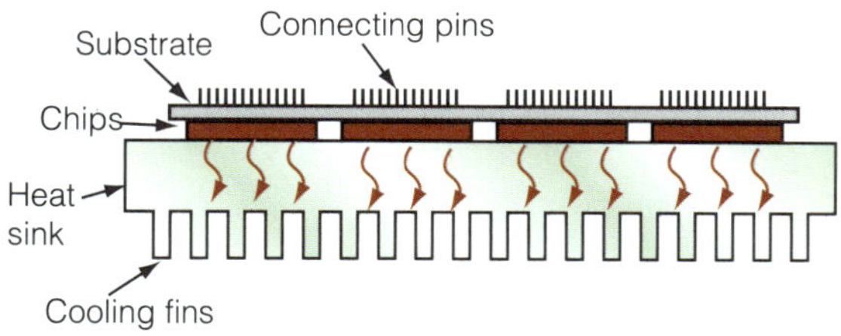

그림 3.9 열탱크(heat sink)는 열전도율이 좋아야하고, 전기적으로 절연체이어야 한다.

표 3.5 열탱크를 위한 변형

기능	• 방열	
제한	• 재료는 반드시 좋은 전기 절연체일 것 • 최대 작동 온도 > 200℃	기능적 제한
	• 지정된 규격	기하학적 제한
목적	• 최대화된 열전도도	
자유변수	• 재료의 선택	

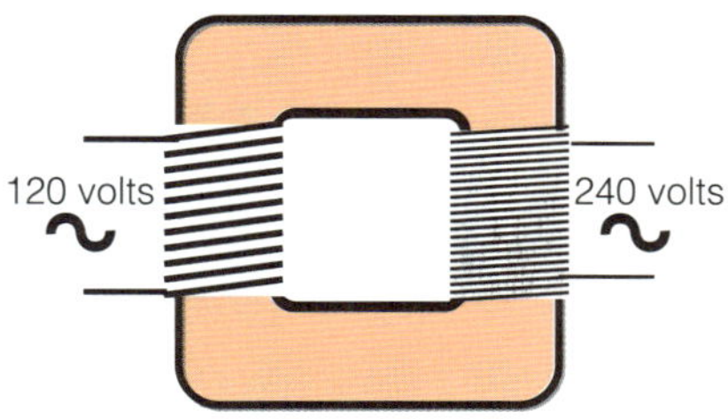

그림 3.10 변압기, 코어는 반드시 연자성체이어야 하며 만약 고주파 변압기의 경우, 반드시 전기절연체이어야 한다.

용하고 있다면, 절연체는 적어도 180℃에서 최대로 유용해야만 한다(데미지 없이 계속적으로 작동할 수 있는 온도). 이런 것들은 제한을 의미한다. 칩으로부터 가능한 한 빠르게 열을 제거하기 위해 가능한 한 최고로 높은 열 전도성 λ을 가져야하며, 이는 목적을 의미한다. 설계의 다른 면에 의해 모든 치수(dimensions)가 제한된다고 간주하고, 변형(translation) 단계는 표 3.5에 요약되어 있다.

설계 제한 특성은 분명히 최대의 유용한 온도 T_{max}, 전기 저항성 ρ_e 그리고 열 전도성 λ이다.

표 3.6 변압기 코어를 위한 변형

기능	• HF 변압기 코어	
제한	• 연 자성체 재료 • 전기적 절연체	기능적 제한
	• 지정된 규격	기하학적 제한
목적	• 비용의 최소화	
자유변수	• 재료의 선택	

HF 변압기 철심(cores)

전기 변압기는 하나의 교류전압을 다른 교류전압으로 변환시키기 위해 전자석의 유도를 사용한다(그림 3.10). 에너지 손실을 최소화하기 위해 재료는 반드시 자화되고 자멸되기 쉬운 유연한 자석이여야 한다.(15장) 그리고 높은 주파수에서 소용돌이 흐름 손실을 피하기 위해 전자가 유도되어야 한다. '유연한 자석 재료'의 제한과 '전자 유도'는 모두 한정적이다. 그것들은 적은 수의 후보가 아닌, 모두 선별될 것이다. 만약 변압기가 매일 정해진 양을 생산한다면, 목적은 비용을 최소화하는 것이 될 것이다. 표 3.6은 translation을 목록화하였다.

3.6 요약 및 결론

설계의 시작은 설계의 요구조건(design requirement)에 포함된 시장수요이다. 수요를 만족시키는 생산물에 대한 개념(concepts)은 계획을 세우는 것이다. 처음 양자택일의 평가와 탐구가 개념이 실용적이라고 제안한다면, 설계는 구체화 단계에 도달한다. 작동원리는 선택되고, 크기와 layout(설계 또는 배치)는 결정되며, 그리고 성능의 최초 평가와 비용은 구상된다. 만약 결과가 성공적이라면, 설계자는 상세한 설계 단계로 넘어가게 된다. 성능의 최적화, 결정적인 요소의 완전한 분석, 세부적인 제품 도면의 준비(보통 CAD 파일로서), 크기를 나타내고, 정밀도를 명확히 상술하고, 재료를 확인하고 그리고 방향을 결정한다. 그러나 설계는 그림 3.1에 나와 있는 것처럼 일직선의 과정이 아니다. 어떤 길은 아주 쉬운 단계의 반복을 요구하는 막다른 골목에 이르게 한다. 그리고 그 일은 종종 재설계 중 하나이다.

재료와 공정의 선택은 이 단계들의 집합체에서 같은 방향으로 나아간다. 최초 둘 다 연구 범위는 가능한 모든 후보를 에워쌀 만큼 폭넓다. 증가하는 세부사항이 설계 요구조건을 명확한 형태로 나타내고 있는 때, 제한은 재료와 공정 모두 만족해야만 하며, 그리고 하나 또는 그 이상의 목적은 명료하게 표현되어야 한다는 것을 나타낸다. 제한은 연구범위를 좁히며, 목적은 남아 있는 재료와 공정의 선별을 고려한다. 제한이 확인되면, 목적과 자유변수들(우리가 'translation'이라 부르는 공정)은 선택의 첫 번째 단계이다. 직무(일, task)가 재료를 선택하는 것이었을 때, 이 장은 translation의 예로 끝났다. 연습은 그 이상을 제안한다. 직무(일)가 공정의 선택일 때 유사한 translation은 요구되어진다. 우리는 18장에서 이것을 언급한다. 또 다른 단계들—선별, 평가 그리고 documentation—은 이후 논의되어진다.

3.7 참고문헌

Ashby, M.F. (2005) *Materials Selection in Mechanical Design*, 3rd edition, Butterworth-Heinemann, Oxford, UK, Chapter 4. ISBN 0-7506-6168-2. (*A more advanced text that develops the ideas presented here in greater depth.*)

Cross, N. (2000) *Engineering Design Methods*, 3rd edition, Wiley, Chichester, UK. ISBN 0-471-87250-3. (*A durable text describing the design process, with emphasis on debveloping and evaluating althrnative solutions.*)

French, M.J. (1985) *Conceptual Design for Engineers*, The Design Council, London, UK and Springer, Berlin, Germany. ISBN 0-85072-155-5 and 3-540-15175-3. (*The origin of the 'Concept—Emvodiment—Detail' block diagram of the design process. The book focuses on the concept stage, demonstating how simple physical principles guide the development of solutions to design problems.*)

Pahl, G. and Beitz, W. (1997) *Engineering design*, 2nd edition, translated by K. Wallace and L. Blessing, The Design Council, London, UK and Springer, Berlin, Germany. ISBN 0-85072-124-5 and 3-540-13601-0. (*The Bible—or perhaps more exactly the Old Testament—of the technical design field, developing formal methods in the rigorous German tradition.*)

Ullman, D.G. (2003) *The Mechanicl Design Process*, 3rd edition, McGraw-Hill, New York, USA. ISBN 0-07-112281-8. (*An Americn view of design, develop[ing ways in which an initially ill-defined problem is tackled in a series of steps, much in the way suggested by Figure 3.1 of the present text.*)

Ulrich, K.T. and Eppinger, S.D. (1995) *Product Design and Development*, McGraw-Hill, New York, USA ISBN 0-07-065811-0. (*A readable, comprehensible text on product design, as taught at MIT. Many helpful examples but almost no mention of materials.*)

3.8 연습문제

연습문제 E3.1 최초 설계를 전개하는 데 있어 단계들은 무엇인가?

연습문제 E3.2 재료 선택 전략의 'translation' 단계를 그리고, 설명하라.

연습문제 E3.3 목적(objective)의 의미가 무엇이며, 설계에 대한 요구조건에 대한 제한(constraint)의 의미는 무엇인가? 그리고 그것들은 어떻게 다른가?

연습문제 E3.4 우리는 요리하는 동안 적은 열로 가능한 한 에너지를 절감하는 요리 팬(후라이팬)을 설계하도록 요청 받았다. 여러분이 선정한 목표는 무엇이며, 여러분이 반드시 충족시켜야만 할 것이라고 생각하는 제한은 무엇인가?

연습문제 E3.5 가게의 특별 코너를 목표로 한 많은 종류의 자전거가 도착한다.

- 단거리 자전거.
- 여행용 자전거.
- 산악 자전거.
- 쇼핑 자전거.
- 어린이용 자전거.
- 접이식 자전거.

최초의 목적과 각각의 제한에 대해 충족시켜야만 하는 최초의 제한을 확인하기 위해 여러분의 판단력을 이용하라.

연습문제 E3.6 어떤 재료는 1,000°C까지 온도를 올리는 상압 전기로의 감는 법이 요청되었다. 전기로에서 감는 법과 기능이 적당하게 만들기 위해서는 재료가 어떤 특성을 가져야 하는지 생각해 보라. 최저가격의 재료를 목적으로 한 것과 재료의 선택의 자유롭게 하여 기능과 제한요소를 나열하여 보라.

연습문제 E3.7 어떤 재료는 사무실 가위를 제조하도록 요청되었다. 종이는 연마재료 이고, 가위는 때때로 스템플러 같은 단단한 장애물에 부딪힌다. 기능과 제한을 목록화하라. '최소한의 재료비용' 에 대한 목적을 갖추고 '재료의 선택' 에서 자유롭게 변화할 수 있도록 하라.

연습문제 E3.8 어떤 재료는 열과 염류가 포함된 120°C에 물로부터 열을 얻기 위한 열교환기를 요청 받았다(그리고 압력 하에). 기능과 제한을 목록화하라. 재료비용을 최소화하기 위한 목적과 재료 선택을 위한 자유 변수를 지정하라.

연습문제 E3.9 어떤 재료는 패스트푸드 체인점에서 일회용의 포크를 요청 받았다. 여러분이 중요하다고 알고 있는 목적과 제한을 목록화하라.

연습문제 E3.10 여러분이 레이스 자전거의 쇠스랑을 만들기 위한 재료를 선택하는 데 관련되는 제한과 목적을 공식화하라.

연습문제 E3.11 값싼 옷걸이는 나무로 만들어졌다—지금 그것은 이 재료를 사용하여 만든 유일하게 값비싼 옷걸이이다. 대부분의 옷걸이는 이제 금속 또는 플라스틱이다. 그리고 둘 다 나무로 만든 옷걸이와 각각의 다른 것들로부터 본래의 형태와 다르다. 디자인을 비교하여 나무, 금속 그리고 플라스틱 옷걸이를 조사하라. 그리고 재료의 선택이 그것들에게 주는 영향에 대한 주석을 조사하라.

제 4 장

강성과 무게 : 밀도와 탄성계수

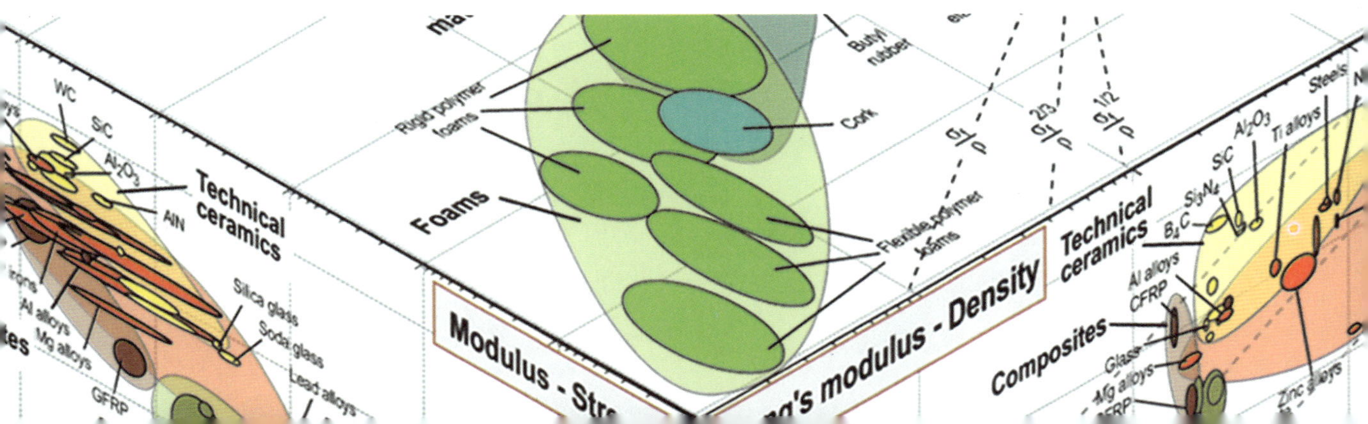

하중방식(Noraman Foster and Partner사의 호의에 의해 실린 영국 런던의 스탠스테드 공항의 이미지)

4.1 서론 및 개요

응력(stress)은 변형(strain)을 일으킨다. 만약 인간의 경우라면 과도한 긴장(역주: strain에는 변형 외에도 과로나 긴장의 의미가 있음) 없이 스트레스(역주: 역학의 응력과 신체적, 심리적 용어인 스트레스는 같은 단어(stress)임)에 대처하는 능력을 회복력(혹은 탄력성)(resilience)이라 부른다. 만약 재료의 경우라면 이것을 탄성계수(elastic modulus)라 부른다.

응력은 하중을 줌으로써 재료에 가해지는 어떤 것이다. 변형(모양의 변화)은 그에 대한 반응으로써, 응력의 크기와 응력이 가해지는 방식 즉, 하중 방식에 의존한다. 표지 사진은 일반적인 예를 도해하여 보여 준다. 버팀목(tie)은 인장력을 지탱하며, 흔히 케이블로 되어 있다. 기둥(column)은 압축력을 받치고 있으며, 튜브 형태가 속이 찬 막대보다는 잘 휘어지지 않기 때문에 기둥으로서 보다 효과적이다. 보(beam)는 공항의 수평 지붕보나 비행기의 날개처럼 굽힘 모멘트에 버틴다. 샤프트(shaft)는 비행기의 프로펠러축이나 자동차의 구동축의 경우처럼 비틀림에 견딘다. 비행기의 타이어와 같은 압력용기는 압력을 지탱하며, 주로 벽이 얇고 곡선인 껍질 구조로 되어 있다.

강성은 탄성범위 내에서 모양의 변화에 대한 저항의 척도이며, 탄성은 응력 제거 시 재료가 원래의 모양으로 되돌아가는 성질을 의미한다. 강도(6장 참조)는 연구변형 혹은 완전파손에 대한 저항치이다. 응력과 변형은 재료의 특성이 아니며 이들은 자극과 반응을 나타낸다. 강성(어떤 순간에 정의되는 탄성계수 E로 측정됨)과 강도(탄성한 σ_y 혹은 인장강도 σ_{ts}로 측정됨)는 재료의 특성이다. 강성과 강도는 기계적 디자인에서 중추적이며 종종 밀도 ρ와 함께 고려된다. 이 장에서는 응력과 변형, 그리고 이들을 연관시키는 탄성계수를 소개한다. 이러한 특성들은 재료특성 도표 즉, 이 책에서 보게 될 많은 도표 중 첫 번째에 해당하는 탄성계수-밀도 도표에 잘 요약되어 있다.

밀도와 탄성계수는 원자들의 질량과 재료 내에서 원자들이 충진되는 방식 및 원자들의 결합강도를 반영하고 있다. 이들 중에서 어떤 것을 변화시키기 위해 여러분이 할 수 있는 일은 많지 않고, 따라서 순수한 재료의 밀도와 탄성계수는 전혀 조종될 수 없다. 만약 이러한 특성들을 제어하기를 원한다면 재료들을 함께 섞어 복합재료를 만들거나 혹은 재료 내에 빈 공간을 분산시켜 폼(foam)을 만들 수 있다. 특성도표는 이것이 어떻게 작동하는지 보여 주는 좋은 방식이다.

4.2 밀도, 응력, 변형률 그리고 탄성계수

밀도

많은 응용(예를 들어 스포츠 용구, 수송 시스템)에서 가벼운 무게가 요구되며, 이는 부분적으로 그것들을 만드는 재료의 밀도에 의존하게 된다. 밀도는 단위부피당 질량을 의미하며, kg/m^3 단위로 측정되거나 혹은 편의성을 위해 때때로 Mg/m^3($1Mg/m^3 = 1000kg/m^3$) 단위로 측정된다. 규칙적인 모양을 갖는 시료의 밀도는 정밀한 저울과 크기 즉, 부피의 정확한 측정을 통해 결정될 수 있지만 이는 최선의 방법은 아니다. 보다 나은 방법은 '이중 무게측정' 방식으로 먼저 시료의 무게를 공기 중에서 잰 후 다음에 밀도가 알려진 액체 속에 완전히 담가서 다시 잰다. 액체 속에 담겼을 때 시료는 대체한 액체의 무게에 해당하는 상승력을 받는다(아르키메데스 원리[1)]). 따라서 밀도는 그림 4.1에 보여 주는 바와 같이 계산된다.

하중 방식

대부분의 공업용 부품은 하중을 지탱한다. 이들의 탄성 반응은 하중이 가해지는 방식에 의존한다. 앞에서 설명했듯이 표지에 나타낸 두 개의 구조물에서 각 부품은 다른 방식의 하중, 즉 인장, 압축, 굽힘, 비틀림 및 내부 압력에 견디도록 설계되어 있다. 대개 하나의 방식이 우세하며 부품은 그림 4.2의 버팀목, 기둥, 보, 샤프트 혹은 껍질의 예처럼 단순 하중의 경우로 이상화 할 수 있다. (a)에서 버팀목은 단순 축인장을 받고 있으며, (b)에서 기둥은 단순 압축을 받고 있다. 보의 굽힘(c)은 중심축(대칭의 단면을 갖는 보의 경우 중심선)의 한쪽 요소에는 단순 축인장을 일으키고, 반대쪽 요소에는 단순 압축을 일으킨다. 샤프트는 비트는 힘을 받고 있고 있으며(d), 이는 축 하중보다는 전단을 발생시킨다. (e)에 나타낸 원통형 튜브처럼 껍질에 가해지는 압력 차이는 2축 인장 혹은 압축을 발생시킨다.

응력

그림 4.3의 (a)행 왼쪽에 나타낸 것처럼 재료의 한 요소 면에 수직으로 가해지는 힘 F를 고려하자. 힘은 요소를 통해 전달되어 반대 면에서 크기는 같고 부호는 반대인 힘

---

1) 아르키메데스(287–212 BC), 그리스의 수학자, 공학자, 천문학자, 철학자. 전쟁무기, 물을 끌어올리는 아르키메데스 나선펌프의 설계자. π의 값을 3 + 1/7로 계산한 사람. 목욕 중 그의 이름을 딴 원리를 고안한 사람.

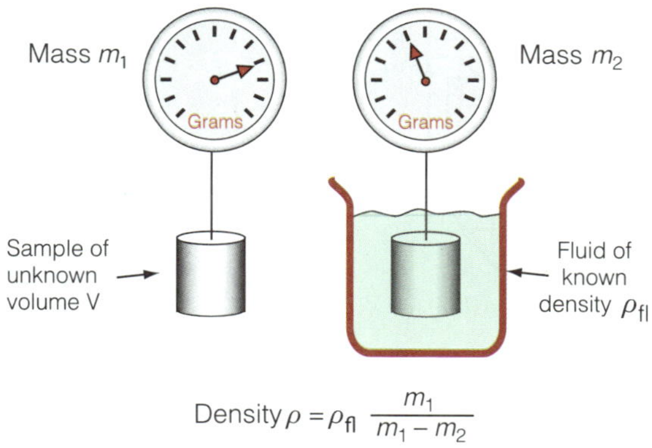

그림 4.1 아르키메데스 방법에 의한 밀도 측정

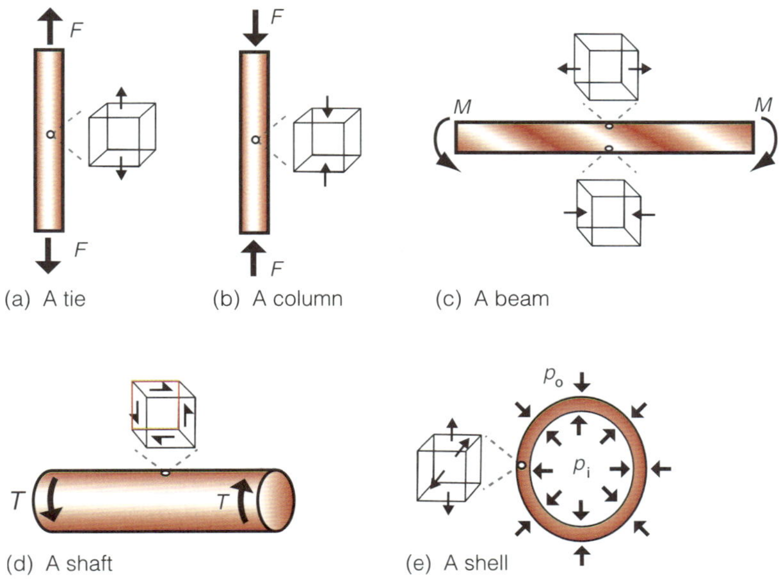

그림 4.2 하중방식과 응력상태

에 의해 균형을 이루게 되고 평형(즉, 움직이지 않음)에 놓이게 된다. F에 수직한 모든 면은 힘을 받고 있다. 그러한 면의 면적이 A라면 요소내의 인장응력 σ는 요소의 자체 무게를 무시할 경우 다음과 같다.

$$\sigma = \frac{F}{A} \tag{4.1}$$

만약 F의 부호가 반대가 되면 응력은 압축이 되며 음의 부호가 주어진다. 힘은 뉴턴

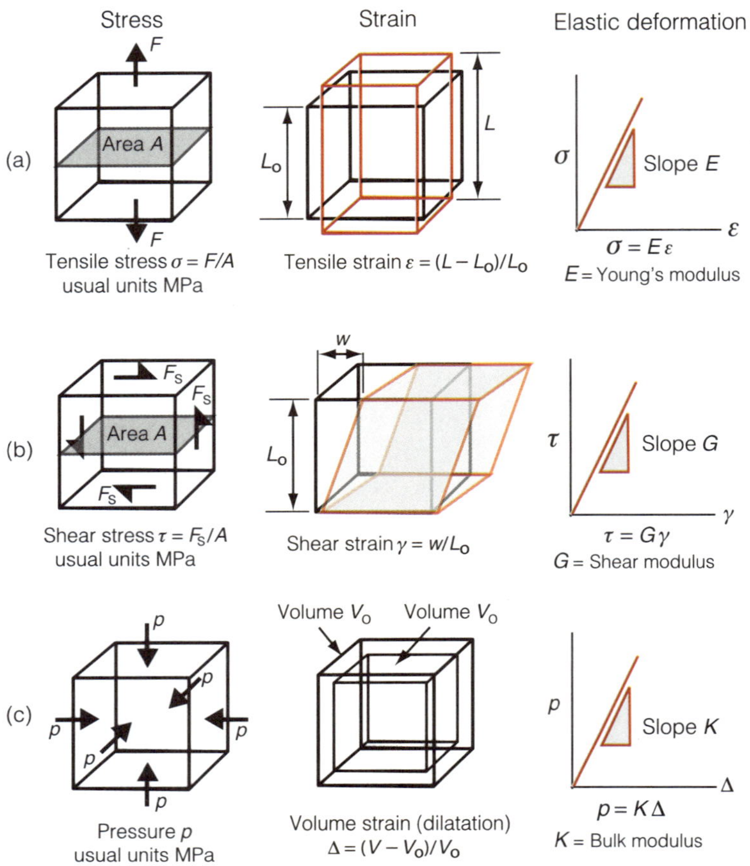

그림 4.3 응력, 변형률 및 탄성계수의 정의

(N) 단위로 측정되며[2)], 따라서 응력은 N/m^2의 단위를 갖는다. 하지만 $1N/m^2$의 응력은 매우 작으므로(대기압은 $10^5N/m^2$임), 대개 MN/m^2의 단위를 이용하며 메가파스칼이라고 부르는 MPa 기호를 사용한다[3)].

만약 힘이 요소 면에 평행하게 놓이게 된다면 평형을 유지하기 위해 세 개의 다른 힘이 필요하게 된다(그림 4.3의 (b)행). 이들은 요소 내에 전단 상태를 만들게 된다. 예를 들면 그늘진 면은 전단응력 τ를 받고 있다.

2) 아이삭 뉴턴(1642–1727), 천재 과학자이자 연금술사. 운동의 법칙, 중력의 역제곱 법칙(이에 대해서는 약간 논쟁의 여지가 있음), 광학 법칙, 미적분 등 많은 법칙을 만든 사람.

3) 블라제 파스칼(1623–1662), 결과를 어떻게 얻었는지 설명 없이 출판하는 데 기쁨을 느낀 철학자이며 수학자이자 과학자. 하지만 거의 모든 결과가 옳은 것으로 증명되었음.

$$\tau = \frac{F_s}{A} \tag{4.2}$$

단위는 앞에서와 같이 MPa이다.

재료의 탄성 반응을 정의하는데 다축응력 상태는 유용한데, 이는 그림 4.3의 (c)행에 나타낸 바와 같이 입방체 요소의 모든 여섯 면에서 똑같은 인장 혹은 압축 힘이 가해질 때 생성된다. 이때 입방체 내의 어떤 면에서도 같은 응력상태에 놓여 있으며, 이는 입방체 면에 가해지는 힘을 그 면적으로 나눈 값과 같다. 응력상태는 정수압의 일종으로 기호는 p, 단위는 역시 MPa로 나타낸다. 여기서 유감스런 규약이 있다. 압력은 밀 때 양의 부호를 갖는데, 이는 단순 인장이나 압축에서의 규약과는 반대이다.

공업용 부품은 복잡한 형상을 지니고 여러 방식으로 하중을 받을 수 있으므로 복잡한 응력 분포를 나타낼 수 있다. 하지만 아무리 복잡하더라도 부품 내부의 임의의 작은 요소 내에서의 응력은 항상 인장, 압축, 전단의 조합으로 기술할 수 있다. 일반적으로 그림 4.3의 단순한 경우는 예를 들어 굽힘과 압축이 더해졌을 때도 만족시킬 수 있는데, 이는 두 경우를 중첩함으로써 가능하다.

변형률

변형률은 응력에 대한 재료의 반응이다(그림 4.3의 둘째 열). 어떤 요소에 가해진 인장 응력 σ는 그 요소를 늘이게 된다. 만약 그림 4.3(a)의 요소가 원래 한 변의 길이 L_0에서 $\delta L = L - L_0$ 만큼 늘어난다면, 명목상의 인장 변형률은 다음과 같다.

$$\varepsilon = \frac{\delta L}{L_o} \tag{4.3}$$

압축 응력은 요소의 치수를 줄이게 되고, 명목상의 압축 변형률(음의 부호)은 같은 방식으로 정의된다. 변형률은 두 길이의 비이므로 무차원이다.

전단응력은 전단변형률 γ를 일으킨다(그림 4.3(b)). 만약 요소가 거리 w만큼 전단하면, 전단변형은 다음과 같다.

$$\tan(\gamma) = \frac{w}{L_o} \approx \gamma \tag{4.4}$$

실제적으로 변형률은 거의 항상 작기 때문에 $\tan\gamma \approx \gamma$이다. 마지막으로 정수압 p는 체적 V의 요소를 δV만큼의 체적 변화를 야기한다. 체적변형률 혹은 팽창률(그림

4.3(c)는

$$\Delta = \frac{\delta V}{V} \tag{4.5}$$

이다.

응력-변형률 곡선과 탄성계수

그림 4.4는 세라믹, 금속, 고분자의 전형적인 인장응력-변형률 곡선을 보여 준다. 탄성한 σ_{el}까지 초기 부분은 대략 직선이며(후크의 법칙[4]), 탄성적이다. 이는 변형률이 회복 가능함을 의미하며 응력이 제거되었을 때 재료는 원래의 모양으로 되돌아간다. 탄성 한계보다 큰 응력은 영구적인 변형이나 (연성 거동) 혹은 취성 파괴를 일으킨다.

직선적인 탄성구간 내에서 변형률은 응력에 비례한다(그림 4.3의 셋째 열). 인장변형률은 인장응력에 비례하며,

$$\sigma = E\varepsilon \tag{4.6}$$

이고 압축에서도 마찬가지이다. 이때 비례상수 E를 영률[5]이라고 부른다. 유사하게 전단변형률 γ는 전단응력 τ에 비례하고,

$$\tau = G\gamma \tag{4.7}$$

팽창률 Δ는 압력 p에 비례한다.

$$p = K\Delta \qquad ((4.8)$$

여기서 G는 전단탄성계수이고 K는 체적탄성계수를 의미하며, 그림 4.3의 셋째 열에 그림으로 나타내었다.

이러한 세 개의 탄성계수는 모두 응력과 같이 단위면적당 힘(N/m^2 혹은 Pa)의 차원을 갖는다. 응력의 경우처럼 탄성계수도 보다 큰 단위를 사용하는 것이 편리한데, 이

4) 로버트 후크(1635–1703), 유능했지만 불쌍했던 사람. 현미경의 발명자이자 아마도 역시 중력의 역제곱 법칙 개념의 발견자. 뉴턴과 사이가 나빴음.

5) 토마스 영(1773–1829), 영국의 과학자. 광학 및 고대 이집트 상형문자(이 중에는 로제타석이 있음) 해독의 전문가. 탄성계수가 후크의 이름이 아니라 그의 이름을 딴 것은 약간 불공정해 보임.

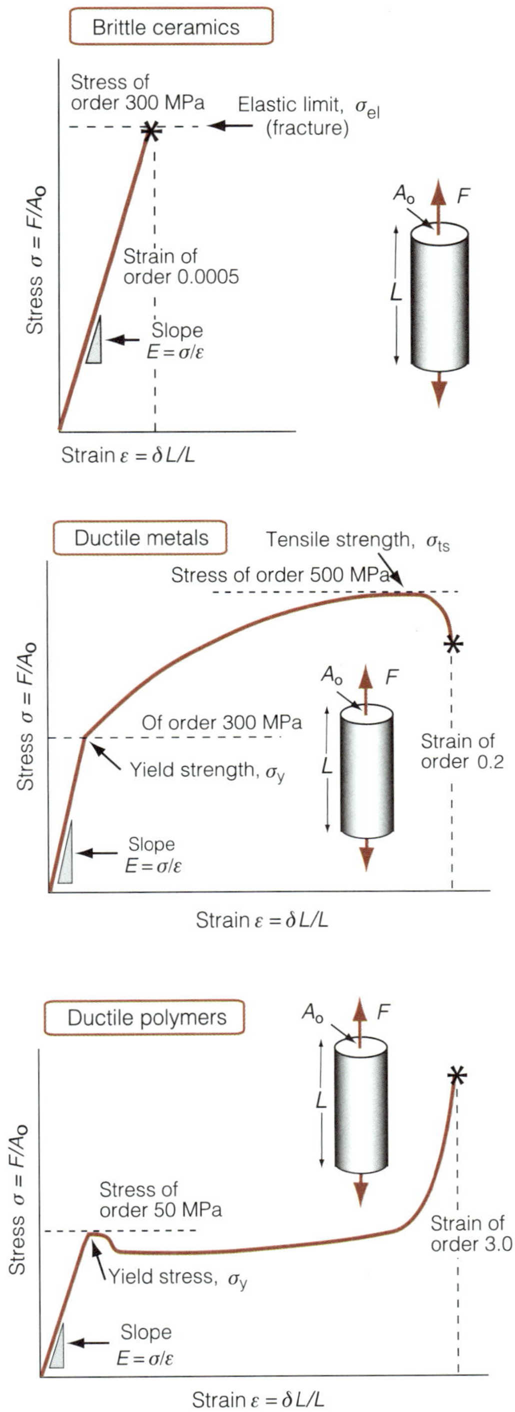

그림 4.4 세라믹, 금속 및 고분자의 인장응력-변형률 곡선

경우에는 훨씬 더 큰 단위인 $10^9 N/m^2$의 기가파스칼 즉, GPa를 사용한다.

영률, 전단탄성계수, 체적탄성계수는 상호 관련되어 있는데, 이들을 연관시키기 위해서는 포아송[6) 비라고 부르는 하나의 양이 더 필요하다. 그림 4.3(a)의 요소가 한 방향으로 늘어날 때 일반적으로 그림에 나타낸 것처럼 다른 두 방향에서는 수축이 일어난다. 포아송 비 ν는 인장하중 하에서 축 변형률 ε에 대한 가로 변형률 ε_t의 비의 음수값이다.

$$\nu = -\frac{\varepsilon_t}{\varepsilon} \tag{4.9}$$

가로변형률 자체가 음의 값이므로 ν는 양의 값이 되며, 전형적으로 대략 1/3이다.

등방성 재료(탄성계수가 하중이 가해지는 방향에 의존하지 않는 재료)에서는 탄성계수들이 다음과 같이 상호 관련된다.

$$G = \frac{E}{2(1+\nu)}; \qquad K = \frac{E}{3(1-2\nu)} \tag{4.10}$$

보통 $\nu \approx 1/3$이고, 이때

$$G \approx \frac{3}{8}E \quad \text{and} \quad K \approx E \tag{4.11a}$$

탄성중합체는 예외적이다. 이 경우 $\nu \approx 1/2$이고, 이때는

$$G \approx \frac{1}{3}E \quad \text{and} \quad K \gg E \tag{4.11b}$$

이는 고무(탄성중합체)가 인장 시에는 쉽게 늘어나지만(낮은 E), 만약 모양 변화에 구속이 있으면, 즉 정수압 하중이 가해지면 매우 딱딱해 짐(큰 K)을 의미한다. 이는 신발 디자이너들이 고려해야 할 특징이다.

CES 같은 데이터 소스는 네 개의 탄성계수 모두를 목록에 싣고 있다. 이 책에서는 E에 대한 데이터만 조사하고, 필요 시 개략적인 다른 값들은 식 (4.11)로부터 유도할

6) Simeon Denis Poisson (1781–1840), 그의 이름을 딴 상수와 분포로 잘 알려진 프랑스 수학자. 그는 운동신경이 발달하지 않은 것으로 유명했는데, 대학에서 그림을 그릴 수 없어 기하학에서 낙제했으며 서투름 때문에 발생한 사고로 인해 실험을 포기해야 했음.

수 있다.

탄성 에너지

만약 탄성을 갖는 밴드를 잡아 늘이면 그 안에 에너지가 축적된다. 이 에너지는 무시할 수 없으며, 투석기는 사람을 죽일 수도 있다. 한때 로마 병기창의 슈퍼무기는 10kg의 돌 발사체를 100야드 이상 던질 수 있을 만큼 충분한 탄성 에너지를 저장할 수 있는 감는 장치였다.

이 에너지를 어떻게 계산하는가? 변위 dL을 통해 작용하는 힘 F는 FdL의 일을 한다. 변형률 증가 $d\varepsilon = dL/L$을 통해 작용하는 응력 $\sigma = F/A$는 다음과 같은 단위체적당 일을 하게 된다.

$$dW = \frac{F\,dL}{AL} = \sigma\,d\varepsilon \tag{4.12}$$

이 때 단위는 J/m^{3}이다. 만약 응력이 탄성 재료에 작용하면, 이 일은 탄성 에너지로 저장된다. 그림 4.4의 세 개의 응력-변형률 곡선의 모든 탄성 구간(즉, 곡선에서 탄성한 이전 부분)은 선형적이며, $\sigma = E\varepsilon$이다. 응력이 0에서 최종 값인 σ^*로 증가될 때 단위체적당 한 일은 응력-변형률 곡선의 밑면적이다.

$$W = \int_0^{\sigma^*} \sigma\,d\varepsilon = \int_0^{\sigma^*} \frac{\sigma\,d\sigma}{E} = \frac{1}{2}\frac{(\sigma^*)^2}{E} \tag{4.13}$$

이것이 탄성 변형된 재료 내에 축적된 단위체적당 에너지이다. 이 에너지는 응력이 완화될 때 방출된다.

영률의 측정

여러분은 아마도 재료의 탄성계수를 측정하는 방법이 응력-변형률 곡선의 직선적인 탄성구간 안에 있도록 작은 응력을 가하여 그 값을 측정된 변형률로 나누어 구하는 것이라고 생각할 것이다. 실제로는 응력-변형률 곡선의 기울기로 측정한 탄성계수는 흔히 2배 혹은 그 이상만큼 부정확하며, 이는 재료의 크리프나 시험 장비의 변형이 재료의 변형률에 기여하기 때문이다. 정확한 탄성계수는 동력학적으로 측정되는데, 이는 보(beam)나 선(wire)의 자연 진동 주파수를 측정하거나 재료 내에서 음파의 속도를 측정함으로써 이루어진다. 두 경우 모두 $\sqrt{E/\rho}$에 의존하므로 만약 밀도 ρ를 알고 있다면 E를 계산할 수 있다.

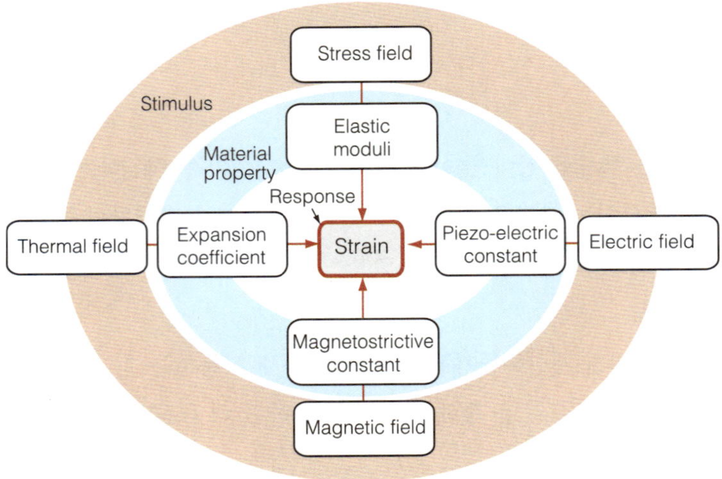

그림 4.5 변형률을 일으키는 자극들

무응력 변형률

응력만이 변형률을 일으키는 유일한 자극은 아니다. 어떤 재료는 자기장에 반응하여 변형률을 낳는데 이는 자기변형으로 알려진 효과이다. 또 다른 재료는 같은 방식으로 전기장에 반응하는데, 이러한 재료는 압전재료로 알려져 있다. 각각의 경우에서 재료의 특성은 변형률의 크기와 자극의 세기를 상호 연관지어 주게 된다(그림 4.5). 변형률은 작지만 높은 정밀도로 조정될 수 있으며, 자기변형 및 압전 변형률의 경우에는 매우 높은 빈도로 변화될 수 있다. 이는 정밀 위치제어 소자, 음향 발생기와 센서에 이용되고 있다. 이러한 응용 예는 14, 15장에서 다시 다룬다.

보다 익숙한 효과는 온도변화에 의해 생기는 변형률인 열팽창 효과이다. 열 변형률 ε_T는 열팽창 계수 α에 의해 온도변화 ΔT와 선형적인 관계를 갖게 된다.

$$\varepsilon_T = \alpha\, \Delta T \tag{4.14}$$

여기서 아래첨자 T는 변형률이 응력이 아닌 온도변화에 의해 일어남을 의미한다.

'무응력 변형'이라는 용어는 약간 오해의 소지가 있다. 이는 정확히 말하면 변형률이 응력에 의해서 야기되는 것이 아니고 다른 무엇인가에 의해 야기됨을 표현한다. 그러나 그럼에도 불구하고 만약 변형을 일으키는 물체가 속박되어 있다면 이러한 변형률은 응력을 야기할 수 있다. 열팽창으로부터 발생하는 응력인 열응력은 기계장치들을 움직이지 않게 하거나 기차선로를 휘게 하는 등 특히 문제가 될 수 있다. 12장에서는 이에 대한 분석을 다룬다.

4.3 큰 그림 : 재료 특성 도표

우리는 2.5절에서 재료특성도표의 개념을 보았다. 이제는 이를 이용할 시간이다. 만약 우리가 강성을 지니고 가벼운 재료를 원한다면 먼저 어떤 재료가 가능한지 살펴볼 필요가 있다. 재료가 얼마의 탄성계수를 갖는가? 재료의 밀도는 얼마인가? 탄성계수-밀도 도표가 이를 보여 준다.

탄성계수-밀도 도표

그림 4.6은 공업용 재료의 탄성계수가 0.0001부터 1000GPa까지 일곱 개의 십단위[7)]에 걸쳐 있으며, 밀도 ρ는 0.01보다 작은 값에서부터 20Mg/m^{3}까지 2000배에 걸쳐 있다. 세라믹과 금속족에 속하는 재료들은 높은 탄성계수와 밀도를 갖고 있는데, 모두 10GPa 이상의 탄성계수와 1.7Mg/m^3 이상의 밀도를 보인다. 대조적으로 고분자는 모두 10GPa보다 작은 탄성계수를 지니며 밀도는 어떤 금속이나 세라믹보다도 더 작은 값을 갖는다. 고분자의 대부분은 1Mg/m^{3}에 가까운 밀도를 지니고 있다. 탄성중합체는 다른 고분자들과 대략 같은 밀도를 갖지만 탄성계수는 100배 이상 더 낮은 값을 보인다. 고분자보다 더 낮은 밀도를 지닌 재료는 다공성 재료로서 인공의 폼, 나무나 코르크 같은 천연 세포조직 등이 있다.

이 특성 도표는 재료족과 거기에 속한 각각의 재료들이 $E-\rho$ 공간에서 어디에 위치하는지를 보여 주는 개략도이다. 이는 강성이 제한되어 있으면서 무게는 최소화해야 하는 응용에서 재료 선택의 일반적인 문제에 도움이 된다. 이에 대한 자세한 내용은 5장에 있다.

탄성계수-상대비용 도표

종종 설계의 최우선 목표는 무게가 아니라 비용을 최소화하는 것이다. 그림 4.7의 도표는 x-축에 재료의 단위부피당 상대가격을 보여 준다. 이 값은 어떠한 다른 재료보다 많은 양이 사용되는 금속인 연강의 가격을 기준으로 정상화된 가격이다. 콘크리트와

7) 매우 낮은 밀도를 갖는 폼과 겔(이는 액체로 채워진 분자 스케일의 폼으로 생각할 수 있음)은 이보다 더 작은 탄성계수를 가질 수 있다. 예를 들어 젤로(역주: 과일의 맛과 빛깔과 향을 낸 디저트용 젤리)에서처럼 젤라틴은 약 10^{-5}GPa의 탄성계수를 갖는다.

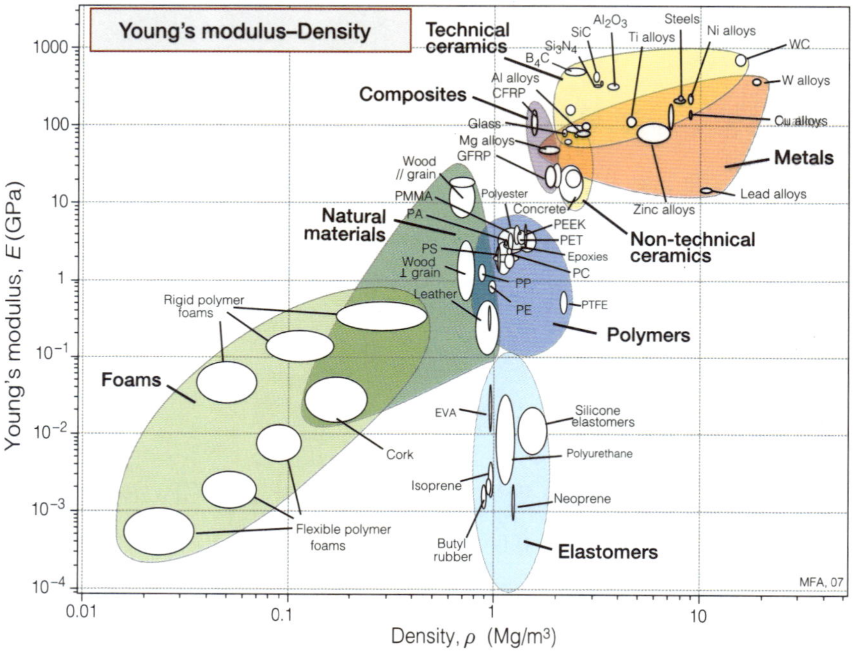

그림 4.6 탄성계수-밀도 도표

나무는 가장 싼 재료에 속하고, 고분자, 강 및 알루미늄 합금은 그 다음에 위치한다. 티타늄 같은 특수합금, 대부분의 공업용 세라믹과 PTFE와 PEEK 같은 일부 고분자는 비싸다. 도표는 강성이 있으며 가격이 싼 재료의 선택을 가능하게 한다. 5장에서 그 예를 다룬다.

이방성

유리와 대분의 고분자는 원자들이 배열되는 방식에 있어서 특정한 방향성을 지니지 않는 불규칙 구조로 되어 있다. 이들은 어느 방향에서 측정되더라도 같은 값을 보이는 등방성의 특성을 갖는다. 대부분의 재료는 원자들이 규칙적으로 배열되어 있는 결정질이다. 금속과 세라믹은 대개 무질서하게 배향된 많은 작은 결정들로 이루어진 다결정체이다. 이는 특성의 방향성을 평균값이 되도록 하므로 하나의 값으로도 충분하다. 그럼에도 때때로 이방성은 중요하다. 단결정과 잡아 늘인 고분자나 섬유 등은 이방성을 보이는데, 재료의 특성이 측정되는 방향에 따라 달라진다. 예를 들면 나무는 횡단방향보다 나뭇결을 따라서 훨씬 더 단단하다. 그림 4.6과 4.7에는 두 개의 하중 방향에 대해서 각각 특성 영역을 분리하여 나타내었다. 섬유복합재료는 한층 더 극단적인데, 섬

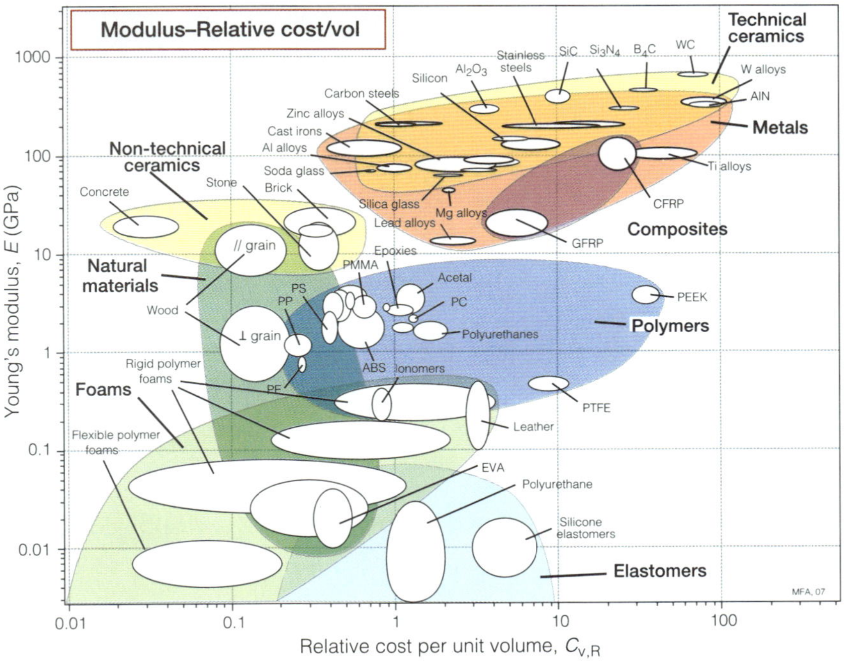

그림 4.7 탄성계수–상대비용 도표(CES 소프트웨어에 정기적으로 업데이트된 재료의 가격이 포함되어 있음)

유에 평행한 탄성계수가 섬유에 수직한 탄성계수보다 20배 더 크다. 따라서 나무나 복합재료를 선택할 때에는 이방성을 고려해야 한다.

4.4 과학 : 무엇이 밀도와 강성을 결정하는가?

밀도

원자들은 무게는 매우 다르지만 크기는 거의 차이가 없다. 고체 중에서 가장 무겁고 안정한 원자인 우라늄(원자량 238)은 가장 가벼운 리튬(원자량 6.9)보다 약 35배 더 무겁지만 이들이 고체가 되도록 충진될 때 원자 직경은 거의 같다(0.32nm). 가장 큰 원자인 세슘은 가장 작은 베릴륨보다 단지 2.5배 더 크다. 따라서 밀도는 주로 원자량에 의해 결정되며 원자 크기나 원자의 충진 방식에는 보다 덜 영향을 받는다. 금속은 조밀하게 충진된 무거운 원자들로 이루어져 있으므로 밀도가 높다(예를 들면 철은 원자량이 56임). 고분자는 주로 가벼운 탄소(원자량 12)와 수소(원자량 1)가 밀도가 낮은 비정질 혹은 반결정질로 충진되기 때문에 낮은 밀도를 갖는다. 세라믹은 대부분의 경우 금속보다 낮은 밀도를 갖는데 이는 가벼운 Si, O, N 및 C 원자를 포함하고 있기

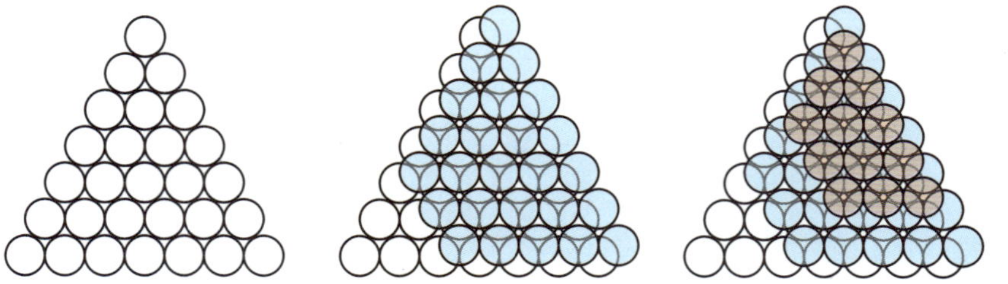

그림 4.8 (a) 구의 조밀충진 층, A층; 원자는 종종 단단한 구처럼 행동한다. (b) 첫 번째 층 위에 자리 잡은 두 번째 층 B; 이러한 순서가 반복되면 ABAB... 즉 CPH 적층이 된다. (c) 세 번째 층 C는 A나 B위에 오지 않도록 놓일 수 있다. 이것이 반복되면 ABCABC... 즉 FCC 적층이 된다.

때문이다. 비록 가장 가벼운 원자가 가장 열린 구조로 충진되더라도 물의 밀도와 같은 약 1Mg/m^{3}의 밀도를 갖는 고체가 된다(그림 4.6 참조). 이보다 더 낮은 밀도를 갖는 재료는 높은 분율의 기공을 포함하는 세포로 이루어진 폼이다.

금속의 원자 충진과 단위포

원자는 종종 단단한 구형의 공처럼 행동한다. 당구대 위의 공은 게임 시작 시에 그림 4.8(a)처럼 조밀 충진된 층으로 배열된다. 금속의 원자들은 훨씬 더 광범위에 걸친 층을 형성하며 이러한 방식으로 충진된다. 원자들을 이보다 더 조밀하게 충진하는 방법은 없으며, 따라서 이런 특별한 배열을 '조밀충진' 이라 부른다. 원자 구조는 단지 2차원이 아닌 3차원으로 조밀 충진되어 있다. 놀랍게도 이렇게 만드는 방식에는 두 가지가 있다. 첫 번째 층, 즉 A층에서 세 개의 원자가 맞닿은 곳에 있는 움푹 팬 곳은 두 번째 층 B를 가장 조밀하게 자리 잡도록 해 준다. 세 번째 층은 원자들이 첫 번째 층의 원자들 바로 위에 오도록(역시 A 방향에 있도록) 놓을 수 있으며, 그림 4.8(b)처럼 ABABAB... 적층을 갖는 결정이 되도록 배열순서가 반복된다. 이러한 구조를 뒤에 곧 설명되어 있는 이유로 인해 **조밀육방구조**라 부르며 줄여서 CPH 혹은 때때로 HCP라고 한다. 또한 이외에 다른 방법이 있다. 두 번째 층, 즉 B층에는 두 종류의 선택 가능한 위치가 있다. 만약 세 번째 층 C를 앞의 경우와 다른 위치에 오도록 B층 위에 올려놓으면 그림의 (c)에 보인 것처럼 적층순서는 ABCABCABC...로 반복된다. 이러한 구조를 면심입방구조 혹은 간단히 FCC라고 부른다. 구리, 은, 알루미늄 및 니켈 같은 많은 금속이 FCC 구조를 가지며, 마그네슘, 아연 및 티타늄 같은 다른 많은 금속들이 CPH 구조를 갖는다. 이 두 개의 구조는 서로 정확히 같은 0.74의 충진율을 보이는데,

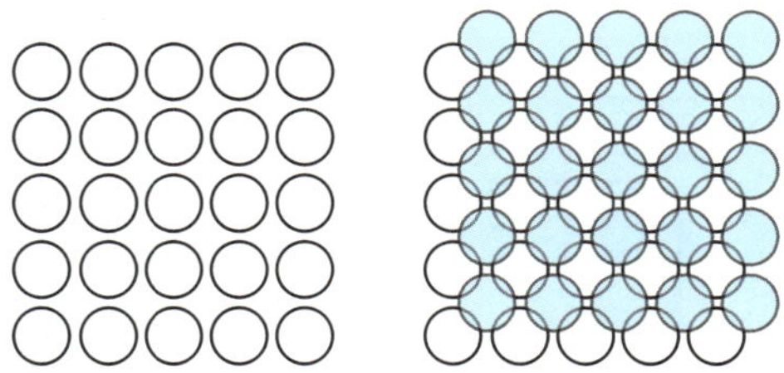

그림 4.9 (a) 구의 정사각형 그리드; 앞 그림의 경우보다 덜 효율적인 충진이다. (b) 첫 번째 층 A에 자리 잡은 두 번째 층 B; 이러한 순서가 반복되면 ABAB... 충진이 된다. 회색 구가 입방체의 꼭지점에 놓이도록 구의 간격을 조정하면 조밀충진이 아닌 BCC 구조가 된다.

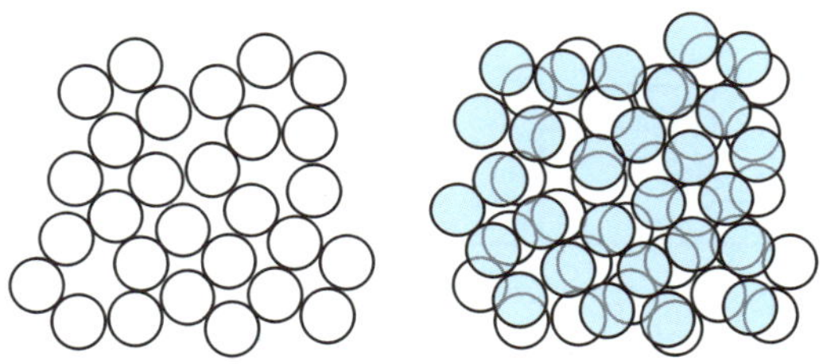

그림 4.10 (a) 구의 불규칙 배열. (b) 이를 3차원으로 확장하면 무질서한 비정질 구조가 된다.

이 값은 구가 전체 공간의 74%를 차지하고 있음을 의미한다. 하지만 배치에서 작은 차이가 특성, 특히 소성변형에 영향을 주게 된다(6장 참조).

모든 구조가 조밀충진인 것은 아니다. 그림 4.9는 이들 중 하나를 보여 주고 있으며, FCC와 HCP 구조의 육각형 층보다 낮은 충진밀도를 갖는 정사각형 충진 층을 적층하여 만들어진다. 이러한 층을 ABABAB...로 적층하여 충진율이 0.68인 체심입방구조 혹은 간단히 *BCC*를 만든다. 철과 대부분의 강은 이 구조를 갖고 있다. 이외에도 많은 결정구조가 있지만 지금은 이 셋만으로도 충분하다.

원자들의 반복되는 규칙적 충진을 결정이라고 부른다. 원자를 비결정질이 되는 방식으로 충진하는 것도 가능한데, 이를 비정질 구조라 부르며 그림 4.10에 그림으로 나타내었다. 이는 구로 공간을 채우는 그렇게 효율적인 방법이 아니며 충진율은 기껏해야 0.64이다.

결정구조를 특징짓는 단위는 단위포이다. 그림 4.11에는 세 개의 단위포를 나타내었는데, 붉은 선이 단위포를 정의한다(보다 명확히 보이도록 원자는 축소되었다). 먼저

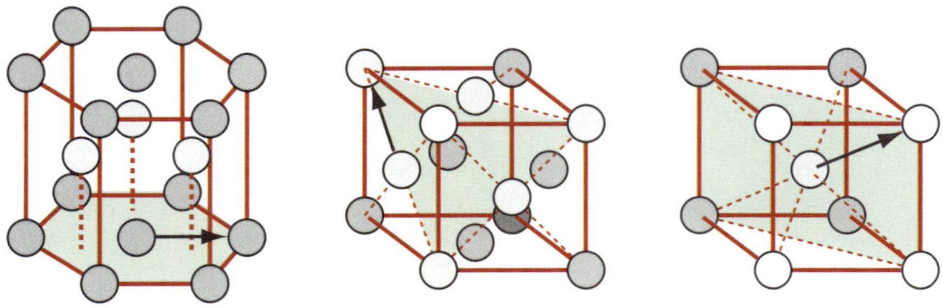

그림 4.11 단위포. 모든 원자들은 같은 종류이지만 각각의 위치를 강조하기 위하여 음영을 달리하여 나타내었다. (a) 조밀육방(CPH)구조. (b) 조밀면심입방(FCC)구조. (c) 비조밀체심입방(BCC)구조. 화살표는 최인접 원자를 나타낸다.

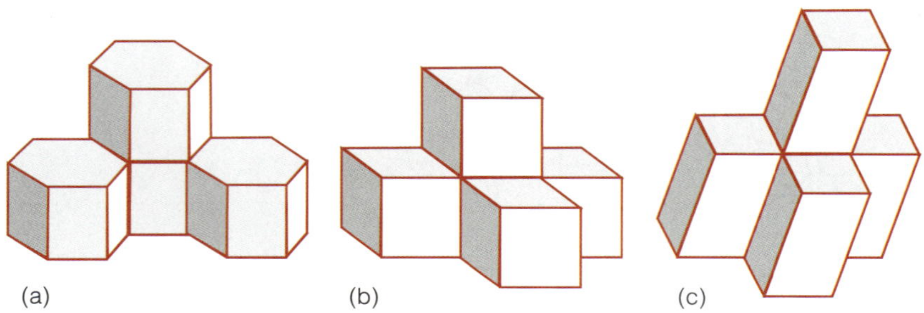

그림 4.12 공간을 채우기 위해 적층된 단위포. (a) 육방 단위포. (b) 입방 단위포. (c) 길이가 다르고 직각으로 만나지 않는 모서리를 가진 단위포.

(a)에 보여진 단위포는 육각 기둥이다. 윗면, 바닥면 그리고 가운데 면에 있는 원자들이 ABAB... 적층을 갖는 그림 4.8(b)처럼 조밀충진 층을 형성한다. 이런 이유 때문에 이 구조는 조밀육방구조(CPH)라 불린다. 비록 눈으로 보기가 더 어렵긴 하지만 (b)에 보인 두 번째 단위포도 또한 조밀충진 층들로 이루어져 있으며, 그늘진 삼각형 면은 그중의 하나이다. 이를 A면으로 생각하면 그 윗면에 있는 원자들은 B 위치에 놓이고, 또 그 위의 면에 있는 원자들은 C 위치에 놓여 그림 4.8(c)처럼 ABCABC... 적층이 된다. 단위포 자체는 각 꼭지점과 각 면의 중심에 원자들이 위치한 입방체이며, 이런 이유로 면심입방구조(FCC)라 불린다. (c)에 나타낸 마지막 단위포는 그림 4.9의 정사각형 층 구조를 특징짓는 단위이다. 이 단위포는 각 꼭지점과 중심에 원자가 놓인 입방체이며, 적절하게 **체심입방구조**(BCC)라 불린다.

단위포들은 공간을 채우기 위해 그림 4.12처럼 충진되며, 그 배열 결과를 **결정격자**라고 부르고 단위포 모서리가 만나는 점들을 **격자점**이라고 한다. 결정 자체는 하나의 원자 혹은 원자들의 그룹을 규칙적이고 반복되는 3차원 패턴이 되도록 각각의 격자점

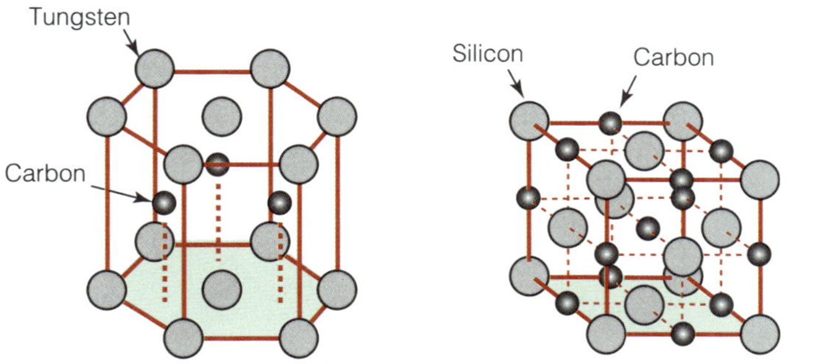

그림 4.13 화합물의 단위포. (a) 탄화텅스텐. (b) 탄화규소의 한 형태.

에 위치시킴으로써 만들어진다. 입방정과 육방정 단위포는 가장 단순한 구조에 속하며, 길이가 다른 모서리들이 서로 다른 각도로 만나는 많은 다른 구조들이 있다. 그러한 구조들이 갖는 공통 사항은 같은 모양의 단위포를 쌓아서 공간을 완전히 채울 수 있다는 사실이다.

세라믹의 원자 충진

대부분의 세라믹은 두 종류 혹은 그 이상의 원자로 이루어진 화합물이다. 세라믹도 특징적인 단위포를 갖는다. 그림 4.13은 도표에 나타나는 두 가지 재료인 탄화텅스텐(WC)과 탄화규소(SiC)의 단위포를 보여 준다. 첫 번째 단위포는 육방구조이고 두 번째 단위포는 입방구조이지만, 이제는 다른 종류의 원자로 이루어진 쌍이 각 격자점에 대응되어 있다. 즉, 첫째 구조에서는 W−C 쌍이 둘째 구조에서는 Si−C 쌍이 이에 해당된다.

유리의 원자 충진

결정 상태는 원소와 화합물에서 가장 낮은 에너지 상태이다. 용융은 원자들을 뒤섞고 규칙도를 파괴하면서 결정성을 부순다. 용융 금속 내의 원자들은 그림 4.10의 비정질 구조와 매우 닮았다. 비록 극히 빠른 냉각에 의해 용융구조가 그대로 굳어 때때로 비정질의 금속유리를 만드는 게 가능하긴 하지만 대부분의 금속은 용융점을 지나 냉각될 때 결정화된다. 화합물에서는 비정질화가 더 쉬운데, 특히 실리카(SiO_2)의 결정화는 매우 느려서 보통 상태에서 비정질이다. 그림 4.14의 왼쪽에는 규칙적으로 배열된 같은 모양의 Si−O 육각형 링으로 이루어진 결정질 실리카의 원자배열을 나타내었다. 오른쪽에는 보다 흔한 비정질 상태를 나타내었다. 여기서 일부 링은 칠각형이고, 일부

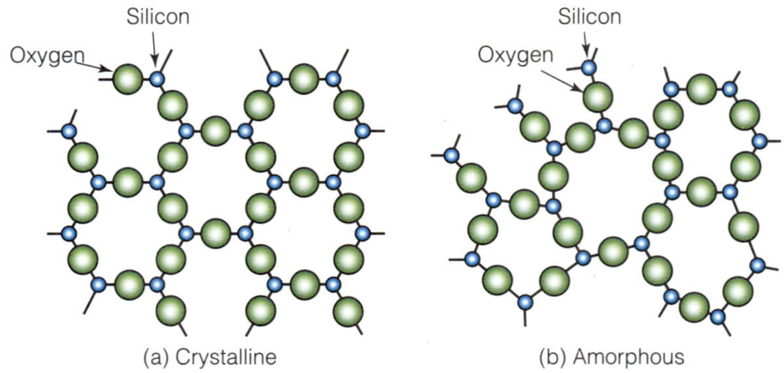

그림 4.14 대부분의 유리의 기초가 되는 실리카의 두 가지 구조. (a) 결정질 실리카. (b) 유리질 혹은 비정질 실리카.

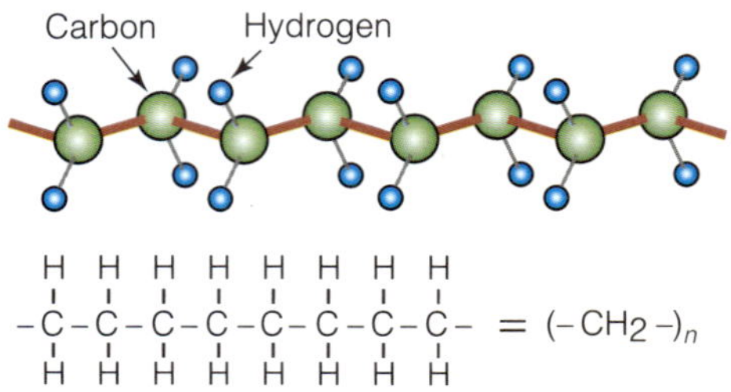

그림 4.15 고분자 사슬은 수소 또는 다른 종류의 측면원자를 갖고 있는 탄소-탄소 골격으로 이루어져 있다.

는 육각형이나 오각형으로 되어 있으며, 규칙도가 없다. 즉 이웃한 다음 링은 이 중 어떤 것이든 올 수 있다. 비정질 실리카는 거의 모든 유리의 기본이 된다. 여기에 Na_2O를 섞으면 소다유리(창문, 병)가 되고, B_2O_5를 섞으면 붕규산유리(파이렉스)가 되지만 구조를 만드는 것은 실리카이다. 이런 이유로 구조 자체는 '비정질'과 혼용되는 용어인 '유리질'로 불린다.

고분자의 원자 충진

고분자의 구조는 상당히 다르다. '고' 중합체('high' polymer)('고(high)'는 높은 분자량을 의미)는 탄소원자들로 이루어진 기다란 사슬로 이루어져 있으며, 그 측면에 다른 이종원자들이 붙어 있는 구조이다. 그림 4.15에는 가장 간단한 형태의 세그먼트(segment)를 갖고 있는 폴리에틸렌(PE, $(\text{—}CH_2\text{—})_n$)의 구조를 보여 주고 있다. 사슬의 끝은 CH_3 형태로 매듭짓게 된다. PE는 에틸렌 분자들의 중합반응으로 제조된다. 에틸렌의 이중결합($CH_2{=}CH_2$)은 중합에 의해 끊어지면서 좌우의 이웃하는 탄소원자들

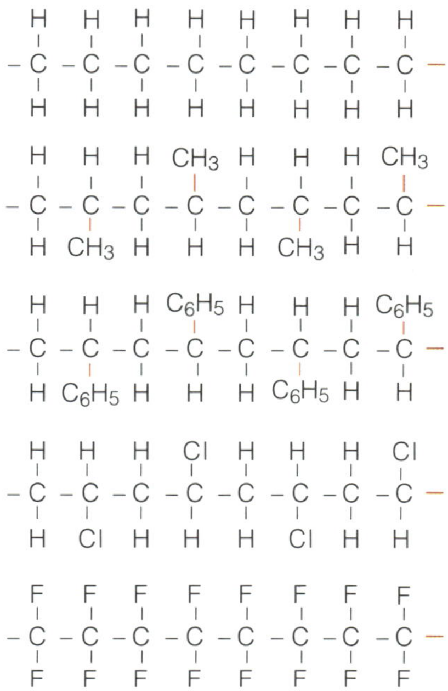

Polyethylene, **PE**

Polypropylene, **PP**

Polystyrene, **PS**

Polyvinyl chloride, **PVC**

Polytetrafluoroethylene, **PTFE**

그림 4.16 다섯 종류의 상용 고분자의 화학구조. 강한 탄소–탄소 결합은 붉은색으로 나타내었다.

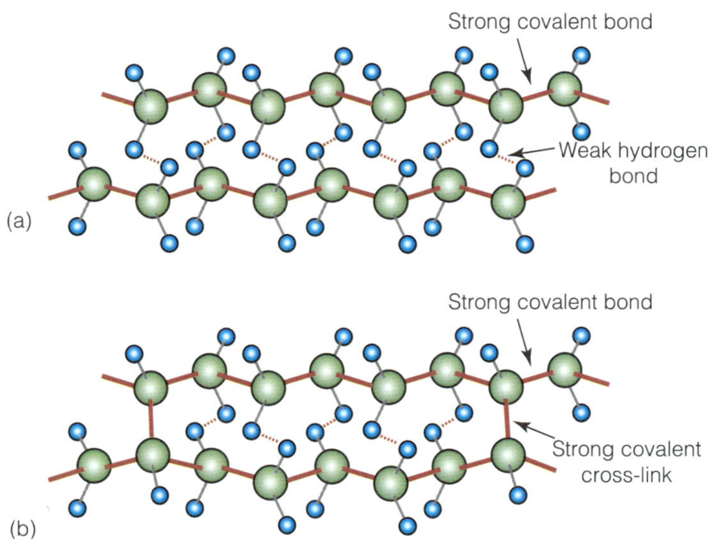

그림 4.17 (a) 고분자 사슬들은 강한 공유결합으로 이루어진 골격을 갖고 있으나, 서로 다른 사슬들끼리는 만약 가교결합이 없다면 단지 약한 수소결합만으로 결합되어 있다. (b) 가교결합은 사슬들을 서로 강하게 결합시킨다. 강한 탄소–탄소 결합은 붉은 실선으로 나타내었다.

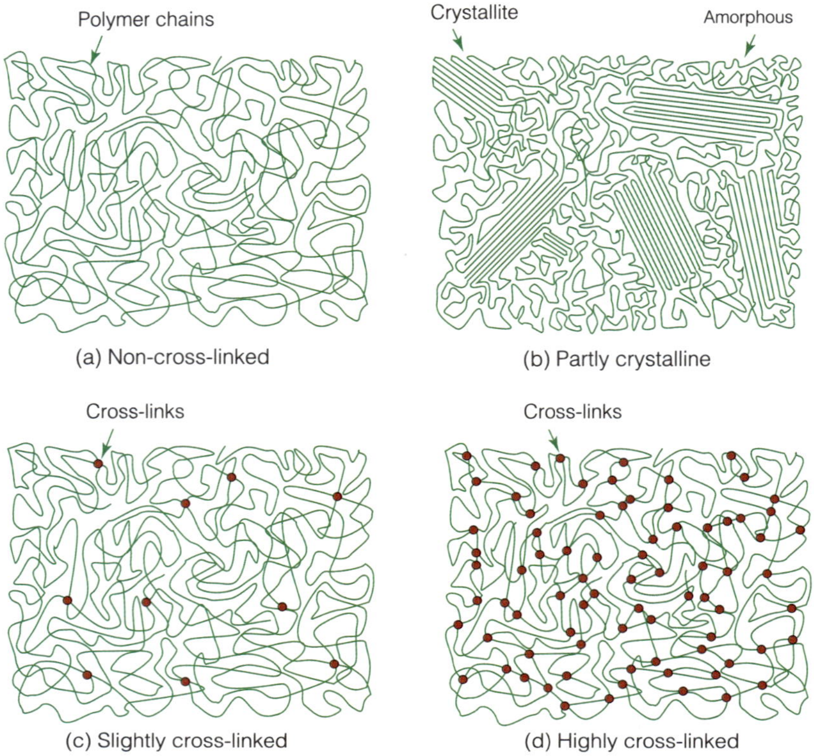

그림 4.18 폴리프로필렌계 고분자의 사슬은 규칙적인 반복무늬가 없는 스파게티 꼬임구조를 형성하고, 그 구조는 비정질 또는 유리질 구조이다. (b) 어떤 종류의 고분자는 사슬이 정렬되어 미세결정판을 형성시킨다. 그림은 부분 결정성 고분자구조를 보여 준다. (c) 탄성중합체는 사슬 간에 드문드문 가교결합을 하고 있지만 그 사이가 멀어 가교 사이의 사슬은 연신이 가능하다. (d) 에폭시 같이 다량으로 가교결합을 하고 있는 고분자는 사슬끼리의 미끄러짐이 어렵다.

과 더 많은 결합을 할 수 있는 계기를 만들어 준다. 그림 4.16에 가장 널리 이용되는 다섯 종류의 선형고분자의 사슬구조를 보여 주고 있다.

고분자를 구성하는 분자들은 서로 결합함으로써 고체를 형성하게 된다. —CH_2— 단위가 10^3에서 10^6개인 길이를 갖는 선형고분자의 사슬은 이미 강하게 결합되어 있다. 분리된 각각의 사슬은 서로 인력이 작용하지만 매우 약하다(그림 4.17(a)). 즉, 사슬은 서로 들러붙지만 매우 강하게 붙지는 않는다. 이들을 들러붙게 하는 '수소' 결합은 쉽게 끊어지거나 재배열된다. 그 결과 그림 4.18(a)에 스케치되어 있는 것처럼 분자들이 스파게티 같이 뒤엉켜 치밀한 구조를 갖는다. 그러나 이 상태는 결정성이 없는 비정질상태이다. 이 구조는 그림 4.16에 나타낸 것과 같은 열가소성 수지(thermoplastics) 구조이다. 열가소성구조는 약한 결합을 하고 있어 쉽게 용융되기 때문에 조형성이 양호하며, 냉각 후 새로운 형태를 유지할 수 있다.

그러나 열가소성 수지의 약한 결합은 그림 4.17(a)와 같이 분자들끼리 정렬을 유발시킨다. 분자들은 너무 길기 때문에 전체가 정렬되는 것은 불가능하지만 세그먼트의 정렬은 가능하여 그림 4.18(b)에 나타난 것과 같이 작은 결정영역이 생성된다. 이러한 미세결정자(crystallites)는 너비 1에서 10μm 정도의 크기로서 단지 빛을 산란시키기에 적절한 크기이다. 따라서 미세결정자가 없는 폴리카보네이트(PC), 폴리메틸메타아크릴레이트(PMMA; Plexiglas) 및 폴리스타이렌(PS) 등의 비정질 고분자는 빛을 산란시켜 투명하다. 폴리에틸렌(PE)과 나일론(PA)과 같은 미세결정자를 갖고 있는 고분자는 반투명이다.

그림 4.17(b)에서 볼 수 있듯이 약한 수소결합이 아주 강한 C—C 공유결합으로 바뀌면 사슬 간의 가교결합이 일어나고, 이때 더 근본적인 구조변화가 발생한다. 즉, 사슬들은 복합적인 망상으로 연결되어 전체는 한 덩어리처럼 만들어진다. **탄성중합체**(elastomer; 탄력있는 고분자)는 그림 4.18(c)와 같이 상대적으로 사슬 간에 가교결합이 거의 없다. 에폭시나 페놀 같은 **열경화성 수지**(thermosets)는 그림 4.18(d)에서 볼 수 있듯이 많은 가교결합을 하고 있으며, 그 결과 열가소성 수지에 비하여 더 강성이 좋고 강하다. 가교결합은 가열에 의해 끊어지지 않는다. 따라서 일단 가교결합이 형성되면 열경화성 수지는 가열에 의한 조형이 불가능하고, 결국 그러한 이유로 재생이 불가능하다.

응집에너지와 탄성계수 : 결정과 유리

원자들은 일부는 약하게, 일부는 강하게 서로 결합한다. **응집에너지**(cohesive energy)는 이러한 결합의 강도를 측정한다. 이 에너지는 고체의 원자들을 서로 무한한 거리에서 중성의 원자가 되도록 완전히 분리시키는 데 필요한 몰(1몰은 6×10^{23} 원자임)당 에너지로 정의된다. 마찬가지로 이것은 먼 간격으로 떨어져 있는 중성 원자들을 서로 가까이 가져와 고체를 형성할 때 방출되는 에너지이다.

응집에너지가 클수록 원자 사이의 결합은 더 강하고 탄성계수는 더 커진다. 결합을 작은 스프링으로 생각해 보자(그림 4.19). 원자들이 평형 간격 a_0를 가질 때, 힘 F가 이들을 약간 잡아당겨 $a_0 + \delta$만큼 떨어지게 한 후 힘이 제거될 때 원자들은 원래의 간격으로 되돌아간다. 같은 현상이 압축 시에도 일어나게 되는데, 이유는 그림의 곡선이 보여 주는 것처럼 결합의 포텐셜 에너지는 힘이 가해지는 방향에 무관하게 증가하기 때문이다. 결합 에너지는 평형 간격에서 최소가 된다. 힘 F 하에서 δ만큼 늘어난 스프링은 다음과 같은 강성 S를 갖고,

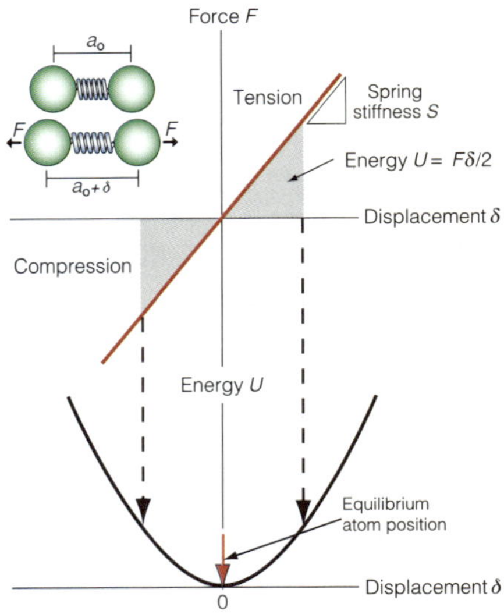

그림 4.19 결정과 유리에서 원자들은 스프링처럼 거동하는 원자간 결합에 의해 연결되어 있다. 결합 강성은 $S = F/\delta$이다. 변위 δ만큼 결합을 늘이거나 압축하면 에너지 $U = F\delta/2$가 저장된다. 평형(힘이 없는) 원자간 거리는 에너지 우물의 바닥에 놓일 때이다.

$$S = \frac{F}{\delta} \tag{4.15}$$

이는 인장에서처럼 압축에서도 같다.

표 4.1에는 다른 결합 유형들의 강성을 나열하고 있다. 이러한 강성은 주로 탄성계수 E 값을 결정하게 된다. 공유결합은 특히 강성이 높다(S = 20 − 200N/m). 다이아몬드는 탄소원자가 작고(높은 결합 밀도를 보임) 매우 강한 스프링으로 연결되어 있으므로(S = 200N/m) 매우 높은 탄성계수를 지닌다. 금속결합은 약간 덜한 강성을 보이며(S = 15 − 100N/m) 금속 원자는 종종 조밀 충진되어 다이아몬드만큼 높지는 않지만 역시 높은 탄성계수를 보인다. 많은 세라믹에서 발견되는 이온결합은 금속과 필적할만한 강성을 지니며 역시 높은 탄성계수를 보인다. 고분자는 중합체 사슬을 따라 다이아몬드 같은 공유결합과 사슬 사이의 약한 수소결합이나 반데르발스 결합(S = 0.5 − 2N/m) 모두를 포함하고 있다. 고분자가 변형될 때 늘어나는 것은 약한 결합이며 따라서 낮은 탄성계수를 갖는다.

탄성계수는 결합 강성과 어떻게 관련되어 있는가? 한 쌍의 원자에 힘 F가 가해질 때, 두 원자는 δ만큼 늘어난다. 각각의 원자가 한 변이 a_0인 입방체의 꼭지점을 점유하고 있다고 가정하면, 직경 a_0를 갖는 한 원자에 가해지는 힘 F는 응력 $\sigma = F/a_0^2$에 대

표 4.1 결합 강성, S

결합방식	실례	결합 강성, S (N/m)	영률, E (Gpa)
공유결합	탄소-탄소 결합	50−180	200−1000
금속결합	모든 금속	15−75	60−300
이온결합	염화나트륨	8−24	32−96
수소결합	폴리에틸렌	3−6	2−12
반데르발스결합	왁스	0.5−1	1−4

응된다. 간격 a_0로 분리되어 있는 두 원자 사이의 변위 δ는 변형률 $\varepsilon = \delta/a_0$에 대응된다. 이 값을 식 (4.15)에 대입하면,

$$\sigma = \frac{S}{a_o}\varepsilon \tag{4.16}$$

이 식을 식 (4.6)과 비교하면 영률 E는 대략 다음과 같다.

$$E = \frac{S}{a_o} \tag{4.17}$$

가장 약한 결합(S = 0.5N/m)으로 결합된 가장 큰 원자($a_0 = 4 \times 10^{-10}$m)들의 탄성계수는 대략 다음과 같다.

$$E = \frac{0.5}{4 \times 10^{-10}} \approx 1\,\text{GPa} \tag{4.18}$$

이 값은 실제 고체에서의 하한값이다. 많은 고분자들은 약 이정도 값의 탄성계수를 갖는다. 표 4.1에 나타내었듯이 금속과 세라믹은 결합이 더 강하므로 50~1000배 더 큰 값을 갖는다. 그러나 $E-\rho$ 도표에서 알 수 있듯이 이 하한값보다 훨씬 더 낮은 탄성계수를 지닌 재료가 존재한다. 그것은 **폼**이나 혹은 **탄성중합체**이다. 재료가 하중을 받을 때 폼은 세포 벽이 쉽게 휘어져 큰 변위를 허용하기 때문에 낮은 탄성계수를 갖는다. 탄성중합체에서 탄성계수의 기원은 조금 더 설명을 필요로 한다.

탄성중합체의 탄성계수

이런 식으로 생각해 보자. 그림 4.20의 왼쪽 그림처럼 탄성중합체는 드문드문 가교결합을 가진 긴 사슬 분자가 엉켜있는 것이다. 가교결합으로부터 떨어진 분자 간 결합은

상온에서 녹을 만큼 약하다. 이를 탄성중합체의 유리천이온도 T_g(이 온도에서 이처럼 약한 결합은 녹기 시작함)가 상온보다 낮다고 말한다. 분자의 세그먼트는 서로 자유롭게 미끄러지기 때문에 재료는 전혀 강성이 없고 마치 점성 액체처럼 된다.

용융온도에서 결정이 불규칙한 액체로 녹고 비등점에서는 훨씬 더 무질서한 기체로 증발하는 것은 온도가 무질서도를 촉진시키기 때문이다. 그림 4.20(a)의 사슬꼬임은 높은 무질서도를 보이는데, 이를 열역학 용어로 표현하면 엔트로피가 높은 상태이다. 만약 그림 4.20(b)와 같이 이것을 연신시키면 분자들은 정렬될 것이고 일부는 그림 4.18(b)의 미세결정자를 닮기 시작한다. 결정은 무질서와 반대인 개념으로서 규칙화되어 있고, 그 엔트로피는 낮다. 온도효과는 재료를 원래의 불규칙한 사슬꼬임상태로 되돌림으로써 무질서도를 복원하려고 하며, 가교결합은 원래상태의 무질서한 모양에 대한 '기억'을 제공한다. 따라서 신장에 대해서 저항이 있게 되는데, 이것이 강성이며 결합의 신장과는 전혀 관계가 없고 변형유기 규칙화(strain-induced ordering)와 관계가 있다. 긴 사슬꼬임의 통계역학을 포함하는 전체 이론은 매우 복잡하여 탄성계수를 계산하기가 쉽지 않다. 알아야할 중요한 점은 탄성중합체가 갖는 이런 기묘한 원인 때문에 탄성중합체의 탄성계수는 낮다는 사실과 온도 증가에 따라 무질서도 경향이 증가되기 때문에 탄성계수가 증가하는 반면에 실제 고체의 탄성계수는 열팽창 때문에 감소한다는 사실이다.

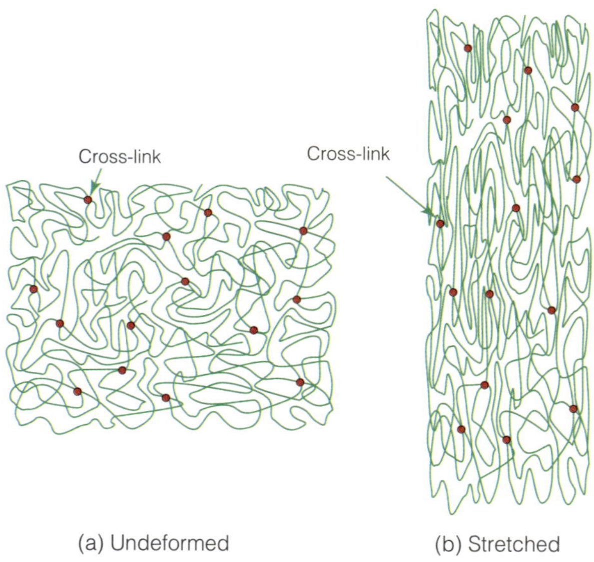

그림 4.20 탄성 중합체의 신장. 여기의 구조가 원래 길이의 두 배로 신장되었다. 신장은 결정 같은 영역을 만들면서 정렬되도록 한다. 열적 진동은 구조의 모양을 복원하면서 다시 왼쪽에 있는 구조로 되돌리게 된다.

원자 혼합물

대부분의 공업용 재료는 순수한 상태가 아니며 두 개 이상의 다른 원소를 함유하고 있다. 이들은 종종 찻속의 설탕처럼 서로 녹지만 재료가 고체일 때는 이를 고용(solid solution)이라 부른다. 예로는 황동(구리 내에 아연이 고용), 솔더(납 내에 주석이 고용) 및 스테인레스강(철 내에 니켈과 크롬이 고용)이 있다.

뒤에서 보게 되듯이 일부 재료의 특성은 고용에 의해 크게 변화된다. 탄성계수와 밀도는 그렇지 않다. 일반적인 법칙으로서 고용체의 밀도 $\tilde{\rho}$는 그것을 구성하는 재료들의 밀도인 ρ_A와 ρ_B 사이에 놓이게 된다. 이 경우에는 아래와 같은 버가드 법칙(Vergard's law)으로 알려진 **혼합법칙**(rule of mixture, 부피 분율로 가중치를 둔 산술평균)을 따른다.

$$\tilde{\rho} = f\rho_A + (1-f)\rho_B \tag{4.19}$$

여기서 f는 A 원자의 분율이다. 탄성계수는 약간 더 복잡한데, 순수한 재료는 오직 한 종류의 결합인 A—A 결합만 갖는 반면에 A와 B 원자의 혼합물은 세 가지의 결합인 A—A, B—B 및 A—B를 갖는다. 표 4.1의 각각의 결합 형태 내에서 강성의 범위는 크지 않고, 따라서 다시 결합의 혼합은 순수한 원소들의 강성 값 사이로 평균값을 취하게 한다.

따라서 합금화는 탄성계수와 밀도를 크게 조작하는 수단은 아니다. 이를 위해서는 혼합물이 보다 거시적인 스케일에서 하이브리드(hybrid) 재료가 되도록 만들어져야 한다. 우리는 두 개의 분리되어 있는 고체를 서로 섞어 복합재료를 만들거나, 공간에서 섞어 폼을 만들 수 있다. 탄성계수와 밀도에 대한 영향은 다음 절에서 특성 도표를 통해 설명된다.

4.5 탄성계수와 밀도 조절하기

복합재료

그림 4.21과 같이 복합재료는 고분자(고분자 기지 복합재료, PMC), 금속(MMC), 세라믹(CMC) 등의 연속 기지 내에 섬유나 입자를 파묻어서 만들어진다. 지난 40년간 우수한 재료 개발 중의 하나는 고성능 복합재료의 개발이며, 지금은 원숙기에 도달하고 있다. 복합재료는 단위 무게당 고강성과 고강도를 지니며, MMC와 CMC의 경우에는 고온 특성이 좋다. 여기서 우리는 강성과 무게에 흥미가 있다. 부피분율이 f인

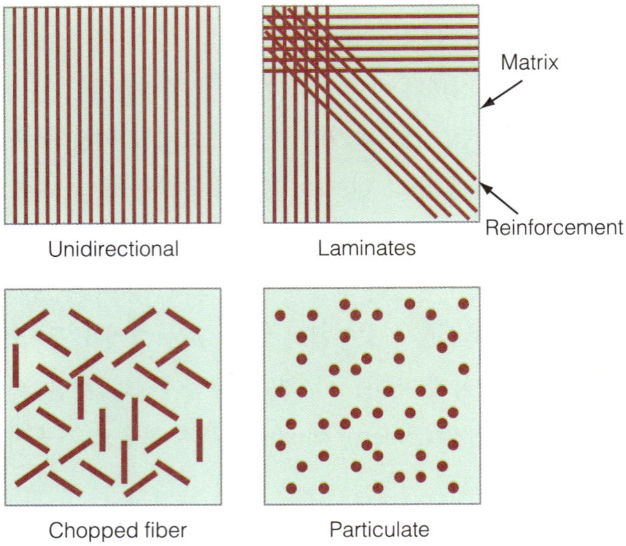

그림 4.21 강성이 좋은 섬유나 입자를 강성이 낮은 기지에 혼합하여 복합재료를 만듦으로써 탄성계수를 조절함

강화재 r(밀도 ρ_r)을 부피분율이 $(1 - f)$인 기지 m(밀도 ρ_m)과 섞어 잔류기공이 없는 복합재료를 만들 때, 복합재료의 밀도 $\widetilde{\rho}$는 혼합법칙에 의해 정확히 다음과 같이 주어진다.

$$\widetilde{\rho} = f\rho_r + (1 - f)\rho_m \tag{4.20}$$

강화재의 최대 충진 분율, 즉 f의 상한선(대개 50%)을 결정하는 때를 제외하고는 강화재의 모양은 문제가 되지 않는다.

복합재료의 탄성계수는 가질 수 있는 양 극한값인 두 개의 경계값 사이에 오게 된다. 상한값 $\widetilde{E}_U$는 하중을 줄 때, 나란히 놓인 스프링들처럼 두 개의 성분이 같은 양만큼 변형된다고 가정하여 구한다. 이때 응력은 기지와 더 강한 강화재에서의 응력의 평균값이 되고 다시 한 번 혼합법칙을 적용하면 다음과 같다.

$$\widetilde{E}_U = fE_r + (1 - f)E_m \tag{4.21}$$

여기서 E_r은 강화재의 영률이고 E_m은 기지의 영률이다. 하한값 $\widetilde{E}_L$을 계산하기 위해 두 개의 성분은 일렬로 놓인 스프링들처럼 같은 응력을 지탱하고 있다고 가정한다. 변형률은 국부 변형률들의 평균으로 주어지고 복합재료의 탄성계수는 다음과 같다.

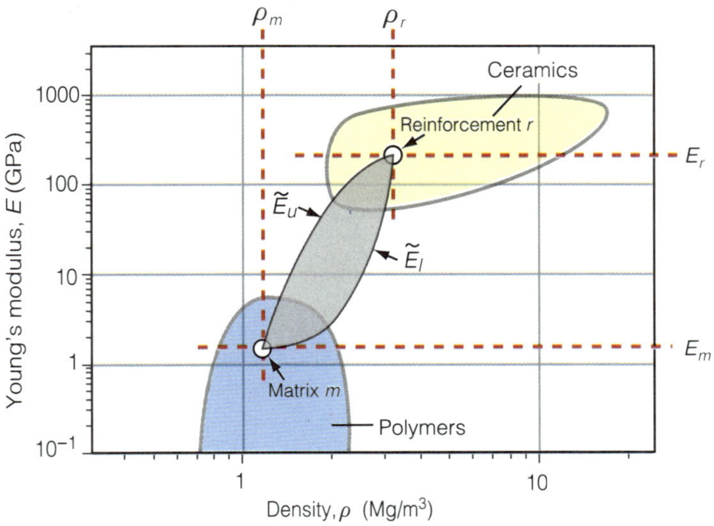

그림 4.22 기지 m과 강화재 r로 만든 복합재료는 강화재의 부피분율과 형태에 의존하는 탄성계수 및 밀도를 갖는다. 이는 식 (4.21)과 (4.22)에 의해 묶인 회색 음영의 마름모꼴 안에 놓이게 된다. 여기서는 기지가 고분자이고 강화재는 세라믹이지만, 어떠한 조합에서도 같은 논법이 적용된다.

$$\widetilde{E}_{\mathrm{L}} = \frac{E_m E_r}{fE_m + (1-f)E_r} \tag{4.22}$$

그림 4.22는 원칙적으로 두 개의 재료를 서로 혼합하여 얻을 수 있는 복합재료 특성의 범위를 보여 준다. 여기서 경계는 식 (4.20)~(4.22)로부터 계산되었다. 따라서 복합재료는 설계 시 새로운 가능성을 열며 E-ρ 도표에서 일부 빈 공간을 채울 수 있다. 물론 실질적인 제약도 있는데, 기지와 강화재는 화학적으로 양립하고 바른 형태로 이용할 수 있어야 하며 혼합공정이 현명한 가격에서 얻을 수 있어야 한다. 섬유강화 고분자는 잘 알려진 예인데, 그림 4.6은 고분자 영역과 세라믹 영역 사이의 복합재료 영역 내에 놓인 GFRP와 CFRP를 보여 준다. 이들은 금속만큼의 강성을 보이지만 무게는 더 가볍다.

폼

폼은 여러분이 빵을 만드는 것처럼 기지재료(가루 반죽)를 기포제(효모)와 섞은 후 거품이 포획되도록 하는 식으로 이후 일어나는 일을 제어함으로써 만들어진다. 고분자폼은 절연제, 부양제 및 쿠션이나 포장재의 충진물로 잘 알려져 있다. 그러나 폼은 금속이나 세라믹 심지어 유리 같은 다른 재료로도 만들 수 있다. 전형적으로 폼은 90%가

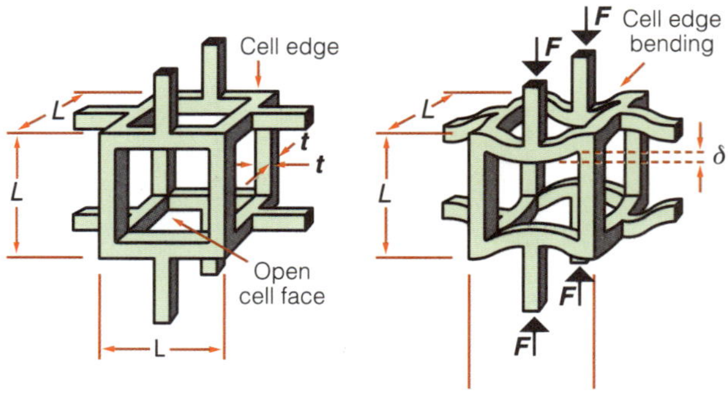

그림 4.23 폼을 만듦으로써 탄성계수 조절하기 — 폼이 하중을 받을 때 구부러지는 세포 모서리를 가진 재료의 격자

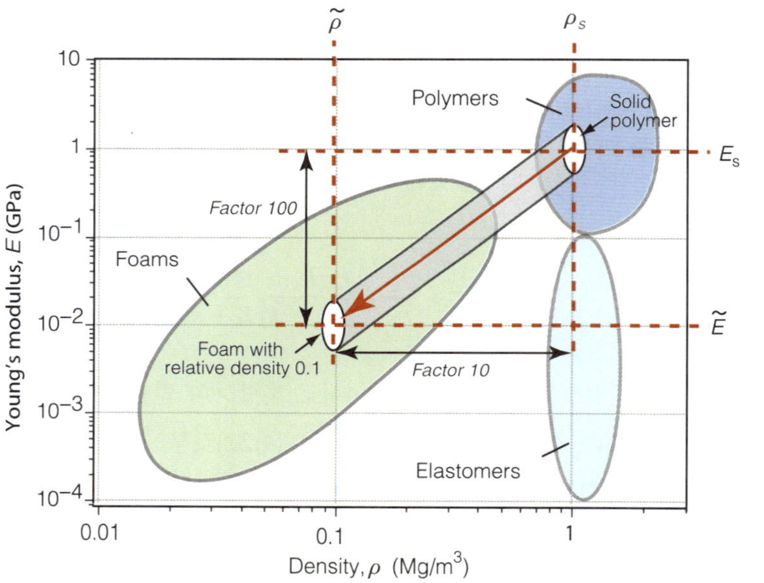

그림 4.24 폼화는 낮은 탄성계수와 밀도를 지닌 새로운 재료를 만든다. 낮은 탄성계수는 포장재나 보호 차폐물을 만들 때 좋고, 낮은 밀도는 경량설계나 부양재에 좋다. 붉은 화살표는 식 (4.24)의 도시이다.

빈 공간이라는 명백한 이유로 인해 가볍고 낮은 탄성계수를 갖는다. 이는 폼이 거의 쓸모가 없는 것처럼 들리게 할지 모르지만 그것은 오해다. 만약 여러분이 정밀한 물체(여러분 자신과 같은)에 쿠션을 대거나 보호하길 원한다면 여러분이 필요로 하는 것은 제어된 낮은 강성과 낮은 강도의 재료이다. 폼이 이를 제공해 준다.

그림 4.23은 저밀도 폼의 이상적인 세포를 보여 준다. 이것은 기체를 함유한 공극 주위로 고체의 세포벽, 즉 모서리로 구성되어 있다. 세포상의 고체는 상대밀도(고체가 차지한 폼의 분율)에 의해 특성이 기술된다. 여기서 보인 구조의 경우($t \ll L$), 상대밀

도는 다음과 같다.

$$\frac{\widetilde{\rho}}{\rho_s} = \left(\frac{t}{L}\right)^2 \tag{4.23}$$

여기서 $\widetilde{\rho}$는 폼의 밀도, ρ_s는 고체의 밀도, L은 세포 크기, t는 세포 모서리의 두께이다.

폼이 하중을 받으면 그림의 오른쪽에 보인 바와 같이 세포벽이 휘게 된다. 이러한 거동은 모델링이 가능하며(다음 장의 끝에서 우리는 그렇게 할 수 있음), 폼의 탄성계수 $\widetilde{E}$를 구할 수 있다.

$$\frac{\widetilde{E}}{E_s} = \left(\frac{\widetilde{\rho}}{\rho_s}\right)^2 \tag{4.24}$$

여기서 E_s는 폼을 형성하는 고체의 탄성계수이다. 이 식은 탄성계수를 조절하는 두 번째 방법, 즉 이 경우에는 탄성계수를 감소시키는 방법을 알려준다. 그림 4.24에 나타내었듯이 상대밀도가 0.1(재료의 90%가 빈 공간이라는 의미)일 때 폼의 탄성계수는 세포벽 재료의 탄성계수의 단지 1%이다. 실제 폼의 탄성계수와 밀도 영역은 그림 4.6의 도표에 도시되어 있으며, 예상했듯이 폼을 만드는 재료인 고분자의 왼쪽 아래에 위치한다.

4.6 요약 및 결론

고체가 하중을 받을 때 처음에는 탄성 변형한다. '탄성' 은 하중 제거 시에 고체가 원래의 모양으로 되돌아감을 의미한다. 강성을 평가하는 재료의 특성은 탄성계수이며, 고체가 다른 방식으로 하중을 받을 수 있기 때문에 세 가지의 탄성계수를 필요로 한다.

- 영률, E, 신장에 대한 저항성의 측도
- 전단탄성계수, G, 비틂에 대한 저항성의 측도
- 체적탄성계수, K, 정수압에 대한 저항성의 측도

많은 응용에서, 특히 육상 및 항공우주 운송수단의 경우 가벼운 무게에서 강성이 요구되는데, 이는 높은 탄성계수와 낮은 밀도를 의미한다.

재료의 밀도는 원자들의 무게를 이들이 차지하는 부피로 나눈 값이다. 원자들의 부피는 크게 차이가 나지 않지만 무게는 크게 차이가 난다. 따라서 밀도는 주로 원자량

에 의해 결정되며, 주기율표 상에서 아래쪽으로 갈수록 밀도는 더 커진다.

탄성계수의 근원은 고체 내의 원자간 결합의 강성과 단위부피당 원자의 수(따라서 결합의 수)에 기인한다. 앞에서 언급했듯이 원자의 부피는 이 고체나 다른 고체나 크게 변하지 않는다. 따라서 탄성계수는 주로 결합의 강성을 반영하고 있다. 결합은 원자의 전자들이 어떻게 반응하는지에 따라 몇 가지 형태를 취할 수 있다. 금속, 공유, 이온 결합은 일반적으로 강성이 크며, 수소 및 반데르발스 결합은 훨씬 더 작다. 이러한 이유로 강은 높은 탄성계수를 갖고 폴리에틸렌은 낮은 탄성계수를 보인다.

어떤 고체의 결합 강성이나 원자량을 변화시키기 위해 할 수 있는 일은 거의 없다. 따라서 언뜻 보기에는 이미 존재하는 재료의 탄성계수와 밀도는 고정되어 있다. 하지만 이것을 조절할 수 있는 방법이 두 가지 있는데, 그것은 두 가지 재료를 혼합하여 복합재료를 만드는 방법과 한 재료를 빈 공간과 섞어 폼을 만드는 방법이다. 둘 다 $E-\rho$ 도표에서 기존에는 비어있는 영역이었던 곳을 차지할 새로운 재료를 만드는 강력한 방법이다.

4.7 참고문헌

Ashby, M.F. and D.R.H. (2006) *Engineering Materials* 1, 3rd edition, Elsevier Butterworth-Heinemann, Oxford, UK. ISBN 0-7506-6380-4. (*One of a pair of introductory texts dealing with the engineering proerties and processing of materials.*)

Askeland, D.R. and Phule, P.P (2006) *The Science of Engineering Materials*, 5th edition, Thompson Publishing, Toronto, Canada. (*A mature text dealing with the science of materials, and taking a science-led rather than a design-led approach.*)

Callister, W.D. Jr (2007) *Materials Science and Engineering, An Introduction*, 7th edition, Wiley, New York, USA. ISBN 0-471-73696-1. (*A long established and highly respected introduction to materials, taking the science-based approach.*)

4.8 연습문제

연습문제 E4.1 다음 부품에서 다섯 가지 하중 방식 중 어느 것이 우세한지 판정하시오.

- 탄산음료 용기
- 상공의 전선
- 신발 밑창
- 풍력(발전) 터빈 날
- 등산용 로프
- 자전거 포크
- 항공기 동체

각각의 하중 방식에 대한 다른 예를 생각할 수 있는가?

연습문제 E4.2 단면적이 80mm^2인 기중기 케이블이 있다. 기중기는 500kg 무게의 나무상자를 들어 올리기 위해 사용된다. 케이블에 걸리는 응력은 얼마인가? 케이블의 길이는 3m이다. 만약 케이블이 강(탄성계수 200GPa)으로 만들어졌다면 얼마나 늘어나겠는가? 만약 폴리프로필렌, PP(탄성계수 1.2GPa)로 만들어졌다면 얼마나 늘어나겠는가?

연습문제 E4.3 물은 1000kg/m^3의 밀도를 가지고 있다. 100m 깊이에서 정수압은 얼마인가?

연습문제 E4.4 단면이 정사각형이고 폭이 4mm, 길이가 300mm인 고무 팔 두 개를 가진 투석기(새총)가 있다. 사용 시에 고무팔은 원래 길이의 3배로 신장된다. 고무의 탄성계수는 10^{-3}GPa이고 고무가 늘어날 때도 그 값이 변하지 않는다고 가정하자. 발사 직전에 투석기내에 저장된 에너지는 얼마인가?

연습문제 E4.5 그림 4.6의 탄성계수-밀도 도표를 이용하여 도표 상의 재료들 중에서 아래에 해당하는 재료를 찾아보시오.

(a) 가장 밀도가 높은 재료
(b) 가장 탄성계수가 낮은 금속
(c) 가장 밀도가 높은 고분자
(d) 나뭇결에 평행하게 측정된 나무의 탄성계수와 나뭇결에 수직하게 측정된 탄성계수의 대략적인 비값
(e) 탄성중합체의 대략적인 탄성계수 범위

연습문제 E4.6 그림 4.7의 탄성계수-상대가격 도표를 이용하여 도표 상의 재료들 중에서 아래의 예를 알아보시오.

(a) 탄성계수가 1GPa보다 크면서 가장 가격이 싼 재료
(b) 가장 가격이 싼 금속

(c) 가장 가격이 싼 고분자
(d) 마그네슘 합금이 알루미늄 합금보다 다소 비싼가?
(e) PEEK(고성능 공업용 고분자)가 PTFE보다 다소 비싼가?

연습문제 E4.7 아래 보기의 의미는 무엇인가?

- 결정질 고체
- 비정질 고체
- 열가소성 플라스틱
- 열경화성 플라스틱
- 탄성중합체

연습문제 E4.8 어떤 재료에서 원자간 결합의 강성 S는 50N/m이고 중심에서 중심까지의 원자간 거리는 0.3nm이다. 탄성계수는 대략 얼마인가?

연습문제 E4.9 본문의 식 (4.21)과 (4.22)에 인용된 복합재료의 상한과 하한값을 유도하시오. 첫 번째 식을 유도하기 위해서는 기지와 강화재가 나란한 두 개의 스프링처럼 거동하고(각각이 같은 크기의 변형률을 보이도록), 각각이 탄성계수 E와 부피분율 f를 곱한 강성을 지닌다고 가정하라. 두 번째 식을 유도하기 위해서는 기지와 강화재가 일렬로 된 두 개의 스프링처럼 거동하고(둘 다 같은 크기의 응력이 걸리도록), 역시 각각이 탄성계수 E와 부피분율 f를 곱한 강성을 지닌다고 가정하라.

연습문제 E4.10 부피분율이 $f = 0.2$인 탄화규소(SiC) 입자를 알루미늄 기지와 결합하여 금속기지 복합재료를 만든다. 두 가지 재료의 탄성계수와 밀도는 표에 나타내었다. 입자강화 복합재료의 탄성계수는 본문에서 논의된 식 (4.22)의 하한값에 매우 가까이 놓여있다. 복합재료의 밀도와 대략적인 탄성계수를 계산하라. 복합재료의 비탄성계수 E/ρ가 강화되지 않은 알루미늄의 비탄성계수보다 더 큰가? 만약 SiC와 같은 부피분율로 대신 연속 섬유의 형태로 사용된다면 비탄성계수는 얼마나 더 크겠는가? 연속 섬유의 경우 탄성계수는 식 (4.21)의 상한값에 매우 가깝게 놓인다.

	밀도(Mg/m^3)	탄성계수(GPa)
알루미늄	2.70	70
탄화규소	3.15	420

연습문제 E4.11 그림 4.6의 $E-\rho$ 도표에서 폴리프로필렌(PP)의 탄성계수 E를 구하시오. 상대밀도가 0.2인 $\tilde{\rho}/\rho_s$ 폼의 탄성계수를 산정해 보시오.

4.9 CES를 이용한 설계 탐구(전체적으로 레벨 2(재료)를 이용하라)

연습문제 E4.12 CES 소프트웨어를 이용하여 $E-\rho$ 도표를 만드시오. 상자 선택을 이용하여 1000에서 3000kg/m^3 사이의 밀도를 가지며 가능한 가장 높은 탄성계수를 보이는 재료 세 개를 찾아보시오.

연습문제 E4.13 데이터 산정. 대략적으로 탄성계수 E는 절대온도로 녹는점 T_m에 비례하며 이는 강한 원자간 결합이 강성과 열적 붕괴에 대한 저항 둘 다를 제공하기 때문이다. CES를 이용하여 금속에 대해 $E-T_m$ 도표를 만들고 재료 데이터를 통해 기울기 1의 직선을 산정하시오. 이 선을 이용하여 녹는점이 1760K인 코발트의 탄성계수를 산정하시오.

연습문제 E4.14 데이터의 건전성 점검. 한 문헌에 녹는점이 1720K인 니켈은 5500GPa의 탄성계수를 갖는다고 보고되어 있다. 앞 문제의 $E-T_m$ 관계를 이용하여 이러한 주장이 건전함을 점검하시오. 여러분은 얼마일거라 기대하는가?

연습문제 E4.15 PP-SiC(폴리프로필렌-탄화규소) 섬유 복합재료의 가능성을 다음 방식으로 탐구하시오. 탄성계수-밀도($E-\rho$) 도표를 만들고 축의 범위를 변화시켜 $1 < E < 1000$GPa과 $500 < \rho < 5000$kg/m^{3}이 되도록 하시오. PP와 SiC를 찾아 명명한 후 그것을 인쇄하시오. PP와 SiC의 탄성계수와 밀도 값을 이 재료에 대한 기록(값의 범위는 평균값을 사용)으로부터 구하시오. SiC의 부피분율 f가 0.5일 때 밀도 $\tilde{\rho}$와 탄성계수 $\tilde{E}$의 상한과 하한을 계산하고 이 정보를 도표위에 도시하시오. PP의 (E, ρ)에서 출발하여 여러분이 그린 각 $(\tilde{E}, \tilde{\rho})$ 점들을 통과하고 SiC의 (E, ρ) 점에서 끝나는 두 개의 호를 눈으로 스케치하시오. PP−SiC 복합재료는 0.5보다 더 많이 삽입하는 것은 불가능하기 때문에 대충 $f = 0.5$까지는 호 사이의 면적에 놓이게 할 수 있다.

연습문제 E4.16 PP 폼을 만듦으로써 놓일 수 있는 영역을 탐구하시오. $E-\rho$ 도표를 확장하여 $10^{-4} < E < 10$GPa과 $10 < \rho < 2000$kg/m^{3}이의 범위가 되도록 하시오. PP를 찾아 명명한 후 도표를 인쇄하시오. PP 영역의 꼭대기와 바닥에 닿는 폼 탄성계수의 축척법칙(scaling law) $\tilde{E} \propto \tilde{\rho}^2$(식 (4.24))에 해당하는 직선을 그려 PP영역으로 시작되는 띠를 만드시오. 이 선 사이의 영역은 PP 폼이 놓일 수 있다.

4.10 CES 요소를 이용한 과학 탐구

연습문제 E4.17 본문에서 탄성 상수들인 영률 E, 전단탄성계수 G, 체적탄성계수 K와 포아송비 ν사이에 다음과 같은 근사관계를 인용하였다.

$$G = \frac{E}{2(1+\nu)}; \qquad K = \frac{E}{3(1-2\nu)}$$

CES를 이용하여 한 축에는 각 방정식의 왼쪽에 있는 부분을 도시하고 다른 축에는 오른쪽에 있는 부분을 도시하시오. 이를 위해 두 방정식의 오른쪽에 있는 함수를 생성할 축을 선택하는 대화 상자에서 'Advanced' 기능을 선택할 필요가 있다. 이들이 얼마나 훌륭한 근사치인가?

연습문제 E4.18 응집에너지 H_c는 고체에서 원자들을 결합하는 에너지이다. 영률 E는 원자간 결합을 신장시키기 위해 필요한 힘을 평가하며 녹는점 T_m은 결합을 붕괴시키는 데 필요한 열에너지이다. 둘 다 응집에너지에서 유도되므로 아마 여러분은 E와 T_m 사이에 연관 짓기를 기대할지 모른다. 이를 알아보기 위하여 CES를 이용하여 T_m에 대해 E를 도시해 보시오. (녹는점은 섭씨나 화씨가 아닌 절대온도를 사용하시오.)

연습문제 E4.19 원자간 결합을 신장시키는 데 필요한 힘은 다음과 같다.

$$F = \frac{dH}{da}$$

여기서 dH는 da만큼 늘어날 때 결합에너지의 변화이다. 이 힘은 아래의 응력에 대응된다.

$$\sigma = \frac{F}{a_o^2} = \frac{1}{a_o^2}\frac{dH}{da} = \frac{1}{a_o^3}\frac{dH}{d(a/a_o)}$$

탄성계수 E는

$$E = \frac{d\sigma}{d\varepsilon} = \frac{d\sigma}{d(a/a_o)} = \frac{1}{a_o^3}\frac{d^2H}{d(a/a_o)^2}$$

이다. 결정에서 원자당 결합에너지 H_a는 다음과 같다.

$$H_a = \frac{H_c}{N_A}$$

여기서 H_c는 응집에너지이고 N_A는 아보가드로 수(6.022×10^{23}/mol)이다. 만약 2%의 신장이 결합을 끊을 만큼 충분하다고 가정하면, 다음 근사식을 만들 수 있다.

$$\frac{d^2H}{d(a/a_o)^2} \approx \frac{H_c}{(0.02)^2}$$

결국 E는

$$E = \frac{1}{a_o^3}\left(\frac{H_c}{0.0004N_A}\right)$$

이다. 이 식이 얼마나 완전한지 알아보기 위하여 식의 우변에 있는 양에 대해 영률 E를 (축을 선택하는 대화 상자에서 'Advanced' 기능을 이용하여) 그림으로 도시하시오. (파스칼 단위를 GPa로 환산하기 위하여 우변에 10^{-9}를 곱할 필요가 있다.)

제 5 장

휨, 처짐 및 흔들림 : 강성 제한 설계

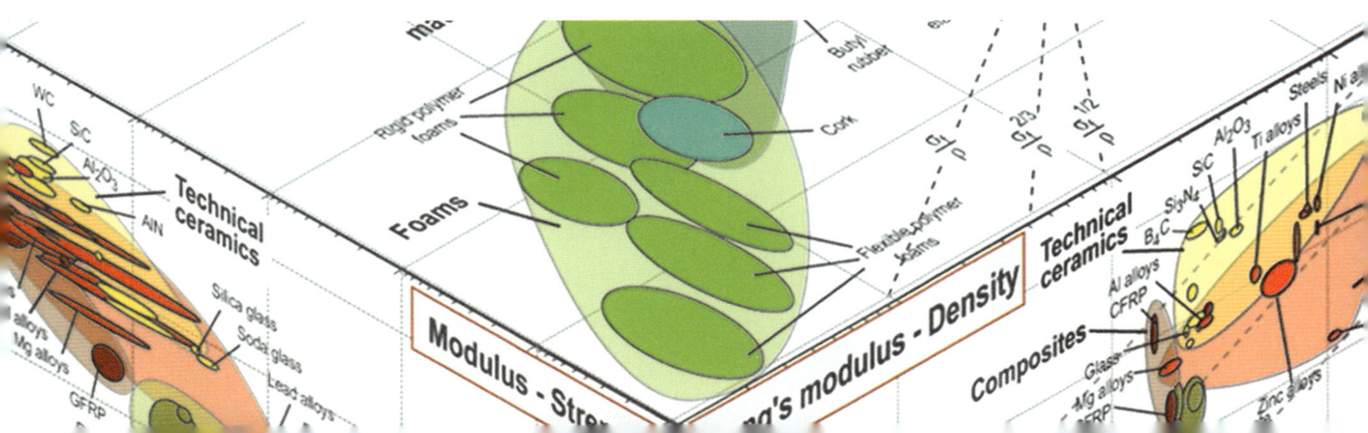

장대높이뛰기 선수 – 장대는 탄성 에너지를 저장한다.(미국 일리노이주(61822-9648) 샴페인시 Gemini Court 2808에 있는 Gill Athletics의 호의에 의한 이미지

5.1 서론 및 개요

수년 전 새천년이 다가옴에 따라 세계의 여러 국가와 도시에서는 우상적인 건축물 프로젝트에 신경을 썼다. 영국에서도 몇 개가 있었다. 하나는 템즈강을 가로질러 마주하고 있는 성바울 대성당과 현대예술 박물관 사이를 연결하는 새로운 보행자용 다리였다. 설계는 대담무쌍했는데, 일상적인 훨씬 위쪽으로 지나가는 케이블 대신에 상판 높이 위로 간신히 달하는 케이블로 된 현수교이다. 그 결과는 시각적으로 인상적이었는데, 맵시 있고 날씬한 광선(건축가의 표현)처럼 걸쳐 있었다. 단지 하나의 문제가 있었는데, 강성이 충분하지 않았다는 것이다. 다리는 개방되었지만 사람들이 그 위로 걸어갈 때 다리가 흔들리고 떨려서 즉시 폐쇄되었다. 일 년의 시간과 5백만 달러의 추가비용 뒤 다리는 많이 변경되어 다시 개방되었으며 이제는 훌륭하다.

여러분이 다리가 포함된 구조물에 대해 생각하는 첫 번째는 강도이다. 그것이 붕괴되지 않아야 한다. 강성은 종종 당연한 것으로 여겨진다. 하지만 실수일 수 있는 다리 이야기처럼 강성은 중요하다. 여기서 우리는 강성 제한 설계와 이를 얻기 위한 재료선택을 탐구한다. 이는 주어진 응용에서 재료 대응의 모델링을 포함한다. 선택 기준이 세세한 모양이나 하중에는 둔감하기 때문에 모델들은 단순할 수 있다. 주요 단계는 재료가 만나는 구속인자와 선택의 우수성을 평가할 목표를 인지하는 것이다.

우리는 4장의 도입부에서 하중의 일반적인 방식, 즉 인장, 압축, 굽힘 및 비틀림 있음을 보았다. 실제 어떠한 부품에 걸리는 하중은 이들 중 몇몇의 조합으로 분해될 수 있다. 따라서 하중과 부품의 대응을 연관시키는 표준방식에 대한 해의 목록을 갖는 게 이치에 맞다. 이 장에서 대응은 탄성 휨이고, 다음 장에서는 항복과 파괴이다. 여러분은 이 모든 것(표준 결과)을 어떻게 유도하는지 알 필요는 없지만 어디서 이들을 찾을 수 있는지는 알 필요가 있다. 여기서 여러분은 가장 유용한 것들을 발견할 것이며, 참고문헌에 기술된 출처도 더 많은 것을 보여 준다. 그리고 가장 중요한 사항으로서 이들을 어떻게 사용하는가를 알 필요가 있다. 이는 연습을 필요로 하는데 역시 여기서 이들 일부를 얻게 된다.

그러면 이 장의 첫 번째 절은 탄성 문제의 표준 해에 관한 것이다. 두 번째는 재료한계(material limits)와 지수(indices)를 유도하기 위한 이의 사용에 대한 것이고, 세 번째는 재료특성도표 상에 이들을 어떻게 도시하는가를 설명한다. 마지막으로 사례 연구를 통한 이들의 이용을 설명한다.

5.2 탄성 문제의 표준 해

모델링은 설계의 중요한 부분이다. 개념 단계인 초기에는 근사 모델이 개념이 잘 작동하는지 수립하고 성능을 최대화하는 재료특성의 조합을 확인한다. 구체화 단계에서는 보다 정확한 모델링이 설계인자에 대한 값, 즉 힘, 변위, 속도, 열 흐름, 부품치수 등의 경계를 정한다. 최종 단계에서는 모델링이 최적의 재료 선택과 크기가 되도록 주요 부품의 응력, 변형률 및 파괴 확률에 대한 정밀한 값을 제공한다.

많은 일반적인 형태와 하중 방식이 이미 모델링되어 있다. 하나의 부품은 종종 이들 중 하나로 이상화함으로써 근사적으로 모델링될 수 있다. 보나 기둥 혹은 압력용기를 재분석할 필요는 없다. 모든 일반적인 하중 하에서 이들의 거동은 이미 분석되어 있다. 중요한 것은 결과가 존재한다는 것과 이를 어디서 찾고 어떻게 이용하는지를 아는 것이다.

이 절은 재료강도에 대한 책이 그러하듯이 다소 지루하지만 그 결과는 실로 유용하다. 여기에 입력해야할 양과 적용되는 부품을 정의하면서 나열되어 있다.

탄성 신장 혹은 압축

길이가 L_0이고 일정한 단면적 A를 갖는 버팀목이나 지주에 축방향으로 가해지는 인장 혹은 압축 응력 $\sigma = F/A$는 변형률 $\varepsilon = \sigma/E$를 수반한다. 변형률 ε은 신장 δ와 $\varepsilon = \delta/L_0$에 의해 연관되어 있다(그림 5.1(a)). 따라서 하중 F와 변형 δ 사이에는 다음 관계가 성립한다.

$$\delta = \frac{L_o F}{AE} \tag{5.1}$$

강성 S는 다음과 같이 정의된다.

$$S = \frac{F}{\delta} = \frac{AE}{L_o} \tag{5.2}$$

단면에 걸쳐 응력이 균일하기 때문에 단면적의 모양은 문제가 되지 않음을 주목하라.

보의 탄성 굽힘

보가 굽힘 모멘트 M의 하중을 받을 때 초기에 똑바른 축이 곡률 κ로 변형된다(그림 5.1(b)).

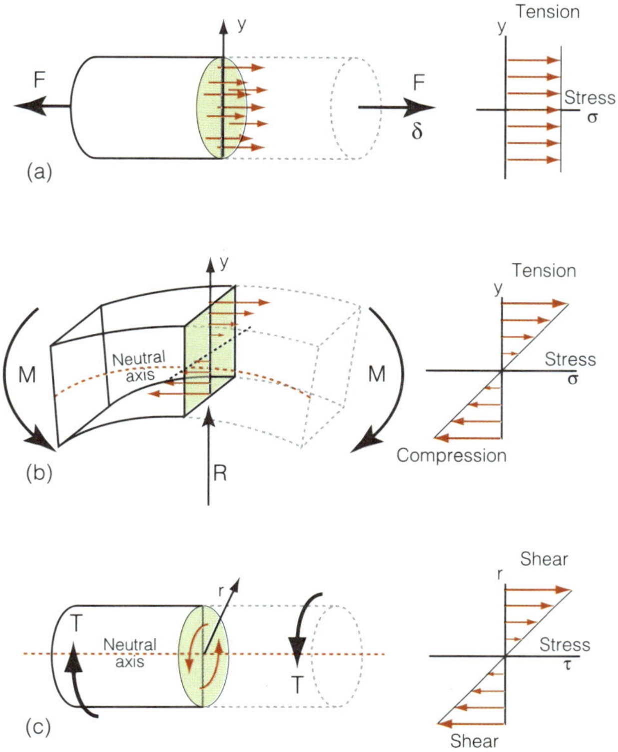

그림 5.1 (a) 인장 하중을 받는 단면 A의 버팀목. 이의 강성은 $S = F/\delta$이다. (b) 굽힘 하중을 받는 사각 단면의 보. 응력 σ는 굽힘 모멘트 M을 초래하고, 인장에서 압축까지 중립축에서 부호가 바뀌며 선형적으로 변한다. (c) 비틀림 하중을 받는 원형 단면의 축.

$$\kappa = \frac{d^2u}{dx^2}$$

여기서 u는 y축에 평행한 변위이다. 곡률은 단면을 가로질러 응력이 0인 지점인 **중립축**(neutral axis)의 한 쪽에는 인장 다른 쪽에는 압축이 걸리면서 축변형률 ε (따라서 응력 σ)의 선형적인 변화를 일으킨다. 응력은 중립축으로부터의 거리 y에 따라 증가한다. 재료가 중립축으로부터 멀리 떨어질수록 굽힘 저항에 더 효과적이고, 따라서 단면의 모양이 중요하다. 탄성보 이론은 영률 E의 재료로 만들어진 보에서 모멘트 M에 의해 야기된 응력 σ를 제공하며, 다음과 같다.

$$\frac{\sigma}{y} = \frac{M}{I} = E\kappa$$
$$= E\frac{d^2u}{dx^2} \tag{5.3}$$

Section shape	Area A m^2	Moment I m^4	Moment K m^4
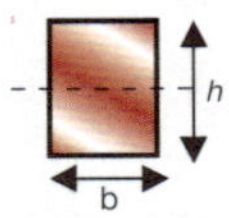	bh	$\frac{bh^3}{12}$	$\frac{bh^3}{3}(1-0.58\frac{b}{h})$ $(h>b)$
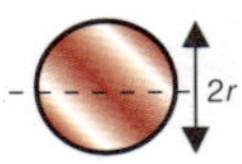	πr^2	$\frac{\pi}{4}r^4$	$\frac{\pi}{2}r^4$
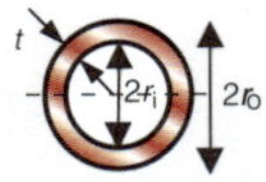	$\pi(r_o^2-r_i^2)$ $\approx 2\pi rt$	$\frac{\pi}{4}(r_o^4-r_i^4)$ $\approx \pi r^3 t$	$\frac{\pi}{2}(r_o^4-r_i^4)$ $\approx 2\pi r^3 t$
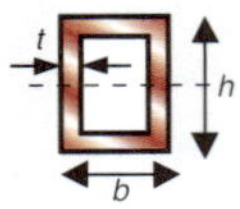	$2t(h+b)$ $(h,b>>t)$	$\frac{1}{6}h^3t\,(1+3\frac{b}{h})$	$\frac{2tb^2h^2}{(b+h)}(1-\frac{t}{h})^4$

그림 5.2 네 가지 단면 모양에 대한 단면적과 단면의 2차모멘트

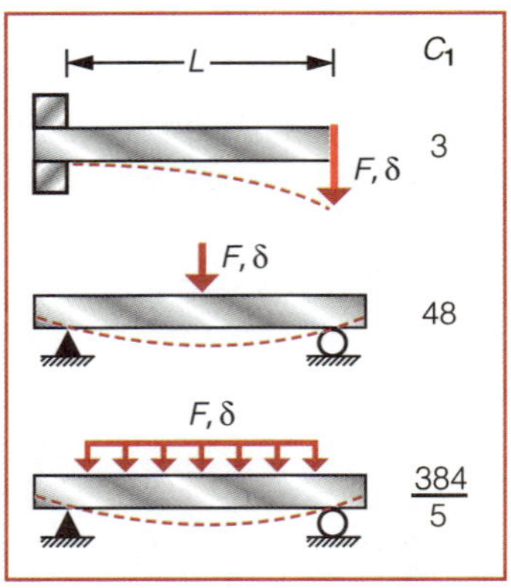

그림 5.3 보의 탄성 처짐. 힘 F 하에서 길이 L의 처짐 δ는 단면의 휨강성 EI와 힘이 분포되는 방식에 따라 달라진다. 상수 C_1은 식 (5.5)에 정의되어 있다.

여기서 I는 면적의 2차모멘트이며, 다음과 같이 정의된다.

$$I = \int_{\text{section}} y^2 b(y)\,dy \tag{5.4}$$

거리 y는 중립축으로부터 수직으로 측정되며 $b(y)$는 y에서 단면의 폭이다. 모멘트 I는 굽힘에 대한 단면의 저항을 나타내며, 크기와 모양 둘 다의 효과를 포함한다. 네 가지

일반적인 단면에 대한 예를 그림 5.2에 단면적 A와 단면의 2차모멘트 I에 대한 표현과 함께 나타내었다.

모멘트와 곡률의 비 M/κ는 휨강성(flexural rigidity) EI이라고 부른다. 그림 5.3은 하중 F의 가능한 세 가지 분포를 보여 주고 있으며, 각각은 모멘트 분포 $M(x)$를 생성한다. 최대의 처짐 δ는 식 (5.3)을 특정한 $M(x)$에 대해 두 번 적분함으로써 얻어진다. 수직 하중 F를 받는 길이 L의 보에 대해 강성은 다음과 같다.

$$S = \frac{F}{\delta} = \frac{C_1 EI}{L^3} \tag{5.5}$$

모든 단순 분포의 하중에 대해서 결과는 같다. 분포에 따라 달라지는 유일한 값은 C_1이며, 그림에 세 가지 분포에 대한 값들이 나열되어 있다. 우리는 5.3절에서 복잡한 분포의 하중에 대한 최선의 선택이 단순한 분포에 대한 값과 같다는 행복한 결과와 함께 최선의 재료 선택은 C_1 값에 무관함을 알게 될 것이다.

축의 비틀림

균일한 단면의 등방성 봉의 끝에 가해지는 토크 T는 전단응력 τ를 생성한다(그림 5.1(c)와 5.4). 원형 단면의 경우 전단응력은 대칭축으로부터 방사상의 거리 r에 따라 변한다.

$$\frac{\tau}{r} = \frac{T}{K} \tag{5.6}$$

여기서 K는 비틀림에 대한 단면의 저항(굽힘에서의 I와 같음)의 측도이다. K는 원형 단면에서 가장 계산이 쉬우며, 이 값이 단면의 극2차모멘트와 같을 때,

$$J = \int_{\text{section}} 2\pi r^3 \, \mathrm{d}r \tag{5.7}$$

이다. 여기서 r은 원형 단면의 중심으로부터 방사상으로 측정된다. 비원형 단면의 경우 K는 J보다 더 작다. 그림 5.2는 네 개의 표준 모양에 대한 K값을 나타내고 있다.

전단응력은 봉에 수직한 면에서 작용한다. 이는 길이 L의 봉을 각 θ만큼 비틀리도록 만든다. 단위길이당 비틀림, θ/L은 전단응력 및 토크와 다음과 같이 관련된다.

$$\frac{\tau}{r} = \frac{T}{K} = \frac{G\theta}{L} \tag{5.8}$$

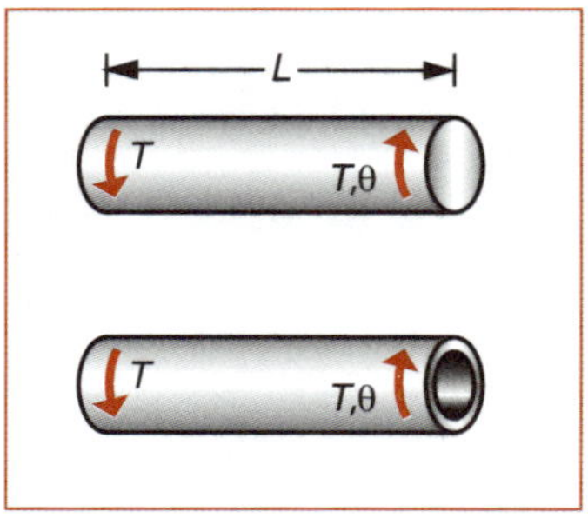

그림 5.4 원형 축의 탄성 비틀림. 축 내의 응력과 단위 길이당 비틀림은 토크 T와 비틀림 강성 GK에 의존한다.

여기서 G는 전단탄성계수이다. 단위길이당 토크와 비틀림의 비, T/θ는 GK와 같으며 이를 비틀림 강성(torsional rigidity)이라 부른다.

기둥과 판의 좌굴

충분히 홀쭉한 탄성 기둥이나 판이 압축 하중을 받으면 임계하중 F_{crit}에서 탄성 좌굴에 의해 파손된다. 보 이론은 임계 좌굴 하중이 길이 L과 휨강성 EI에 의존함을 보여준다.

$$F_{crit} = \frac{n^2\pi^2 EI}{L^2} \tag{5.9}$$

여기서 n은 양끝의 구속인자, 즉 죔쇠로 고정되어 있거나, 혹은 회전이 자유롭거나, 혹은 평행이동이 또한 자유롭거나 등의 구속인자에 의존하는 값이다(그림 5.5). n 값은 단지 좌굴된 모양의 반파장의 수이다(반파장은 변곡점 사이의 거리이다).

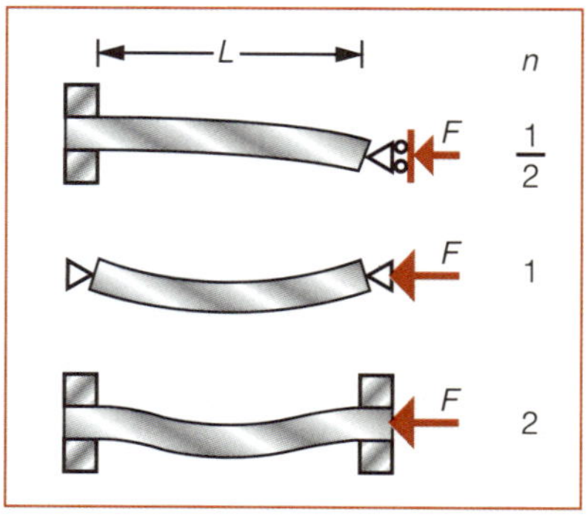

그림 5.5 길이 L인 기둥의 좌굴 하중은 휨강성 EI와 양끝의 구속인자에 의존하며, 여기에 세 가지를 n 값과 함께 나타내었다.

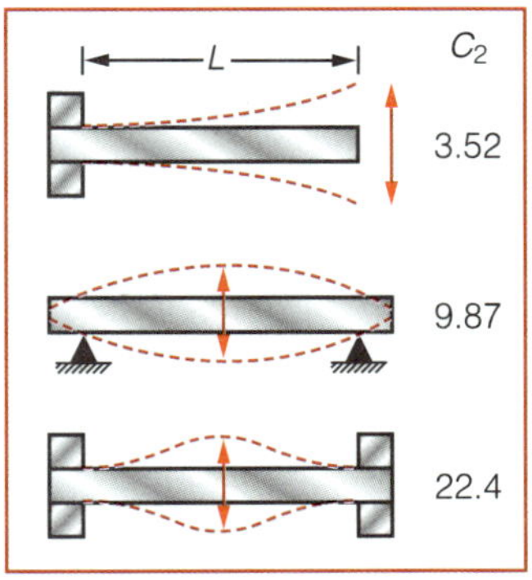

그림 5.6 다른 방식으로 속박된 보의 고유 진동수 모드

큰 공학적 재난들 중 일부는 좌굴에 의해 기인되었다. 이는 경고 없이 발생할 수 있으며 약간의 잘못된 정렬도 좌굴이 일어나는 하중을 감소시키기에 충분하다. 기둥에서의 압축하중이나 판에서의 평면 내 압축을 다룰 때는 좌굴 하중으로부터 충분히 벗어나 있는지 점검하는 게 현명하다.

진동하는 보와 판

고유 진동수 중의 하나로 진동하는 무감쇠 시스템은 강성이 k(단위변위당 복원력)인 스프링에 부착된 질량 m의 단순한 문제로 환산할 수 있다. 그러한 시스템의 가장 낮은 고유 진동수는 다음과 같다.

$$f = \frac{1}{2\pi}\sqrt{\frac{k}{m}} \tag{5.10}$$

다른 형상은 효과적인 k와 m의 적절한 산정을 요구하며, 종종 이는 근사 모델링에 의해 충분한 정확도로 산정될 수 있다. 봉이나 보의 더 높은 고유진동수는 가장 낮은 값의 단순한 배수이다.

그림 5.6은 다양하게 끝이 구속된 균일한 보나 판의 휨 모드에서 최저 고유 진동수를 보여 준다. 스프링 강성 k는 식 (5.5)에 의해 주어진 굽힘에 대한 값이다. 따라서 고유 진동수는 다음과 같이 쓸 수 있다.

$$f = \frac{C_2}{2\pi}\sqrt{\frac{EI}{m_o L^4}} \tag{5.11}$$

여기서 C_2는 그림에 나타나 있듯이 끝의 구속에 의존하며 m_0는 단위 길이당 보의 질량이다. 단위 길이당 질량은 단지 면적과 밀도의 곱, $A\rho$이며 따라서 고유 진동수는 다음과 같다.

$$f = \frac{C_2}{2\pi}\sqrt{\frac{I}{AL^4}}\sqrt{\frac{E}{\rho}} \tag{5.12}$$

그러므로 진동수는 $\sqrt{E/\rho}$에 비례한다.

5.3 탄성 설계를 위한 재료 지수

이제 3장에서 개략적으로 나타내었고 그림 3.6에서 요약된 단계의 이행을 시작할 수 있다.

- 변환
- 구속인자에 기초한 심사
- 목표에 기초한 순위 매김
- 깊이를 더하기 위한 문서화

처음 두 개는 3장에서 충분히 기술되었다. 세 번째 목표에 기초한 등급은 **재료지수(material index)**를 인지하기 위한 단순한 모델링을 요구한다.

목표(objective)는 전체로서 설계에 대한 우수성의 기준으로 일부는 최소화되며(비용, 무게 혹은 부피처럼) 혹은 일부는 최대화된다(에너지 저장처럼). 여기서 우리는 탄성 설계를 위한 목표를 탐구한다.

무게의 최소화 : 가볍고 강성이 있는 버팀 봉재

먼저 4장의 표지 그림에 있는 것처럼 원통형의 버팀봉을 위한 재료의 선택을 생각해 보자. 이것의 길이는 L_0로 지정되어 있고 인장력 F를 지탱해야 하며 탄성적으로 δ 이상 신장되어서는 안 된다. 강성은 최소한 $S^* = F/\delta$이어야 한다(그림 5.7(a)). 이것은 하중을 버티는 부품이므로 어느 정도의 인성도 요구된다. 목표는 이것을 가능한 가볍게 만드는 것이다. 단면적 A는 제한이 없다. 표 5.1에는 변환된 설계 요구조건이 나열되어 있다.

먼저 우리는 양(여기서는 버팀봉의 질량 m)을 최대화 혹은 최소화 되도록 기술하는

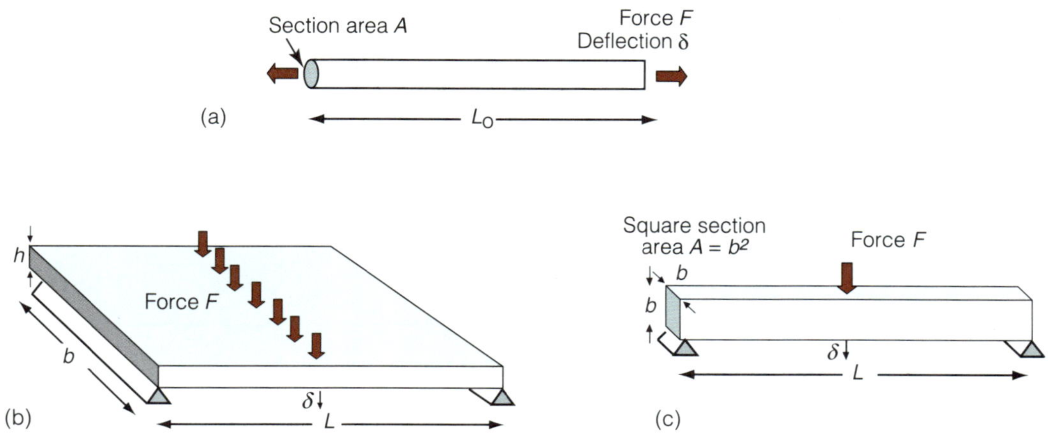

그림 5.7 (a) 인장 하중을 받는 단면적 A의 버팀봉. 이의 강성은 $S = F/\delta$이며, 여기서 F는 하중이고 δ는 신장이다. (b) 굽힘 하중을 받는 패널. 강성은 $S = F/\delta$이며, 여기서 F는 전체 하중이고 δ는 굽힘에 의한 처짐이다. (c) 굽힘 하중을 받는 정사각형 단면의 보. 강성은 $S = F/\delta$이며, 여기서 F는 하중이고 δ는 굽힘에 의한 처짐이다.

표 5.1 가볍고 강성이 있는 버팀대를 위한 설계 요구조건

기능	• 버팀대	
구속인자	• 강성 S^*가 규정되어 있음	기능적 구속인자
	• 어느 정도의 인성	(기능적 구속인자)
	• 길이 L_0가 규정되어 있음	기하학적 구속인자
목표	• 질량의 최소화	
자유변수	• 재료의 선택	
	• 단면적 A의 선택	

방정식을 찾는다. **목표 함수(objective function)**라고 불리는 이 식은 다음과 같다.

$$m = AL_o\rho \tag{5.13}$$

여기서 A는 단면의 면적이며, ρ는 만드는 재료의 밀도이다. 우리는 단면을 감소시킴으로써 질량을 줄일 수 있지만, 구속인자가 있다. 즉, 단면적 A는 S^*의 강성을 제공할 만큼 충분해야 하며, 버팀봉의 경우 식 (5.2)에 의해 다음과 같다.

$$S^* = \frac{AE}{L_o} \tag{5.14}$$

만약 재료가 낮은 탄성계수를 가진다면 필요한 강성을 제공하기 위해 큰 A가 필요하

표 5.2 가볍고 강성이 있는 패널을 위한 설계 요구조건

기능	• 패널	
구속인자	• 강성 S^*가 규정되어 있음	기능적 구속인자
	• 길이 L과 폭 b가 규정되어 있음	기하학적 구속인자
목표	• 질량의 최소화	
자유변수	• 재료의 선택	
	• 패널 두께 h의 선택	

고, 만약 E가 높으면 더 작은 A가 필요하다. 하지만 어느 것이 더 낮은 질량을 제공하는가? 답을 구하기 위해 두 식 사이의 자유변수 A를 소거하면,

$$m = S^* L_0^2 \left(\frac{\rho}{E} \right) \tag{5.15}$$

S^*와 L_0는 모두 조건으로 지정되어 있다. 강성 S^*를 제공하는 가장 가벼운 버팀봉은 가장 작은 ρ/E 값을 지닌 재료로 만들어진 것이다. 우리는 이것을 최소값을 가진 재료를 찾는 문제의 재료지수로 정의할 수 있다. 하지만 지수를 최대값을 찾는 형태로 표현하는 것이 더 유용하다. 따라서 우리는 식 (5.15)의 재료특성을 뒤집어 재료지수 M_t(첨자 t는 버팀봉(tie)을 의미함)를 다음과 같이 정의한다.

$$M_t = \frac{E}{\rho} \tag{5.16}$$

이것을 비강성(specific stiffness)이라고 한다. 만약 설계의 다른 구속인자, 즉 이 경우에는 어느 정도의 인성 요구를 만족한다면 높은 값의 M_t를 지닌 재료가 최선의 선택이 된다.

공학에서 가장 흔히 차지하는 하중의 방식은 인장이 아니라 굽힘이다. 마룻바닥의 들보, 비행기의 날개, 골프클럽의 샤프트 등을 생각해 보라. 굽힘에 대한 지수는 인장에 대한 지수와는 다르며 이는 적절한 재료의 선택을 (크게) 변화시킨다. 우리는 강성이 규정되어 있고 무게를 최소화하기 위한 패널과 보의 모델링으로 시작한다.

무게의 최소화 : 가볍고 강성이 있는 패널

패널은 탁자의 윗면처럼 편평한 슬래브이다. 이것의 길이 L과 폭 b는 규정되어 있지만 두께 h는 제약이 없다. 이 패널은 중심 하중 F에 의해 굽힘 하중을 받는다(그림

5.7(b)). 강성 구속인자는 이 패널이 하중 F 하에서 δ이상으로 처짐이 발생하면 안 된다는 것이며, 목표는 다시 가능한 가벼운 패널을 만드는 것이다. 표 5.2는 설계 요구조건을 요약해 보여 준다.

패널의 질량에 대한 목표함수는 버팀봉의 경우와 같다.

$$m = AL\rho = bhL\rho \tag{5.17}$$

굽힘 강성 S는 식 (5.5)로 주어지며 그 값은 최소한 다음과 같아야 한다.

$$S^* = \frac{C_1 EI}{L^3} \tag{5.18}$$

직사각형 단면의 경우(표 5.2) 면적의 2차모멘트 I는 다음과 같다.

$$I = \frac{bh^3}{12} \tag{5.19}$$

강성 S^*, 길이 L 및 폭 b가 조건으로 규정되어 있으며 단지 두께 h만 제약이 없다. 우리는 h를 줄임으로써 질량을 감소시킬 수 있지만 오직 강성 구속인자를 여전히 만족할 때까지이다. 질량에 대한 목표 함수에서 h를 소거하기 위하여 마지막 두 개의 식을 이용하면,

$$m = \left(\frac{12\, S^*}{C_1 b}\right)^{1/3} (bL^2)\left(\frac{\rho}{E^{1/3}}\right) \tag{5.20}$$

S^*, L, b 및 C_1은 모두 조건이 규정되어 있는 양이며, 유일하게 남겨진 선택의 자유는 재료의 양이다. 가볍고 강성 있는 패널을 위한 최선의 재료는 다시 그 재료가 다른 구속인자를 만족하는 한 가장 작은 $\rho/E^{1/3}$값을 지닌 재료이다. 앞에서와 마찬가지로 패널에 대한 재료지수 M_p값을 큰 값으로 구하기 위해서 이의 역수를 취한다.

$$M_p = \frac{E^{1/3}}{\rho} \tag{5.21}$$

이것은 이전의 지수인 E/ρ와 크게 달라 보이지 않지만, 실제 다르다. 우리가 곧 보게 되듯이 이것은 다른 재료의 선택으로 이끌게 된다. 당분간은 절차에 주목하라. 패널의 길이는 규정되어 있지만 단면적을 변화시키는 데는 제약이 없다. 목표는 패널의 질량 m을 최소로 하는 것이다. 자유 변수 h를 소거하기 위해 강성 구속인자를 이용한다. 그

다음 목표함수(질량에 대한 식)에 나타낸 재료 특성들의 조합을 읽는다. 이것이 문제의 지수이다.

이는 쉽게 들린다. 그리고 만약 여러분이 구속인자가 무엇인지, 최대 혹은 최소값을 구해야 하는 게 무엇인지, 어느 인자가 조건으로 규정되어 있고 어느 인자가 제약이 없는지 등에 대해 시작부터 확신한다면 이는 쉽다.

이제 다른 굽힘 문제, 즉 모양 선택의 자유가 패널의 경우보다 더 큰 문제를 다뤄보자.

무게의 최소화 : 가볍고 강성이 있는 보

보는 중실 직사각형, 원통형 튜브, I-형 보 등의 많은 형태를 지닌다. 이 중 일부는 자유로운 기하학적 변수가 너무 많아 위의 방법을 바로 적용하기 어렵다. 하지만 만약 모양을 자기닮음(self-similar; 전체 크기가 변함에 따라 모든 치수도 비례하여 변하는 것처럼)을 지니는 것으로 구속한다면 문제는 다시 다루기 쉬어진다. 따라서 보를 두 단계로 나눠 고려한다. 먼저 전술한 단순한 형태(정사각형 단면과 같은)를 갖는 가볍고 강성 있는 보에 적절한 재료를 인지하고, 다음에 두 번째로 같은 강성에서도 보다 효율적인 형상을 사용함으로써 얼마나 더 가볍게 만들 수 있는가를 탐구한다.

크기는 변할 수 있지만 정사각형 모양은 유지되는 단면 $A = b \times b$의 보를 고려해 보자. 고정된 길이 L의 전장에 걸쳐 중심 하중 F의 굽힘 하중을 받고 있다(그림 5.7(c)). 강성 구속인자는 다시 하중 F하에서 δ보다 큰 처짐이 일어나면 안 된다는 것이고, 보는 가능한 가벼워야 함이 목표이다. 표 5.3에 설계 요구조건을 요약해 놓았다.

전과 같은 절차에 따라 질량에 대한 목표함수는 다음과 같다.

$$m = AL\rho = b^2 L\rho \tag{5.22}$$

보의 굽힘 강성 S(식 (5.5))는 다음과 같다.

$$S^* = \frac{C_1 EI}{L^3} \tag{5.23}$$

정사각형 단면 보에 대한 면적의 2차모멘트 I는 다음과 같다.

$$I = \frac{b^4}{12} = \frac{A^2}{12} \tag{5.24}$$

주어진 길이 L에 대해서 강성 S^*는 정사각 단면의 크기를 조절함으로써 얻어진다. 이제 질량의 목표함수에서 b(혹은 A)를 소거하면

표 5.3 가볍고 강성이 있는 보를 위한 설계 요구조건

기능	• 보	
구속인자	• 강성 S^*가 규정되어 있음	기능적 구속인자
	• 길이 L • 단면 모양이 정사각형	기하학적 구속인자
목표	• 질량의 최소화	
자유변수	• 재료의 선택 • 단면의 면적 A	

$$M_b = \frac{E^{1/2}}{\rho} \tag{5.25}$$

이 된다. S^*, L 및 C_1은 모두 조건이 규정되어 있는 양이며, 가볍고 강성 있는 보를 위한 최선의 재료는 가장 작은 $\rho/E^{1/2}$값을 지닌 재료이다. 이의 역수를 취함으로써 우리는 보의 재료지수 M_b가 큰 값을 필요로 한다.

$$M_b = \frac{E^{1/2}}{\rho} \tag{5.26}$$

이러한 분석은 정사각형 보에 대한 것이지만 사실 그 결과는 모양이 일정하게 유지되는 한 어떠한 형태라도 적용 가능하다. 이는 식 (5.24)의 결과인데, 주어진 형상에서 면적의 2차모멘트 I는 상수와 A^2의 곱으로 표현되고 결국 형상의 변화는 단지 식 (5.25)의 상수 C_1만 변화시키고 최종 지수에는 영향을 미치지 않기 때문이다.

앞에서 주목하였듯이 실제 보는 같은 강성에서 적은 재료가 요구되도록 굽힘에 효율적인 단면 형상을 지니고 있다. 단면 형상을 변화시킴으로써 A의 변화 없이 I를 증가시키는 게 가능하다. 이는 얇은 벽두께의 튜브나 I-형 보의 경우처럼 보의 재료를 중립축으로부터 가능한 멀리 위치시킴으로써 얻을 수 있다. 일부 재료는 다른 재료보다 효율적인 형상으로 만들기가 더 쉽다. 따라서 식 (5.26)의 지수에 기초하여 재료를 비교하는 것은 약간의 주의를 필요로 한다. 즉, 더 낮은 지수 값을 갖는 재료는 더 효율적인 형상으로 만듦으로써 '만회가 가능하다'. 따라서 우리는 굽힘 성능에 대한 형상의 효과를 이해할 필요가 있다.

그림 5.8은 단면적이 A인 중실 정사각형 보를 보여 준다. 만약 우리가 같은 면적을 그림의 왼쪽에 보인 바와 같이 튜브로 바꾼다면 보의 질량은 변화가 없다(식 (5.22)).

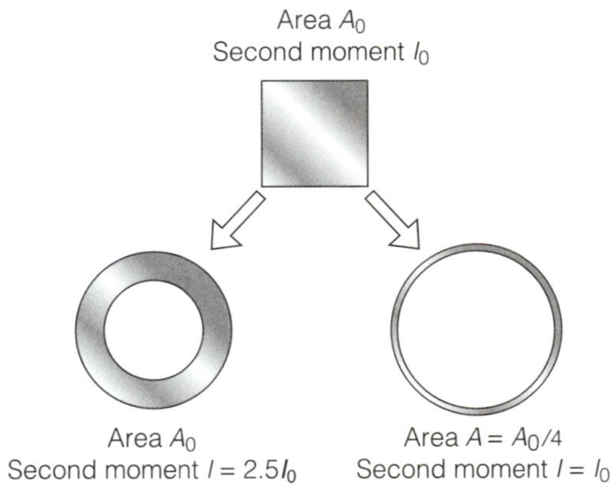

그림 5.8 굽힘 강성 EI에 미치는 단면 형상의 효과. 정사각형 단면의 보가 왼쪽의 같은 면적의 튜브(하지만 강성은 2.5배 더 큼)와 오른쪽의 같은 강성의 튜브(하지만 4배 더 가벼움)와 비교되어 있음.

그러나 면적의 2차모멘트 I는 이제 훨씬 더 크고 따라서 강성도 마찬가지로 더 크다(식 (5.23)). 중실 정사각형 단면의 I에 대해 면적(즉 질량)은 같지만 형상이 바뀐 단면의 I의 비를 형상인자(shape factor) ϕ로 정의한다. 형상이 더 날씬할수록 ϕ는 더 큰 값을 갖지만 제약이 있다. 즉, 너무 얇게 만들면 튜브는 좌굴을 일으키므로 따라서 각 재료는 그 특성에 의존하는 최대 형상인자가 있다. 표 5.4는 일부 전형적인 값들을 나열해 보여 준다.

형상 변화는 또한 구조를 더 가볍게 만들기 위해 이용된다. 즉, 더 적은 재료로 같은 강성을 얻는 방법이다(그림 5.8의 오른쪽). 질량비는 최대 형상인자의 제곱근의 역수인 $\Phi^{-1/2}$로 주어진다. 왜냐하면 형상인자에 비례하는 C_1은 식 (5.25)에서 $(C_1)^{-1/2}$으로 나타나기 때문이다. 표 5.4는 보가 같은 강성에서 형상변화에 의해 얼마만큼 더 가벼워질 수 있는지 그 인자를 나타내고 있다. 금속과 복합재료는 모두 크게 개선될 수 있지만(비록 금속이 약간 더 낫다 할지라도), 나무는 효율적인 얇은 벽두께의 형태로 모양을 만들기 어렵기 때문에 보다 제한된 가능성을 지닌다. 그러므로 식 (5.26)에 있는 지수를 이용하여 가볍고 강성 있는 보를 위한 재료를 비교할 때는 나무의 성능은 보이는 것만큼 좋지는 않으며 이는 다른 재료가 보다 더 효율적인 형태로 만들 수 있기 때문이다. 앞으로 알게 되듯이 복합재료(특히 CFRP)는 세 개의 지수 M_t, M_p, M_b 모두 매우 높은 값을 지니고 있지만, 금속에 대해 이러한 장점은 형상 효과에 의해 약간 감소된다.

표 5.4 다른 구조재료에서 보의 강성과 질량에 미치는 형상변화의 영향

재료	전형적인 최대 형상 인자 (중실 정사각형 보에 대해 상대적인 강성)	전형적인 형상변화에 따른 질량비 (중실 정사각형 보에 대해 상대적인 값)
강	64	1/8
A1 합금	49	1/7
복합재료(GFRP, CFRP)	36	1/6
나무	9	1/3

재료 비용의 최소화

목표가 무게보다는 비용을 최소화하는 것일 때는 지수가 변하게 된다. 재료의 가격이 C_m $/kg이라면, 질량 m의 부품을 만들기 위한 재료의 비용은 단지 mC_m이다. 버팀봉, 패널 혹은 보의 재료비용 C에 대한 목표함수는 다음과 같다.

$$C = mC_m = ALC_m\rho \tag{5.27}$$

앞의 세 경우처럼 절차를 따르면 지수는 단지 ρ가 $C_m\rho$로 대체된 식 (5.16), (5.21) 및 (5.26)으로 된다.

재료비용은 단지 모양지어진 부품 비용의 일부이다. 즉, 형상을 만들고, 결합하고, 마무리 처리하는 가공비용이 또한 존재한다. 이것들은 다음 장으로 미뤄둔다.

5.4 한계와 지수를 도표 상에 도시하기

심사 : 도표상의 특성 한계

어떠한 설계도 만드는 재료에 대해 확실히 타협할 수 없는 요구('구속인자')를 부과한다. 이러한 제한은 그림 4.7의 E-상대비용 도표를 간략히 나타낸 그림 5.9에 보인 것처럼 재료특성도표 상에 수평 혹은 수직선으로 도시할 수 있다. 우리는 그림에 보인 바와 같이 설계가 $E > 10$GPa과 상대비용 < 3의 제한을 부과하는 것으로 가정한다. '탐색영역(search region)' 으로 명명된 한계에 의해 정의된 창 내의 모든 재료는 두 가지 구속인자를 만족한다.

이 책의 뒷장에서는 많은 다른 특성에 대한 도표를 보여 준다. 그것은 다른 특성에

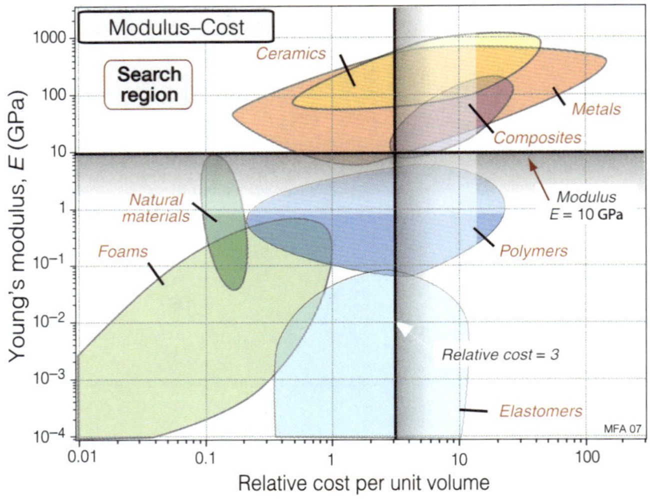

그림 5.9 E의 하한과 상대비용의 상한을 보여주는 개략적인 $E-$상대비용 도표

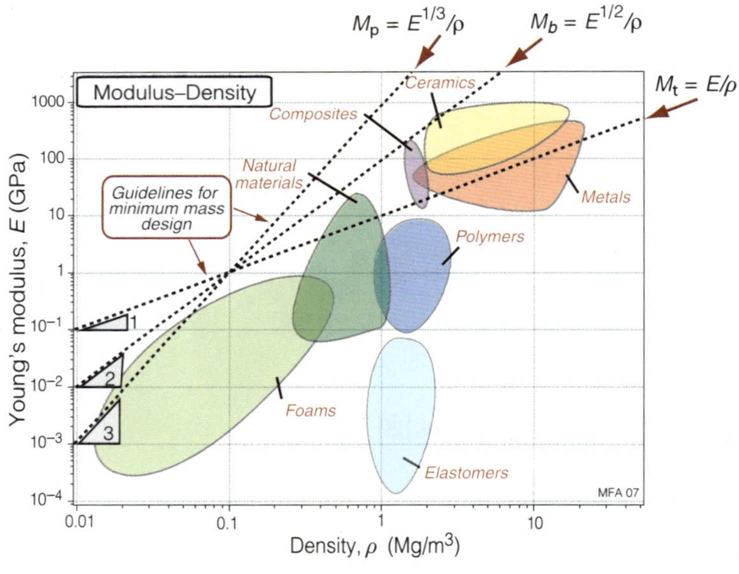

그림 5.10 강성을 지니며 가벼운 구조를 위한 세 가지 재료지수에 대한 가이드라인을 보여주는 개략적인 $E-\rho$ 도표

한계(제한)가 부과되도록 해 준다.

순위 : 도표상의 지수

다음 단계는 특성한계를 만족하는 재료의 부분집합으로부터 부품의 성능을 최대화하는 재료를 찾는 것이다. 예로서 우리는 가볍고 강성 있는 부품의 설계를 이용하고자

한다. 다른 재료지수도 유사한 방식으로 이용될 수 있다.

그림 5.10은 그림 4.6의 $E-\rho$ 도표를 간략히 보여 준다. 로그 눈금은 앞 절에서 유도된 세 지수인 E/ρ, $E^{1/3}/\rho$, 및 $E^{1/2}/\rho$ 모두를 도표 상에 도시되도록 해 준다. 다음과 같은 조건(예를 들면, 특정한 값의 비강성)을 고려해 보자.

$$M = \frac{E}{\rho} = \text{constant}, C$$

로그를 취하면,

$$\log(E) = \log(\rho) + \log(C) \tag{5.28}$$

이는 그림에 나타낸 것처럼 $\log(\rho)$에 대한 $\log(E)$의 도표 상에서 기울기가 1인 직선의 방정식이다. 유사하게 아래의 조건은,

$$M = \frac{E^{1/3}}{\rho} = \text{constant}, C$$

로그를 취하면 다음과 같이 된다.

$$\log(E) = 3\log(\rho) + 3\ \log(C) \tag{5.29}$$

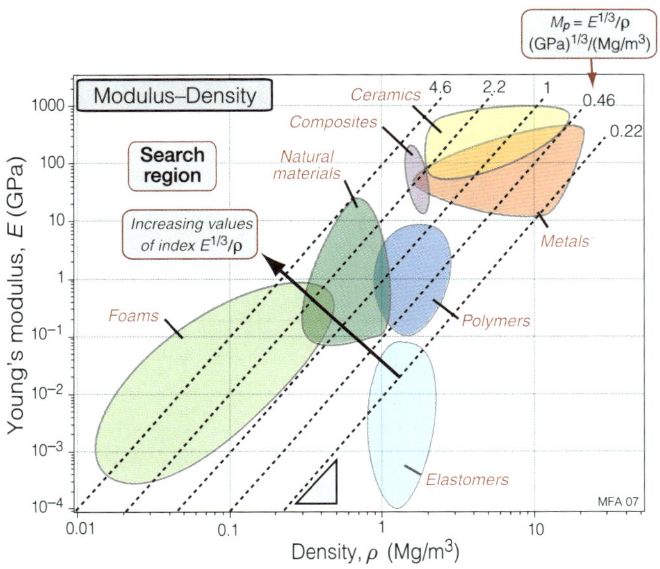

그림 5.11 지수 $E^{1/3}/\rho$에 대한 직선의 격자를 보여주는 개략적인 $E-\rho$ 도표. 단위는 $(GPa)^{1/3}/(Mg/m^3)$이다.

이것은 기울기가 3인 또 다른 직선이며, 역시 그림에 도시되어 있다. 그리고 세 번째 지수 $E^{1/2}/\rho$는 기울기 2의 직선으로 도시된다. 이러한 직선을 선택 가이드라인(selection guidelines)이라고 한다. 이들은 그 지수에 속하는 평행한 직선 족의 기울기를 제공한다.

이제 각 하중 형태에 대해 성능을 최대화하는 재료의 부분집합을 읽는 것은 쉽다. 예를 들면, 일정한 $M = E^{1/3}/\rho$의 직선상에 놓인 모든 재료는 가볍고 강성 있는 패널로서 똑같이 우수한 성능을 보인다. 직선보다 위의 재료는 더 나은 성능을 보이고, 직선보다 아래의 재료는 보다 덜한 성능을 보인다. 그림 5.11은 $GPa^{1/3}/(Mg/m^3)$ 단위로 $M = 0.22$부터 $M = 4.6$까지의 $M = E^{1/3}/\rho$값에 해당하는 직선 격자들을 보여 준다. 이 단위로 $M = 3$인 재료는 $M = 0.3$인 재료의 1/10인 무게의 패널을 가능하게 한다. 다음 절의 사례연구는 실제적인 예를 제공한다.

컴퓨터 이용 선택

도표는 개관을 제공하지만 도표 중 하나에 나타낼 수 있는 재료의 수는 명백히 제한적이다. 이를 이용한 선택은 구속인자가 극히 적을 때는 실용적이지만, 대개의 경우 그러하듯이 많을 때는 주어진 재료가 모든 구속인자를 만족하는지 점검하는 게 성가신

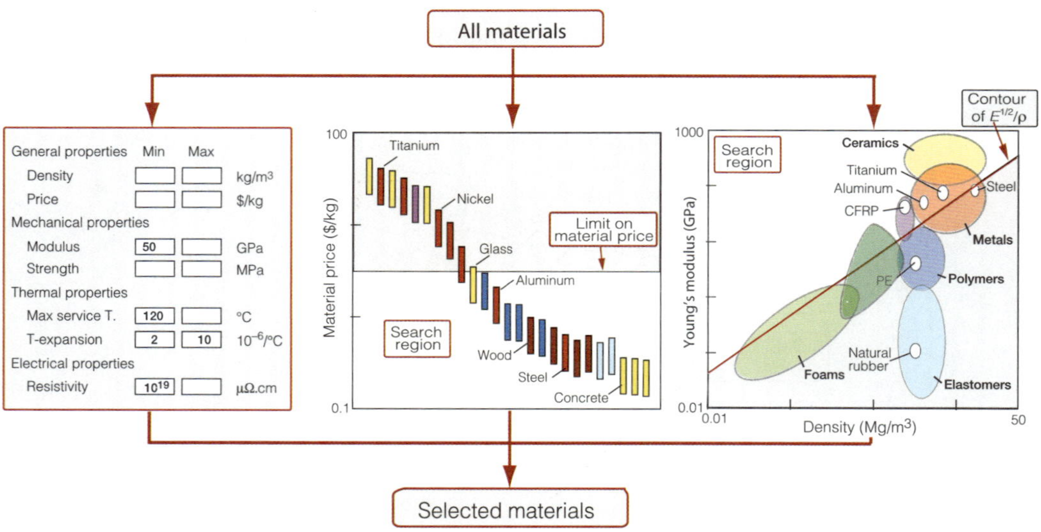

그림 5.12 CES 소프트웨어를 사용한 컴퓨터 이용 선택. 개략도는 세 가지 형태의 선택 창을 보여 준다. 이들은 어떤 순서나 어떤 조합으로도 이용 가능하다. 선택 엔진은 모든 선택 단계를 통과하는 재료들의 부분집합을 분리한다.

1) Granta Design Ltd, Cambridge, UK (www.grantadesign.com)

일이다. 이 두 문제는 방법의 컴퓨터 실행으로 극복할 수 있다.

CES 재료 및 공정 선택 소프트웨어[1)]는 그러한 실행의 한 예이다. 이 소프트웨어의 데이터베이스는 2장의 그림 2.3에 나타낸 계층적인 방식으로 정리된 재료의 기록들을 포함하고 있다. 각각의 기록은 어떤 재료에 대한 특성 데이터를 포함하고 있으며, 각각의 특성은 전형적인 (혹은 흔히 허용된) 값의 범위로서 저장된다. 또한 텍스트, 이미지 및 재료에 대한 정보의 출처에 대한 참고문헌의 형식으로된 제한된 문서도 포함하고 있다. 데이터는 그림 5.12에 개략적으로 보인 검색 인터페이스를 제공하는 검색엔진에 의해 조사된다. 왼쪽에는 하나의 특성에 대한 심사를 위한 단순한 질의 인터페이스를 나타내었다. 구속되어 있는 특성에 대해 바람직한 상한 및 하한이 입력되고, 검색엔진은 한계밖에 놓이는 특성을 지닌 모든 재료를 거부한다. 그림의 중앙은 데이터를 묻는 두 번째 방식을 보여 주는데, 데이터베이스에 있는 어떤 수치 특성에 대해 소프트웨어에 의해 구성된 막대도표이다. 오른쪽에 나타낸 거품도표는 구속인자를 적용하고 순위를 정하는 방식이다. 심사를 위해서는 특성(막대도표) 혹은 특성들(거품도표)의 구속된 값에 놓인 모서리로 된 선택 직선이나 상자를 도표위에 겹쳐 놓는다. 이는 그늘진 영역 안에 있는 재료를 제거하고, 구속인자를 만족하는 재료는 유지한다. 대신 만약 순위 매김을 구한다면(이미 모든 필요한 구속인자는 적용되었음) 그림 5.11에 보인 것처럼 선택 영역 안에 적은 수(이를테면 10)의 재료가 남겨지도록 지수선(index-line)을 위치시킨다. 이것들이 최상위의 후보자들이다. 소프트웨어는 모든 구속인자를 만족하는 최상위의 재료 목록을 보여 준다.

5.5 사례 연구

우리는 여기서 4장의 두 개의 도표를 이용한 사례연구를 갖는다. 이들은 수 겹의 세부사항 아래에서 방법이 불명확해지는 것을 피하기 위하여 신중히 단순화된다. 대부분의 경우에 이로 인해 잃는 것은 거의 없으며, 단순한 예에 대한 최선의 재료 선택은 보다 더 복잡한 예에 대한 경우와 같다.

코르크마개뽑이용 경량 지렛대

코르크마개뽑이의 지렛대(그림 5.13)는 굽힘 하중을 받는다. 힘 F는 굽힘 모멘트 $M = FL$을 일으킨다. 지렛대는 코르크를 뽑을 때 굽힘 변위 δ가 기꺼이 받아들일 만큼 작도록 충분한 강성을 지녀야 할 필요가 있다. 만약 코르크마개뽑이가 여행자용으로 만들어진다면 또한 가벼워야 한다. 단면은 직사각형이다. 단면의 치수는 자유롭게 바

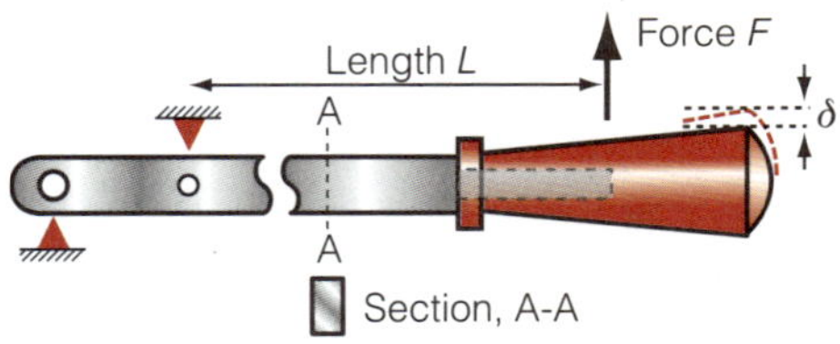

그림 5.13 3장에서 가져온 코르크마개뽑이 지렛대. 이는 적당히 강성이 있고 여행용으로 가능한 가벼워야 한다.

꿀 수 있지만 형상은 바꿀 수 없는 자기닮음(self-similarity)을 가정한다. 우리가 원하는 재료지수는 일찍이 식 (5.26)으로 유도되어 있다. 그것은 가볍고 강성 있는 보에 대한 지수이다.

$$M = \frac{E^{1/2}}{\rho} \tag{5.30}$$

여기서 E는 영률이고 ρ는 밀도이다. 명백히 다른 구속인자도 있다. 코르크마개뽑이를 떨어뜨렸을 때 다른 종류의 충격에 견뎌야 하므로 유리나 세라믹 같은 취성 재료는 받아들이기 어렵다. 표 5.5에 요약된 이러한 요구조건이 주어졌을 때 여러분은 어떤 재료를 선택하겠는가?

그림 5.14는 영률 E가 밀도 ρ에 대해 그려진 적절한 도표를 보여 준다. 5.3절에서 설명했듯이 지수 M에 대한 선택 직선은 기울기가 2이다. 이 선은 그 위로 적은 그룹의 재료가 놓이도록 위치시킨다. 이들은 가장 큰 값의 M을 지닌 재료들이고 이는 다른 구속인자가 만족된다면 최선의 선택이 된다. 세 부류의 재료가 직선보다 위에 놓여 있는데, 이는 나무, 탄소섬유강화 고분자(CFRP)와 많은 수의 세라믹이다. 세라믹은 취약하고 비싸므로 제외한다. 추천은 명백하다. 지렛대를 나무로 만들거나 혹은 보다 나은 CFRP로 만들어라.

표 5.5 코르크마개뽑이 지렛대를 위한 설계 요구조건

기능	• 가볍고 강성 있는 보를 의미하는 가벼운 무게의 레버
구속인자	• 강성 S^*가 규정되어 있음 • 길이 L • 단면 모양이 정사각형
목표	• 질량의 최소화
자유변수	• 재료의 선택 • 단면의 면적 A

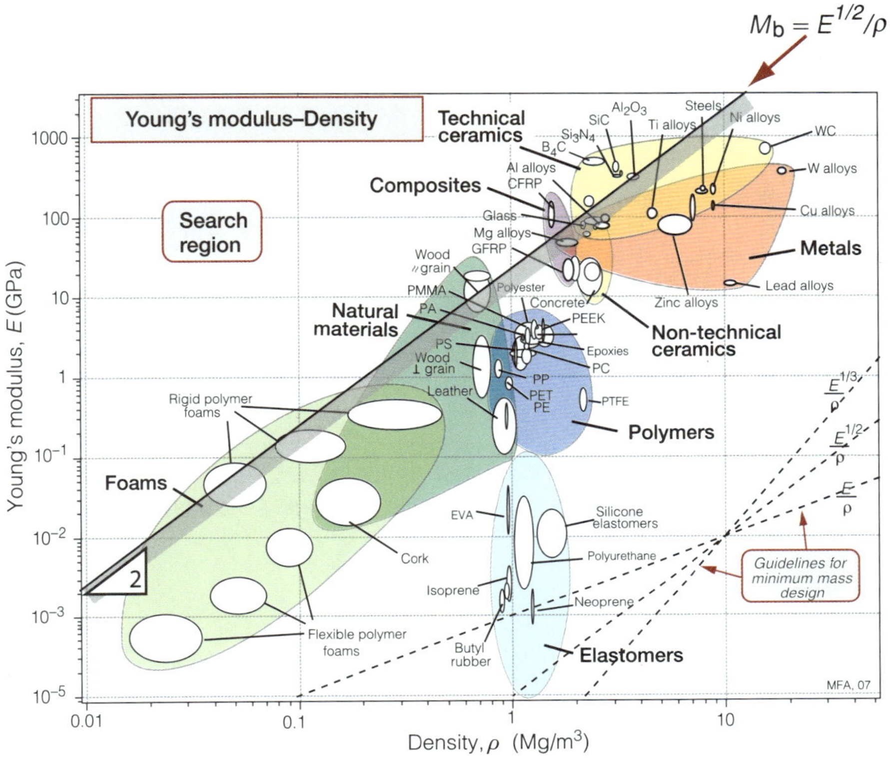

그림 5.14 지렛대용 재료의 선택. 목표는 강성 구속인자를 만족하면서 가능한 가볍게 만드는 것이다.

비용 : 건축용 구조재료

대부분의 사람들이 구매하는 가장 비싼 것은 그들이 살 집이다. 대략 주택 한 채 가격의 반은 그것을 만드는 재료의 가격이며, 또한 이 재료는 많은 양이 사용된다(가족용 주택: 약 200톤, 큰 아파트 블록: 20000톤). 재료는 세 가지 방식으로 이용되는데, 이는 구조적으로 건물을 지탱하기 위한 것, 외장재로서 날씨를 피하기 위한 것, 내장재로서 열과 소리를 차단하고 안락함과 장식을 제공하기 위한 것 등이다.

구조용 재료 선택을 고려해 보자(그림 5.15). 이들은 강성이 좋고 강하고 값이 싸야 한다. 즉, 건물이 바람에 의한 하중이나 내부하중에 의해서 너무 많이 휘지 않도록 강성이 좋아야 한다. 또한 붕괴의 위험이 없도록 강해야 한다. 그리고 이토록 많은 재료가 사용되기 때문에 값이 싸야 한다. 건물의 구조용 뼈대는 거의 환경에 노출되지 않으며, 일반적으로 눈에 띄지 않는다. 따라서 부식저항이나 외관 등의 기준은 여기서는 중요하지 않다. 설계 목표는 단순한데, 최소의 비용으로 강성과 강도를 얻는 것이다. 좀 더 구체적으로 마루 들보용 재료의 선택을 강성에 초점을 두고 고려해 보자. 표

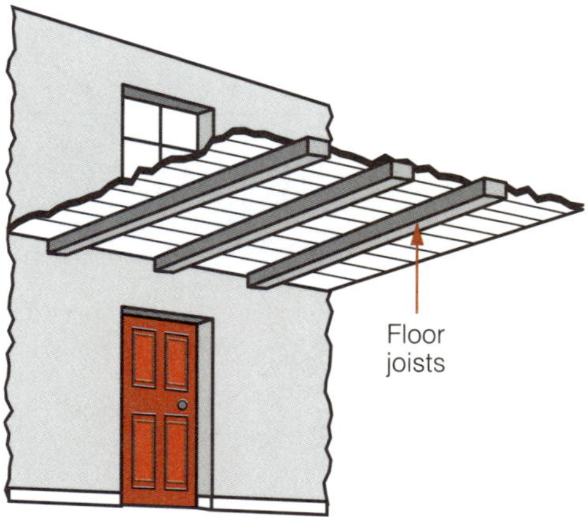

그림 5.15 건축물 재료는 세 가지 다른 역할을 수행하도록 선택된다. 구조용 재료는 하중을 지탱하도록 선택된다. 외장용 재료는 환경으로부터 보호를 제공해 준다. 내장용 재료는 열, 빛, 소리를 제어한다. 여기서 우리는 구조용 재료를 탐구한다.

표 5.6 바닥 보를 위한 설계 요구조건

기능	• 바닥 보
구속인자	• 강성 S^*가 규정되어 있음 • 길이 L이 규정되어 있음 • 단면 모양이 정사각형
목표	• 재료 비용의 최소화
자유변수	• 재료의 선택 • 단면의 면적 A

5.6에는 요구조건을 요약해 놓았다.

최소질량이 m인 강성 보의 재료지수는 이전에 유도되었다. 보의 비용 C는 단지 질량 m과 보를 만드는 재료의 kg당 비용인 C_m의 곱으로 주어진다.

$$C = mC_m = AL\rho C_m$$

5.3절에서와 같은 절차를 따르면, 최소비용의 강성 보에 대한 지수는 다음과 같다.

$$M = \frac{E^{1/2}}{\rho C_m} \tag{5.31}$$

그림 5.16은 관련된 도표를 보여 준다. 이는 단위부피당 상대비용인 $C_m\,\rho$에 대한 탄

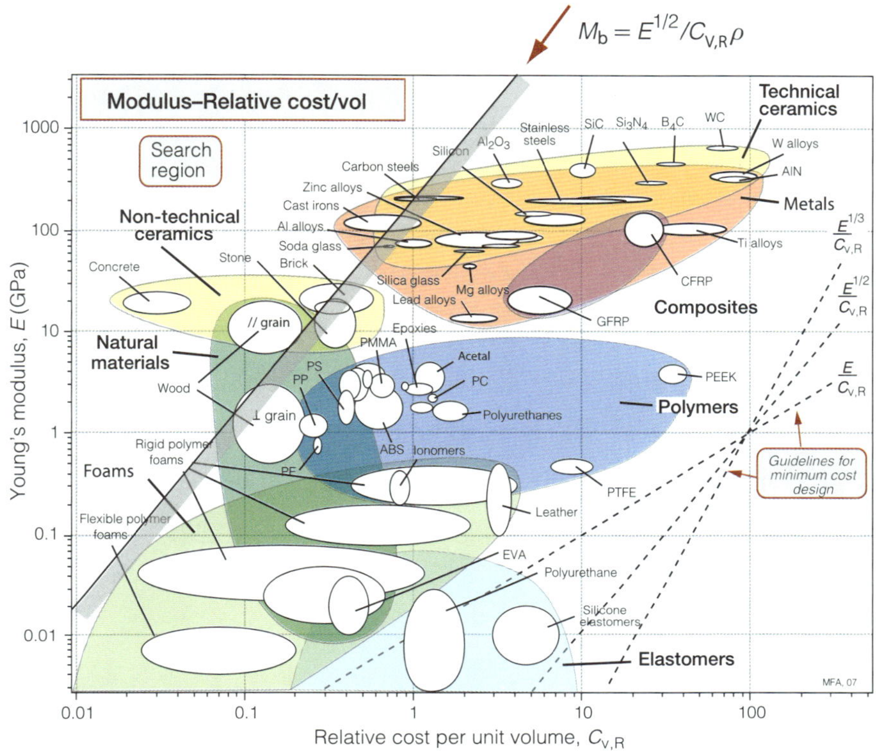

그림 5.16 강성 바닥 보를 위한 재료 선택. 목표는 강성 구속인자를 만족하면서 가능한 값싸게 만드는 것이다.

성계수 E의 도표로서, 이 도표에서는 C_m 대신에 4장에서 정의된 상대비용인 $C_{V,R}$을 사용한다. 하지만 이것이 선택의 차이를 일으키지는 않는다. 그늘진 띠는 M에 대한 적절한 기울기를 갖고 있으며, 이것이 콘크리트, 석재, 벽돌, 나무, 주철 및 탄소강을 분리해낸다.

콘크리트, 석재, 벽돌은 단지 압축에서만 강도를 지니며, 건축물의 형태는 이들을 이러한 방식(벽, 기둥, 아치)으로 사용해야 한다. 나무, 강, 강화콘크리트는 인장과 압축 모두에서 강도를 지니며, 게다가 강은 굽힘과 압축은 물론 인장하중을 지탱할 수 있는 효율적인 형상(I-단면, 상자 단면, 튜브)을 지닐 수 있어 건축물 형태 선택에 큰 자유도를 부여한다.

쿠션과 패딩 : 폼의 탄성계수

탄성계수를 조절하는 한 가지 방법은 재료를 폼으로 만드는 것이다. 그림 4.23은 이상적인 폼 구조를 보여 주었는데, 지간의 중앙에서 이웃한 세포와 연결된 길이 L과 두께

t의 지주(struts)의 망상조직이다. 이와 같은 세포상 고체는 상대밀도(relative density)로 특징지어지며, 여기에 보인 구조($t \ll L$)에 대해서는 다음과 같다.

$$\frac{\tilde{\rho}}{\rho_s} = \left(\frac{t}{L}\right)^2 \tag{5.32}$$

여기서 $\widetilde{\rho}$는 폼의 밀도, ρ_s는 폼을 만드는 고체의 밀도이다.

많은 세포를 포함하는 한 블록의 폼에 압축응력 σ가 가해진다면, 이는 σ의 방향에 나란한 모서리 위에 밀치는 힘 F로 폼을 통해 전달된다. 한 세포면의 면적은 L^2이고 따라서 한 지주 위의 힘은 $F = \sigma L^2$이 된다. 이 힘은 서로 연결된 세포 모서리를 그림 4.23의 오른쪽처럼 구부러뜨린다. 따라서 세포 모서리는 단지 중심 힘 F를 지탱하며 양 끝에서 붙박이된 보이다. 굽힘변형은 식 (5.5)로 주어진다.

$$\delta = \frac{FL^3}{C_1 E_s I} \tag{5.33}$$

여기서 E_s는 폼을 만드는 고체의 탄성계수이고, $I = t^4/12$는 정사각형 단면 $t \times t$를 갖는 세포 모서리의 면적 2차모멘트이다. 전체적으로 세포에 의해 받게 되는 압축 변형률은 $\varepsilon = 2\delta/L$이 된다. 이러한 결과를 조합하면 폼의 탄성계수 $\widetilde{E} = \sigma/\varepsilon$는 다음과 같이 주어진다.

$$\frac{\tilde{E}}{E_s} \propto \left(\frac{\tilde{\rho}}{\rho_s}\right)^2 \tag{5.34}$$

$\widetilde{\rho} = \rho_s$일 때 $\widetilde{E} = E_s$이므로 비례상수는 1이며, 일찍이 그림 4.24에 도시된 결과를 보여 준다.

진동 : 재료를 바꿀 때 공명을 피하기

이장의 도입부에서의 이야기와 관련되듯이 진동은 큰 문제가 될 수 있다. 풍압이 다리의 고유 진동 주파수를 여기하는 것을 막기 위해 다리는 충분한 강성을 지니도록 설계된다. 한 예(워싱턴 주에 있는 타코마 해협 다리)는 그렇지 못하였고, 진동으로 인해 파괴되었다. 자동차 제조업체는 엔진의 진동이 고유 진동수를 때리기 때문에 문이나 지붕의 패널이 쿵쾅거리지 않도록 새로운 모델의 전산모사에 대량으로 투자한다. 심지어 고유진동수를 여기시키는 데 의존하는 악기조차도 불량 음색의 문제를 갖고 있는

데, 이는 여러분이 원했던 주파수뿐만 아니라 원하지 않았던 주파수를 여기시키는 음색이다.

만약 여러분이 다리, 자동차, 혹은 첼로를 다시 설계하고 창조적인 순간에 새로운 재료로 그것을 만들려고 결심한다고 가정하자. 그것이 고유진동수에 무엇을 할 것인가? 간단하다. 고유진동수 f는 5.2절에서 설명했듯이 $\sqrt{E/\rho}$에 비례한다. 만약 구재료의 탄성계수와 밀도가 E_0와 ρ_0이고, 신재료의 탄성계수와 밀도는 E_n, ρ_n이라면, 진동수 변화 Δf는 다음과 같다.

$$\Delta f = \sqrt{\frac{E_n \rho_o}{E_o \rho_n}} \qquad (5.35)$$

이러한 변동이 여전히 여기 진동수로부터 먼 고유 진동수를 남긴다면 모든 게 적절하다. 하지만 이게 그렇지 못하면 신중히 재고해야 한다.

마음대로 구부릴 수 있는 설계 : 부분적으로는 강성을, 부분적으로는 유연성을 지닌 구조

이제까지는 실례가 너무 많이 굽혀지지 않는, 즉 강성 구속인자를 만족시키는 부품의 설계에 목표를 두었다. 탄성은 다른 방식으로 이용될 수 있다. 즉, 특정한 방향으로 쉽게 구부러지도록 강도는 높지만 강성은 낮은 부품을 설계하는 것이다. 예를 들면 자동차 앞유리의 와이퍼 날을 생각해 보라. 고무 청소기가 부착된 틀은 앞유리를 가로질러 휩쓸고 지남에 따라 앞유리의 측면 변화에 꼭 맞아야 한다. 휨으로써 그것이 가능하며 날 위에 고른 압력을 유지해 준다. 이는 일부러 구부릴 수 있는 구조이다.

그림 5.17은 스프링 하중을 받는 플런져를 만드는 두 가지 방식을 보여 준다. 하나의 플런져와 스프링으로 된 왼쪽의 것은 미끄럼 면을 포함하고 있다. 오른쪽의 것은

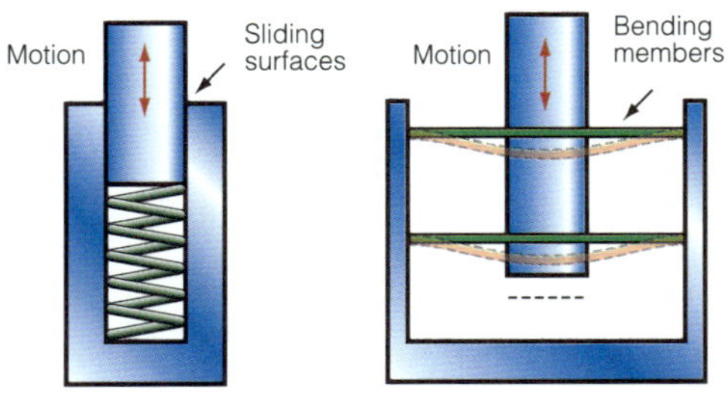

그림 5.17 탄성기구에 의해 대체된 미끄럼기구

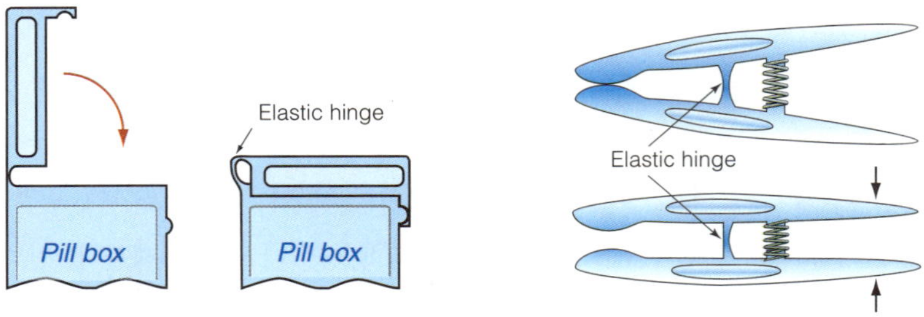

그림 5.18 미끄럼 부품 없이 휘게 할 수 있는 탄성 힌지, 즉 '자연스러운' 힌지

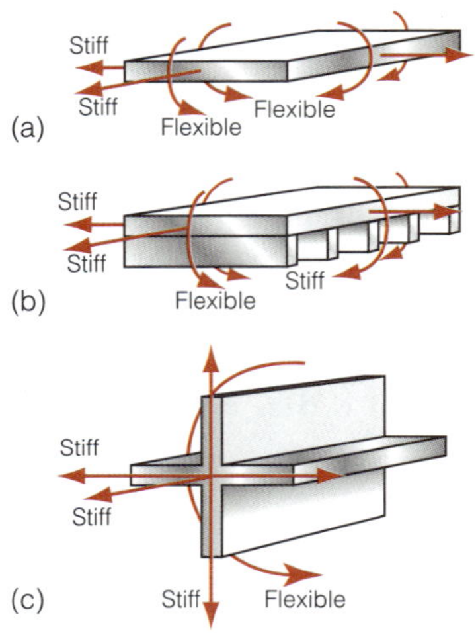

그림 5.19

세 개의 단면 형상에 대한 굽힘 자유도. (a) 얇은 판은 판면에 놓인 어떠한 축에 대해서도 구부러질 수 있지만 다른 방향에 대해서는 강성을 지닌다. (b) 늑골을 붙인 판은 판면의 한 축에 대해서만 유연하고 다른 축에 대해서는 그렇지 않다. (c) 십자형 보는 굽힘에 강성을 보이지만 쉽게 비틀릴 수 있다.

미끄럼 면이 없고, 플런져를 위치시키고 유도하기 위해 그리고 처음 설계에서는 스프링에 의해 제공된 회복력을 주기 위하여 탄성 굽힘을 이용한다.

이런 식으로 탄성을 이용하는 것은 많은 매력이 있다. 움직이는 부품 사이에 마찰도 없고, 마모도 없고, 윤활제도 필요 없고, 정밀한 틈새도 없다. 그리고 고분자를 이용한 설계에서는 또 다른 보너스가 있다. 미끄럼 면이 없기 때문에 종종 전체 장치를 하나의 단위로 조형하는 것이 가능하여 부품 수를 줄이고 조립의 필요성이 없다. 부품 수의 감소는 생산 기술자의 귀에는 음악과 같다. 즉, 이는 비용 효과적이다.

그림 5.18은 여러분이 인식하게 될 예를 보여 준다. 치약 튜브, 조형된 플라스틱 상자, 클립, 빨래집게 등에 사용되는 '생활 힌지'가 그 예이다. 여기서 회전 힌지의 기능

은 폭이 넓지만 두께가 얇은 탄성 연결띠로 대체된다. 폭은 횡방향으로 위치가 맞도록 해 주고, 얇은 두께는 쉽게 휘어지도록 해 준다. 전통적인 세 부품으로된 힌지는 하나의 조형물으로 감소되었다.

여기서 상상력이 풍부한 설계에 대한 여지는 많이 있다. 그림 5.19는 세 개의 단면 모양을 보여 주는데, 각각은 하나 이상의 탄성 자유도를 허용하는 반면에 다른 한 방향으로는 강성과 강도를 유지고 있다. 이들을 구조물에 합체시킴으로써 부품들은 제어된 방식으로 나머지에 대해 움직이도록 할 수 있다.

그러한 탄성기구를 위한 재료는 어떻게 선택하는가? 그것은 강성과 강도 사이의 균형을 포함한다. 여기서 강도는 계속 나타나는데, 그 의미에 대한 완전한 답을 위해서는 7장까지 기다려야 한다.

5.6 요약 및 결론

적절한 강성은 **변형제한(deflection limited)** 구조물의 설계에 있어 중추적이다. 항공기의 날개 뼈대가 한 예인데, 너무 많은 변형은 공기역학적 성능을 손상시킨다. 스포츠 장비는 다른 예인데, 골프 클럽, 테니스 라켓, 스키 및 스노우보드의 느낌은 강성과 많은 관계가 있다. 음료수 빨대를 구부릴 때의 갑작스런 좌굴은 강성과 관련된 문제이며, 이것이 더 큰 구조물에서는 보다 더 비참하게 발생한다. 그리고 항공기의 터빈이 회전속도를 올림에 따라 진동이 갑작스럽게 피이크를 보이는 속도를 지나게 되는데, 그 원인은 터빈블레이드의 강성과 연결된 공명(resonance)이다. 강성은 단면의 크기와 형상 및 만드는 재료에 의해 영향을 받는다. 여기서 관계가 되는 특성은 탄성계수 E이다.

재료선택에 있어서 적절한 강성은 자주 **구속인자(constraints)**가 된다. 이 장에서는 다양한 하중 방식과 다른 목표(질량, 부피 혹은 비용의 최소화 같은)에 대해서 구속인자를 어떻게 만족시키는가를 설명하였다. 단순 모델링은 질량이나 재료비용 같은 목표에 대한 표현식을 알려준다. 이러한 표현식은 재료 특성들을 단독으로 혹은 조합된 형태로 포함하고 있다. 이것을 우리는 **재료지수(material index)**라고 부른다. 재료지수는 주어진 응용에서 재료의 우수성을 평가한다. 이것은 다른 구속인자를 만족하는 재료의 순위를 매기기 위하여 이용된다.

강성은 유용한 특성이지만 또한 강성의 결여가 유용할 수도 있다. 굽히거나 비틀 수 있는 능력은 마치 베어링을 가진 움직이는 부품처럼 거동하는 단일 구성요소인 **탄성기구(elastic mechanism)**를 가능하게 한다. 탄성기구는 한계를 지니고 있지만 실제적인 곳에서 조립이나 유지보수가 필요 없고 가격이 싸다.

이 장은 최선의 선택을 찾기 위하여 재료특성도표 위에 재료지수를 어떻게 도시하는지 설명하면서 끝맺는다. 이 방법은 뒷장에서 강도, 열적, 전기적, 자기적, 광학적 특성들에 응용하는 일반적인 방법이다.

5.7 참고문헌

Ashby, M.F. (2005) *Materials Selection in Mechanical Design*, 3rd edition, Butterworth-Heinemann, Oxford, UK, Chapter 4. ISBN 0-7506-6168-2. (*A more advanced text that develops the ideas presented here, including a much fuller discussion of shape factors and an expanded catalog of simple solutions to standard problems.*)

Gere, J.M. (2006) *Mechanics of Materials*, 6th edition, Thompson Publishing, Toronto, Canada. ISBN 0-534-41793-0. (*An intermediate level text on statics of structure by one of the field; his books with Timoshenko introduced an entire generation to the subject.*)

Hosford, W.F. (2005) *Mechanical Behavior of Materials*, Cambridge University Press, Cambridge, UK. ISBN 0-521-84670-6. (*A text that nicely link stress-strain behavior to the micromechanics of materials.*)

Jenkins, C.H.M. and Khanna, S.K. (2006) *Mechanics of Materials*, Elsevier Academic, Boston, MA, USA. ISBN 0-12-383852-5. (*A simple introduction to mechanics, emphasizing design.*)

Riley, W.F., Sturges, L.D. and Morris, D.H. (2003) *Statics and Mechanics of Materials*, 2nd edition, McGraw-Hill, NJ, USA. ISBN 0-471-43446-9. (*An intermediate level text on the stress, strain and the relationships between them for many modes of loading. No discussion of micromechanics—response of materials to stress at the microscopic level.*)

Vable, M. (2002) *Mechanics of Materials*, Oxford University Press, Oxford, UK. ISBN 0-19-513337-4. (*An introduction to stress-strain relations, but without discussion of the micromechanics of materials.*)

Young, W.C. (1989) *Roark's Formulas for Stress and Strain*, 6th edition, McGraw-Hill, New York, USA. ISBN 0-07-100373-8. (*This is the 'Yellow Pages' of formulae for elastic problems—if the solution is not here, it doesn't exist.*)

5.8 연습문제

연습문제 E5.1 인장, 비틀림, 굽힘 및 좌굴의 차이를 구별하시오.

연습문제 E5.2 재료지수(material index)는 무엇을 의미하는가?

연습문제 E5.3 가볍고 강성 있는 패널에 대한 지수를 탄성계수-밀도 도표의 복사본 위에 그리고 그 위에 6개의 재료가 놓이도록 직선을 위치시키시오. 이들은 어떤 종류에 속하는가?

연습문제 E5.4 평면 치수가 주어져 있는 노트북 케이스 패널용 재료를 선택하는데 있어 목표는 굽힘 강성 S^*에 대한 구속인자를 만족하면서 패널 두께 b를 최소화 하는 것이다. 적절한 재료지수는 무엇인가?

연습문제 E5.5 중실 원형 단면을 지닌 비틀림 봉에 대한 재료지수를 유도하시오. 길이 L과 강성 S^*는 규정되어 있고 비틀림 봉은 가능한 가벼워야 한다. 본문에서 보에 대해 사용된 단계를 따르되, 그림 5.2에 주어진 K에 대한 식을 이용하여 굽힘 강성 $S^* = F/\delta$는 비틀림 강성 $S^* = T/(\theta/L)$(식 (5.8))로 대체하시오.

연습문제 E5.6 재료 내에서 종파(longitudinal wave)의 속도는 $\sqrt{E/\rho}$에 비례한다. $E-\rho$ 도표의 복사본 위에 이 양의 등고선을 그려 도표 상의 어떤 재료에 대한 근사값을 읽을 수 있도록 하시오. 강과 거의 같은 음속을 갖는 금속은 무엇인가? 소리가 티타늄이나 유리에서는 더 빨리 이동하는가?

연습문제 E5.7 좌굴 없이 하중 F_{crit}를 지탱해야 하는 중실 원형 단면의 값싼 기둥을 위한 어떤 재료가 필요하다. 높이는 L이어야 한다. 기둥의 재료비용에 대한 식을 기둥의 치수, 재료의 kg당 가격 C_m 및 재료밀도 ρ의 항으로 나타내시오. 단면적 A는 자유 변수이며, 이는 좌굴 하중이 F_{crit}(식 (5.9))보다 작아서는 안 된다는 구속인자를 사용하여 소거한다. 그러므로 가장 싼 버팀대를 찾는 지수를 읽으시오. 적절한 도표의 복사본 위에 지수를 그리고 3개의 가능한 후보를 확인하시오.

연습문제 E5.8 압축될 때 압축하는 축에 대해 직각 방향으로 전단이 일어나는 탄성기구를 고안해 보시오.

연습문제 E5.9 자재 이음은 미끄럼 베어링을 가지고 있다. 고분자를 사용하여 단일 탄성 단위로 조형할 수 있는 자재 이음을 고안해 보시오.

5.9 CES를 이용한 설계 탐구(전체적으로 레벨 2(재료)를 이용하라)

연습문제 E5.10 탄성계수가 $E > 180$GPa이고 가격이 $C_m < 3$\$/kg인 재료를 찾기 위하여 'Limit' 단계를 이용하시오.

연습문제 E5.11 탄성계수가 $E > 2$GPa이고 밀도가 $\rho < 1000$kg/m^{3}이며 가격이 $C_m <$ 3/kg인 재료를 찾기 위하여 'Limit' 단계를 이용하시오.

연습문제 E5.12 탄성계수 E의 막대 도표를 만드시오. 고분자만의 선택으로 제한을 두기 위해 계통 단계를 추가하라. 가장 높은 탄성계수를 갖는 고분자 세 개는 무엇인가?

연습문제 E5.13 탄성계수 E와 밀도 ρ를 보이는 도표를 만드시오. 그 위에 여섯 개의 재료가 놓이도록 선을 위치시키는 지수 E/ρ에 대응하는 기울기 1인 선택선을 적용하시오. 그 재료들은 무엇이며 또한 무슨 종류에 속하는가?

연습문제 E5.14 헛간의 앞벽과 뒷벽 양쪽을 안정시키기 위하여 연결할 인장 버팀대용으로 어떤 재료가 필요하다. 그것은 강성 구속인자를 만족해야 하며 가능한 값이 싸야한다. 안전을 위해 버팀대 재료는 $K_{1c} > 18$MPa.m$^{1/2}$의 파괴인성(8장에서 정의됨)을 지녀야 한다. 관련된 지수는 다음과 같다.

$$M = \frac{E}{C_m \rho}$$

$C_m\rho$에 대해 E가 그려진 도표를 만드시오. 'Limit' 단계를 이용하여 $K_{1c} > 18$MPa.m$^{1/2}$의 적절한 파괴인성 구속인자를 추가하시오. 그 다음에 도표위에 적절한 선택선을 그리고 버팀대로 최선의 선택인 세 개의 재료를 말해 보시오.

5.10 CES 요소를 이용한 과학 탐구

연습문제 E5.15 모든 재료의 구성단위인 원소들의 탄성계수와 밀도를 변화시키기 위해 우리가 할 수 있는 일은 없다. 우리가 가진 원소들과 함께 우리는 살아야만 한다. 주기율표에 따른 탄성계수를 탐구하기 위해 원자번호 A_n에 대해 나타낸 탄성계수 E의 도표를 만드시오. (A_n에 대해서는 일차 스케일을 사용하라. 이를 위해 축 선택 대화상자를 나타내도록 축 이름을 더블 클릭하고 'Linear'를 선택하여 기정값인 로그 스케일을 일차 스케일로 변경하라) 어느 원소가 가장 높은 탄성계수를 갖는가? 가장 낮은 값을 갖는 원소는 무엇인가?

연습문제 E5.16 문제 E5.15를 반복하여 대신에 밀도 ρ를 탐구하시오. 어느 고체 원소가 가장 낮은 밀도를 갖는가? 가장 높은 밀도를 보이는 원소는?

연습문제 E5.17 각 원소에 대한 음속 $(E/\rho)^{1/2}$의 도표를 만드시오. 이를 위해 축 선택 대화 상자에서 'Advanced' 기능을 이용하여 y-축 상에 양 $(E/\rho)^{1/2}$을 구성하고, 원자번호 A_n에 대해 그것을 그림으로 나타내시오. 문제 E5.15에서 설명한 것처럼 A_n에 대해서는 일차 스케일을 사용하라. (속도를 m/s 단위로 나타내기 위하여 E에 10^9를 곱하라.)

제 6 장

탄성을 넘어서 : 소성, 항복 및 연성

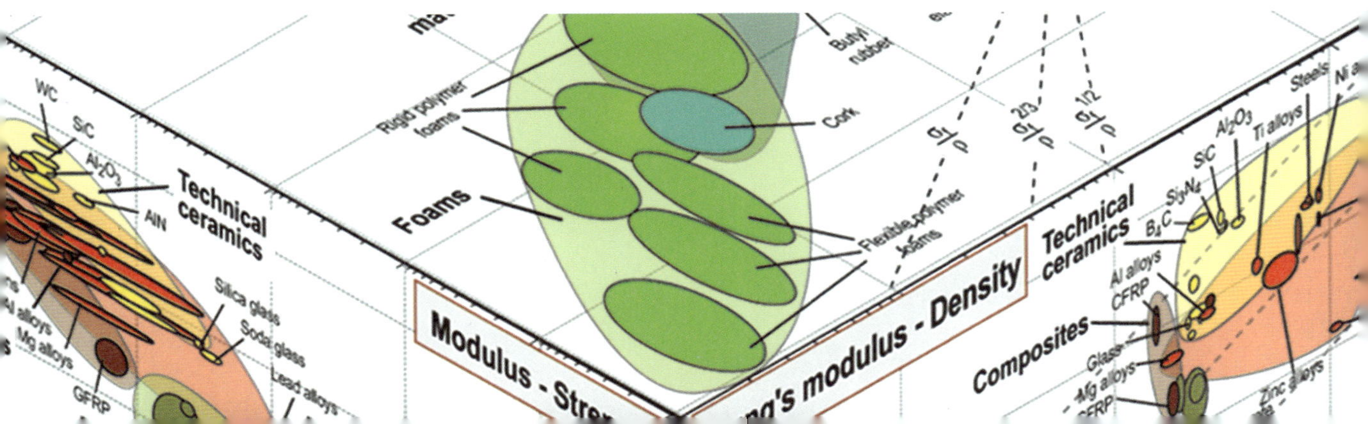

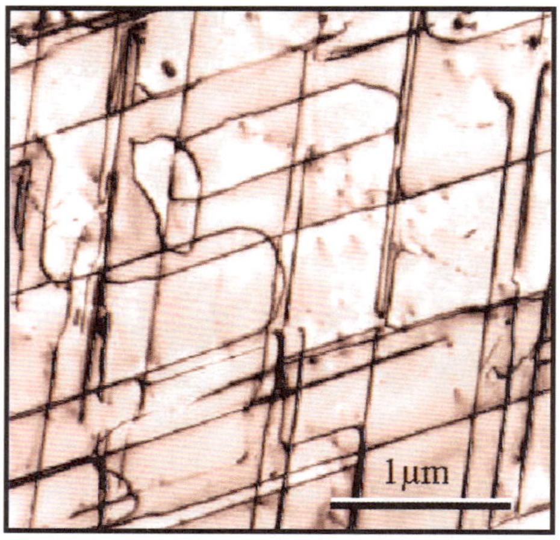

Ni_3Al 금속간 화합물의 전위(오스트리아 비엔나 대학 재료물리연구소의 C. Rentenberger와 H.P. Karnthaler의 호의에 의한 이미지)

6.1 서론 및 개요

'항복하다(to yield)' 라는 동사는 겉으로는 모순 된 두 가지 의미를 지니고 있다. 무력이나 폭력 하에서는 복종하거나 굴복하다라는 의미가 있다. 이윤을 산출하다라는 의미는 보다 편안한 다른 함축을 담고 있는데, 이는 열매를 맺거나 유용하다라는 것이다. 재료에 대해 얘기할 때 항복강도(yield strength)는 소성이 일어나는 응력이다. 용어는 잘 선택되었는데, 항복과 다음에 오는 소성은 이로울 수 있다. 즉, 그것은 금속을 성형하고 구조물이 충격에 견디고 에너지를 흡수할 수 있도록 해 준다. 하지만 다리의 전장, 항공기 날개뼈대, 혹은 자전거 포크 등에서 계획에 없던 항복은 재난을 가져온다.

이 장은 항복과 소성에 대한 장이다. 그러한 이유로 이들은 (전적으로는 아니지만) 주로 금속에 대한 것이다. 철과 강을 텔포드[1)]와 브루넬[2)] 같은 사람들의 공업적 성취를 가능하게 함으로써 산업혁명의 토대가 된 구조재료로 만든 것은 바로 그것들의 소성이다. 오늘날조차 공업기술에서 금속이 우위를 차지하는 것은 그들의 압연, 단조, 인발, 압단 등의 능력으로부터 기인한다.

6.2 강도, 소성가공 및 연성 : 정의와 측정

항복 특성과 연성은 4장에서 소개된 표준 인장시험을 이용하여 재료를 파손되도록 하여 측정된다. 그림 6.1-6.3은 다른 종류의 재료에서 관찰된 응력-변형률 거동의 형태를 보여 준다. 단위가 MPa 혹은 MN/m^{2}인 항복강도 σ_y(혹은 탄성한 σ_{el})는 주의 깊은 정의가 요구된다. 금속의 경우 소성의 시작은 항상 명확하지 않으며 따라서 0.2% 보증응력(proof stress)으로 σ_y를 판정한다. 즉, 그림 6.1에 보인 바와 같이 축 하중에 대한 응력-변형률 곡선에서 응력이 선형적인 탄성 선으로부터 변형률 0.2%만큼 벗어나 있다. 이는 인장과 압축에서 같다. 항복점을 넘어서 변형될 때 대부분의 금속은 최고점인 인장강도(tensile strength)에 도달될 때까지 가공경화(work harden)되어 곡선의

---

1) Thomas Telford (1757~1834), 스코틀랜드 기술자. 안전성이 논란이 되던 시기에 현수교의 훌륭한 제안자. 아마 텔포드 자신은 현수 사슬이 다리의 무게를 받치도록 예정되어 있던 날 긴 기도를 드릴만큼 의심을 가졌다. 그러나 그의 다리 대부분은 여전히 유효하다.

2) Isambard Kingdom Brunel (1806~1859), 설계능력, 인성, 실행력, 위험을 무릅쓰는 순수한 의지 등의 견지에서 아마도 산업혁명기(대략 1760~1860 경)의 가장 위대한 기술자. 예를 들어 Great Eastern호는 이전까지 만들어졌던 어떤 배보다도 5배 더 컸다. 그는 '위대한 일은 단지 비용을 헤아리는 사람에 의해서는 이루어지지 않는다.' 라는 관점을 가졌다. 브루넬은 키가 작은 사람이었으며 자신의 키에 대해 수줍음이 있었다. 그래서 키가 커보이게 하려고 높은 모자를 쓰길 좋아했다.

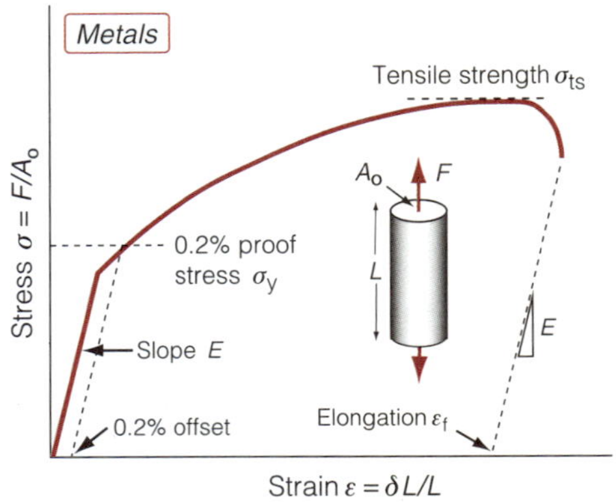

그림 6.1 금속의 응력-변형률 곡선

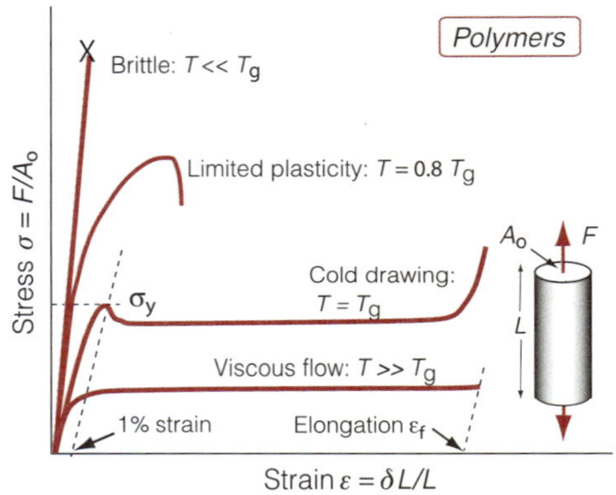

그림 6.2 고분자의 응력-변형률 곡선

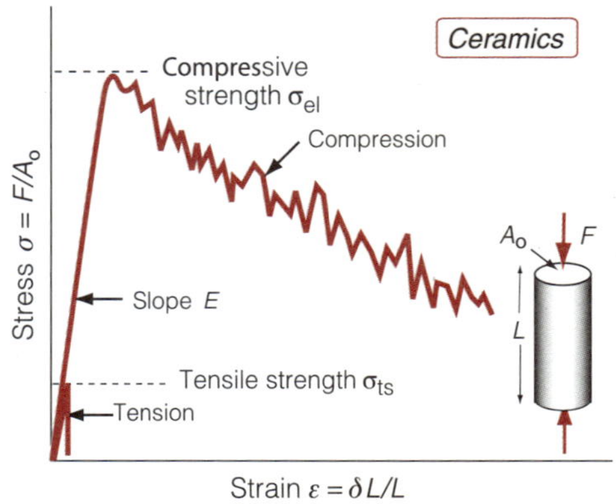

그림 6.3 세라믹의 응력-변형률 곡선

증가되는 부분을 만들게 된다. 인장에서 그 다음에는 불균일 변형(네킹)과 파괴가 일어난다.

고분자의 경우 σ_y는 응력-변형률 곡선이 현저히 비선형적으로 되는 응력으로 인지되는데, 전형적으로 1% 변형률에 해당한다(그림 6.2). 항복 이후의 거동은 유리천이온도 T_g에 대한 상대적인 온도에 따라 달라진다. T_g보다 많이 아래에서는 대부분의 고분자가 취약해진다. T_g에 가까워짐에 따라 소성이 가능해지며 약 T_g에서는 열가소성 수지는 냉간연신(cold drawing)을 보인다. 이는 거의 일정한 응력에서 큰 소성 신장을 말하는데 그동안 분자들은 변형 방향으로 정렬되도록 잡아당겨지고 이후에 정렬이 완료되었을 때 경화와 파괴가 뒤따른다. 더 높은 온도에서는 열가소성 수지는 점성을 띄게 되고 조형이 가능하다. 반면에 열경화성 수지는 탄력을 띄게 되고 결국에는 분해된다.

고분자 기지 복합재료의 항복강도 σ_y는 선형적인 탄성거동으로부터 정해진 편차(전형적으로는 0.5%)에 의해 가장 잘 정의된다. 섬유를 함유한 복합재료는(그리고 이는 나무 같은 천연 복합재료를 포함함) 인장보다는 압축에서 약간 더 약한데(30%까지), 그 이유는 섬유가 작은 스케일에서 좌굴을 일으키기 때문이다.

소성변형률(plastic strain) ε_{pl}은 소성으로부터 생긴 영구 변형률이며, 따라서 이는 전체 변형률 ε_{tot}에서 회복 가능한 부분 즉, 탄성 변형률을 뺀 값이다.

$$\varepsilon_{pl} = \varepsilon_{tot} - \frac{\sigma}{E} \tag{6.1}$$

연성(ductility)은 재료가 얼마의 소성 변형률을 견딜 수 있는가에 대한 측도이다. 연성은 표준 인장시험에서 연신율(elongation) ε_f에 의해 측정되며, 이는 백분율로 나타낸 파괴시의 인장 변형률에 해당된다(그림 6.1과 6.2). 엄밀히 말하면 ε_f는 시료의 치수에 따라 달라지기 때문에 재료특성이 아니다. 핸드북이나 CES 소프트웨어에 실려 있는 값들은 표준 시험규격에 대한 값이다. 하지만 재료가 변형되는 능력에 대한 지표로서는 유용하다.

4장에서 응력-변형률 곡선의 탄성 부분 아래의 면적은 단위체적당 저장된 탄성에너지($\sigma_y^2/2E$)로 인지되었다. 탄성한을 지나서는 항복이나 분쇄에 의해 재료를 영구히 변형하는데 소성 일(plastic work)이 행해진다. 힘 F하에서 단위체적 $V = AL_0$당 작은 영구 신장 혹은 압축 dL을 위해 행해진 소성 일의 증분은 다음과 같다.

$$dW_{pl} = \frac{F\,dL}{V} = \frac{F}{A_o}\frac{dL}{L_o} = \sigma\, d\varepsilon_{pl}$$

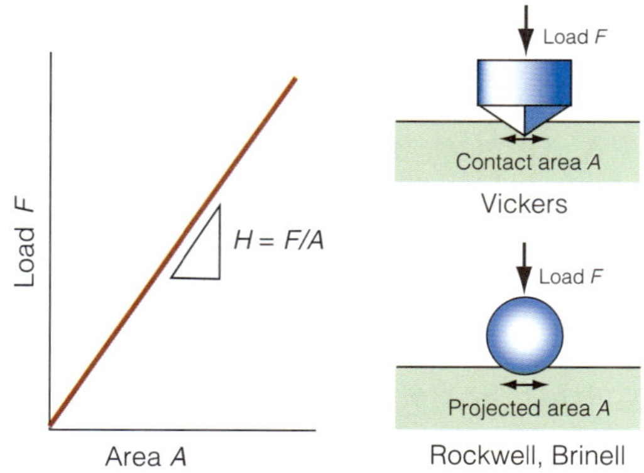

그림 6.4 경도시험. 비커스 시험은 다이아몬드 피라미드를 사용하고, 로크웰과 브리넬 시험은 강구를 사용한다.

따라서 에너지 흡수 응용에서 중요한 파괴 시 단위체적당 소성 일은 다음과 같다.

$$W_{pl} = \int_0^{\varepsilon_f} \sigma \, d\varepsilon_{pl} \tag{6.2}$$

이는 단지 응력-변형률 곡선 아래의 면적이다.

세라믹과 유리는 상온에서 취성을 지닌다(그림 6.3). 이들도 항복강도를 갖지만 이 값은 너무 높아서 인장 시에는 결코 도달되지 않고, 재료가 파괴를 먼저 일으킨다. 압축에서 조차 세라믹과 유리는 항복 전에 파쇄 된다. 이들의 항복강도를 측정하기 위해서는 파괴를 억제하는 특별한 시험방법이 필요하다. 다른 재료와의 비교를 위해 세라믹의 강도에 대한 실질적인 측정은 유용하다. 여기에 사용된 것은 **압축파쇄강도**(compressive crushing strength)인데, 비록 응력-변형률 곡선에서 탄성 부분의 끝에 있다할지라도 이는 진정한 항복이 아니기 때문에 우리는 이를 **탄성한**(elastic limit)이라 부르고 σ_{el}의 기호를 사용한다.

인장 및 압축시험이 항상 편리한 것은 아니다. 즉, 큰 시편이 필요하고 시험 후에는 시편이 파괴된다. 경도시험은(그림 6.4)은 비록 자체 문제를 지니고 있긴 하지만 이러한 문제를 피할 수 있다. 거기서는 피라미드 형태의 다이아몬드 혹은 경화된 강구가 재료의 표면에 눌려지고 작은 영구 압흔이 남게 되는데 그 크기는 현미경으로 측정된다. 압흔은 소성변형이 일어났음을 의미하며, 거기에 대한 저항(강도의 측도)은 하중 F를 하중에 수직한 면에 투영된 압흔의 면적 A로 나눈 값이다.

$$H = \frac{F}{A} \tag{6.3}$$

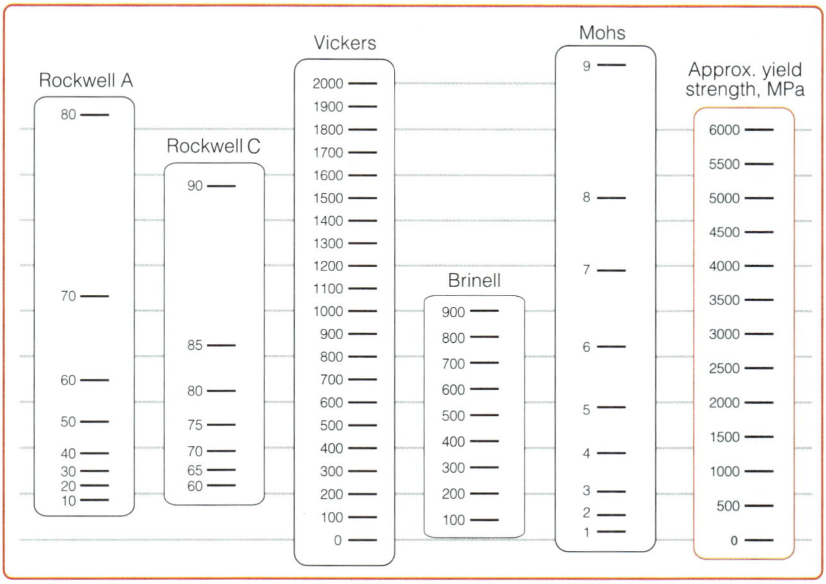

그림 6.5 항복강도와 비교를 해놓은 일반적인 경도 스케일

압입 영역은 변형되지 않은 재료로 둘러싸여 있으며, 이것이 H가 항복강도 σ_y보다 더 큰 값이 되도록 구속한다. 실제로 그 값은 약 $3\sigma_y$이다. 우리가 보았듯이 강도는 MPa의 단위로 측정된다. 그리고 H는 강도이기 때문에 역시 MPa로 측정하는 것이 논리적이고 적당해 보인다. 하지만 일이라는 게 항상 논리적이고 적당한 것은 아니며, 경도 스케일도 그렇지 않은 것 중에 속한다. 보통으로 사용되는 스케일인 H_v 기호의 비커스(Vickers) 스케일은 kg/mm^{2}의 단위를 사용하며, 다음의 결과를 보인다.

$$H_v \approx \frac{\sigma_y}{3} \tag{6.4}$$

그림 6.5는 다른 스케일로의 변환을 보여 준다.

경도시험은 비파괴적이라는 장점이 있으며, 따라서 부품을 파괴하지 않고 강도를 측정할 수 있고 단지 작은 부피의 재료만 필요하다. 하지만 경도시험이 제공하는 정보는 인장시험에 비해 덜 정확하고 덜 완전하다. 따라서 결정적인 설계 데이터를 제공하기 위해서는 사용되지 않는다.

6.3 큰 그림 : 항복강도에 대한 도표

강도는 재료특성도표 상에 표시될 수 있으며, 두 가지가 특히 유용하다.

강도-밀도 도표

그림 6.6은 밀도 ρ에 대해 그린 항복강도 σ_y 혹은 탄성한 σ_{el}을 보여 준다. 공업용 재료를 위한 강도 범위는 탄성계수의 범위처럼 약 여섯 개의 십단위에 걸쳐 있는데, 즉 포장재나 에너지 흡수 시스템에서 사용되는 폼의 0.01MPa 이하에서부터 기계가공을 위한 다이아몬드 공구나 비커스 경도시험의 압입자로서 활용되는 다이아몬드의 10^4MPa까지이다. 각 집단의 구성원은 다시 클러스터를 만들고 포락선으로 둘러싸여져 있는데, 각각은 도표 상에서 특징적인 부분을 점유하고 있다.

탄성계수-밀도 도표(그림 4.7)와의 비교는 두드러진 차이를 드러낸다. 고체의 탄성계수는 좁은 범위의 값을 갖는 잘 정의된 양이다. 강도는 그렇지 않다. 스테인레스 강과 같은 주어진 종류의 금속에서 강도의 범위는 10배 혹은 그 이상으로 걸쳐있는 반면에 강성의 폭은 기껏 10%이다. 밀도는 거의 변하지 않기 때문에(4장) 금속에 대한 강도 영역은 길고 얇다. 금속에서 넓은 범위는 기초가 되는 항복의 물리학을 반영하고

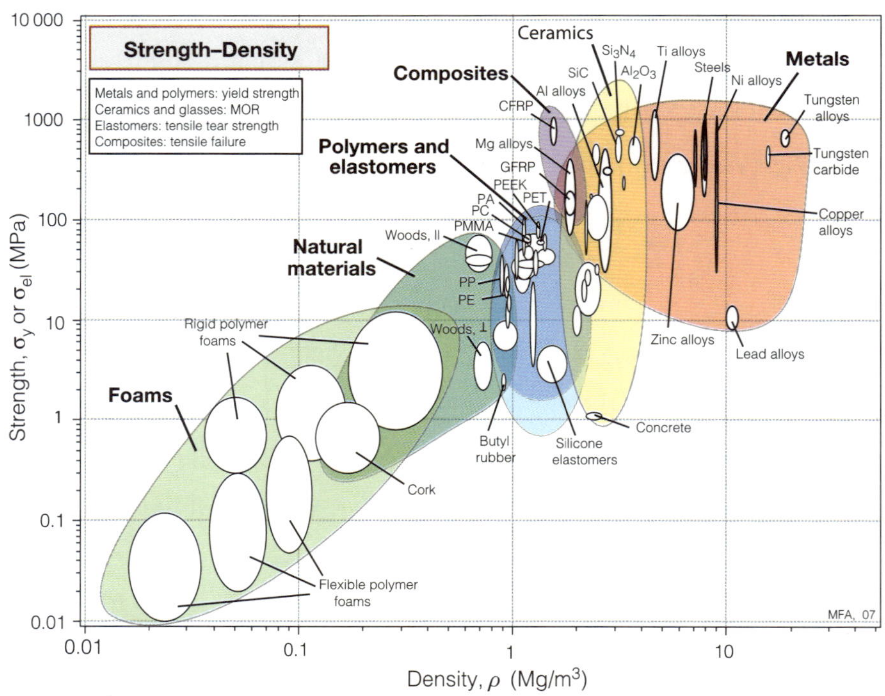

그림 6.6 강도-밀도 도표

있으며 설계자들에게 조성과 공정을 변화시켜 강도를 조절할 기회를 제공해 준다. 이 장의 뒤에서 둘 다를 검토한다.

고분자는 10과 100MPa 사이의 강도를 가지고 함께 집단을 이루고 있다. 복합재료 CFRP와 GFRP는 고분자와 세라믹의 강도 사이에 놓인 강도를 갖는데, 이는 복합재료가 둘의 혼합물이기 때문에 예상할 수 있다. 복합재료 강도의 분석은 비록 같은 영역(탄성계수를 강도로 대체한)이 일반적으로 현실적인 산정을 제공하지만 4장의 탄성계수만큼 간단하지는 않다.

탄성계수-강도 도표

그림 6.7은 항복강도 σ_y 혹은 탄성한 σ_{el}에 대해 그린 영률 E를 보여 준다. 이 도표는 유용한 재료특성인 **항복 변형률**(yield strain) σ_y/E을 조사할 수 있게 해 준다. 항복 변형률은 재료가 선형적인 탄성이 끝나는 변형률을 의미한다. 그림 6.7에 나타내었듯이 로그 축 상에서 일정한 항복 변형률의 등고선이 나란한 직선의 집단으로 나타나 있다. 공업용 고분자는 0.01과 0.1 사이의 큰 항복 변형률을 갖지만, 금속의 값은 최소한 10배 더 작다. 복합재료와 나무는 0.01 등고선 위에 놓여 있으며 최고의 금속만큼 우수

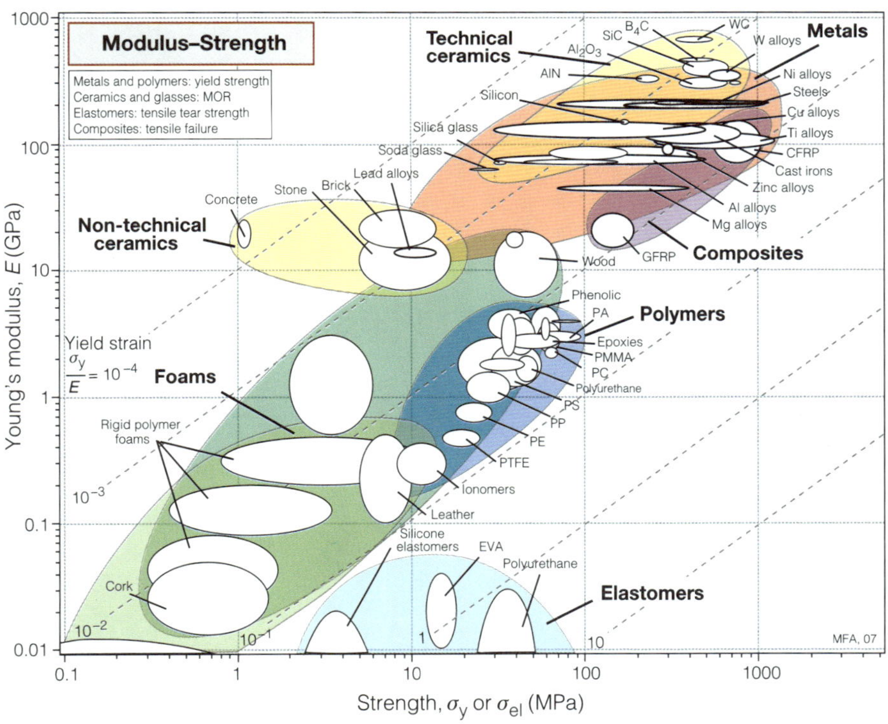

그림 6.7 영률–강도 도표. 등고선은 탄성한 σ_y/E에서 변형률을 나타낸다.

하다. 탄성중합체는 예외적으로 낮은 탄성계수 때문에 1에서 10 범위의 σ_y/E 값을 갖는데, 이는 어떤 부류의 재료보다 훨씬 더 크다.

이 도표는 많은 다른 응용을 가지고 있는데, 그 중에서도 특히 스프링, 탄성 진동판, 유연성 있는 커플링 및 스냅핏 부품 등을 위한 재료의 선택에 응용된다.

6.4 심층학습 : 강도와 연성의 기원

완벽함 : 이상 강도

원자 간의 결합은 다른 스프링처럼 파괴점을 가지고 있다. 그림 6.8은 단일 결합의 응력-변형률 곡선이다. 여기서 원자는 한 변이 a_0인 입방체를 차지하고(4장에서 가정했던 것처럼) 힘 F는 응력 F/a_0^2에 대응된다. 힘이 결합을 처음 길이 a_0에서 새로운 길이 a로 늘리면 $(a - a_0)/a_0$로 변형률이 주어진다. 4장에서 탄성계수를 논의할 때 탄성계수 E와 같은 기울기를 가진 이 곡선의 선형적인 시작 부분에 집중하였다. 더 멀리 잡아당기면, 곡선은 최고점을 지나 원자들이 상호관계를 잃음에 따라 0으로 내려간다. 최고점이 결합 강도이고, 이보다 더 세게 잡아당기면 결합은 끊어질 것이다. 만약 잡아당기지 않고 전단시키더라도 진실은 같다.

원자 간의 힘이 작용하는 거리는 작으며, 원래 길이의 약 10% 이상 늘어나면 결합은 끊어진다. 따라서 결합을 끊기 위해 필요한 힘은 대략 다음과 같다.

$$F \approx \frac{S\,a_o}{10} \tag{6.5}$$

여기서 S는 이전과 마찬가지로 결합 강성을 의미한다. 따라서 이것을 기초로 고체의 이상 강도(ideal strength)는 (식 (4.17)의 $E = S_0/a_0$를 고려하면) 대략

$$\sigma_{\text{ideal}} \approx \frac{F_{\max}}{a_o^2} = \frac{S}{10a_o} = \frac{E}{10}$$

즉,

$$\frac{\sigma_{\text{ideal}}}{E} \approx \frac{1}{10} \tag{6.6}$$

로 주어진다. 이 식은 힘-거리 곡선의 곡률은 고려하지 않는다. 보다 정밀한 계산에 의하면 비는 1/15이 된다.

그림 6.9는 금속, 고분자 그리고 세라믹의 σ_y/E를 보여 준다. 어느 것도 이상적인

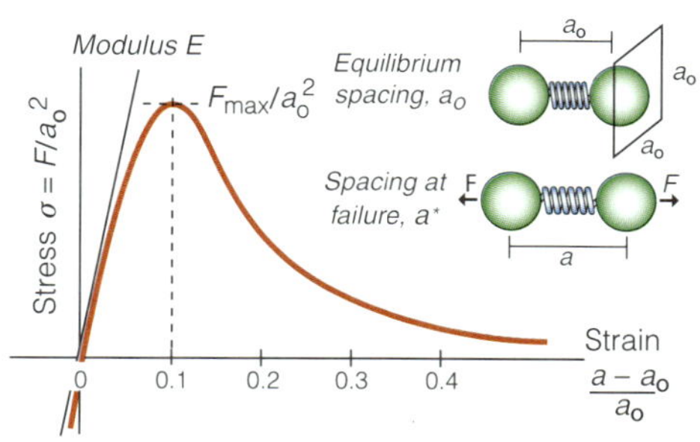

그림 6.8 단일 원자간 결합의 응력-변형률 곡선(각 원자는 한 변이 a_0인 입방체를 차지하고 있다고 가정한다.)

값인 1/10에 미치지 못한다. 심지어는 대부분이 이상적인 값 가까이 오지도 못한다. 왜 그런가? 그것은 친숙한 이야기인데 인생에서 대부분의 일과 마찬가지로 재료는 불완전하다.

결정 결함 : 금속과 세라믹의 결합

결정들은 수 종류의 결함을 가지고 있다. 그림 6.10은 차원으로 구별되는 넓은 집단을 소개해 주고 있다. 위의 왼쪽 그림은 **점결함(point defect)**이다. 모든 결정들은 (a)에 보인 것처럼 원자자리가 비어있는 **공공(vacancy)**을 가지고 있다. 공공은 확산, 크리프 및 소결(13장 참고)에서 중요한 역할을 하지만 강도에는 영향을 주지 않기 때문에 이장의 나머지 부분에서는 필요로 하지 않는다. 나머지 다른 결함들은 필요하다.

전적으로 100% 완전하고 완벽한 결정은 없다. 약간의 불순물은 재료를 만드는 공정에서 들어가지만, 대개 불순물은 의도적으로 첨가되어 **합금(alloy)**을 만들게 된다. 합금은 제2의(혹은 제3의, 제4의) 원소가 용해되어 있는 재료를 말한다. '용해되어 있는(dissolved)' 이라는 말은 물속의 소금처럼 들리게 하지만, 고용체를 말하는 것이다. 그림 6.10(b)는 **치환형 고용체**(용해된 원자가 모원자를 대체)와 **침입형 고용체**(용해된 원자가 모원자의 사이에 있는 공간 즉, '틈새' 에 끼어 들어감)를 보여 준다. 이 용해된 원자 즉, 용질은 모원자와 같은 크기를 갖는 경우는 드물다. 따라서 이들은 주위의 격자를 찌그러뜨린다. 여기서 붉은색의 치환형 용질은 모원자보다 크거나 작아서 녹색으로 나타낸 바로 주위의 모원자들의 격자에 왜곡을 일으킨다. 용질 원자가 특히 작은 경우에는 모원자를 대체할 필요가 없고, 대신 그림의 검은색 원자처럼 **침입형으로** 용해되며, 이 또한 주위의 격자를 왜곡시킨다. 따라서 용질원자는 국부적인 왜곡을 유발하고, 이런 왜곡은 곧 알게 되듯이 합금이 순수한 재료보다 더 큰 강도를 가지는 이유 중의 하나가 된다.

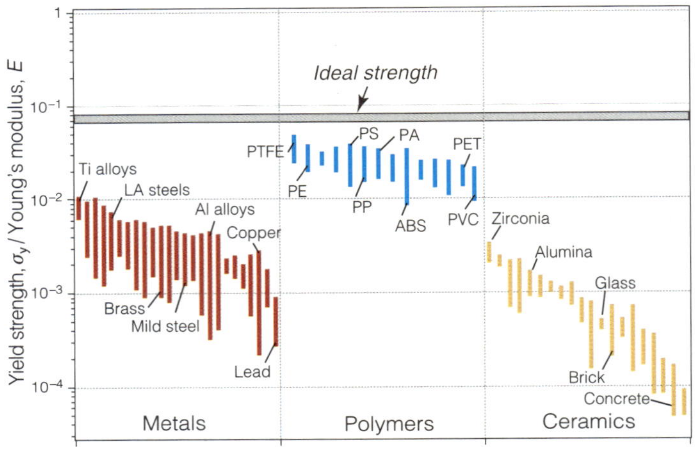

그림 6.9 이상강도는 약 $E/15$인 것으로 예측된다. 여기서 E는 영률이다. 그림은 σ_y/E를 보여 주는데, 이상강도에서의 값을 그늘진 띠로 함께 나타내었다.

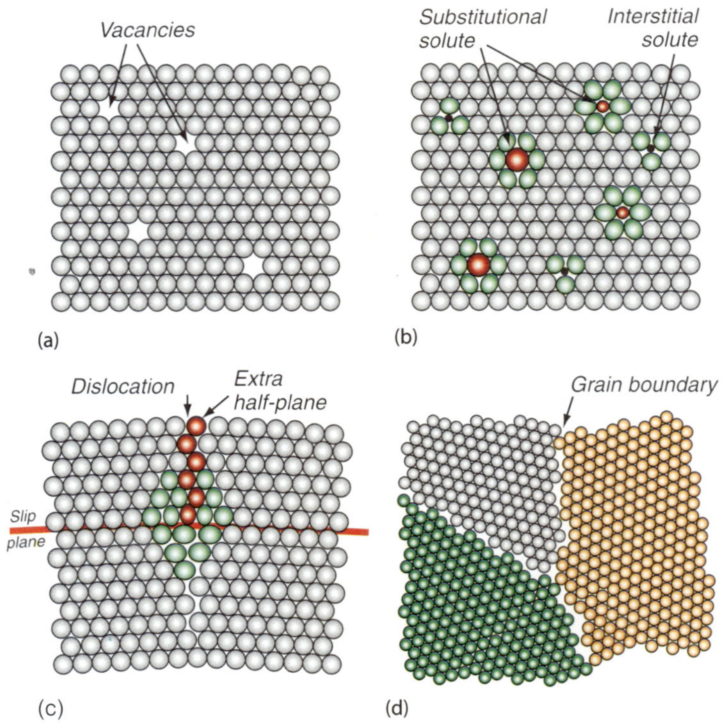

그림 6.10 결정의 결함. (a) 공공-없어진 원자. (b) 침입형과 치환형 위치의 이종(용질) 원자. (c) 전위-원자의 잉여반면. (d) 결정립계.

이제 그림 6.10(c)에 묘사된 주인공인 **전위**(dislocation)에게로 가보자. '전위된(dislocated)' 은 '관절이 빠진(out of joint)' 의 의미를 지니며, 여기서 일어나는 일에 대한 기술로는 나쁘지 않다. 결정의 윗부분은 아랫부분보다 이중원자층(double-layer of atoms)이 하나 더 많다(이중층은 머리부터 발끝까지 등록을 반듯하게 하기 위해 필요함). 전위는 금속을 연하고 연성이 있게 만든다. 전위는 격자를 왜곡시키는데(여기서는 녹색 원자가 가장 왜곡됨), 이 때문에 전위는 탄성 에너지를 가지고 있다. 만약 전위가 에너지에 대한 대가를 지불해야 한다면, 왜 전위가 생성될까? 액체나 기체로부터 단지 1 입방센티미터의 완전한 결정을 성장시키려면 약 10^{23}개의 원자들이 완전한 격자에서 적당한 자기 자리를 찾아야 하는데, 이런 일이 일어날 기회는 매우 작다. 원자들을 조립함에 있어 최선의 주의를 기울이는 경우에조차도 모든 결정은 점결함, 용질원자 및 전위를 포함하게 된다.

대부분의 재료는 한층 더 극적인 결함을 포함하고 있는데, 그 중에 결정립계가 있다. 그림 6.10(d)는 결정립계를 보여 준다. 여기서 완전하지만 방향이 서로 다른 세 개의 결정이 만나고 있는데, 각각의 결정은 **결정립**(grains)이라고 부르고 각 결정립이 서로 접하는 면이 **결정립계**(grain boundaries)이다. 그림에서 세 결정의 원자들은 서로 구별하기 위해 다른 색으로 표시되어 있지만 여기서 이 원자들은 같은 원자들이다. 실제로 결정립계는 순수한 재료(모든 원자가 같을 때)와 합금(한 결정립 내에서 원자의 혼합물이 이웃한 결정립의 혼합물과 화학조성이 다를 때) 모두에서 생성된다.

이제 이런 모든 것들을 함께 고려해 보자. 완벽해 보이는 정밀기계공구 강이나 금시계의 광택낸 케이스 등의 완벽한 외관은 착각이며, 이들은 결함투성이다. 그림 6.10의 모든 그림들을 겹친다고 상상해 보라. 그러면 여러분은 전체적 관계를 파악하게 된다. 그 사이에서 결함으로 확산, 강도, 연성, 전기저항, 열전도성 등 더 많은 것들을 설명할 수 있다.

그러므로 결정에서 결함은 큰 영향력을 가지고 있다. 이절의 나머지에 대해서 우리는 단지 결함들 중 하나인 전위를 이해하는 데 초점을 맞춘다.

전위와 소성 유동

원자 간의 힘으로부터 계산된 강도는 약 $E/15$(E는 탄성계수)의 '이상강도' 를 보여줌을 상기하자. 실제 공업용 재료의 강도는 이처럼 큰 값은 없으며, 종종 이상강도의 겨우 1% 정도를 보인다. 이는 영국인 테일러[3]와 헝가리인 오로완[4]이 '전위를 가진' 결정은 이상적인 값보다 훨씬 낮은 응력에서 변형될 수 있음을 깨닫게 된 지난 세기의

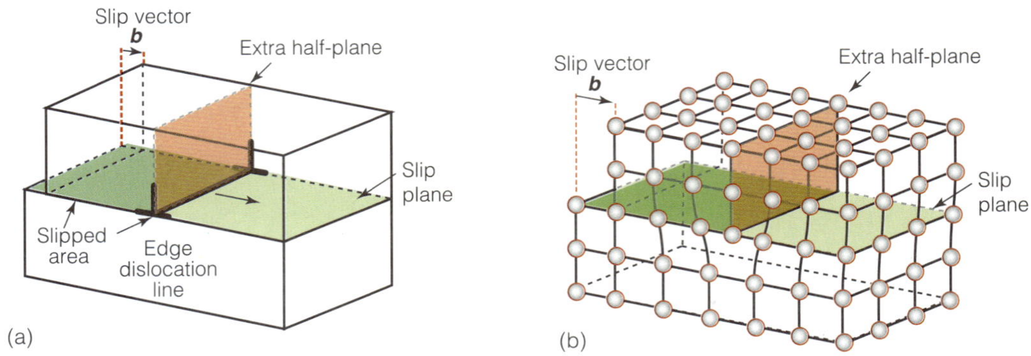

그림 6.11 (a) 자르고 슬립을 일으킨 후 슬립면을 가로질러 다시 결합을 연결하여 전위를 만듦. (b) 단순 입방정의 칼날 전위에서 원자배열. 다른 결정구조에서의 배열은 더 복잡하지만 원리는 같다.

중반(60년 전에 불과한)까지는 불가사의였다. 그렇다면 전위는 무엇이며 어떻게 전위가 변형을 가능하게 하는가?

그림 6.11(a)는 어떻게 전위가 만들어지는지 보여 준다. 원자면을 따라서 결정을 ⊥—⊥으로 표시된 선까지 자르고, 윗부분을 아랫부분에 대해 완전한 하나의 원자거리만큼 미끄러지게 한 후 절단면을 가로질러 원자들을 다시 붙여 그림 6.11(b)에 있는 원자배열이 되도록 한다. 이제 전위선(dislocation line)인 ⊥—⊥선을 따라 아래쪽 모서리가 놓인 원자의 잉여반면이 만들어졌다. 전위선은 슬립이 일어난 면의 부분과 일어나지 않은 부분을 구별하는 선이다. 이러한 특별한 배열구조를 칼날(edge) 전위라 부르는데, 왜냐하면 이 전위는 잉여반면의 모서리(edge)에 의해 생성되기 때문이다. 이 전위의 기호는 ⊥로 나타낸다.

전위가 움직일 때 슬립면 위의 재료를 아래 재료에 대해 미끄러지도록 만들며 전단변형을 유발한다. 그림 6.12는 이런 일이 어떻게 일어나는지 보여 준다. 위에 완전한 결정이 있다. 가운데 줄에서는 전위가 왼쪽에서 발생해서 결정을 통과해 지나가며 오른쪽으로 빠져나온다. 마지막 과정에 의해 윗부분은 아랫부분에 대해 슬립벡터(또는

3) Geoffrey (G.I.) Taylor (1886~1975), 공기역학, 유체역학 및 금속의 구조와 소성에 대한 많은 근본적인 공헌으로 알려짐. Egon Orowan과 함께 금속의 연성이 전위의 존재를 암시함을 깨달았음. 20세기 이론역학과 유체역학에 대한 가장 위대한 공헌자 중의 한명이며, 또한 지극히 실용적인 사람으로 영국 해군에서 사용된 닻(많은 발명품 중 하나인)을 그 자신이 선원으로서 발명하였음.

4) Egon Orowan (1901~1989), 헝가리계 미국 물리학자이며 야금학자로 G.I. Taylor와 함께 결정의 소성을 전위의 이동으로 설명할 수 있음을 인식하였음. 말년에는 이러한 아이디어를 지진 동안의 단층선의 이동에 적용하려고 하였음.

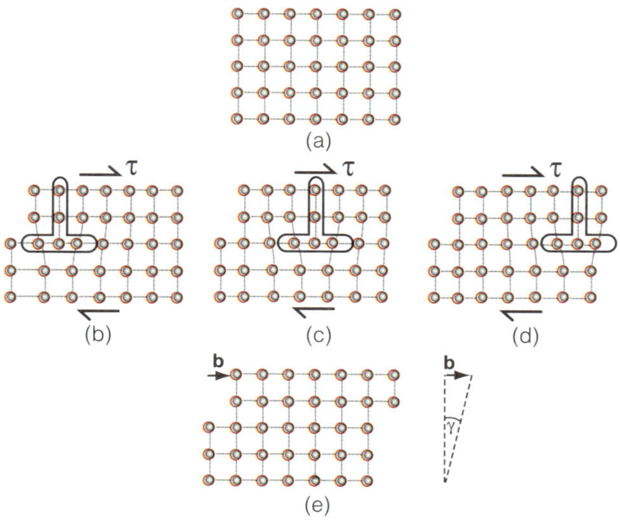

그림 6.12 처음의 완전한 결정은 (a)에 나타내었다. (b),(c) 및 (d)에 순서대로 나타낸 것처럼 슬립면을 가로질러 전위가 통과하면 결정의 윗부분이 아랫부분에 대해 슬립벡터 **b**만큼 전단 변형된다. 전위가 결정을 빠져나가면 전단 변형률 γ가 발생한다.

버거스 벡터) $\boldsymbol{b}$만큼의 슬립이 일어났다. 바닥그림에서 그 결과로 인한 전단변형 γ를 보여 준다.

결정에서 전위가 만들어지는 또 다른 방법이 있다. 그림 6.11(a)에서 결정의 윗부분을 자른 후 그림 6.13처럼 절단면 모서리에 수직한 방향이 아닌 평행한 방향으로 변위를 일으킨다. 이것 또한 전위를 생성시키지만 전위선을 따라 원자들의 배열 상태는 다르게 되며, 짓눌린 벌레보다는 코르크 마개뽑이 같은 배열이다. 이런 이유로 이 전위는 나선전위(screw dislocation)라 부른다. 이 나선전위의 세세한 구조를 알 필요는 없으며, 이 전위가 전위선에 수직한 방향으로 움직이며 결정 내부를 통과해 지나갈 때 격자는 전위선에 수직이 아닌 나란한 방향으로 변위를 일으킨다는 사실만 예외이고 그 특성은 칼날전위의 특성과 같다는 것만 알면 충분하다. 모든 전위는 칼날전위나 나선전위 또는 혼합(mixed)전위로 존재하는데, 혼합전위는 칼날과 나선의 성분이 혼합되어 만들어진 전위를 의미한다. 혼합전위의 전위선은 휘어질 수 있지만 전위선의 모든 부분은 같은 슬립벡터 $\boldsymbol{b}$를 갖는다. 그 이유는 전위선이 단지 불변의 일정한 변위 $\boldsymbol{b}$가 발생한 면의 경계이기 때문이다.

전위가 결정을 통과해 움직이는 것은 훨씬 더 쉬운데, 이는 평면상의 모든 결합이 동시에 끊어진 후 다시 붙어야 하는 경우보다는 전위가 움직일 때 단지 전위선을 따르는 결합만 끊어졌다 다시 붙으면 되기 때문이다. 이는 마치 무거운 양탄자를 이동시킬 때

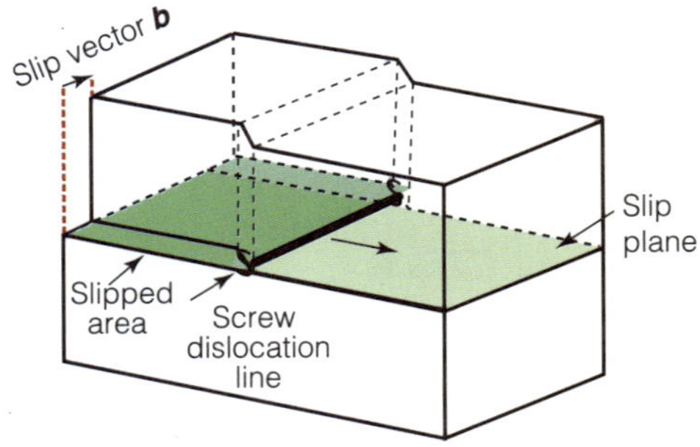

그림 6.13 나선전위. 슬립벡터 *b*는 전위선 S–S에 나란하다.

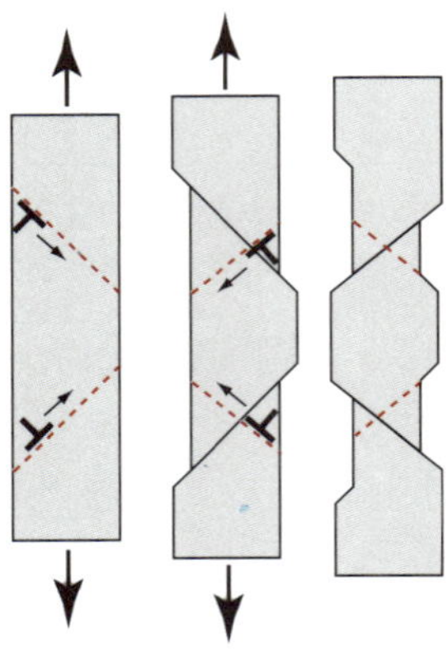

그림 6.14 전위의 이동은 신장을 일으킨다.

전체를 한번에 미끄러지게 하기보다는 접힌 부분을 만들어 그 곳을 밀어 양탄자를 움직이는 것과 같다. 실제 결정에서는 전위의 형성과 이동이 다른 면에 비해서 더 쉬운 면이 존재한다. 우선평면을 **슬립면**(slip plane)이라 하고, 이 면에서 슬립의 우선방향을 **슬립방향**(slip direction)이라고 한다. 그림 4.11의 fcc와 bcc 단위포에서 슬립면은 회색으로 슬립방향은 화살표로 나타나 있다.

슬립에 의한 변위는 매우 작아서 하나의 전위가 만들어 내는 변위는 약 10^{-10}m이다. 그러나 많은 수의 전위가 많은 다른 면상에서 결정을 가로질러 통과하면 재료의 형상이 거시적인 길이 스케일로 변하게 된다. 그림 6.14는 인장 하중이 걸린 시편을 가로지르는 두 개의 전위만을 나타내었다. 슬립 계단(여기서는 매우 과장되어 있음)은 시편이 약간 더 얇아지고 더 길어지게 만든다. 이러한 과정이 많은 면상에서 수백만 번 반복되면 실제로 관찰되는 큰 소성 신장이 나타나게 된다. 이것이 평균 원자간 거리를 변화시키지는 않기 때문에 부피는 변화 없이 그대로 유지된다.

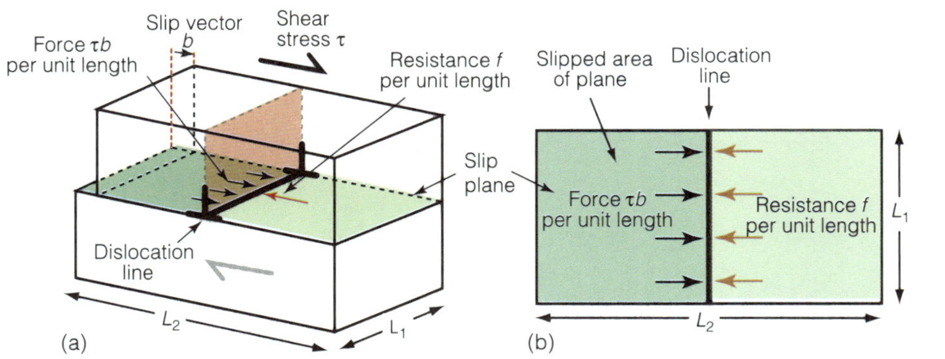

그림 6.15 전위에 가해지는 힘. (a) 투시도. (b) 슬립면의 평면도.

왜 전단응력이 전위를 이동시킬까?

결정은 단위 길이당 마찰과 같은 저항력 f로 전위의 움직임에 저항하는데, 우리는 곧 그 기원을 고찰하게 된다. 항복이 일어나기 위해서는 외부 응력이 저항력 f를 극복해야 한다.

그림 6.15처럼 하나의 전위가 슬립면을 가로질러 똑바로 움직이며 거리 L_2만큼 이동한다고 가정하자. 그렇게 될 때 전위는 결정의 위쪽 반을 아래쪽 반에 대해 상대적으로 거리 b만큼 이동시킨다. 전단응력 τ는 면적 L_1L_2 상에서 작용하고 블록의 표면에서 전단 힘 $F_s = \tau L_1L_2$를 주게 된다. 블록에 나란한 변위가 b라면, 힘은 다음과 같은 일을 하게 된다.

$$W = \tau\, L_1L_2\, b \tag{6.7}$$

이 일은 단위길이당 저항력 f, 또는 길이 L_1상의 fL_1에 대해서 한 일이며, 또한 변위 L_2에 대해서 한 일이다(왜냐하면 전위선은 이를 f에 대해 멀리 움직이므로). 결국 f에 대한 전체 일은 fL_1L_2로 주어진다. 이 값을 가해진 응력 τ가 한 일 W와 같다고 놓으면,

$$\tau\, b = f \tag{6.8}$$

이 결과는 어떤 전위(칼날, 나선, 혼합전위)에 대해서도 적용된다. 따라서 전단 응력 τ가 f/b의 값을 넘을 때 전위는 이동하고 결정은 전단변형을 일으킨다.

선 장력

전위의 중심 근처에 있는 원자는 그림 6.10(c)에 보인 녹색 원자처럼 적당한 위치에서 벗어나 있고, 따라서 그 원자들은 더 높은 퍼텐셜에너지를 가진다. 결정의 퍼텐셜에너지를 가능한 낮게 유지하기 위하여 전위는 가능한 짧아지려고 한다. 즉, 전위는 마치 탄성 밴드와 같이 선 **장력**(line tension) T를 가진 것처럼 거동한다. 이 장력은 계산이 가능하지만 고급 탄성이론을 필요로 한다('참고문헌'에 나열된 책에 해석이 실려 있다). 우리는 다만 그 답만 필요하다. 선 장력, 즉 단위길이당 에너지(마치 단위면적당 에너지인 표면장력처럼)는

$$T \approx \frac{1}{2} E b^2 \tag{6.9}$$

이다. 여기서 E는 영률이다. 곧 알게 되듯이 선 장력은 전위가 장애물과 반응하는 방식과 중요한 관련이 있다.

격자 저항력

슬립에 대한 저항력 f는 어디서 오는가? 저항력에 대한 기여는 몇 가지가 있다. 먼저 소성전단변형에 대한 결정구조 고유의 저항력인 **격자 저항력**(lattice resistance) f_i를 고려해 보자. 우리가 보았듯이 소성 전단은 전위의 이동을 포함하고 있다. 국부적으로 국한되어 있지 않은 금속결합은 전위의 이동을 거의 방해하지 않기 때문에 순수한 금속은 연하다. 반면에 세라믹은 보다 국부적인 공유결합과 이온결합(구조가 전단될 때 결합이 끊어졌다 다시 형성되어야 함)이 전위를 제자리에 고착시키기 때문에 단단하다. 세라믹에서처럼 격자 저항력이 높을 때는 더 이상의 경화는 불필요하며, 문제는 파괴를 억제하는 것이 된다. 한편 금속에서처럼 격자 저항력 f_i가 낮을 때는 재료가 슬립에 대한 장애물을 도입함으로써 강화될 수 있다. 이에는 합금원소 첨가를 통한 **고용경화**(solid solution hardening)(f_{ss}), 석출물이나 분산입자에 의한 **석출경화**(precipitation hardening)(f_{ppt}), 다른 전위로 인한 **가공경화**(work hardening)(f_{wh}), 결정립계로 인한 **결정입도경화**(grain-size hardening)(f_{gb})가 있다. 강도를 조절하기 위한 이 기술은 합금설계에 중요하다. 우리는 다음 절에서 이것들을 더 자세히 살펴볼 것이다.

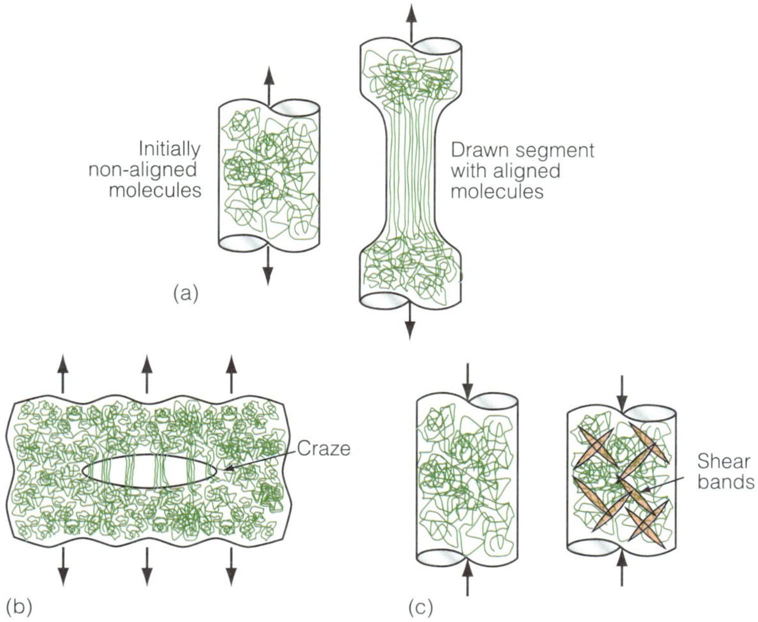

그림 6.16 (a) 상온연신-열가소성 수지의 변형기구 중 하나. (b) 잔금-균열을 가로지르는 국부 연신. (c) 전단 띠의 형성.

고분자에서 소성 유동

약 $0.75T_g$ 이하 온도를 의미하는 저온에서 고분자는 취성을 보인다. 이 온도보다 높은 온도에서 고분자는 소성이 된다. 인장할 때 사슬이 풀리면서 서로 미끄러지고 그림 6.16(a)에서처럼 신장 방향으로 정렬되는데, 이 공정을 연신(drawing)이라 부른다. 연신을 처음 개시하는 것이 연신이 계속 진행되게 하는 것보다 더 어렵다. 따라서 연신이 시작된 영역은 시편을 따라 더 전파해 나가기 전에 완전히 연신되며, 그림과 같은 단면도를 보이게 된다. 연신된 재료는 연신 전보다 약 8배 더 큰 강도와 강성을 지니며, 연신된 재료로 하여금 예외적인 특성을 지니도록 해 준다. 하지만 오직 섬유나 판재(한번에 두 방향으로 잡아당김으로써)만 연신이 가능하기 때문에 외형에 제약이 있다.

고분자 중에 PE, PP 그리고 나일론 같은 많은 고분자는 상온에서 연신을 한다. PMMA 같이 더 높은 유리천이온도를 갖는 다른 고분자는 비록 고온에서는 연신이 잘 되지만 상온에서는 그렇지 못하다. 상온에서 이들은 잔금(craze)이 발생한다. 고분자내의 조그만 균열 모양의 영역이 연신한다. 균열은 고분자보다 큰 부피를 가지므로 연신된 재료는 그림 6.16(b)에서처럼 잔금 표면을 연결하는 끈으로 된다. 잔금은 빛을 산란시켜 백화를 일으키는데, 이는 값싼 플라스틱 물건을 구부릴 때 쉽게 관찰된다.

이를 계속 신장시키면 하나 이상의 잔금이 적절한 균열로 발달하고 시편은 파괴된다.

인장 하에서 잔금이 연성에 제약을 가할 때에도 압축에서는 전단 띠에 의한 큰 소성 변형이 여전히 가능하다(그림 6.16(c)). 각각의 띠 내에서 전단이 발생하면 전위의 이동에 의한 전단과 똑같은 시편 모양에 대한 결과를 발생시킨다. 계속해서 압축하면 전단 띠의 수가 증가하고 전체 변형률도 증가된다.

6.5 강도 조절하기

금속의 강화

결정질 재료를 더욱 강하게 만드는 방법은 전위가 움직이기 어렵게 만드는 것이다. 우리가 이미 보았듯이 순수한 결정에서 전위는 단위 길이당 힘 τb가 격자 저항력 f_i보다 클 때 움직인다. 이것을 바꾸기 위해 우리가 할 수 있는 일은 거의 없다. 즉, 이것은 탄성계수 E처럼 고유한 특성이다. 다른 강화기구가 거기에 더해지면 조절할 수 있는 여지가 있다. 그림 6.17은 강화기구를 소개해 주고 있다. 그림은 전진하는 전위의 관점에서 본 슬립면의 투시도를 보이고 있으며, 각각의 강화기구는 새로운 장애물 코스를 표시하고 있다. (a)에 보인 완전한 격자에서는 유일한 저항력은 결정의 고유 강도이다. (b)에 보인 고용경화는 움직임에 대한 원자크기의 장애물을 도입하고 있고, (c)에 보인 석출경화는 보다 큰 장애물을 나타내고 있으며, (d)의 가공경화에서는 슬립면이 계단 모양이 되고 또한 '숲(forest)' 전위들로 섞어 짜여 있다.

전위 이동에 대한 장애물은 저항력 f를 증가시키고 따라서 강도도 증가된다. f에 대한 이들의 기여도를 계산하기 위하여 우리가 알아야 할 두 가지가 있는데, 바로 장애물의 간격과 강도이다. 간격은 슬립면에서 장애물 사이의 거리 L을 의미한다. 따라서 단위길이의 전위선이 만나는 장애물의 수는

$$N_L = \frac{1}{L}$$

이다. 각각의 장애물은 전위선에 전위의 단위길이당 저항력에 해당하는 고착힘(pinning force) p를 인가하며, 따라서 저항력 f에 대한 장애물의 기여도는 다음과 같다.

$$f = \frac{p}{L}$$

그러므로 전위를 움직이기 위해 필요한 전단응력 τ에 더해질 기여분은 식 (6.8)로부터

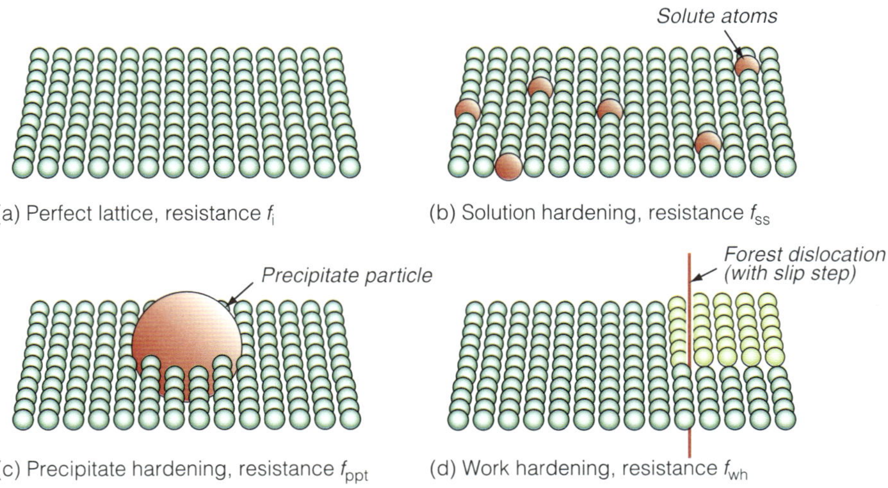

그림 6.17 전위가 가로질러 이동하게 되는 슬립면을 '전위의 눈(dislocation-eye)'으로 바라본 조감도.

다음과 같이 주어진다.

$$\Delta\tau = \frac{p}{b\,L} \tag{6.10}$$

전위의 고착은 탄성효과이며, 이는 비록 전위가 움직일 때 소성변형이 발생한다고 할지라도 전위와 장애물은 둘 다 격자를 탄성적으로 왜곡시킨다는 사실로부터 유도된다. 이 때문에 어떠한 재료, 어떠한 장애물에서도 p는 힘의 단위인 $E\,b^2$에 비례하는 척도가 된다. 그러면 전위에 힘을 가하기 위해 필요한 전단응력 τ는 다음의 형태로 주어진다.

$$\tau = \alpha \frac{E\,b}{L} \tag{6.11}$$

여기서 α는 장애물 강도를 묘사하는 무차원 상수이다.

이러한 배경으로 무장하면 강화기구를 설명할 수 있다. 이제 고용강화에 대해 알아보자.

고용경화

고용경화는 의도적인 불순물 첨가, 즉 보다 정확히 말해서 **합금화(alloying)**에 의한 강화이다(그림 6.18(a)). 구리에 아연을 첨가하면 황동 합금이 된다(구리는 아연을 30%

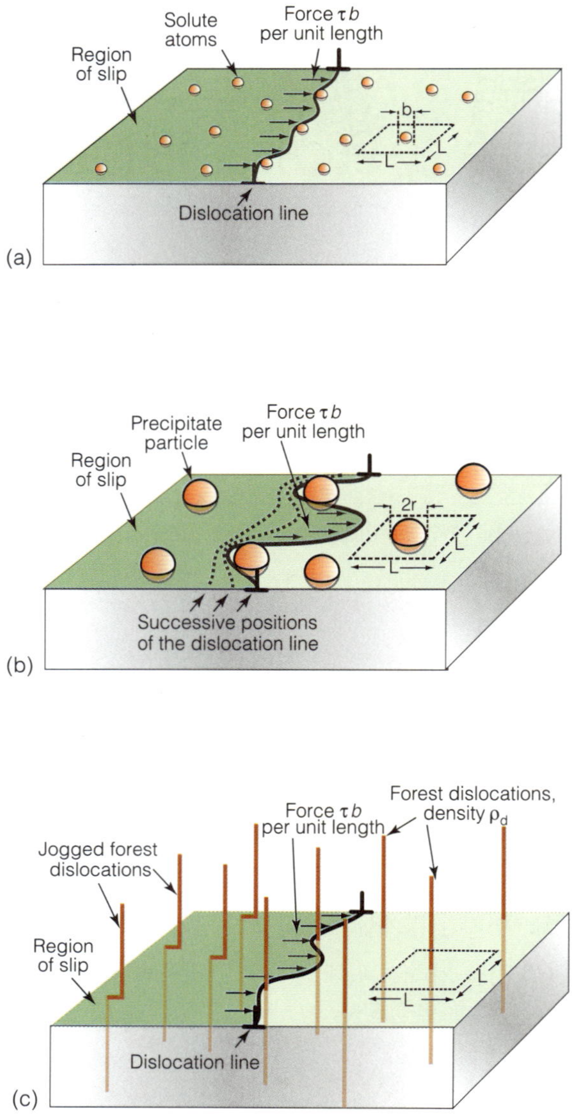

그림 6.18 (a)고용경화. (b) 석출경화 또는 분산강화. (c) 숲 강화(가공경화).

까지 고용함). 아연 원자는 구리 원자를 치환하여 무질서한 치환형 고용체(random substitutional solid solution)를 형성한다. 아연 원자는 구리 원자보다 더 크기 때문에 구리 격자에 끼어들어가면서 구리 격자를 왜곡시킨다. 이것이 슬립면을 울퉁불퉁하게 만들고, 이를테면 전위 이동을 방해하는 부가적인 저항력 f_{ss}를 추가함으로써 전위가 이동하기 어렵게 만든다. 그림은 원자 분율로 표현된 용질 농도를 평균하면 다음과 같음을 보여 준다.

$$c = \frac{b^2}{L^2}$$

여기서 L은 슬립면 상의 장애물 간격이며 b는 원자 크기이다. 따라서

$$L = \frac{b}{c^{1/2}}$$

이다. 이 식을 식 (6.11)에 대입하면 고용의 기여도와 전위 이동에 필요한 전단응력 사이의 관계를 얻을 수 있다.

$$\tau_{ss} = \alpha\, E\, c^{1/2} \tag{6.12}$$

τ_{ss}는 용질농도의 제곱근에 비례하여 증가한다. 황동, 청동 및 스테인레스강, 그리고 많은 다른 합금들은 강도를 이 방법으로 얻는다. 이 합금들은 상수 α로 표현되는, 즉 용질원자가 결정을 왜곡시키는 정도에 있어서만 차이가 있다.

분산강화 및 석출강화

전위를 방해하는 보다 더 효과적인 방법은 작고 강한 입자를 전위의 이동경로에 분산시키는(disperse) 것이다. 그러한 미세조직을 만드는 한 가지 방법은 작은 고융점 화합물 고상입자를 액체 금속에 분산시킨 후 주조하고 성형함으로써 입자들을 적절한 곳에 가두는 것이다. 이것은 Al-SiC 같은 금속기지 복합재료를 만드는 방법이다. 다른 방법은 석출(precipitation) 공정에 의해 본래의 위치에서(in situ) 입자를 형성하는 것이다. 고온에서 두 금속이 모두 녹을 때 만약 한 용질원자(예를 들어, 구리)가 한 금속(예를 들어, 알루미늄)에 용해되고, 합금은 응고되어 상온으로 냉각된다면, 마치 농축된 소금물이 냉각되면서 소금이 정출하는 것처럼 용질원자가 작은 입자로 석출한다. 4%의 구리를 함유하는 알루미늄 합금을 이런 식으로 처리하면 매우 작고 조밀하게 분산된 단단한 $CuAl_2$ 화합물로 된 석출물이 생성된다. 약간의 베릴륨으로 합금화된 구리도 비슷하게 처리하면 CuBe 화합물로 된 석출물이 생성된다. 대부분의 강은 이런 식으로 얻어진 탄화물의 석출에 의해 강화된다. 석출물은 f에 큰 기여도를 제공한다.

그림 6.18(b)는 입자가 전위의 이동을 어떻게 방해하는지 보여 준다. 만약 입자들이 너무 강해서 전위가 그것을 자를 수 없다면, 힘 $\tau\, b$는 선 장력에 반대하여 점점 더 꽉 죄는 반경으로 전위가 휘어지게 하면서 입자 사이의 전위를 밀게 된다(식 (6.9)). 반경은 입자 간 간격 L의 반에 도달할 때 최소가 되며, 그 이후에는 더 낮은 응력 하에서

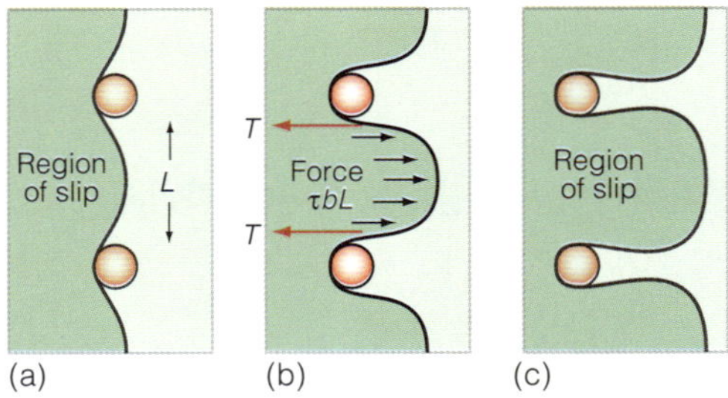

그림 6.19 전위의 이동을 방해하는 입자를 통과할 때의 전위의 연속적인 위치. 임계배열은 (b)에 보인 것처럼 가장 작은 곡률을 가진 배열이다.

도 팽창할 수 있다. 이는 자전거 바깥 타이어에 구멍이 생겼을 때 안쪽 튜브에 바람을 불어넣는 것과 다소 비슷하다. 일단 구멍을 통해 안쪽 튜브가 부풀려지는 압력에 도달하면, 풍선을 보다 더 크게 만들기 위해서 필요한 압력은 더 작다. 임계배열(critical configuration)은 반원 형태이다. 여기서 길이 L의 한 선분에 가해지는 전체 힘 $\tau b L$은 그림 6.19에서처럼 불룩한 돌출부의 양쪽 끝에 작용하는 선 장력(식 (6.10))에 기인하는 힘 $2T$와 균형을 이루고 있다. 다음 식이 만족될 때 전위는 탈출하게 된다.

$$\tau_{\text{ppt}} = \frac{2T}{bL} \approx \frac{Eb}{L} \tag{6.13}$$

따라서 장애물은 $f_{\text{ppt}} = 2T/L$의 저항력을 가한다. 석출경화는 강도 증가에 효과적인 방법으로서 석출경화 알루미늄 합금은 순수한 알루미늄보다 15배 더 강해질 수 있다.

가공경화

그림 6.1의 응력-변형률 곡선에서 증가하는 부분은 가공경화(work hardening)에 의해서 발생한다. 가공경화는 또한 소성변형에 의해 생성된 전위들이 축적되어 발생한다. 전위밀도(dislocation density) ρ_d는 단위부피당 전위선의 길이(m/m^3)로 정의된다. 풀림 열처리된 연한 금속에서조차 전위밀도는 대략 10^{10}m/m^{3}인데, 이는 각설탕 크기인 1cm 입방체가 약 10km의 전위선을 포함하고 있음을 의미한다. 금속이 변형될 때는 전위가 증식되고 그 밀도는 10^{17}m/m^3 이상으로 증가하는데, 이는 1 입방 센티미터당 1억 km의 전위길위에 해당한다. 이제 움직이는 전위는 평균 간격이 $L = \rho_d^{-1/2}$인(ρ_d는 단위면적당 숫자이므로) 교차하는 전위 숲에 의해 슬립면이 관통되어 있음을 보게 된다. 그림 6.18(c)는 그림을 제시해 주고 있다. 만약 움직이는 전위가 전진하면, 슬립면 위의 재료는 슬립면 아래의 재료에 대해 전단된다. 이는 각각의 숲전위에 조그(jog)

라 부르는 작은 계단을 형성하게 된다. 조그는 길이가 b인 작은 전위 선분이며, 퍼텐셜에너지를 지니고 있다. 그 결과 각각은 움직이는 전위에 고착힘 $p = E\,b^2/2$를 가하게 된다. 이 결과를 식 (6.10)과 결합하면

$$\tau_{\mathrm{wh}} \approx \frac{E\,b}{2}\sqrt{\rho_{\mathrm{d}}} \tag{6.14}$$

이 된다. 전위밀도가 클수록 전위 사이의 간격은 더 작아지고, 따라서 τ_{wh}에 대한 기여도도 더 커진다.

모든 금속은 가공경화를 일으킨다. 이는 성가신 일이 될 수도 있다. 만약 얇은 판재를 압연하고자 한다면, 가공경화가 재빨리 항복강도를 너무 많이 높이게 되므로 압연을 계속하기 전에 중단하고, 금속을 수세기동안 대장장이에게 알려진 비결인 **풀림**(anneal) 열처리해야 한다(축적된 전위를 제거하기 위해 금속을 가열함). 그러나 또한 가공경화가 유용할 때도 있는데, 이는 특히 석출경화를 위한 열처리를 할 수 없는 합금에서 유력한 강화 방법이다.

결정립계 경화

거의 모든 금속은 무질서하게 배향된 작은 결정, 즉 **결정립**(grains)으로 구성된 다결정체이며, 그림 6.10(d)와 같이 결정립은 결정립계에서 서로 만난다. 결정립 크기 D는 일반적으로 10−100μm이다. 이러한 입계들은 전위의 이동을 막는다. 슬립면들이 일렬로 정렬하지 않기 때문에 한 결정립(결정립 1이라 하자) 내의 전위는 이웃한 결정립(결정립 2)으로 미끄러질 수 없다. 대신에 새로운 전위가 결정립 2 내에서 핵생성을 해야 한다. 이때 결정립 2의 새로운 전위는 입계에서 변위가 서로 일치되도록 하기 위해 만약 겹쳤을 때 결정립 1 내의 전위의 슬립벡터와 일치하는 슬립벡터를 갖는다. 이는 강도에 대한 또 다른 기여분인 τ_{gb}를 제공하고 $\mathrm{D}^{-1/2}$에 비례하는 것으로 알려져 있다. 즉,

$$\tau_{\mathrm{gb}} = \frac{k_{\mathrm{p}}}{\sqrt{D}} \tag{6.15}$$

이다. 여기서 k_{p}는 처음 측정한 사람의 이름을 따서 페치 상수(Petch constant)라고 한다. 보통의 결정립 크기에서는 τ_{gb}가 작은 값이고 강도의 중요한 근원은 아니다. 하지만 마이크로결정질($D < 1\mu\mathrm{m}$) 또는 나노결정질(D가 1nm에 근접하는)의 재료에서는

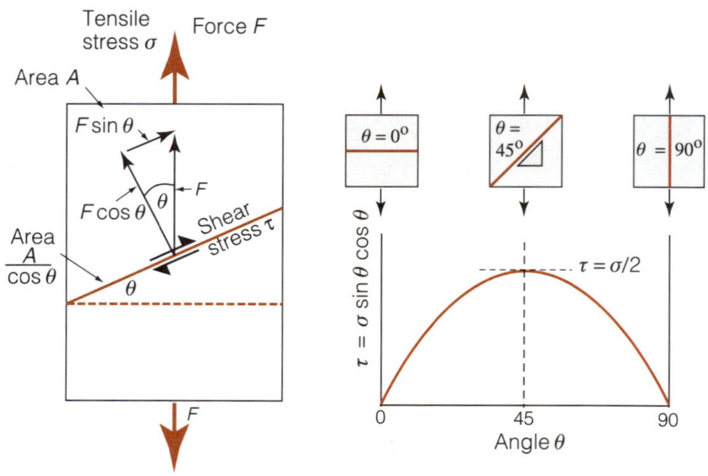

그림 6.20 응력의 분해. 인장응력 σ는 인장축에 45° 인 면에서 최대전단응력 $\tau = \sigma/2$를 만든다.

중요한 인자가 된다.

전위 강도와 항복 강도 사이의 관계

첫 번째 근사치에 강화기구들을 더함으로써 다음과 같은 전단 항복 강도 τ_y이 주어진다.

$$\tau_y = \tau_i + \tau_{ss} + \tau_{ppt} + \tau_{wh} + \tau_{gb} \tag{6.16}$$

강도가 큰 재료는 높은 고유강도 τ_i를 갖거나(다이아몬드처럼), 또는 고용강화 τ_{ss}, 석출물 τ_{ppt}, 가공경화 τ_{wh}의 중첩에 의존한다(고장력강처럼). 추가하여 나노결정립 고체는 τ_{gb}의 기여분을 이용한다.

이러한 정보를 이용하기 전에 한 가지 문제가 남아 있는데, 즉 전단 하중을 받는 하나의 결정에서 항복강도를 계산했다는 사실이다. 우리는 인장 하중을 받는 다결정 재료(polycrystalline materials in tension)의 항복강도를 필요로 한다. 이들을 연결시키기 위해 두 가지 간단한 단계를 거친다. 첫째, 균일한 인장응력 σ은 인장축과 어떤 각도로 놓여있는 면 위에 전단응력을 만들고, 전위는 이 전단응력이 최대인 슬립면에서 먼저 움직이게 된다. 그림 6.20은 어떻게 이것이 계산되는지 보여 준다. 단면이 A인 봉에 작용하는 인장력 F를 법선이 인장축과 각 θ를 이루는 평면에 나란한 방향으로 분해하면 그 평면상의 힘은 $F \sin \theta$가 된다. 이 면의 면적은 $A/\cos \theta$이므로 전단응력은 다음과 같이 주어진다.

표 6.1 사용된 강화기구를 나타내면서 전형적인 응용분야를 함께 보여 주는 금속 합금

합금	대표적인 용도	고용강화	석출강화	가공강화
순수 Al	키친호일			✓✓✓
순수 Cu	동선			✓✓✓
주조용 Al, Mg	자동차 부품	✓✓✓	✓	
청동(Cu-Su), 황동(Cu-Zn)	해양 부품	✓✓✓	✓	✓✓
비열처리형 가공용 Al	선박, 캔, 구조물	✓✓✓		✓✓✓
열처리형 가공용 Al	항공기, 구조물	✓	✓✓✓	✓
저탄소강	자동차 차체, 구조물, 선박, 캔	✓✓✓		✓✓✓
저합금강	자동차 부품, 공구	✓	✓✓✓	✓
스테인레스강	압력용기	✓✓✓	✓	✓✓✓
주조용 Ni 합금	제트엔진 터빈	✓✓✓	✓✓✓	

기호: ✓✓✓ = 일상적으로 사용됨. ✓ = 때때로 사용됨.

$$\tau = \frac{F \sin \theta}{A/\cos \theta} = \sigma \sin \theta \cos \theta$$

여기서 $\sigma = F/A$는 인장응력이다. 그림에 τ 값을 θ에 대해서 그려 놓았다. 최대값은 45°의 각도에서 얻어지며, 이때 $\tau = \sigma/2$이다.

둘째, 이 전단응력이 결정 집합체(aggregate of crystals)에 작용될 때, 일부의 결정들은 전단응력과 유리하게 배향된 슬립면을 갖게 되지만 일부의 다른 결정은 그렇지 못하다. 이러한 방향의 무작위성이 강도를 1.5의 계수(테일러 계수(Taylor factor)라 부름. 140쪽의 각주 참조)만큼 더 올리게 된다. 이 결과들을 결합하면 많은 결정립으로 이루어진 시편의 항복을 일으키는 인장강도는 단결정에서의 전단강도의 대략 세 배가 된다.

$$\sigma_y \approx 3\,\tau_y$$

따라서 식 (6.16)에서 강화기구들의 중첩은 항복강도 σ_y에도 똑같이 적용된다.

합금의 강도와 연성

재료 과학자와 공학자들이 조절하기 위해 찾아온 모든 재료특성들 중에서 아마도 금속과 합금의 강도가 가장 많이 탐구되었다. 그 이유는 쉽게 알 수 있는데, 표 6.1에 금속 및 합금의 응용을 위한 작은 선택이 주어져 있다. 공학설계에서 이들의 중요성은

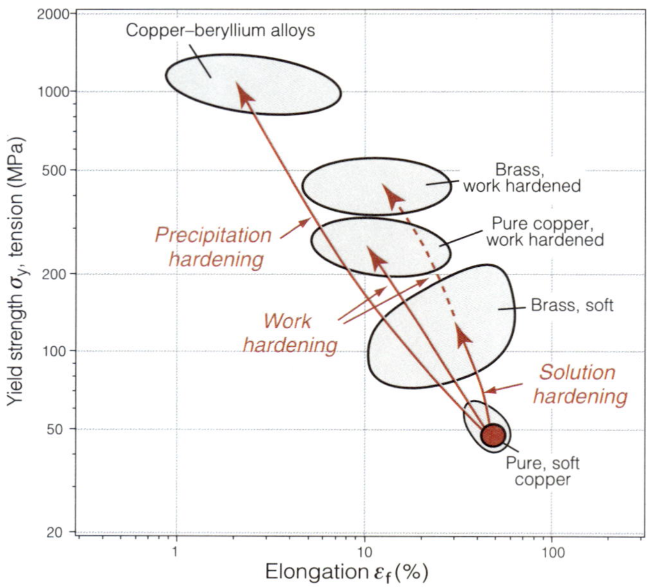

그림 6.21 구리 합금에서 강화기구와 결과적인 연성의 저하. 강화기구는 종종 결합된다. 강도가 클수록 연성(파괴까지의 연신율 ε_f)은 더 낮다.

매우 크다. 강화기구들은 종종 함께 결합되어 이용된다. 이에 대한 설명이 그림 6.21의 구리 합금에 대해 도식적으로 설명되어 있다. 그러나 좋은 일은 대가를 지불해야 한다. 여기서 강도 증가에 대한 대가는 거의 항상 연성의 상실이며, 결국 연신율 ε_f가 감소된다. 재료는 더 강해지지만 파괴 없이 많이 변형될 수는 없게 된다.

고분자의 강화

비정질 고체에서 전위는 유용한 개념이 아니다. 대신에 고분자 사슬의 두 분절의 상대적인 미끄러짐 또는 유리의 망상구조 내에서 작은 분자 군집체의 전단과 같은 유동 과정의 일부 단위 단계를 고려해 보자. 이들의 강도는 기저에 있는 격자 저항력과 같은 기원을 가지고 있다. 만약 단위 단계가 강한 결합의 파괴를 포함하고 있다면(마치 무기질 유리에서처럼), 재료는 세라믹이 그런 것처럼 강하고 취성을 지닐 것이다. 만약 약한 결합(예를 들면 고분자의 반데르발스 결합)의 파열만을 포함한다면 약할 것이다. 따라서 고분자도 역시 분자 사슬의 미끄러짐을 방해함으로써 강화해야 한다. 이는 블렌딩(blending), 연신(drawing), 가교결합(cross-linking) 및 입자나 섬유를 이용한 강화(reinforcement) 등을 통해 얻는다.

블렌드(blend)는 일종의 산업용 음식믹서에서 함께 뒤섞은 두 고분자의 혼합물이다.

블렌드의 강도와 탄성계수는 각 성분 강도와 탄성계수를 부피분율로 가중치를 두어 계산한 평균값이다(다시 혼합법칙이 적용됨). 만약 이 중 하나가 낮은 분자량의 탄화수소라면, 이것은 탄성계수를 낮추고 블렌드가 가죽같은 유연성을 지니도록 해 주는 가소제(plasticizer) 역할을 한다.

연신은 그림 6.16(a)에 나타낸 것처럼 신장할 때의 분자정렬 효과를 의도적으로 이용하는 것이며, 신장 방향으로의 강성과 강도를 크게 증가시킨다. 낚시줄은 연신한 나일론이며, 마일라(Mylar) 필름은 필름에 평행하게 분자가 정렬된 폴리에스테르이고, 토양 제방을 억누르기 위하여 사용되는 지반용 섬유는 연신한 폴리에틸렌으로 만든다.

그림 4.18과 4.19에 나타낸 가교결합은 약한 반데르발스 결합으로 먼저 연결되어 있는 분자들 사이에 강한 결합을 형성시킨다. 가황고무는 가교처리된 고무이며, 수지(epoxy)의 월등한 강도는 가교결합으로부터 유래한다.

강화는 모래, 탤크 또는 톱밥처럼 값싼 충진제 입자로 가능하다. 섬유강화는 훨씬 더 효과적인데, 대개 섬유는 4장에서 설명하였듯이 연속적이거나 잘게 썬 유리 혹은 탄소 섬유이다.

6.6 요약 및 결론

하중을 지탱하는 구조물은 신뢰할 수 있고 재현성이 있는 강도를 지닌 재료를 요구한다. 강도에 대한 평가는 한 가지 이상이다. 탄성설계(elastic design)는 구조물의 어떤 부품도 소성변형을 일으키지 않도록 요구된다. 이는 응력이 구조 내의 어디에서도 연성재료의 항복강도(yield strength) σ_y를 초과해서는 안 되거나 또는 연성이 없는 재료의 경우 탄성한(elastic limit)을 초과해서는 안 된다는 것을 의미한다. 대조적으로 소성설계(plastic design)에서는 전체적으로 구조물이 붕괴되지 않는 한 일부 부품의 소성 변형이 허용된다. 그 다음 두 개의 특성이 더 관련되는데, 연성(ductility) ε_f와 인장강도 σ_{ts}이다. 이 특성들은 각각 재료가 파괴전에 견딜 수 있는 최대변형률과 최대응력을 의미한다. 일반적으로 인장강도는 가공경화(work hardening) 때문에 항복강도보다 더 크다.

탄성계수를 도시한 도표처럼 강도를 도시한 도표는 재료특성공간에서 재료족들이 의존하는 강화기구에 따라 다른 영역을 차지하고 있음을 보여 준다. 결정결함, 특히 전위(dislocations)는 강화기구를 이해하는 데 중요하다. 결정질 고체에서 소성 유동, 즉 의외로 낮은 강도를 주는 것은 전위의 이동이다. 강도가 필요할 때는 전위의 이동을 방해하는 강화기구가 제공되어야 한다.

이 중에서도 첫 번째는 전위의 이동에 대한 결정의 고유 저항력을 의미하는 격자 저항력(lattice resistance)이다. 다른 강화기구들은 합금화나 열처리를 통해 고의로 도입될 수 있다. 고용경화, 분산 및 석출경화, 가공경화, 그리고 결정립계 경화는 격자 저항력에 추가된다. 가장 강한 재료는 이 모든 것을 결합한 것이다.

비정질 고체, 특히 고분자는 덜 조직적인 방법으로서 엉켜있는 고분자 사슬을 잡아당겨 변형 방향으로 정렬시킴으로써 변형된다. 이는 많은 소성 변형을 보이는 상온연신(cold drawing)을 가능하게 하지만, 더 낮은 온도에서는 잔금(crazing)이 발생한다. 이를 위해 요구되는 응력은 고분자로 하여금 상당한 고유 강도를 갖도록 부여하므로 중요하다. 이 강도는 오늘날 사용하는 공업용 고분자에 제공되는 블렌딩, 가교처리, 입자 및 섬유 강화에 의해서 향상된다.

6.7 참고문헌

Ashby, M.F. and Jones, D.R.H. (2006) *Engineering Materials* Volumes I and II, Butterworth-Heinemann, Oxford, UK. ISBN 0-7506-6380-4 and ISBN 0-7506-6381-2. (*An introduction to mechanical properties and processing of materials.*)

Cottrell, A.H. (1953) *Dislocations and Plastic Flow in Crystals*, Oxford University Press, Oxford, UK (*Long out of print but worth a search: the book that first Presented a coherent picture of he mechanisms of plastic flow and hardening.*)

Friedel, J. (1964) Dislocations, Addison-Wesley, Reading, MA, USA. Library of Congress No. 65-21133. (*A book that, with that of Cottrell, first established the theory of dislocations.*)

Hertzberg, R.W. (1989) *Deformation and Fracture of Engineering Materials*, 3rd edition, Wiley, New York, USA. ISBN 0-471-61722-9. (*A readable and detailed coverage of deformation, fracture and fatigue.*)

Hull, D. and Bacon, D.J. (2001) *Introduction to Dislocations*, 4th edition, Butterworth-Heinemann, Oxford, UK. ISBN 0-750-06481-0. (*An introduction to dislocation mechanics.*)

Hull, D. and Clyne, T.W. (1996) *An Introduction to Composite Materials*, 2nd edition, Cambridge University Press, Cambridge, UK. ISBN 0-521-38855-4. (*A concise and readable introduction to composites that takes an approach that minimizes the mathematics and maximizes the physical understanding.*)

Young, R.J. (1981) *Introduction to Polymers*, Chapman & Hall, London, UK. ISBN 0-412-22180-2. (*A good starting point for more information on the chemistry, structure and properties of polymers.*)

6.8 연습문제

연습문제 E6.1 한 전형적인 금속의 응력-변형률 곡선을 그리시오. 그 위에 항복강도 σ_y, 인장강도 σ_{ts}, 연성 ε_f를 표시하시오. $\varepsilon < \varepsilon_f$의 변형률까지 재료를 변형시킬 때 단위부피당 한 일을 나타내시오(여러분이 변형률 ε을 고르시오).

연습문제 E6.2 고체의 이상 강도는 무엇을 의미하는가? 어떤 종류의 재료가 그 값에 가장 근접하는가?

연습문제 E6.3 그림 6.6과 6.7의 항복강도-밀도의 도표 또는 항복강도-탄성계수 도표를 이용하여 다음을 찾아 보시오.

- 가장 낮은 강도의 금속
- 복합재료 GFRP의 대략적인 강도 범위
- 나뭇결에 나란하게 측정된 나무의 강도보다 더 큰 강도를 갖는 고분자가 존재하는가?
- 나무의 강도와 GFRP의 강도를 비교하는 방법
- 고분자보다 훨씬 낮은 탄성계수를 갖는 탄성중합체가 강도도 훨씬 낮은 값을 갖는가?

연습문제 E6.4 대부분의 FCC금속과 같이 구리의 격자 저항력은 작다. 구리 내에 10%의 니켈을 용해시켜 고용체를 만들 때 합금의 강도는 150MPa이다. 20%의 니켈을 함유한 합금의 강도는 얼마가 되리라 기대하는가?

연습문제 E6.5 한 금속기지 복합재료가 평균 간격 3μm의 거리로 갖는 단단한 탄화규소(SiC) 입자를 함유한 알루미늄으로 구성되어 있다. 이 복합재료는 180MPa의 강도를 가진다. 만약 입자 간격이 2μm인 새로운 등급의 복합재료가 개발된다면 그 강도는 얼마가 되리라 예상하는가?

연습문제 E6.6 나노결정립 재료는 0.01-0.1μm 범위의 결정립 크기를 갖는다. 만약 0.1μm의 결정립을 갖는 합금에서 결정립계 강화의 기여분이 20MPa이라면, 결정립도가 0.01μm로 감소할 때는 이 값이 얼마가 되리라고 기대하는가?

연습문제 E6.7 폴리카보네이트 PC(항복강도 70MPa)가 폴리에스테르(PET; 항복강도 50MPa)와 30%/70%의 비율로 블렌딩된다. 만약 혼합물의 강도가 혼합물의 규칙에 따른다면 이 섞은 혼합물의 항복강도는 얼마가 되리라고 기대하는가?

6.9 CES를 이용한 설계 탐구(다른 말이 없으면 레벨 2(재료)를 이용하라)

연습문제 E6.8 기록을 열어 구리, 황동(구리에 아연의 고용체) 및 청동(구리에 주석의 고용체)의 항복강도를 찾으시오. 기록에서 나타나는 범위의 평균값을 보고하시오. 조성은 변수가 아니기 때문에 각 기록 내의 범위를 설명하는 것은 무엇인가? 조성이 변수일 때 평균값의 차이를 설명하는 것은 무엇인가?

연습문제 E6.9 '제한(Limit)' 단계를 이용하여 항복강도 σ_y가 100MPa보다 크고 밀도 ρ가 2000kg/m^3 보다 작은 재료를 찾아보시오. 결과를 목록으로 제시하시오.

연습문제 E6.10 앞 문제의 선택에서 두 개의 구속인자를 더 추가한다. 재료의 가격이 $5/kg보다 낮고 연신율이 5%보다 크도록 요구한다.

연습문제 E6.11 CES Level 3의 데이터베이스를 이용하여 폴리프로필렌과 이를 블렌딩한 등급, 충진한 등급, 강화한 등급을 선택하시오. CES Edu Level 3를 열고 'Tree' 단계를 적용하여 Polymers—Thermoplastics—Polypropylene (폴더)를 선택한다. x축에 영률 E를, y축에 항복강도 σ_y를 나타낸 도표를 만드시오. 도표 상의 기록을 클릭하여 명명한다. 여러분에게 보이는 경향을 가능한 설명하시오.

연습문제 E6.12 앞의 마지막 문제와 같은 절차를 적용하여 구리와 그 합금을 탐구하시오. 다시 여러분의 현재 지식을 이용하여 경향성의 기원을 설명해 보시오.

6.10 CES 요소를 이용한 과학 탐구

연습문제 E6.13 전위의 단위길이당 탄성(위치)에너지는 $0.5\ E\ b^2$ J/m이다. 전위밀도가 10^{14}m/m^{3}일 때 전위 형태로 저장된 에너지를 막대 도표로 만드시오. 버거스 벡터 b의 크기는 원자지름과 같다고 가정한다. (함수를 만들기 위해 축 선택 대화상자에서 'Advanced' 기능을 사용할 필요가 있다.) 이 에너지는 응집력 에너지(전형적으로 5×10^4MJ/m^3)와 어떻게 비교되는가?

연습문제 E6.14 가공경화는 전위의 저장을 일으킨다. 전위는 결정을 붕괴시키고 그것들과 관련된 위치에너지를 지닌다. 충분한 가공경화가 결정을 아주 많이 붕괴시키면 결정이 비정질로 되리라는 제안이 있다. 이를 위해서는 전위와 관련된 에너지가 용융열과 거의의 같아야 할 것이다. 왜냐하면 용융열은 규칙적인 결정과 불규칙적인 액체 사이의 에너지 차이이기 때문이다. 전위의 단위길이당 에너지는 0.5 $E\, b^2$ J/m이다. 다음의 방식으로 이를 탐구해 보시오.

(a) 원소들에 대해 10^{17}m/m^{3}의 매우 높은 전위밀도와 관련된 에너지를 계산하고 그림으로 나타내시오. 예를 들어 버거스 벡터 ***b***는 원자반경의 두 배로 하여 *y*축 상에 $0.5 \times 10^{17}\, E\, b^2$의 막대 도표를 그리시오. kJ/m^{3}의 단위로 에너지를 계산하기 위하여 GPa를 kPa로, 원자반경을 nm에서 m로 변환해야 함을 명심하라.

(b) 이제 x축 상에는 용융열 에너지를 추가하시오. H_c를 1000/몰부피로 곱하여 이를 kJ/mol에서 kJ/m^{3}로 변환하라. 몰부피는 데이터베이스에 있는 것처럼 m^3/kmol로 주어진다. 전위에너지와 용융에너지의 비는 대략 얼마인가? 이처럼 매우 높은 전위밀도가 재료를 비정질로 바꿀만큼 충분하다고 기대하는가?

제 7 장

굽힘과 눌림 : 강도–한도 설계

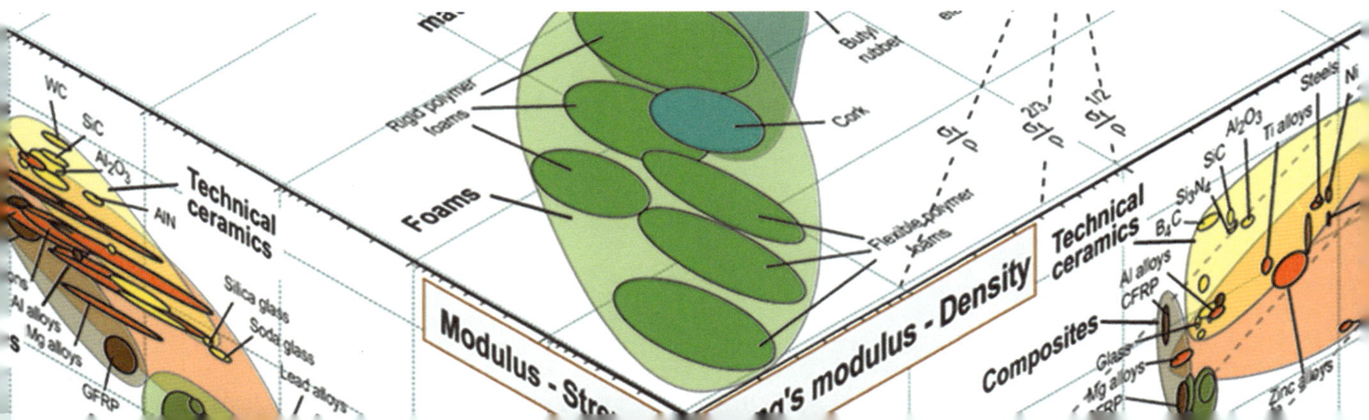

소성을 피하기 위한 탄성 설계는 충돌 상황에서 자동차 운전석의 변형을 일으키지 않게 보증해야 한다. 소성은 충격의 에너지를 흡수하고, 그리고 금속재료는 형상을 용이하게 만들고, 폴리머는 주조를 용이하게 한다. (충돌 실험의 사진; AutoNews 제공, 열간 압연 사진; 위스콘신주 Delafield에 위치한 Tanis Inc. 제공)

7.1 서론 및 개요

제5장에서 기술한 강성-한도 설계는 과도한 탄성 처짐을 피하기 위한 설계이다. 여기서 우리의 관심사인 강도-한도 설계는 소성 붕괴를 피하기 위한 설계이다. 그것은 일반적으로 항복을 피하기 위한 설계를 뜻하고, 부재가 탄성으로 전체에 걸쳐 남아있도록 조정하는 것으로, 이때 그것을 탄성 설계라고 한다. 탄성 설계가 항상 가능하거나 필요한 것은 아니다. 즉, 국부적인 항복이 전반적인 항복을 피할 수 있다는 것은 아니다.

그것은 전체적인 상황의 절반이다. 다른 절반은 제어된 소성붕괴를 허락하는 설계이다. 오늘날의 자동차 안전은 소성변형에 의한 충돌에서 운동에너지를 흡수하는 차체의 앞부분에 의존한다. 금속 압연, 단조, 압출, 프레스 등의 제작 공정은 소성 유동을 이용한다. 여기서 변형률은 크고, 탄성 변형은 의미가 없다. 따라서 초점은 소정의 형상 변화를 얻는데 필요한 힘과 가공에 달려 있다.

소성 문제는 한 가지 방법 이상으로 해결된다. 항복을 피하려고 할 때, 부재에서의 응력의 탄성 상태를 분석하고, 어느 곳에서도 항복강도를 초과하지 않도록 해야 한다. 그에 반해서, 완전 소성은 전체적인 항복을 요구한다. 이때 소성붕괴의 메카니즘이 확인되어야만 하고, 그것이 필요한 곳에서 발생하는 항복에 관한 요구에 의해서 붕괴하중이 계산되어져야만 한다.

제5장에서는 하중의 일반적인 모드, 즉 인장, 압축, 굽힘, 비틀림 또는 내부 압력과 같은 탄성 해결책을 소개하였다. 놀라울 것 없이 그것들은 소성 설계에 대하여 동등한 결과를 보였고, 우리는 이러한 지식들을 가지고 시작한다. 여전히, 그것들이 어떻게 유도되는지 알 필요는 없다. 단지, 어디서 그것들을 발견할 수 있고 어떻게 그것들을 사용하는지 알면 된다. 우리는 그것들을 강도-한도 설계에 대한 재료 지침을 개발하는데 이용하고, 사례 연구를 통해 그것들을 적용한다.

7.2 소성 문제에 관한 표준 해결책

버팀목과 기둥의 항복(Yielding of ties and columns)

버팀목은 인장의 하중이 작용하는 막대이다. 기둥은 압축의 하중이 작용하는 막대이다. 그림 5.1(a)에서 보여 주듯이 그들 안에 있는 응력의 상태는 일정하다. 만약 응력 σ가 항복강도 σ_y 아래에 있다면 부재는 탄성 상태로 남아 있고, 만약 σ_y를 초과한다면 그것은 항복된다. 압축 상황에서의 항복은 단지 짧고 폭이 넓은 기둥에 관한 문제이다. 압축 상황에서 가느다란 기둥이나 판넬은 아마 처음에 탄성적으로 구부러질 것이다(5장).

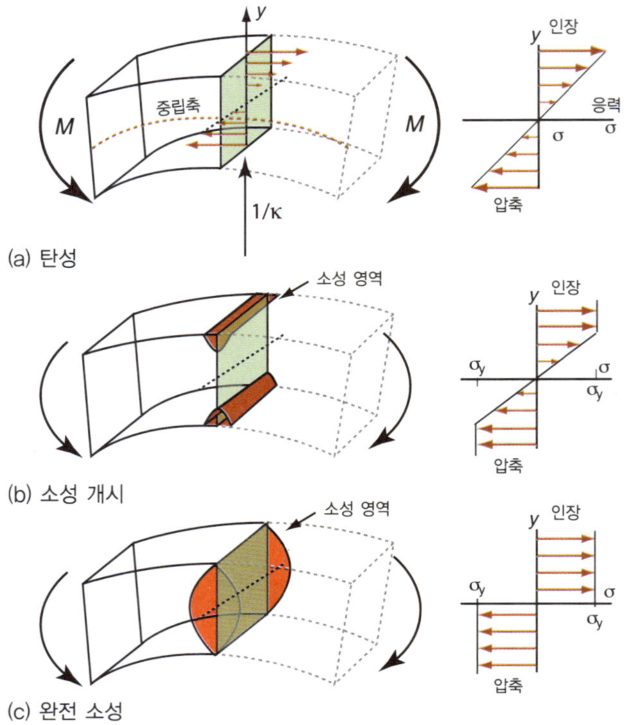

그림 7.1 굽힘을 받는 보. 순수 탄성 하중에 대한 응력 상태를 오른쪽에 표시(a), 소성 개시(b) 그리고 완전 소성(c)

보와 판넬의 항복(Yielding of beams and panels)

굽힘이 작용하는 응력상태는 제5장에서 소개되었다. 굽힘 모멘트 M은 다음에 의해서 정의되는 수직 응력 σ는 단면적을 가로질러 선형적인 변화를 일으킨다(그림 7.1(a)).

$$\frac{\sigma}{y} = \frac{M}{I} = E\kappa \tag{7.1}$$

여기서 y는 중립축으로부터의 거리이고, 단면 형상의 영향은 관성모멘트, I로서 지정되었다. 탄성 처짐에 대하여, 우리는 방정식에서 마지막 식(곡률 κ를 포함한)에 관심이 있다. 항복에 대하여는, 그것은 첫 번째 항이다. 최대 수직 응력 σ_{max}는 중립축으로부터 최대거리 y_m일 때 표면에서 발생한다(그림 7.1(a)).

$$\sigma_{max} = \frac{M\,y_m}{I} = \frac{M}{Z_e} \tag{7.2}$$

$Z_e = I \,/\, y_m$은 탄성 단면계수(재료의 탄성계수 E와 혼돈되지 않도록) 라고 부른다. 만

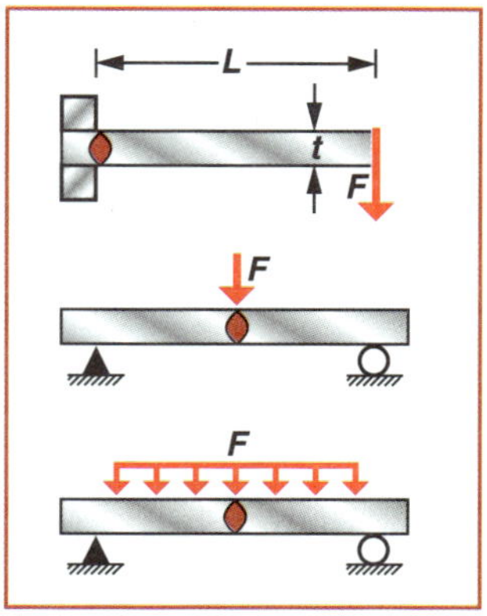

그림 7.2 보의 소성 굽힘

약 σ_{max}가 보의 재료의 항복강도 σ_y를 초과한다면, 그림 7.1(b)에서처럼 응력이 가장 높은 부분의 표면에서 소성의 작은 영역이 나타난다. 보는 더 이상 탄성이 아니고, 이런 의미에서 그것이 완전하게 파괴가 되지 않더라도 손상을 입게 된다. 만약에 게다가 모멘트가 더 증가하게 되면, 선형 형상이 끝이 잘라져 줄어든다. 표면 근처의 응력은 σ_y와 같은 크기로 되고, 소성 영역은 표면에서부터 안쪽방향으로 성장하게 된다. 비록 소성 영역이 항복에 도달하더라도 그것은 여전히 하중을 지탱한다. 모멘트가 더욱 증가함에 따라 소성 영역은 보의 단면을 통하여 관통할 때까지 성장하여, 소성 힌지 형태로 연결된다 (그림 7.1(c)). 이것이 보에 의하여 야기 될 수 있는 최대 모멘트이다. 더 큰 증가는 소성 힌지에 대한 회전에 의한 붕괴를 일으킨다.

그림 7.2는 굽힘 하중을 받는 단순지지보를 보여 준다. 첫 번째 그림에서, 최대 모멘트 M은 FL이고, 두 번째 그림에서는 $FL/4$이고, 세 번째 그림에서는 $FL/8$이다. 최대 모멘트가 붕괴에 관한 모멘트에 도달할 때 붉은 색으로 나타낸 위치에서 소성 힌지가 형성된다. 이 파손 모멘트 M_f 는 단면에 대한 일정 응력 분포에 의해 야기되는 모멘트를 적분함으로써 구할 수 있다(그림 7.1(c), 한쪽은 압축, 다른 한쪽은 인장).

$$M_f = \int_{section} b(y)\, y\, \sigma_y\, d_y = Z_p \sigma_y \tag{7.3}$$

여기서 Z_p는 소성 단면계수이다. 그리하여 단면 형상의 두 가지 새로운 함수가 보의 파손에 대해서 정의된다. 하나는 첫 번째 항복에 관한 Z_e이고, 다른 하나는 전체 소성에 관한 Z_p이다. 두 상황 모두에서 요구되는 모멘트는 단순히 $Z\sigma_y$이다. 이 둘에 관한 값은 그림 7.3에 표로 나타내어져 있다. 비율 Z_p/Z_e는 항상 1보다 크고 그것은 초기 항복과 붕괴 사이의 안전 여유의 수치이다. 직사각형에 대해서는 그것은 1.5이고, 붕괴

단면 형상	면적 A m^2	탄성단면계수 Z_e m^3	소성단면계수 Z_p m^3
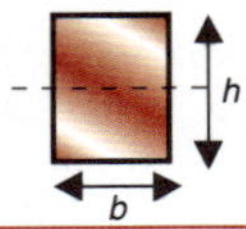	$b\,h$	$\frac{bh^2}{6}$	$\frac{bh^2}{4}$
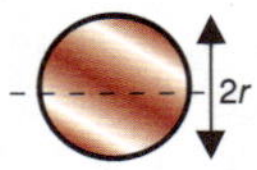	πr^2	$\frac{\pi}{4} r^3$	$\frac{\pi}{3} r^3$
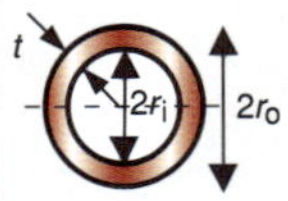	$\pi(r_o^2 - r_i^2)$ $\approx 2\pi r t$	$\frac{\pi}{4 r_o}(r_o^4 - r_i^4)$ $\approx \pi r^2 t$	$\frac{\pi}{3}(r_o^3 - r_i^3)$ $\approx \pi r^2 t$

그림 7.3 3가지 간단한 단면에 대한 면적 A, 단면계수 Z_e 그리고 완전소성 단면계수 Z_p

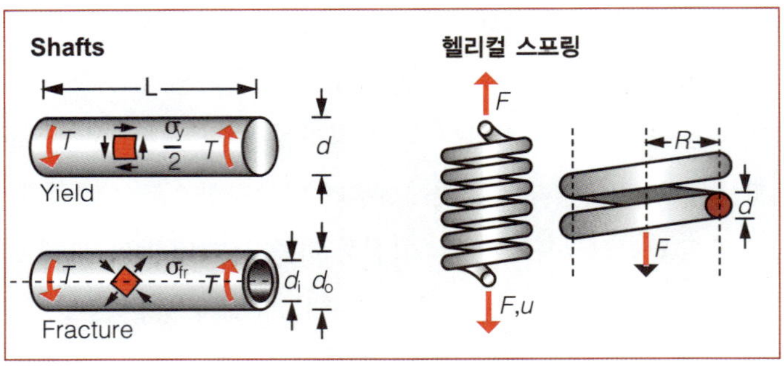

그림 7.4 축의 탄성 비틀림. 축에서의 응력은 토크 T와 극관성 모멘트 K에 의존한다. 헤리컬 스프링은 비틀림 하중을 받는 특별한 경우이다.

하중이 초기 항복에 관한 하중보다 50% 높다는 것을 의미한다. 튜브 형이나 I-보와 같은 효율적인 형상에 관해서는 표면에서부터 중립축까지 항복이 빠르게 퍼지기 때문에 그 비율이 1에 매우 가깝다.

축의 항복(Yielding of shafts)

제5장에서 일정한 원형 단면을 갖는 축의 양단에 토크 T가 작용하는 것과 그림 7.4에서와 같이 봉의 축에 수직인 면에 작용하는 토크가 중심축으로부터 거리 r에 따라 선형적으로 증가하는 전단 응력이 발생한다는 것을 살펴보았다.

$$\tau = \frac{T\,r}{K} = \frac{G\,\theta\,r}{K} \tag{7.4}$$

여기서 K는 면적의 극 2차 모멘트이다. 결과적으로 탄성 변형은 단위 길이당 비틀림 각 θ/L 에 의해 나타내어진다. 파손은 최대 표면 응력이 재료의 항복 강도 σ_y를 초과할 때 발생한다. 최대전단응력 τ_{max}는 표면에서 다음과 같은 값을 갖는다.

$$\tau_{max} = \frac{T\,R}{K} \tag{7.5}$$

여기서 R은 축의 반경이다. 6장으로부터 전단에서의 항복 응력 k는 인장 항복 응력의 반이다. 따라서 첫 번째 항복은 $\tau_{max} = \sigma_y/2$일 때 발생한다. 토크가 더 증가할 때 소성은 안쪽으로 퍼진다. 축이 전달할 수 있는 최대 토크는 모든 영역에 걸쳐 $\tau = k$일 때 발생한다. 이것보다 큰 토크가 작용하면 억제되지 않은 회전으로 인하여 축은 비틀림으로 인한 붕괴를 야기하게 된다. 예를 들면, 원형 단면의 경우 붕괴 토크는 다음과 같다.

$$T = \frac{2}{3}\pi\, r^3\, k \tag{7.6}$$

헬리컬 스프링은 비틀림 하중의 특별한 경우이다(그림 7.4). 스프링이 축 방향으로 하중을 받을 때, 각각의 코일은 비틀어진다. 그것은 스프링의 강성 S를 아는데 유용하다. 만약 스프링이 전단 계수가 G인 와이어의 n개 코일, 각각의 지름 d, 반경 R의 스프링이 주어졌다고 할 때, 강성은 다음과 같이 주어진다.

$$S = \frac{F}{u} = \frac{G\,d^4}{64\,n\,R^3}$$

여기서 F는 스프링에 작용하는 축력이고 u는 그것의 신장량이다. 탄성 신장량은 소성의 시작에 의해 제한된다. 이것은 다음 힘에서 발생한다.

$$F_{crit} = \frac{\pi}{32}\frac{d^3\,\sigma_y}{R} \tag{7.7}$$

회전 디스크 (플라이 휠) Spinning disks (flywheels)

회전 디스크 또는 링은 운동에너지 U를 축적한다(그림 7.5). 원심력은 최대값 σ_{max}에 도달한 디스크에서 반경 방향의 인장 응력을 야기 시킨다. 밀도 ρ, 반경 R 그리고 두께 t를 가지고 각속도 ω(radian/second)로 회전하는 디스크의 해석에 의해, 운동 에너

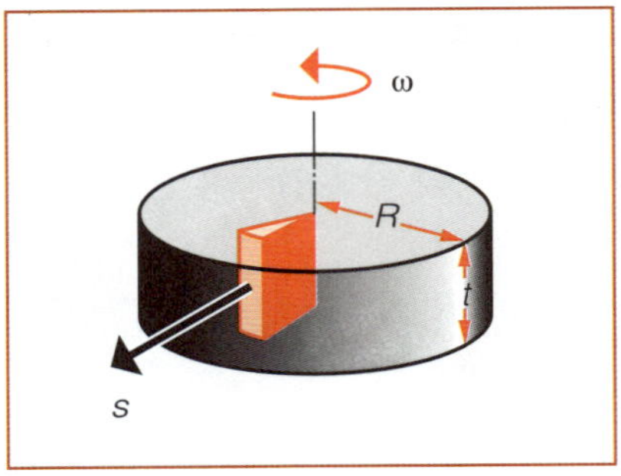

그림 7.5 플라이 휠과 자이로스코프와 같은 회전디스크는 원심력에 의해 야기된 반경방향의 인장응력을 야기시킨다.

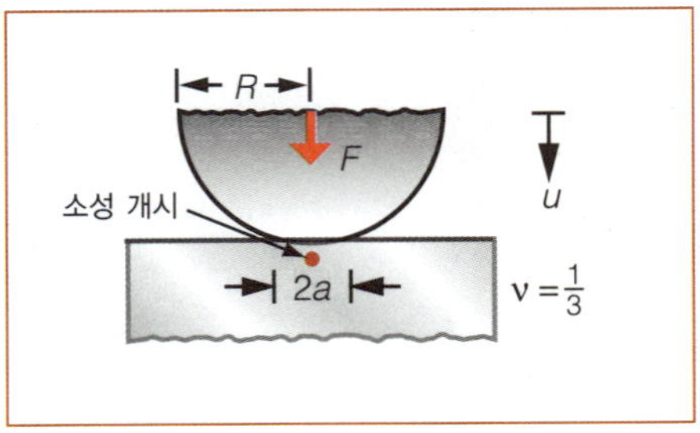

그림 7.6 접촉응력은 응력집중의 다른 하나의 형태이다. 탄성일 때, 각각의 표면의 응력과 변위를 계산 할 수 있다.

지와 최대 응력은 다음과 같이 주어진다(포아송 비가 1/3일 때).

$$U = \frac{\pi}{4}\rho t\,\omega^2 R^4 \quad \text{그리고} \quad \sigma_{max} = 0.42\,\rho\,\omega^2 R^2 \tag{7.8}$$

디스크는 σ_{max}가 σ_y를 초과할 때 항복되고 이것은 최대 허용 ω를 정의하고, 내부 에너지 저장을 제한한다.

접촉 응력(Contact stress)

접촉 응력 해석은 베어링, 기어 그리고 철도 궤도와 같이 구름(rolling)과 미끄럼 접촉의 설계에 있어서 중요하다. 접촉에서의 항복은 마모와 피로에 의한 파손으로써 연결된다. 표면이 접촉되어 위치해 있을 때 그것들은 몇몇의 불연속적인 점에서 접촉이 된다. 만약 표면이 하중을 받으면, 접촉면들은 탄성적으로 평평하게 펴지고 접촉 면적은 증가한다(그림 7.6). 접촉면 바로 아래의 응력 상태는 복잡하고, 주파수의 단위로 불리는 Hertz[1)]라는 사람에 의해서 처음으로 해석되었다. Young 계수 E를 가지는 재료에 의해 만들어진 반경 R인 구를 생각해 보자. 그리고 하중 F로 평평한 면에 대하여 압축을 하였다. 탄성적으로 접촉하는 동안(그리고 포아송 비 $\nu = 1/3$임을 다시 가정하고), 접촉면의 반경은 다음과 같이 주어진다.

$$a \approx 0.7\left(\frac{FR}{E}\right)^{1/3} \tag{7.9}$$

그리고 두 물체의 상대적 변위는 다음과 같다.

$$u \approx -\left(\frac{F^2}{E^2 R}\right)^{1/3} \tag{7.10}$$

접촉에서의 파손에 있어서, 전단응력의 최대값이 필요하다. 그것은 이것이 첫 번째 항복을 야기하기 때문이다. 그것은 약 $a/2$의 깊이에서의 접촉면 아래이고, 다음과 같은 값을 갖는다.

$$\tau_{\max} = \frac{F}{2\pi a^2} \tag{7.11}$$

만약 이것이 전단 항복 강도 $k = \sigma_y/2$를 초과한다면, 소성 영역은 접촉면 중심 아래에 나타난다.

응력 집중(Stress concentration)

구멍, 홈, 나사 그리고 단면에서의 변화는 국부적으로 응력을 집중시킨다(그림 7.7). 항복은 이러한 장소들에서 시작될 것이고, 부재의 대부분은 여전히 탄성적임에도 불구하고 이러한 초기 항복은 통상 파국적이지 않다. 피로에 관해서도 같다고 할 수 없듯이(제9장), 여기서 응역 집중부들은 종종 파손의 근원으로 연관되어진다. 우리는 응력 집중을 야기하는 특징을 무시하고 하중을 단면적으로 나눈 것으로 공칭응력 σ_{nom}을 정의한다. 최대 국부 응력 σ_{max}는 응력집중계수 K_{sc}를 공칭응력 σ_{nom}를 곱하여 개략적으로 계산한다.

1) Heinrich Rudolph Hertz(1821~1894), 독일의 물리학자. 전자파와 그들이 어떻게 발생하는지를 발견. 또한 라디오 시대를 가능하게 한 무선송신기의 발명자. 그의 여생을 역학에 몰두함.

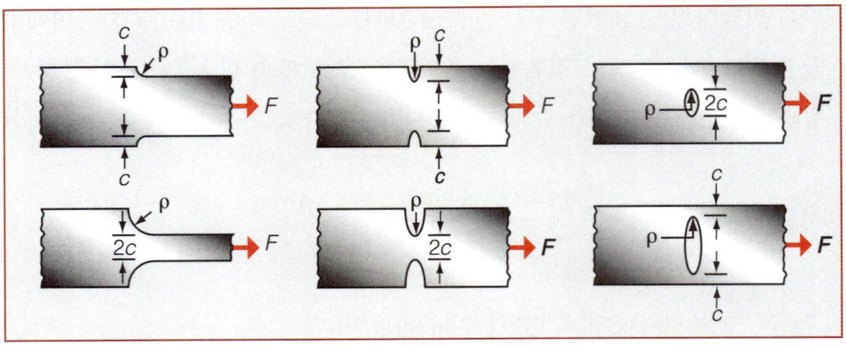

그림 7.7 응력 집중. 표면의 굴곡이 클 때, 단면의 변화가 응력을 강하게 집중시킨다.

$$K_{sc} = \frac{\sigma_{max}}{\sigma_{nom}} = 1 + \alpha\left(\frac{c}{\rho_{sc}}\right)^{1/2} \tag{7.12}$$

여기서 ρ_{sc}는 응력 집중의 특징을 나타내는 곡률의 최소 반경이고 c는 그것(잔여 연결부의 반두께, 포함된 노치의 반 길이, 모서리 노치의 길이 또는 산마루의 높이, 어떤 것이든 최소(그림 7.7))과 연관되어지는 특정 치수이다. 계수는 인장에 대해서 대략 2, 그러나 비틀림과 굽힘에 관해서는 거의 1/2이다. 비록 부정확하다 할지라도, 그 방정식은 많은 설계 문제에 관해서 적절한 작업 방법이다. 더 정확한 응력집중계수들은 Roark(이 장의 끝부분에 있는 참고문헌 참조)과 같이 편집문에 도표화되어 있다.

간단한 예로, 인장 응력을 받는 평판에 하나의 원형 구멍이 있다고 하자. 이 형상의 곡률반경은 구멍의 반경, 즉 $\rho_{sc} = R$이고, 특성 치수는 역시 반경, 즉 $c = R$이다. 식 (7.12)로부터, 구멍에서 제일 가까운 국부 응력은 이처럼 공칭 인장응력의 3배(그러나 작은 구멍일 때)이다. 따라서 국부 항복은 공칭응력이 단지 $\sigma_y/3$일 때 발생한다.

7.3 항복-한도 설계를 위한 재료 지침

무게 최소화 : 가볍고 강한 타이 로드(tie-rod)

많은 구조물들은 항복(제4장의 표지 그림에 보여진 두 개)을 일으키지 않고 규정된 인장 하중을 전달하는, 종종 가능한 한 가벼워야 한다는 요구사항을 가진 타이 부재에 의지한다. 그림 5.7(a)에서와 같이 인장력 F를 전달하는 길이 L로 주어진 실린더 형 타이 로드에 요구되는, 항복이 아닌 탄성을 요구하는 제한을 가진 설계를 고려해 보자. 목적은 그것의 질량을 최소화하는 것이다. 길이 L은 상술되어 있으나 단면적 A는

표 7.1 가벼운 타이를 위한 설계 요구 조건

기능	• 타이 로드(Tie-rod)
제한조건	• 길이 L은 지정 • 항복없이 인장력 F를 지탱
목적	• 타이의 질량 m을 최소화
자유 변수	• 단면적 A의 선택 • 재료의 선택

그렇지 않다(표 7.1).

앞서와 같이, 우리는 최대화되어지거나 최소화되어지는 양을 묘사하는 방정식을 찾는다. 여기서 타이의 질량은 다음과 같다.

$$m = AL\rho \tag{7.13}$$

여기서 A는 횡단면의 면적이고 ρ는 그것이 만들어진 재료의 밀도이다. 우리는 횡단면을 줄임으로써 질량을 감소시킬 수 있으나, 그것들은 구속조건이다. 단면적 A는 항복없이 인장 하중 F를 충분히 전달해야 한다. 즉, 다음 식이 요구된다.

$$\frac{F}{A} \leq \sigma_y \tag{7.14}$$

여기서 σ_y는 항복강도이다. 이 두 방정식 사이에서 A를 제거하면 다음과 같이 주어진다.

$$m \geq FL\left(\frac{\rho}{\sigma_y}\right) \tag{7.15}$$

안전하게 F를 전달하는 가장 가벼운 타이는 ρ/σ_y의 가장 작은 값을 가지는 재료로 만들어야 한다. 우리는 문제의 재료 색인으로부터 최소값을 찾음으로써 이것을 정의할 수 있다. 그러나 제5장에서와 같이 우리는 다음 식의 가장 큰 값을 가진 재료를 찾음으로써 그것의 역을 정의할 것이다.

$$M_t = \frac{\sigma_y}{\rho} \tag{7.16}$$

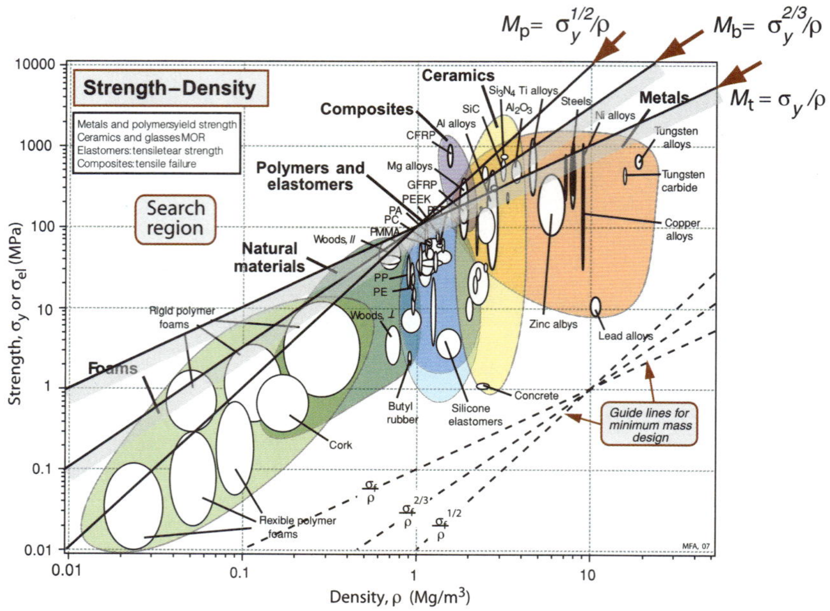

그림 7.8 강도-밀도 도표

비강도인 이 지표가 그림 7.8의 도표에 기울기 1의 직선으로서 그려져 있다. σ_y/ρ의 특별한 값들이 니켈 합금, 고강도강 그리고 알루미늄과 마그네슘 합금과 같은 몇몇 주요 합금계의 고강도 끝 지점을 통해 지나감으로써 확인된다. 티타늄 합금은 다른 금속 재료보다 아주 우수하다. 여전히 CFRP가 더 좋다. 세라믹과 유리들은 M_t의 높은 값을 가지지만, 그것들의 취성 때문에 구조물용 타이로서는 실용적이지 못하다.

게다가 인장은 간단하다. 탄성 설계에서 실질적인 문제는 좀처럼 인장이 일어나지 않고 굽힘으로 일어난다. 그러므로 우리는 판넬과 보의 굽힘으로 다시 돌아온다. 또한 강성보다는 강도에 대한 구속조건을 적용한다.

무게의 최소화 : 가볍고 강한 판넬

그림 5.7(b)는 중앙의 특별한 하중을 그것의 모서리에서 지지된 판넬을 보여 준다. 폭 b와 전장 L은 고정되어 있으나, 우리는 두께 h를 자유롭게 선택할 수 있다. 목적은 질량을 최소화하는 것이다. 두께를 줄임에 따라 질량이 줄어드나, 탄성한도 아래에 존재하기 위해 최대 응력을 적당히 해야만 한다(표 7.2).

그 절차는 질량에 관한 방정식을 이전처럼 설정하여, 최대 응력에 관한 표현식을 가지고(직사각형에 관해서는 $I = bh^3/12$) 자유 변수 h를 제거하고 재료 색인을 알기 위

표 7.2 가벼운 판넬의 설계 요구 조건

기능	• 굽힘을 받는 판넬
제한조건	• 폭 b와 전장 L은 지정 • 항복없이 굽힘하중 F를 지탱
목적	• 판넬의 질량 m의 최소화
자유변수	• 두께 h의 선택 • 재료의 선택

해 이 구속을 사용한다. 해석 자체는 연습으로 남겨 두고, 그 결과는 다음과 같다.

$$M_p = \frac{\sigma_y^{1/2}}{\rho} \tag{7.17}$$

이 색인 역시 그림 7.8에서 흐릿한 음영선으로서 보여진다. 이제 모든 가벼운 합금(Mg, Al 그리고 Ti)은 강(steel)보다 성능이 뛰어나고 나무와 GFRP보다 역시 뛰어나다. CFRP는 여전히 그 방법의 선두에 서 있다.

가볍고, 강한 보 : 형상의 영향

보의 설계에서 우리는 단면의 치수들뿐만 아니라 형상의 선택 역시 자유롭다. 첫째로 우리는 self-similar 방법으로 보의 크기를 자유롭게 변화할 수 있는 규정된 형상의 보를 고려한다. 그 다음 우리는 효율적인 형상을 사용함으로써 얼마나 좋게 설계를 할 수 있는지 조사한다.

중앙 하중 F를 받는 고정된 길이 L의 스팬위로 굽힘 하중을 받는 사각형 단면 $A = b \times b$의 보를 가지고 크기를 바꾸면서 시작한다.

그 해석은 수정된 2차 모멘트 $I = b^4/12 = A^2/12$를 가지는 판넬(연습문제)과 유사

표 7.3 가볍고 강한 보에 관한 설계 요구 조건

기능	• 굽힘을 받는 보
제한조건	• 전장 L 지정, 사각형 단면 형상 • 항복없이 굽힘하중 F를 지탱
목적	• 보의 질량 m의 최소화
자유변수	• 면적 A(혹은 사각형 단면치수 b) • 재료의 선택

하다. 결과로 나온 재료적 색인은 다음과 같다.

$$M_b = \frac{\sigma_y^{2/3}}{\rho} \tag{7.18}$$

그림 7.8에서 도표는 이 색인의 기울기가 다른 두 개의 기울기와의 사이에 있음을 보여 주고, CFRP는 여전히 가장 높은 곳에 둔채, 금속, 목재와 복합재료 사이의 경쟁을 다시 변경 함을 보여 준다.

그러나, 최소 질량 설계를 위한 속이 찬 사각형 단면 보를 아무도 사용하지 않는 다고 말한다면, 그것은 옳다. 만약, 당신이 굽힘 하중을 지탱하기를 원한다면, 같은 강도를 제공하면서 더 적은 재료를 사용하는 형상을 선택하는 것이 더 좋다. 집에서 목재 마루 대들보는 전형적으로 그것의 너비보다 두 배의 깊이를 가진다. 표준 강(steel)과 알루미늄 보는 I 단면 혹은 박스형 단면을 가진다. 공통적으로 공간 뼈대는 튜브로부터 만들어진다. 이것은 색인을 바꾸겠는가? 아마도 긍정과 부정이다. 부정을 가지고 시작해 보자.

식 (7.18)은 사각 보의 해석에 의해 유도되었다. 그러나 결과는 어떠한 유사한 형상에 관해서도 타당하다. 그것은 하나는 모든 치수들이 크기가 변함에 의해서 비율적으로 남아 있다는 것을 의미한다. 속이찬 사각형 보로부터 튜브나 I-빔 안으로의 주어진 단면의 형상은 단면적의 변화나 질량의 변화 없이 2차 모멘트는 증가시킨다. 제5장에서, 이것은 아무런 질량의 손실 없이 더 큰 강성을 가짐을 보여 주었다. 그것은 역시 보를 더 강하게 만든다. 식 (7.2)는 굽힘 모멘트가 탄성 단면계수 $Z_e = I/y_m$에 의해서 유지되는 최대 응력을 보여 준다. 따라서, 증가하는 I에 의한 강도에서 얻어지는 것은 I-보가 I를 증가시키기 위한 단면을 I-보 강성 형상화에서 얻는 것보다 절대적으로 크지는 않다. 그러나, 통상 보를 더 깊게 만들고, y_m을 증가시킨다. 앞서와 같이, 우리는 속인찬 사각형 단면에서 재료의 같은 면적에 관한 Z_e의 형상 단면에 대한 Z_e의 비율-강도에 대한 '형상계수(shape factor)' ϕ_B^y를 아래와 같이 정의 할 수 있다.

$$\phi_B^y = \frac{Z_e^{\text{shaped}}}{Z_e^{\text{solid}}}$$

제5장으로부터 재료는 형상을 모두 똑같게 쉽게 할 수 없다는 것을 상기하자. 만약 그렇다면, 모두 같은 적당한 형상이 주어진 것이고 식 (7.18)의 색인도 충분할 것이다. 표 7.4는 비교 재료들의 범위에 관해서 강도에 대한 형상 계수의 전형적인 상향치를 보여 준다.

표 7.4 다른 구조용 재료에 대한 보의 강도와 질량에 미치는 형상의 영향

재료	최대파손형상계수(사각형 보에 상응하는 파손모멘트) ϕ_B^y	형상에 대한 질량비 (사각형 보에 상응)
강	13	0.18
알루미늄 합금	10	0.22
복합재료(GFRP, CFRP)	9	0.23
목재	3	0.48

표 7.4의 오른쪽 편 컬럼은 상응하는 형상에 대한 질량비를 보여 준다. 굽힘에서 같은 하중을 지탱하는 데 적은 재료를 사용한다. 금속과 복합재료는 모두 향상시킬 수 있지만(비록 재활용 금속은 약간 더 좋게 되지만), 그러나 목재는 더 제한적이다. 그래서 식 (7.18)에서 색인을 사용한 가볍고 강한 보에 대한 재료들을 비교할 때, 목재의 성능은 과대평가 되어서는 안된다. 다른 재료들은 더 적당한 형상을 허용한다.

재료비 혹은 체적의 최소화

목적이 무게보다 더 비용을 최소화하는 데 있을 때, 이전과 같이 지표를 정확하게 바꾼다. 타이, 판넬 또는 보의 재료비 C에 관한 목적 함수는 다음과 같이 된다.

$$C = mC_m = ALC_m\rho \tag{7.19}$$

여기서 C_m은 재료의 단위 kg당 비용이다. 이것은 ρ를 $C_m\rho$로 대입함으로써 식 (7.16)-(7.18)의 그것들의 지침이 된다.

만약 대신하는 목적이 체적을 최소화하는 것이라면, 밀도와는 관련되지 않는다. 타이, 판넬과 보에 관한 지침은 ρ를 제거하고 무게를 최소화하기 위한 그것들과 같다.

7.4 사례 연구

소성 문제는 두 가지 형태가 있다. 첫 번째는 항복을 어디에서나 피하여 전 부재에 걸쳐 탄성으로 남도록 하여 어디에서나 $\sigma < \sigma_y$의 조건을 가지게 한다. 아마도 응력 집중부에서 한계 국부 소성흐름이 제공되어 허락하도록 하여 한번 그것이 발생한다면 어디에서나 $\sigma < \sigma_y$를 만족하도록 한다. 두 번째로, 완전 소성이 목표이다. 금속 단조와 압출과 같은 제조 공정들은 소성을 잘 이용한 것이다. 또한, 충돌 벽들과 포장품들 역시 에너지를 흡수하기 위한 완전 소성에 의존한다.

첫 번째 주의 기록. 안전하게 하중을 전달하는 데는 단지 강도 문제가 아니라 인성(파괴에 대한 재료의 저항력)이 문제이다. 강도와 인성은 같은 것이 아니다. 우리는 다음 장에서 이유를 설명할 것이다. 지금, 몇몇 재료들이 강도 한도 설계에 대한 좋은 옵션이 나타나는 것을 알면 충분하나, 그것들은 역시 인장 혹은 충격 하중 하에서 너무 취성적이기 때문에 실용적이지 못하다.

코르크 따개 지렛대 : 강도(Corkscrew levers again : strength)

그림 5.13과 5.5절에 묘사되어 있는 코르크 따개의 지렛대는 굽힘 하중을 받는다. 만약 약간의 강성이 필요로 하고, 그러나 만약 그것이 약간 구부러진다면, 큰 손상은 일어나지 않을 것이다. 그러나 만약 그것이 항복하면, 코르크를 뽑기 전에 영구적으로 굽힌다면 사용자에게는 좋지 않을 것이다. 그래서 그것 역시 강도 구속을 해야만 한다.

그 횡단면은 직사각형이다. 제5장에서처럼 우리는 자기 유사성의 가정을 설정하여, 단면의 크기를 변화시키는 데는 자유이지만 그것의 형상은 아니라는 것을 의미한다. 그 후 선택에 관한 표준은 식 (7.18), $M_b = \sigma_y^{2/3}/\rho$의 지침의 그것이다. 그 지침은 가볍고 강한 보에 대하여 분리하여 그림 7.8에 나타내었다. 선택은 강성에 관한 것과 거의 동일하다. CFRP, 마그네슘과 알루미늄 합금은 가장 좋은 선택이다.

그러나 구멍에서 응력 집중이 발생하는 효과에 관해서는 어떠한가? 응력 집중 계수 K_{sc}는 공칭응력이 σ_y/K_{sc} 초과할 때 항복이 시작되는 것을 의미한다. 부품의 크기 K_{sc}를 변화 시키지 않는다. 왜냐하면 그것은 단지 결합의 형상-비율 ρ/c(원형 구멍일 경우에는 크기에 상관없이 그 값은 3이다)에 의존하기 때문이다.

탄성 힌지와 커플링 (Elastic hinges and couplings)

자연은 많은 탄성 힌지—피부, 근육, 크게 포함해서는 연골, 회복할 수 있는 굴절—를 사용한다. 인간 역시 굽어지고 회전하는 힌지들—탄성적으로 굽어지는 것(그림 5.18과 5.19)에 의한 그들 사이의 제한된 연관 있는 움직임이 허락되는 동안 부재들 사이의 하중을 연결하거나 전달하는 연골—을 가지고 설계되었다. 어떠한 재료들이 좋은 힌지를 만들까?

상자의 뚜껑에 사용되는 힌지를 고려해 보자. 상자, 뚜껑 그리고 힌지는 하나의 공정 안에서 주조되었다—스크류나 핀은 분리되지 않았다. 힌지는 그림 5.18처럼 상자가 닫힐 때 탄성적으로 늘어나는 재료의 얇은 리가멘트이지만, 그것은 심각한 축하중을 전달하지 않는다. 그러면 그 최고의 재료는 (주어진 리가멘트 치수에 대하여) 항복

표 7.5 탄성 힌지에 대한 설계 요구 조건

기능	• 탄성 힌지
제한조건	• 파손 무, 힌지를 통하여 $\sigma < \sigma_y$ 유지
목적	• 탄성 유연도 최대화
자유변수	• 재료의 선택

이나 파손 없이 가장 최소한의 각도로 굽어지는 것이다.

두께 t의 리가멘트가 반경 R에 대하여 탄성적으로 굽혀졌을 때, 표면 변형률은 다음과 같다.

$$\varepsilon = \frac{t}{2R} \tag{7.20}$$

그리고 힌지가 탄성이므로 최대 응력은 다음과 같이 주어진다.

$$\sigma = E\frac{t}{2R}$$

이것은 항복 또는 파손 강도 σ_y를 초과하지 않아야 한다. 이와 같이, 리가멘트의 최소 반경은 손상 없이 다음과 같이 구부러질 수 있다.

$$R \geq \frac{t}{2}\left[\frac{E}{\sigma_y}\right] \tag{7.21}$$

최고의 재료는 가장 작은 반경으로 굽어질 수 있는 것이다. 즉, 지침의 가장 큰 값을 가지는 하나이다.

$$M = \frac{\sigma_y}{E} \tag{7.22}$$

여기서 우리는 $\sigma_y - E$ 도표가 필요하다(그림 7.9). 후보재료는 기울기 1의 가이드라인을 사용함으로써 확인한다—그 라인은 $M = \sigma_y/E = 3\times10^{-2}$위치에서 보여진다. 힌지에 관한 최고의 선택은 모든 폴리머 재료이다. 짧은 목록은 폴리에틸렌, 폴리프로필렌, 나일론 그리고 그중에서 가장 좋은 것은 탄성중합체이지만 이것들은 상자 자체의 본체에 대하여 너무 유연하다. 탄성 힌지의 값싼 제품은 일반적으로 폴리에틸렌, 폴리

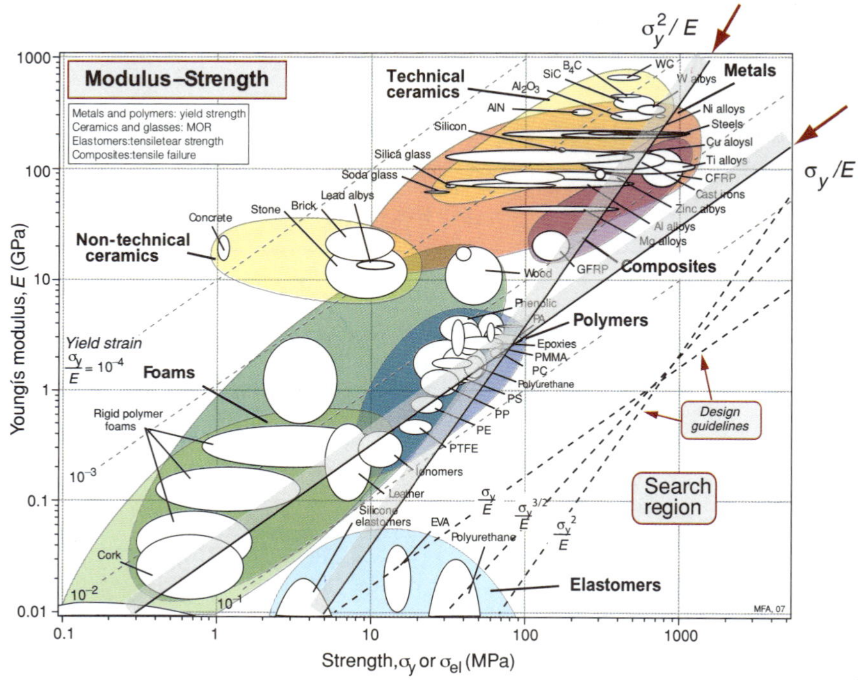

그림 7.9 탄성 힌지 및 스프링용 재료. 폴리머는 최고의 선택 재료. 고강도강, CFRP 그리고 어떤 폴리머 그리고 탄성중합체는 그 다음의 선택 재료.

프로필렌 혹은 나일론으로 주조된다. 스프링 강과 다른 금속 스프링 재료(인청동과 같은)는 가능성이 있다. 즉, 그들은 높은 E를 갖는 유용한 σ_y/E를 조합하여, 좋은 위치 안정성(릴레이의 서스펜션에서 처럼)을 갖는 유연성을 보여 준다.

스프링에 관한 재료

스프링에는 많은 형상(그림 7.10)이 있고 또한 많은 목적을 가지고 있다. 즉, 축 스프링(예를 들면, 고무 밴드), 판 스프링, 헬리컬 스프링, 스파이럴 스프링, 비틀림 봉 등이 있다. 모두 하중을 받을 때 저장 탄성 에너지에 의존하고, 하중을 제거하면 저장 탄성 에너지를 방출한다. 인장 응력 σ를 전달하는 재료에서 단위체적당 저장된 에너지는 제4장에서 유도되었다. 즉, 그것은 $\sigma^2/2E$로 주어진다. 만약 스프링이 항복된다면 그것은 영구적으로 변형되고 스프링의 기능을 상실하게 된다. 그렇기 때문에 σ의 최대값은 저장에너지가 단위체적당 $\sigma_y^2/2E$일 때, σ_y를 넘어서는 안 된다. 그러므로 최소 체적(표 7.6)의 스프링에 관한 가장 좋은 재료는 다음 식의 가장 큰 값을 갖는 것이다.

표 7.6 스프링에 관한 설계 요구조건

기능	• 탄성 스프링
제한조건	• 파손 무, 스프링을 통하여 항복이하의 응력 유지
목적	• 단위체적당 최대 저장 탄성 에너지
자유 변수	• 재료의 선택

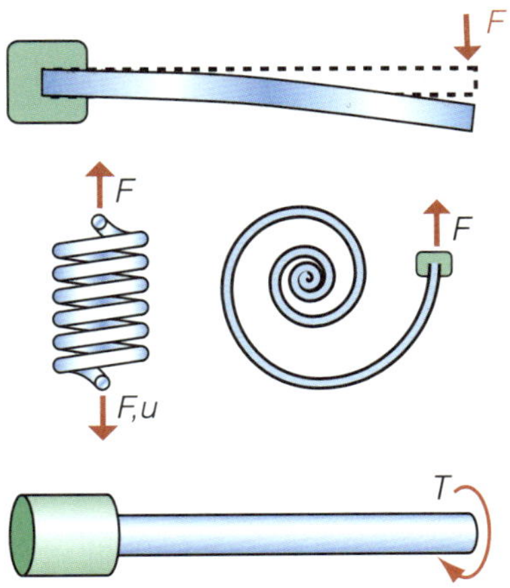

그림 7.10 스프링 : 판, 헬리컬, 스파이얼 그리고 토오션 바. 스프링은 에너지를 저장한다. 스프링의 형상이나 하중의 방법에 불구하고 가장 좋은 스프링 재료는 σ_{el}^2/E의 큰 값을 갖는 재료이다.

$$M = \frac{\sigma_y^2}{E} \tag{7.23}$$

명백함이 보다 적을 경우, 지침은 판 스프링, 회전 스프링과 코일 스프링에 대한 것과 동일하다—하나에 대한 가장 좋은 선택은 모든 것에 관한 가장 좋은 선택이다.

최소 체적의 스프링에 관한 재료의 선택은 그림 7.9에 보여진다. 기울기 2의 선의 한 군은 M의 동등한 값을 가진 재료들로 연결되어 있다. *M*의 가장 높은 값을 가진 것들은 오른편 아래를 향하여 위치해 있다. 굵은 선은 그 군 중의 하나이다. 재료의 작은 부분이 왼편으로 향하고 있기 때문에 그곳에 위치해 있다. 가장 좋은 선택은 선의 꼭대기 끝에 가까이 위치한 **고강도강(nigh-stnength steel)**이다. 다른 재료들 역시 추천되어진다. *CFRP*(트럭 스프링에 대하여 현재 사용되어짐), **티타늄 합금**(좋으나 비싸다) 그리고 **나일론**(아이들의 장난감에 종종 나일론 스프링이 쓰인다), 그리고 물론, **탄성중합체**도 있다. 금속, 폴리머, 탄성중합체와 복합재료와 같은 거의 모든 재료 종류로부터

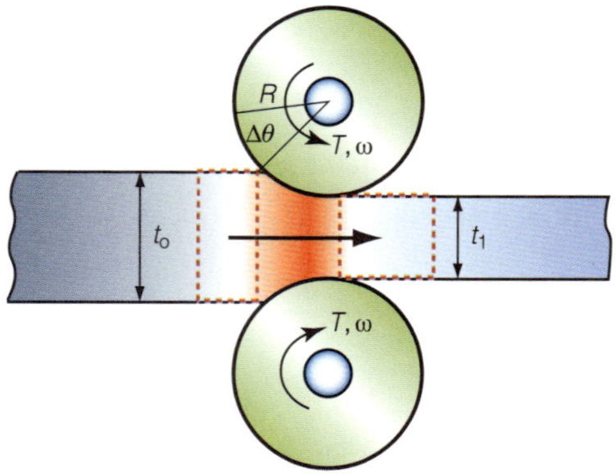

그림 7.11 롤링

나온 후보재료들을 어떤 절차로 확인했는지 주목하라.

완전 소성 : 금속 압연

판, 시트, *I*-단면 그리고 철도 궤도와 같은 단면은 압연에 의해서 성형된다. 그림 7.11은 초기 두께 t_0를 가진 평판의 압연을 보여 준다. 평판은 롤로부터 더 작은 두께 t_1을 갖는다: $\Delta t = t_0 - t_1$의 축소량. 이것을 수행하는 데 요구되는 토크 T와 동력 P에 대한 하한은 소성일, $\Delta t/t_0$의 소성 변형률 ε_{pl}을 야기하기 위한 단위체적당 $\sigma_y\varepsilon_{pl}$로부터 알수 있다. 만약 롤이 $\Delta\theta$를 통해 회전한다면 길이 $R\Delta\theta$(그리고 단위폭당 체적 $V = R\Delta\theta t_0$의 이와 같은 방법)는 나타난 두께 t_1으로 압축하는 '바이트' 안으로 공급된다. 소성일 $V\sigma_y\varepsilon_{pl}$에 관한 한 쌍의 롤에 의해 행해진 일, $2T\Delta\theta$를 수식화하면 다음과 같은 식의 롤당 토크로 주어진다.

$$T = \frac{1}{2} R\sigma_y \Delta t \tag{7.24}$$

동력 P는 단지 초당 각속도 ω 라디안을 T배 한 것이다.

$$P = 2T\omega = R\omega\, \sigma_y\, \Delta t \tag{7.25}$$

토크와 동력은 σ_y에 따라 증가하고, σ_y는 작고 가공경화(변형률에 따른 항복강도의 증가)는 무시할 수 있기 때문에 냉간 압연보다 열간 압연이 동력이 더 작게 들어간다.

여기서 계산된 T와 P의 값은 하한치이다. 대부분의 금속 가공 공정은 여분의 일(전혀 필요하지 않지만 어쨌든 발생하는 소성일)을 포함한다. 그것에는 갈라진 틈 안에서 압축된 금속이 좌우로 팽창하고 빨라질 때 마찰, 롤 표면에 저항하는 슬라이딩, 그리고 가공경화가 있다. 이들 모두는 필요한 힘과 동력을 증가시킨다.

7.5 요약 및 결론

탄성 설계는 항복을 피하기 위한 설계이다. 그것은 하중을 받는 부재에서 최대 응력 σ을 계산하여, 항복강도 σ_y보다 작게 하는 것을 보증하는 의미이다. 표준 해결책은 그들의 기하학적 형상과 그들에 작용하는 하중의 항으로 판넬, 보, 토션바, 스핀 디스크 그리고 다른 많은 부재들에 대하여 이러한 최대 응력을 계산하는 것이다. 이것으로부터, 지침들이 재료 선택의 도움을 위해 주어진다. 그 지침들은 제5장에서 강성 한도 설계에 대해 행하였듯이, 중량과 비용의 최소화와 같은 목적에 의존한다.

그러나 때때로, 제어된 소성이 목적이 된다. 그때 요구조건은 응력이 항복 강도를 부재의 전 단면에 걸쳐 초과해야 한다는 것이다. 단조, 압연 그리고 딥 드로잉과 같은 금속 성형 공정은 완전 소성에 의지한다. 그들이 요구하는 힘과 동력은 형상화된 재료의 항복강도에 따라 결정된다. 납 혹은 순수 알루미늄이나 저탄소강과 같은 연한 금속 재료는 소성 변형에 의해서 쉽게 변형된다. 그러나 공구강이나 가스터빈에 사용되는 니켈계 초합금과 같은 아주 단단한 재료는 높은 항복강도를 가지므로 다른 방법으로 성형되어야만 한다.

7.6 참고문헌

Ashby, M.F. (2005) *Materials Selection in Mechanical Design*, 3rd edition, Butterworth-Heinemann, Oxford, UK, Chapter 4. ISBN 0-7506-6168-2. (*Appendix A of this text is an expanded catalog of simple solutions to standard problems.*)

Gere, J.M. (2006) *Mechanics of Materials*, 6th edition, Thompson Publishing, Toronto, Canada. ISBN 0-534-41793-1. (*An intermediate level text on statics of structure by one the fathers of; his books with Timoshenko introduced an entire generation to the subject.*)

Hosford, W.F. (2005) *Mechanical Behavior of Materials*, Cambridge University Press, Cambridge, UK. ISBN 0-521-84670-6. (*A text that nicely link stress-strain behavior to the micromechanics of materials.*)

Jenkins, C.H.M. and Khanna, S.K. (2006) *Mechanics of Materials*, Elsevier Academic, Boston, MA, USA. ISBN 0-12-383852-5. (*A simple introduction to mechanics, emphasizing design.*)

Riley, W.F., Sturges, L.D. and Morris, D.H. (2003) *Statics and Mechanics of Materials*, 2nd edition, McGraw-Hill, NJ, USA. ISBN 0-471-43446-9. (*An intermediate level text on the stress, strain and the relationships between them for many modes of loading. No discussion of micromechanics—response of materials to stress at the microscopic level.*)

Vable, M. (2002) *Mechanics of Materials*, Oxford University Press, Oxford, UK. ISBN 0-19-513337-4. (*An introduction to stress-strain relations, but without discussion of the micromechanics of materials.*)

Young, W.C. (1989) *Roark's Formulas for Stress and Strain*, 6th edition, McGraw-Hill, New York, USA. ISBN 0-07-100373-8. (*This is the 'Yellow Pages' of formulae for elastic problems—if the solution is not here, it doesn't exist.*)

7.7 연습문제

연습문제 E7.1 탄성 단면계수 Z_e는 무엇을 의미하는가? 보는 굽힘 모멘트를 지지한다. Z_e의 항으로, 보에서 소성이 나타나지 않는 최대 모멘트 M를 나타내어라?

연습문제 E7.2 가볍고 강한 판넬 재료를 선택하기 위한 지표인 식 (7.17)를 교재에 있는 설계의 요구 조건에 따라 유도하라?

연습문제 E7.3 사각형 단면을 갖는 가볍고 강한 보를 선택하기 위한 지표인 식 (7.18)를 유도하라?

연습문제 E7.4 굽힘강도에 대한 구속 조건과 부합되고 그리고 가능한 한 얇은 판넬 재료를 선택하기 위한 지표를 유도하라?

연습문제 E7.5 굽힘강도에 대한 구속 조건과 부합되고 그리고 가능한 한 값싼 판넬 재료를 선택하기 위한 지표를 유도하라?

연습문제 E7.6 원심분리기는 일정 디스크로서 이상화할 수 있는 로터를 가지고 있다. 직경이 200mm이고, 강도 450MPa, 밀도 7900kg/m^{3}인 재료로 만들어졌다. 응력이 항복강도를 초과하기 전에 얼마나 빨리 회전(초당 라디안으로)할 수 있는가?

연습문제 E7.7 고속 원심분리기에 대한 재료를 찾고 있다. 목적은 원심분리기 디스크의 각속도 ω가 가능한 높은 것을 얻으려고 한다. 제한조건은 원심력에 의한 응력이 그 재료의 항복강도를 초과하여서는 안된다. 최대 ω를 허용하는 재료의 선택을 위한 지표를 유도하라?

연습문제 E7.8 자동차 엔진은 만일 감속이 10g를 초과하면, 자동차로부터 엔진을 분리함으로써 정면-끝 충돌에서 전단에 의해 파손되도록 설계된 4개의 전단 볼트에 의해 고정되어 있다. 4개의 볼트는 모두 동일 하중을 받는다고 가정한다. 엔진의 질량은 80kg이다. 공간의 제한으로 각 전단 볼트의 최대 직경은 5mm를 초과할 수 없다. (a) 전단 볼트 재료의 항복강도 σ_y에 대한 제한 조건을 계산하라. 단, 전단강도는 $\sigma_y/2$이고, 마찰없이 전단이 일어날 수 있도록 설치되었다고 가정한다. (b) 만일 무게를 줄이기 위하여 전단 볼트를 가능한 한 가볍게 한다면, 여러분이 선택할 수 있는 금속 재료(그림 7.8의 도표에 나타난 것 중)는 무엇인가?

연습문제 E7.9 15mm 두께의 500mm의 직사각형 단면을 갖는 판이 50kN의 인장 하중을 받고 있다. 판은 50MPa의 항복강도를 갖는 금속재료로 만들어졌다. 판은 길이 100mm의 타원 구멍을 포함하고 있으며, 그림에서와 같이 최소 반경은 1mm이다.

(a) 공칭응력은 얼마인가?

(b) 판의 최대응력은 얼마인가?
판은 항복을 시작할 것인가? 완전히 붕괴될 것인가?

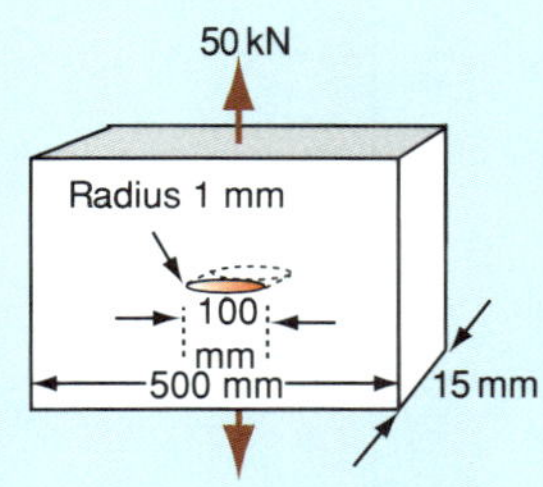

연습문제 E7.10 고성능 자동차 엔진용 밸브 스프링은 내부 하중을 최소화하기 위하여 가벼워야한다. 만일 무거우면, 고속 엔진 속도에서 밸브는 밸브 자체의 접촉 없이 튀어나오게 된다(밸브 바운스). 그것은 가스의 흐름을 연소실 안으로 밖으로 방해한다. 엔진의 온도는 200℃까지 도달할 수 있음을 상기하면서, 가벼운 스프링을 선택하기 위한 재료 지표를 유도하라?

7.8 CES를 이용한 설계 탐구(다른 설명이 없을 시 레벨 2 이용)

연습문제 E7.11 스프링에 사용되는 재료를 찾기 위하여 CES에서 'Search' 항목을 이용하라. 여러분이 찾은 것을 보고하라.

연습문제 E7.12 가벼운 스프링에 사용되는 재료를 찾기 위하여 CES에서 'Search' 항목을 이용하라. 여러분이 찾은 것을 보고하라.

연습문제 E7.13 한 축에 σ_y 다른 축에 E로 재료 성질 도표를 만들어라. 지표 σ_y^2/E을 이용하여, 그것을 스프링에 대한 재료를 선택하는데 이용하라. 가장 좋은 금속 재료의 3가지를 선정하라?

연습문제 E7.14 스프링에 대하여 가능한 한 가벼운 재료가 요구된다. 충분한 강성을 갖기 위해서는 영계수는 $E > 20$GPa를 만족해야 한다. E7.10(여러분은 이것을 하기 위하여 축 선택 대화 박스에서 'Advanced' 항목을 이용할 필요가 있다)에서 유도된 가벼운 스프링을 선정하는데 지표 $\sigma_y^2/E\rho$을 갖는 막대 도표를 만들어라. $E > 20$GPa의 제한 조건을 적용하기 위하여 "Limit' 단계를 추가하라. 여기에서 이 적용에 맞는 가장 좋은 두 재료를 찾아라?

연습문제 E7.15 E7.10은 고성능 엔진에 대한 밸브 스프링의 요구 조건을 나타낸다. 적절한 도표를 만들고 그 위에 적절한 선택선을 그어, 거기서 유도된 지표 $\sigma_y^2/\rho E$을 적용하라. 엔진은 고온이다. 250°C의 최대 운전 온도에 대한 "Limit" 단계를 추가하라. 여기에서 이 적용에 맞는 금속 재료를 선정하라?

연습문제 E7.16 연마제는 높은 경도 H를 갖는다. 경도의 막대 도표를 만들어 가장 높은 값을 갖는 4가지 재료를 선정하라. 그들은 연마 휠과 페이스트에 대한 가장 중요한 선택이다.

연습문제 E7.17 본 교재에서 금속을 압연하는 데 필요한 동력은 항복강도에 비례함을 보였다. 금속 재료에 대한 항복강도 σ_y 막대 도표를 만들어라. 저탄소강에 대한 기록을 열고, 그것의 항복강도 범위를 찾고 그리고 평균치를 취한다. 대화 박스에 있는 'Advanced' 옵션을 사용하여, 데이터베이스에 있는 모든 항복강도를 이 평균치로 나누어 표준화한다. 저 탄소강은 이제 막대 도표 위의 1에 놓이게 된다. 압연에 필요한 얼마나 많은 동력이 어떻게 해석되는지 도표를 이용하라. (a) 상업용 순수 아연 그리고 (b) 실온에서의 상업용 순수 납.

연습문제 E7.18 충돌 벽, 자동차 펌퍼 그리고 다른 보호 구조물들은 소성 변형에 의한 운동에너지의 흡수에 의존한다. 파괴에 대한 재료의 변형에 있어서 흡수된 에너지 W_{pl}은 CES에서 개략적으로 다음과 같이 추정된다.

$$W_{pl} = \frac{1}{2}(\sigma_y + \sigma_{ts})\varepsilon_f$$

축 선택 대화 상자에 있는 'Advanced' 항목을 이용하여, x-축에 밀도 그리고 y-축에 W_{pl}의 갖는 도표를 만들어라. 가장 에너지를 잘 흡수하는 3가지 재료를 선정하기 위하여 박스 선택을 사용하라. 가격을 플롯트 하는 'Graph' 단계를 이용하여, 가격에 의한 재료의 순위를 나열하라.

연습문제 E7.19 만약 마지막 연습문제의 충돌 벽이 자동차 부품이라면, 만약 그것이 가볍다면 연료는 절약된다. 그때 여러분은 W_{pl}/ρ가 가장 큰 값을 갖는 재료를 원한다. 여기서 ρ는 밀도이다. 이들은 마지막 연습문제에서 만들어진 도표위의 기울기 1을 갖는 선택선을 이용하여 그 선 위에 있는 재료를 선정함으로서 찾을 수 있다. 이 적용에 있어서 재료는 또한 탄성적으로 너무 많이 굽혀지지 않도록 적당한 강성을 가져야만 한다. 즉, 적어도 2.5GPa의 영계수를 필요로 한다. 'Limit' 단계를 이용하여 이 요구 조건을 적용하라. 도표로 돌아가서 단지 3가지 재료가 남을 때까지 그 선택선을 이동시켜라. 이 선택에 대하여 설명하라.

연습문제 E7.20 이제 Level 3가 무엇을 할 수 있는지 탐구하라. E7.19에서 조건과 모든 선택선은 남겨두어라. File > Change Database > CES > edu level 3 > Open으로 이동하라. 대화 박스는 여러분이 이것을 현재의 프로젝트에 적용할 것인지 묻을 것이다. Yes를 클릭하라. 그 다음 결과 창에 재료의 리스트가 나타날 것이다. 이 선택에 대하여 설명하라.

제 8 장

파괴와 파괴 인성

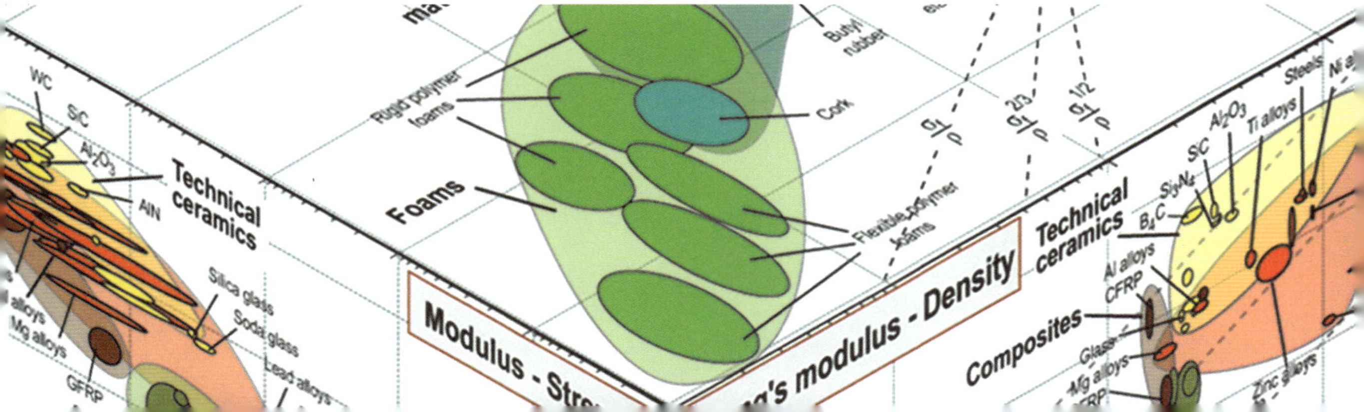

Technical ceramics
Foams
Rigid polymer foams
Cork
Flexible polymer foams
Technical ceramics
Composites
Steels
Ti alloys
Al alloys
CFRP
Zinc alloys
Silica glass
Soda glass
Mg alloys
GFRP

8.1 서론 및 개요

공학이나 과학이 결과를 가능하게 하거나 물건에서 무엇이 일어날 것인가 하는 것을 평가하기는 쉽지만, 파손을 방지하거나 물건에서 발생하는 것을 멈추게 하는 것은 더욱 어렵다. 최근의 공학과 과학의 큰 시도 중의 하나는 1960년대를 기점으로 재료 파괴의 엄격한 역학의 개발이라 할 수 있다. 우리는 많은 돈을 가지고 있지 않으며 파손을 방지함으로써 살아가게 된다. 우리가 아는 모든 것은 어떤 척도에 의하여 거대하다는 것이다. 이 장에서는 하중이 점진적으로 작용할 때 재료가 파손되는 방법과 파괴가 발생하지 않도록 하기 위한 설계 방법에 대하여 공부할 것이다.

물론 가끔은 여러분은 그렇게 할 수 있다. 비행기의 엔진은 전단 볼트에 의하여 날개에 부착되어 있으며, 엔진이 파손되지 않도록 설계되어 있다. 이와 비슷한 것으로, 캔 따개, 식품 용기의 실(seal) 그리고 많은 다른 안전장치는 제어된 찢어짐 혹은 파괴에 의존한다. 그리고 기계가공, 절단과 같은 공정은 소성과 파괴를 이용한 것이다.

먼저 강도와 인성에 대하여 알아본다. 파괴에 대한 저항을 나타내는 인성은 새로운 재료의 성질을 의미하는 파괴인성을 필요로 한다. 파괴인성은 8.3절에서 설명한다. 파괴인성치를 탄성계수와 강도의 함수로 8.4절에서 설명한다. 8.5절에서는 인성의 메카니즘을 설명하고, 그리고 8.6절에서는 강도와 인성과의 관계에 대하여 설명할 것이다.

8.2 강도와 인성

강도와 인성? 왜 강도와 인성인가? 이들의 차이점은 무엇인가?

일반적으로 재료에 있어서 강도란 소성 흐름에 대한 저항을 말한다. 인장 하중을 받는 부재를 생각해 보자. 단면을 가로질러 전위가 움직일 때까지 응력을 증가시키면 부재는 항복이 발생하고 항복강도를 측정할 수 있다. 가공경화에 의하여 강도는 보통 소성 변형률과 더불어 증가하며, 인장강도에서 최대가 된다. 응력-변형률 곡선에서 파괴까지의 전 면적이 파괴의 일(work of fracture)이다. 이것에 대해서는 이미 5장에서 언급하였다.

인성은 균열 전파에 대한 재료의 저항을 의미한다. 그림 8.1(a)와 같이 작고 예리한 균열을 내포한 부재를 가정하자. 균열은 단면적 A를 감소시킨다. 응력 $\sigma = F/A$이므로, 응력을 증가시키게 된다. 그러나 균열이 작고, 단면을 감소시키는 것이 어렵고 그리고 여느 때와 같이 하중을 받는다고 가정하자. 연성재료는 항복하게 되고, 가공경화가 발생하여 이전처럼 에너지를 흡수한다. 즉, 균열은 중대한 차이를 만들지 못한다.

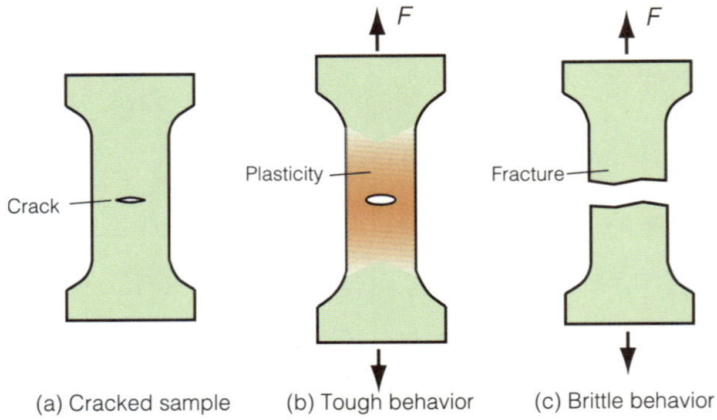

그림 8.1 연성거동과 취성거동. 그림 (b)의 연성 재료에서의 균열은 부재에 하중이 작용할 때 전파하지 않는다. 반면 취성 재료에서는 일반적인 소성 변형 없이 항복강도보다도 작은 응력에서도 균열이 전파한다.

그러나 만일 재료가 충분히 연하지 않다면 균열은 갑자기 전파되고 항복강도보다도 아주 낮은 응력에서 부재가 파괴될 것이다. 항복강도보다 낮은 응력에서의 파괴의 가능성은 아주 좋지 못한 소식이다. 이러한 파괴는 보일러의 파열, 교량의 붕괴, 선박의 반으로의 파단, 파이프라인의 분열, 비행기의 충돌과 같은 장엄한 규모로 발생되기도 한다. 이것은 10장에서 설명할 것이다.

그래서 균열의 전파에 대한 저항을 판단하는 재질은 무엇인가? 만일 당신이 통근하는 철로의 궤도에서 혹은 몇 마일 떨어진 원자력 발전소의 압력용기에서 균열이 탐지되었다는 소식을 접했다면 여러분은 편안할 것인가? 만일 재료가 충분히 연하다면(tough enough), 여러분은 편하게 잠을 잘 수 있다. 그러나 충분히 연하다는 것은 무엇인가?

한번 지적하였듯이 재료의 거동에 있어서 이 차이점은 아주 친숙하다. CD 투명 폴더의 펙 혹은 심지어 칫솔을 구하라. 그들을 잡아당겨 보아라. 펙이 강하다. 그러나 그것을 칼이나 열쇠, 혹은 이빨로 흠을 내보라. 그것은 쉽게 찢어질 것이다. 그것은 샴푸 통의 제조자들이 여러분을 위해 흠을 낸다는 것이다. 여러분이 망각한 것은 샴푸 통의 폴리머가 젖었을 때 더 연하게 된다는 것이다. 그러나 그들은 좋은 아이디어이다.

인성 실험

만일 여러분이 인성을 특성화 짓는 실험을 고안하라는 요청을 받는다면, 그림 8.2와 같은 어떤 것을 생각할 것이다. 재료에 노치를 내고, 그것을 잡아당기거나 혹은 파단될 때까지 때리게 될 것이다. 그렇게 해서 에너지를 측정한다. 이와 같은 실험(많은 제한 조건이 있지만)은 사실 신재료의 인도를 위한 순위와 수락 절차의 하나로 이용된

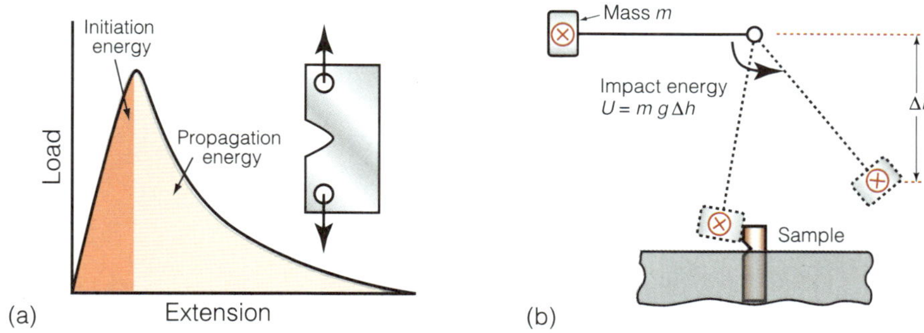

그림 8.2 (a) 찢어짐 시험 (b) 충격 시험. 두 시험법 모두 수락 시험 혹은 품질 관리를 위해 사용되나, 진의 재질을 측정하는 것은 아니다.

다. 문제는 그들이 시험체의 형상과 크기에 독립한 하나의 진의 재질이 측정된다는 것이 아니라는 것이다. 따라서 그 값은 설계에 도움이 되지 않는다. 실질적이고 중요한 재질을 얻기 위해서는 응력 세기(stress intensity)와 파괴 인성(fracture toughness)이 필요하다.

8.3 파괴역학

응력 확대 계수 K_1 과 파괴인성 K_{1c}

균열은 응력을 집중시킨다. 그림 8.3과 같은 균열을 포함한 재료에 원방 응력 σ가 작용한다고 하자. 단면적의 단위 길이당 가로지르는 힘의 선의 수에 비례하는 국부 응력 σ_{local}은 일정하지 않고 균열 선단으로 갈수록 가파르게 증가함을 알 수 있다. 7장에서 노치와 구멍에 대하여 정의된 응력집중계수는 여기서는 도움이 되지 않는다. 그것은 단지 곡선의 유한 반경을 갖는 형상에 대하여 유효한 것이다. 균열은 예리하다. 균열의 반경은 거의 0에 가깝다. 길이 c를 갖는 예리한 균열 선단에서의 응력장의 해석에 의하면 원방 일정 인장응력 σ에 의하여 야기된 균열 선단으로부터 거리 r에서의 국부 응력은 다음과 같이 된다.

$$\sigma_{local} = \sigma\left(1 + Y\sqrt{\frac{\pi c}{2\pi r}}\right) \quad (8.1)$$

여기서 Y는 균열체의 형상에 의존하는 1에 가까운 값을 갖는 상수이다. 균열로부터 먼(여기서 $r \gg c$), 국부응력은 σ에 근접한다. 그러나 균열 선단에서, 즉 $r \ll c$의 경

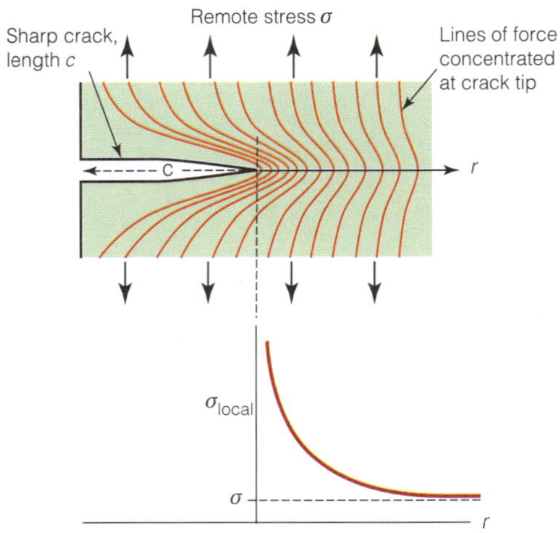

그림 8.3 하중을 받는 균열체에서의 힘의 선. 국부 응력은 단위 길이당의 선의 수에 비례한다. 균열 선단으로 갈수록 가파르게 증가함을 알 수 있다.

우, 다음과 같이 가파르게 상승한다.

$$\sigma_{\text{local}} = Y\frac{\sigma\sqrt{\pi c}}{\sqrt{2\pi r}} \tag{8.2}$$

그래서 어떤 주어진 r치에 대하여 국부 응력은 국부 응력의 세기의 척도인 $\sigma\sqrt{\pi c}$에 비례한다. 이것을 모드 1 응력 세기 계수(모드 1은 인장 파괴를 의미한다)라 부르며, 다음과 같이 K_1로 주어진다.

$$K_1 = Y\sigma\sqrt{\pi c} \tag{8.3}$$

응력 확대 계수의 단위는 $MPa.m^{1/2}$이다.

응력 확대 계수가 임계치를 초과할 때 균열은 전파한다. 이 임계치를 **파괴인성**(K_{1c})이라 부른다.

그림 8.4는 파괴인성을 측정하는데 사용되는 2가지 시험편 형상을 보여준다(다른 것들은 10장에서 설명한다). 길이 c(표면 균열) 혹은 $2c$(내부 균열)의 예리한 균열을 포함한 시편에 하중을 작용시키면, 인장 응력 σ^*에 따라서 균열이 전파한다. 균열은 예리하게 하는 것이 필수적이다. 파괴인성 시험을 행함에 있어 예리한 균열을 만드는 방법이 있다. 파괴역학 책에 이러한 방법들이 소개되어 있다. 형상에 대한 Y의 값은 $c \ll w$의 경우 1로 주어진다. 그렇지 않을 때 수정 계수를 사용한다. K_{1c}는 다음과 같이 주어진다.

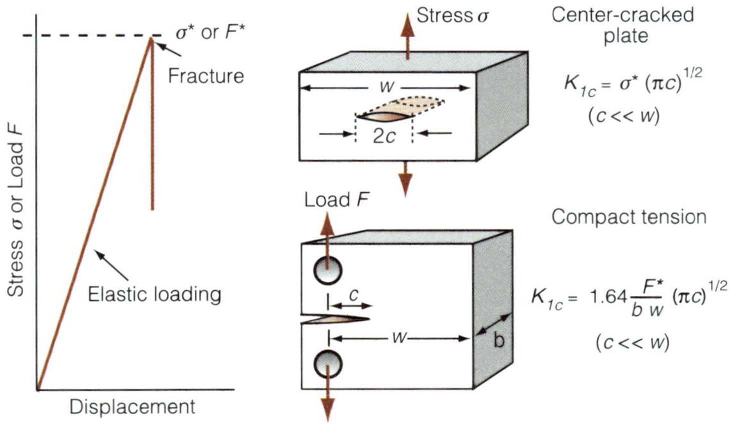

그림 8.4 파괴인성 K_{1c}의 측정. 여기서 2가지 시험 형상을 보여 준다. 다른 시험 형상에 대해서는 10장에서 설명한다.

$$K_{1c} = Y\sigma^* \sqrt{\pi c} \approx \sigma^* \sqrt{\pi c} \tag{8.4}$$

파괴인성은 하나의 재질을 나타낸다. 이것은 2가지 의미를 내포하고 있다. 첫 번째는 측정 방법에 독립이라는 것이다. 즉, 적절히 실험이 수행된다면 다른 시험편 형상에서도 어떤 주어진 재료에 대한 파괴인성 값은 동일하다(그림 8.4). 두 번째는 10장에서 설명하듯이 이 파괴인성 값을 설계에 사용할 수 있다는 것이다.

에너지해방률 G와 인성 G_c

시험편이 파괴될 때, 새로운 표면이 형성된다. 표면은 에너지, 즉 **표면 에너지** γ를 가지며, 단위면적당 주울[1)]의 단위로 주어진다(γ = 1 J/m^2). 만일 단면적 A인 시험편을 파괴시킨다면, 새로운 표면의 면적은 2A가 된다. 그렇게 하기 위해서는 2$A\gamma$ J의 에너지가 필요하다. 첫째로 파괴에 **필요한 조건**을 생각하자. 그렇게 되기 위해서는 충분한 외력이나 혹은 생성된 두 새로운 표면에 대하여 단위면적당 표면 에너지 γ를 제공하는 데 필요한 탄성 에너지 해방이 필요하다. 이렇게 표현할 수 있다.

$$G \geq 2\gamma \tag{8.5}$$

여기서 G는 **에너지해방률**이다. 실제로 균열 선단 주위는 소성 변형을 하기 때문에

1) James Joule(1818~1889), 영국의 물리학자, 파괴 록은 표면에 대한 연구는 하지 않았지만, 열당량과 기계적 일의 증명으로 그의 이름이 에너지 단위로 결부되었다.

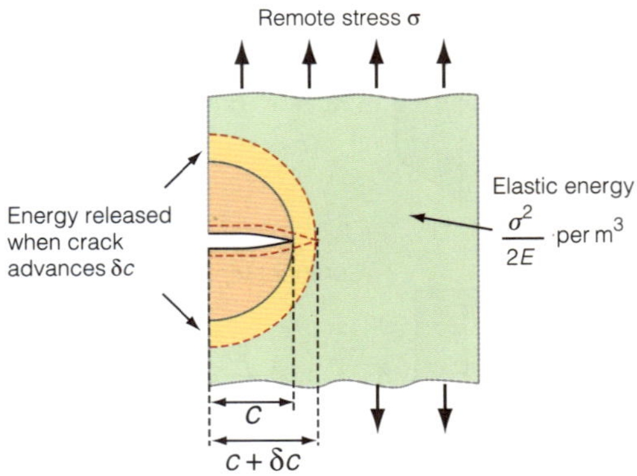

그림 8.5 균열이 확장될 때의 탄성 에너지 해방

2γ보다도 더 큰 에너지를 필요로 한다. 그러나 두 표면에 대한 균열을 성장시키는 비용 에너지(cost energy) G_c J/m^2, 간단히 '유효' 표면 에너지를 2γ로 대체할 수 있다. 혼란스럽지만 이것을 인성(혹은 임계 변형률 에너지 해방률)이라 한다. 이 인성 G_c는 다음과 같이 파괴인성 K_{1c}와 관련이 있다.

단위두께에 응력 σ가 작용하는 슬래브 재료를 생각하자. 단위체적당 탄성 에너지가 다음과 같이 저장된다(4장).

$$U_v = \frac{1}{2}\frac{\sigma^2}{E} \tag{8.6}$$

이제 그림 8.5와 같이 균열 길이 c를 내자. 균열은 반경이 c인 반 원통(그림에서 붉은 빛을 띤 부분)에서 응력을 이완시키고 에너지를 해방시킨다.

$$U(c) = \frac{1}{2}\frac{\sigma^2}{E}\cdot\frac{1}{2}\pi c^2 \tag{8.7}$$

이제 균열이 δc만큼 확장되어 탄성 에너지(그림에서 황색 부분)가 해방되었다고 생각한다. 이 에너지는 생성된 잉여 표면에 대하여 제공되어야 한다. 그 비용은 $G_c\,\delta c$이다. 식 (8.7)을 미분하면, 파괴의 조건식은 다음과 같이 된다.

$$\delta U = \frac{\sigma^2 \pi c}{2E}\delta c = G_c \delta c \tag{8.8}$$

그러나 $\sigma^2\pi c$는 바로 K_{1c}^2이다. 식 (8.4)에서 $Y = 1$로 취하면

$$\frac{K_{1c}^2}{2E} = G_c \tag{8.9}$$

이 유도는 개략적인 것이다. 보다 엄격한(그러나 그렇게 복잡하지 않는) 것은 식 (8.9)의 형태가 타당함을 보여 준다. 그러나 이는 엄격히 2배 적다. 정확히 파괴인성은 다음과 같이 주어진다.

$$K_{1c} = \sqrt{EG_c} \tag{8.10}$$

균열선단 소성영역

균열 선단에서 강화된 응력장은 **프로세스 영역**(process zone)을 발생시킨다. 연성 고체에서의 소성 영역, 세라믹에서의 미소 균열의 영역, 복합재료에서의 층간 분리, 디본딩 그리고 섬유 풀 아웃 영역 등이 그 예이다. 프로세스 영역 내에서, 일은 소성과 마찰력에 의하여 행하여진다. 이것은 측정된 파괴 에너지 G_c와 진의 표면 에너지 2γ와의 차이를 나타낸다. 우리는 균열 선단에서 형성된 소성영역의 크기를 다음과 같이 추정할 수 있다. 균열 선단에 접근할수록 응력이 $1/\sqrt{r}$로 상승함을 알 수 있다(식 (8.2)). 균열 선단에서 응력은 재료의 항복강도에 도달한다(그림 8.6). 그리고 가공 경화를 제외하

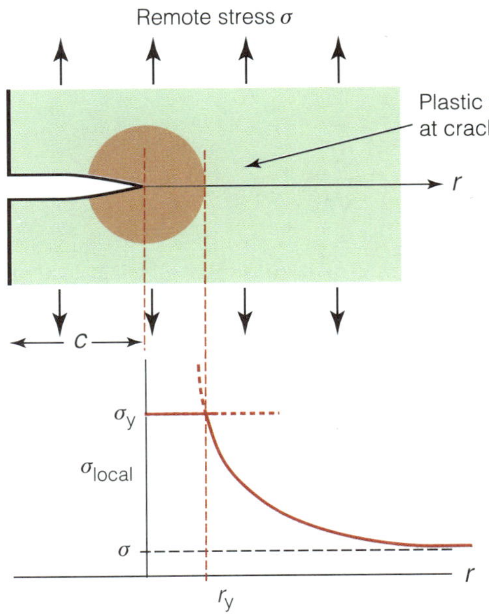

그림 8.6 응력이 항복강도 σ_y를 초과하는 균열선단에서 형성된 소성영역

고는 이 응력이 항복강도보다 클 수 없다. $\sigma_{\mathrm{local}} = \sigma_{\mathrm{y}}$인 균열 선단부터의 거리는 식 (8.2)에 의하여 σ_{y}에 대응하는 r에 대하여 구하면 된다. 그러나 탄성 응력장의 절단된 부분은 재분포되므로 소성 영역은 더 증가하게 된다. 이 해석은 복잡하나 결과는 간단하다. 즉, 소성 영역의 반경 r_{y}는 응력 재분포에 따라서 식 (8.2)에서의 값의 2배가 되고 다음과 같이 주어진다($Y = 1$).

$$r_{\mathrm{y}} = 2\left(\frac{\sigma^2 \pi c}{2\pi\sigma_{\mathrm{y}}^2}\right) = \frac{K_1^2}{\pi\sigma_{\mathrm{y}}^2} \tag{8.11}$$

소성 영역의 크기는 항복강도가 증가함에 따라 급속도록 작아짐에 주목하라. 연성 재료에서의 균열은 큰 소성 영역을 가지나 세라믹, 유리와 같은 재료의 균열은 작은 소성 영역을 갖거나 거의 없다.

$K_{1\mathrm{c}}$ 성질은 취성 재료와 소성 영역이 탄성체의 시험편의 모든 치수에 비하여 비교적 적은 재료들에 의하여 잘 정의된 값이다. 그렇지 않을 때 매우 복잡한 특성이 필요하다. 아주 연성인 재료에 있어서 소성 영역의 크기는 시험편의 폭을 초과한다. 그때 균열은 전혀 전파하지 않고 시험편은 단지 항복한다.

균열이 작을 때 재료는 파괴가 일어나기 전에 항복이 일어난다. 균열이 클 때는 그 반대이다. 그러나 균열이 작다는 것은 무엇인가? 그림 8.7은 인장 파괴 응력이 균열 길이의 변화에 따라 어떻게 변하는지를 보여 준다. 균열이 작을 때 이 응력은 항복 응력과 동일하다. 균열이 클 때는 식 (8.4)에 의해서 감소한다. 다음과 같이 나타낼 수 있다($Y = 1$).

$$\sigma_{\mathrm{f}} = \frac{K_{1\mathrm{c}}}{\sqrt{\pi c}} \tag{8.12}$$

그림에서 보여 주듯이, 항복에서 파괴까지의 천이는 완만하고 두 곡선의 접선 부분에서 일어난다. $\sigma_{\mathrm{f}} = \sigma_{\mathrm{y}}$일 때, 천이 균열 길이는 다음과 같이 주어진다.

$$c_{\mathrm{crit}} = \frac{K_{1\mathrm{c}}^2}{\pi\sigma_{\mathrm{y}}^2} \tag{8.13}$$

이것은 파괴 식 (8.11), $K_1 = K_{1\mathrm{c}}$에서의 소성영역의 크기와 동일하다.

표 8.1은 주요 재료의 종류에 대한 천이 균열 길이의 값을 나타낸 것이다. 이러한 균열 길이는 재료의 손상 허용(damage tolerance)의 척도를 나타낸다. 연성 재료는 큰

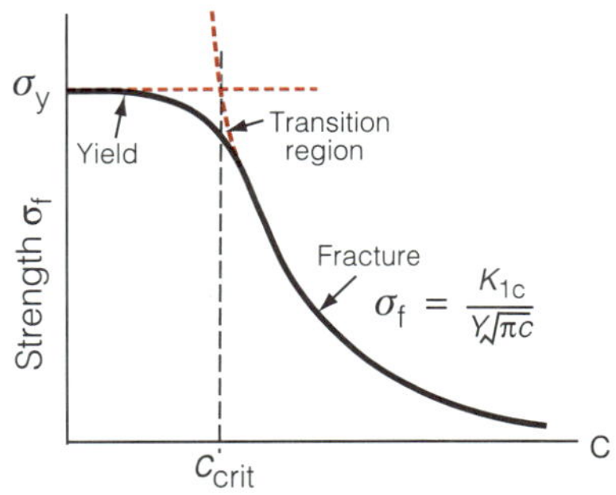

그림 8.7 임계 균열 길이 C_{crit}에서 항복에서 파괴까지의 천이

표 8.1 항복과 파괴 사이의 천이에 대한 개략적인 균열 길이

재료의 종류	천이 균열 길이 C_{crit} (mm)
금속	1-1000
폴리머	0.1-10
세라믹	0.01-0.1
복합재료	0.1-10

균열을 포함할 수 있으나 여전히 연성적으로 항복된다. 세라믹(항상 미세 균열을 포함)은 항복강도보다도 낮은 응력에서 취성적으로 파괴된다. 유리도 구조적으로 사용될 수 있다. 그러나 표면 균열을 방지하기 위한 세심한 취급을 요한다. 폴리머는 균열이 없을 때 충격에 대한 저항력에 의해 연성 재료로 취급된다. 그러나 이 표는 1mm보다 적은 결함이 폴리머를 취성적으로 충분히 파괴시킬 수 있음을 나타낸다.

8.4 인성에 대한 재료 성질 도표

파괴인성-탄성계수 도표

그림 8.8에 파괴인성 K_{1c}를 탄성계수에 대하여 나타내었다. 파괴인성의 범위는 0.01에서 100 MPa.m$^{1/2}$ 이상으로 크다. 이 범위의 낮은 부분은 취성재료이며, 하중이 작용하여 파괴될 때까지 탄성으로 남는다. 이들에 대하여는 선형탄성 파괴역학으로 잘 설명할 수 있으며, 파괴인성 그 자체는 잘 정리된 성질이다. 위쪽 끝부분은 연성재료로 구성되어 있으며, 그들은 파괴전에 소성을 보여 준다. 이들에 대한 파괴인성치는 개략적이지만 재료의 선정에 많은 도움이 된다. 본 그림은 공학에 있어서 금속이 지배

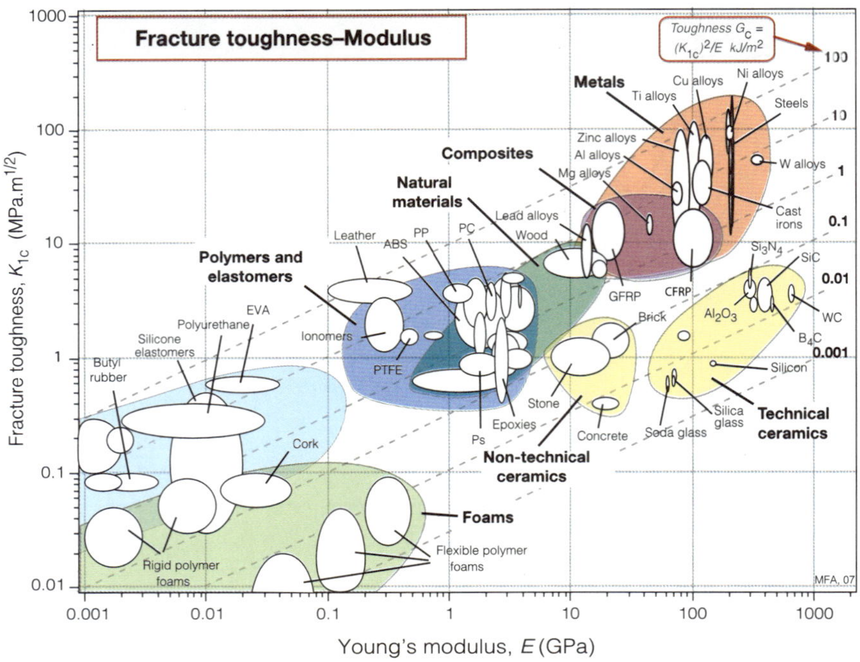

그림 8.8 파괴인성 K_{1c}와 탄성계수 E의 도표. 콘터는 인성 G_c를 나타낸다.

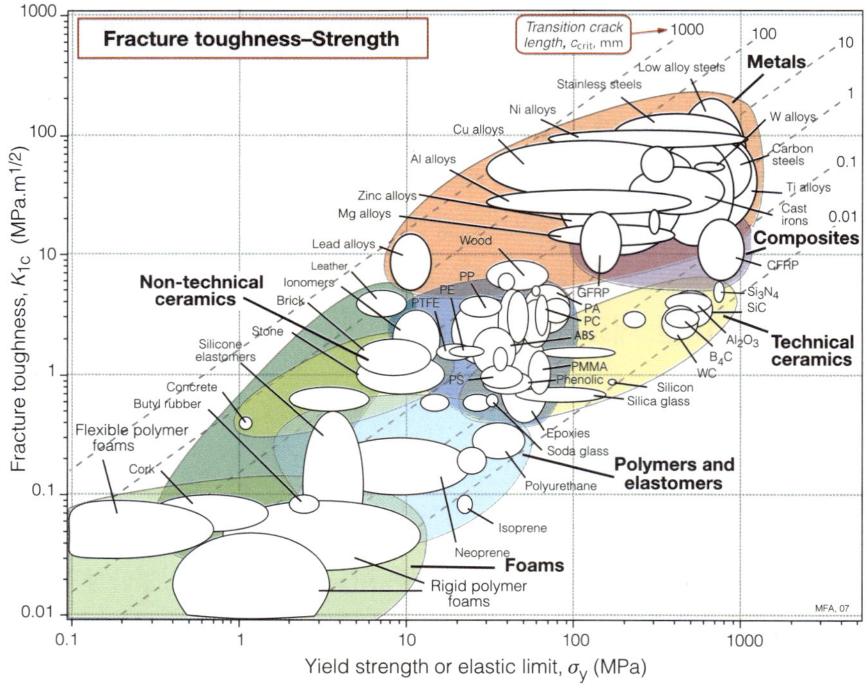

그림 8.9 파괴인성 K_{1c}와 항복강도 σ_y의 도표. 콘터는 천이 균열 크기 C_{crit}를 나타낸다.

적이라는 하나의 이유를 보여 준다. 그들은 거의 모두 설계에 대한 최소치로 인용하는 15MPa.m$^{1/2}$ 이상의 값을 가지고 있다.

그림 8.8의 로그 좌표는 인성 G_c, 파괴표면에너지($G_c \approx K_{Ic}^2/E$)의 구별할 수 있게 한다. 표의 대각선 점선은 인성치가 10^{-3}kJ/m^2(거의 표면에너지 γ와 동일)에서 출발하여 거의 다섯 단계 범위를 통하여 100kJ/m^2 이상 나타내고 있다. 이 좌표에서 세라믹(10^{-3} − 10^{-1}kJ/m^2)은 폴리머(10^{-1} − 10kJ/m^2)보다 훨씬 적다. 이것은 폴리머가 세라믹보다 공학에서 더 많이 이용된다는 것이라 할 수 있다.

파괴인성-강도 도표

강도 한계 설계(strength-limited design)는 파괴되기 전 부재의 항복에 의존한다. 이것은 강도와 인성 사이의 비교를 포함한다. 그림 8.9는 파괴인성과 항복강도의 관계를 나타낸다. 금속은 강하고 연한 성질을 가지고 있다. 그것이 바로 금속이 기계 구조물의 재료로 많이 사용되는 이유이다.

파괴가 발생하는 응력은 K_{1c}와 균열 길이 c 두 가지에 의존한다(식 (8.12)). 연성 거동이 취성 거동으로 변환하는 천이 균열 길이 C_{crit}는 식 (8.13)으로 주어진다. 이것을 그림에서 '천이 균열 길이'의 표현으로 점선으로 나타내었다. 이 값은 아주 큰 범위로 변한다. 즉, 세라믹이나 유리와 같은 거의 원자 차원에서부터 구리, 납과 같은 가장 연한 금속에 대하여 거의 미터 수준까지 변한다. 밑 오른쪽으로 갈수록 재료는 높은 강도를 가지고 또한 낮은 인성을 갖는다. 이들은 항복되기 전에 파괴가 일어난다. 위 좌측으로 갈수록 재료는 낮은 강도를 가지고 또한 높은 인성을 갖는다. 이들은 파괴되기 전에 항복한다.

이 그림은 하중을 지탱하는 구조물의 안전 설계에 대한 재료의 선택에 응용된다(10장). 또한 강도-파괴인성 도표는 성질에 미치는 성분이나 공정의 영향을 평가하는데 유용하다.

8.5 심화학습 : 인성의 근원

표면에너지

고체의 표면에너지는 표면을 만드는 데 소비하는 에너지이다. 단위면적당 에너지로 단위는 J/m^{2}이다.

그림 8.10과 같이, 1m^{3}의 재료를 취하여 그것을 새로운 두 표면, 하나는 위 하나는

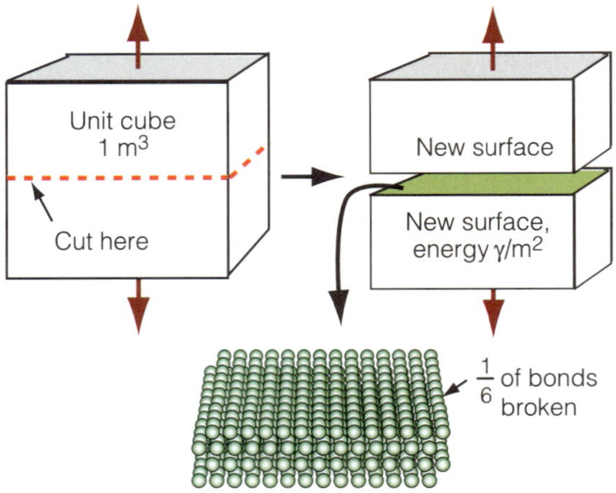

그림 8.10 새로운 표면이 형성될 때, 원자결합은 파괴되고 결합에너지 H_c가 약간 필요하다.

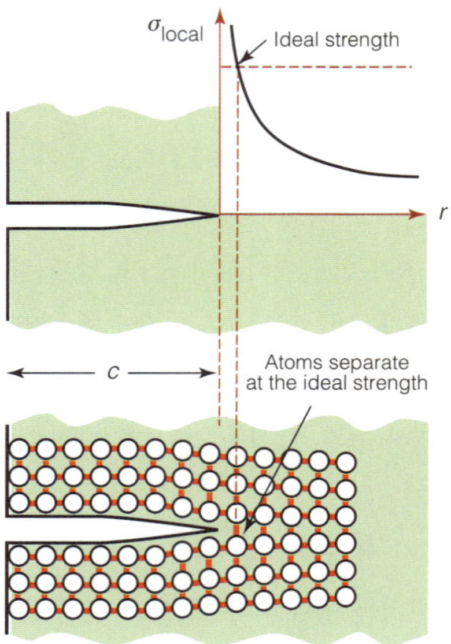

그림 8.11 벽개파괴. 국부응력이 균열선단 쪽으로 $1/\sqrt{r}$

아래로 나눈다고 하자. 그렇게 하기 위해서는 이미 절단면과 가로질러 연결된 결합과 관련된 결합에너지를 제공하여야 한다. 원자는 모든 면에 결합되어 있다. 표면 원자는 절단될 때 그들 결합의 1/6을 상실한다. 이것은 조각 $4r_o$ 두께에 대하여 결합에너지 H_c(단위체적당 에너지)의 1/6을 제공해야 된다는 것을 의미한다. 여기서 r_o는 원자 반경이고 체적은 $4r_o$ m^3이다. 따라서 표면에너지는 다음과 같이 주어진다.

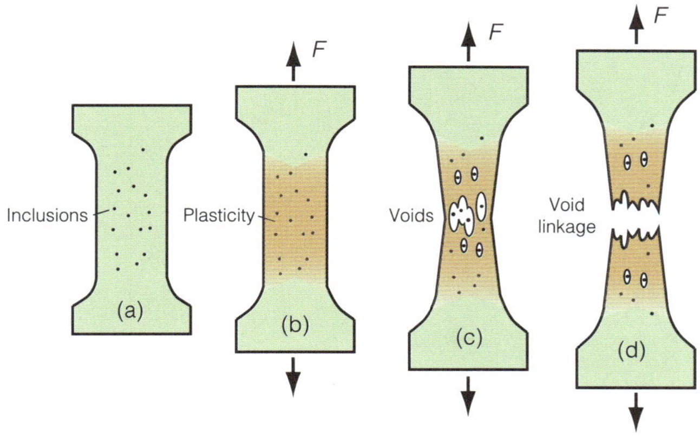

그림 8.12 연성 파괴. 붉은 색으로 보이는 소성은 기지로부터 파괴 혹은 분리되는 게재물에서 응력을 집중시키고, 공공의 생성, 성장 그리고 합체에 의하여 결국 파괴를 일으킨다.

$$2\gamma \approx \frac{1}{6} H_c \cdot 4r_o \text{ or } \gamma \approx \frac{1}{3} H_c \cdot r_o$$

전형적으로 H_c는 3×10^{10} J/m^3, 그리고 r_o는 10^{-10}m, 따라서 표면에너지는 약 1 J/m^{2}이다. 인성 G_c는 2γ보다도 적을 수 없다. 그림 8.8의 도표는 대부분의 재료에 대한 2γ보다도 수백 배의 값을 가지는 G_c의 구분선이다. 잉여 에너지는 어디에서 일어나는가? 그 해답은 소성 일이다. 바로 그것을 더욱 상세하게 알아보자. 먼저 벽개 파괴에 대하여 알아본다.

취성 '벽개(clevage)' 파괴

취성파괴는 세라믹, 유리의 특징이다. 이들은 항복강도가 아주 크고, 소성 흐름에 의하여 균열 선단 응력을 제거하지 못한다. 이것은 균열 선단 근방에서 응력이 이상적인 강도에 도달(약 $E/15$, 6장 참조)한다는 것을 의미한다. 그것은 원자간 결합을 분리하기에 충분하다. 그림 8.11에 균열이 전파함을 보여 준다. $K_1 = \sigma\sqrt{\pi c}$이므로, c가 증가함에 따라 K_1이 증가함을 의미한다. 균열 전파가 음속에 도달할 때까지 균열을 가속시킨다. 그것이 왜 취성재료가 쿵하며 파괴하는 이유이다. 약간의 폴리머도 취성이고, 특히 비정질이다. 균열 선단 응력은 분자 사이의 반데르 발스 결합을 약화시킨다.

연한 '연성(ductile)' 파괴

연성재료에서 균열이 어떻게 전파하는가를 이해하기 위하여 그림 8.12와 같이 균열이

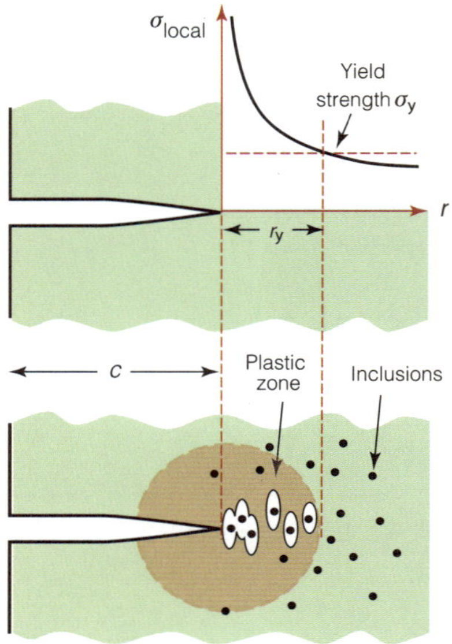

그림 8.13 만일 재료가 연성이면, 소성 영역이 균열 선단에 형성된다. 소성 영역에서 공공이 형성, 성장 그리고 합체되어 연성 모드로 균열이 전파되고 그 과정에서 에너지를 흡수한다.

없는 시험편을 잡아당긴다고 생각하자. 연성 금속은 항복강도 이상의 하중이 작용할 때 인장강도에 도달할 때까지 가공 경화를 일으키고 소성적으로 변형한다. 그 후 약화되어 파괴에 이른다. 무엇이 약화하게 만드는가? 만일 극히 순수하면, 금속은 단면적이 영이 될 때까지 아주 얇아지게 될 것이다. 공학 합금은 극히 순수하지 않으며 거의 대부분이 작고 단단한 산화물, 질화물, 황화물과 같은 개재물을 포함한다. 여기서 보여주는 시험편과 같은 재료가 잡아 늘어지면, 처음에는 일정하게 변형하지만 응력 집중을 일으키는 개재물에서는 응력을 증가시킨다. 이들은 기지로부터 분리시키거나 파괴를 일으키게 하며, 작은 구멍을 형성시킨다. 변형률이 증가함에 따라 구멍은 커지게 되어 서로 연결시켜 시험편의 부분을 약화시켜 최종적으로 연성파괴에 이르게 된다. 역시 많은 폴리머들이 연성에 속한다. 그들은 통상 만드는 방법 때문에 개재물을 포함하고 있지 않다. 그러나 잡아당기면 그들은 가장 늘어난 부분에서 작은 균열을 발생시키고 만일 폴리머가 투명하다면 그들을 휘게 빛나게 한다. 그들의 긴 체인이 서로 서로 연결되는 반 데르 발스 결합 때문에 약하고 쉽게 분리된다. 상세한 것은 다르나 그 결과는 동일하다. 즉, 균열을 형성하고 성장, 합체시켜 연성파괴에 이른다.

그림 8.13과 같이, 다시 균열을 포함한 시험편을 생각하자. 응력은 균열 선단으로 접근함에 따라 $1/\sqrt{r}$로 상승한다. 그러나 항복강도 σ_y를 초과하는 점에서 재료가 항복되고 소성 영역이 발생한다. 소성 영역내에서 그림 8.12와 같은 동일한 과정이 발생한

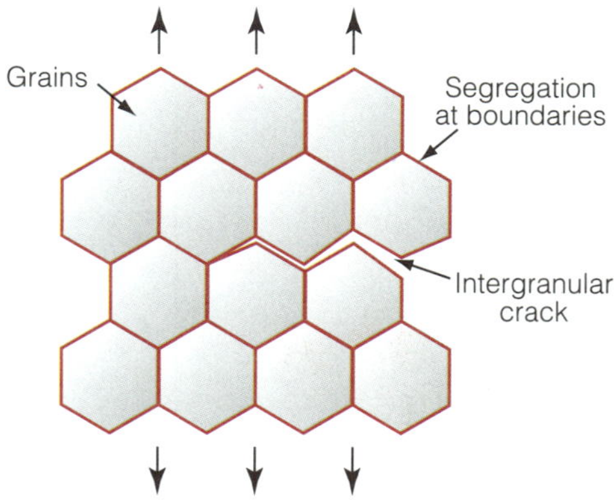

그림 8.14 화학적 편석이 취성 입계균열을 야기할 수 있다.

다. 즉, 공공이 형성, 성장 합체하여 연성파괴에 이른다. 균열의 진전과 과정이 반복된다. 소성이 균열을 둔화시키고 둔화된 균열의 응력 집중 영향이 예리한 균열보다도 덜 심각하게 한다. 따라서 균열 선단 그 자체의 응력은 소성적으로 재료를 변형시키기에 충분하다. 이 소성 변형이 에너지를 흡수하여 인성 G_c를 증가시키게 된다.

연성-취성 천이

벽개 파괴는 연성파괴보다도 훨씬 더 위험하다. 그것은 아무런 경고나 소성 변형 없이 발생한다. 저온에서 어떤 금속과 폴리머는 취성이 되며 파괴의 모드는 연성에서 벽개로의 전환이 일어난다. 사실 fcc 결정구조(예를 들면, 구리, 알루미늄, 니켈 그리고 스테인리스)를 갖는 금속은 가장 낮은 온도에서도 연성으로 남는다. 다른 모든 금속은 온도가 낮아짐에 따라 항복강도가 증가하여 어떤 균열에서 소성 영역의 결과로 파괴의 모드가 연성-취성 천이가 일어난다. 어떤 강(steels)에 대한 천이 온도는 0°C(비록 대부분은 상당히 낮은 온도이지만) 만큼 높다. 결과적으로 강철 선박, 교량 그리고 오일 리그 등은 여름보다도 겨울에 많이 파괴가 일어날 수 있다. 폴리머 역시 연성-취성 천이를 갖는다. 따라서 냉동장치나 냉장고에 사용되는 이들 재료의 선정에 주의를 요한다.

다른 종류의 취화(Embrittlement)

온도의 변화는 취화를 일으킬 수 있다. 역시 화학적 편석을 일으킬 수 있다. 금속이 응고 될 때, 결정립은 주형에 접한 작은 고체 결정에서 시작하여 그들이 결정입계를 형성할 때까지 성장시킨다. 그 결정입계는 합금에서 불순물에 대한 저장고가 된다. 이

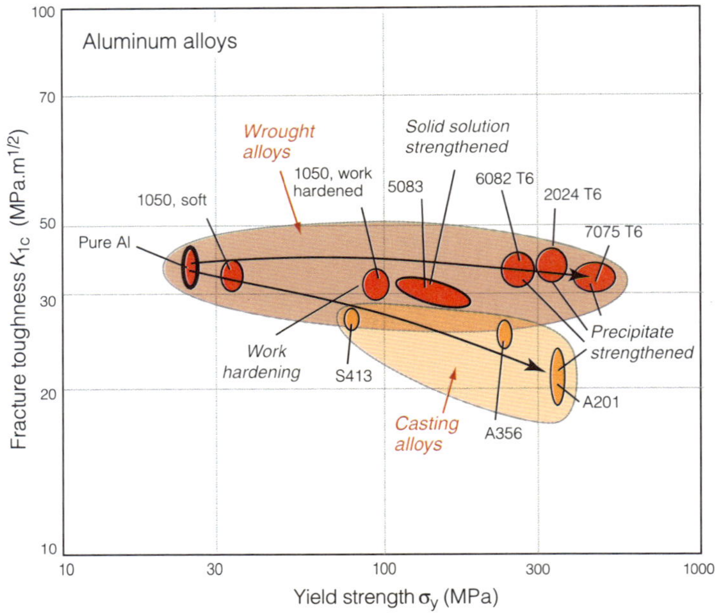

그림 8.15 알루미늄 합금의 강도와 인성

결정입계 편석은 저 인성 경로의 망상을 형성할 수 있다. 비록 결정립의 체적이 연하다 하더라도 재료는 전체적으로 취성 입계 파괴의 양상으로 나타날 수 있다(그림 8.14). 결정입계의 국부적인 다른 화학 조성은 부식(17장)과 같은 다른 문제를 야기한다. 즉 초기에 결함이 없는 부재에서도 균열이 발생할 수 있다.

8.6 강도와 인성의 상충관계

금속재료

강하고 인성이 좋은 재료를 만드는 것은 쉽지 않다. 균열이 진전할 때 균열에 의해 흡수된 에너지는 인성을 부여하고 균열 선단 소성 영역에서 발생하는 변형을 유도한다. 식 (8.11)은 항복강도의 증가가 소성 영역을 작게 하고, 소성 영역이 작으면 작을수록 인성도 작게 된다는 것을 보여 준다. 그림 8.15는 강화 메카니즘을 포함하여 단조 및 주철 알루미늄 합금의 강도와 인성을 나타낸 것이다. 모든 합금은 순수 알루미늄보다 높은 강도와 낮은 인성을 가지고 있다. 단조 합금은 강도가 증가함에 따라 인성이 완만하게 낮아짐을 보여 주고 있다. 주철 합금의 경우는 입계 파괴 때문에 더 급하게 낮아지는 경향을 보이고 있다.

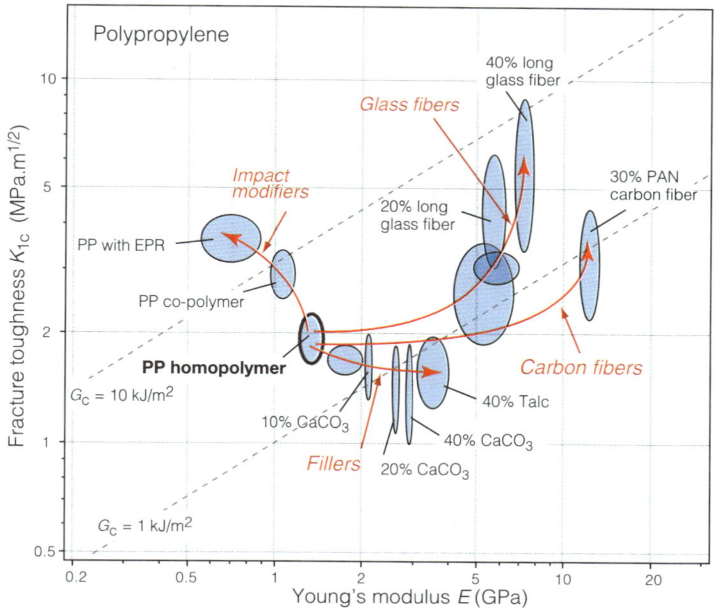

그림 8.16 폴리프로필렌의 강도와 인성

소성 영역에서의 분리, 균열의 진전이 개재물에서의 공공의 형성과 성장에 의하여 나타난다(그림 8.13). 만일 개재물이 제거되거나 공공의 생성이 지연된다면, 강도의 손실 없이 인성이 향상된다. 주조 전에 용탕을 필터링하여 만든 '클린' 강(steels)인 초합금과 알루미늄 합금은 일반 주조법에 의해 만들어진 것보다 상당히 높은 인성을 갖는다.

폴리머와 복합재료

폴리머의 미시조직과 성질은 교차-연결, 분자량의 조절 그리고 결정화도 등에 의하여 조절된다. 그림 8.8과 8.9는 폴리머의 강도가 계수 5의 주위에 펼쳐 있음을 보여준다. 반면, 파괴인성은 계수 20 주위에 있음을 보여 준다. 더욱 극적인 변화는 블랜딩(blending), 필러(filler)의 추가, 개조나 연속적인 섬유에 의한 강화에 의하여 가능하다. 그림 8.16은 이들이 폴리프로필렌(PP)의 탄성계수와 파괴인성에 어떻게 영향을 미치는가를 나타낸 것이다. 블랜딩 혹은 EPR이나 EDPM과 같은 천연고무의 중합이 탄성계수를 감소시키고 파괴인성 K_{1c}와 인성 G_c를 증가시킨다.

유리 혹은 탄소 섬유의 강화가 더욱 효과적으로 탄성계수와 파괴인성을 증가시킨다. 유리 섬유 강화재의 경우 인성 G_c가 우수하다. 취성 섬유(유리 $K_{1c} \approx 0.8\text{MPa.m}^{1/2}$)와

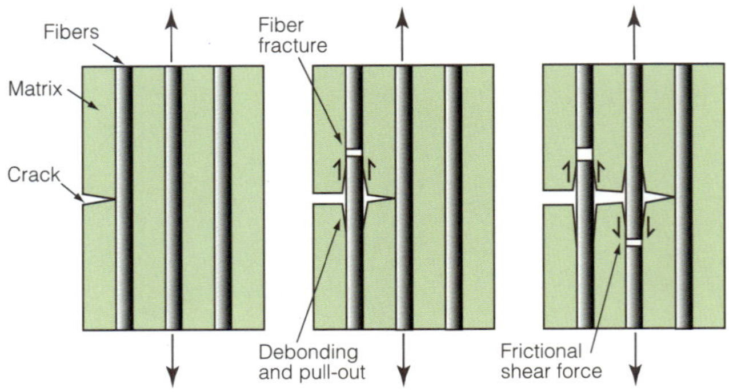

그림 8.17 섬유에 의한 인성 강화

의 혼합인 상대적으로 취성인 폴리머(K_{1c} ≈ 3MPa.m$^{1/2}$)를 어떻게 파괴인성 K_{1c} ≈ 10MPa.m$^{1/2}$만큼 향상시킬 수 있을까? 그 해답을 그림 8.17에 나타낸다. 가는 섬유는 단지 작은 결함을 내포한다. 결과적으로 높은 강도를 갖는다. 균열이 기지에서 성장할 때, 섬유는 손상되지 않고 균열을 건너지른다. 이것이 다중 균열을 촉진시킨다. 섬유가 파단될 때, 파단은 통계적으로 분포되고 기지내 묻힌 섬유의 리가멘트를 남긴다. 균열이 열림에 따라 섬유 풀 아웃(pull-out)이 마찰에 의해 더욱 에너지를 낭비하게 한다. 복합재료는 이들 기구에 의하여 인성을 최대화 시킬 수 있도록 섬유와 기지 사이의 접착을 조절하여 제조된다.

8.7 요약 및 결론

인성은 균열의 전파에 대한 재료의 저항이다. 연성 재료는 관대하다. 즉, 균열의 존재에 내성이 있으며, 파괴 없이 충격을 흡수한다. 또한 과대하중이 작용하면 파괴전에 항복이 일어난다. 구조용 재료인 강(steel)의 우수성은 낮은 경비, 고강성과 고강도, 그리고 고인성의 탁월한 조합을 이끌어 낸다.

인성은 일련의 표준 형상의 하나인 예비 균열이 삽입된 시험편에 하중을 가함으로써 적절히 측정된다. 균열의 진행에 따른 하중을 측정한다. 이것으로부터 균열의 진전에서 응력확대계수, K_1의 값으로서의 파괴인성 K_{1c}가 계산된다. 약 15MPa.m$^{1/2}$ 이상의 K_{1c}값은 손상 허용 설계(작은 균열의 존재를 허용하는 설계)에 있어서 바람직하다. 그림 8.8 및 8.9는 대부분의 금속재료와 섬유강화 복합재료가 이 조건에 부합되나 폴리머와 세라믹은 그렇지 않음을 보여 준다. 어떤 설계에서는 K_{1c}의 높은 값이 아니라 인성 $G_c = K_{1c}^2/E$의 높은 값을 요구함을 10장에서 알 수 있다. 또한 그림 8.8에 보여 주고 있다. 폴리머는 이 조건에 잘 일치하며, 실제적인 적용에 있어서 좋은 선택이 될 것이다. 세라믹은 역시 이 조건에 의해서도 부족하며, 세라믹을 가지고 설계하는 것은 훨씬 더 어렵다.

고인성은 균열 진전이 에너지를 흡수한다는 의미이다. 그것은 소성영역이 균열 선단에서 형성된다는 것이다. 소성영역이 크면 클수록 파괴인성은 커지게 된다. 소성영역 내에서 재료가 변형됨에 따라 게재물에서 공공이 생성, 합체되어 균열을 진전시킨다. 재료가 청정하면 할수록 게재물이 적을 것이고 고인성에 더 기여 할 것이다. 항복강도가 높을수록 그 영역은 작다. 아주 높은 항복강도를 가지는 세라믹에 있어서 그 영역은 사라질 만큼 작게 되어, 응력은 이상적인 강도에 도달하여, 재료는 취성벽개파괴에 의하여 파손될 것이다.

이것은 설계에 필요한 기초지식이다. 그것은 반복하중에 의한 파괴를 논한 후에 10장에서 다룰 것이다.

8.8 참고문헌

Broek, D. (1981) *Elementary Engineering Fracture Mechanics*, 3rd edition, Martinus Nijhoff, Boston, USA, ISBN 90-247-2580-1. (*A standard, well-documented, introduction to the intricacies of fracture mechanics.*)

Ewalds, H.L. and Wanhill, R.J.H. (1984) *Fracture Mechanics*, Edward Arnold, London, UK. ISBN 0-7131-3515-8. (*An introduction to fracture mechanics and testing for both static and cyclic loading.*)

Hertzberg, R,W. (1989) *Deformation and Fracture of Engineering Materials*, 3rd edition, Wiley, New York, USA. ISBN 0-471-63589-8. (*A readable and detailed coverage of deformation, fracture and fatigue.*)

Kinloch, A.J. and Young, R.J. (1983) *Fracture Behavior of Polymers*, Elsevier Applied Science, London, UK. ISBN 0-85334-186-9. (*An introduction both to fracture mechanics as it is applied to polymeric systems and to the fracture behavior of different classes of polymers and composites.*)

Knott, J.E. (1973) *The Mechanics of Fracture*, Butterworths, London, UK. ISBN 0-408-70529-9. (*One of the first texts to present a systematic development of the mechanics of fracture;dated, but still a good introduction.*)

Tada, H., Paris, G. and Irwin, G.R. (2000) *The Stress Analysis of Cracks Handbook*, 3rd edition, ISBN 1-86058-304-0. (*Here we have another 'Yellow Pages', like Roark for stress analysis of uncracked bodies—this time of stress intensity factors for a great range of geometries and modes of loading.*)

8.9 연습문제

연습문제 E8.1 인성이란 무엇인가? 강도와는 어떻게 다른가?

연습문제 E8.2 균열체에 인장 하중이 작용할 때 균열 선단에서 소성 영역이 왜 형성되는가?

연습문제 E8.3 천이 균열 길이, C_{crit}에서 왜 연성에서 취성 거동으로 천이가 존재하는가?

연습문제 E8.4 폭 10mm인 인장 시편이 길이 0.3mm의 내부 균열을 가지고 있다. 인장 하중이 작용하여, 응력이 450MPa에 도달할 때 균열이 갑자기 전파한다. 시편 재료의 파괴인성 K_{1c}는 얼마인가? 만일 이 재료의 탄성계수 E가 200GPa이라면, 인성 G_c는 얼마인가? ($Y = 1$로 가정한다.)

연습문제 E8.5 그림 8.8의 $K_{1c}-E$의 도표를 이용하여 다음을 입증하라.

- CFRP가 알루미늄 합금보다도 더 높은 파괴인성 K_{1c}을 갖는지 아닌지?
- PP가 알루미늄 합금보다도 더 높은 인성 G_c를 갖는지 아닌지?
- PC가 유리보다도 더 높은 파괴인성 K_{1c}을 갖는지 아닌지?

연습문제 E8.6 그림 8.8의 도표에서 에폭시, 탄산 유리 그리고 GFRP를 찾아서, 각각에 대한 인성 G_c의 개략적인 평균치를 구하라. 어떻게 GFRP의 인성이 다른 재료의 인성보다도 더 크다는 것을 설명하라.

연습문제 E8.7 두가지 복합재료 GFRP와 CFRP의 파괴인성 K_{1c}를 비교하기 위하여 그림 8.8의 도표를 이용하라. 그들의 인성 G_c에 대하여 동일하다. 그들을 잘 충족시키기 위한 값을 제안하라?

연습문제 E8.8 다음을 찾기 위하여 그림 8.9의 $K_{1c}-\sigma_y$ 도표를 이용하라.

- 스테인리스강에 대한 천이 균열 크기의 범위
- PC에 대한 천이 균열 크기의 범위
- Si_3N_4에 대한 천이 균열 크기의 범위

8.10 CES를 이용한 설계 탐구(특별한 언급이 없는 경우 Level 2 데이터베이스 이용)

연습문제 E8.9 길이 $2c = 1$mm를 갖는 내부 균열에 대하여 $\sigma_f = K_{1c}/\sqrt{\pi c}$를 y축에 막대 도표로 작성하라(다음 식을 사용하기 위하여 "Advanced" 항목을 사용하라).

fracture toughness /((3.142 × 0.0005)^0.5).
가장 높은 값을 나타내는 재료는 무엇인가? 밀도 ρ축을 추가하라. σ_f/ρ가 가장 높은 값을 가지는 2가지 재료를 찾기 위하여 새로운 도표를 이용하라.

연습문제 E8.10 여러분이 이용할 수 있는 비파괴시험의 해상도 한계가 1mm라 가정하라. 이것은 균열을 탐지할 수 있는 길이가 1mm 혹은 그 이상을 의미한다. 여러분은 취성 파괴 없이 재료가 균열을 허용하거나 혹은 더 작은 균열을 허용하는 것을 탐구할 것이다. 이전의 연습문제와 같이, 길이 $2c$ = 1mm를 갖는 내부 균열에 대하여 $\sigma_f = K_{1c}\sqrt{\pi c}$를 y축에 막대 도표로 작성하라. 항복강도 σ_y를 x축에 추가하라. 만일 $\sigma_f < \sigma_y$이면, 재료는 인장으로 파괴가 일어날 것이다. 그리고 만일 $\sigma_f > \sigma_y$라면, 균열의 존재에도 불구하고 재료는 항복될 것이다. 도표를 인쇄하든지 CES(선 선택 도구 사용)에서 인쇄하든지 간에 $\sigma_f = \sigma_y$에 다른 기울기 1의 선을 그려라. 선 위의 모든 재료는 항복될 것이고, 선 아래의 모든 재료는 파괴될 것이다. 시효 경화된 알루미늄 합금은 선 위에 존재하는가? CFRP는 어떤가?

연습문제 E8.11 Level 3 데이터베이스에서 PVC에 대한 자료를 찾아서, 그림 8.16과 같은 어떻게 필러, 블랜딩그리고 섬유가 영계수와 파괴인성에 영향을 미치는지 그림을 그려라.

8.11 CES 요소를 이용한 과학 탐구

연습문제 E8.12 표면에너지, γ J/m^{2}의 근원을 탐구한다. 인성, G_c는 재료가 파괴될 때 새로운 두 표면으로 생성되기 때문에 2γ 보다도 더 작을 수 없다. γ를 결정하는 것은 무엇이며, 그것은 어떻게 큰가? 교재에서 새로운 표면이 생성될 때, 결합이 어떻게 파단되고 그리고 원자가 분리되는가를 설명하였다. 그것은 8.4절에서 다음과 같이 보였다.

$$\gamma \approx \frac{1}{3} H_c \cdot r_o$$

여기서 H_c는 J/m^{3}의 단위를 갖는 결합에너지이고, 그리고 r_o는 m 단위의 원자반경이다. kJ/mol(데이터베이스에 있는) 단위의 H_c를 이 단위로 변환하면, 몰체적당 10^6을 곱하고 그리고 반경 r_o는 10^{-9}를 곱하면 된다. 이 모든 것은 축 선택 대화 박스에 있는 “Advanced’ 항목을 이용하여 수행할 수 있다.

이 방법으로 계산한 γ를 x축에 그리고 측정치, ‘표면에너지, 솔리드’

를 y축으로 한 도표를 작성하라 그리고 어떻게 잘 일치하는지 조사하라.

연습문제 E8.13 만일 여러분이 원자결합을 당기면, 그것은 약 0.1의 변형률에서 완전히 파단될 것이다. 만일 원자 거리가 a_o라면, 그때 그것을 파단시키는데 변위 $\delta = 0.1a_o$가 필요하다. 그리함으로써 각각의 면적이 $a_o{}^2$인 두 새로운 면을 생성한다. 만일 결합 강성이 S라면, 결합을 당겨 파괴점까지 일을 행한다. 그리하여 단위면적당 새로운 면을 생성하기 위한 에너지는 다음과 같다.

$$2\gamma \approx \frac{1}{a_o^2}\left(\frac{1}{2}S\delta\right) = \frac{Ea_o}{20} = \frac{1}{10}Er_o$$

(S에 대한 식 (4.17)을 이용하여) 여기서 r_o는 원자반경이다. CES 원소 데이터베이스를 이용하여, 이런 방법으로 실제 표면에너지가 어떻게 설명될 수 있는지 탐구하라. (단위에 대하여 주의하라.)

연습문제 E8.14 표면에너지 γ의 일반적인 크기를 조사하라. 그들은 약 1.5J/m^{2}이다. G_c에 대한 최소치는 약 2γ 혹은 3J/m^{2}가 될 것이다. CES Edu level 3 데이터베이스를 이용하여, G_c의 가장 작은 값을 갖는 재료를 찾아라. G_c는 K_{1c}^2/E로 계산할 수 있다. 그것을 2γ와 비교하라? 'Tree' 단계(foam 재료와 같은 재료는 대부분 공기 중에 존재하므로 인공적으로 가장 작은 G_c를 갖는다)를 이용하여, 금속과 합금, 폴리머, 세라믹 그리고 유리 재료에 제한한다.

제 9 장

진동, 소음 그리고 회전 : 반복 하중, 손상 및 파손

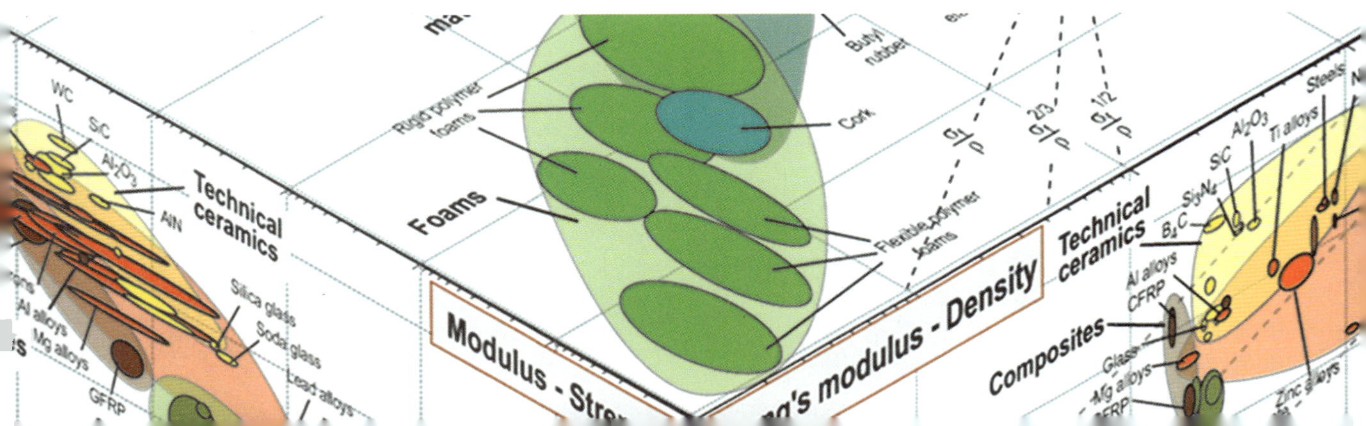

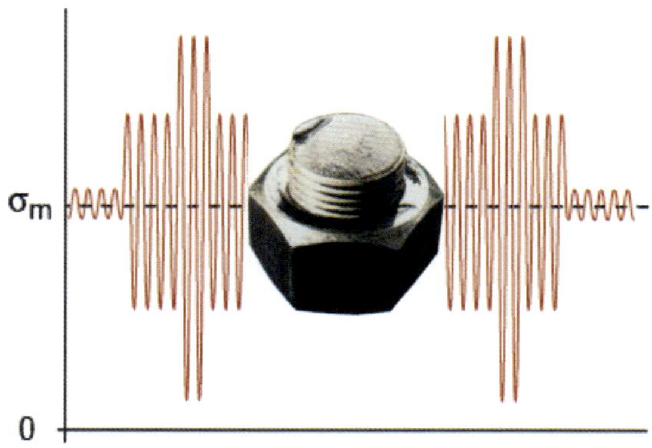

피로에 의해 파손된 볼트. 피로 균열이 나사의 뿌리에서 발생, 그것이 노치로서의 역할을 수행하여 응력을 집중시켰다. (Bolt Science 제공 (www.Boltscience.com))

9.1 서론 및 개요

독일의 공학이 항상 오늘날의 공학과는 같지 않았다. 19세기 중반 급속하게 팽창한 철도 시스템은 독일과 다른 지역에서 객차의 축 파손에 의한 사고들 때문에 문제가 많았다. 기술자 Wöhler[1)]가 이를 해결하기 위하여 선발되었고, 그의 체계적인 실험이 우리가 지금 피로(fatigue)라고 부르는 개념을 처음으로 확립하게 되었다.

반복은 피로하게 만들며, 많은 인류의 실수와 사고의 원인이다. 재료 역시 반복적으로 응력을 받으면 결과적으로 파손에 이르게 된다. 본 장에서는 재료가 반복적인 하중을 받을 때 생길 수 있는 손상과 파손 그리고 소산된 에너지에 관한 것을 다룬다. 사이클의 진폭이 매우 작다고 하더라도 어느 정도의 에너지 손실 혹은 감쇠가 발생한다. 큰 진폭은 매 사이클마다 손상의 축적의 원인이 되고, 이는 균열이 형성되어 임계 수준이 될 때까지 진행된다. 반복되는 사이클은 부재가 갑자기 파손될 때까지 균열을 전파시킨다. 피로파손은 그것이 발생될 때까지 아무런 신호가 나타나지 않으므로 주의해야 한다. 그래서 클립이 당신의 펜을 망가뜨리거나 혹은 사무실 의자가 붕괴되는 것은 아마 피로에 의해 일어난다고 할 수 있다.

우선, 매우 작은 진폭에서의 반복 하중과 더불어 에너지의 손실 혹은 감쇠에 관한 내용을 설명하고, 그 후 피로하중과 관련된 손상의 축적과 균열에 대하여 설명한다.

9.2 진동과 공진 : 감쇠계수

전통적으로 종은 청동으로 만들어진다. 그것들은 종종 유리로 만들어 질 수 있다. 그리고 실리콘 탄화물로도 만들어 질 수 있을 것이다. 금속, 유리, 세라믹 모두는 적절한 환경에서 구조물이 진동할 때 중요한 재료 성질의 하나인 낮은 감쇠 혹은 '내부 마찰'을 갖는다. 대조적으로, 가죽, 목재(특히 푸르거나 적었을 때) 그리고 탄성중합체, 화학중합체는 높은 감쇠를 가지며, 이는 진동을 줄이고 싶을 때 유용하다.

우리는 지금 탄성 반응에 대하여 설명하고 있으며, 지금까지 탄성에너지가 저장되어 하중이 제거되었을 때 완전하게 회복될 수 있는 응력-변형률선도의 선형 구간에 대해서만 생각하였다. 어떠한 재료도 완전하지 않으며, 하중이 반복되는 과정에서 항상 약간의 에너지 손실이 발생한다. 하중을 한번만 가한 경우, 그러한 손실은 눈에 띄지

---

1) Aagust Wöhler(1819~1914), 독일의 기술자, 1854년부터 1889년까지 Prussian 임페리얼 철도 소장 역임. 피로를 예방하기 위한 설계법을 최초로 통찰한 금속피로의 체계적인 연구를 수행하였다.

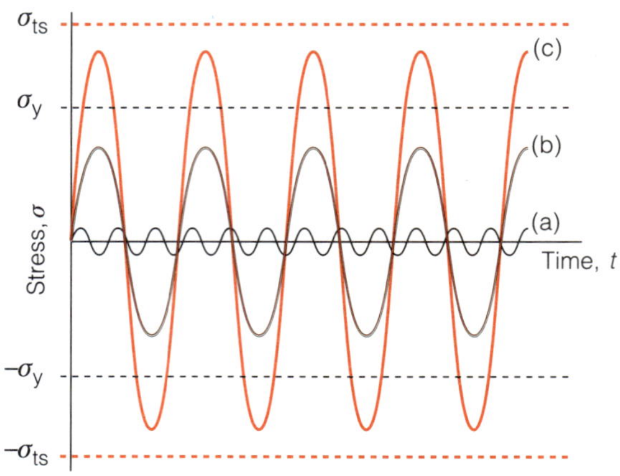

그림 9.1 반복 하중, (a) 매우 낮은 진폭 음향 진동, (b) 고 사이클 피로: 항복강도 아래에서 반복, σ_y. (c) 저 사이클 피로: 항복강도 이상에서 반복(그러나 인장강도 σ_{ts} 이하에서 반복).

않을 것이다. 하지만, 진동이나 음향 주파수의 경우에는 그림 9.1의 (a)와 같이 초당 20에서 20,000번이 가해지므로 에너지 손실이 명백히 드러난다.

기계적 손실 계수 혹은 감쇠계수 η(무차원 량)는 재료가 진동 에너지가 흡수하는 정도를 나타낸다. 만약 탄성 재료가 하중을 받으면 에너지가 저장된다(5장). 만일 하중이 제거되면 에너지는 반환된다. 이것은 스프링의 작용 원리이다. 그러나 실제의 경우 반환되는 에너지의 양은 약간 감소하게 된다. 그 차이를 손실계수, η라 하며, 하중이 제거되었을 때 총 저장된 탄성 에너지에 대한 반환되지 않은 에너지의 비율을 의미한다. 만약 종을 만들기 위한 재료를 찾는다면 낮은 η를 갖는 재료를 선택하는 것이 좋다. 그러나 진동을 흡수하기 위해서라면 높은 η를 갖는 재료를 선택해야 할 것이다.

9.3 피로

피로의 문제점

낮은 진폭의 진동은 재료의 영구 손상을 일으키지 않는다. 하지만, 진폭이 증가하면 재료는 피로의 영향을 받기 시작한다. 여러분은 때로 음료수 캔의 뚜껑을 유연하게 하거나, 유효기간이 지난 신용카드를 둘로 쪼개기 위해 피로의 개념을 이용해 보았을 것이다. 반복 응력은 재료를 단단하게 하고, 전위의 축적으로 손상을 야기하여 균열의 핵을 생성, 성장하게 하여 임계 균열까지 도달 궁극적으로 파괴에 이르게 한다. 반복적으로 하중을 받는 것(파도에 의하여 하중을 받는 오일 리그, 압력을 반복적으로 받

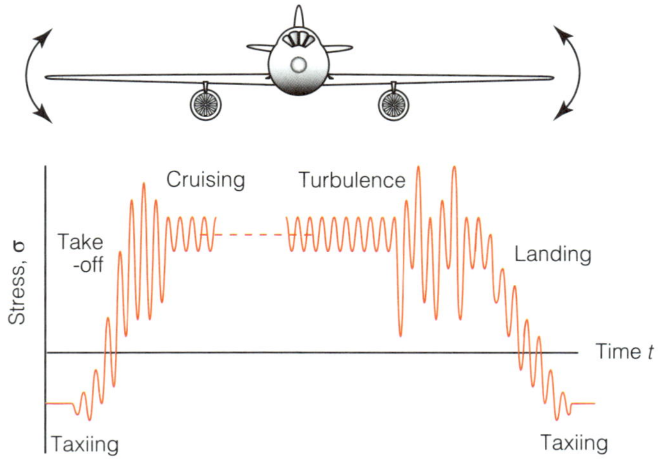

그림 9.2 비행 중 날개의 밑면에 대한 반복응력의 개략도

는 압력 용기 등), 하중을 받는 회전체(축과 같은), 혹은 진동체(헬리곱터의 회전자과 같은) 등은 피로 파괴를 일으킬 수 있는 요인이 된다.

그림 9.2는 전형적인 비행 동안 비행기 날개 밑면의 응력이 어떻게 변하는지를 보여 주는 개략도이다. 첫째, 응력의 진폭은 비행기가 이륙하여 높은 곳을 비행하고 난류기점을 통과하여 착륙하기까지 변화하게 된다. 두 번째로 지상에서는 엔진과 날개의 자중에 의해 밑면이 아래로 휘어 압축을 받게 된다. 응력 사이클의 진폭과 그들의 평균치는 비행 중 변화하게 된다. 피로파괴는 이들 두 가지에 의존하며 또한 총 사이클 수에 의존한다. 비행기 날개는 어느 정도의 주파수로 반복적으로 휘어졌다 한다. 대서양을 한번 횡단하는 비행 중, 수만 번의 하중 사이클이 발생하며, 비행기 총 수명 동안의 경우에는 수백만 번의 하중 사이클이 작용하게 된다. 따라서 의미 있는 설계 데이터를 얻기 위해서는 수백만 번의 피로 사이클을 작용시키는 피로시험이 요구된다.

식품 캔이나 신용 카드는 저 사이클 피로의 예이다. 이것은 부재가 적은 사이클 수에서의 생존을 의미한다. 이것은 그림 9.1(c)에서 보이는 바와 같이 항복응력 이상의 응력에서 반복되는 형태이다. 공학분야에서 더욱 중요한 것은 고 사이클 피로이다. 이 경우 일반적으로 응력은 탄성적으로 남아 있고, 그림 9.1의 (b)의 사이클로 항복응력 아래에 있다. 그럼에도 불구하고 균열은 성장하여 결국 파손에 이르게 된다.

두 가지 경우에서 우리는 처음부터 손상 받지 않고, 균열을 내포하고 있지 않은 부재에 대하여 다루었다. 이들 경우에 있어서 대부분의 피로수명은 균열의 발생 수명이다. 파괴까지의 균열의 전파는 극히 짧다. 이것을 발생-제어 피로(initiation controlled fatigue)라 한다. 일부 구조물은 균열을 내포하고 있거나, 안전 기준이 매우 중요하기

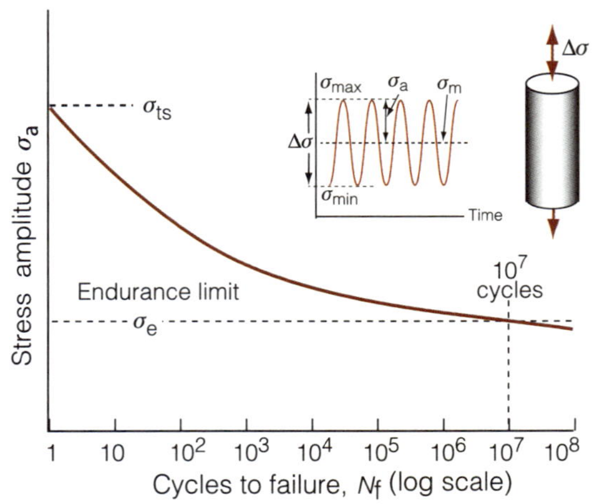

그림 9.3 10^7 사이클에서의 피로강도, 내구 한도 σ_e

때문에 (비행기와 같이) 작은 균열을 갖고 있다고 가정하기도 한다. 이 경우 피로수명은 균열의 전파 수명이다. 이것을 전파-제어 피로(propagation controlled fatigue)라 한다. 이 경우는 균열 전파율의 영향을 받는다. 이른바 적절한 설계를 위해 다른 접근 방법이 요구된다.

고 사이클 피로와 S-N 선도

그림 9.3은 어떻게 피로 특성이 측정되고 도식화되는지를 보여 준다. 샘플은 평균값에 대하여 $\Delta\sigma/2$의 진폭으로 반복적으로 응력을 받고 있으며, 파괴를 일으키는 사이클 수가 기록된다. 데이터는 $\Delta\sigma$-N_f('S-N') 선도로 표현된다. 여기서 $\Delta\sigma$는 응력의 변화인 최대치와 최소치의 범위이며, N_f는 파단까지의 사이클 수이다. 대부분의 실험은 다음 식과 같은 응력 진폭 σ_a을 갖는 정현파의 변동응력을 이용한다.

$$\sigma_a = \frac{\Delta\sigma}{2} = \frac{\sigma_{max} - \sigma_{min}}{2} \tag{9.1}$$

그리고 평균응력은 다음과 같다.

$$\sigma_m = \frac{\sigma_{max} + \sigma_{min}}{2} \tag{9.2}$$

피로 데이터는 일반적으로 다음 식과 같은 특정의 R값에 의하여 기록된다.

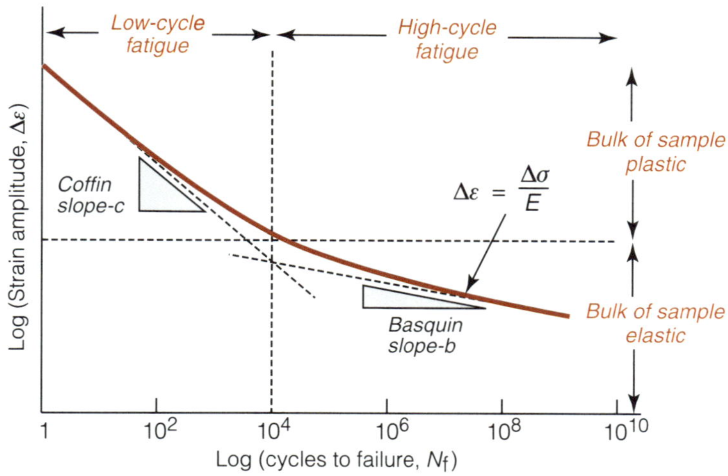

그림 9.4 저 사이클 피로와 고 사이클 피로의 영역 및 피로의 실험적 설명

$$R = \frac{\sigma_{\min}}{\sigma_{\max}} \tag{9.3}$$

R값이 -1인 경우는 평균응력이 0을 의미한다. R이 0인 경우는 응력 사이클이 0에서 $\sigma_{\max}$까지의 변화를 의미한다. 많은 재료의 경우 피로 한도(혹은 내구 한도) σ_e가 존재한다. 이것은 파괴가 전혀 일어나지 않거나, 매우 큰($N_f > 10^7$) 사이클 수에서 이하의 평균응력이 거의 0인 응력 진폭을 의미한다. 그러므로 고 사이클 피로에 대한 설계는 강도-한계(strength-limited) 설계와 매우 유사하다. 그러나 최대응력은 항복응력 보다는 피로 한도에 의해 결정된다.

실험 결과들은 고 사이클 피로 수명이 이른바 Basquin 법칙에 의한 응력범위와 관련이 있음을 보여 준다.

$$\Delta\sigma\, N_f^b = C_1 \tag{9.4}$$

여기서 b와 C_1는 상수이다. b의 값은 작고, 일반적으로 0.07에서 0.13의 값을 보인다. 탄성계수 E로 $\Delta\sigma$를 나누면 스트레인 범위 $\Delta\varepsilon$가 얻어진다(시편은 탄성이므로).

$$\Delta\varepsilon = \frac{\Delta\sigma}{E} = \frac{C_1/E}{N_f^b} \tag{9.5}$$

혹은 log를 취하면,

$$\mathrm{Log}(\Delta\varepsilon) = -b\,\mathrm{Log}(N_f) + \mathrm{Log}(C_1/E)$$

이 된다.

이것을 그림 9.4에 나타낸다. 오른쪽 고 사이클 피로 부분의 기울기 $-b$를 갖는 부분이다.

저 사이클 피로

저 사이클 피로에 있어서, 최대 응력이 항복 응력을 초과하므로 적어도 초기에(가공경화가 강도를 증가시키기 이전), 시편은 소성의 성질을 갖는다. 이 경우 Basquin의 방정식은 적절하지 않으며, Coffin에 의한 다음의 실험식을 이용한다.

$$\Delta\varepsilon^{\mathrm{pl}} = \frac{C_2}{N_f^c} \tag{9.6}$$

여기서 $\Delta\varepsilon^{\mathrm{pl}}$은 전체변형에서 탄성변형에 해당하는 부분을 제외한 소성 변형 범위를 의미한다. 이는 그림 9.4의 왼쪽 부분에 나타나 있다. Coffin의 지수 c값은 Basquin의 b 값보다 더 크다. 일반적으로 그 값은 0.5이다.

이러한 법칙들은 평균응력이 0이며, 일정한 진폭을 갖고 균열이 없는 부재의 피로파괴 현상을 적절하게 기술한다. 그러나 실제 하중의 값은 그림 9.2에서와 같이 더욱 복잡하다. 이런 경우 평균응력과 응력범위의 변화에 대해 어떻게 고려할 것인가? 여기서 우리는 Goodman과 Miner에 의한 실험적 법칙을 필요로 한다. Goodman의 법칙은 평균응력 m하에서 파괴에 대한 응력범위 $\Delta\sigma_{\sigma m}$와 평균응력 0에서의 파괴에 대한

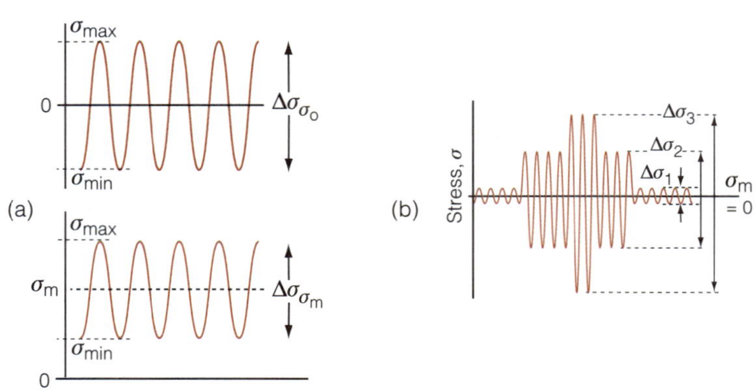

그림 9.5 (a) 피로한도가 평균응력 0임을 나타낸다. 평균응력 σ_m에 대한 응력범위의 Goodman 법칙의 스케일. (b) 반복 응력 진폭이 변할 때, Miner의 누적 손상법칙을 이용한 수명의 계산.

응력 범위 $\Delta\sigma_{\sigma 0}$와 관련이 있다.

$$\Delta\sigma_{\sigma_m} = \Delta\sigma_{\sigma_0}\left(1 - \frac{\sigma_m}{\sigma_{ts}}\right) \tag{9.7}$$

여기서 σ_{ts}는 응력 범위에 대해 수정을 해 주는 인장 응력이다. σ_m를 증가시키면, 작은 응력범위 $\Delta\sigma_{\sigma m}$가 0의 평균응력에 대한 $\Delta\sigma_{\sigma 0}$만큼의 큰 손상이 되게 한다(그림 9.5(a)). 그때는 수정된 응력 범위가 Basquin의 법칙에 적용되어야 할 것이다.

변동하는 진폭에 대한 문제는 Miner의 누적 손상 법칙으로 설명될 수 있다. 그림 9.5(b)는 세가지 응력 진폭에 대해 이상적인 하중 데이터를 보여 준다. Basquin의 법칙은 각각의 진폭이 부재의 총 수명 동안 일정하게 유지되었을 때, 파괴가 일어나기 위한 사이클 수를 의미한다. 따라서 만약 N_1 사이클이 진행되었다면, 허용된 수명 중 $N_1/N_{f,1}$의 비율만큼 소모된 것이다. 여기서 $N_{f,1}$는 그러한 응력 진폭에서 파괴가 일어나기 위한 사이클 수이다. Miner의 법칙은 이러한 방식으로 각 응력의 단계에서 손상이 누적된다고 가정한다. 그러면 손상의 합의 비율이 1이 되었을 때 파괴가 일어날 것이며, 이때 다음 식이 성립한다.

$$\sum_{i=1}^{n} \frac{N_i}{N_{f,i}} = 1 \tag{9.8}$$

Goodman의 법칙과 Miner의 법칙은 예비 설계의 경우에 적합하지만, 이러한 법칙은 가정에 의한 것이기 때문에 안전 기준이 중요한 경우에는 실험적인 데이터가 필수적이다. 이것이 새로운 모델의 자동차나 트럭을 거친 '내구도로'에서 파손될 때까지 주행시키는 이유이다. 이것이 바로 피로 성능 시험이다.

지금까지는 균열이 없는 부재의 발생-제어 피로 파괴에 설명에 초점을 두었으나, 이제는 균열을 포함한 부재의 피로 파괴에 대하여 설명할 것이다.

균열을 갖는 부재의 피로 하중

다리, 선박, 압력용기, 증기 터빈과 같은 대형 구조물의 제작에 있어서 균열과 그 밖의 다른 형태의 결함을 피할 수 없다. 주조에 있어 균열은 응고 과정에서의 일정치 않는 수축이나 산소와 기타 함유물에 의하여 균열이 나타난다. 저렴하고 널리 사용되는 접합 방법인 용접은 국부적인 가열에 의한 내부응력과 균열 두가지 모두를 유발시킬 수 있다. 그러한 균열이 충분히 커서 발견될 수 있다면 수리가 가능하지만, 균열을 찾기

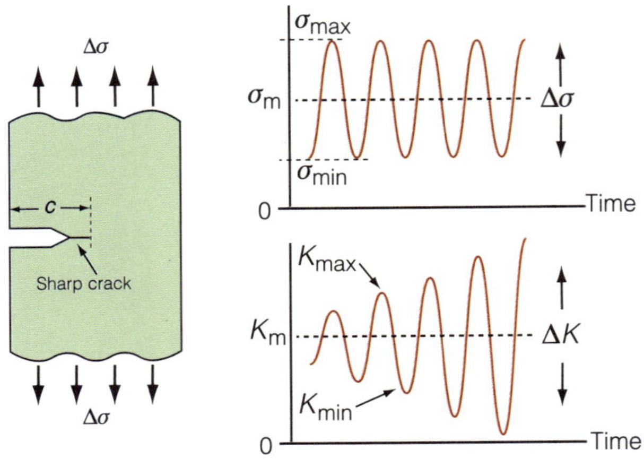

그림 9.6 균열을 갖는 부재의 반복 하중. 일정응력진폭 $\Delta\sigma$는 균열이 진전함에 따라 응력확대계수범위 ΔK가 증가함을 나타낸다.

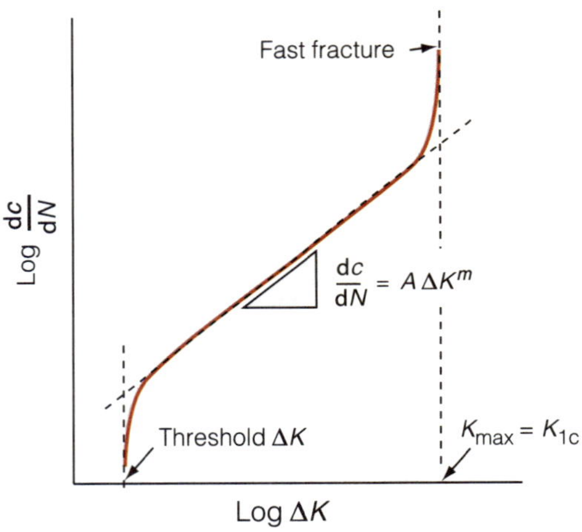

그림 9.7 반복하중 동안의 균열 전파

란 쉽지 않다. 균열을 찾기 위한 모든 비파괴 실험법에도 한계가 있다. 그것은 부재에 균열이 존재하지 않는 것이 아니라, 단지 그러한 한계 균열을 초과하는 균열이 없다는 것만 알려줄 뿐이다. 그러므로 초기, 균열이 존재함을 가정할 필요가 있으며, 주어진 하중의 수에서 파괴되지 않는 부재를 설계할 필요가 있다. 그렇다면 어떻게 피로 균열의 전파가 특정지어질 것인가?

피로균열전파는 그림 9.6에 나타낸 바와 같이, 예리한 균열 길이 c를 갖는 시편에 반복적으로 하중이 작용한 경우를 생각하자. 응력확대계수범위, ΔK를 식 (8.4)를 이용하여 다음과 같이 정의 할 수 있다.

$$\Delta K = K_{max} - K_{min} = \Delta\sigma\sqrt{\pi c} \quad (9.9)$$

균열길이가 증가함에 따라 일정 응력하에서도 ΔK는 시간과 더불어 증가하게 된다. 즉, 그림 9.7에서와 같이, 피로균열전파율, dc/dN은 ΔK와 더불어 증가하게 된다. 하계응력확대계수범위, ΔK_{th}이하에서는 전파율이 0가 된다. 이것은 균열이 더 이상 전파하지 않는다는 것을 확인할 때 유용하다. 반면에, ΔK_{th} 이상의 범위에서는 Paris 법칙에 의하여 기술되는 정상 상태의 영역이 존재한다.

$$\frac{dc}{dN} = A\ \Delta K^{m} \quad (9.10)$$

여기서 A와 m은 상수이다. 높은 ΔK에서는 최대 작용 응력이 파괴인성치 K_{1c}에 접근하므로, 균열전파율은 가속된다. 그것이 파괴인성치에 도달하게 되면 부재는 단 한번의 하중 사이클에서도 파괴가 일어난다.

잠재적으로 균열을 포함한 부재의 피로 파괴에 대한 안전 설계는 위험한 길이까지 균열이 전파하지 않도록, 안전하게 작용할 수 있는 하중의 사이클 수를 계산하는 것을 의미한다. 이것에 대해서는 10장에서 설명할 것이다.

9.4 내구 한도 도표

피로강도를 특징짓는 가장 중요한 성질은 10^7 사이클과 평균응력 0일 때($R = -1$)의 내구 한도 σ_e이다. 이 성질과 평균응력으로 수정할 수 있고, 응력 진폭이 변할 때(식 (9.7) 및 (9.8), 인자들의 조합에 의하여 고 사이클 피로를 설계할 수 있다.

내구 한도와 인장 강도가 상관이 있다는 것은 놀라운 것이 아니다. 이는 그림 9.8의 도표에서 강한 상관을 보여 주고 있다. 금속과 폴리머의 집합에 대한 상관식은 다음과 같다.

$$\sigma_e \approx 0.33\ \sigma_{ts}$$

또한, 세라믹과 유리에 대하여는

$$\sigma_e \approx 0.9\ \sigma_{ts}$$

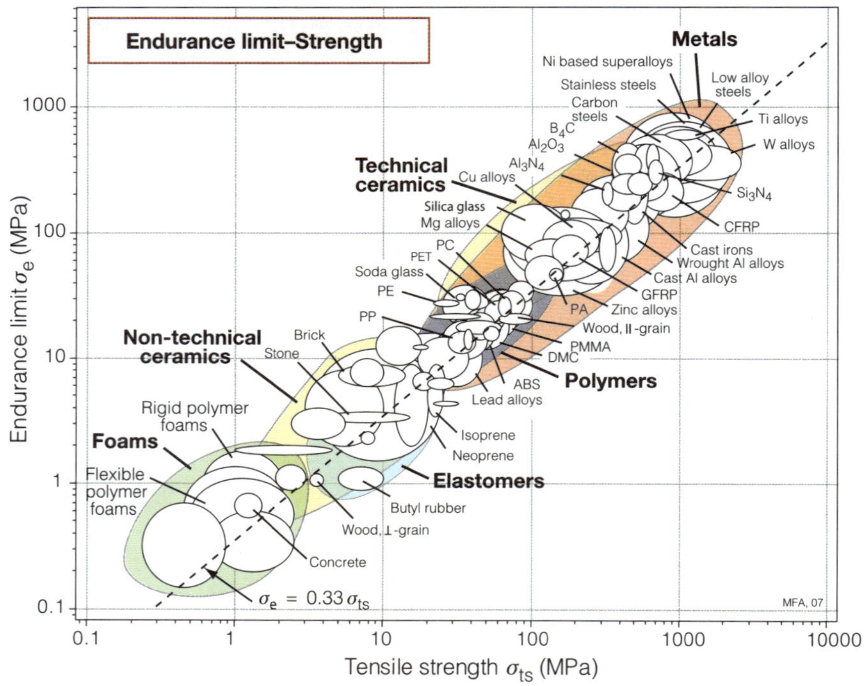

그림 9.8 인장 강도에 대한 피로 한도의 플롯트. 거의 모든 재료는 인장 강도 이하의 응력에서 피로에 의해 파손

의 관계가 있다.

다음 절에서 그 이유에 대해 알아본다.

9.5 심화학습 : 감쇠와 피로의 근원

재료의 감쇠 : 기계적 손실 계수

재료의 감쇠에는 많은 메카니즘이 있다. 어떤 것들은 특정 시간 상수를 갖는 공정과 연관이 있다. 그때 에너지 손실은 특성 주파수와 관련이 있다. 다른 것들은 주파수 독립적이다. 그들은 모든 주파수대에서 에너지를 흡수한다. 금속에서 손실의 대부분은 소규모 전위 운동에 의해 야기된다. 이는 납과 순수 알루미늄과 같은 연한 금속에서 크다. 청동과 고탄소강과 같은 고합금강은 용질이 전위를 고정시키므로 작은 손실을 가진다. 이것들이 종의 재료로 사용된다. 예외적으로 높은 손실은 주철, 마그네슘-구리 합금 그리고 마그네슘에서 찾을 수 있는데, 이는 기계의 진동을 저감시키는 유용한 재료로 이용된다. 공업용 세라믹은 낮은 감쇠를 갖는다. 왜냐하면 세라믹에서의 전위는 강한 격자 지지에 의해 고정되기 때문이다. 이것이 세라믹을 단단하게 만드는 것이다.

반면에, 다공성 세라믹들은 재료가 힘을 받을 때 균열, 마찰 표면, 에너지의 방출로 채워져 있다. 폴리머의 경우, 체인 세그먼트가 하중을 받으면 서로 미끌어진다. 상대적 운동이 에너지를 방출한다. 그것들이 미끌어지는 정도는 온도(T)와 폴리머의 유리 온도(T_g)의 비율에 의하여 의존한다. $T/T_g < 1$이면 2차 결합은 '응고(frozen)' 이고, 계수값이 높고 감쇠는 상대적으로 작다. $T/T_g < 1$이면, 2차 결합은 용융(melted)되고, 쉽게 체인의 미끄럼을 허용한다. 이 계수는 낮고 감쇠는 크다.

피로 손상과 균열

단면 변화가 없고, 게재물, 기공 혹은 균열을 포함하지 않는 완전히 평활한 시험편은 σ_{max}나 σ_{min}이 항복강도를 넘지 않는 한 피로의 영향을 적게 받을 것이다. 그러나 이것은 실행 불가능한 것이다. 아무리 작은 결함이라도 치명적일 수 있다. 리벳 구멍, 단면의 예리한 변화, 나사산, 노치와 표면 거칠기 등은 그림 7.7에서 설명하였듯이 응력이 집중된다. 일반적인 응력이 항복응력 이하라 할지라도, 국부적으로 작용하는 응력은 소성 변형을 야기할 수 있다. 전위의 운동은 응력 집중부의 미소 체적에서 제한적이나 그것은 작은 균열을 전개시키는 손상을 일으키기에 충분하다.

고 사이클 피로에서는 균열이 한번 존재하면, 균열은 그림 9.9(a)와 같은 방식으로 전파한다. 인장 사이클 동안에 작은 소성 영역이 형성되고 개방된 쪽으로 퍼져나가고

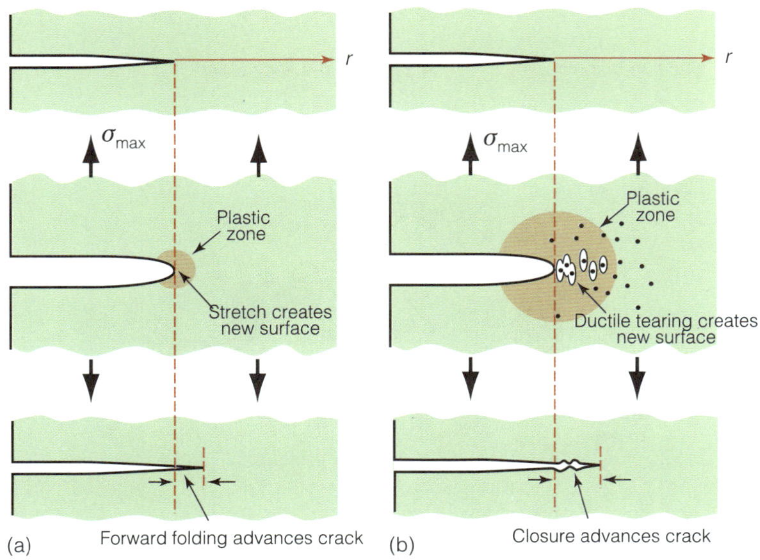

그림 9.9 (a) 고 사이클 피로에서 매 인장 사이클에 대한 작은 소성 영역의 형성: 압축에 따른 새로운 균열의 생성 예. (b) 저 사이클 피로에서 소성 영역의 형성과 공공의 발생, 균열의 핵 생성, 성장, 합체 과정.

이는 곧 새로운 표면을 만든다. 압축 사이클에서는 균열은 다시 폐쇄되고 새로 형성된 표면은 균열을 발전시키면서 앞으로 진행된다. 반복된 사이클은 균열 크기를 증가시키고, 매 사이클마다 작은 물결 모양의 균열 표면을 만든다. 이 줄무늬(striation)들은 피로 파괴의 특성이고, 균열이 어디서 시작되어 어떻게 빨리 전파하였는지를 알아내는데 유용한 정보를 제공해 준다.

저 사이클 피로에서는 그림 9.9(b)와 같이 응력 값은 크고 소성 영역이 크다. 시험편 전체가 음료 캔의 뚜껑을 따듯이 소성 영역이 클 것이다. 가장 큰 변형률은 균열 선단이 될 것이며, 소성이 공공을 발생시켜 연성 파괴와 같이(8장), 균열 핵을 생성, 전파, 합체하게 한다.

9.6 피로에 대한 저항

피로 수명은 강한 재료를 선택하고, 가능한 한 결함을 적게 하고, 내부에 압축잔류응력이 존재하는 표면층을 부여함으로써 향상시킬 수 있다.

강한 재료의 선정

그림 9.8의 도표는 피로 한도와 인장 강도와의 밀접한 연관성을 나타낸 것이다. 대부

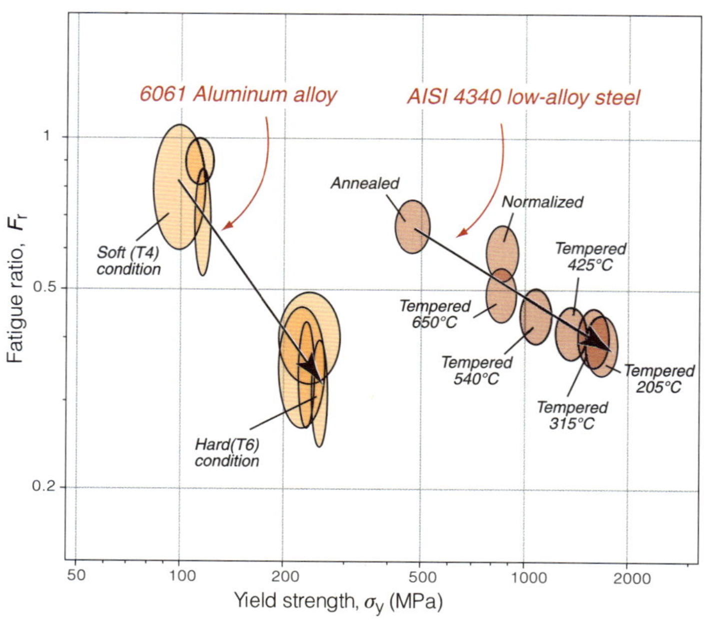

그림 9.10 알루미늄 합금과 강(steel)에 대한 항복강도의 증가에 따른 피로 비의 감소

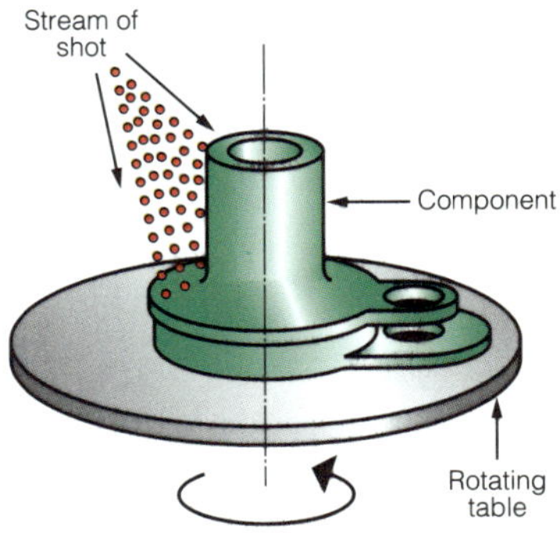

그림 9.11 표면에 압축잔류응력을 발생시키는 방법의 하나인 쇼트 피닝의 예

분의 설계는 인장 강도가 아니라 항복 강도에 기반을 두고 있다. 여기서 상관성은 다소 떨어진다. 여기서 피로 비(fatigue ratio) F_r를 다음과 같이 정의한다.

$$F_r = \frac{\text{Endurance limit } \sigma_e}{\text{Yield strength } \sigma_y}$$

그림 9.10은 시효 경화 알루미늄합금과 저합금강에 대한 F_r에 대한 데이터를 나타낸다. 둘 다 항복강도를 높이기 위해 열처리를 할 수 있으며 높은 강도는 설계 응력을 보장한다. 그러나 그림은 항복 강도 σ_y가 증가함에 따라 F_r은 감소하는 것을 보여 준다. 이는 피로 한도에서의 이득이 항복 강도의 것보다 상대적으로 적음을 의미한다. 발생-제어 피로의 경우에 있어서도 역시 높은 응력과 낮은 파괴인성치의 조합이 작은 균열 크기가 전파될 것이고 결국 파괴를 일으키게 된다.

재료가 가능한 한 적은 결함을 포함하도록 할 것

고체에서 원치 않는 입자를 제거하기 위하여 필터링하여 화학 조성을 주의 깊게 제어한 깨끗한 합금에서도 피로 균열이 형성될 수 있다는 것을 이미 언급하였다. X-ray를 이용한 비파괴 검사는 치명적인 결함을 탐지할 수 있다. 또한, 고온 소결(HIP)과 같은 2차 공정들은 균열을 덮을 수 있고 또한 기공을 없앨 수 있다.

압축잔류응력의 부여

균열은 오직 인장 응력이 작용할 때에만 발생한다. 압축응력은 균열이 서로 접촉하게 하여 움직이지 못하게 막는다. 피로 균열은 주로 표면에서 시작되므로 얇은 표면층의 내부에 잔류응력이 부여될 수 있다. 이는 그림 9.11과 같이 쇼트 피닝에 의해 표면에 압축잔류응력을 부여함으로써 가능하다. 자동차나 트럭의 겹판 스프링은 큰 변형으로 구부러지므로 그림과 같은 방식으로 처리되는 응력 피닝을 한다. 이는 피로 수명을 5배정도 향상시킬 수 있다. 비슷한 결과를 샌드 발라스팅(sandblasting)이나 버니싱(burnishing)에 의해 얻을 수 있다.

9.7 요약 및 결론

에펠 탑 혹은 금문교와 같은 정적인 구조물은 수세기 동안 지탱된다. 움직이는 것은 더 짧은 수명 주기를 갖는다. 한 가지 이유는 재료가 정하중 지지 상태일 때가 변동하는 하중 상태일 때보다 양호하기 때문이다. 재료가 견딜 수 있는 장기간 반복 하중 σ_e은 인장강도 σ_{ts}의 1/3 수준이다. 반복 하중에 민감한 피로는 19세기 중반까지 알려지지 않았다. 일련의 중대한 산업 재난이 발생하여 광범위한 연구들이 행하여졌다.

피로파괴를 설명하는 실험적 법칙들과 메카니즘의 연구들은 피로파괴를 덜 일으키게 하였으나, 여전히 철도 레일, 객차, 엔진 그리고 항공기 몸체에서 일어나고 있다. 현재 반복적인 하중이 손상을 누적 시켜 균열을 형성, 전파시켜 갑자기 불안정하게 파괴를 일으키는 것으로 알려져 있다. 이것은 치명적인 현상이다. 균열은 최종 파단까지 아무런 경고 없이 일어나고 거의 육안으로 보이지 않는다.

이장에서 기술된 실험 상수에 대한 규칙과 데이터는 피로 파손을 방지하기 위한 설계의 기초가 된다. 과학적 연구는 피로 파손에 대한 더 큰 저항을 가지는 재료의 개발을 인도하는 통찰력을 제공해 준다. 균열의 형성을 방지하기 위한 표면열처리는 지금 표준 관례이다. 다음 장에서 이들을 되돌아 보고 설계 문제에 초점을 둘 것이다.

9.8 참고문헌

Hertzerg, R.W. (1989) *Deformation and Fracture of Engineering Materials*, 3rd edition, Wiley, New York, USA. ISBN 0-471-63589-8. (*A readable and detailed coverage of deformation, fracture and fatigue.*)

Suresh, S. (1998) *Fatigue of Materials*, 2nd edition, Cambridge University Press, Cambridge, UK. ISBN 0-521-57847-7. (*The place to start for an authoritative introduction to the materials science of fatigue in both ductile and brittle materials.*)

Tada, H., Paris, G. and Irwin, G.R. (2000) *The Stress Analysis of Cracks Handbook*, 3rd edition. ISBN 1-86058-304-0. (*Here we have another 'Yellow Pages', like Roark for stress analysis of uncracked bodies—this time of stress *intensity factors for a great range of geometries and modes of loading.)*

9.9 연습문제

연습문제 E9.1 재료의 기계적 손실 계수 η란 무엇인가? 설계-한도 성질로서 역할을 하는 설계의 예를 들어라.

연습문제 E9.2 재료의 내구한도(피로 한도) σ_e란 무엇인가?

연습문제 E9.3 피로비란 무엇인가? 만일 어떤 합금의 인장강도 σ_{ts}가 900MPa일 때, 피로 한도 σ_e는 개략적으로 얼마가 되겠는가?

연습문제 E9.4 그림은 인장강도가 1800MPa인 AISI 4340강의 S-N 곡선을 나타낸다.

- 피로한도는 얼마인가?
- 만일 평균응력 0, 진폭 1200MPa의 100 사이클의 경우, 파괴는 일어날 것인가?
- 만일 평균응력 0, 진폭 900MPa의 100,000 사이클의 경우, 파괴는 일어날 것인가?
- 만일 평균응력 300MPa, 진폭 800MPa의 100,000 사이클의 경우, 파괴는 일어날 것인가?

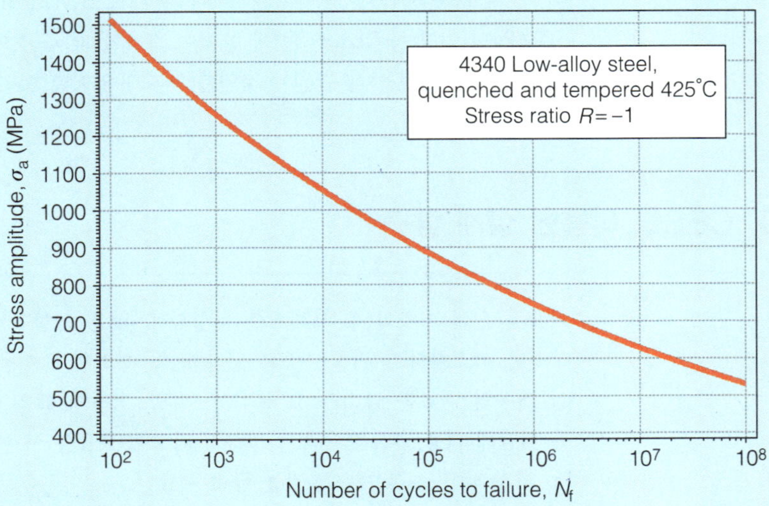

연습문제 E9.5 알루미늄 합금의 고 사이클 피로 수명 N_f가 다음의 Basquin 법칙으로 주어졌다.

$$\frac{\Delta\sigma}{2} = \sigma_a = 480\left(N_f\right)^{-0.12}$$

(응력은 MPa 단위). 평균 응력 0, ±70MPa의 응력 진폭 σ_a에서 재료는 얼마만큼의 응력 사이클을 가질까? 평균응력이 10MPa라면 응력 사이클은 어떻게 변화할 것인가? 평균응력이 −10MPa이라면?

연습문제 E9.6 알루미늄 합금의 저 사이클 피로가 다음의 Coffin 법칙으로 주어졌다.

$$\frac{\Delta\sigma}{2} = \sigma_a = 600\left(N_f\right)^{-0.33}$$

(응력은 MPa 단위). ±100 MPa의 응력 진폭 σ_a에서 재료는 얼마만큼의 응력 사이클을 가지는가?

연습문제 E9.7 350MPa의 인장 강도를 갖는 재료가 평균 응력 70MPa의 반복 하중을 받고 있다. 만일 그 응력 범위가 0인 평균 응력하에서 ±60MPa, 10^5 사이클에서 피로 파괴를 일으킨다면, 70MPa의 평균응력에서의 응력 범위는 동일한 수명을 가지는가?

연습문제 E9.8 인장강도 1800 MPa인 AISI 4340강의 S-N 곡선이 E9.4에 나타나 있다. 0에서1200 MPa의 반복 하중을 받는다고 하자. R값은 얼마인가 그리고 평균 응력, σ_m은? Goodman 법칙을 사용하여 R = −1의 등가 응력 진폭을 구하고 선도에서 피로 수명 값을 구하라?

연습문제 E9.9 어떤 재료의 하한계 응력확대계수범위가 2.5MPa·$m^{1/2}$이다. 만일 50MPa의 인장 응력 $\Delta\sigma$의 반복 응력이 작용할 때, 그것이 1mm의 내부 균열을 가지고 있을 때 안전할 것인가(파괴가 일어날 것인가)?

9.10 CES를 이용한 설계 탐구

연습문제 E9.10 기계적 손실 계수의 봉 그래프를 작성하라. 낮은 손실 계수 η의 재료는 감쇠를 최소화하기 위한—종과 같은 진동 시스템에 이용된다. 높은 손실 계수의 재료는 감쇠가 요구되는—빌딩, 자동차 그리고 기계류의 소음 저감에 이용된다. 다음을 결정하기 위하여 도표를 사용하라.

(a) 가장 낮은 손실 계수를 갖는 금속 재료

(b) 가장 높은 손실 계수를 갖는 금속 재료

연습문제 E9.11 다음에 사용되는 재료를 선정하기 위하여 'Search' 를 사용하라.

(a) 종

(b) 피복재(Cladding)

연습문제 E9.12 표면 처리 데이터 도표를 적용한 'Limit' 단계를 사용하여, 피로 저항을 향상시키기 위한 표면 열처리 공정을 찾아라. 순서는 다음과 같다.

(a) 선택 표를 Process Universe level 2 표면 처리로 변화하고, 처리 기능에 있는 'Limit' 단계를 오픈한다. 그 다음 피로 저항 >를 클릭. 결과를 복사, 보고서 작성

(b) Level 3 표면처리 데이터 도표를 이용하여, 반복한다.

연습문제 E9.13 열처리할 수 있는 저합금강 AISI 4340강의 피로비와 항복강도와의 관계를 조사한다. 피로 한도는 '10^7 사이클에서의 피로 강도' 로 데이터 베이스에 저장되어 있다.

(a) 항복강도 σ_y에 대한 피로 한도의 비 σ_e/σ_y를 도시하라.

(b) 인장강도 σ_{ts}에 대한 피로한도의 비 σ_e/σ_{ts}를 도시하라.

데이터베이스의 Level 3를 이용하라. 저합금강, AISI 4340에 대한 폴더의 'Tree' 단계 적용. 그 다음 다른 모든 재료에 대하여 배제하고 두 가지 도표를 작성하라. 경향이 어떠한지 설명하라?

제 10 장

한 몸으로 꼭 붙잡아 놓기 : 파괴제한 설계

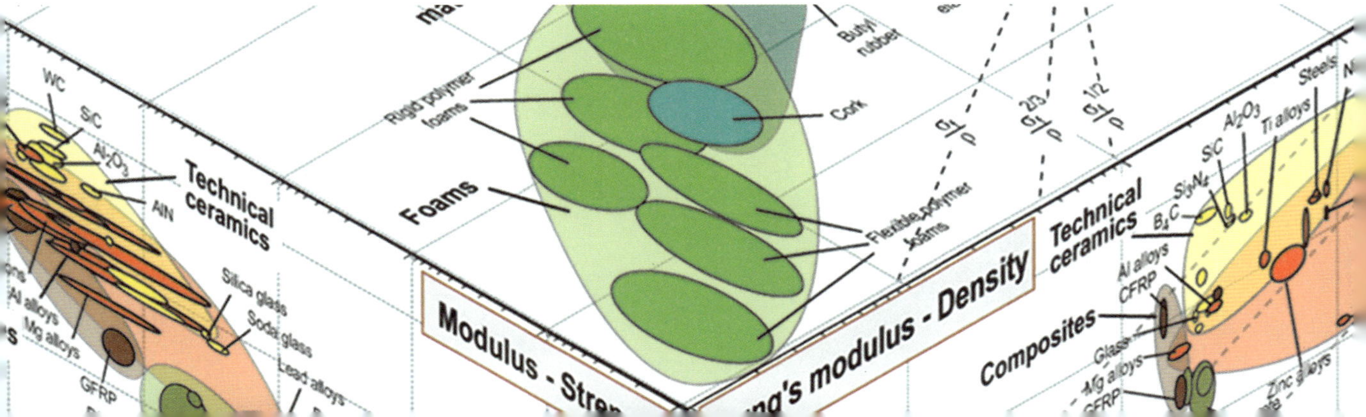

깨진 파이프(그림출처: 영국 쉐필드 햌럼 대학교, 공과대학, 로버트 아키드 교수)

10.1 서론 및 개요

완벽하게 균열이 없는 구조물을 건축하기는 정말 어렵다. 8장에서 설명한 것처럼 균열은 주조나 용접 과정의 수축 시에도 생기고, 압연 과정에서 혼입물의 파괴에 의해서도 생기며, 부주의한 기계가공에 의해서도 흔히 생기기 때문이다. 애초에는 균열이 없었던 경우에도 반복적인 하중(9장)이나 부식에 의해 나중에 균열이 발생하기도 한다 (17장).

이러한 현실 때문에 균열 있는 구조를 다룰 수 있는 설계 방법이 필요하게 된다. 8장에서 균열에 의해 야기되는 인장응력집중 K_1 개념에 대해 설명한 바 있다. K_1은 균열의 길이와 부품의 형상과 어떻게 응력을 받느냐에 따라 달라진다. 보통 우리는 일반적인 형상에 대한 K_1의 표준해(Standard solutions)로부터 시작을 하는데, 특별한 경우를 제외하면 대부분의 경우 만족할 만하다. 균열은 K_1이 그 구조를 이루고 있는 소재의 파괴인성 K_{1c}를 넘지 않으면 전파하지 않고 머물러 있게 된다.

이는 파괴에 가장 잘 저항하는 재료는 가장 높은 K_{1c}값을 갖는 재료임을 의미하며, 하중제한 설계에서도 그러하다. 그러나 어떤 경우에는 설계 요구사항이 주어진 하중에서 파괴가 일어나지 않는 것이 아니라, 용수철과 같이 가해 준 하중을 저장하거나 파괴가 일어나지 않으면서 주어진 변형이 일어나야 하는 경우도 있다 (탄성커플링). 이런 경우 가장 우수한 재료의 선택을 위해서는 10.3절에서 살펴보게 되는 것처럼 파괴인성 K_{1c}와 탄성률 E를 모두 고려해야 한다.

반복하중도 균열을 야기하는데, 9장에서 설명한 바와 같이 축적되는 피로 손상은 균열을 생성시키고 사이클에 따라 조금씩 성장하여 그 길이가 K_{1c}를 넘어서게 되면 빠른 파괴로 이어진다. 반복하중에서의 응력집중(Stress Intensities)도 정적 하중에서와 마찬가지로 표준해로부터 구할 수 있으며, 반복하중집중범위 ΔK가 경계치 ΔK_{th}를 넘지 않으면 파괴는 일어나지 않는다.

이 장 뒷부분에 위의 아이디어들이 무파괴(no-fail) 또는 파괴안전(fail-safe) 설계에 어떻게 적용될 수 있는지 몇 가지 사례들을 제시하였다.

10.2 파괴 문제의 표준해법들

8장에서 살펴본 것처럼 날카로운 균열은 탄성체에서 응력을 집중시킨다. 요약을 하자면 균열 부위의 국부적 응력은 균열선단으로부터의 원주 방향 거리 r에 따라 $1/r^{1/2}$의 크기로 감소한다. 무한 길이를 갖는 평판에 길이 $2c$의 균열이 있고 이 균열면에 수직으로의 인장응력이 가해지게 되면 균열에 걸리는 실제 응력 σ_1의 크기는 다음과 같은

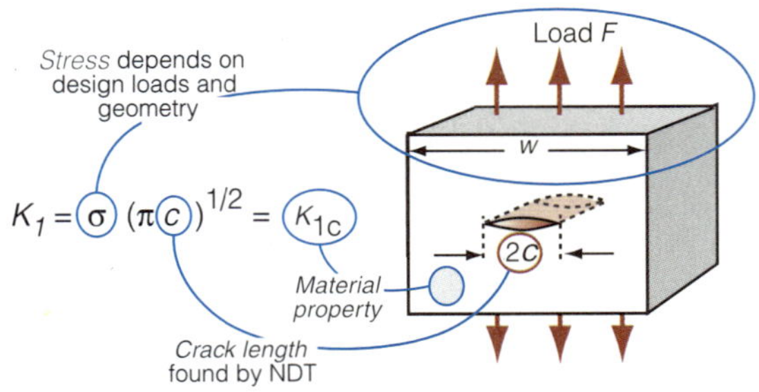

그림 10.1 파괴제한 설계의 핵심 인자: 하중 및 형상, 균열길이 및 재료.

식으로 주어지게 된다.

$$\sigma_1 = \frac{Y\sigma\sqrt{\pi c}}{\sqrt{2\pi r}} \tag{10.1}$$

여기서 r은 균열선단으로부터 측정할 수 있으며 Y는 상수이다. Mode 1의 응력집중인자(Stress Intensity Factor) K_1은 다음과 같이 정의되며

$$K_1 = Y\,\sigma\sqrt{\pi c} \tag{10.2}$$

균열은 다음 조건이 만족될 때 전파하게 된다.

$$K_1 = Y\,\sigma\sqrt{\pi c} = K_{1c} \tag{10.3}$$

여기서 K_{1c}는 재료특성인 파괴인성(Fracture Toughness)이다.

그림 10.1에 나타낸 바와 같이 식 (10.3)은 핵심인자를 요약해 주고 있다. 파괴가 일어나서는 안 되는 부품을 설계할 때 우리는 부품의 형상과 하중을 바꿔줄 수도 있고, 그 부품이 허용할 수 있는 크기 이상의 균열을 포함하지 않도록 비파괴검사를 이용하여 지속적으로 모니터링 할 수 있으며, 적절한 값의 파괴인성을 갖는 소재를 선택할 수도 있다.

다양한 형상과 응력모드에 대한 K_1 식들을 그림 10.2에 나타내었다. 응력이 균일하고 균열이 전체 시편 크기에 비해 작을 경우, Y는 1 또는 1에 가까운 값을 갖는다. 균열은 균일한 응력을 받는 부품 안에서 전파되는 과정에서 표면과 만나 상호작용을 하게 되는데 이로 인해 보정인자(Correction factor)가 필요하게 된다. 만약 응력이 불균일하다면 Y는 1과 다른 값을 갖게 된다. 더 정확한 근사식과 기타 특수한 하중 상황에 대한 것들에 대한 정보는 '10.6절의 참고문헌' 에서 찾아볼 수 있다.

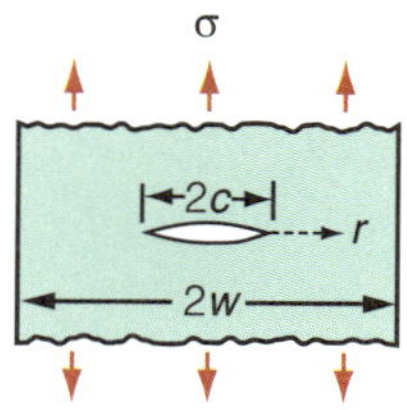	Continued through crack $K_1 = \sigma\sqrt{\pi c}$	$(c \ll w)$
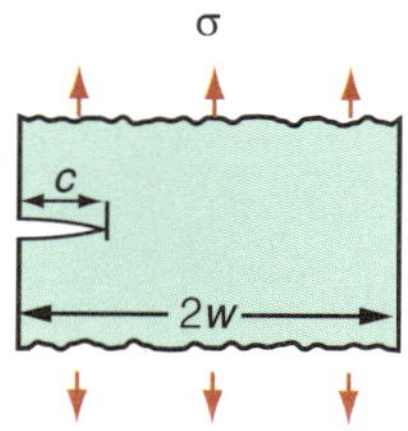	Single edge notch $K_1 = 1.1\sigma\sqrt{\pi c}$	$(c \ll w)$
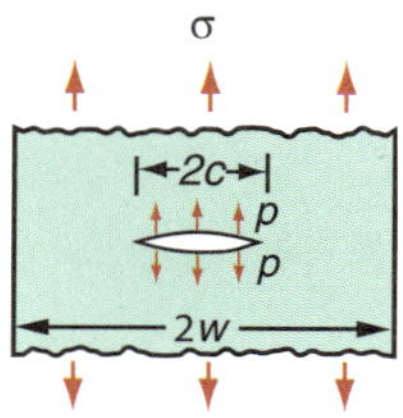	Through crack with pressure p $K_1 = p\sqrt{\pi c}$	$(c \ll w)$
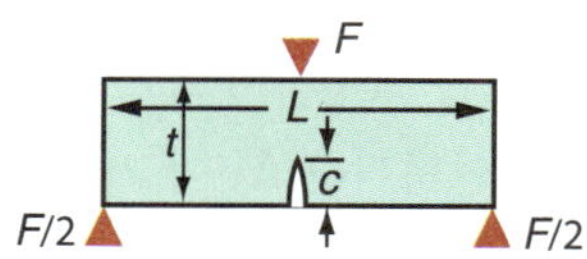	Cracked beam with central load F; b = thickness $K_1 = 3\frac{FL}{bw^2}\sqrt{\pi c}$	$(c \ll w)$
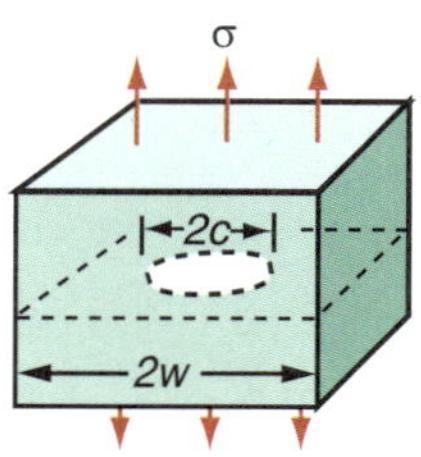	Contained, penny-shaped crack $K_1 = 0.7\sigma\sqrt{\pi c}$	$(c \ll w)$

그림 10.2 간단한 균역과 응집 집중 K_1의 관계

10.3 파괴안전 설계의 재료지수

엔지니어들에게는 '파괴인성이 15MPa.m$^{1/2}$이 안되는 재료는 되도록 피하라'는 경험 법칙이 있다. 그림 8.8의 $K_{1c}-E$ 차트는 몇 가지 예외를 제외하고 대부분의 금속이 20−100의 값을 갖고 있어 이 법칙을 만족시키고 있음을 보여 준다. 즉, 백주철의 경우와 몇몇 분말야금 제품의 경우 10MPa.m$^{1/2}$이하의 값을 나타낸다. 신소재세라믹스의 경우 파괴인성이 1−6MPa.m$^{1/2}$이어서 대부분의 엔지니어들은 매우 회의적으로 생

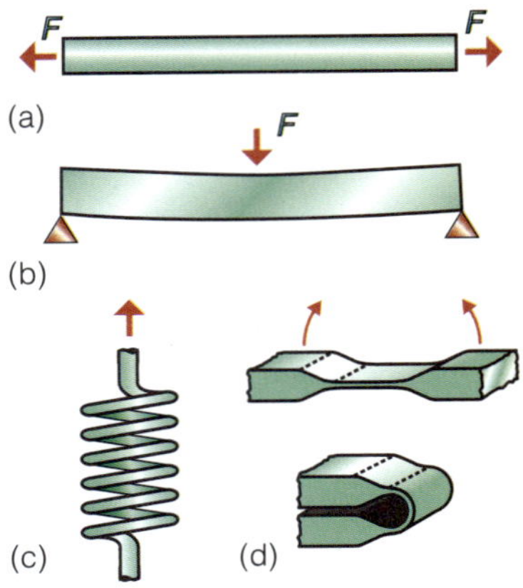

그림 10.3 (a, b) 하중 제한적 설계. (c) 에너지 제한적 설계. (d) 변위 제한적 설계.

각하고 있으나, 0.5−3MPa.m$^{1/2}$ 정도인 신소재고분자는 잘 쓰고 있다. 그 이유가 도대체 무엇일까?

교량 구조물이나 항공기의 날개보 등과 같은 하중 제한적(load-limited) 설계의 경우에는 응력이 식 (10.3)에 주어진 값보다 커지게 되면 취성파괴 거동을 보이며 파괴가 일어나게 된다. 하중을 최대화하려면 다음과 같이 선택기준 M_1이 가장 큰 재료이어야 한다.

$$M_1 = K_{1c} \tag{10.4}$$

그러나 모든 설계가 하중제한적인 것은 아니다. 어떤 경우에는 에너지 제한적이기도 하고, 어떤 경우에는 변위 제한적인 경우도 있다. 이런 경우에는 선택기준이 각각 달라져야 하는데 그림 10.3에 도시한 내용을 참고하여 다른 두 경우의 선택기준을 구해보자.

에너지 제한적 설계

모든 설계가 하중 제한적인 것은 아니다. 터빈과 플라이휠의 스프링과 구속체계들(분해될 경우 파편들을 잡아두기 위한)은 에너지 제한적 설계의 좋은 예이다. 그림 10.3의 스프링을 예로 들어 보자. 스프링에 저장되는 탄성에너지 U_e는 단위체적당 에너지를 전 체적 범위에서 적분한 값과 같다. 즉,

$$U_e = \frac{1}{2}\sigma\varepsilon = \frac{1}{2}\frac{\sigma^2}{E}$$

응력은 식 (10.3)의 파괴응력에 의해 제한되므로 스프링이 저장할 수 있는 단위체적당 최대에너지는

$$U_e^{max} = \frac{Y^2}{2\pi c}\left(\frac{K_{1c}^2}{E}\right)$$

초기 결함 크기를 c라 하면 다음 값이 최대인 재료를 선택하면 최대에너지를 갖도록 할 수 있게 된다.

$$M_2 = \frac{K_{1c}^2}{E} \approx G_c \tag{10.5}$$

여기서 G_c는 8장에서 이미 정의한 인성이다.

변위 제한적 설계

이제 세 번째 시나리오, 즉 변위 제한적 설계이다(그림 10-3(d)). 딸깍하고 따지는 알루미늄 깡통 따개, 탄성 경첩과 연결 장치 등이 그 예이다. 이들은 snap-action이나 충분한 굽힘 변위를 갖도록 모두 충분한 탄성 변위를 나타내야 하는데 큰 파괴변형률 ε_f을 가져야 한다. 변형률은 후크의 법칙에 따라 $\varepsilon = \sigma/E$로 나타낼 수 있으며, 응력은 파괴 관련 식 (10.3)과 관계가 있으므로, 파괴 변형률은

$$\varepsilon_f = \frac{C}{\sqrt{\pi c_{max}}}\frac{K_{1c}}{E} \tag{10.5}$$

따라서 변위 제한적 설계에서 가장 우수한 재료는 다음 선택기준이 가장 큰 재료가 된다.

$$M_3 = \frac{K_{1c}}{E} \tag{10.6}$$

차트의 구획 지수

그림 10.4는 $K_{1c}-E$ 차트를 나타낸 것이다. 이 차트는 재료들을 파괴인성값에 의해 (M_1), 인성값에 의해(M_2), 변위 제한적 지수(M_3)에 의해 비교할 수 있도록 해 준다. 엔지니어의 경험법칙이 요구하는 데로 거의 모든 금속재료들은 하중 제한적 설계의 허용치 15MPa.m$^{1/2}$ 이상의 파괴인성값을 갖는 반면 고분자와 세라믹스는 그렇지 않다.

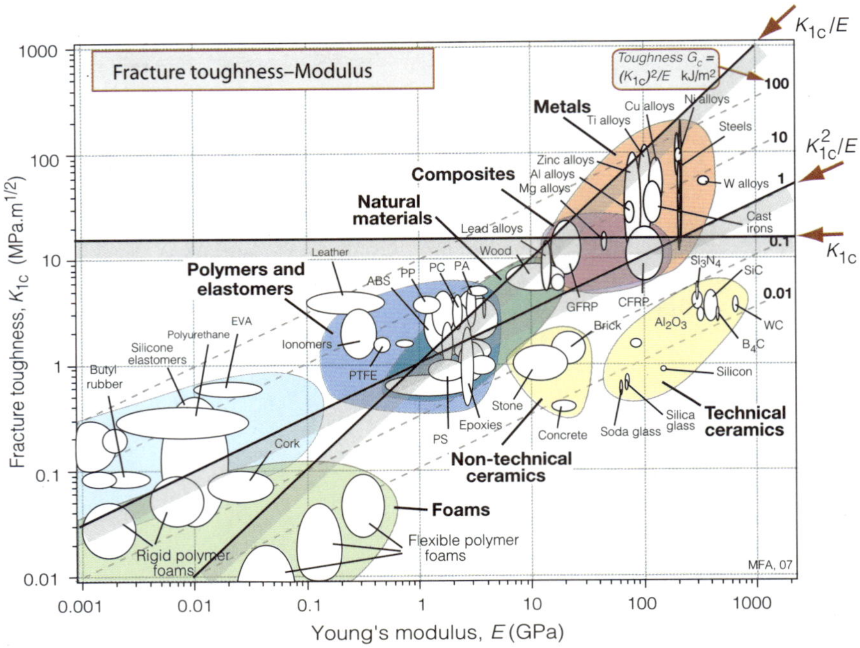

그림 10.4 $K_{1c}-E$ 차트에서 지수 M_1, M_2, M_3를 보여 준다.

그림의 M_2선은 1kJ/m^{2}에 위치해 있는데, 이 이상의 값을 갖는 재료들은 또 다른 경험법칙 차원에서 상당한 정도의 충격저항성을 갖는다고 할 수 있다. 금속과 복합재료, 고분자 재료가 이에 해당하나 세라믹스는 그렇지 못함을 알 수 있다. 변위제한적인 설계를 고려할 경우에는 상황이 또 달라지는데 10^{-3} m$^{1/2}$에서 이 선이 M_3 지수를 나타내게 된다. 이는 왜 고분자가 널리 사용되는가 하는 이유를 설명해 준다. 변위 제한적 설계의 경우에는 가장 우수한 금속재료보다도 고분자, 특히 나일론, 폴리카보네이트, ABS는 더 우수한 특성을 보인다.

그림 10.4로부터 우리는 또 한 가지 사실을 알 수 있는데, 이는 기계공학 엔지니어들이 금속재료(최근에는 복합재료)를 그토록 선호하는 이유가 단순히 인성에만 있는 것이 아니라 세 가지 모든 기준(K_{1c}, K_{1c}^2/E, K_{1c}/E)을 동시에 만족시킬 수 있기 때문이다. 고분자의 경우는 K_{1c}/E는 잘 만족시키고, K_{1c}^2/E는 그런대로 만족시키지만, 세라믹스는 모든 기준들을 다 만족시키지 못한다. 세라믹스에 대한 엔지니어의 뿌리 깊은 불신은 여기에 기인하고 있다.

10.4 사례연구

파괴역학 : 압력용기

에어로졸 캔도 압력용기이고, 프로판가스통도 압력용기이다. 비행기 동체도, 발전설비의 보일러, 원자로 반응기도 모두 압력용기이다. 이들의 기능은 모두 CO_2, 프로판, 공기, 증기 등의 기체를 압력 하에서 보관하는 것이다. 만약 파괴나 파손이 일어나게 되면 그 결과는 끔찍할 것이 분명하다. 파티장에서 고무풍선이 뻥하고 터지는 정도의 미약한 폭발이라면 별문제겠지만, 대형 압력용기의 폭발은 거기다 10^{14}를 곱해야 한다. 압력을 얘기할 때는 항상 안전이 이슈가 된다. 여기 한 예를 들어보자.

트럭에 탑재된 프로판 탱크를 가득 채우고 운전기사는 집에 잠깐 들렀다. 트럭을 햇볕이 잘 드는 양지에 시동을 걸어 둔 채 주차를 하고 집으로 들어가 점심을 먹고 막 커피 한잔을 하고 있을 때 탱크가 폭발해서 심각한 물적 손해는 물론 한 사람이 사망하는 사고가 발생했다. 탱크는 압연 AISI 1030 강철소재로 만들어졌고, 양옆에 돔형 판을 띠 모양으로 용접하여 제작되었는데, 이 띠를 따라 터지면서 파괴가 일어났다 (표지 사진 참조). 후속 조사 결과 용접부에 깊이 10mm 정도의 표면균열이 있는 것을 밝혀냈고 이 균열이 오랜 세월에 걸쳐 가스를 채우고 비우고 하는 과정에서 나타나는 피로 현상으로 천천히 성장했음을 변색과 줄무늬 흔적으로부터 밝힐 수 있었다. 첫눈에 그 균열이 파괴의 직접적 원인임을 알게 된 것이다.

이제 파괴역학이 나설 때다. 가스탱크 벽의 단면 측정에 의하면 파괴인성치가 $45 MPa.m^{1/2}$이고 표 10.1과 같은 제원을 가지며, 1.4MPa의 사용압력에서 1.5MPa을

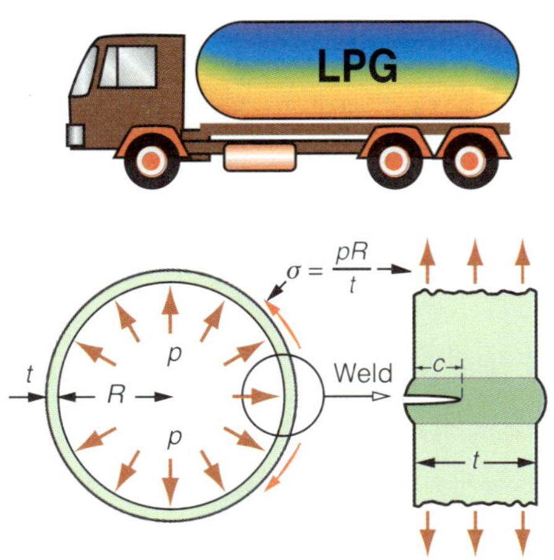

그림 10.5 용접균열이 있는 실린더형 압력용기

표 10.1 탱크 치수

최대 설계 압력 p	1.5MPa
벽 두께 t	14mm(용접부는 보다 두꺼움)
외경 $2R$	1680mm
길이 L	3710mm

초과할 경우 해제밸브가 작동하도록 되어 있었다고 한다.

압력 p를 견디는 반경 R과 두께 t의 실린더형 압력용기 벽에 걸리는 인장응력은 4장에서 배운 대로 구할 수 있다(그림 10.5). 위에 주어진 수치들을 대입하여 값을 구해 보면

$$\sigma = \frac{pR}{t} = 90\ \text{MPa} \tag{10.7}$$

또 깊이 10mm의 표면균열을 갖는 45MPa.m$^{1/2}$의 파괴인성을 갖는 강철판의 파괴응력은

$$\sigma = \frac{K_{1c}}{1.1\sqrt{\pi c}} = 231\ \text{MPa}$$

이 값은 탱크 벽에 걸리는 응력보다 2.5배 이상이다. 이 응력을 탱크 내부 가스 압력으로 계산하면 3.8MPa로 설계 안전압력 1.5MPa를 크게 상회한다.

여기서 계산이 틀리지 않았나 하는 생각이 들 수 있다. 왜냐하면 안전밸브가 달려 있다고 했기 때문이다. 따라서 폭발의 원인을 규명하려면 좀 더 면밀히 검토해 보아야 한다. 안전밸브를 검사한 결과 밸브가 부식되어 제대로 작동하지 않았음을 밝혀냈고, 태양열과 트럭 배기가스 열로 가스탱크의 온도가 상승하여 탱크 내 액화가스를 기화시켜 3.8MPa 이상으로 압력이 올라가 균열 전파를 야기한 것으로 조사되었다. 즉 이 경우에는 파괴의 직접적인 이유가 안전밸브의 작동 불량이라고 결론지었다. 왜냐하면 안전밸브만 제대로 작동하였다면 균열이 전파할 수 없었기 때문이다.

위의 사례는 우리에게 균열이 불안정하게(급격하게) 전파하기 전에 경고해 줄 수 있도록 설계를 하면 어떨까 하는 생각을 하게 해 준다. 우리는 이런 설계를 안전설계(fail-safe design)라고 부른다.

안전설계

용접으로 제작된 구조물은 대체로 균열을 갖고 있다고 봐야 한다. 구조물이나 부품을 손상시키지 않고 균열을 감지해 내고 그 길이를 측정할 수 있는 다양한 비파괴 검사기술(NDT, non-destructive testing)들이 개발되어 있다. 엑스선 검사가 한 방법으로 자동차 합금휠 등을 검사할 때 사용된다. 초음파검사법도 또 다른 방법으로 음파가 균열에 의해 반사되는 현상을 이용하여 존재와 크기를 확인할 수 있다. 표면균열은 형광물질을 이용해 감지해 낼 수 있다. 이런 방법들을 사용할 수 없을 때에는 탱크에 물을 가득 채우고 정해진 사용압력까지 올려 사용조건에서 전파할 균열이 없음을 보이는 보증시험(proof-testing)을 하기도 한다. 위의 모든 방법들은 어느 크기 이하의 균열은 감지할 수 없는 분해 한도 또는 분해능(resolution limit)을 나타내게 된다. 이러한 검사방법들은 구조물이나 부품에 균열이 없다는 것을 보여 주는 것이 아니라 분해능 이상으로 큰 균열이 없다는 것을 보여 준다.

첫 번째 안전설계 조건은 응력이 어느 곳에서든 분해 한도 내 크기의 균열이 전파하지 않을 만큼 작게 걸리도록 해 주는 것이다. 이 조건을 만족시키는 가스탱크에 걸리는 압력은

$$p \le \frac{t}{R}\frac{K_{1c}}{\sqrt{\pi c_{\mathrm{lim}}}} \tag{10.8}$$

따라서 가스탱크에 걸리는 압력이 최대가 되려면 재료의 파괴인성이 커져야 하므로

$$M_1 = K_{1c} \tag{10.9}$$

가 되고 이는 앞서의 하중 제한적 지수와 마찬가지이다.

하지만 위의 경우는 안전설계가 아니다. 만약 검사가 부정확하였거나, 어떤 다른 이유로 해서 균열크기가 분해 한도 내 균열크기 c_{lim}보다 클 경우, 파국적인 파괴를 피할 길이 없기 때문이다. 안전성을 더 높이기 위해서는 항복이 일어나기에 충분한 응력에서도 균열 전파가 일어나지 않도록 하면 된다. 왜냐하면 일단 안정적으로 항복이 일어나면 파괴 이전에 감지가 가능하기 때문이다. 이러한 조건을 파괴전항복기준(yield-before-break criterion)이라고 하며, 식 (10.3)으로부터 다음과 같이 구할 수 있다.

$$c_{\max} \le \frac{Y^2}{\pi}\left[\frac{K_{1c}}{\sigma_y}\right]^2 \tag{10.10}$$

이 기준을 사용하면 받아들일 수 있는 균열의 크기는 다음 지수가 큰 재료를 선택함으로써 극대화할 수 있으며 결과적으로 가스탱크의 완벽성을 극대화할 수 있다.

$$M_5 = \frac{K_{1c}^2}{\sigma_y} \tag{10.11}$$

대형 압력용기는 엑스선이나 초음파, 보증시험 등을 행할 수 없는 것이 보통이다. 또한 균열이 부식이나 반복응력 등에 의해 느린 속도로 성장하기 때문에 사용 전에 한 번 시험해 봐야 의미가 없다. 이런 경우에는 용기의 내부와 외부면이 관통할 만큼 큰 균열이 있고 이 균열이 안정하다고(빠르게 전파하지 않는다고) 하는 조건에서 안전성을 보장할 수 있다. 왜냐하면 이 경우에는 균열을 통해 가스 등이 누설되는 것을 감지할 수 있기 때문이다. 이러한 조건은 '파괴전누설기준(leak-before-break criterion)' 이라 할 수 있으며 용기 두께 t와 결함크기 간의 관계를 $2c = t$로 해서 식 (10.3)을 바꾸면

$$\sigma = \frac{Y K_{1c}}{\sqrt{\pi t/2}} \tag{10.12}$$

압력용기 벽두께 t는 항복이 일어나지 않고 압력을 지탱해야 하므로, 식 (10.7)은

$$t \geq \frac{pR}{2\sigma_y}$$

이 식에다 앞의 식을 대입하면

$$p \leq \frac{4Y^2}{\pi R}\left(\frac{K_{1c}^2}{\sigma_y}\right)$$

따라서 성능지수

$$M_5 = \frac{K_{1c}^2}{\sigma_y} \tag{10.13}$$

가 가장 큰 재료가 높은 압력에서도 안전한 재료가 될 것이다.

M_4와 M_5 모두 σ_y를 작게 하면 크게 할 수 있다. 예를 들면 납 같은 경우가 좋은 예이다. 그러나 압력용기에 적합한 재료로 선택하기 어려운 재료이다. 왜냐하면 경제적 측면과 경량화 측면에서 용기벽은 얇은 것이 좋다. 용기벽 두께는 식 (10.7)로부터 항복강도 σ_y에 반비례하므로

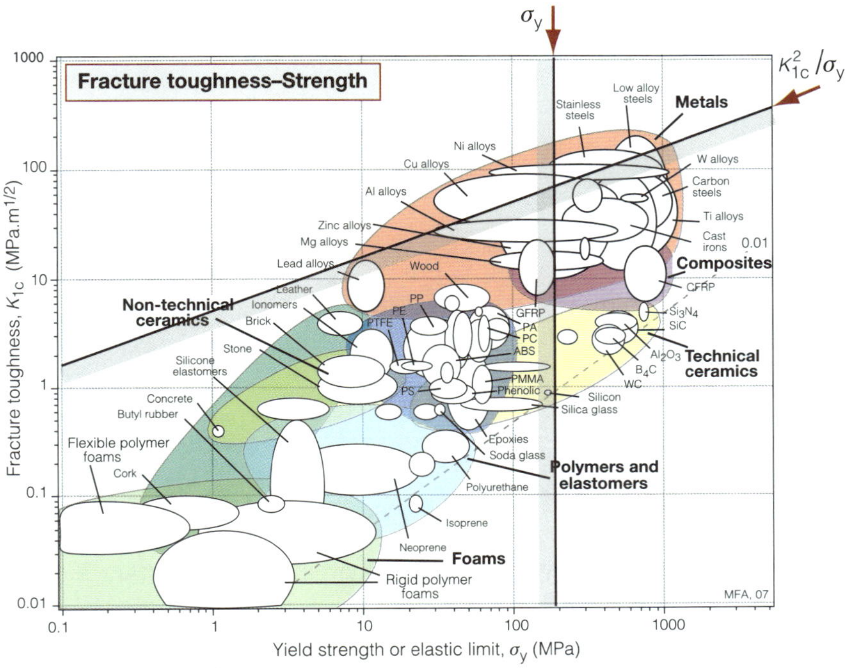

그림 10.6 파괴 전 리크 설계를 위한 최적 재료 선택. 높은 항복강도가 요구된다. 최상의 선택은 오른쪽 위의 작은 영역에 속하는 재료들이다.

$$M_6 = \sigma_y \tag{10.14}$$

라고 하는 새로운 성능지수를 고려하지 않을 수 없으며 재료 선택의 폭은 더욱 좁아지게 된다.

이러한 기준들을 검토하려면 8장에서 소개되었던 $K_{1c}-\sigma_y$ 차트를 이용해야 한다. 우리는 M_1, M_4, M_5, M_6를 이 차트 위에 각각 기울기가 0, 1, 1/2인 직선과 수직선으로 그릴 수 있다. '파괴전누설기준(leak-before-break criterion)'을 예로 하면 그림 10.6에 나타낸 M_5에 해당하는 대각선상에 걸리는 보든 재료들은 같은 성능을 갖는 재료들이며 이 직선 보다 위에 있는 재료들은 더 우수한 재료들이다. 그림에서 보는 바와 같이 대부분의 재료들이 이 직선 아래에 위치해 배제되어야 할 재료들인 데 반해 강철, 구리, 니켈, 티타늄 합금만이 조건을 만족시키는 재료들이다. 두 번째 절개 라인 M_6는 여기서 항복강도 200MPa에 대한 것으로 두 조건을 동시에 만족시키는 영역이 더욱 좁아졌음을 여실히 보여 주고 있다. 이 장의 마지막 부분에 있는 더 많은 연습을 할 수 있는 문제들이 제시되어 있다.

보일러 손상은 과거부터 종종 일어나는 일이었고 심지어 관련된 노래들도 있다. 아

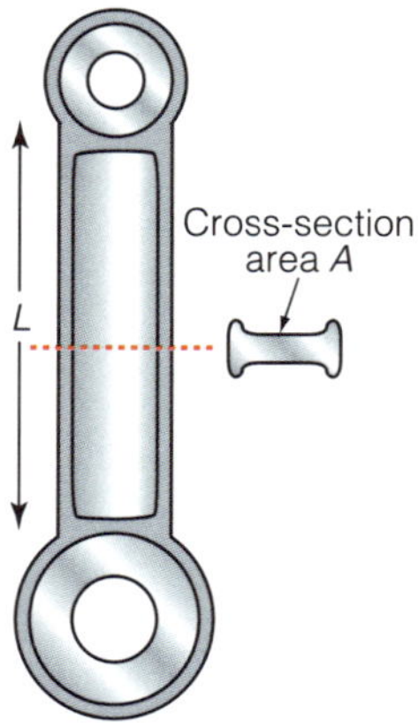

그림 10.7 커넥팅로드

직도 가끔씩—로켓처럼 안전한계(safety margin)가 아주 낮거나, 프로판 가스통처럼 관리가 소홀할 때—종종 터질 때가 있긴 하지만 이제는 옛날처럼 자주 터지지는 않는다. 완전하진 않아도 이러한 성공이야말로 공학실무에 파괴역학을 적용한 덕택이다.

피로저항성 재료 : 고성능 엔진용 커넥팅로드

가족용 차량의 엔진은 대략 6000 rpm 정도를 견디도록 설계되어 있는데 이는 초당 100회전 정도이다. Formula 1 차량의 엔진의 회전수는 보통 이의 세 배 정도다. F1 엔진과 가족용 차량의 엔진을 비교한다면 일반 알람시계와 롤렉스 정도라고나 할까. 가격을 비교해도 그렇다. F1의 경우는 엔진 가격만 20만 달러 정도. 이런 경우는 성능이 모든 것이라 해도 과언이 아니다.

고성능 엔진용 커넥팅로드는 매우 중요한 부품으로 손상이 되면 바로 엔진이 파괴되게 된다. 더구나 관성력을 줄이고 하중이 덜 걸리게 하려면 경량화까지 이루어져야 한다. 즉, 가볍고, 강하며 극한까지 응력을 받아야 한다는 것을 의미한다. 최대 성능보다는 최소단가에 신경을 쓰던 시절에는 커넥팅로드는 주철로 만들었었다. 하지만 이제 우리에게는 성능이 중요하다. 도대체 어떤 소재가 최선일 것인가?

F1 엔진은 오래 버티도록 설계할 필요가 없다. 그저 한 30시간 정도에 불과하지만 그러나 이 30시간 동안을 15,000 rpm으로 내내 버텨야 한다. 이는 3백만 사이클의 반복하중을 받는 것을 의미하며, 극한의 피로하중을 견뎌야 함을 의미한다. 이 상황을 단순화하기 위해서, 동력전달축의 단면적을 A, 길이를 L이라 하고(그림 10.7), 한 사이클당 F의 하중을 전달한다고 하자. 이때 중량은

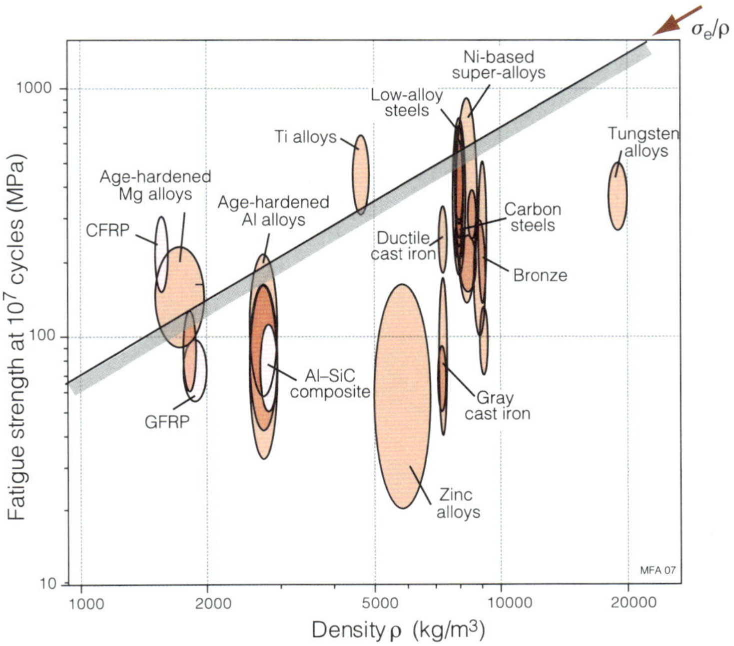

그림 10.8 고강도 금속과 복합체의 내구한계 및 밀도(K_{1c} < 15MPa.$m^{1/2}$ 이하의 재료는 차트에서 제외하였음)

$$m = AL\,\rho \tag{10.15}$$

여기서 ρ는 밀도이다. 피로 제한 요소는 커넥팅로드 소재의 피로 내구한 σ_e를 이용하여 다음과 같이 쓸 수 있다.

$$\frac{F}{A} \le \sigma_e$$

식 (10.15)에서 A를 없애면

$$m \ge F\,\ell\left(\frac{\rho}{\sigma_e}\right)$$

따라서 가벼우면서 피로저항성이 우수한 재료의 성능지수는

$$M = \frac{\sigma_e}{\rho} \tag{10.16}$$

로 나타낼 수 있다.

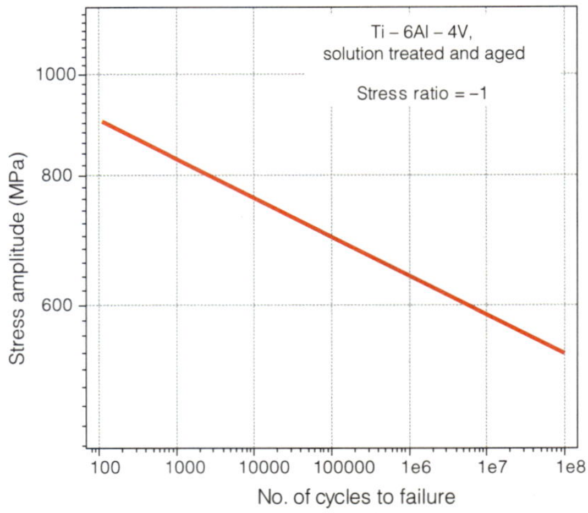

그림 10.9 Ti-6Al-4V 티타늄합금의 S-N 곡선

성능지수 M이 높은 소재는 그림 10.8과 같이 σ_e와 ρ를 축으로 하는 차트를 그리되 추가적인 제한 요소로 K_{1c}가 15MPa.m$^{1/2}$를 넘는 재료를 선택하여 그림으로 나타내어 찾아낼 수 있다.

만약 여기서 훨씬 더 큰 CES LEVEL 3 데이터베이스를 사용하여 재료 선택이 반복될 경우 일상에서 흔히 보기 어려운 새로운 소재들, SiC(또는 보론), 알루미나 섬유강화 알루미늄, 베릴륨합금, 고성능 탄소강화복합재료 등이 등장하게 될 것이다. 탄소섬유강화플라스틱(CFRP) 복합재료 커넥팅로드는 제조하기가 쉽지 않기는 하지만 최소한 3개 이상의 시제품이 제작되어 시험까지 된 바 있다. 이들 시제품들은 외부를 필라멘트 섬유로 칭칭 감은 CFRP 튜브의 압축 Strut 끝단에 티타늄이나 알루미늄 베어링 하우징을 연결하기 위해 사용한다.

레일 균열

2000년 10월 7일 오후 12시 23분, 런던 발 리드 행 열차가 햇필드 역 외곽에 허용 최대속도인 115마일의 속도로 진입하고 곧이어 탈선하여 4명이 사망하는 사고가 발생했다. 영국철도에서는 지금도 더 많은 인명이 매일 사망하지만, 이 사고는 당시 철도체계에 많은 변화를 가져왔고, 거의 전국이 마비될 정도의 소동이었다. 관리 소홀과 무관심이야말로 전국의 많은 레일에 발생하는 균열에 대한 원인이라 할 수 있으며, 끔찍한 사고를 일으키는 원인의 대부분은 이러한 균열들이다.

레일헤드의 균열 발생은 놀랄 일이 아니며, 그렇기 때문에 연일 레일들이 정기적으로 교체되는 것이다. 균열은 기차바퀴가 레일과 만나는 지점에 걸리는 1GPa 이상의 극한적인 접촉응력 때문에 발생한다(그림 10.10(a)). 이 접촉응력은 레일표면을 변형시키고, 바퀴는 앞 방향으로 움직이면서 전단응력을 남기기 때문에 강철 레일 표면에서는 기차의 이동 방향과 반대방향으로 심하게 전단 변형이 일어나게 된다. 균열의 핵은 이 전단 변형층이 60,000 사이클의 반복하중을 받게 되면 생기기 시작하며 표면과 거의 평행한 배열을 한다(그림 10.10(b)). 변형은 레일 위쪽에 압축력을 가하나 가운데 기둥 부분(Web)의 인장력에 의해 균형을 이루게 된다. 용접된 레일의 경우는 기온 상승시의 열팽창을 보상하기 위해 사전에 인장을 가해 놓기도 하는데 이럴 경우 기둥 부분의 인장력은 더 커지게 된다.

여기서 미스터리인 것은 어떻게 해서 이 별로 크지도 않은 표면 균열들이 더구나 레일에는 압축응력이 걸리는데도 불구하고 야금야금 자랄 수 있느냐 하는 것이다. 여기서 한 별난 관찰 결과가 단서를 제공할 수 있다. 레일의 균열은 건조한 상태에서보다 터널 안과 같은 젖은 상태에서 빨리 자란다는 사실이다. 햇필드 사고 이후 조사 결과가 원인을 밝혀냈다(그림 10.10(c)). 기차가 접근해 오면 표면 균열은 열리게 된다. 그림에 나타낸 것과 같이 레일이 젖어 있으면 물이 균열 안으로 들어가고, 기차 바퀴가 지나가면서 균열의 입구가 막혀 물은 갇힌 상태가 되어 내부 압력이 크게 증가하게 된다. 그림 10.2는 내부 압력 p인 균열의 응력을 나타내고

$$K_1 = p\sqrt{\pi c} \tag{10.17}$$

따라서 비록 레일이 압축응력을 받는다고는 하지만 균열선단에는 균열을 전파시키기에 충분하고도 남을 큰 인장응력이 걸리게 된다. 균열은 내부의 정수압에 의해 앞 방향, 그리고 내부로 성장하면서 압축응력을 받는 헤드 부분으로부터 기둥부분의 인장응력층에 도달하게 되고 파국적인 균열 전파가 일어나면서 레일이 파괴되는 것이다.

식 (10.17)을 보면 해답은 표면 균열이 너무 자라지 않도록 해야 한다는 것이다. 압력을 받는 균열의 길이를 짧게 하려면 K_1이 작아야 하고, 긴 균열이라면 K_1이 커야 한다. 레일 관리를 제대로 하려면 정기적으로 레일 표면을 갈아내어 표면 균열을 제거해 주고 너무 많이 갈아내어 레일 자체에 문제가 생기기 전에 레일을 교체해 주어야 한다.

피로균열 성장 : 균열과 함께 지내기

앞서 살펴본 LPG 탱크 균열에서 우리는 줄무늬 흔적을 보았다. 이는 반복적인 압축과 인장응력에 따라 균열이 지속적으로 천천히 성장하며 남긴 잔물결이라고 보면 된다.

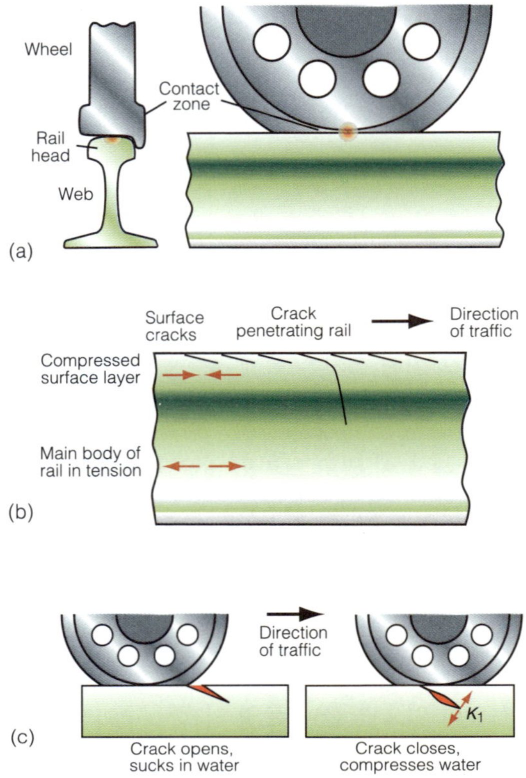

그림 10.10 레일균열. (a) 롤접촉. (b) 표면균열, 장력이 발생하는 레일이 지나가는 부분. (c) 기계장치 균열의 원인.

폭발의 원인이 부실한 관리에 의해 탱크에 과중한 압력이 걸렸기 때문이지만, 관리를 잘 했더라면 과중한 압력은 걸리지 않았을 것이다. 그럼 도대체 얼마나 오랫동안 균열이 성장해야 불안정한 파괴를 일으킬 정도로 자라날까? 식 (10.3)을 이용하여 다음과 같이 우리는 계산할 수 있다.

$$c^* = \frac{K_{1c}^2}{Y^2 \pi \sigma^2} \tag{10.18}$$

만약 $K_{1c} = 45\text{MPa.m}^{1/2}$, $\sigma = 90\text{MPa}$, $Y = 1$이라면 $c^* = 80\text{mm}$가 된다. 얼마나 오랫동안 자라야 80mm가 될 것인가? 1주일? 한 달? 일 년?

이런 종류의 문제는 증기터빈, 화공설비, 보일러, 배관작업 등의 틀(casing)과 같이 용접 때문에 결함을 포함할 수밖에 없는 대형플랜트의 안전성을 평가할 때 흔히 대두되는 문제이다. 대형 터빈 casing을 교체하는 비용 자체도 문제지만 교체하는 동안 장비를 세워야 한다는 점도 문제이기 때문이다. 따라서 결함이 있더라도 완벽하게 안전하기만 하다면 유지관리를 할 필요가 없기 때문에 이러한 평가를 하게 되는 것이다.

피로균열성장에 대해서는 이미 9장에서 설명한 바 있다. 피로균열성장속도는

$$\frac{dc}{dN} = A\ \Delta K^m \tag{10.19}$$

여기서 ΔK는 반복응력집중범위(cyclic stress intensity range)이고,

$$\Delta K = K_{max} - K_{min} = \Delta\sigma\sqrt{\pi c}$$

으로 나타낼 수 있으며, 이 식을 (10.19)에 대입하면

$$\frac{dc}{dN} = A\ \Delta\sigma^m(\pi c)^{m/2} \tag{10.20}$$

잔류수명 N_R은 초기균열길이 $c = c$i에서 급속파괴가 일어나는 균열길이 $c = c^*$ 사이를 적분하면 구할 수 있으므로

$$N_R = \int_0^N R\ dN = \frac{1}{A\ \Delta\sigma^m}\int_{c_i}^{c^*}\frac{dc}{(\pi\ c)^{m/2}} \tag{10.21}$$

이 된다.

만약 탱크가 강철로 만들어졌으며, 균열성장지수 $m = 4$이고 $A = 2.5\times 10^{-6}$, $\Delta\sigma$가 MPa 단위이고, 균열의 초기 길이가 10mm라면

$$N_R = \frac{1}{A\ \Delta\sigma^4}\left(\frac{1}{c_i} - \frac{1}{c^*}\right) = 7\times 10^6\ \text{cycles}$$

라는 답을 얻을 수 있으며, 이는 탱크가 하루 한 번씩 채워진다고 하면 평생 쓸 수 있다는 것을 의미한다.

위의 계산과정은 우리에게 수명 제한적 피로균열 성장이 어떻게 계산하는지 보여주었다. 하지만 위에서 우리는 탱크 벽의 두께가 12mm에 불과하다는 사실을 간과했으며 만약 균열이 벽을 관통한다면 80mm로 크기도 전에 이미 벽에서 프로판가스가 샐 것이고 손상이 드러날 것이다. 이런 관점에서는 탱크에 걸리는 응력의 진폭이 1.5MPa를 넘지 않으면 안전하다고 할 수 있다.

파괴를 위한 설계

튼튼한 봉투, 플라스틱 포장, 알루미늄캔이나 깡통에 제품을 포장해서 판매하는 제조업자들은 구매자들에게 상품이 손상되지 않고 잘 전달되어 포장을 문제없이 잘 개봉할 수 있도록 디자인해야 한다. 흔히 겪는 예로 어떤 때는 새로 산 CD 포장을 뜯는 것도 예삿일이 아니다. 식품, 의약품, 화학제품, 세제 등의 경우에는 대부분 그 제품이 손을 탄 제품이 아니라는 것을 입증하기 위해 '따보면 아는(break-to-access)' 포장을 한다. 어떻게 해야 제품도 잘 보호하면서 포장이 잘 벗겨지도록 할 것인가? 첫 번째는 소재를 잘 선택하는 것이고, 다른 방법은 개봉선에 응력이 집중되도록 하거나, 높은 전단응력을 가지면서 동시에 낮은 박리저항(peel resistance)을 갖는 접착제를 사용하는 것이다.

먼저 적절한 소재부터 시작해 보자. 연성이 낮은 재료를 얇은 막으로 하면 쉽게 찢어진다. '개봉(opening)'의 의미가 찢어서 여는 것이라면 적절한 강성과 강도, 내구성을 가지면서 낮은 연성을 갖는 재료를 선택하면 된다. 뚜껑을 여는 캔의 개봉부는 실제로 이런 이유로 캔 자체의 소재와 다른 소재를 쓴다.

두 번째로 응력집중. 응력집중은 어느 부위의 단면적을 홈을 파거나 줄무늬를 주어 국부적으로 잘 뜯어지도록 감소시키는 것을 의미한다. 실제로 잘 찢어지지 않는 경우도 많긴 하지만 화장지 같은 경우가 좋은 예이다. 참치 캔 뚜껑도 저 연성 알루미늄으로 만들어져 있고 개봉선을 따라 날카로운 홈이 파져 있는 것을 볼 수 있다. 7장에서 살펴본 바와 같이 이때 응력집중은 다음 식으로 나타낼 수 있다.

$$K_{sc} \approx \left(1 + \frac{1}{2}\sqrt{\frac{c}{\rho}}\right) \tag{10.22}$$

여기서 c는 홈의 깊이, ρ로는 곡률반경이고 1/2이 들어간 것은 하중이 인장이 아니라 전단의 형태로 걸리기 때문이다. 0.2mm 깊이의 홈이 0.02mm의 곡률반경으로 파여져 있다면 이때 홈에 걸리는 응력은 다른 부분보다 2.5배 이상 크게 된다.

CD 포장에서 개봉을 위해 들어가 있는 띠는 홈이 아닐 뿐 아니라 더 두껍다. 겉보기에 오히려 보강재와도 같은 이 띠가 어떻게 개봉을 편하게 하는 수단으로 작용할 수 있을까? 그림 7.7은 이에 대한 해답을 제공해 준다. 단면의 어떤 급격한 변화는 응력을 집중시킨다. 만약 띠의 두께가 c이고 포장과 만나는 부분의 반경이 ρ라면 응력집중은 식 (10.22)처럼 주어진다.

찢어서 개봉하는 또 다른 대안은 접착제로 뜯어내는 것이다. 그림 10.11은 뜯어내

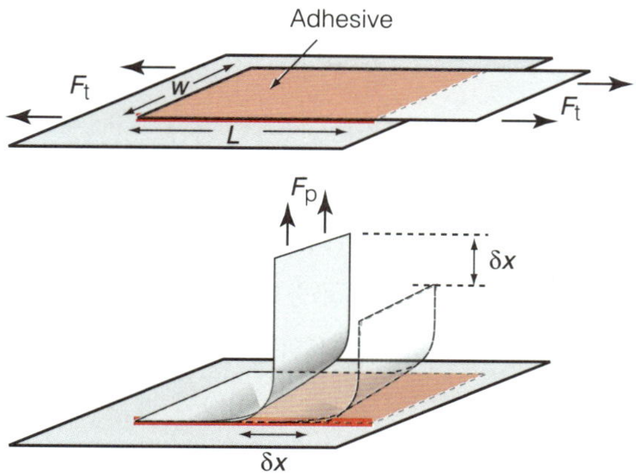

그림 10.11 접착의 벗겨짐

기 전과 후의 접착제 결합부를 나타내고 있다. 접착제는 σ_s^* 의 전단응력과 G_c^*의 인성을 갖고 있다. 접착제로 결합된 포장은 제품을 보호하기 위해 내용물의 중량과 취급할 때의 하중들을 견딜 수 있어야 하기 때문에 면내 인장응력(in-plane yension) 조건에 적합해야 한다. 접착제 결합부가 찢어지지 않을 정도의 면내 당김응력(in-plane pull force) F_t는

$$F_t = \sigma_s^* A = \sigma_s^* w L$$

여기서 $A = wL$은 접합 표면의 면적이고, 개봉을 위해 F_p라는 응력(peel force)이 필요하다고 하자. 그림 10.11은 접합부가 δx만큼 뒤로 젖혀져 새로운 표면의 면적 $w\,\delta x$를 만들어낼 때 F_p가 어떻게 작용하는지를 나타내고 있다. 이렇게 뒤로 젖힐 때에는 에너지 $G_c^*\, w\, \delta x$가 필요한데 이는 G_c^*가 단위면적의 새로운 표면을 만들 때 필요한 에너지이기 때문이다. F_p가 만들어낸 에너지가 이 에너지를 공급하므로

$$F_p\, \delta x = G_c^*\, w\, \delta x$$

따라서 $F_p = wG_c^*$가 되고, 이로부터 F_p에 대한 F_t의 비는

$$\frac{F_p}{F_t} = \frac{G_c^*}{\sigma_s^* L}$$

이 비를 이용하면 특정한 값을 갖는 접착결합을 설계할 수 있다. 접착제를 선택하여 G_c^*와 σ_s^* 값이 결정되면 길이 L을 조정하여 개봉하기 쉽도록 개봉인장응력을 조절할

수 있기 때문이다.

10.5 요약 및 결론

탄성변형은 회복 가능한 가역적 변형이다. 소성변형은 점진적이고 실제로 좋지 않은 일이 일어나기 전에 감지할 수 있다. 소성변형은 교량의 붕괴, 보일러의 폭발, 철도 사고, 항공기 참사 등 대다수의 공학적 대형 사고들의 원인이었다.

부품은 균열과 같은 결함에서 응력집중인자 K_1이 그 소재의 파괴인성 K_{1c}를 초과하게 되면 급속파괴에 의해 망가지게 된다. 급속파괴를 이해하고 설계방법을 개발하게 된 것은 그리 오랜 일이 아니다. 이 두 가지는 모두 고체에 기반을 두고 있으며, 1950년 이전에는 이들에 대해 거의 알지 못했던 것이 사실이다. 이 장에서 우리는 K_1이 어떻게 계산되는지, K_{1c}는 어떻게 측정되는지를 소개하고 실제로 흔히 어떤 상황이 벌어질 수 있는지와 실제 응용 예를 설명하였다.

위에 기술한 내용은 피로에 의한 부품 손상에도 마찬가지로 적용될 수 있다. 겉보기에 멀쩡한 부품이 잘 사용되다가 갑자기 예고도 없이 망가지는 것이 애초에는 작고 별 문제가 될 것 같지 않은 결함이 점차적으로 성장하여 급속파괴가 일어날 정도의 크기로 자라났기 때문이다. 크기가 작은 부품이라면 초기에 무결함일 수도 있지만 반복하중이 걸리게 되면 균열의 핵생성에 이은 성장이 일어나기 때문에 설계 시 재료의 피로시험으로부터 구한 S−N 곡선에 입각하여 설계하여야 한다. 대형 구조물, 특히 용접된 구조물의 경우에는 결함이 없을 수 없기 때문에 결함이 위험 수준의 크기로 성장하기까지의 하중 반복수를 계산하여 예측되는 균열성장속도로부터 수명을 예측한다.

파괴가 항상 나쁜 것만은 아니며, 파괴를 거꾸로 이용하여 수축 랩으로 포장된 제품의 포장을 쉽게 벗겨낼 수 있도록 한다던지, 식품이나 의약품의 내용물이 손을 타지 않은 상태에서 소비자에게 전달되게 한다던지, 음료수캔 등에 활용하기도 한다. 여기서 활용하는 기술의 주안점은 응력을 우리가 원하는 부위를 따라 파괴가 일어나도록 국부적으로 집중시키는 방법으로 설계하거나 적절한 강도를 가지면서 낮은 연성을 갖는 재료를 선택하는 것이다.

10.6 참고문헌

Broek, D. (1981) *Eementary Engineering Fracture Mechanics*, 3rd edition, Martinus Nijhoff, Boston, USA. ISBN 90-247-2580-1. (*A standard, well-documented, introduction to the intricacies of fracture mechanics.*)

Ewalds, H.L. and Wanhill, R.J.H. (1984) *Fracture Mechanics*, Edward Arnold, London, UK. ISBN 0-7131-3515-8. (*An introduction to fracture mechanics and testing for both static and cyclic loading.*)

Hertzberg, R.W. (1989) *Deformation and Fracture of Engineering Materials*, 3rd edition, Wiley, New York, USA. ISBN 0-471-63589-9. (*A readable and detailed coverge of deformation, fracture and fatigue.*)

Hudson, C.M. and Rich, T.P. (eds) (1986) *Case Histories Involving Fatigue and Fracture Mechanics, ASTM STP 918*, American Society for Testing and Materials, USA. ISBN 0-8031-0485-5. (*A compilation of case studies of fatigue failures, many of them disastrous, analyzing what went wrong.*)

Suresh, S. (1998) *Fatigue of Materials*, 2nd edition, Cambridge University Press, Cambridge, UK. ISBN 0-521-57847-7. (*The place to stare for an authoritative introduction to the materials science of fatigue in both ductile and brittle materials, with case studies.*)

Tada, H., Pairs, G. and Irwin, G.R. (2000) *The Stress Analysis of Cracks Handbook*, 3rd edition, ISBN 1-86058-304-0. (*A comprehensive catalog of stress intensity factors for a great range of geometries and modes of loading.*)

10.7 연습문제

연습문제 E10.1 초음파 풍동에서는 공기를 원통형 탱크에 원하는 측정 압력으로 고압 저장하였다가 압력을 해제하면서 원하는 초음속 유량을 만들어 낸다. 압력 용기는 안전이 보장되도록 일상적으로 점검을 하는데, 만약 원통 용기의 직경이 400mm, 벽 두께가 20mm이고 파괴인성값 42MPa.m$^{1/2}$를 갖는 강철로 만들어져 40MPa의 안전시험을 통과한다면 압력용기에 포함되어도 무방한 허용 균열의 길이는 얼마인가?

연습문제 E10.2 유연한 이음새를 만들기 위해 적합한 고분자 소재를 선택하여야 한다고 가정해 보자. 고분자는 2GPa 이상의 탄성계수를 가져야 하고, 파괴가 일어나지 않고 가능한 한 굽힘변형이 크게 일어나야 한다. 그림 10.4 차트를 이용하여 이 요구조건을 만족시킬 수 있는 두 가지 재료를 선택하라. 이 재료들만큼 좋은 특성을 보이는 금속재료들도 있는지 확인하라.

연습문제 E10.3 차량범퍼와 같은 충돌방지 장치는 완전히 파괴가 일어나지는 않으면서 에너지를 흡수할 수 있어야 한다. 가장 효율적이기로는 소성변형에 의해 에너지를 흡수하는 것이 좋지만, 다시 사용할 수 없다는 단점이 있다. 탄성을 유지하는 범퍼라면 충격 이후에도 원형으로 되돌아올 수 있는데 실용적 측면에서 10GPa 이상의 탄성률을 가져야만 한다. 그림 10.4 차트를 이용하여 탄성 범퍼에 적합한 비금속 재료를 찾아 보아라. 최우선 고려사항은 파괴가 일어나기 전에 변위가 최대인 재료이며, 탄성률 제한 요소는 충분한 에너지 흡수를 보장하기 위해 필수이다.

연습문제 E10.4 높은 파괴인성 G_c를 갖는 재료들은 일반적으로 탄성률도 높다. 하지만 부품의 유연성이 요구되어 파괴인성이 높으면서 탄성률이 낮은 재료가 요구되는 경우가 있다. 그림 10.4 차트를 이용하여 0.5GPa 미만의 탄성률을 가지면서 인성 G_c가 높은 재료를 선택하여 보라. 이런 재료를 어디에 적용할 수 있는지 아는 대로 열거하여 보라.

연습문제 E10.5 레이저 거리 측정장치와 같은 고정밀 광학기기를 안정한 지지판 위에 받쳐 놓아야 한다. 화강암은 평면으로 연마하기 용이할 뿐 아니라 열적으로 매우 안정하고 마모에도 잘 견디므로 화강암 판을 대좌에 올려놓고 광학기기를 화강암 판 위에 설치하는 방식으로 지지판을 만들었다고 하자. 선택된 화강암의 파괴인성이 0.9MPa.m$^{1/2}$이고 비파괴검사로부터 5mm 짜리 균열이 내부에 존재한다고 한다. 만약 테이블의 길이가 2m, 깊이가 1m이고 네 귀퉁이에 다리만 있는 단순한 구조이고, 윗면에서 2000N의 하중을 고르게 견딘다고 하면(그림 7.2에서와 같이) 화강암 판의 최소 두께는 얼마가 되어야 하는가? 분석을 할 때 화강암 판의 자체 무게도 포함시켜야 한다. 최소한 균열 중 한 개는 최대 인장 하중을 전달하는 보 부분(즉, 아래쪽 면)에 놓여있다고 가정하라. 화강암의 밀도는 2700kg/m^{3}이다.

연습문제 E10.6 아래 그림의 (a)는 직경 20mm의 원통형 연결봉이다. 이 봉은 ±200kN의 반복하중을 전달하는 데 사용될 계획이고, S−N 곡선과 함께 재질 등의 다른 정보도 그림에 함께 주어져 있다. 이 연결봉이 최소 10^5cycle에서 파괴가 일어나지 않고 사용될 수 있을지 판단하여 보라.

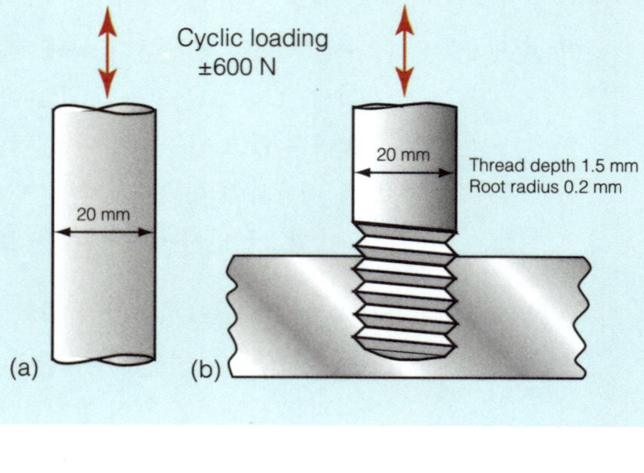

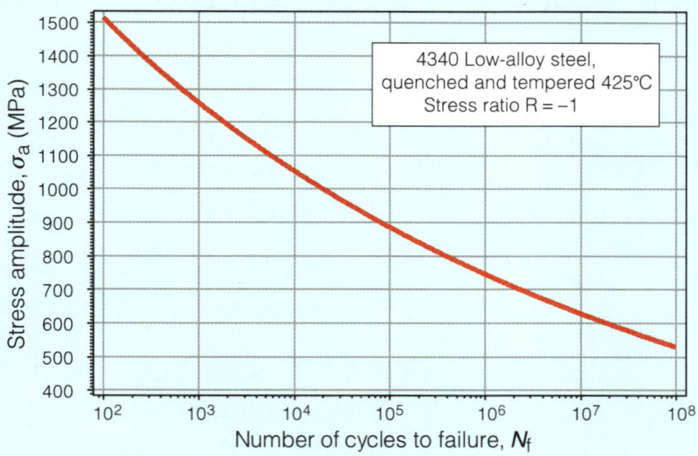

연습문제 E10.7 앞의 문제 부품을 제조하여 시험한 결과 10^5cycle 미만에서 파괴가 일어났다고 한다. 파괴된 부품을 면밀히 조사한 결과 파괴가 그림 (b)의 나사산 끝단부에서 일어난 것을 확인하였다. 나사산의 깊이가 1.5mm이고, 끝단의 곡률반경이 0.2mm라면 얼마의 cycle까지 파괴가 일어나지 않고 견뎌낼 수 있을지 계산하여 보라.

연습문제 E10.8 어떤 접착제가 $G_c = 100 J/m^2$의 인성과 $\sigma_s = 0.1 MPa$의 강도를 갖고 있다고 한다. 이 접착제로 랩조인트를 만든다고 할 때 100N의 면내인장력 (in-plane tensile force, F_t)과 5N의 peeling force, F_p 요건을 만족시키려면 접착면적을 얼마로 해야 하는지 구하라.

연습문제 E10.9 다음 그림은 고강도 항공기용 합금 Ti−6Al−4V 재료로 만들어진 부품이다. 이 부품이 ±210MPa의 반복응력에서 사용된다고 할 때 얼마나 오랫동안 견딜 수 있을지 예측하여 보라.

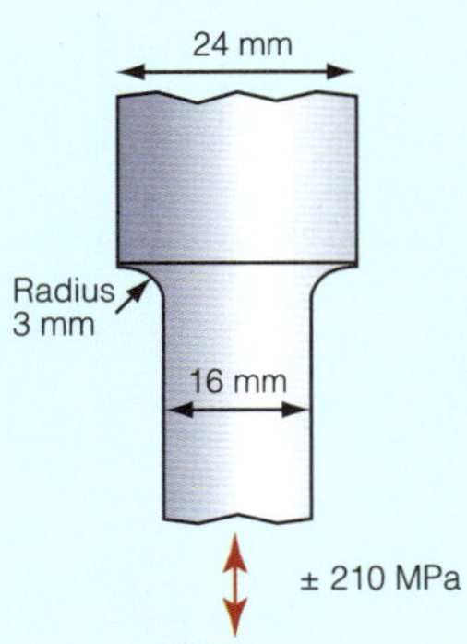

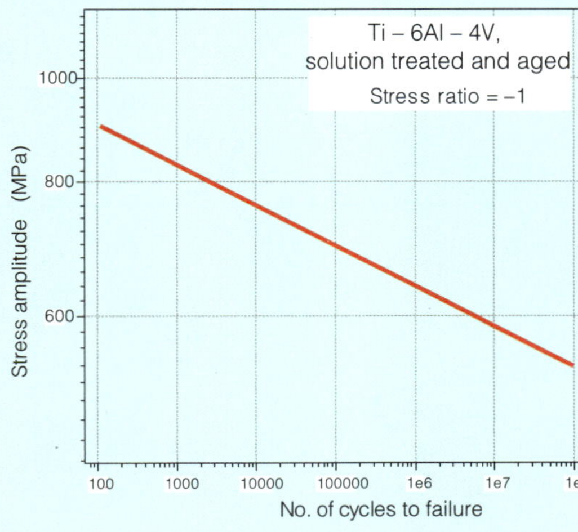

10.8 CES를 이용한 설계 탐구(모든 선택에 대해 Level 2, Materials 사용)

연습문제 E10.10 CES의 'Search' 기능을 이용하여 다음 용도에 적합한 재료를 선택하라.

(a) 압력용기(Pressure Vessels)

(b) 커넥팅로드(Connecting Rods)

(c) 기차레일(Rail Track)

(검색어는 단수로 입력하여도 복수까지 모두 검색하도록 되어 있다. 예, 압력용기의 경우—pressure vessel로 입력해도 pressure vessels까지 찾는다.)

연습문제 E10.11 (E10.2)에서처럼 유연성 커플링을 만드는 데 필요한 고분자를 선택해야 한다고 하자. 선택에 요구되는 조건은 탄성률이 2GPa 이상이고, 가능한 한 파괴가 일어나지 않고 굽힘변형이 최대가 되어야 한다는 것이라고 한다. 이 조건을 만족시키려면 결국 K_{1c}/E가 높은 재료를 골라야 하는데, 이를 위해 E에 관한 제한요소를 'Limit' 기능으로 부과하고, 'Graph' 기능으로 K_{1c}와 E 차트를 만들어 적절한 선택 라인을 도시하여 결과 창에 세 가지 재료만이 남을 때까지 움직여 보아라. 어떤 재료들이 마지막까지 남아 있는가? 가격 순으로 순서를 매겨보아라.

연습문제 E10.12 500MPa 이상의 항복강도를 가지면서 'leak-before-break 기준' 에 기초한 설계에 가장 우수한 성능을 보이는 재료를 선택해 내야 한다고 하자. 적절한 한계 stage와 차트를 만들어 선택 라인을 도시하고 추천할 만한 재료 세 가지를 추려내 보아라.

연습문제 E10.13 앞의 문제의 선택을 'yield-before-break 기준' 으로 바꾸어 똑같이 해 보아라.

연습문제 E10.14 고성능 커넥팅로드 (con-rod)용 재료를 선택한다고 할 때, σ_e/ρ 지수가 높아야 한다. 이때 σ_e는 내구한 (10^7 사이클에서의 피로강도)이다. 또 적절한 재료라면 응력집중을 이겨낼 수 있을 만큼 인성도 좋아야 하는데, $K_{1c} > 15\text{MPa.m}^{1/2}$의 조건을 만족해야 한다. 대략적인 선택 stage를 만들어 위 조건을 가장 잘 만족시키는 세 가지 재료를 열거하여 보라.

제 11 장

문지르고, 미끄러지고, 붙잡고 : 마찰과 마모

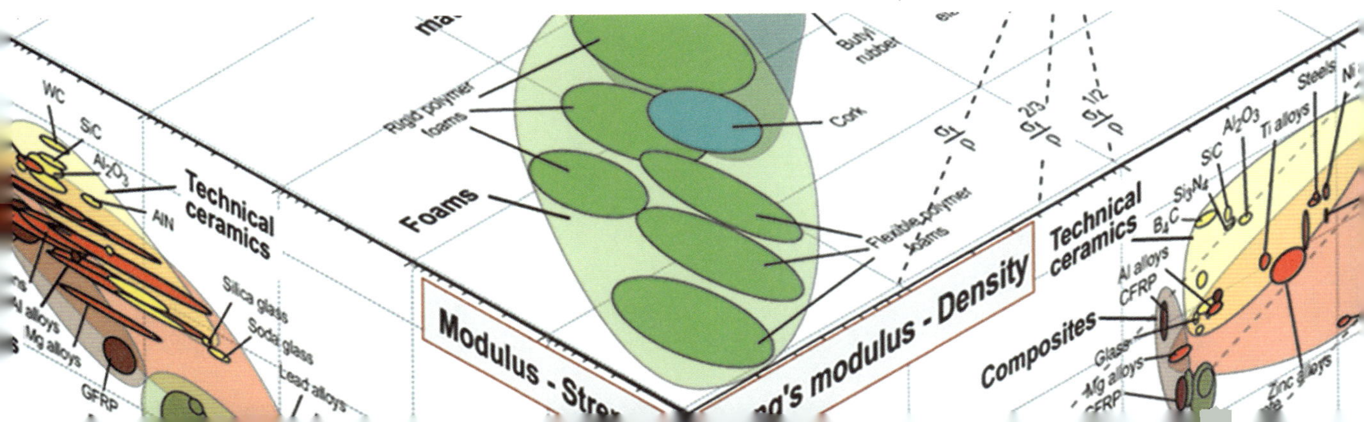

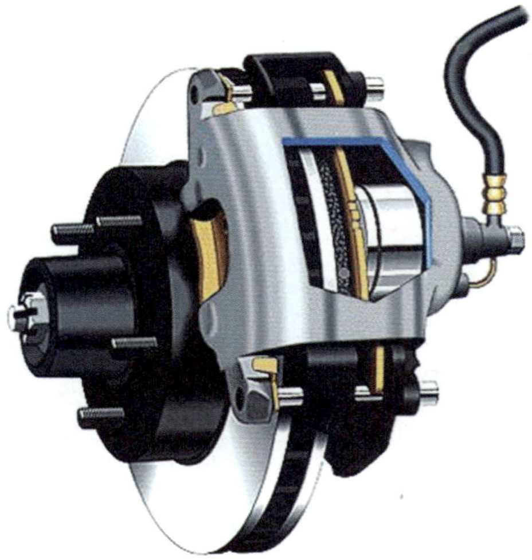

디스크 브레이크(그림출처: 영국 왓퍼드 SEMTA, 폴 턴불 www.gcseinenginering)

11.1 서론 및 개요

흔히들 얘기하기를 하나님이 재료를 만드셨으나, 재료의 표면은 악마의 작품이라고 한다. 분명히 많은 문제가 재료의 표면에서 생긴다. 표면이 접촉해서 미끄러질 때 마찰이 생기고 마찰이 있는 곳은 마모가 된다. 마찰과 마모를 연구하는 마찰공학 연구자(Tribologists)들은 마찰과 마모로 손실되는 에너지와 닳아 버리는 장비를 들어 막대한 경비에 대해 얘기하기를 좋아한다. 실제로 마찰이 일어나지 않도록 하면 엔진, 기어박스, 드라이브트레인 등의 효율은 급격히 개선될 수 있을 것이고, 마모가 일어나지 않으면 훨씬 더 오랫동안 사용할 수 있을 것이다. 하지만 여기서 이러한 부정적인 견해를 무조건 받아들이기 전에 한 번 더 생각해 보는 것이 좋을 것 같다. 마모가 없으면 연필이나 분필로 종이나 칠판에 글씨를 어떻게 쓸 것인가? 마찰이 없으면 약간만 경사가 져도 미끄러져 나뒹굴 것이 아닌가 말이다.

마찰공학적 특성들은 재료 자체의 특성은 아니다. 하나 또는 제3의 재료 위에서 미끄러지는 또 다른 재료의 특성인 것이다. 이러한 재료 간 조합의 수는 너무도 많아서 하나의 단순화된 체계로는 설명하기가 곤란할 정도로 복잡하다. 베어링, 드라이브, 슬라이딩시일(sliding seal)용 재료를 선택할 때 대체로 경험에 크게 의존하게 되는데 이러한 경험에 의한 지식은 문헌에 잘 정리되어 있으며 자문의 내용도 이런 내용들이 대부분이다(이 장 뒷부분에 있는 참고문헌을 참조하라). 하지만 여기서 마찰계수나 마모속도의 크기에 대한 감을 가져보거나 이런 특성들이 재료들과 어떻게 연관될 수 있는지를 알아두는 것이 도움이 될 것으로 생각하여 이 장에서 설명하기로 한다.

11.2 마찰특성

두개의 표면이 접촉하여 F_n이라는 수직하중을 받아 한 면이 다른 면에 대해 미끄러진다고 하면 그 이동 방향과는 반대 방향으로 저항하는 힘 F_s가 생기게 된다. 이 F_s 힘은 F_n에 비례하지만 면적과는 무관하다는 사실이 레오나르도 다빈치[1)]에 의해 발견되었지만 바로 잊혀졌다가 200년이 지난 후 기욤 아몽통[2)]에 의해 재발견되었다. 마찰계수(coefficient of friction)는 그림 11.1에 나타나 있는 것처럼 다음과 같이 정의할 수 있다.

1) 레오나르도 다빈치(1452~1519), 르네상스시대의 화가, 건축가, 기술자, 수학자, 출학자, 발명가

2) 기욤 아몽통(1663~1705), 프랑스의 실험기구 제작자 및 물리학자, 세공을 지니가는 유량으로 시간을 측정하는 물시계를 제작

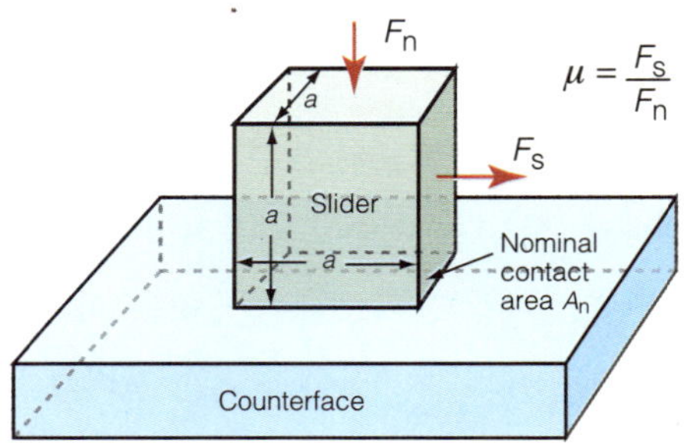

그림 11.1 마찰계수의 정의, μ. F_n 수직하중, F_s 미끄러짐에 필요한 힘.

$$\mu = \frac{F_s}{F_n} \tag{11.1}$$

표면이 미끄러지면 마모가 일어난다. 어느 한쪽 면이 다른 쪽 면 보다 단단하다 하더라도 양쪽 면 모두가 닳게 된다. 이때 마모율(wear rate) W는 통상적으로 다음과 같이 정의되어

$$W = \frac{\text{Volume of material removed from contact surface (m}^3\text{)}}{\text{Distance slid (m)}} \tag{11.2}$$

단위가 m^2이 된다. 목적상 더 유용한 양은 단위표면적당 마모율로서, 비마모율(specific wear rate)이라고 하며 Ω로 표기하며

$$\Omega = \frac{W}{A_n} \tag{11.3}$$

이 되어 단위가 없는 양이 된다. P는 베어링 압력(F_n/A_n)에 따라 증가하는데,

$$\Omega = k_a \frac{F_n}{A_n} = k_a P \tag{11.4}$$

로 나타낼 수 있다. 여기서 k_a는 *Archard* 마모상수(the Archard wear constant)로 불리는 상수이며 단위는 $(\text{MPa})^{-1}$이고, 마모를 일으키는 미끄럼쌍의 성향을 나타내는 척도로 쓰인다. 즉, 높은 k_a는 주어진 가압력 조건에서 마모가 빨리 일어난다는 것을 의미한다.

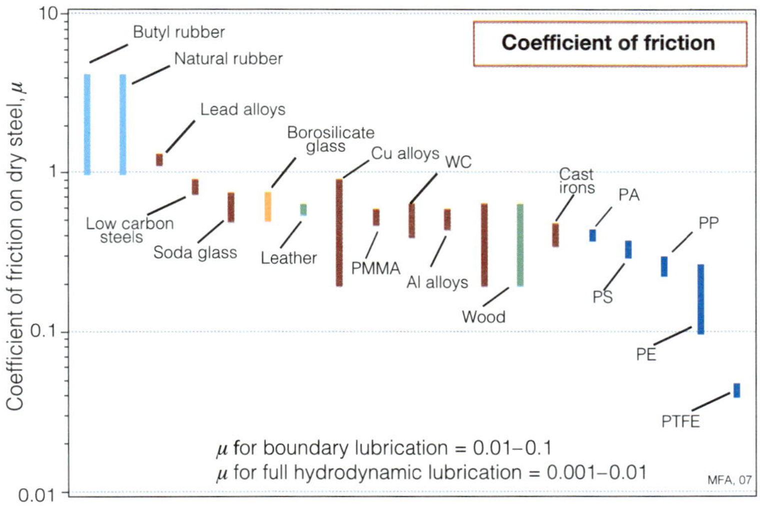

그림 11.2 비윤활 분위기의 강 표면에서 sliding 시킬 때 재료의 마찰계수

11.3 마찰과 마모 차트 만들기

마찰계수

철강(steel) 면에 대해 건식 조건, 즉 윤활을 하지 않은 상태로 sliding 시킬 때의 재료별 대략적인 마찰계수를 그림 11.2에 나타내었다. 그 값은 상대면의 재료에 따라 달라지기는 하지만 그 범위가 $\mu \approx 0.5$로 거의 유사한 것을 알 수 있다. 어떤 조합은 특별히 훨씬 더 높은 값을 나타내기도 하는데 이런 경우는 sliding이 일어나면서 스스로 말려 감기거나(예를 들면 연성 재료가 윤활이 되지 않은 진공 중에서 마찰이 될 때), 아니면 한쪽 면이 충분히 낮은 탄성계수를 갖고 다른 쪽 거친 면의 홈 등을 채워버릴 때이다(꺼칠꺼칠한 콘크리트 면에 고무를 문지르는 경우를 생각해 보라). 극단적으로 낮은 마찰계수의 또 다른 예로서는 PTFE나 흑연이 장입된 황동 베어링, 잘 연마된 철강면에서의 슬라이딩 등을 들 수 있다. 이런 경우의 마찰계수는 0.04 이하로 낮은 값을 갖는데 그림의 바닥 부분에서 보는 바와 같이 이 값도 윤활을 할 경우에 비하면 훨씬 높은 값이다.

마모율-경도 차트

그림 11.3은 MPa 단위로 표시된 경도값에 대해 Archard 마모상수 k_a를 나타낸 그림이다. 베어링 압력 P는 설계에 의해 규정되는 값이다. 어떤 표면이 정적인 접촉압력에

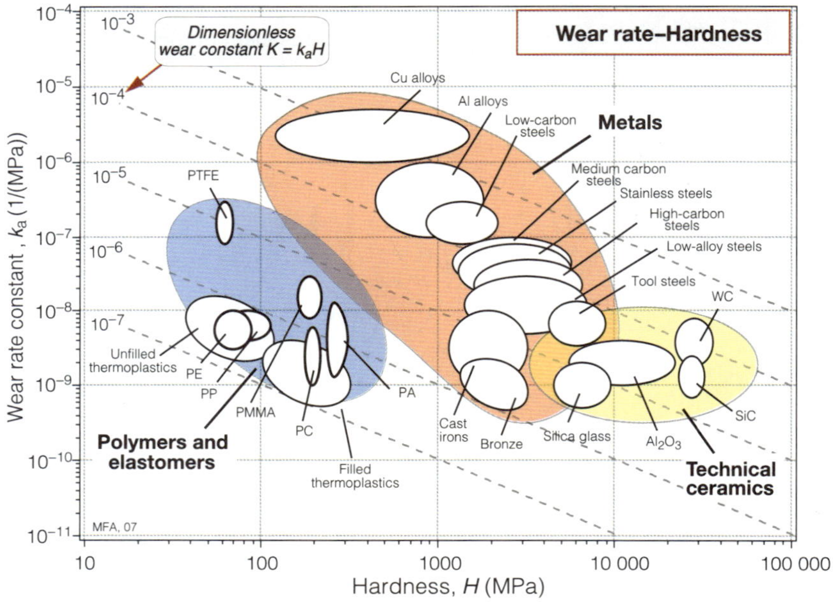

그림 11.3 윤활 미끄러짐에 의한 일반적인 마모속도, 마모난수 k_a, 경도 H. 이것은 비커스 경도(H in MPa = $10H_v$)보다 더 큰 MPa로 나타낸다. 이 차트는 일반적인 공학 재료의 거동을 개략적으로 나타낸다.

저항하는 능력은 그 경도에 의해 측정되므로 최대 베어링 압력 P_{max}는 보다 연질 표면의 경도와 같다고 할 수 있다. 따라서 베어링 면의 마모율 Ω는

$$\Omega = k_a P = k_a \left(\frac{P}{P_{max}} \right) H$$

로 쓸 수 있다.

이 식에는 두 개의 재료 물성이 포함되어 있는데 하나는 마모상수, k_a이고, 또 하나는 경도, H이다. 위의 그림에서 이들 두 물성이 각각 차트의 두 축을 나타내고 있으며 그 대각선은

$$K = k_a H \tag{11.5}$$

로 나타낼 수 있다.

주어진 베어링 압력 P에 대해 가장 우수한 재료는 가장 낮은 k_a 값을 갖는 재료, 즉 위의 차트에서 가장 바닥 쪽에 있는 재료가 된다. 반면에 크기나 중량 면에서 가장 효과적인 베어링이라면 최대 베어링 압력까지 하중을 받더라도 안전하게 견더낼 수 있어야 할 것이고 이는 차트 상에서 P/P_{max}가 상수값을 갖는 영역을 의미한다. 이런 조

건을 만족시키려면 위 식에서 $k_a H$가 최소값을 갖는 재료가 최선일 것이다. 주어진 부류의 재료들(예를 들면 금속)은 그림에서 왼쪽 위에서 오른쪽 아래의 기울기를 보이는 경향을 나타내는데 이는 낮은 마모율이 높은 경도와 연관되어 있기 때문이다.

11.4 마찰과 마모의 물리[3)]

마찰

표면은 아무리 정교하게 연마를 한다 하더라도 결코 완벽하게 평면이 될 수 없다. 18장에서 설명하겠지만, 표면 거칠기는 표면이 어떻게 만들어지느냐에 따라 달라진다. 사형주조(sand-casting)를 하게 되면 매우 거친 표면을 갖고 정밀가공을 하면 매끈한 표면을 가질 것이다. 하지만 어느 것도 완벽하게 매끈하지는 않다. 그림 11.4(a)에 나타낸 것처럼, 수직 방향으로 크게 확대하여 들여다보면 끝도 없이 산과 골이 되풀이되는 것을 확인할 수 있다. 따라서 두 표면이 접촉이 될 경우 아무리 조심스럽게 가공을 했다 하더라도 두 면은 꼭대기와 꼭대기끼리, 즉 점과 점끼리 만나게 되어 있다(그림 11.4(b)). 가해진 하중 F_n은 접촉하고 있는 꼭짓점에 걸리게 되고 이때 실제 접촉면적 A_r은 겉보기, 또는 공칭면적 A_n의 극히 일부분에 불과하다.

이 일부분은 도대체 그럼 얼마나 될까? 두 표면이 꼭짓점에서 접촉이 시작되면 꼭짓점에서는 먼저 탄성변형이 일어나게 된다. 하지만 비록 초기의 하중이 매우 작다 하더라도 실제 접촉 면적이 아주 작기 때문에 11.5(a)에 나타낸 것처럼 소성변형이 일어나기에 충분한 큰 응력이 걸리게 되고 결과적으로 소성변형에 의해 접촉부가 평평해지고 A_r의 면적을 갖는 접합부를 형성한다. 이때 접촉면을 통해 전달되는 하중은

$$F_n = A_r \sigma_y \tag{11.6}$$

이고 여기서 σ_y는 항복강도이다. 따라서 실제 접촉면적 A_r은

$$A_r = \frac{F_n}{\sigma_y} \tag{11.7}$$

가 된다.

3) 마찰과 마모에 대한 이해는 많은 공학자와 과학자들에 의한 것이다. 호주의 Philip Bowden(1903~1968), 루마니아 출신의 영국인 David Tabor(1913~2005)가 1936년 멜버른, 1968년 캠브리지에서 공동연구에 의해서 밝혀졌다.

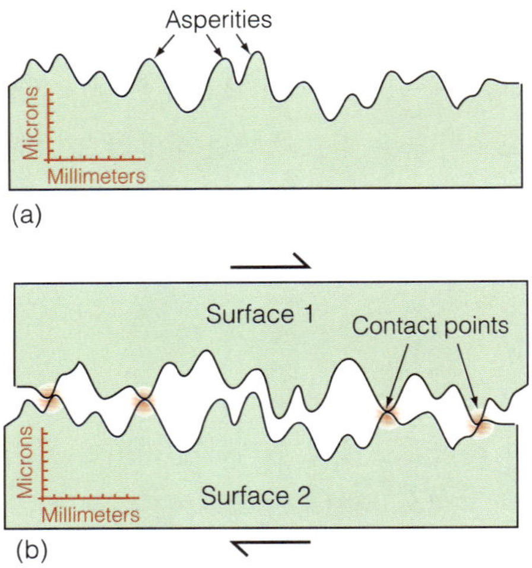

그림 11.4 (a) 수직으로 확대된 표면의 형상. (b) 울퉁불퉁한 곳이 두 표면의 접촉면.

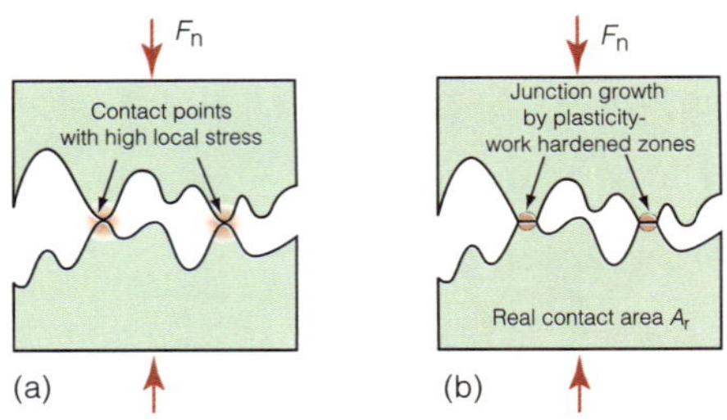

그림 11.5 (a) 첫 접촉면에서 접촉에 의한 높은 응력이 나타남. (b) 소성변형과 접합이 일어나고 접합면 A_r은 소성변형이 없어질 때까지 F_n이 지탱해 준다.

실제 접촉 면적이 얼마나 작은지 확인하기 위해 그림 11.1의 육면체로 돌아가 보자. 육면체의 질량은 $m = \rho a^3$이므로, 힘 $F_n = \rho g a^3 = \rho g a A_n = A_r\ \sigma_y$이다. 여기서 A_n은 공칭 접촉 면적이므로 a^2이고, g는 중력가속도 9.81m/s^{2}이다. 따라서 공칭접촉면적에 대한 실제 접촉면적의 비

$$\frac{A_r}{A_n} = \frac{\rho g a}{\sigma_y}$$

가 된다.

실제로 밀도가 7900kg/m^3, 항복강도가 200MPa인 일반 철강 육면체가 한 변의 길이가 100mm이라면 질량이 7.9kg이 나갈 만큼 묵직한 덩치임에도 실제 접촉면적은 0.4mm^{2}에 불과한 것이다.

이제 한 표면에 대해 다른 표면이 미끄러지는 경우를 생각해 보자. 만약 접촉하고 있는 표면이 극도로 청결해서 바로 용접 상태와 같은 접합이 되어 버렸다면 두 표면을 전단시키려면 전단항복강도 k에 해당하는 전단응력 F_s가 필요하다. 또는 재료가 서로 다르다면 보다 연질인 재료의 전단강도와 같은 전단항복강도가 필요하다. 따라서 윤활이 되지 않은 슬라이딩의 경우,

$$\frac{F_s}{A_r} \approx k$$

또는 $k \approx \sigma_y/2$이므로,

$$F_s \approx \frac{1}{2} A_r \sigma_y \tag{11.8}$$

식 (11.6)으로 이 식을 나누면

$$\mu = \frac{F_s}{F_n} \approx 0.5 \tag{11.9}$$

가 되고 이 값은 앞서 그림 11.2의 중간 부분의 값들과 일치하는 값이다.

여기까지는 미끄럼마찰(sliding friction)을 다루었는데 이는 F_s가 일정한 미끄럼속도를 유지하는 힘일 경우이다. 만약 표면이 정적인 접촉을 벗어나게 되면 접합부는 크립에 의해 성장하여 결합력이 점점 커져 슬라이딩을 유지하는 하중보다도 더 커지게 될 것이다. 이는 슬라이딩을 일으키기 위한 마찰계수, 즉 소위 정적계수(the static coefficient), μ_s가 슬라이딩을 유지하기 위한 마찰계수보다 더 커진다는 것을 의미한다. 이러한 결과는 브레이크의 진동을 야기하는 걸렸다 미끄러졌다 하는 'stick-slip 거동' 을 가져오게 되며, 바이올린 활이 현으로 하여금 공명 진동을 일으키는 원리도 같은 원리이다.

마모

두 가지 슬라이딩마모를 구별할 필요가 있다. 첫 번째는 접착마모(adhesive wear)로서 알루미늄에 구리 등과 같이 동종 또는 유사 재료 사이에 흔히 나타나는 마모로서 거친 표면 선단에서 접촉, 접합되었다가 떨어져 나가면서 마모 손상을 야기하는 마모이다. 두 번째는 연마마모(abrasive wear)로서 플라스틱에 강철과 같이 어느 한쪽 면에 비해 다른 쪽 면의 경도가 더 높을 때 일어나는 마모로서, 경도가 높은 재료의 표면 선단이

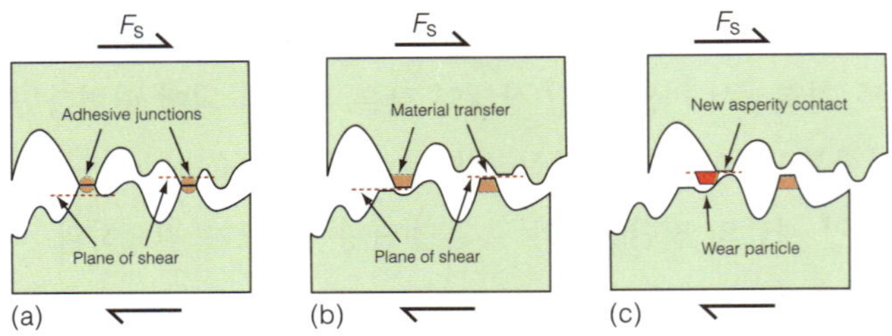

그림 11.6 접착마모

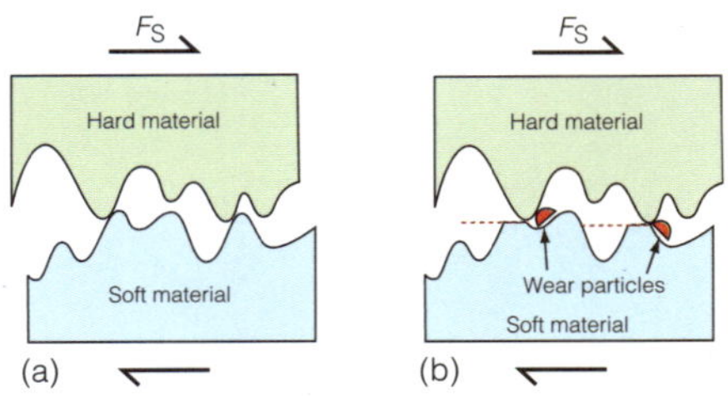

그림 11.7 연마마모

연한 재료를 쟁기질하듯이 파고 들어가 사포질 하듯이 일어나는 마모이다.

그림 11.6은 표면간의 접착이 어떻게 표면으로부터 마모 파편을 만들어내는지 보여주는 그림이다. 마모율을 최소화하기 위해서는 마모파편의 크기를 최소화 하여야 하는데 그러려면 접촉부 면적을 최소화 시켜야 한다. $A_r = F_n / \sigma_y$이므로, 하중을 줄이거나 항복강도를 증가시키면(즉 표면경도를 증가시키면) 마모는 감소한다.

그림 11.7은 연마마모를 나타낸 것으로, 경도가 높은 재료의 표면 선단이 연질 재료의 선단부를 치즈 덩어리에서 가루를 낼 때처럼 깎아내는 것을 알 수 있다. 실제로 더 흔히 문제가 되는 점은 오염이다. 표면 내부로 몰래 숨어드는 경도가 높은 입자들—먼지, 모래, 산화되어 마모된 입자들—은 표면에 박혀 있다가 다른 연한 표면이 접촉하면 깎아버리기 때문이다. 자동차에 공기필터, 오일필터를 사용하는 것도 바로 이런 이유 때문이다.

11.5 설계와 선택 : 마찰과 마모에 대처할 재료들

베어링은 두 개의 부품이 서로 구속을 하는 상태에서 일차원 또는 이차원의 상대 운동을 하도록 해 준다. 핵심 기준은 항복이나 과열, 마모가 일어나지 않으면서 베어링 하중 F_n을 견디고 낮은 마찰계수를 나타내느냐 하는 것이다. 브레이크와 클러치는 반대로 높은 마찰계수를 요구하지만, 나중에 살펴볼 내용에서 알게 되는 것처럼 그 이상의 설계거리가 있다. 여기서는 먼저 베어링에 대해 살펴보도록 하자.

앞에서도 살펴본 바와 같이 건식 슬라이딩에서는 보통 마찰계수(μ) 0.5 정도의 마찰이 일어난다. 만약 여러분들 차의 드라이브 트레인의 마찰계수가 이 정도 값을 갖는다면 바퀴에 전달되는 동력은 거의 없고 대부분이 베어링 표면에서 열손실로 사라질 것이다. 실제로는 엔진 출력의 약 15% 정도만이 마찰 손실로 사라지는데 이는 다음에 설명할 두 가지 혁신적 발명 덕분이다. 윤활, 그리고 롤베어링에 의한 슬라이딩의 대체.

윤활

대부분의 윤활제는 극성기(polar groups)를 갖는 첨가제를 함유한 점성의 오일(일반 비누와 유사한 OH^-기를 갖는 지방산)로서 금속표면에 화학적으로 흡착된 계면층을 형성한다(그림 11.8). 표면 간에 형성된 윤활층은 오일의 점도에 따라 다소 움직임의 제한을 받기도 하지만 용이하게 전단이 일어나기 때문에 마찰계수가 0.001-0.01의 범위로 낮아진다. 슬라이딩 면이 정적일 경우에 베어링 하중 F_n이 걸리게 되면 오일이 바깥으로 비어져 나오게 되더라도, 첨가제의 결합이 이런 움직임에 충분히 저항할 정도로 강하기 때문에 양 표면은 윤활 분자의 이중층(double layer)으로 나뉘게 된다. 이러한 계층면 윤활(boundary-layer lubrication)은 초기 시동 중, 그리고 저 하중에서의 슬라이딩 중에 표면을 보호하기에 충분하지만, 지속적인 사용이나 고성능이 요구될 경우에는 부족하다. 이런 경우 유체역학적 윤활(hydrodynamic lubrication)이 필요하게 된다.

오일의 점성은 저주이기도 하고 축복이기도 하다. 저주라 함은 점성 때문에 슬라이딩하는 부품들에 저항력(drag), 즉 마찰이 생기기 때문이고, 축복이라 함은 점성 없이는 유체역학적 윤활은 불가능하기 때문이다. 그림 11.9는 Reynolds[4]가 처음으로 제시했던 설명을 그림으로 나타낸 것이다. 슬라이딩 베어링은 표면들이 약간 경사가 지도록 설계되어 있다. 오일은 표면들 간의 쐐기 모양 공간으로 넓은 쪽에서 좁은 쪽으로 밀려들어 간다(그림 11.9(a)). 오일이 압축됨에 따라 압력이 증가하고 증가된 압력은 베어링에 의해 전달되는 수직 하중의 힘에 반하여 표면이 벌어지도록 한다. 최대 압력은 슬라이더 중심 바로 아래에 걸리며, 그림에 가장 진한 색깔로 표시되어 있다. 동일한 원리가 회전하는 저널베어링의 경우에도 그림 11.9(b)와 같이 적용되는데, 윤활제는 점성에 의해 쐐기 모양 구역의 넓은 쪽으로 밀려들어 가서 좁은 쪽으로 쓸려나

4) Osborne Reynolds(1842~1912), 북아일랜드인, 유명한 수학자, 공학자이며 무서운 강사, 그의 유명한 숫자—유체의 종류에서 난류로의 변화 설명—와 난류, 윤활에 기여해서 알려짐.

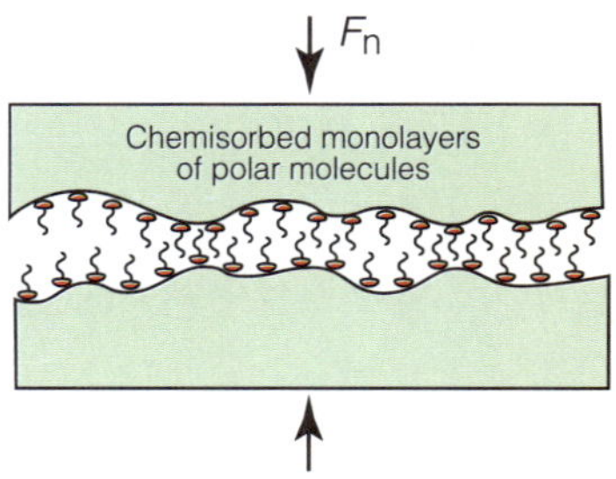

그림 11.8 극성분자가 화학적으로 흡착된 계면층의 형성. 빨간점이 극성분자를 나타내고 꼬리에 탄화수소 사슬이 부착된다.

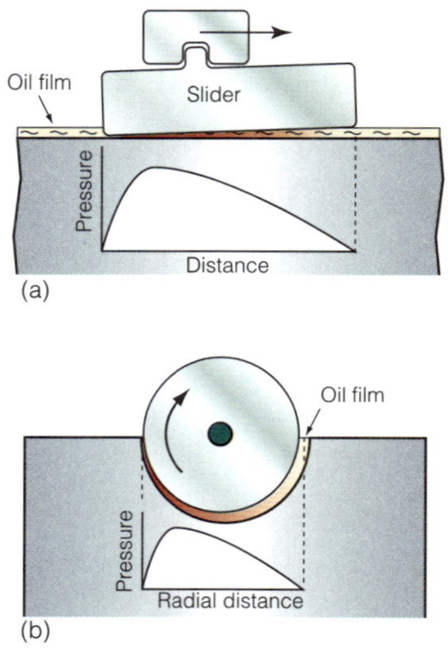

그림 11.9 유체역학적 윤활과 미끄럼, 회전에 의한 압력의 구분

오는데, 압력이 증가하면서 저널이 베어링 축으로 다시 밀려가게 된다. 결과적으로 표면은 유막 또는 윤활액 막에 의해 분리된 채로 서로 접촉하지 않게 되는 것이다.

고온이 되면 유체역학적 윤활제는 분해한다. PTFE, 황화몰리브덴(MoS2), 흑연과 같은 고체윤활제들은 500°C까지 사용 온도가 올라간다. PTFE는 250°C까지 충분히 낮은 고유 마찰계수를 유지하고, 황화몰리브덴(300°C)과 흑연(500°C)은 특유의 층상(lamellar) 결정구조에 힘입어 특정 결정 방향으로 전단이 용이하게 일어날 수 있어 고온에서도 0.1 이하의 마찰계수를 나타낸다. 위의 모든 재료들은 윤활제로 사용할 수 있으며, 황동, 주철과 같은 소결금속 다공성 베어링의 기공에 섞어 넣어 사용할 수도 있다.

여기까지를 배경 설명이라 한다면 과연 어떤 재료가 우수한 베어링 소재일까? 그 선택은 면 베어링(plane bearing)이냐 롤 베어링(roller bearing)이냐에 달려 있다.

면 베어링(Plane Bearing)

제대로 윤활이 되고 있다면 슬라이딩 베어링의 면은 서로 접촉하지 않기 때문에 다른 설계 제한요소들을 만족시키는 거의 어떤 재료—강철, 주철, 황동, 청동—라도 괜찮다. 핵심이 되는 물성은 베어링 하중을 견딜 수 있는 강도, 내식성, 약간 불일치성(slight mismatching)이 있더라도 용이하게 순응이 되는 일치성(conformability) 등이 될 것이다. 완전한 유체역학적 윤활은 정적 하중 하에서나 슬라이딩 속도가 느릴 때, 계면 윤활이 장기적으로 보장되기 어려울 때 깨지게 된다. 베어링 재료들은 이런 상황에 대응하도록 설계되어야 한다.

연질금속이 다른 연질금속에 대해 슬라이딩 할 때(예를 들면 납 대 납), 접합부는 약하지만 접촉 면적이 넓기 때문에 μ는 크다. 경질금속이 다른 경질금속에 대해 슬라이딩 할 때(예를 들면 강철 대 강철), 접합부는 좁지만 강하기 때문에 μ는 역시 크다. 높은 강도에 낮은 마찰계수를 얻는 방법은 연질금속을 경질금속으로 지탱하도록 하여 작은 면적의 약한 접합부를 갖도록 하는 것이다. 화이트메탈 같은 경우가 그 예로서 강도가 높은 재료의 기지 안에 납이나 주석이 분포되어 있다. 납청동(leaded-bronze)은 강도가 높은 내식성의 청동 기지에 연질의 납 입자가 포함되어 있어 표면 선단이 접촉할 경우 용이하게 전단이 일어나며 필름을 형성하여 미끄러지게 된다. 고분자 주입 다공성 베어링은 부분 소결 청동 소결체 기공에 고분자(보통 PTFE)를 주입한다. 위의 베어링들은 건식으로 사용하지 않지만, 그런 상황이 벌어지더라도 어느 정도까지는 연질금속 성분이 베어링을 보호해 준다.

롤 베어링(Rolling Bearing)

롤 베어링에서는 하중이 일정 용기(cage) 안에서 내외부 채널 홈(race) 사이에 갇힌 볼 또는 롤러에 의해 전달된다(그림 11.10). 하중 인가가 원주 방향이면 하중은 어느 순간에는 볼 또는 롤러 전체에 똑같이 전해지는 것이 아니라 절반에 의해 전달될 것이다. 가장 심한 경우는 약 $5/Z$ 곱하기 가해 준 하중인 경우다. 여기서 Z는 베어링에 있는 볼 또는 롤러의 총 수를 의미한다. 베어링 용기 내 채널 홈(race)과의 면적은 매우 작기 때문에 그 접촉 응력은 매우 높다.

주된 요구사항은 베어링 부품이 항상 탄성변형 영역에 머물러 있어야 한다는 것이다. 따라서 높은 경도가 요구되는데, 고탄소강이나 공구강이 보통 사용된다. 사용 환경이 부식성이거나 고온이라면, 스테인리스강이나 탄화규소, 질화규소 등 세라믹스가 사용된다. 하중이 아주 가벼울 경우에는 채널 홈(race)을 폴리프로필렌이나 아세탈과 같

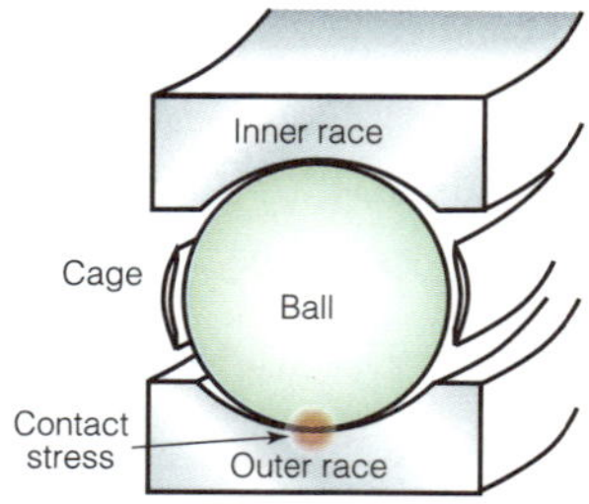

그림 11.10 롤접촉 베어링. 접촉 응력이 크기 때문에 재료는 높은 정도와 피로피쇠에 대한 저항이 요구된다.

은 열가소성수지로 만들 수도 있는데 이렇게 하면 윤활이 필요 없기 때문이다. 저가 자전거의 페달이 종종 이런 형태의 베어링을 갖고 있다.

롤 베어링 부품이 망가지는 것은 대개 피로 때문인데, 베어링이 회전하면서 볼과 채널 홈의 loading과 unloading이 반복되면서 균열이 생성되어 볼이 터지거나 채널 홈에 구멍이 생기기 때문이다. 재료 내부의 혼입물(inclusions)이 피로균열의 원인이기 때문에 롤 베어링 원료인 강철은 청결 처리하고 진공 중 공정으로 가급적 혼입물을 포함하지 않도록 처리한다.

고 마찰 : 브레이크와 클러치 재료

마찰을 적용한다고 하는 것은 얼핏 아주 쉬운 것 같다. 문지르는 것 아닌가. 옛날에 마차들이 그랬다. 스푼처럼 생긴 나무블록—때로는 μ가 더 큰 가죽으로 덧댄—을 마차 바퀴에 달아 바퀴에 문질러 제동을 했었다. 하지만 오늘날의 브레이크 재료는 그 정도가 아니다.

브레이크 라이닝 재료의 마찰계수는 놀랍게도 그리 특별하지 않다. μ가 대략 0.4 정도다. 핵심은 μ가 아니라 진동, 마모, 페이드(fade) 없이 마찰이 일어나야 한다는 것이다. 이게 쉽지 않다는 것은 1톤짜리 차량을 시속 100킬로에서 멈추는데 약 0,4MJ이 필요하다는 것을 생각해 보면 알 수 있다. 이 정도 에너지라면 손실 없이 그대로 전달될 경우 1kg의 강철을 800°C까지 올릴 수 있는 에너지이기 때문이다. 브레이크 재료는 그 정도 온도에서 마찰이 잘 일어나야 하되, 균일하게 일어나야 하고, 또 가장 저가의 차에 대해서도 허용되지 않는 끽끽거리는 소음('brake-squeal')을 일으키는 '붙었다-미끄러졌다(stick-slip)' 현상을 일으키지 말아야 한다. 이는 브레이크 재료가 열에 견뎌야 하고, 온도 상승을 제한하기 위해 열전도가 빨리 일어나야 하며, 윤활까지 잘 일어나야 한다는 점을 의미하는데, 그래야 'brake-squeal'을 잡을 수 있기 때문이다.

자동차 역사상 브레이크 라이닝은 대개 2000°C까지 견디는 석면에 열전도도와 강도

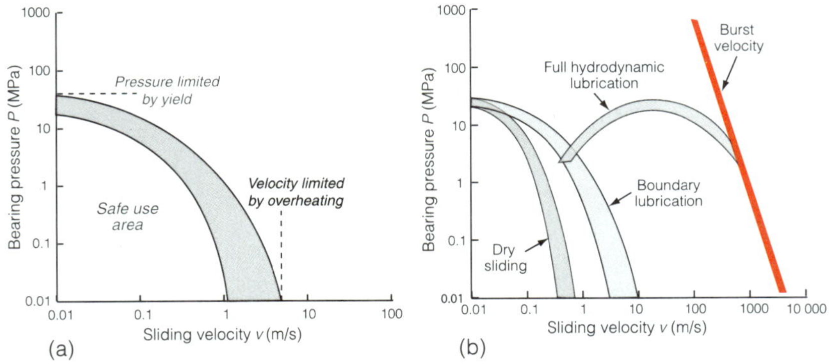

그림 11.11 (a) 베어링 재료의 $P-v$ 곡선. (b) 다양한 윤활과 비윤활 미끄러짐의 $P-v$ 영역, 베어링의 매우 높은 속도의 원심력에 의해 최종적으로 분해 제한된다.

를 개선하기 위해 황동이나 구리 입자 또는 선과 혼합한 성형체로 만들어 왔다. 브레이크가 마모되면 발생하는 석면 분진이 인체에 해롭다는 것이 알려지자 새로운 재료들이 나타나게 되었는데, 이들 재료들이야말로 혼성(hybrid) 재료 설계법의 예라 하겠다. 이는 어떤 재료도 우리가 원하는 특성을 낼 수 없다면 특성을 낼 수 있는 새로운 재료를 창출해 내야 하기 때문이다.

오늘날의 재료들은 합성물이다. 기지와 마찰을 높이기 위해 연마성 첨가제, 할 수만 있다면 열전도를 개선할 강화재, 진동을 줄여줄 윤활제가 그것이다. 세부 사항은 기업 비밀이지만, 여기 아이디어가 있다. 자전거의 브레이크 패드는 마모를 줄이고 습식조건의 윤활을 위해 저가의 규산염(silicate)이 첨가된 합성고무로 만들어진다. 차량의 브레이크 패드도 마찰을 제어하고 윤활을 위해 페놀 기지에 규산염과 탄화규소 입자(사포 입자), MoS_2가 들어간다. 군용 제트기나 747, 또는 F1 경주용차의 브레이크 패드는 탄소나 세라믹스이다. 왜냐하면 이 경우에는 고온이 핵심 고려인자이기 때문이다. 열을 견뎌내고 10일에 한 번씩 교체할 수만 있어도 합격이다. 200톤의 747을 시속 200킬로에서 정지시킬 때 방출되는 열로 얼마나 많은 알루미늄을 녹일 수 있을지 한번 계산해 보기 바란다.

마모와의 전쟁 치르기

앞에서 설명한 것처럼, 마모율(the rate of wear)은 베어링 압력 P의 증가에 따라 증가한다(식 (11.4)). 마모율은 슬라이딩 속도의 증가에 따라 증가하는데 이는 더 빠르면 빠를수록 더 많은 일이 마찰로 행해지고 더 많은 열이 발생하기 때문이다. 어떤 베어링 재료가 사용 가능한 $P-v$ 영역을 나타낸다고 할 때(그림 11.11(a)), 이 영역을 윗

방향으로 확장하려면 우리는 고강도의 재료를 선택해야 하고, 옆의 방향으로 확장하려면 고열전도도와 고융점의 재료 또는 저마찰의 재료를 선택해야 한다.

물론 윤활을 하면 마찰을 감소시킬 수 있다. 그림 11.11(b)는 윤활이 받아들일 만한 베어링 압력을 증가시키는 것이 아니라(이는 재료의 정적인 물성이다), 허용할 수 있는 미끄럼속도를 증가시킨다는 사실을 보여 주고 있다. 계면 윤활은 차트 안의 영역을 약간 확장시키며, 유체역학적 윤활은 이 영역을 더욱 확장시킨다. 그러나 여기서 특기할 것은 낮은 속도에서의 급격한 하락이다. 이는 그림 11.9의 압력 곡선을 형성하기에는 미끄럼 속도가 충분치 않기 때문이다.

초고속 원심분리기나 자이로스코프 네비게이션 시스템, 에너지 저장을 위한 슈퍼플라이휘일 등에서와 같이 매우 높은 회전속도에서는 결국 한계에 도달하게 되는데, 원심력이 재료의 강도를 넘어서 시스템이 해체되는 속도에 도달하게 되는 것이다.

경질재료들은 낮은 마모율을 갖지만 취성이 강한 경향이 있다. 연질재료들은 인성은 좋지만 쉽게 마모가 일어난다. 마모는 표면 특성이고, 인성은 고체 덩어리의 특성이다. 따라서 마모 저항을 높이기 위해서는 인성이 강한 재료를 택해 표면처리를 이용, 표면에 경질 코팅을 부가하는 작업이 필요하다. 고탄소강은 화염이나 전자빔, 레이저빔으로 가열하여 급냉하면 표면을 경화시킬 수 있다. 침탄(Carburizing), 질화(Nitriding), 붕화(Boriding) 처리 등은 탄소강 표면에 얇은 층으로 탄소, 질소, 붕소를 확산시켜 반응케하여 탄화물, 질화물, 붕화물 입자들을 형성하게 하여 크랭크샤프트나 ball race와 같은 부품들의 내마모성을 높여 준다. 텅스텐, 코발트, 크롬 함량이 높은 경질, 내식성 합금층을 표면에 분사할 수도 있으며, 이때에는 치수정밀도를 높이기 위해 후가공 공정이 필요하다. 내마모성과 화학적 안정성을 위해 알루미나(Al_2O_3) 경질 세라믹 코팅이나 텅스텐(WC) 또는 티타늄 탄화물(TiC) 코팅을 플라즈마 분무로 할 수도 있으며, 화학적, 물리적 증착법은 금속, 세라믹은 물론 DLC(diamond-like carbon) 코팅에 사용되고 있다.

이 모든 처리법에 대한 기록들은 CES 소프트웨어의 '표면처리(Surface Treatment)' 부분에 수록되어 있다. 소프트웨어에서 내마모성과 같은 주어진 요구조건을 충족하는 코팅을 선택하는 것이 가능하다. 공정선택에 관해서는 18장에서 다루도록 한다.

11.6 요약 및 결론

표면들이 미끄러질 때 마찰과 마모가 일어난다. 마찰을 모두 없애면 회전하는 바퀴는 영원히 돌 것이다. 마모를 모두 없애면 영원히 사용할 수 있다. 이 두 가지는 마치 아무것도 먹지 않으면서 영원히 살려고 하는 것과 같다. 우리는 이들과 함께 살아가는 법을 배워야 한다. 쓸만할 때 이용하고, 불편할 때 문제를 최소화 할 수 있는 방법을 배워야 한다.

마찰과 관련해 특기할 만한 것은 한 표면 위에 다른 표면이 미끄러질 때 그렇게 하는 힘은 두 표면을 서로 누르는 수직 힘에만 의존하지 그 표면의 면적과는 무관하다는 것이다. 이는 표면이 완벽하게 평면이지 않기 때문인데, 표면들은 단지 압력에 의해 약간 평평해질 수도 있는 점과 점으로 접촉하고 있을 뿐이고 이 점 접촉이 가해진 수직하중을 버티고 있는 것이다. 접촉면적을 변화시킨다고 해서 접촉점의 수가 바뀌는 것이 아니며, 미끄럼 힘도 접촉점을 전단하는 힘이므로 면적과는 무관하게 된다.

접촉점은 마모가 일어나는 부분이다. 표면이 미끄러질 때 접촉점은 전단으로 떨어져 나가며 마모입자를 만들어 낸다. 이 과정은 유용할 수가 있는데 표면이 평평하게 정리가 되고, 소위 'run-in' 이라고 하는 과정에 의해 더욱 매끄러워지기 때문이다. 그러나 마모 입자나 다른 곳에서 유입된 입자들이 표면 사이에 끼이게 되면 연마 과정이 연속적으로 일어나 표면의 마모가 발생한다.

납, 폴리에틸렌, PTFE, 흑연과 같은 연성재료는 쉽게 전단이 일어난다. 이 재료들 중 하나를 슬라이딩 재료에 함침시키면 마찰을 줄인다. 스키와 스노보드의 표면이 폴리에틸렌인 것도 같은 이유에서다. 더 좋은 건 유체역학적 윤활이다. 표면 사이에 액체를 잡아넣어 미끄럼 표면이 분리되어 뜨게 하는 것이다. 여기서 미끄럼 표면이 뜨려면 표면에서 미끄럼이 일어나야만 한다. 표면 간에 미끄러짐이 멈추면 유체는 빼어져 나오고 윤활은 멈춘다. 어떤 윤활제는 이런 문제를 표면에 결합을 만들어 해결한다. 유체역학적 윤활이 작용하도록 표면들을 분리시키기에 충분하도록 얇은 경계막을 만들어주는 것이다.

마찰, 마모와 부식은 다른 어떤 문제들보다 심한 손실을 가져온다. 제품의 수명을 궁극적으로 결정하는 인자들이다. 그러나 오늘날 사회에서는 많은 제품들이 닳아 없어지기 전에 버려진다. 아직 완벽하게 쓸 만한 데도 불구하고. 이 문제에 대해서는 20장에서 다뤄질 것이다.

11.7 참고문헌

Bowden, F.P. and Tabor, D. (1950 and 1964) *The Friction and Lubrication of Solids*, Parts 1 and 2, Oxford, UK. ISBN 0-19-851204-X. (*Two volumes that establish the cornerstones of tribology: contacct beween solids; friction of metals and non-metals; frictional temperature rise; boudary lubrication and other chemical effedts; adhesion; sliding wear; and hardness.*)

Hutchings, I.M. (1992) *Tribology: Friction and Wear of Engineering Materials*, Arnold, London, UK. ISBN 0-340-56184-X. (*An introduction to the mechanics and materials science of friction, wear and lubrication.*)

Neale, M.J. (1995) *The Tribology Handbook*, 2nd edition, Butterworth-Heinemann, Oxford, UK. ISBN 0-7506-1198-7. (*A tribological bible: materials, bearings, drives, brakes, seals, lubrication failure and repair.*)

11.8 연습문제

연습문제 E11.1 마찰계수를 정의하라. 마찰계수가 슬라이딩면의 접촉면적에 독립적인 이유를 설명하라.

연습문제 E11.2 소나무과의 수지성 목재와 lignum vitae와 같은 경질목재(고밀도의 목재로 물에 가라앉는다)들은 모두 역사적으로 베어링재로 사용되었다. 그 이유가 무엇일까? 먼저 스스로 생각을 해 보고 나서 웹 검색을 해 보아라.

연습문제 E11.3 스포츠(테니스, 골프, 수영, 스키, 암벽등산, 행글라이딩 등)에서의 자신의 경험을 바탕으로 생각할 때 마찰이 요구되는 경우와 그렇지 않은 경우의 예를 들어 보라.

연습문제 E11.4 좀 더 도전적인 문제. 스포츠에 관한 자신의 경험을 바탕으로 마모가 바람직한 경우와 그렇지 않은 경우의 예를 들어 보라.

연습문제 E.11.5 브레이크 패드로 사용하기에 적합한 재료의 특징들로 무엇을 들 수 있는지 열거하여 보라.

연습문제 E11.6 직경 30mm, 길이 20mm의 면 베어링을 그림 11.11(b)에 나타낸 $P-v$ 특성을 이용하여 재료를 선택하여 제조한다고 한다. 베어링 하중이 300N이고 최대 회전속도가 500rpm이라면, 건식으로 운전하는 것이 안전하겠는가? 만약 아니라면, 경계 윤활로 충분하겠는가? (베어링 압력은 하중을 하중에 수직인 방향으로 투영된 면적으로 나눈 값임을 기억하라.)

연습문제 E11.7 4톤의 청동상이 화강암 바닥의 박물관 내에 0.8m^{2}의 기대위에 서 있다. 청동의 항복강도는 240MPa이라고 한다. 기대와 바닥간의 실제 접촉면, A_r 는 얼마인가?

연습문제 E11.8 연습문제 (E11.7)의 청동상을 납 마루가 깔린 옥상 정원으로 옮겼다. 납의 항복강도는 6MPa이다. 실제 접촉면의 면적은 얼마인가?

연습문제 E11.9 압력으로 눌러 접촉하고 있는 두 표면 간의 실제 면적을 어떻게 측정할 수 있는가? 스스로의 상상력으로 고안해 보아라.

11.9 CES를 이용한 설계 탐구(별다른 지시가 없으면 Level 2를 이용)

연습문제 E11.10 'Search' 기능을 사용하여 볼베어링에 적합한 재료를 선택하라. (단수로 입력해도 복수까지 다 찾는다.)

연습문제 E11.11 'Search' 기능을 사용하여 브레이크 패드에 적합한 재료를 선택하라. 브레이크 디스크에 적합한 재료도 찾아 보아라.

연습문제 E11.12 내마모성을 향상시키기 위한 공정 절차를 'Limit' 선택 stage를 '표면처리' 데이터 표에 적용하여 찾아 보아라. (Main Toolbar에서 'Select'를 클릭하고, 바로 밑의 'Selection Data'를 클릭하라. 대화 상자에서 Level 2를 선택하라. 'Limit' stage를 열고, Function of treatment를 연 후, Wear resistance를 클릭하라.) laser 기반 기술에 대한 기록을 찾아 보아라. 이 기술이 어디에 전형적으로 사용되는가?

연습문제 E11.13 앞의 예제와 같은 과정을 마찰을 제어하기 위한 공정을 찾기 위해 되풀이 하시오. 연삭과 기계적 연마에 대한 기록을 찾아 보아라. 어떤 재질의 연삭휠이 있는가?

제 12 장

요동치는 원자들 : 재료와 열

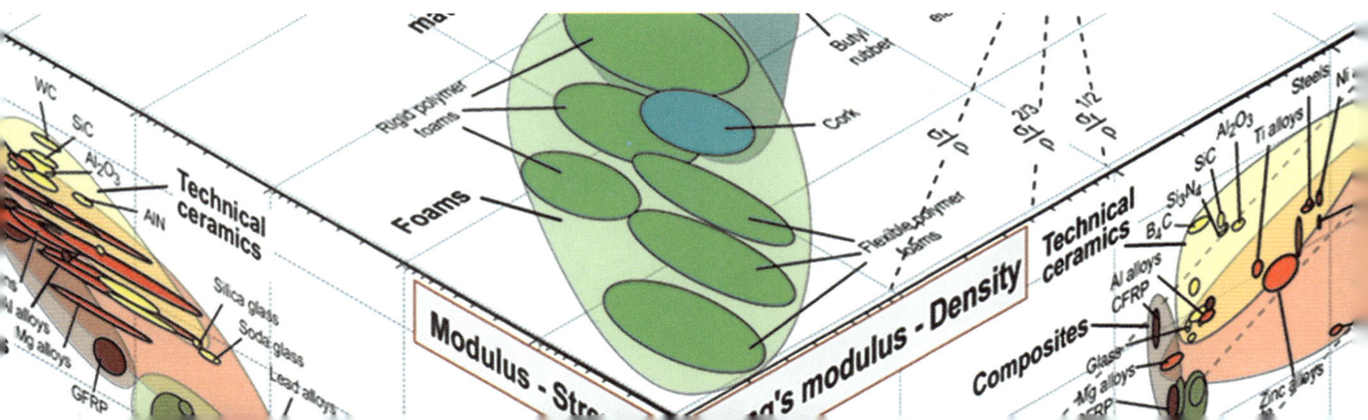

열교환기(그림출처: 국제 구리 개발 협회(ICDA))

12.1 서론 및 개요

열적 성질은 재료의 열에 대한 반응을 정량화한 것이다. 1800년까지 열은 '칼로리' 라고 부르는 물리적 물질로 생각되었다. 당시 이 물질은 화염에 노출되면 사물 안으로 스며드는 것으로 여겨졌다. 열에 대해 지금 우리가 옳다고 인정하는 '열은 움직이는 원자, 분자들' 이라는 생각을 제안한 사람은 미국의 Benjamin Thompson[1)]이고 그의 이러한 생각은 그 유명한 Carnot[2)]에 의해 뒷받침되었다. 기체 상태에서는 원자나 분자들이 서로 우연한 충돌을 이루며 날아다닌다. 반면에 고체 상태에서는 원자나 분자들은 평균 위치를 중심으로 진동하고 있는데, 이때 온도가 높으면 높을수록 그 진동의 폭은 커진다. 이러한 개념이 열적 성질에 대해 지금 우리가 알고 있는 것들, 즉 열용량, 열팽창계수, 열전도도, 융해에 대한 설명이 가능하게 해 주었다.

열은 기계적 성질과 물리적 성질에도 영향을 미친다. 온도가 올라가면 재료는 팽창하고, 탄성계수는 감소하며, 강도도 떨어질 뿐 아니라, 약한 하중을 받더라도 시간이 지남에 따라 점차 변형이 일어나는 크립이 일어나기 시작하여 융점에 이르게 되면 강성과 강도를 잃게 된다. 이 부분에 대해서는 13장에서 다루게 될 것이다.

이 장에서는 열적 설계를 다루는 데 이는 열의 효과들에 어떻게 적절히 대응하고, 또 가능한 한 100% 이용할 수 있을 것인가에 대한 대안을 마련하는 것이다. 이 장의 표지에서 좋은 예로 구리열교환기가 나타나 있는데, 두 가지 서로 다른 순환 유체 사이에서 효율적으로 열을 전달하도록 설계되어 있다.

12.2 열적 성질 : 정의와 측정

두 가지 온도, 즉 융점(melting temperature, T_m)과 유리천이온도(glass transition temperature, T_g)는 고체의 결합강도와 직접적인 관련이 있기 때문에 가장 기본적인 기준점이라 할 수 있다. 온도의 단위는 절대온도 K(Kelvin)[3)] 또는 섭씨 °C를 사용한다. 결정질 고체는 명확한 융점을 갖는 반면 비정질 고체는 그렇지를 못하다. 유리천

1) Benjamin Thompson(1753~1817), 후에 Rumford경, Boston, Mass에서 가까운 Watertown Arsenal에서 대포의 천공을 맡아하던 도중 어떻게 그것이 뜨거워지는지 알아차리고 '열의 기계적 당량'—열용량—을 공식화하였다.

2) Sadi Nicolas Léonhard Caruot(1796~1832), 물리학자겸 공학자, 카로놋 사이클과 엔트로피, 열기관의 최적화의 기초를 공식화하였다. 현재 대부분의 물리학자에게 걸리지 않는 콜레라로 사망하였다.

3) William Thompson, Kelvin경(1824~1907), 물리학의 여러 분야에 공헌한 스코틀랜드인 수학자, 과도한 자신감을 가진 사람으로 유명했다. 1900에 물리에서는 더 이상 발견할 것이 없다고 선언했다. 그는 이러한 모든 것을 알고있었다.

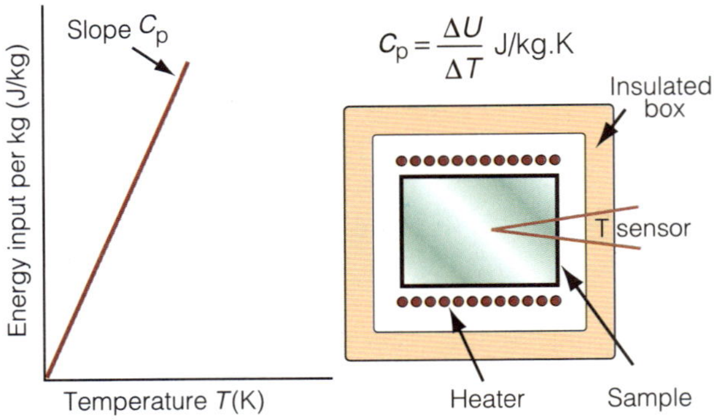

그림 12.1 열용량의 측정, C_p. 단위 J/kg.K.

이온도(T_g)는 진 고체(true solid)에서 점성액체로 언제 천이하는지를 나타내는 온도이다. 공학적인 측면에서는 이들 두 온도 외에 추가로 두 가지 온도를 더 정의하는데 최대 및 최소 사용온도(T_{max}, T_{min})가 그것이다. 최대 사용온도는 재료가 사용조건에서 산화, 화학적 변화, 비정상적인 뒤틀림 등의 문제를 야기하지 않고 견딜 수 있는 온도이다. 최소 사용온도는 그 온도 이하에서는 재료가 취성이 강해진다거나 다른 이유로 안전하게 사용할 수 없는 온도를 의미한다.

재료를 가열하는 데에는 에너지가 필요하다. 1kg의 재료의 온도를 1K 만큼 올리는데 필요한 에너지를 **열용량**(heat capacity) 또는 비열(specific heat)이라고 하며, 보통 대기압과 같이 일정한 압력에서 측정되기 때문에 C_p로 표기된다. 열의 단위는 joule[4] 이고 J로 표시하므로, 비열의 단위는 J/kg · K이다. 기체의 경우에는 열용량을 일정 부피 하에서 측정하는 것이 편리하므로 C_v로 표시하며 C_p와 그 값이 다르지만, 고체의 경우에는 그 차이가 무시할 정도로 작다. C_p는 Calorimetry 기술로 측정하는데 이 기술은 유리천이온도(T_g)를 측정하는 데에도 사용된다. 그림 12.1은 이 기술의 원리를 나타낸 것으로 측정 가능한 일정량의 에너지(그림에서는 전기에너지)를 무게를 알고 있는 대상 시료에 가해 주고 그 온도 증가를 측정하여 열용량을 계산하여 구하게 된다. 실제 측정 장치(Calorimeter)는 이보다 더 복잡하기는 하지만 원리 자체는 이와 같다.

대부분의 재료는 열이 가해지면 팽창하는데(그림 12.2), 온도 1도 변화에 따른 열적 변형률을 **선형 열팽창계수**(linear thermal expansion coefficient)라고 하며 α로 표시한다.

4) James Joule(1818~1889), 잉글랜드 물리학자, 신학적인 믿음에 의해, 자연의 힘의 통일성을 세우려고 노력했다. 그의 일과 열의 등가의 실험은 열이론을 불신하게 만들었다.

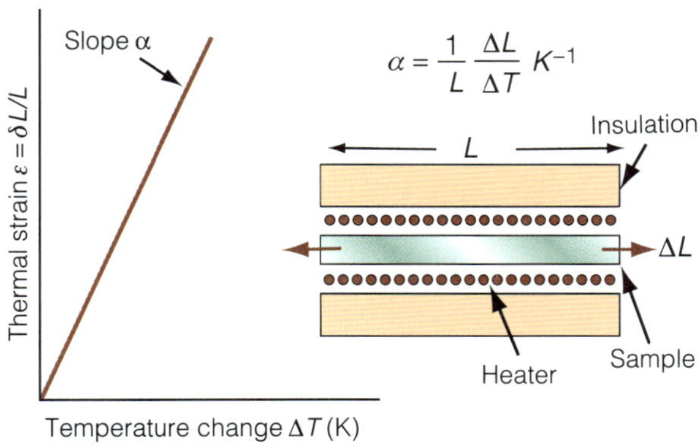

그림 12.2 열팽창 계수의 측정. 단위 1/K, 일반적으로는 10^{-6}/K.

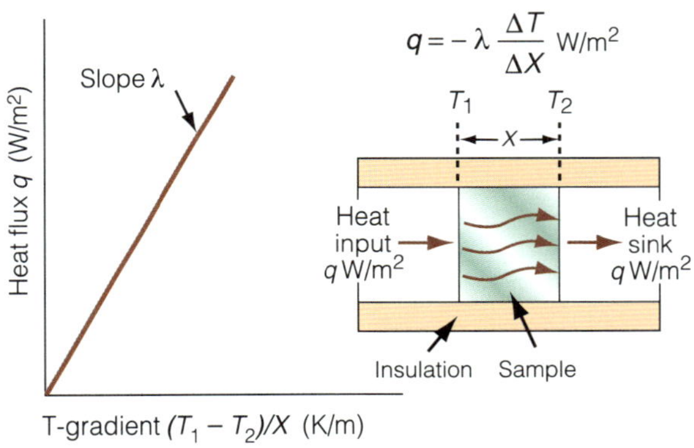

그림 12.3 열전도도의 측정, λ. 단위 W/m.K.

$$\alpha = \frac{1}{L}\frac{dL}{dT} \tag{12.1}$$

여기서 L은 시료의 길이이다. 만약 재료가 이방성을 갖는다면 팽창이 일어날 때 방향에 따라 늘어나는 길이가 다르기 때문에 두 개 이상의 팽창계수를 구해야 한다.변형률은 단위가 없으므로 선형열팽창계수의 단위는 K^{-1} 또는 α편이상 $10^{-6}\,K^{-1}$로 표시한다.

파워(power)는 와트(watt)[5]로 표시하며 1와트는 1 jpule/second이다. 어떤 고체를

5) James Watt(1736~1819), 기계 기술자 및 증기 기관 발명가('화창한 안식일 오후에 걸을 때' 아이디어가 떠올랐다), 그 아이디어를 집요하게 연구하여 발명했다. 이 책의 각주에 소개된 수 많은 인물과 달리 Watt는 만년을 건강하고 행복하며 유명하게 살았다.

통해 열이 정상상태(steady-state, 온도기울기가 시간에 따라 변하지 않는 상태)로 전달될 때 그 속도를 **열전도도**(thermal conductivity)라고 하며 λ로 표시하고 그 단위는 W/m.K이다. 그림 12.3은 열전도도를 측정하는 원리를 나타낸 것으로 x만큼 떨어진 고온 T_1과 저온 T_2면의 고온으로부터 저온으로 흐르는 열유량(thermal flux)을 측정하고 Fourier[6] 법칙으로 알려진 다음 식을 이용하여 계산하여 열전도도를 구한다.

$$q = -\lambda \frac{dT}{dx} = \lambda \frac{(T_1 - T_2)}{x} \tag{12.2}$$

여기서 q는 단위면적당 열유량이다(단위: W/m^2).

앞서도 기술한 바와 같이 열전도도는 정상상태에서의 재료의 열흐름과 관련되므로 온도가 시간에 따라 변화하는 일시적인 열흐름의 경우에는 열전도도가 아니라 열확산계수 a(thermal diffusivity)를 사용한다(단위: m^2/s). 열전도도와 열확산계수 사이에는 다음과 같은 관계가 있다.

$$a = \frac{\lambda}{\rho C_p} \tag{12.3}$$

여기서 ρ는 밀도이며 C_p는 정압열용량이다. 열확산계수는 두께를 알고 있는 시료 한 쪽 면에 열을 펄스 형태로 가해 시료를 전파하는 시간을 측정하는 방법으로 측정하거나 위의 식을 이용하여 구한다.

12.3 큰 그림 : 열적 물성 차트

다음의 세 가지 차트는 열적 성질은 물론 열적 성질과 기계적 성질 간의 관계에 대한 이해를 위한 큰 그림을 제공해 준다.

열팽창 α와 열전도도 λ

그림 12.4는 열팽창과 열전도도 간의 관계를 그림으로 보여 준다. 금속과 세라믹스는 우측 하단에 위치하고 있는데 이는 열전도도는 높고, 열팽창은 중간 정도 됨을 의미한다. 고분자와 탄성고분자들은 좌측 상단에 대부분 위치하고 있는데 이들의 열전도도는 금속에 비해 100배가량 작고, 열팽창계수는 10배가량이 크다. 이 그림에서 보여 주고

6) Baron Jean Baptiste Joseph Fourier(1768~1830), 수학자겸 물리학자, 프랑스 혁명 동안 그는 다쳤지만, 살아남아 나폴레옹과 이집트 정복에 동반한 학자 중 한 명이 된다.

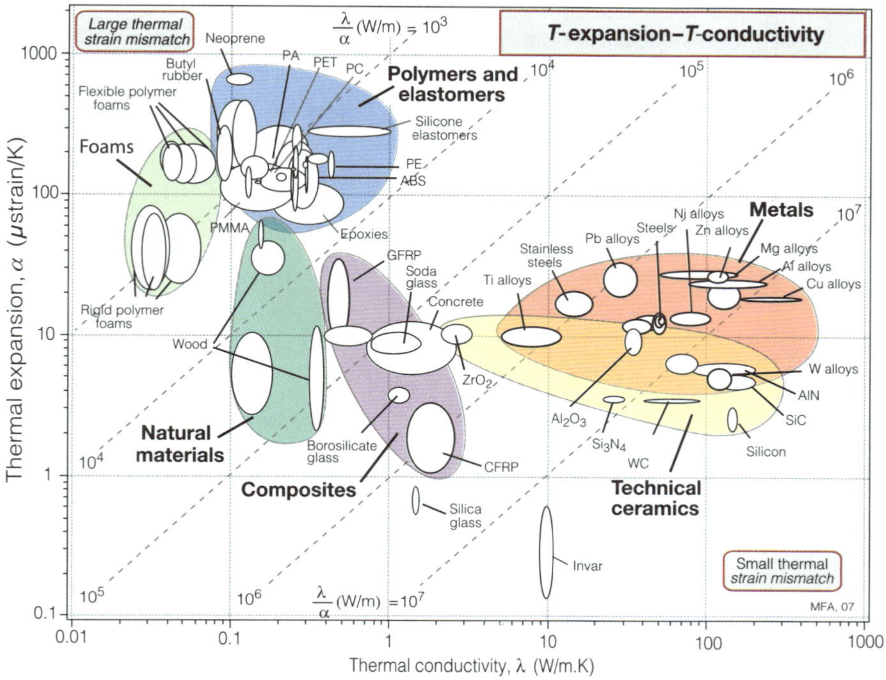

그림 12.4 열전도도(λ)에 따른 열팽창 계수(α)

있는 λ/α 궤적은 특히 12.6에서 상세히 다루게 될 열적 뒤틀림(thermal distortion)을 줄이는 설계와 관련하여 매우 중요하다. 인바(Invar)라는 재료가 이 차트에 특별히 추가되어 있는데 이 재료는 상온 근처에서 매우 낮은 열팽창계수를 갖는다. 온도에 따른 일반적인 열팽창과 자기적 변태에 따른 수축이 균형을 이루기 때문이다.

열전도도 λ와 열확산 계수 a

그림 12.5는 상온 열전도도 λ와 열확산계수 a를 λ/α와 같은 단위체적당 열용량 ρC_p와 함께 나타낸 것이다. λ와 α의 데이터 간격은 10의 배수로 다섯 칸 정도이고 고체 재료의 경우 다음의 궤적에 떨어짐을 알 수 있는 데 이는 ρC_p가 모든 고체에 대해 거의 상수라는 것을 의미하며 기억해 두어야 할 사항이다.

$$\rho C_p \approx 3 \times 10^6 \,\mathrm{J/m^3 \cdot K} \tag{12.4}$$

위 식을 정리하면 다음과 같은 식을 얻을 수 있다.

$$\lambda = 3 \times 10^6 \, a \tag{12.5}$$

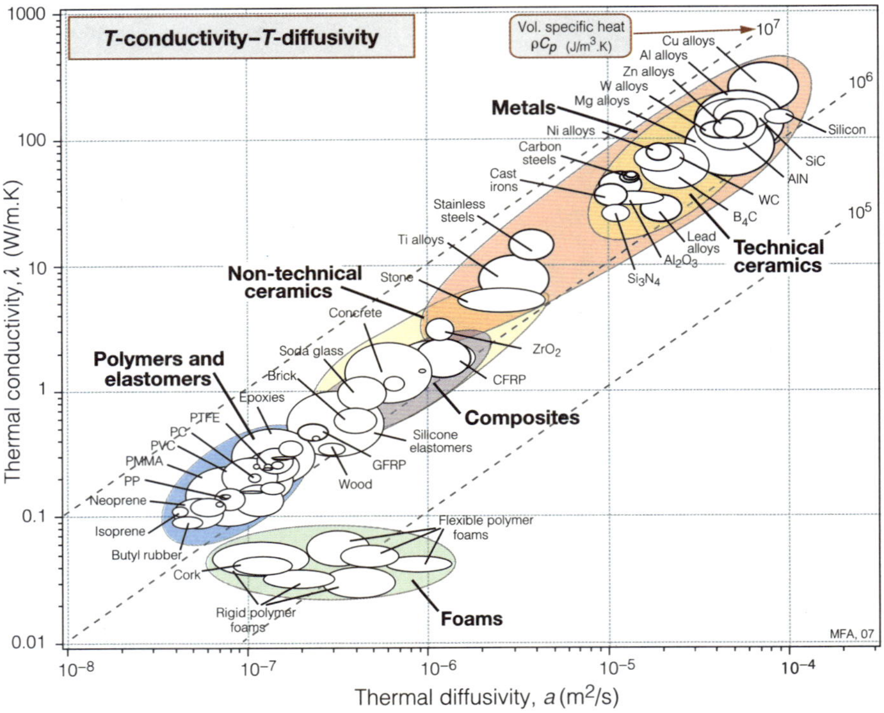

그림 12.5 열전도도(λ)에 따른 열확산 계수($a = \lambda/\rho C_p$). ρC_p는 단위체적당 열용량.

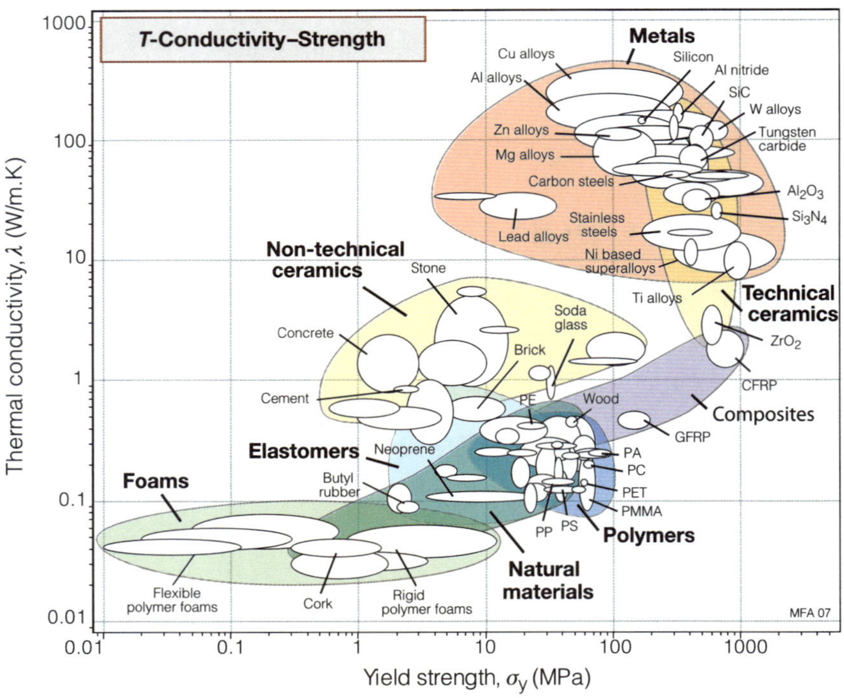

그림 12.6 강도(σ_y)에 따른 열전도도(λ)

어떤 재료들은 위의 관계에서 벗어나 평균치보다 더 낮은 단위체적당 열용량을 갖는 경우도 있다. 가장 큰 편차를 보이는 경우는 발포다공체(foam), 저밀도 내화벽돌, 목재 등 다공체들로서 밀도가 낮아 단위체적당 원자의 수가 적어 전체적으로 평균적인 ρC_p보다 작은 값을 보이게 된다. 따라서 이와 같은 재료들이 열전도도가 낮아 단열재로 널리 사용되고 있다고는 하더라도 열확산계수가 반드시 낮지는 않다는 것을 알 수 있는데, 이는 다량의 열을 전달하지는 않겠지만 온도가 빨리 변할 수는 있다는 것을 의미하는 것이다.

열전도도 λ와 항복강도 σ_y

마지막 차트 12.6은 열전도도와 항복강도간의 관계를 나타내는 그림이다. 금속, 특히 구리, 알루미늄, 니켈의 합금들은 강한데다가 양호한 열전도체로서 열교환기와 같은 분야에 적용하기에 적합한 특성 조합을 갖고 있다. 이에 대해서도 12.6절에서 상세히 다룰 것이다.

12.4 심화학습 : 열적 성질의 물리학

열용량

열용량에 대한 우리들의 지식은 Albert Einstein[7]과 Peter Debye[8]에게 그 공을 돌려

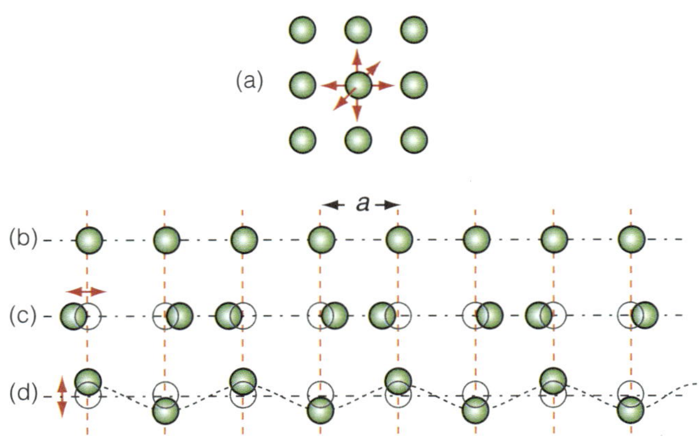

그림 12.7 (a) 3개의 자유도에 갇힌 하나의 원자의 진동. (b) 나머지 원자의 배열. (c) 종파. (d) 2개의 횡파(다른 원자의 진동을 위한 일반적인 경우).

7) Albert Einstein(1879~1955), 특허 전문가, 물리학자, 평화운동가, 20세기 훌륭한 과학자 중 한 면, 1933 독일을 떠나 프린스턴으로 왔고, 그 곳은 미국 국방정책의 근거지다.

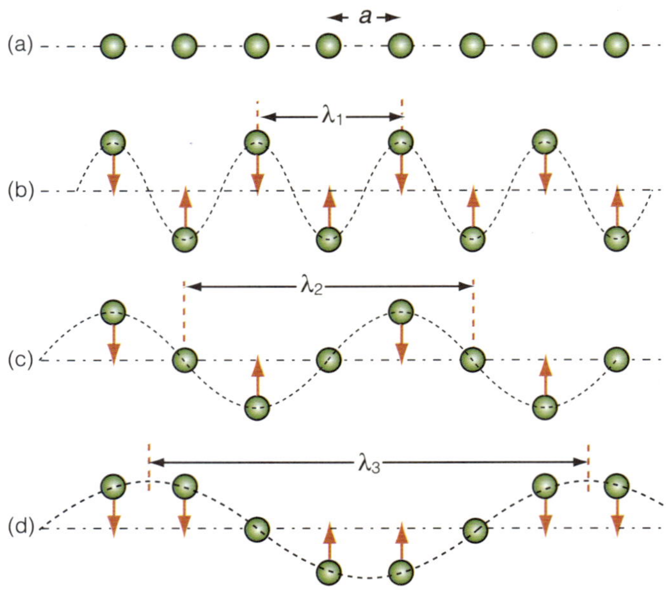

그림 12.8 원자의 열 에너지를 포함한다. 세로 방향의 하나의 진동은 가로 방향의 두 개의 진동과 관계있다. 가장 짧은 파장은 $\lambda_1 = 2a$이다.

야 한다. 이미 전술한 바와 같이, 열은 운동하고 있는 원자들을 양자화한 것이다. 고체 안에서 원자들은 그들의 평균 위치를 중심으로 진동하고 있으며 그 진폭은 온도 증가에 따라 커지게 된다. 이때 고체 내 원자들은 원자간 결합력에 의해 서로 연결되어 있기 때문에 독립적으로 진동할 수 없고 마치 정상 탄성파(standing elastic wave)처럼 진동을 한다. 그림 12.7은 고체 내 원자들이 어떻게 배열되어 있고 진동하는지를 보여주는 그림이다. 원자들은 하나의 종파 모드(longitudinal mode)와 두 개의 횡파 모드(transverse mode)의 진동을 할 수 있는데, 이때 한 방향은 그림에서 페이지 내에 있고 나머지 한 방향은 페이지에 수직한 방향이다. 이 진동파 중 어떤 파동은 짧은 파장 즉, 높은 에너지를 갖고, 또 다른 파동은 긴 파장에 낮은 에너지를 가지게 될 것이다(그림 12.8). 그림 12.8에서 가장 짧은 파장 1은 원자간 거리의 정확히 두 배이고, 나머지 진동은 더 긴 파장을 갖고 있다. N개의 원자로 구성된 고체에는 N개의 서로 다른 파장이 있을 수 있으며, 각각 3개의 방향을 가질 수 있으므로 모두 $3N$개의 모드가 가능하다. 이들 진동의 진폭은 평균적으로 각각 $k_B T$(k_B는 Boltzmann[9] 상수, 1.38 ×

8) Peter Debye(1884~1966), 네델란드 물리학자, 노벨상 수상자, 1938년 독일에서 그의 초기 연구를 하였고, 나치에 의해 혼란스러울 때 코렐드로 건너와 죽을 때까지 살았다.

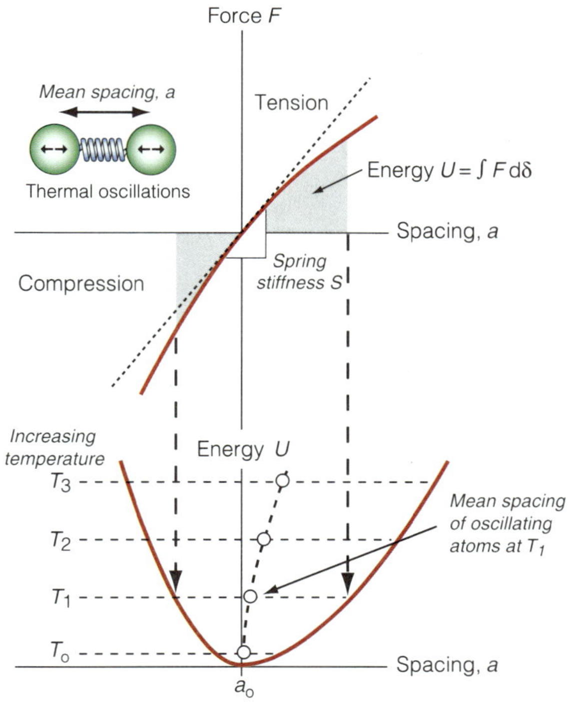

그림 12.9 비대칭의 에너지 곡선은 원자의 진동에 의한 열팽창의 결과이다.

10^{-23} J/K)이다. 만약 원자 한 개에 의해 점유된 공간의 체적을 Ω라고 하면 단위체적당 원자의 개수는 $N = 1/\Omega$이며 고체 재료의 단위체적당 총 열적에너지는 $3k_BT/\Omega$이다. 단위체적당 열용량 ρC_p는 절대온도로 나타낸 온도 변화에 따른 에너지 변화이므로,

$$\rho C_p = \frac{3k_B}{\Omega} \text{ J/m}^3\text{K} \tag{12.6}$$

이고, 원자의 체적은 크게 변하지 않고, 거의 $2 \times 10^{-29}/\text{m}^3$ 정도이므로, 다음과 같이 정리할 수 있다.

$$\rho C_p \approx 2 \times 10^6 \text{ J/m}^3\text{K} \tag{12.7}$$

그림 12.5는 위의 관계가 잘 맞고 있음을 입증하고 있다.

9) Ludwig Boltzmann(1844~1906), 비엔나가 유럽에서 지식의 도시일 때 태어나 연구함. 유년기에는 나비에 관심을 가졌고 과학에 대한 더 넓은 관심으로 진전되었다. 통계역학에 그의 열정을 바쳤다.

열팽창

고체가 가열될 때 팽창한다는 것은 원자들의 운동이 활발해져 원자간 거리가 멀어지기 때문이다. 그림 12.9는 어떻게 이런 현상이 일어나는 지를 설명해 주는 그림으로 앞의 4장의 그림 4.22와 유사하지만 약간의 차이가 있는데 원자간 힘—거리 곡선에서 전에는 직선으로 그려졌던 부분이 완전한 직선이 아닌 것으로 표현되어 있다. 원자를 결합을 위해 가까이 근접시키면 시킬수록 결합은 단단해지며, 멀어지면 멀어질수록 느슨해진다. 앞에서 기술한 대로 진동하는 원자들은 평균 원자간 거리를 중심으로 진동하며 온도가 증가함에 따라 진폭이 증가하기 때문에 열적 팽창도 비선형 거동을 하게 된다. 만약 원자간 결합이 선형 탄성 변형을 하는 스프링과 같았다면 열팽창 현상은 일어날 수 없는 것이다.

원자간 결합력을 나타내는 스프링이 딱딱하면 할수록 원자간 결합력 대 거리 곡선은 가파른 기울기를 나타내고, 결합 에너지 우물(energy well)의 폭도 좁아져 팽창도 작아질 것이다. 따라서 높은 탄성계수를 갖는 재료(딱딱한 원자간 결합 스프링을 가진 재료)는 열팽창계수가 작고, 낮은 탄성계수를 갖는 재료는 높은 열팽창계수를 갖는다. 열팽창계수와 탄성계수 간의 관계는 다음과 같은 간단한 식으로 나타낼 수 있다(탄성계수 E의 단위는 GPa, α의 단위는 K^{-1}).

$$\alpha = \frac{1.6 \times 10^{-3}}{E} \tag{12.8}$$

경험식으로 또 한 가지는 모든 결정질 고체는 절대온도 0K부터 융점까지 가열에 따라 일정한 양(2%) 만큼씩 늘어난다는 것이다. 즉,

$$\alpha \approx \frac{0.02}{T_{\mathrm{m}}} \tag{12.9}$$

예를 들면 텅스텐의 경우 융점이 3330°C(3600K)이고 $\alpha = 5 \times 10^{-6}$/°C이고, 납은 융점이 330°C(600K)이고 = 30×10^{-6}/°C이다. 위의 식에 대입해 보면 두 경우 모두 잘 맞는 걸 알 수 있다. 식 (12.8)과 (12.9)는 탄성계수 E를 융점 T_{m}과 연관지어 또 다른 경험식을 나타낼 수도 있음을 시사하고 있다. 관계식을 만들어 얼마나 잘 맞는지 CLS Elements Database를 사용하여 확인해 보라.

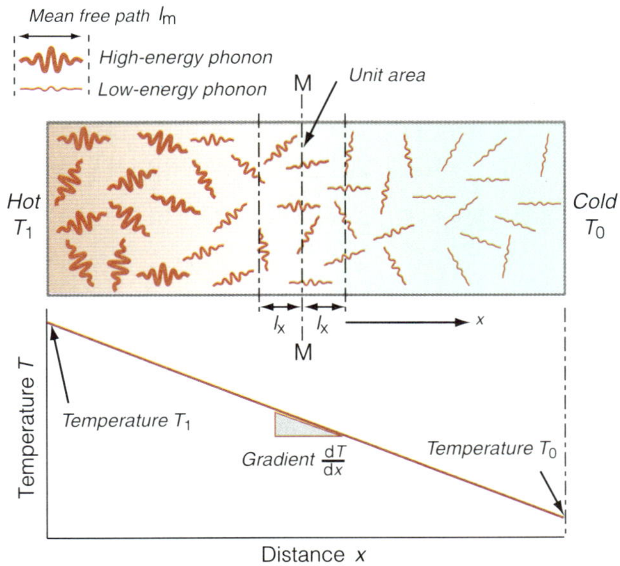

그림 12.10 음자의 운동에 의한 열전달

열전도도

열은 세 가지 방법으로 고체를 통과한다. 첫째, 열적 진동, 둘째, 금속에서는 자유전자의 이동, 셋째, 투명한 재료인 경우 복사에 의해 통과하는 것이다. 첫 번째 열적 진동에 의한 열전달은 **탄성파**의 전파 과정을 포함하고 있다. 고체가 가열되면 열은 탄성파 다발, 즉 **음자**(phonon, 격자진동의 양자화)의 형태로 재료에 전달된다. 음자는 여느 탄성파와 마찬가지로 재료 전체를 거쳐 음속으로 진행하는데, 이때 음속 c_o는 $c_o\sqrt{E/\rho}$이다. 그러나 열이 음속과 같이 빠른 속도로 전파하지 못하는 이유는 음자들이 움직이면서 격자 내부의 여러 결함들과 부딪히며 자유로운 운동에 제한을 받을 뿐 아니라 다른 음자들과의 상호 작용에 의한 방해로 인해 아주 짧은 거리만을 자유롭게 움직일 수 있기 때문이다. 평균적으로 음자가 방해받지 않고 자유롭게 움직일 수 있는 거리, 즉 **자유행정거리**(mean free path) ℓ_m은 대체적으로 $0.01\mu m(10^{-8}m)$ 이하이다.

열전도도는 **순열유량모델**(net flux model)을 이용하여 계산해 낼 수 있다. 이 방법은 주차장에 들어오는 차량의 입차속도에서 빠져나가는 출차속도를 빼는 방식과 유사한데, 그림 12.10에 음자 전도(phonon conduction)에 이 방식이 어떻게 적용되는지 잘 표현되어 있다. 단위 단면적을 갖는 봉에 일정한 온도 구배 dT/dx가 형성되어 있다고 하자. 이 봉 내부 음자들의 이동 자유도는 $\pm x$, $\pm y$, $\pm z$ 방향의 3이다. 중간면 M−M에서 평균적으로 음자들의 1/6은 $+x$ 방향으로 움직일 것이며, 면의 거리 ℓm 내의 음자들은 산란이 일어나기 전 왼쪽에서 오른쪽으로 이동할 때 $\rho C_p(T + \Delta T)$만큼의 에너지를 운반하게 된다. 여기서 T는 M−M면의 온도이며, $\Delta T = (\mathrm{d}T/\mathrm{d}x)\ell\mathrm{m}$이다. 또 다른 음자들의 1/6은 $-x$ 방향으로 움직일 것이며, 오른쪽에서 왼쪽으로 움직이면서 $\rho C_p(T - \Delta T)$만큼의 에너지를 운반하게 되므로 M−M 단위면적을 초당 가로지르는 에너지 유량 q J/m^{2}은 다음과 같은 식으로 나타낼 수 있다.

$$\begin{aligned} q &= -\frac{1}{6}\rho C_p\, c_o\left(T + \frac{\mathrm{d}T}{\mathrm{d}x}\,\ell_m\right) + \frac{1}{6}\rho C_p\, c_o\left(T - \frac{\mathrm{d}T}{\mathrm{d}x}\,\ell_m\right) \\ &= -\frac{1}{3}\rho C_p\,\ell_m\, c_o\,\frac{\mathrm{d}T}{\mathrm{d}x} \end{aligned}$$

위의 식을 식 (12.2)의 열전도도 식과 비교하면 열전도도는 다음과 같이 정리할 수 있다.

$$\lambda = \frac{1}{3}\rho C_p\,\ell_m\, c_o \tag{12.10}$$

음자와 마찬가지로 탄성파인 음파는 큰 산란 없이 같은 봉을 통과할 수 있는데 음자는 왜 그렇게 쉽게 산란을 일으키는 것일까? 이는 파동은 자신의 파장과 비슷한 크기의 장애물에 의해 주로 산란되기 때문이다. 가청음파는 마이크론 크기가 아니라 미터 정도의 크기를 갖기 때문에 건물들에 의해 산란되는데 그렇기 때문에 우리는 경찰 사이렌이 다가오게 되면 대화를 할 수 없을 정도가 되는 것이다. 두 개의 원자 사이에서 발생하는 파동의 경우(그림 12.8)에는 음자를 산란시키는 것이 원자 크기의 장애물들인데 이러한 장애물들은 가청음파를 산란시키지 못한다.

격자진동 탄성파는 구리나 알루미늄과 같은 순수금속의 열전도도에 크게 기여하지 못한다. 이는 금속의 경우 열전달이 주로 자유전자에 의해 일어나기 때문이다. 식 (12.10)은 이 경우에도 적용이 되지만 이때 C_p, c_o, ℓ_m은 음자의 열용량, 속도, 자유행정거리가 아니라 자유전자의 열용량, 속도, 자유행정거리이다. 자유전자는 전기전도 현상에도 주로 기여하는데, 전기전도도가 높은 금속은 열전도도도 높다(Wiedemann-Franz 법칙). 이에 대한 내용은 14장에서 상세히 다뤄질 것이다.

12.5 열적 성질 다루기

열팽창

앞에서 이미 기술한 바와 같이 열팽창은 열응력을 발생시켜 정밀기구와 도구에 바람직하지 않은 뒤틀림을 야기하게 된다. 열팽창계수 α는 탄성계수난 융점과 마찬가지로 원자결합의 강성과 결합력에 의존한다. 원자 결합력에 인위적인 작용을 할 여지가 거의 없으므로 열팽창계수를 제어하는 일은 사실 논외의 일이라 할 수 있다. 그러나 붕규산염 유리(Pyrex), 실리카와 탄소 섬유 등 몇 가지 제한적인 재료들의 경우는 비록 공학적 구조물에 실제로 사용하기는 어렵기는 하지만 예외적으로 낮은 열팽창계수를 갖는다. 이런 재료들 가운데 예외적인 재료가 있는데 Invar라는 이름의 저열팽창 합금들이 그것이다. Invar 합금의 낮은 열팽창계수는 열팽창을 재료가 가열됨에 따라 발생하는 자성의 손실에 따른 수축으로 상쇄하는 방식으로 얻어진다.

열전도도와 열용량

식 (12.10)은 열전도도에 대해 묘사하고 있다. 이 식의 각 항목 중 어떤 항목을 임의로 제어할 수 있고, 어떤 항목을 제어할 수 없는가? 이미 살펴보았던 대로 체적열용량 ρC_p는 거의 모든 고체 재료에서 거의 동일하다. 음속 $c_0 \approx \sqrt{E/\rho}$는 쉽게 변화시키기

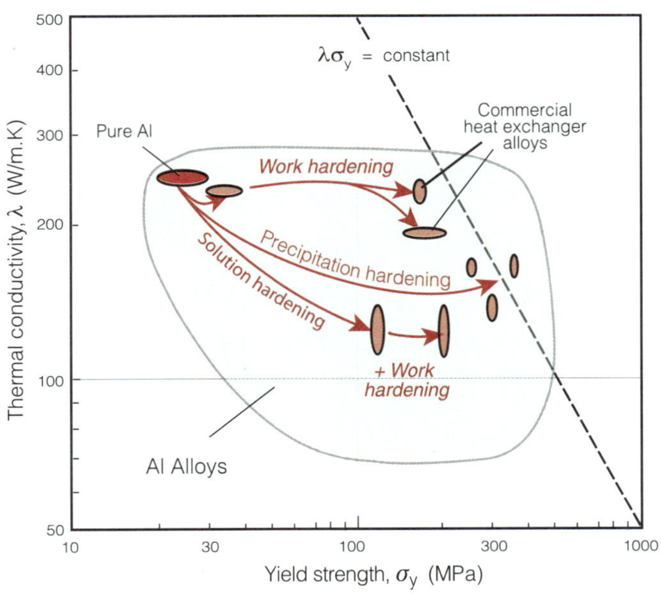

그림 12.11 알루미늄 합금의 열전도도와 항복강도의 관계. 열교환기로서 좋은 재료는 파선에 의해 나타나는 $\lambda\sigma_y$가 높은 것.

어려운 두 가지 물성 E와 ρ에 의존한다. 따라서 제어가 가능한 변수는 자유행정거리 ℓm 뿐이다. 불순물 원자나 미세한 분산 입자의 도입 등을 통해 산란중심(scattering center)을 만들어 주게 되면 자유행정거리를 변화시킬 수 있다. 순철의 열전도도가 80W/m · K인데 반해, 순철에 약 30%의 니켈과 크롬을 첨가한 스테인리스강의 열전도도는 18W/m · K에 불과하다. 어떤 재료의 경우는 유리질 상태로 존재하는데, 이 경우에도 비정질의 무질서한 배열이 수많은 산란중심을 제공하여 자유행정거리가 원자간 거리 정도까지 감소하므로 열전도도가 매우 낮다.

6장에서 용질 원자(고용 강화), 석출입자(석출경화), 가공경화 등 결함들에 의해 재료의 강도가 어떻게 증가하는지 이미 배운 바 있다. 이러한 결함들은 열전도도에도 영향을 미친다. 그림 12.11은 고용강화, 가공경화, 석출경화에 의해 강화된 알루미늄합금의 항복강도 대 열전도도 변화를 보여 주는 자료이다. 가공경화의 경우 열전도도를 크게 변화시키지 않고 기계적 강도를 높여 주고 있는 반면, 고용강화와 석출경화는 다수의 산란중심의 도입이 불가피하여 열전도도가 급격히 저하하는 현상을 보이고 있다.

완전 치밀화된 재료만에 국한되는 것은 아니므로 밀도 ρ를 변수로 삼을 수도 있어다. 실제로 가장 우수한 단열재는 저밀도 발포재, 단열섬유재, 코르크, 단열 Wool 등 다공성 재료이며, 이들 재료는 기공이 함유하고 있는 공기의 낮은 열전도도를 이용하고 있다.

12.6 열적 성질을 100% 활용하는 설계

모든 재료는 열팽창계수 α, 비열 C_p, 열전도도 λ라는 물성을 갖고 있다. 재료물성차트는 이들 물성을 이용하는 활용 분야에 적합한 재료를 선택하는 데 유용하게 쓰인다. 그러나 어떤 열적 물성은 제한된 수의 재료에서만 나타날 수 있다. 형상기억 거동이 그 예인데, 그 수가 매우 작기 때문에 이런 물성을 나타내는 재료들에 대해 따로 차트를 만드는 것이 주안점이 되는 것은 아니지만 공학적인 견지에서 흥미 있는 작업이다. 이런 재료들을 사용하는 예에 대해서는 12장의 끝부분에서 다루도록 하겠다.

열응력 관리하기

대부분의 구조물은 그 크기가 작든 크든 두 개 이상의 재료를 조이거나 용접, 접합하는 방법으로 제작한다. 이러한 공정은 온도가 변화하게 되면 문제를 일으킨다. 유별나게 뜨거운 날씨에 기차레일이 휘거나 튕겨져 나갈 수가 있다. 레일은 보통 강철로 만들어지는데 강철은 열팽창계수가 높은 반면, 열팽창계수가 상대적으로 아주 낮은 지반

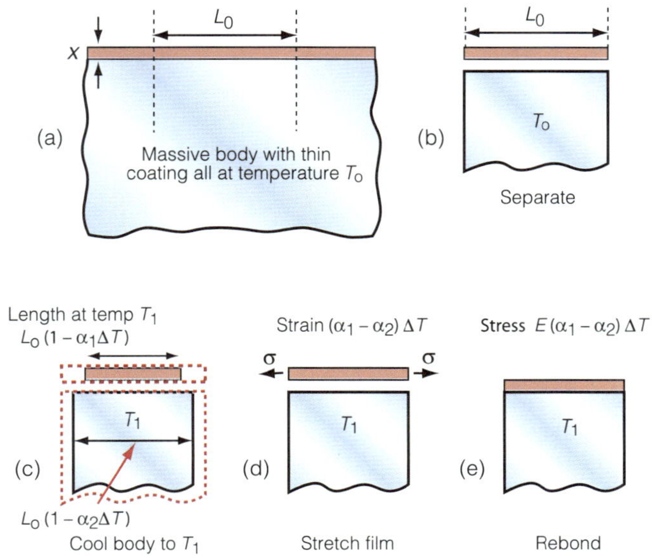

그림 12.12 열팽창계수가 다른 박막의 냉각 또는 가열에 따른 열응력. 박각의 가열 α_1, 기판과 몸체의 가열 α_2.

에 조여지게 되기 때문이다. 전력 동력선은 같은 날씨 조건에서 처지게 되는데 이는 고속전철의 경우에는 심각한 문제가 아닐 수 없다. 이외에도 베어링이 가열, 팽창되어 붙어버리거나 문짝이 꽉 끼어 열리지 않을 수도 있다. 열응력에 의한 뒤틀림은 고성능 컴퓨터칩용 마스크 제작을 위해 사용되는 정밀측정기기 등에 대해서는 온도가 달라질 때 정확도에 치명적인 영향을 미치는 간단치 않은 문제이다.

이러한 모든 문제들은 속박된 상태에서 발생되는 열응력에 의한 특이 열팽창(differential thermal expansion) 때문이다. 일례로서 부품 또는 소재의 내마모성, 내식성, 내산화성을 높이기 위해 이종재료를 모재에 박막형태로 코팅하는 기술들이 다양하게 사용되고 있다. 증착 코팅은 보통 고온에서 시행되는데, 냉각 과정에서 모재 기판과 표면 코팅층의 열팽창계수가 사로 다른 관계로 수축양이 서로 다르게 되어 층간에 응력을 발생시킨다. 이러한 잔류열응력은 다음과 같이 계산에 의해 구할 수 있다.

그림 12.12(a)처럼 상대적으로 두께가 두꺼운 부품 위에 얇은 막을 코팅했다고 생각해 보자. 먼저 그림 12.12(b)처럼 코팅층이 박리되어 있다고 생각하라. 온도를 ΔT 만큼 낮춘다고 하면 표면 코팅층의 길이 변화는 $\delta L_1 = \alpha_1 L_0 \Delta T$이고, 모재 기판은 $\delta L_2 = \alpha_2 L_0 \Delta T$ 만큼 수축하게 된다. 만약 $\alpha_1 > \alpha_2$이면 표면층이 모재기판보다 더 많이 수축할 것이다. 여기서 표면층이 다시 두께가 상당히 두꺼운 모재기판에 부착되었다고 가정하면 전체 늘어나는 변형률은 다음 식으로 주어지게 된다.

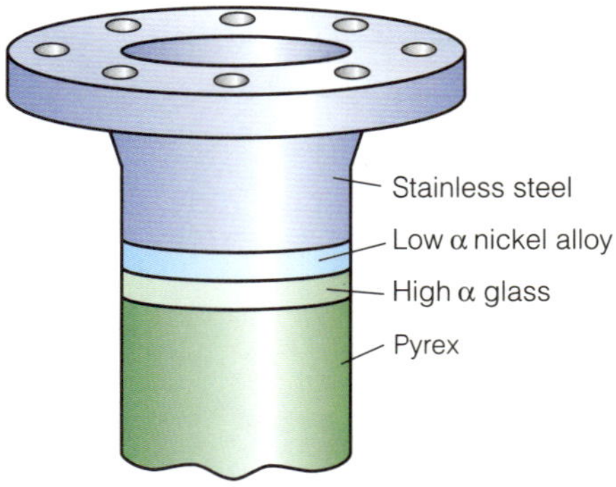

그림 12.13 graded joint. 니켈합금에 비해 스테인레스스틸의 열팽창이 높고, 유리가 높고 파이렉스가 낮다. 그리고 이 조합은 단계별 열팽창의 차이에 의해 조립된다.

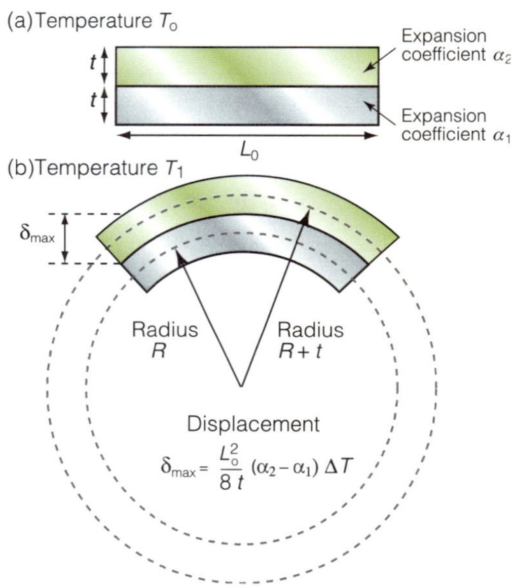

그림 12.14 두 가지 물질의 열팽창 계수가 다를 경우 두 물질의 열응력. 열응력에 의한 외형은 확대된다.

$$\varepsilon = \frac{\delta L_1 - \delta L_2}{L_0} = \Delta T(\alpha_1 - \alpha_2)$$

이 식과 $\sigma = E\varepsilon$으로부터 표면 코팅층에 생기는 열응력[10]을 다음과 같이 구할 수 있다.

10) 엄밀히 말하면, E는 $E/(1+\nu)$로써 대체되어야 한다. 여기서 하중이 이축쌍(bi-axial)이기 때문에 ν는 포아송 비이다.

$$\alpha_1 = E_1(\alpha_1 - \alpha_2)\Delta T \tag{12.11}$$

이 열응력은 표면층의 균열을 일으킬 정도로 클 수도 있으며 타일 표면에 보이는 균열은 이렇게 해서 생기는 것이다.

이종재료를 접합할 경우에는 가열하거나 냉각할 때 온도 변화에 따른 열응력이 생길 수밖에 없다. 열응력을 피하는 방법은 열팽창계수 차이가 서로 다른 재료를 적절히 조합하는 것이다. 그림 12.4의 $\alpha-\lambda$ 차트에는 한 축에 α가 들어있다. 따라서 가장 좋은 방법은 이 축에 상에서 근접한 재료들을 선택하는 것이고, 최악의 조합은 멀리 떨어진 재료를 선택하여 조합하는 것이다.

하지만 α가 서로 맞지 않는 재료들을 피하는 것이 항상 가능한 것은 아니다. 예를 들어 고진공 장치에 흔히 사용되는 Pyrex 유리에 스테인리스강을 접합하는 것과 같은 유리-금속 접합을 생각해 보자. 이들 재료의 열팽창계수는 그림 12.4에서 구할 수 있다. Pyrex(붕규산염유리)는 $\alpha = 4 \times 10^{-6}$/K이고, 스테인리스강은 $\alpha = 20 \times 10^{-6}$/K로 그 차이가 매우 크다. 진공 장치는 가스와 수분을 제거하기 위해 '구워내야' 하기 때문에 약 150°C로 가열해 주는데, 이 정도면 Pyrex에 균열이 일어나기에 충분하다. 이 문제를 해결하는 방법은 두 재료층 사이의 열팽창계수를 점진적으로 변화하도록 접합층을 만들어 주는 것이다. 먼저 Pyrex를 약간 더 높은 열팽창계수를 갖는 유리와 접합하고, 스테인리스강은 열팽창계수가 약간 더 낮은 금속과 접합하는 것이다. 차트를 보면 전자의 경우는 소다유리가 적합하고, 후자의 경우는 니켈합금이 적합함을 알 수 있다. 이들 접합재들은 그림 12.13에 나타낸 것처럼 확산접합으로 접합하게 되며, 경사진 층을 갖는 층이 열팽창의 부조화를 더 넓은 영역으로 확대시켜 줌에 따라 열응력을 줄여 접합부의 손상 위험을 감소시킬 수 있다.

항상 실용적인 것은 아니지만, 또 다른 대안은 접합부에 고무와 같은 완충층을 삽입하는 것이다. 이 방법은 자동차용 유리를 장착하는 방법과 같은 방법이다. 열팽창의 부조화는 고무가 변형되면서 흡수하여 유리나 차체에 직접 전달되는 것을 막아주는 것이다.

열감지와 열작동

열팽창은 온도 측정과 같은 열감지와 밸브나 전기스위치의 개폐와 같은 열작동에 사용할 수 있다. 그러나 직접적인 열적 변위 $\delta = \alpha L_0 \Delta T$는 미소하기 때문에 변위를 증폭시켜주어야 한다. 그림 12.4는 이를 위한 한 가지 방법을 보여 주는 그림이다. 그림 12.4(a)와 같이 열팽창계수가 서로 다른 임의의 재료를 두 가지 선택하여 두께 $2t$의

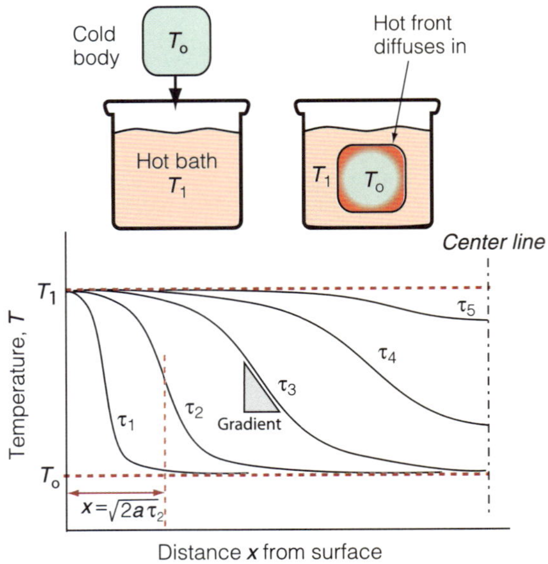

그림 12.15 냉각체에서의 첫 번째 열확산

판상 바이메탈 형태로 접합했다고 하자. $\Delta T = (T_0 - T_1)$만큼 온도가 변하면 한 재료는 늘어나고, 나머지 재료는 수축하여 구부러지게 된다. 각 판의 중간 두께면은 길이가 서로 다르게 되는데 이때 그 길이 차이는 $L_0(\alpha_2 - \alpha_1)\Delta T$이다. 따라서

$$\frac{R+t}{R} = 1 + (\alpha_2 - \alpha_1)\Delta T$$

여기서

$$R = \frac{t}{(\alpha_2 - \alpha_1)\Delta T} \tag{12.12}$$

바이메탈 판 중심에서 상부 방향으로의 변위는 다음과 같이 구할 수 있다.

$$\delta_{max} = \frac{L_o^2}{8t}(\alpha_2 - \alpha_1)\Delta T \tag{12.13}$$

위의 식으로부터 종횡비(aspect ratio) L_o/t가 클 경우 온도에 따라 선형으로 변하면서 변위의 크기가 큰 바이메탈 판을 제조할 수 있음을 알 수 있다.

열적 구배

한 재료에서도 열팽창에 따른 민감한 문제가 발생하게 된다. 한 덩어리의 재료를 뜨거운 재료를 찬 물에 집어던지는 경우와 같이 ΔT만큼 갑자기 냉각하거나, 차가운 재료를 끓는 물에 집어넣는 것과 같이 갑자기 가열하는 경우를 생각해 보라. 그림 12.15에서 알 수 있는 것처럼 표면은 거의 즉시 온도가 내려가거나 올라갈 것이고 $\delta L/L_0 = \alpha\Delta T$만큼 늘어나거나 줄어들 것이다. 하지만 재료 내부는 열이 확산되어 들어갈 시간적 여유가 충분치 않으므로 아직 늘어나거나 줄어들지 못 할 것이다. 이는 재료 표면과 내부에 온도의 구배가 생겼음을 의미하며, 비록 열팽창계수가 같은 한 재료이지만 위치에 따라 변위가 서로 다르다는 것을 의미한다. 표면은 내부와 연결되어 붙어 있기 때문에 표면의 변형을 제한을 받아 그림 12.12의 표면층에서와 같이 열응력이 형성되게 된다. 취성이 강한 재료라면 이 열응력은 재료의 파괴를 야기할 수도 있다. 이런 열응력에 저항하는 능력, 즉 열충격저항(thermal shock resistance) ΔT_s(단위 : K 또는 ℃)는 재료가 손상 없이 견딜 수 있는 최대 순간 온도차이로 정의한다.

열응력이 재료의 파괴까지 일으킬 수 없다 할지라도 온도구배는 뒤틀림을 야기할 수 있다. 그렇다면 어떤 물성이 이런 뒤틀림을 취소화 시킬 수 있을까? 그림 12.15는 급냉시킨 시편 내부의 온도가 연속적인 시간 변화 τ_1, τ_2, τ_3, τ_4, τ_5에 따라 어떻게 변화하는지를 나타내고 있다. 냉각 또는 가열 선단은 열확산 공정에 의해 표면으로부터 내부로 전파될 때 재료 내부에는 온도구배와 그에 따른 열응력이 형성된다. 만약 재료가 탄성 거동에 머물러 있다면, 온도가 재료 전체에 걸쳐 최종적으로 균일해진다면 열응력은 사라진다. 그러나 재료가 일부 소성변형을 하게 되면 온도가 재료 전체에 균일해진다 하더라도 열응력은 결코 사라지지 않는다. 왜냐하면 이미 재료의 표면은 영구변형이 되어버린 반면 내부는 변형되지 않았기 때문이다. 이러한 잔류응력(residual stress)은 금속가공, 특히 용접에서는 아주 골칫거리이다. 용접 후 뒤틀림이나 심지어 파괴까지 일어나기 때문이다.

여기서 새로운 중요한 변수는 시간이다. 그림 12.15의 궤적을 구분하는 인자가 바로 시간인 것이다. 이 시간을 결정하는 재료 물성이 앞에서 살펴본 바 있었던 열확산계수 a이다(단위 : m^2/s).

$$a = \frac{\lambda}{\rho C_p} \tag{12.14}$$

열전도도 λ가 크면 클수록 열확산계수 a는 빨라진다. 그런데 ρC_p는 왜 분모에 있는 것일까? 단위체적당 열용량이 크다는 것은 온도를 많이 변화시키기 위해 많은 열이 확산해 들어오거나 빠져나가야 함을 의미한다. 확산이 많아질수록 시간이 더 들 것이고 열확산계수는 작아진다. 이제 일시적 열유량(transient heat flow) 문제를 풀면 일반적인 해를 결과로 얻게 되는데, 바로 어떤 시간 τ(초) 내에 열이 확산하는 특징적 거리(characteristic distance) x (m)로서 다음과 같이 표현할 수 있다.

$$x \approx \sqrt{2a\tau} \tag{12.15}$$

이 식은 특별히 유용한 식으로서, 열확산이 일어나는 재료의 기하학적 형태에 따라 비례상수값 $\sqrt{2}$이 달라지는 관계로 비록 근사식이라 하더라도 가열과 냉각 시간을 대략적으로 구하는 데에는 완벽하게 적합한 식이다.

정밀 장치에서 전자회로, 모터, 엑추에이터, 센서 등에 의해 생기는 열에 의해 열적 구배가 생기고 열적 뒤틀림이 야기된다면 이는 심각한 문제이다. 장치의 서로 다른 부품들이 온도가 서로 달라져 팽창이 다르게 일어나는 것이다. 해답은 저열팽창계수 α 재료로 장치를 제작하는 것이다. 왜냐하면 열팽창계수가 낮으면 주어진 온도구배에서 팽창의 차이를 최소화 할 수 있기 때문이다. 가장 최선의 선택은 λ/α 값이 높은 재료를 선택하는 것이다.

그림 12.4의 $\alpha-\lambda$ 차트는 위의 목적을 위해 사용할 수 있다. 대각선 궤적들이 λ/α를 나타내고 있으며, 가장 우수한 값을 갖는 재료들을 우측 하단에서 찾을 수 있다. 구리, 알루미늄, 실리콘, 질화알루미늄, 텅스텐이 우수한 재료로 뒤틀림이 가장 작은 반면 스테인리스강, 티타늄은 이들보다 훨씬 못하다.

강도를 갖춘 열전도: 열교환기

열교환기는 두 가지 서로 다른 유체를 물리적으로 분리시켜 놓은 상태에서 열을 한 유체에서 다른 유체로 전달하는 장치로서, 중앙난방시스템, 발전소, 자동차 및 선박의 냉각시스템에서 흔히 찾아볼 수 있다. 열을 효과적으로 전달하기 위해서는 가급적 유체를 분리시키는 벽을 얇게 하고 열전도가 일어나는 면적을 크게 해야 하는데 보통 관을 코일 형태로 만들어 해결한다. 최소한 유체의 한 쪽 끝은 압력 하에 있어야 하기 때문에 관은 충분한 강도를 지녀야 하는데 여기서 설계상의 모순에 직면하게 된다. 즉 열전도가 잘 일어나려면 관의 두께는 최소화해야 하고, 충분한 강도가 보장되려면 두께가 두꺼워져야 하기 때문이다. 이러한 딜레마를 재료를 어떻게 선택하여 해결할 것인가?

그림 12.16과 같이 생긴 얇은 두께의 관으로 된 이상적인 열교환기가 있다고 가정

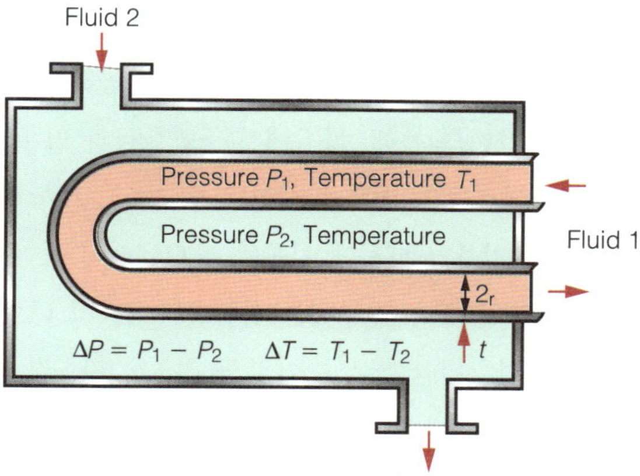

그림 12.16 열교환

하자. 관의 반경을 r, 두께는 변화시킬 수 있는데 t라고 하고, 관 내부의 압력은 p, 유체 간 온도 차이는 ΔT라고 하자. 이제 구하고자 하는 것은 어떻게 하면 관 벽의 단위면적을 통해 전달되는 열을 극대화 시킬 수 있는 것인가 이다. 단위면적당 열유속(heat flow rate)은

$$q = -\lambda \frac{\mathrm{d}T}{\mathrm{d}x} \approx \lambda \frac{\Delta T}{t} \tag{12.16}$$

이고, 원통형의 얇은 벽을 갖는 관의 내부 압력에 의한 응력은(10장의 식 (10.7))

$$\sigma = p\frac{R}{t}$$

이다. 이 응력은 관 재료의 항복강도 σ_y 를 초과하면 안되므로 압력 p를 지탱할 관 벽의 두께는 다음과 같다.

$$t = p\frac{R}{\sigma_y} \tag{12.17}$$

식 (12.16)과 (12.17)을 조합하여 자유 변수 t를 소거하면

$$q = \lambda\sigma_y \frac{\Delta T}{pR} \tag{12.18}$$

따라서 가장 우수한 재료는 $\lambda\alpha_y$ 지수값이 가장 높은 재료이어야 한다. 이런 재료들

은 그림 12.6의 $\lambda-\alpha_y$ 차트의 우측 상단을 차지하는 재료들로서 금속과 일부 세라믹스 재료들이다. 세라믹스는 취성이 강하고 두께가 얇은 관으로 가공하는 것이 어렵기 때문에 결국 금속재료가 유일한 대안이 되는데, 차트에서 구리합금과 알루미늄합금이 가장 우수함을 알 수 있다. 이 두 재료들은 모두 내식성도 우수하고 적합하지만 알루미늄이 가격과 무게 면에서 보다 유리하기 때문에 자동차 라디에이터 등에 실제로 적용이 되고 있다. 이런 용도로 사용되는 상용 알루미늄 합금을 그림 12.11에 표시하였는데, 보는 바와 같이 이들 재료가 알루미늄합금 중 가장 높은 $\lambda\alpha_y$ 지수값을 나타내고 있지는 않다. 또 다른 고려 요인들 때문에 선택이 되고 있는 것이다. 첫 번째 요인은 사용 중 재료가 고온에 지속적으로 노출되기 때문에 석출경화 합금을 선택할 경우 사용 중에 재료가 연화된다는 점이다. 또 다른 요인은 얇은 벽두께의 다중 채널 관을 제조하기 위한 공정기술로 압출이 가장 효율적인데, 이 공정을 활용하기 위해서는 재료가 높은 연성을 가져야 한다는 점이다.

많은 알루미늄합금은 해수 분위기에서 부식이 잘 된다. 따라서 선박용 열교환기는 무게도 많이 나가고 가격도 비싸지만 구리합금으로 만든다.

단열 : 열차단벽

1940년 전에는 중앙난방이나 에어컨디션의 혜택을 누린 사람이 거의 없었다. 그러나 지금은 대부분의 사람들이 이 둘은 물론 사우나, 냉동기 등 더 많은 시스템을 보유하고 있다. 이 모든 장치들은 에너지를 소모하고, 에너지의 소비는 비싸기도 하지만 환경에 부담을 주게 된다(20장 참조). 에너지 소비를 줄이기 위해서는 단열이 불가피하다. 예를 들어, 그림 12.17과 같은 오븐을 생각해 보자. 벽을 통해 전도에 의해 손실되는 m^2당 에너지는

$$q = \lambda \frac{(T_i - T_o)}{t} \text{ W/m}^2 \tag{12.19}$$

이고, 여기서 t는 단열의 두께, T_0는 바깥벽의 온도, T_i는 내벽의 온도이다. 따라서 벽두께가 일정한 값의 t로 주어진 경우 에너지 소비는 가능한 한 낮은 값 λ을 갖는 재료를 선택하여 최소화 할 수 있다. 그림 12.6 차트는 이러한 재료로서 다공성 발포체를 나타내고 있는데, 이는 다공성 발포체는 95%가 가스이고, 나머지 5%만이 고체이기 때문이다. 고분자 발포체는 대략 170°C까지는 사용 가능하지만 이 온도 이상에서는 가장 우수한 재료라 하더라도 강도가 감소하는 등 열화가 일어나 사용할 수 없다. 열

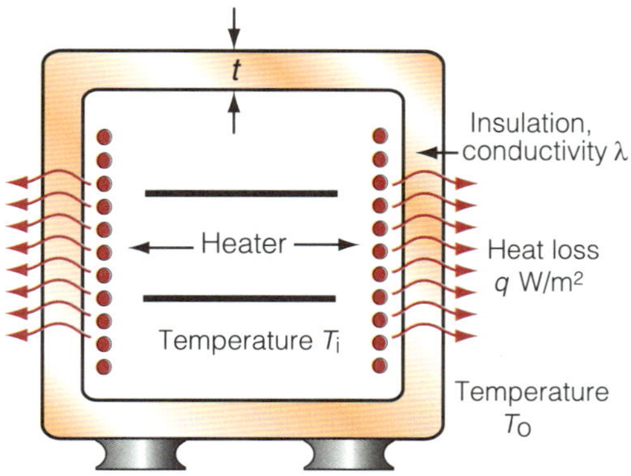

그림 12.17 절연체를 통해서 열손실이 전도되는 오븐

을 절연할 때의 또 다른 제한요소는 바로 사용 시의 최대 사용온도 T_{max}인 것이다. 금속 발포체는 고분자보다 높은 온도에서 사용할 수 있지만 가격이 비쌀 뿐 아니라 고분자에 비해 절연성도 떨어진다. 고온에서 절연 목적으로 사용할 때에는 세라믹스가 해결책이다. 저밀도 단열벽돌은 상대적으로 저렴하면서 1000℃까지 사용할 수 있는 우수한 단열재로서 축로와 노의 내부 라이닝으로 사용되고 있다.

열용량 이용하기 : 축열 난방기

전력수요는 대개 밤보다 주간에 더 많은데 그렇다고 전력생산기업에서 생산을 줄이는 것은 경제적 측면에서 바람직하지 않다. 따라서 전력회사에서는 야간의 요금을 낮춰주는 방식으로 전력수요를 분산시키려고 한다. 축열 난방기는 이런 요금제의 혜택을 십분 활용하기 위해 만들어진 장치로서 전력요금이 싼 심야에 전기를 이용하여 열을 재료 블록에 저장해 두었다가 저장된 열을 주간에 더운 공기를 불어내게 함으로써 뽑아내는 장치이다.

축열 난방기는 또 다른 분야에서 기술적 역할을 충족시키기도 한다. 초음속 항공기나 우주왕복선을 설계할 때, 1000℃ 온도의 극초 음속 공기와 마주칠 때 생기는 문제들을 시뮬레이션을 통해 조사하게 되는데, 이런 실험은 그림 12.18에 나타낸 것과 같이 공기를 미리 가열된 재료블록을 통과시켜 급속 가열된 공기 흐름을 시험 대상 수송기에 흘려주는 방식으로 풍동에서 실시한다. 이러한 실험에는 저렴한 가격의 대형의 열저장 재료가 필요하게 되는데 가정용 축열 난방기나 풍동이나 단위 비용당 가급적 많은 양의 열을 저장할 수 있어야 한다.

열용량 C_p, 질량 m의 재료의 온도를 ΔT만큼 올리는 데 필요한 에너지는

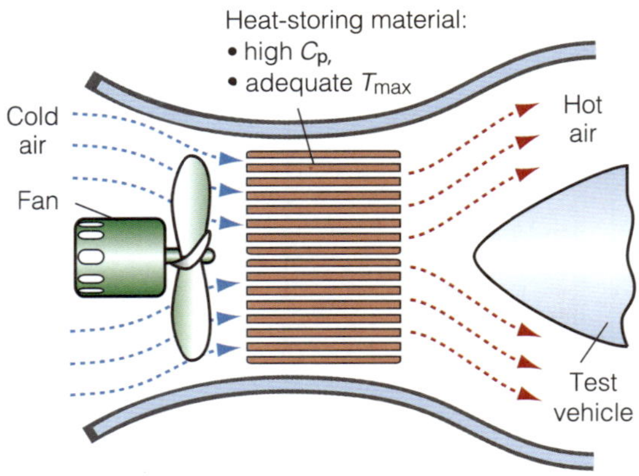

그림 12.18 축열풍동기. 열은 팬이 작동할 때까지 미리 데워지고, 충격풍에 의해 그 열은 없어진다.

$$Q = mC_p\Delta T \tag{12.20}$$

이고, kg당 단가가 C_m인 재료의 중량 m의 총 단가는

$$C = mC_m$$

이므로, 단위 재료단가당 저장된 열은

$$\frac{Q}{C} = \frac{C_p}{C_m} \tag{12.21}$$

이다. 따라서 가장 좋은 재료를 선택하려면 C_p 열용량이 가장 크고, C_m이 가장 낮은 저렴한 재료를 선택해야 한다. 여기서 한 가지 제한 요소가 더 있게 되는데, 그것은 가열되는 온도까지 재료가 견딜 수 있어야 한다는 것이다. 즉 예를 들면, 앞에서 예를 들었던 가정용 축열 난방기는 $T_{max} > 150°C$, 풍동은 $T_{max} > 1000°C$ 와 같은 식이다. 책에 주어진 차트를 이용하여 이상의 재료선택을 하는 것이 쉬운 일이 아니지만 CES 소프트웨어를 이용하면 어렵지 않게 수행할 수 있다. 즉, T_{max}를 한계치에 적용하고 아래 지수를 사용하면 가장 저렴한 후보재료를 선택할 수 있을 것이다.

$$M = \frac{C_p}{C_m}$$

그렇게 찾아낸 재료 중 가정용 축열 난방기의 최적 재료는 콘크리트일 것이다. 콘크리트는 부어서 모양을 만드는데 그 내부에 다수의 공기 채널을 포함하고 있다. 온도가

더 높아야 하는 풍동의 경우에는 최적의 재료로 급속 열 추출을 위한 공기 채널을 갖는 내화벽돌이 선택될 것이다.

상변화 이용하기 : 열적 완충기

재료들의 상이 변화할 때, 즉 기화, 융해하거나 고체 상태에서 결정구조를 바꿀 때, 많은 일이 일어나고 이들을 이용할 수 있다. 상이 변하면서 재료들은 부피가 변한다. 만약 고체 재료라면 그 모양이 바뀔 수도 있다. 상의 변화와 함께 온도를 일정한 상태로 유지하는 가운데 열을 흡수하거나 방출하기도 하는데, 이때 이런 열을 우리는 **잠열**(latent heat, *L*, J/kg)이라고 부른다.

만약 여러분이 외부의 어떤 에너지도 사용하지 않고 무엇이든 간에 온도를 일정하게 유지하고 싶다고 가정해 보자. 절연(단열)을 완벽하게 하는 것은 거의 불가능하기 때문에 실용적이지 못하다. 그러나 따뜻하게 유지하는 것이 문제라면 그 해답은 주위를 여러분이 유지하기를 원하는 온도에서 고체로 변하는 액체로 감싸주는 것이다. 액체가 고체로 변할 때에는 융해열이라고 하는 잠열을 방출하는데, 이때 액체는 모두 고체로 바뀔 때까지 응고점(즉, 융점)을 유지한다. 이것이 바로 야전에서 간단히 덥혀 먹는 군용 개인 식량 포장이나 손난로의 작동 원리이다. 이 반대도 실제로 활용할 수 있는데 잠열을 이용하여 차갑게 유지하는 것이다. 이 경우에는 여러분이 차갑게 유지하기 원하는 온도에서 잠열을 흡수하여 스스로 녹는 고체 재료를 선택해야 한다. 휴가철 같을 때 사용하는 아이스박스 등에 들어가는 대체 얼음 'cool back' 에 이런 재료가 사용된다. 보온이거나 보냉이거나 두 경우 재료의 상변화를 **열적 완충기**로 사용하는 것이다.

형상기억과 초탄성 재료

거의 모든 재료들이 가열하면 늘어나고, 냉각하면 줄어든다. 그러나 고체 상태에서의 상변화로 인해 전혀 다른 반응을 보이는 재료들도 몇 가지 예외적으로 존재한다. 티타늄이나 니켈을 주성분으로 하는 **형상기억합금**들은 고체 상태에서 다른 모양을 갖는 서로 다른 모양을 갖는 존재하는데 이를 **동소체**(allotrope)라고 부른다. 이러한 재료는 만약 힘을 가해 구부리게 되면 한 가지 동소체 형태에서 다른 동소체 형태로 점차적으로 변화하게 되는데 이때 매우 심한 변형이 일어난다. 형상기억합금은 임계온도(critical temperature)를 갖고 있어서 임계온도 이하에서는 변형된 형태 그대로 유지를 하지만, 가열하여 임계온도로 온도를 올려주면 구조가 원래의 동소체 상태로 돌아가 변형되기 이전의 형상으로 원상복구 된다. 형상기억합금의 이런 성질은 화재경보기, 스프링클러

시스템과 다른 온도제어 안전시스템에 유용하게 활용될 수 있는 성질이며, 실제로 사용되고 있다.

하지만 상온이 이미 임계온도 이상일 경우에는 어떻게 될 것인가? 그렇다면 그 재료는 더 이상 가열될 때까지 기다리지 않고 일반 다른 탄성 재료들처럼 하중을 제거하면 바로 회복되어 원상태로 돌아올 것이다. 한 가지 차이점은 탄성영역에서 상변화에 따른 변형량이 엄청나다는 것이다. 보통 상변화 없이 탄성을 나타내는 일반 재료에 비해 100배 이상이어서 '초탄성(superelastic)' 재료라고 부른다. 초탄성은 깔고 앉거나 잘못 다루어 모양이 뒤틀린다 하더라도 원형으로 돌아오는 안경테라든지 일정한 복원하중을 유지하면서 한없이 늘어나는 스프링과 같은 분야에 적합한 특성으로 실제로 다양하게 활용되고 있다.

12.7 요약 및 결론

모든 재료는 다음과 같은 열적 성질을 나타낸다.

- 비열, C_p : 단위 온도만큼 단위 중량을 가열하는 데 필요한 에너지
- 열팽창, α : 온도 변화에 따른 크기 변화
- 열전도도, λ와 열확산계수, a : 전자는 고체를 통해 열이 얼마나 빨리 통과해 나가는지의 척도, 후자는 온도의 정상상태가 깨질 때 다시 정상상태로 돌아오기까지 걸리는지의 척도
- 상이나 거동이 변하는 특성온도 : 결정질 고체에 대해서는 융점, 비정질 고체에 대해서는 유리천이온도, 모든 재료들의 설계에 있어서는 경험적으로 결정되는 온도, 예를 들면, 어느 온도 이상에서 크립이나 열화 등으로 연속적인 사용이 불가능해지는 최대 사용온도 등
- 융해나 기화에 수반하는 잠열 : 고체가 녹거나 기화할 때 일정 온도에서 흡수하거나 방출하는 에너지

위의 물성들은 앞서 설명한 여러 예들에서와 같이 재료물성 차트로 나타낼 수 있다. 이 차트들은 넓은 범위의 열적 물성들 자체는 물론이고 그들이 어떤 연관성을 갖고 있는지도 보여 준다. 물성들과 그 연관성을 이해하기 위해서는 물리에 대한 이해가 필요한데, 가장 핵심이 되는 개념은 열적 에너지가 원자 수준의 진동이고, 이 진동의 진폭 증가가 열팽창을 일으키고, 음자의 형태로 이 진동이 전파하며 열전도 현상을 일으킨

다는 것이다. 금속의 경우에는 자유전자가 있기 때문에 전기전도 현상은 물론 음자에 의한 열전도보다 더 효율적인 열전도 현상을 일으키기 때문에 금속은 열전도도 또한 높은 편이다. 따라서 열적 성질은 이런 일들이 일어나는 과정을 제어함으로써 바꿀 수도 있다. 즉 합금화 원소를 첨가하여 음자와 자유전자의 산란을 늘려주거나, 발포에 의해 기공을 많이 만들어 낮은 열전도도, 비열을 갖는 기체로 채워줌으로써 고체의 열전도도를 낮추는 것이다.

열적 반응의 한 가지 예인 열응력은 균열을 야기할 수도 있는데 이러한 재료의 열적 반응은 설계에 있어 문제가 될 수 있는 반면, 유용하게 활용할 수도 있다. 열적 왜곡 현상을 actuation과 sensing에 사용하는 것이 좋은 예이다. 오븐이 덥혀지는데 15분이 걸리는 것도 비열 때문이지만 필요할 때 뽑아 쓸 수 있게 열을 저장할 수 있는 것도 또한 비열이라는 물성 때문이다. 열전도도가 높은 커피잔을 원하는 사람은 없겠지만, 자동차 엔진이나 컴퓨터칩의 경우에는 열전도도가 높은 재료가 큰 도움이 될 것이다.

이 장은 열적 성질에 대한 것을 다루었다. 이미 언급했었지만 열은 다른 물성들, 기계적, 전기적 물성을 변화시킨다. 이에 대해서는 13장에서 계속해서 다루도록 한다.

12.8 참고문헌

Cottrell, A.H. (1964) *The Mechanical Properties of Matter*, Wiley, London, UK. Library of Congress number 64-14262. (*The best introduction to the physical understanding of the properties of materials, now out of print but worth searching for.*)

Hollman, J.P. (1981) *Heat Transfer*, 5th edition, McGraw-Hill, New York, USA. ISBN 0-07-029618-9. (*A good starting point: an elementary introduction to the principles of heat transfer.*)

Tabor, D. (1969) *Gases, Liquids and Solids*, Penguin Books, Harmondsworth, UK. ISBN 14-080052-2. (*A concise introduction to the links between inter-atomic forces and the bulk properties of materials.*)

12.9 연습문제

연습문제 E12.1 비열을 정의하라. 단위는 무엇인가? 단위 중량당 비열로부터 단위체적당 비열을 어떻게 계산할 수 있는가? 만약 compact한 축열 장치용 재료를 선택하려 한다면 위의 두 가지 중 어느 것이 선택의 기준이 되어야 하는가?

연습문제 E12.2 바이메탈 판의 열적 변위 $\lambda - \alpha$를 극대화하려면 그림 12.5 차트에서 어떤 두 재료를 선택해야 하겠는가? 여기서 바이메탈 판의 두께는 2mm, 평균 열확산계수는 5×10^{-5}/°C라면, 온도가 급격히 변하게 되었을 때 이 바이메탈 판이 반응하는 시간은 얼마가 되겠는가?

연습문제 E12.3 밀도가 7380kg/m^{3}인 새로운 재료가 있는데, 이 재료의 비열은 아직 측정해 본 적이 없다. 이 재료의 대략적인 비열을 J/kg · K의 일반적인 단위로 측정하기 위해 어떻게 하겠는가? 또 그 값은?

연습문제 E12.4 위의 새로운 재료의 융점은 1540K라고 한다. 열팽창계수도 아직 측정되지 않았다고 하는데 대략적인 열팽창계수 측정을 위해 어떻게 하겠는가? 또 그 값은?

연습문제 E12.5 내벽 단열재는 낮은 열전도도를 가져 단열 성능이 좋아야 함은 물론 중앙난방시스템을 켰을 때 가급적 적은 양의 열로 실내 온도를 높일 수 있어야 한다 (벽이 열을 흡수한다면 방 내부는 차갑게 유지될 것이다). 그림 12.5의 $\lambda - \alpha$ 차트를 이용하여 가장 적합한 재료를 선택하여 보라. 그림 안의 궤적이 도움이 될 것이다.

연습문제 E12.6 사무실에서 사용하고 있는 세라믹 머그잔이 뜨거운 커피를 붓고 10초 정도면 뜨거워진다고 하자. 머그잔의 벽 두께가 2mm이라고 하면

(a) 세라믹 머그잔의 열확산계수는 대략 얼마인가?

(b) 고체의 체적비열 ρC_p가 2×10^6J/m^3 · K 정도로 일정하다고 하면 머그잔 재료의 열전도도는 대략 얼마인가?

(c) 만약 이 머그잔이 2×10^{-5}m^2/s의 열확산계수를 갖는 금속으로 만들어졌다면 여러분은 얼마나 오랫동안 그 컵을 쥐고 있을 수 있겠는가?

연습문제 E12.7 영하 20°C에서 사용할 구조용 재료를 선택해야 하는데 강도는 높고 열전도도는 낮아야 한다고 한다. 그림 12.6의 $\lambda - \sigma_y$ 차트를 이용하여 두 개의 후보재료를 선택하라. 세라믹스는 구조용 재료로 쓰기에 너무 취성이 강하므로 이 선택 과정에서 제외하라.

연습문제 E12.8 소형의 초고효율 압력 열교환기용 재료가 필요하다고 한다. 본문에서 이에 적합한 재료선택을 위한 지수가 $M = \lambda\sigma_y$이라 설명한 바 있다. 그림 12.6의 $\lambda - \sigma_y$ 차트를 복사하여 그 위에 이 지수의 궤적을 그리고, M값을 극대화 할 수 있는 재료군 두 가지를 선택하라.

12.10 CES를 이용한 설계 탐구(모든 선택에 대해 Level 2, Materials를 사용)

연습문제 E12.9 CES의 'Search' 기능을 사용하여 아래 재료들을 선택하여 보라.

(a) 열차폐 (Thermal Insulation)

(b) 열교환 (Heat exchangers)

연습문제 E12.10 축열 난방기를 분석한 결과 다음과 같이 축열재료에 대한 설계 제한요소를 공식화 하였다고 한다. 이때 축열재는 저밀도 분말충진(particle bed) 형태 또는 가열을 위한 기체들이 통과할 수 있도록 통로를 갖는 고체 형태로 한다다고 한다. 가장 우수한 재료를 검색하여 상위 6개 후보재료의 목록을 만들어 제시하라.

기능	• 축열 난방기
제한요소	• 최대사용온도 . 150°C • 불연성 (내구성 평가)
목적	• 비열 극대화, 재료단가 C_p/C_m
자유변수	• 재료 선택

연습문제 E12.11 자동차 라디에이터용 재료에 대한 요구조건을 아래 표에 정리하여 나타내었다. CES를 사용하여 적절한 재료를 선택하여 상위 4개 재료의 축열 난방기를 분석한 결과 다음과 같이 축열재료에 대한 설계 제한요소를 공식화 하였다고 한다. 이때 축열재는 저밀도 분말충진(particle bed) 형태 또는 가열을 위한 기체들이 통과할 수 있도록 통로를 갖는 고체 형태로 한다고 한다. 가장 우수한 재료를 검색하여 상위 6개 후보재료의 목록을 만들어 제시하라.

기능	• 자동차용 열교환기
제한요소	• 연신율 > 10% • 최대사용온도 > 180°C • 가격 < $5/kg • 깨끗한 물에서의 내구성 = 매우 우수
목적	• 열전도도 × 항복강도 극대화, $\lambda\sigma_y$ • 벽 두께, t
자유변수	• 재료 선택

연습문제 E12.12 영하 20°C에서 사용할 구조용 재료를 선택해야 하는데 인장강도 σ_{ts}는 높고 열전도도 λ는 낮아야 한다고 한다. 손상공차를 감안하여 파괴인성

K_{1c}도 15MPa.m$^{1/2}$을 넘어야 한다고 한다. 'Limit' 단계를 사용할 때 K_{1c} 제한요소를 적용하고 x축에 σ_{TS}, y축에 λ를 그린 차트를 작성하여 어떤 재료가 요구조건을 가장 잘 만족시키는지 찾아내 보라.

연습문제 E12.13 내벽 단열재는 낮은 열전도도를 가져 단열 성능이 좋아야 함은 물론 중앙난방시스템을 켰을 때 가급적 적은 양의 열로 실내 온도를 높일 수 있어야 한다. 즉, 낮은 비열을 가져야 한다. 단열의 두께는 거의 대부분 내벽과 외벽 사이의 공간 크기에 의해 제한을 받으므로 여기서 단위 중량당 비열보다는 단위체적당 비열이 중요하게 된다. 단열재는 용이하게 설치된 후 자신의 무게를 지탱할 수 있어야 하므로 단열용 재료는 강성과 강도가 높아야 하는데, $E > 0.01$GPa, $\sigma_y > 0.1$MPa의 조건이 요구된다고 한다. 어떤 재료가 이런 요구조건들을 충족시킬 수 있는 최선의 재료인지 선택하여 보라.

연습문제 E12.14 이 책의 저자 중 하나가 이 장을 작성하고 있는 도중에 다음과 같은 이메일을 받았다고 한다. '화목난로와 벽난로를 제작하여 전 유럽에 공급하고 있는 업체입니다. 다양한 우리 제품에 적용할 최선의 재료를 찾고 있는데, 중요한 물성은 비열, 열전도도, 밀도, 등등과 몰론 가격입니다. CES 소프트웨어는 어떤 재료를 제안할까요?'

왜 이 회사가 위의 물성들에 관심을 갖고 있을지 한 번 판단하여 보라. 이들 물성들 중 제한요소는 무엇이고, 목적은 무엇일지 나름대로 분류해 보고 순위를 매겨보라. 이 회사가 간과한 다른 물성 요소들은 없는지 생각해 보라. 그런 다음에는 이 회사의 난로들이 어떻게 만들어지는지 알고 있다고 가정을 하고 CES를 이용하여 재료를 선택하고 그 이유를 설명하라.

이 연습문제에는 '정답' 은 없다. 문제를 푸는 사람의 가정에 따라 정답이 달라지기 때문이다. 가장 중요한 포인트는 마지막 문장에 있다. '선택한 이유를 설명하라.'

12.11 CES 요소를 이용한 과학 탐구

연습문제 E12.15 본문에서 재료들은 절대온도 0 K와 융점 사이에서 약 2% 팽창한다고 배웠다. CES 요소를 사용하여 융점에서의 열팽창을 막대 차트로 작성하여 ($\alpha T_m/10^6$) 이것이 맞는지 확인하여 보라. (10^6으로 하는 것이 CES 데이터베이스에 사용된 α의 단위에 맞다.)

연습문제 E12.16 고체가 기화할 때 원자간 결합은 끊어지게 된다. 따라서 기화가 일어날 때의 잠열, L_v는 원자간 응집에너지 H_c와 거의 같다고 예상할 수 있다. L_v에 대한 H_c를 CES Elements를 이용해 그려, 이들이 얼마나 근접하는지 알아보라.

연습문제 E12.17 고체가 용융될 때 원자간 결합의 일부가 끊어지지만 다 끊어지는 것은 아니다. 예를 들면 액체도 어느 정도의 벌크 탄성률을 갖기 때문이다. 따라서 용융 잠열, L_m은 원자간 응집에너지 H_c보다 작다고 예상할 수 있다. L_m에 대한 H_c를 CES Elements를 이용해 그려 보아라 (L_m은 CES database에 융해열, heat of fusion으로 나와 있다). L_m은 H_c에 비해 얼마나 작은가? 이러한 결과로부터 액체의 응집에 대해 어떤 점을 얘기할 수 있는가?

연습문제 E12.18 용융잠열 L_m은 재료를 절대온도 0 K에서 융점까지 가열하는데 필요한 열과 같다고 할 수 있다 (C_pT_m, Cp는 비열, Tm은 융점). 한 축에 L_m을, 다른 한 축에 C_pT_m으로 차트를 그려보아라. 올바른 비교를 위해 의 단위를 kJ/mol에서 J/kg으로 바꿔야 한다. 축을 정할 때 'Advanced' 기능을 사용하여 다음 식을 곱해 주면 된다.

$$\frac{10^6}{\text{kg/(kmol로 표시된 원자량)}}$$

위의 서술이 맞는지 확인하라.

연습문제 E12.19 본문에서 탄성률은 절대온도로 나타낸 융점에 거의 비례한다고 배웠다. 그러나 CES Elements를 사용하여 이 관계를 실제 확인해 보면 아주 썩 잘 잘 맞지는 않는다는 것을 알 수 있을 것이다. 이것은 T_m과 E가 서로 다른 단위로 측정되기 때문에 물리적으로 그 비교가 의미가 없기 때문이다. 이 관계를 제대로 비교하려면 k_BT_m과 $E\Omega$를 사용해야 한다. 여기서 k_B는 Boltzmann 상수이고, Ωm^3는 원자부피이다. 이 두 물리적 양은 둘 다 에너지이며, 전자는 융점에서 원자 한 개당 열적에너지에 비례하고, 후자는 원자간 결합을 탄성적으로 잡아당기는 데 필요한 일에 비례한다. 물리적 관점에서 이 두 가지를 비교하는 것이 의미가 있다.

원소들에 대해 x축에 k_BT_m를, y축에 $E\Omega$를 그려 이 관계가 얼마나 잘 맞는지 확인하여 보라. 이런 식의 비교가 만약 잘 맞는다면 주기율표의 다른 원소들의 데이터가 잘 맞는지 확인하는 데 유용하게 활용될 수 있을 것이다. 예를 들면 어느 한 물성(예를 들어 E)을 알고, 다른 물성(T_m)을 모를 때 이용할 수도 있다. 이 두 에너지 사이의 관계를 나타내는 식을 정리하여 보라.

연습문제 E12.20 Debye 온도 이상에서 비열은 $3R$이라고 배웠다. 여기서 R은 기체상수이고 단위는 kJ/mol.K이다. x축에 Debye 온도를, y축에 비열을 그려 이 관계가 맞는지 확인하여 보라. 단위 때문에 환산이 필요할 것이다. 데이터베이스에 있는 데이터의 단위는 비열 (kJ/kmpl.K) = 비열 (J/kg.K) × 원자량 (kg/kmol/1000) 로 나와 있다. 이 값을 R = 8.314 (kJ/kmol.K) 로 나누어 Debye 온도에 대해 그리면 된다. 결과는 높은 Debye 온도를 갖는 재료 외에는 모두 3이 나와야 한다. 그렇게 나오는가? 대략 눈으로 데이터에 선을 그어 보고, 어느 온도에서 급격한 감소가 일어나는지 확인하라.

연습문제 E12.21 식 (12.10)을 사용하여 원소들의 자유행정거리, ℓ_m을 구해보라. 식 (12.10)을 다시 쓰면

$$\ell_m = 3\frac{\lambda}{\rho C_p c_o}$$

이 된다. 원소들의 자유행정거리 막대 차트를 그리기 위해 CES에서 축을 정할 때 'Advanced' 기능을 사용하라. 어떤 재료가 가장 긴 값을 보이는가? 또 가장 짧은 값을 보이는 재료는 무엇인가?

제 13 장

Running Hot : 고온 상태에서의 재료 사용

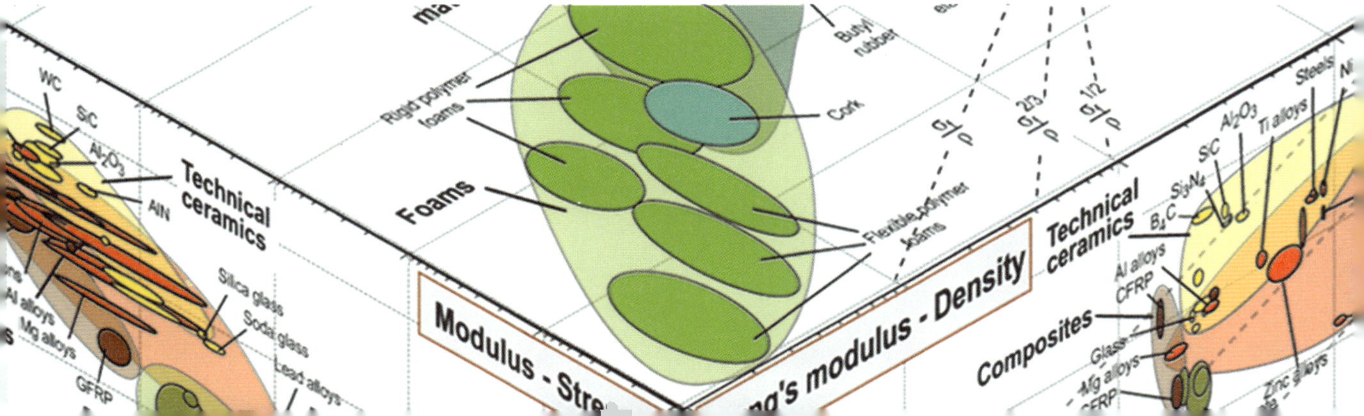

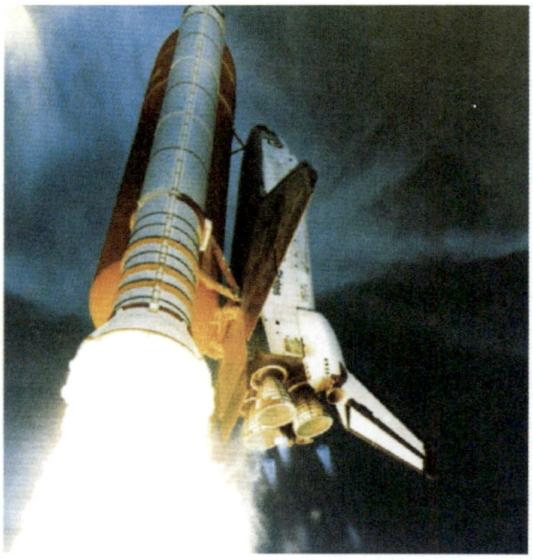

우주 왕복선의 화염 분사(USA, NASA Langley)
(사진 제공 : C. Michael Holoway)

13.1 서론 및 개요

재료 특성은 온도에 따라 변한다. 일부 특성은 설계가 용이한 단순한 선형이나(밀도, 모듈러스 및 전도도 등) 일부 특성(특히 항복 강도, 산화속도 및 부식속도)은 이런 변화가 허용되지 않을 경우, 사고를 초래할 수 있을 정도로 급격히 변한다.

본 장에서는 이런 특성이 온도에 따라 변화하는 방식과 변화에 대처하기 위한 설계 방법을 다룬다. 이를 위해 우선 **확산** 현상(고체 원자의 혼합)과 확산에 의한 **크리프**(Creep) 및 **크리프 파괴** 발생 방식을 이해해야 한다. 이런 이해는 금속 및 세라믹을 사용한 고온 설계를 위한 절차의 기본이 된다. 고분자는 거동 특성이 좀 더 복잡하나 반실험적 방법을 통해 고분자의 안전 설계도 가능하다.

13.2 재료 특성의 온도 의존성

최대 및 최소 서비스 온도

다음은 가장 단순한 온도 공차 **최대 및 최소 서비스 온도**(T_{max} 및 T_{min}) 측정법이다. 이전 항을 통해 재료의 산화, 화학적 변화 또는 과도한 처짐, 또는 '크리프'가 발생하지 않고 사용 가능한 최대 온도가 주요 문제라는 것을 알 수 있다(**연속 사용 온도** 또는 *CUT*가 유사한 측정법). 후자는 재료 파손이 발생하거나 사용이 위험해지는 온도 이하이다. 이것이 실험적 결과로서 보편적 정의는 아니다. 탄소강의 최소 서비스 온도는 연성-취성 천이 온도(균열 거칠기가 급격히 하락하기 시작하기 시작하는 온도 이하)이다. 탄성체의 경우, 이 온도는 약 $0.8T_g$(T_g는 유리 전이 온도)이다. 탄성체는 T_g 이하에서는 탄력성이 감소하여 견고해지고 취성이 나타난다.

선형 및 비선형 온도 의존성

일부 특성은 온도 T에 따라 선형적으로 변화한다. 다음 방정식이 이것을 나타낸다.

$$P \approx P_o\left(1 + \beta \frac{T}{T_m}\right) \qquad (13.1)$$

P는 특성값이고 P_o는 저온값이며 β는 상수이다. 그림 13.1은 밀도, 모듈러스, 굴절률 및 (금속의) 전기 비저항에 대한 예를 나타낸다. 따라서 저온 상태에서 녹는점 T_m까지 가열할 경우, 밀도 ρ 및 굴절율 n은 약 6% 감소하며($\beta \approx -0.06$) 모듈러스 E는 2배

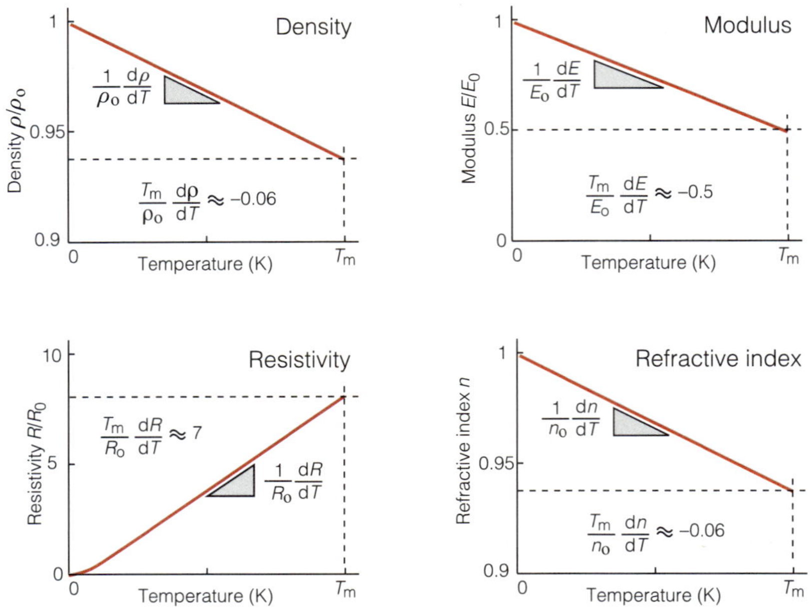

그림 13.1 밀도, 모듈러스, 비저항 및 굴절률의 선형 온도 의존성

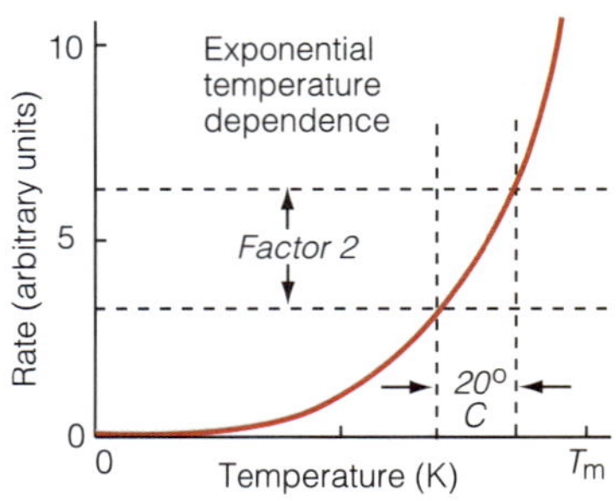

그림 13.2 일정 하중 하에서의 변형률의 기하급수적 증가. 온도가 20℃ 증가한 것으로도 변형률은 2배 증가할 수 있다.

감소하고($\beta \approx -0.5$) 비저항 R은 약 7배 증가한다($\beta \approx -6$). 이런 변화는 무시할 수 없는 수준이나 설계 온도에서의 특성값을 사용하여 쉽게 적응할 수 있다.

기타 특성은 더 중요하다. 강도는 더 급격히 감소하며 크리프(본 항의 주제)는 기하급수적으로 증가한다(그림 13.2). 지금부터는 이 현상에 대해 상세히 탐구하고자 한다.

점성유동

물질이 흐를 경우, 물질 입자도 이동하여 흐름은 전단 과정을 형성한다. 뉴튼의 법칙은 전단 응력 τ 하에서의 유체 흐름 속도를 나타낸다.

$$\dot{\gamma} = \frac{\tau}{\eta}$$

$\dot{\gamma}$는 전단율이며 η는 점도이다. 이것은 선형 법칙으로서 후크의 법칙에서 모듈러스를 점도로 치환하고 변형률을 변형률 속도(단위 : S^{-1})로 치환한 방정식이다. 점성유동은 부피가 일정할 경우 발생한다(포아송비 = 0.5). 이것은 점성유동 문제는 탄성 변형을 처리하고 변형률 ε를 변형률 속도 $\dot{\varepsilon}$로 치환하며 방정식 (4.10)을 사용하여 영률 ε를 3η로 치환하여 해결할 수 있다는 것을 의미한다. 따라서 인장력이 인가되고 있을 경우, 타르 등의 고점성 유체의 로드(rod)가 확장되는 비율은 다음과 같다.

$$\dot{\varepsilon} = \frac{\sigma}{3\eta} \tag{13.2}$$

인수 1/3은 전단에서 정상 응력 및 변형률로 전환되었으므로 적용된 인수이다.

크리프

실온에서 대부분의 금속 및 세라믹은 시간이 아닌 응력에 따라 변형된다. 온도가 상승함에 따라 실온에서는 너무 작아서 영구적 변형을 가할 수 없었던 하중에 의해 재료에 크리프가 발생하며, 시간 경과에 따라 느리게 진행되는 지속적 변형을 통해 결국 파괴가 발생한다. 이 현상을 일반적으로 "저온" 응답에 의한 시간 의존 거동과 "고온" 응답에 의한 시간 의존 흐름과 관련 있다. 여기에서 사용된 "저온" 및 "고온"은 무엇을 의미하는가? 램프 필라멘트로 사용되는 텅스텐의 녹는점은 3000℃ 이상이다. 텅스텐의 경우, 실온은 상당한 저온이다. 텅스텐 램프의 필라멘트 온도는 약 2000℃이다. 텅스텐의 경우, 이 온도는 고온이다. 필라멘트는 시간 경과에 따라 자체 중량에 의해 서서히 구부러지다 코일과 접촉하여 램프는 끊어진다.

내크리프성 설계를 위해서는 해당 물체가 노출된 환경의 응력 σ 및 온도 T에 따라 변형률 속도 $\dot{\varepsilon}$ 또는 고장 시간 t_f가 결정되는 방식을 이해해야 한다. 이를 위해서 크리프 시험이 필요하다.

크리프 시험 및 크리프 곡선

크리프 측정법은 그림 13.3을 참조한다. 일정 온도 T로 유지되는 노 내부에 위치한 시편에는 일정 하중 하에서 인장 또는 압축력이 인가된다. 시간에 따른 신장률이 측정된다. 금속, 고분자 및 세라믹에는 크리프 곡선이 존재한다. 이 크리프 곡선의 일반적 형

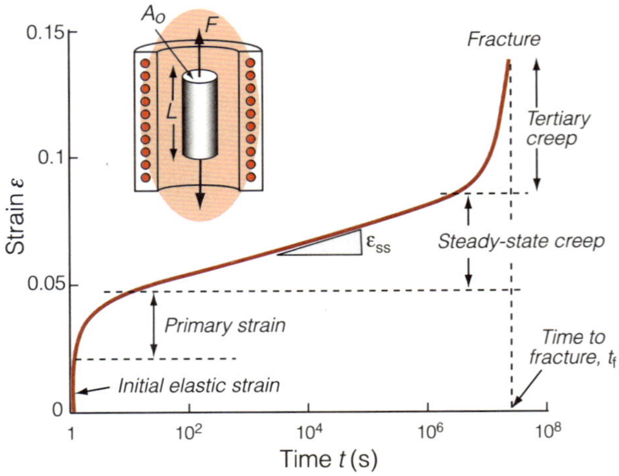

그림 13.3 시간 t에서 파괴 시간 t_f까지의 구간에서 변형률 ε의 증가 경향을 나타내는 크리프 시험 및 크리프 곡선

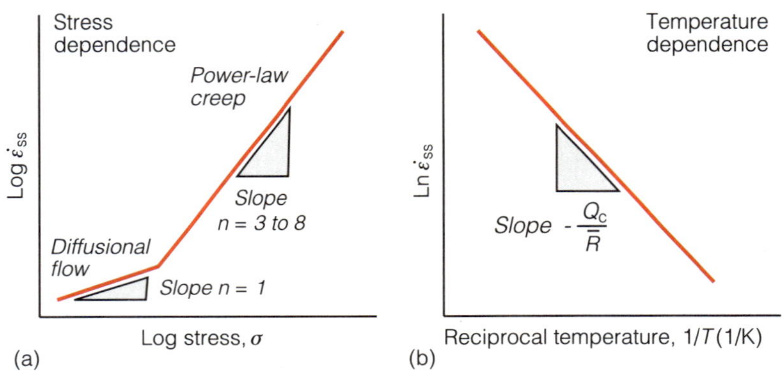

그림 13.4 크리프 속도의 응력 및 온도 의존성

상은 그림을 참조한다.

초기 탄성 및 1차 크리프 변형률은 단시간에 발생하며 조직에 허용 가능한 탄성 처짐과 동일하게 취급된다. 그 이후로 변형률은 2차 크리프 또는 정상 상태 크리프 영역이라는 구역에서시간 경과에 따라 지속적으로 증가한다. 상수 T에서의 정상 상태 크리프 속도 $\dot{\varepsilon}_{ss}$의 로그와 응력 σ의 로그에 대한 그래프인 그림 13.4(a)을 통해 다음 방정식이 도출된다.

$$\dot{\varepsilon}_{ss} = B\sigma^n \tag{13.3}$$

n은 크리프 지수로서 일반적으로 3~8이다. 따라서 본 거동을 멱법칙 크리프라고도 한다.

σ가 낮은 영역에서는 기울기 $n \approx 1$인 부분이 존재한다(그림 13.4(a)에 '확산 유동' 으로 표시된 부분). 상수 T에서의 $\dot{\varepsilon}_{ss}$의 자연 로그(ln)와 절대 온도의 역수(1/T)에 대한 그래프인 13.4(b)를 통해 다음 방정식이 도출될 수 있다.

$$\dot{\varepsilon}_{ss} = C \exp - \left(\frac{Q_c}{\bar{R}T} \right) \tag{13.4}$$

$\bar{R}$은 기체 상수(8.31 J/mol/K)이며 Q_c는 크리프의 활성화 에너지로서 단위는 J/mol이다. 크리프 속도 $\dot{\varepsilon}_{ss}$은 그림 13.2와 같이 기하급수적으로 증가하여 온도가 소량 증가(20℃)하더라도 크리프 속도는 2배 증가한다. 이 두 가지 사실을 통해 다음 방정식의 도출 가능하다.

$$\dot{\varepsilon}_{ss} = C'\sigma^n \exp - \left(\frac{Q_c}{\bar{R}T} \right) \tag{13.5}$$

C'는 상수이다. 이 경우의 C'단위는 일반적으로 사용되지 않으므로 (s^{-1} MPa^{-n}) 대신 다음과 같이 사용한다.

$$\dot{\varepsilon}_{ss} = \dot{\varepsilon}_o \left(\frac{\sigma}{\sigma_o} \right)^n \exp - \left(\frac{Q_c}{\bar{R}T} \right) \tag{13.6}$$

4개의 상수 $\dot{\varepsilon}_o$(단위 : s^{-1}), σ_o(단위 : MPa), n 및 Q_c는 재료의 정상 상태 크리프를 특징짓는다. 이 사실을 알고 있을 경우, 식 (13.6)을 사용하여 모든 온도 및 응력에서의 변형률 속도 $\dot{\varepsilon}_{ss}$를 계산할 수 있다. 상기 4개의 상수는 재료에 따라 차이가 있으므로 실험적으로 측정되어야 한다. 13.5절에서 이에 대해 논하도록 한다.

크리프가 유용하게 사용될 수도 있다. 압출, 열간 압연, 열간 프레스 및 단조는 멱법칙 크리프가 주요 변형 기제로 동작하는 온도에서 실시되며 운용에 필요한 압력을 감소시키는 목적으로 사용된다. 주어진 온도 변화에 대한 성형 압력 변화는 방정식 (13.6)을 사용하여 계산한다.

크리프 손상 및 크리프 파괴

크리프가 지속되면 손상이 축적된다. 이런 손상은 서서히 확장되어 연결되는 공동(void) 또는 내부 균열의 형태로 나타나 횡단면을 부식시키고 응력을 증가시킨다.

이에 의해 그림 13.3 크리프 곡선의 3차 단계와 같이 크리프 속도가 증가한다. $n \approx$

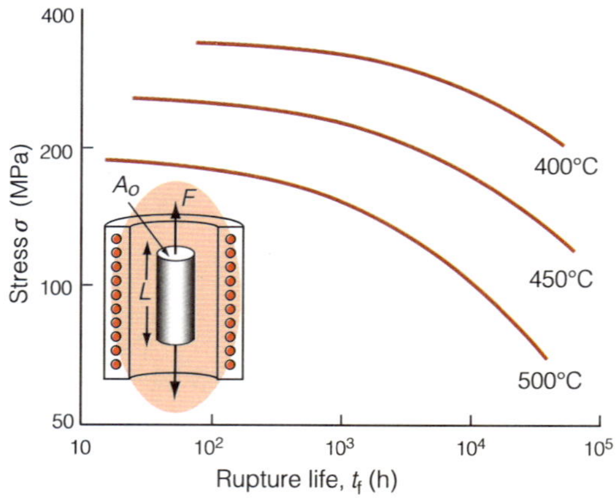

그림 13.5 일반적 탄소강의 크리프 파괴 시간(스케일 : 로그)

5일 경우 $\dot{\varepsilon} \propto \sigma^n$이므로 크리프 속도가 응력보다 더 빨리 증가한다. 응력이 10% 증가하는 동안 크리프 속도는 60% 증가한다.

고장 시간 t_f는 일반적으로 크리프-파단 도표로 표시된다(그림 13.5). 이 도표를 사용하여 응력 및 온도를 알고 있을 경우, 수명을 예측 가능하며 특정 온도에서의 특정 수명을 설계하고자 할 경우, 설계 응력을 예측 가능하다. 시험을 통해 다음 Monkman-Grant 법칙이 도출된다.

$$\dot{\varepsilon}_{ss} t_f = C \tag{13.7}$$

Monkman-Grant 상수 C는 일반적으로 0.05~0.3이다. C값을 알면 식 (13.6)을 사용하여 크리프 수명(t_f)을 계산할 수 있다.

13.3 크리프 거동 차트

녹는점

그림 13.6은 금속, 세라믹 및 고분자의 녹는점을 나타낸다. 금속 및 세라믹은 대부분 녹는점이 높으므로 실온 보다 상당히 높은 온도에서 크리프 발생이 시작된다. 그러나 납의 녹는점은 327°C(600K)이므로 실온은 납의 절대 녹는점 및 약 절반에 해당된다. 따라서 납은 실온에서 크리프가 발생한다(납 지붕 및 구식 건물의 피복에 있어 문제가 됨).

대부분의 녹는점이 150~200°C인 결정성 고분자의 경우, 실온에서 크리프가 서서히

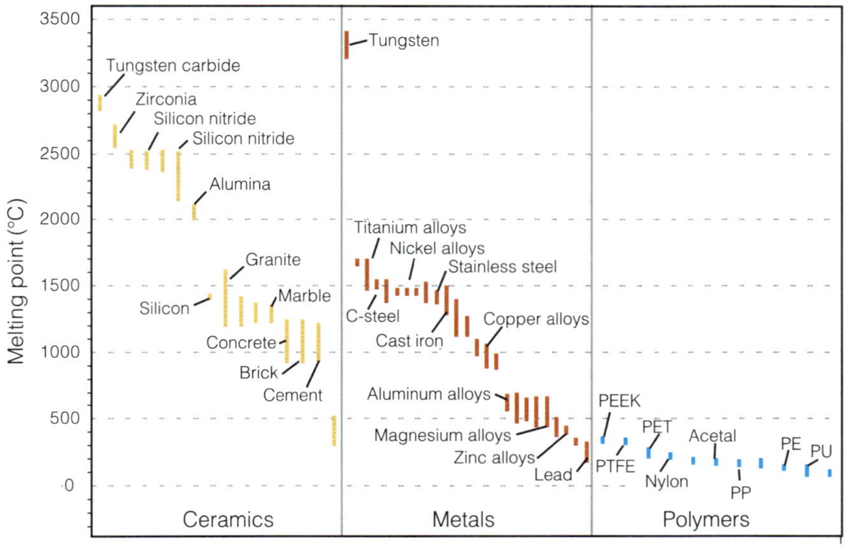

그림 13.6 세라믹, 금속 및 고분자의 녹는점

발생하며 일반적으로 녹는점이 50~150℃인 유리상 고분자도 동일한 현상이 발생한다. 문제는 재료에 크리프가 발생하기 시작하는 온도가 재료의 녹는점에 의해 결정된다는 사실이다. 일반적으로 금속의 경우 $T \approx 0.35T_m$에서 크리프가 발생하기 시작하며 세라믹은 $0.45T_m$에서 발생한다. 그러나 합금을 통해 크리프 발생 온도를 상당히 상승시킬 수 있다.

최대 서비스 온도 및 강도

그림 13.7에는 최대 서비스 온도 T_{max} 및 실온 강도 σ_y가 수록되며 이를 통해 고분자 및 아연, 마그네슘 및 알루미늄 합금 등의 저융점 금속은 실온에서 실용 강도가 나타나나 300℃부터 강도가 감소하기 시작한다는 것을 알 수 있다. 실제로 135℃ 이상에서 실용 강도가 나타나는 고분자는 거의 없다. 티타늄 합금 및 저합금강은 600℃까지 실용 강도가 나타난다. 600℃ 이상에서는 고합금 스테인리스강과 니켈, 철 및 코발트 기반의 더 복잡한 합금이 필요하다. 최대 온도에서는 텅스텐 또는 실리콘 카바이드(SiC)나 알루미나(Al_2O_3) 등의 테크니컬 세라믹과 같은 내화 금속이 필요하다.

950℃에서의 크리프 강도 및 밀도

그림 13.8은 고온에 노출되는 기지 조직용 재료 선택을 돕기 위한 차트의 예시로서 950℃에서의 크리프 강도 $\sigma_{950℃}$가 표시되어 있다. 고온(초고온)에서의 강도는 속도

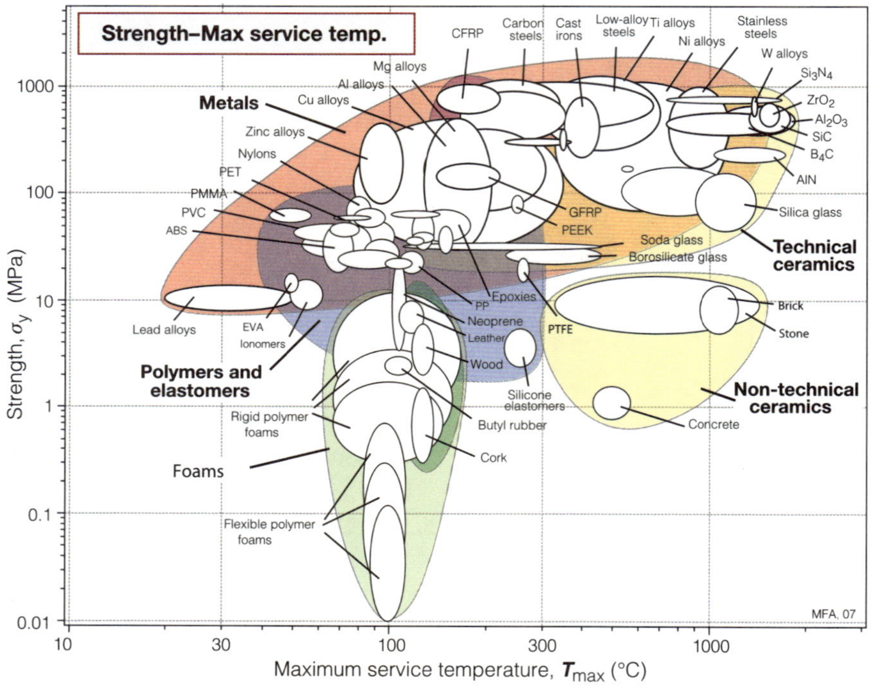

그림 13.7 재료의 강도 및 최대 서비스 온도. 강도는 온도 증가에 따라 본문에 설명된 방식으로 감소한다.

의존적이므로 차트를 제작하기 위해서는 수락 가능한 변형률 속도를 선택해야 한다. 본 예시에서 선택된 변형률 속도는 10^{-6}/s이다. $\sigma_{950°C}$와 밀도 ρ에 대한 그래프가 작도되었다. 본 차트는 그림 6.6의 $\sigma_y - \rho$ 차트와 동일한 방식으로 사용되며 이 차트를 사용해 다음 지수를 그래프로 표시하여 고온에서의 경량 설계를 위한 재료를 식별할 수 있다. 다음과 같이 다수의 윤곽선이 표시되어 있다.

$$M_t = \frac{\sigma_{950°C}}{\rho}$$

그림 13.8을 통해 이 온도에서의 티타늄 합금의 강도가 실온에서의 납 강도와 유사한 수 MPa라는 것을 알수 있다. 니켈 및 강철 기반 초합금의 실용 강도는 100 MPa 이상이다.

내화 금속(텅스텐 합금), 테크니컬 세라믹(SiC) 및 신세라믹-세라믹 복합물만이 고강도를 나타낼 수 있다.

실온에서는 한 가지 종류의 강도-밀도 차트만이 필요하다. 고온 설계의 경우, 온도 및 수락 가능한 변형률 속도 또는 설계 요구 수명에 대한 차트가 필요하다.

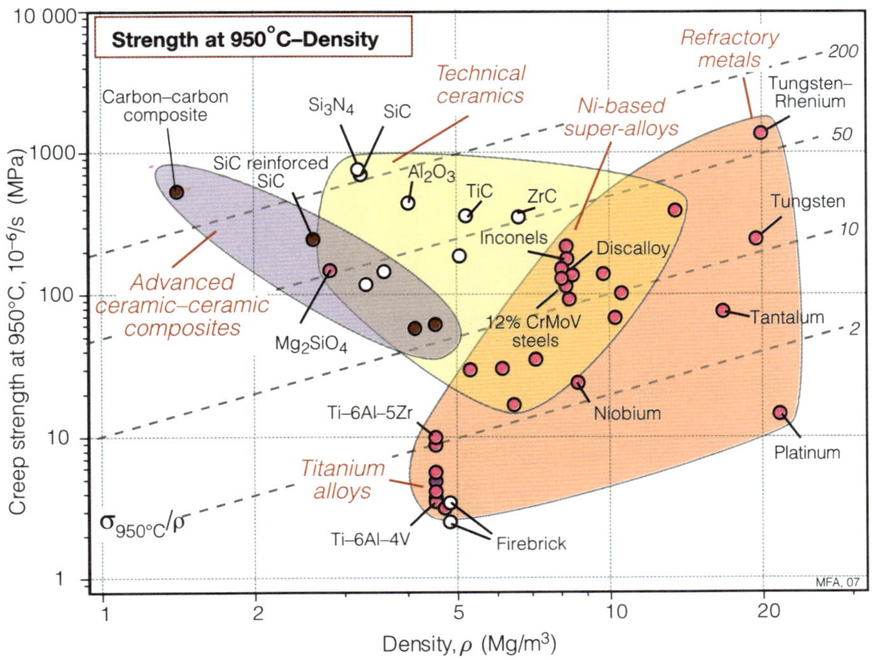

그림 13.8 선택된 재료의 고온(950℃이며 변형률 속도는 10^{-6}/s)에서의 강도가 표시된 밀도 대비 차트. 소프트웨어를 사용해 선택된 온도에 대한 상기와 같은 차트를 제작할 수 있다(차트는 CES 시스템으로 작동하는 고온 재료 전문 데이터베이스를 사용해 작성함).

컴퓨터 지원 방식을 통해 원하는 운용 조건에 대한 그림 13.8과 같은 차트를 신속하고 효율적으로 제작하고 조작할 수 있으므로 이 단계가 특히 컴퓨터 지원 방식이 유용하게 사용되는 부분이다.

13.4 과학 : 확산 및 크리프

점성유동 및 크리프는 원자의 상대 운동이 필요하다. 이 운동의 발생 방식은 무엇이며 속도는 얼마인가? 확산에 의해 주변 환경에 대한 상대적 위치를 변경한 원자에 대해 논의하자.

확산

확산은 자연적 원자 혼합이다, 기체 및 액체 혼합은 유사하며(공기 중의 연기 산포 및 물에서의 잉크 분산) 원자 또는 부자의 임의적 운동으로 이해될 수 있다(브라운 운동). 그러나 원자가 격자 내에 갇혀져 있는 결정성 고체는 혼합될 수 있는가? 실제로 혼합

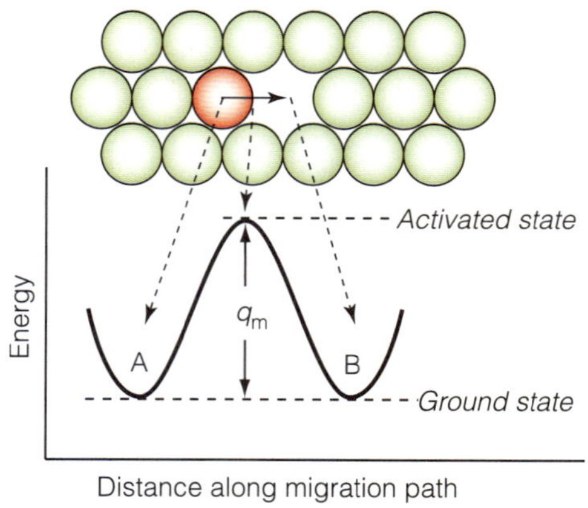

그림 13.9 확산 점프. 에너지 그래프는 적색 원자(녹색 원자와 화학적으로 동일할 수도 다를 수도 있음)가 A에서 B 위치로 점프할 경우의 에너지 변화 양상을 나타낸다.

가능하다. A 타입의 원자가 B 타입 원자의 구역(Block)에 겹쳐진 후 A-B 쌍(Couple)이 가열될 경우, 원자는 픽스 법칙[1)]에 따른 비율로 상호 확산된다.

$$J = -D\frac{\mathrm{d}c}{\mathrm{d}x} \tag{13.8}$$

J는 원자 유동(상대 원자 구역으로 확산된 A 타입 원자의 초당 개수), D는 확산 계수이며 $\mathrm{d}c/\mathrm{d}x$는 x 방향에서의 A 원자의 농도(c) 경사이다.

열은 원자 운동에 의해 발생한다. 고체의 경우, 각 진동 방식에서 k_BT의 운동 에너지와 위치 에너지가 평균일 때 원자는 중심 위치에서 ν 진동수(약 초당 10^{13})로 진동한다. k_BT는 볼츠만 상수(1.38×10^{-23}J/atom · K)이다. 이 값은 평균값으로서 순간적으로는 이 값 이상 또는 이하의 원자가 존재할 수 있다. 통계 역학을 사용해 에너지 분포를 구할 수 있다. 맥스웰-볼츠만 방정식은 주어진 원자의 에너지가 q값(단위 : 주울)보다 클 확률 p를 나타낸다.

$$p = \exp -\left(\frac{q}{k_BT}\right) \tag{13.9}$$

4장에서 설명했듯이 결정 내에는 공공이 존재한다(일부는 원자가 빠진 자리). 이 공

1) Adolph Eugen Fick(1829~1901): 독일의 물리학자이며 생리학자로서 컨택트 렌즈의 발명가이다. 막을 통한 기체 통로와 고체에서의 원자의 열활성 혼합을 설명한 법칙을 정립하였다.

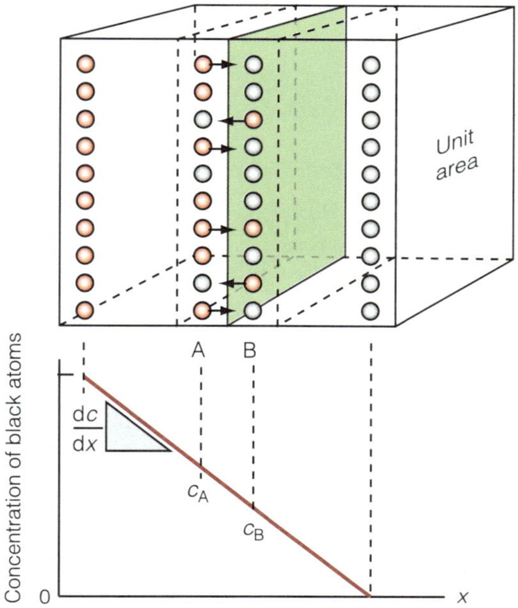

그림 13.10 농도 경사에서의 확산

공에서 확산 점프가 발생한다. 그림 13.9는 공공으로 점프하는 원자를 나타낸다. 이런 점프를 하기 위해서 적색 원자(기타 원자와 동일한 원자임)는 안정적인 원래 자리인 A(바닥 상태)를 벗어난 후 인접 원자 사이로 밀고 들어가 활성화 상태에 진입해야 한다. 그 후 안정적 상태가 되는 빈자리 B에 도착한다. 원자가 이동할 경우 극복해야 하는 에너지 장벽 q_m이 바닥 상태와 활성화 상태 사이에 존재한다. 식 (13.9)을 사용해 $q = q_m$일 경우, 주어진 원자가 이 에너지 장벽 이상의 열 에너지를 가지고 있을 확률 p_m을 구한다.

이상과 같이 원자의 자리를 변경하기 위해서는 충분한 열 에너지와 인접한 빈자리가 필요하다. 빈자리의 에너지는 q_v이므로 식 (13.9)을 사용해 주어진 자리가 빈자리일 확률 p_v도 구할 수 있다(이 경우 $q = q_v$). 따라서 원자가 자리를 변경할 총 확률은 다음과 같다.

$$p = p_v p_m = \exp -\left(\frac{q_v + q_m}{k_B T}\right) = \exp -\left(\frac{q_d}{k_B T}\right) \qquad (13.10)$$

q_d는 자체 확산을 위한 활성화 에너지이다. 적색 원자와 녹색 원자가 화학적으로 다를 경우(즉 고용체 내에 있을 경우)의 과정이 상호 확산이다. 두 원자의 활성화 에너지원

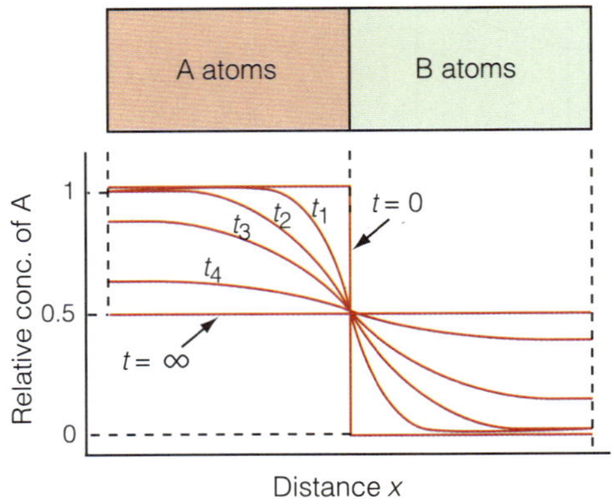

그림 13.11 확산에 의한 혼합

은 동일하다. 그림 13.10은 적색 원자의 농도 경사 dc/dx가 존재하는 고체에서의 상호 확산에 의한 혼합 방식을 나타낸다. 적색 원자는 회색 면으로 표시된 중간선 좌측의 A 조각에 우측의 B 조각보다 더 많이 존재한다. 원자가 무작위로 이 회색 면을 뛰어 넘을 경우, 좌측에 뛰어넘을 수 있는 원자가 더 많이 존재하므로 우측으로는 적색 원자의 순 흐름이 발생하며 반대 방향으로는 백색 원자의 순 흐름이 발생한다.

A 조각의 단위 구역당 적색 원자 개수 $n_A = 2r_o c_A$이며 B 조각의 단위 구역당 적색 원자 개수 $n_B = 2r_o c_B$이다. 원자 크기인 $2r_o$는 조각의 두께이며 c_A 및 c_B는 두 평면의 적색 원자 농도를 원자 분율로 나타낸 것이다. n_A와 n_B의 차는 다음과 같다($c_A - c_B = 2r_o(\mathrm{d}c/\mathrm{d}x)$).

$$n_A - n_B = 2r_o(c_A - c_B) = 4r_o^2 \frac{\mathrm{d}c}{\mathrm{d}x}$$

3차원 상의 원자의 진동 가능 방향은 총 6개이나 그 중 한 방향만 정확한 방향이므로, A 조각 원자의 B쪽으로의 초당 진동수 또는 B 조각 원자의 A쪽으로의 초당 진동수는 $\nu/6$이다. 따라서 적색 원자의 좌측에서 우측으로의 순흐름은 다음과 같다.

$$J = -\frac{\mathrm{v}}{6} \exp - \left(\frac{q_d}{k_B T} \right) 4r_o^2 \frac{\mathrm{d}c}{\mathrm{d}x}$$

일반적으로 원자당 활성화 에너지 q_d보다는 몰당 활성화 에너지 Q_d를 사용하므로 여기에서는 $Q_d = N_A q_d$ 및 $\bar{R} = N_A k_B$(N_A는 아보가드로 수, 6.02×10^{23})를 사용하고 $4\nu r_o^2/6$항을 단일 상수 D_o로 묶어 다음 식을 도출한다.

$$J = -D_o \exp -\left(\frac{Q_d}{\bar{R}T}\right)\frac{dc}{dx} \qquad (13.11)$$

상기 식은 방정식 (13.12)를 통해 주어지는 확산 계수 D를 사용하는 픽스 법칙(식 (13.8))의 형태를 하고 있다.

$$D = D_o \exp -\left(\frac{Q_d}{\bar{R}T}\right) \qquad (13.12)$$

(CES 원소 데이터베이스는 원소용 D_o 및 Q_d에 대한 자료가 포함됨)

열흐름에 대한 푸리에 법칙(식 (12.2)) 및 유동에 대한 픽스 법칙(식 (13.8))은 동일한 형태를 하고 있다. 이것은 D로 a를 치환하고 dc/dx로 dT/dx를 치환할 경우, 열흐름 문제와 유동 문제의 해법이 같아진다는 것을 의미한다. 이 방정식을 사용하여 일시적 문제(Transient problem)를 해결할 수 있다. 그림 13.11은 시간 t_1, t_2, t_3 및 t_4에서 좌측의 적색 원자와 우측의 녹색 원자 간의 상호 확산에 의한 연속적 농도 분포를 나타낸다. 이것이 일시적 유동 문제이다. 일시적 열흐름(방정식 (12.15))과 동일하게 다음 식을 사용해 원자가 다른 원자에 침투하는 평균 거리 x를 계산한다.

$$x \approx \sqrt{Dt} \qquad (13.13a)$$

자료를 사용할 수 없을 경우, 확산율 및 확산율의 상한 추정에 유용하게 사용될 수 있는 기타 두 가지의 경험적 법칙이 존재한다. 첫 번째 법칙은 $\bar{R}T_m$으로 나누어 표준화한 확산을 위한 활성화 에너지는 금속에 따라 대략 일정하다는 것이다.

$$\frac{Q_d}{\bar{R}T_m} \approx 18 \qquad (13.13b)$$

두 번째 법칙은 녹는점에서 측정된 금속의 확산 계수도 대략 일정하다는 것이다.

$$D_{Tm} = D_o \exp -\left(\frac{Q_d}{\bar{R}T_m}\right) \approx 10^{-12}\ m^2/s \qquad (13.13c)$$

액체 및 비결정성 고체에서의 확산

결정 내의 공공은 자유 부피(원자 점프 시 이동하듯이 이동이 가능하므로 자유 부피라고 함)로 간주할 수도 있다. 따라서 결정 내의 자유 부피는 모두 동일한 크기(충분한 열 에너지가 있는 원자가 점프해 들어 올 수 있을 수준)로 분리된 상태이다. 액체 및 비결정상 고체에도 자유 부피가 존재하나 규칙적 조직이나 격자가 없으므로 원자 또는 분자 사이에 무작위로 분산되어 있다. 실험을 통해 액체내 원자의 에너지 장벽은 확산 또는 흐름의 주요 방해물이 아니라는 것을 알 수 있다. 실제로 입자 간에 상당한 양의 자유 부피가 존재하나 원자 크기의 구멍(일시적 공공)이 생성될 경우 외에는 입자 점프에는 거의 사용되지 않는다.

이 문제는 맥스웰-볼츠만 문제와 같은 종류—변동 문제이나 주로 열 에너지가 아닌 자유 부피의 변동 문제이다. 따라서 이 문제의 해법은 맥스웰-볼츠만 문제의 해법과 다소 유사하다. 액체 내의 확산은 다음 식으로 설명 가능하다.

$$D = \frac{4}{6} r_o^2 \nu \exp - \left(\frac{v_a}{v_f} \right) \tag{13.14}$$

v_f는 입자당 평균 자유 부피, v_a는 일시적 공공의 부피이다. r_o와 ν는 상기와 동일한 의미로 사용된다.

기타 장(Field)에 의한 확산

지금까지는 농도 경사에 의한 확산을 다루었다. 농도 c는 *field quantity*로서 농도장 내 각종 위치에서 이산 값을 가지고 있다. 두 개의 근접 위치 간의 c 차이를 두 위치 간의 거리 차이로 나눈 값이 국소 농도 경사 dc/dx이다.

기타 장경사에 의해 확산이 발생할 수도 있다. 모멘트에서 보았듯이 응력 경사는 확산 유동 및 멱법칙 크리프를 초래한다. 전기장 경사는 부전도 재료에서의 확산을 초래할 수 있다. 온도 경사도 물질 확산 및 열 확산을 초래할 수 있다.

확산 유동

액체 및 고온의 유리는 콩으로 가득 찬 가방과 같은 불안정한 구조이다. 원자(또는 콩)가 조직 내에 들어갈 경우, 이에 의해 전체 외형이 변화한다. 자유 부피가 충분할 경우, 응력은 응력 방향의 외형을 변형시키는 움직임을 유도하며 응력 반대 방향의 외형을 변형시키는 움직임도 유도한다. 온도가 상승함에 따라 자유 부피는 증가하고 흐름은 빨라진다.

그러면 어떻게 점프한 원자에 의해 결정의 외형이 변형되는가? 결정은 콩으로 가득 찬 가방과는 달리 원자가 정위치에 위치하고 있다. 그림 13.9의 원자 집합과 같이 원자가 점프하더라도 집합의 외형은 변형되지 않는다. 즉 확산은 결정 외형을 변형시키지 못한다는 것을 알 수 있다. 그러나 실제로는 확산에 의해 결정 외형이 변형된다. 결정립계로 접하고 있는 다수의 결정으로 구성된 다결정질(polycrystalline)이 그 예이다. 이 현상은 결정립계가 공공에 대한 소스 및 싱크(source and sink)의 역할을 하기 때문에 발생한다. 공공이 경계에 포함될 경우, 원자는 튕겨져 나온다. 이 현상이 수차례 반복되면 결정면이 감소한다. 반대로 공공이 경계에서 분리될 경우, 원자가 들어가고 이 현상이 수차례 반복되면 결정면이 성장한다. 그림 13.12는 그 결과로서 다결정의 응력 방향으로의 느린 성장을 나타낸다. 이 현상은 응력 경사에 의해 초래된다. 응력 경사는 공공이 발생하는 수평 경계 상의 인장 응력 σ(원래 0)와 공공이 도착하는 수평 경계 상의 인장 응력 간의 차를 말한다. 입자 크기가 d일 경우, 응력 경사는 σ/d이다. 원자 흐름 및 각 입자의 확장률 $\delta d/\delta t$는 $D\sigma/d$에 비례한다. 변형률 속도 $\dot{\varepsilon}$는 확장률을 원래 입자 크기 d로 나눈 값으로서 다음 식으로 구한다.

$$\dot{\varepsilon} = C\frac{D\sigma}{d^2} = C\frac{\sigma}{d^2}D_o \exp - \left(\frac{Q_d}{\overline{R}T}\right) \tag{13.15}$$

C는 상수이다. 변형률 속도는 점성류의 일종으로서 응력과 선형이다. 입자 크기가 작을수록 변형률 속도는 증가한다.

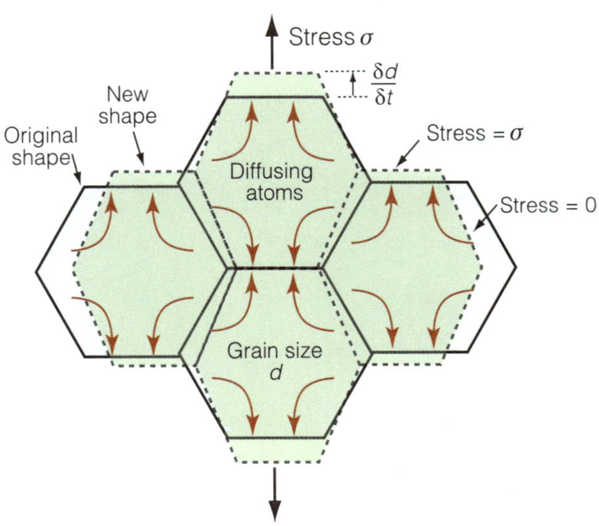

그림 13.12 확산에 의한 변형(확산 유동)

전위 상승 및 멱법칙 크리프

5장에서 살펴본 플라스틱 흐름은 전위 이동에 의해 발생한다. 전위 이동은 불용 용질 원자, 침전 입자, 결정립계 및 기타 전위의 방해를 받는다. 항복 강도는 전위를 상기 방해 요소를 지나치거나 그 사이에 위치시키는 데 필요한 응력을 말한다. 확산은 전위를 경로 내의 방해물에서 분리시켜 이동을 용이하게 한다. 그림 13.13은 상기 현상의 발생 과정으로서 이 그림에서 전위는 입자의 방해를 받는다. 침전에서의 반응 f_o을 사용해 단위 길이당 미끄러짐 힘(glide force) τb의 균형이 유지된다. 그러나 반대 평면의 원자가 확산되어 나가 반대 평면의 면적이 감소할 경우, 반대편에 이미 진입한 전위도 계속적으로 미끄러질 수 있다. 이 경우의 응력 경사는 식별하기 어려운데 이 점이 전위가 입자에 압착된 후 분리되는 국소 응력과의 차이점이다. 이 과정에 확산이 필요하기 때문에 이 과정을 '상승'이라고 한다. 상승은 온도가 약 $0.35T_M$ 이상일 경우에만 예측 가능한 속도로 발생할 수 있다.

상승은 전위를 고정하고 있는 장애물에서 전위를 분리시킨다. 이를 통해 전위는 추가적으로 슬립(slip)될 수 있다. 분리된 전위는 얼마간의 슬립 후 다음 장애물과 접촉

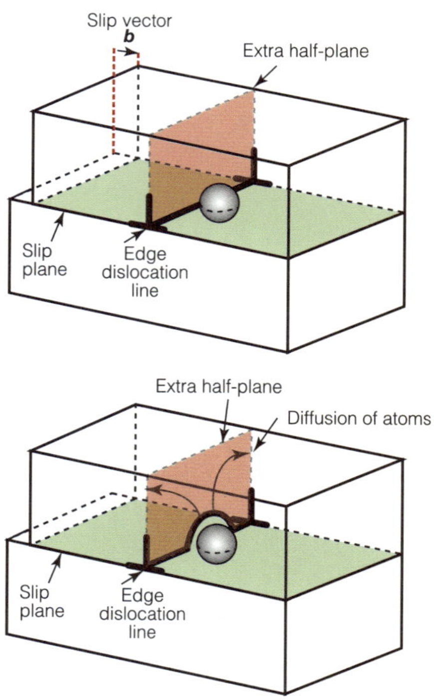

그림 13.13 전위 상승 : 확산에 의해 반대 평면의 면적이 감소하여 전위가 장애물을 통과할 수 있게 된다. 이 현상에 의해 멱법칙 크리프가 발생한다.

한 후 같은 반응을 반복한다. 이것을 통해 점진적이며 지속적인 크리프의 속성을 설명할 수 있다. 확산 의존성은 $Q_c \approx Q_d$에서의 크리프 속도의 온도 의존성을 설명할 수 있다.

$$\dot{\varepsilon}_{ss} = A\,\sigma^n \exp - \left(\frac{Q_c}{\bar{R}T}\right) \tag{13.16}$$

멱법칙의 응력 σ 의존성은 설명이 어렵다. 일부는 확산을 초래하는 응력 경사가 σ에 따라 증가하기 때문에 발생하고 일부는 전위 자체의 밀도 증가에 의해 발생하기 때문이다.

변형 기구 다이어그램

상기 내용을 모두 종합해 보면 재료는 전위 소성(6장) 또는 확산 유동 또는 멱법칙 크리프(고온일 경우)에 의해 변형될 수 있다는 사실이 도출된다. 응력 및 온도가 낮아서 이런 현상이 발생할 수 없을 경우, 탄성 변형이 된다. 양 기구간의 이런 경쟁 양상은 변형 기구 다이어그램에 요약되어 있다. 그림 13.14가 그 예 중 하나이다. 그림 13.14은 이런 조합에 의해 생성되는 각 변형 및 변형률 속도 종류(윤곽선)가 식별될 것이라 예상되는 응력 및 온도 범위를 나타낸다. 이런 다이어그램은 다수의 금속 및 세라믹에 사용될 수 있으며 크리프 거동에 대한 유용한 요약 자료이고 고온 재료의 선택 시 유익하게 사용될 수 있다. 고온 재료의 선택 시 사용 예는 본 13장 끝부분을 참조한다.

크리프 파괴

상기에도 설명했듯이 확산은 크리프 및 크리프 파괴를 발생시킨다. 크리프 발생 재료의 거동은 2개로 분리되기 전까지 길게 늘어난다는 점에서 풍선껌과 유사하다.

그러나 결정성 재료의 경우, 이런 현상은 거의 발생하지 않는다. 실제로 크리프 파괴(인장)는 그림 13.14에 수록된 기구에 의해 예상외의 저 변형률(일반적으로 2~5%)에서도 발생할 수 있다. 보이드는 일반적 인장 응력이 가해지는 결정립계에 응집된다. 이 경계에서 원자 확산에 의해 확산 크리프가 발생하며 이 확산 크리프는 응력 인가 방향과 거의 평행하게 위치한 경계에서 발생하는 것이다. 그러나 인장 경계 상에 공동(void)이 존재할 경우, 이 공동도 원자원의 역할을 함으로써 성장한다. 공동은 하중을 지지하지 못하므로 기존 경계의 일부에서 응력 증가가 발생하여 공동간 연결이 완성될 때까지 공동을 더 신속히 성장 시킨다.

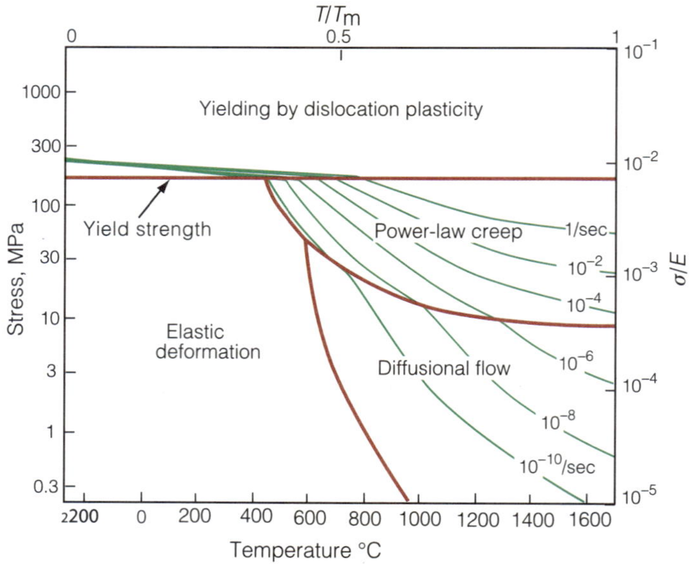

그림 13.14 각 기구의 작용 영역이 표시된 변형 기구 지도

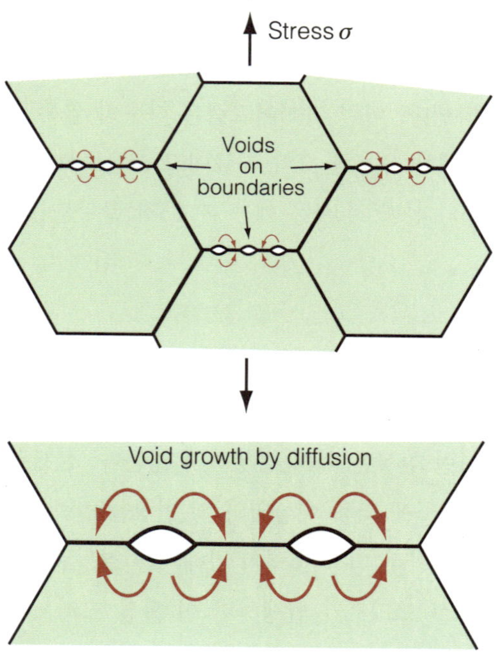

그림 13.15 각결정립계에서의 보이드 확산 성장에 의해 초래된 크리프 파괴

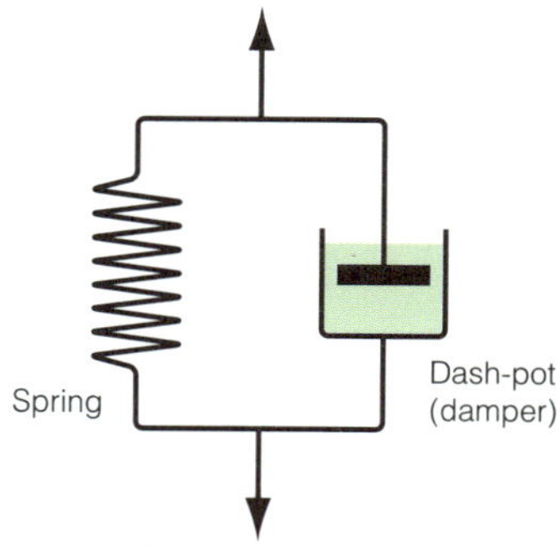

그림 13.16 점탄성 거동은 대시 포트(점성)와 평행하게 위치한 스프링(탄성)으로 모델화 가능하다.

다수의 기술 구성품(예: 로내의 지지봉, 과열 튜브 및 화학 반응 공장의 고온 고압 용기)은 장시간(20년) 동안 고장 없이 적절한 수준의 크리프 하중을 견딜 수 있어야 한다. 상기에 설명된 방법을 사용해 안전하게 견딜 수 있는 수준의 하중 또는 압력을 계산한다. 결과 도출에 장시간(20년)을 소모하지 않고 이런 용도의 새로운 재료를 시험할 수 있어야 한다. 이를 위해서는 하중 또는 온도를 증가시켜 시험을 가속하여 단기 시험 시간 동안 관찰 가능한 크리프를 얻어야 한다. 하지만 위험 요소도 존재한다. $n \approx 1$인 하중이 낮은 구역에 외삽할 경우, 그림 13.4(a)의 n이 3~8인 구간에서 실시된 시험은 크리프 속도를 상당히 과소 추정한 것이다.

크리프 기구: 고분자

상기에 설명했듯이 결정성 재료의 크리프는 확산과 밀접한 관계가 있다. 고분자도 동일하나 대부분의 고분자가 부분적으로 또는 전체가 무무정형이므로 확산은 자유 부피에 의해 결정된다(방정식 13.14). 자유 부피는 온도에 따라 증가하며(도씨당 분율 변화량이 체적 열팽창, 3α) 유리 전이 온도 T_g에서 가장 급격히 증가한다. 따라서 고분자는 T_g에 도달하면 크리프가 발생하기 시작하며 대부분 고분자의 T_g는 저온(50~150°C)이다.

이것은 해당 고분자가 단순한 탄성 고체도 점성 액체도 아닐 경우 대부분의 고분자가 사용되는 온도 범위가 T_g 근처라는 것을 의미한다. 이런 고분자는 점탄성 고체이다. 스프링으로 탄성 거동을 설명하고 대시 포트로 점성 거동을 설명했듯이 점탄성은 (가장 간단하게) 그림 13.16과 같은 스프링과 대시 포트의 조합으로 설명 가능하다. 인장력이 스프링에 인가되므로 하중 인가는 무한 감소 비율로 크리프를 초래한다. 하중 해제에 의해 늘어난 스프링에 의한 저속 역 크리프가 발생한다.

실제 고분자를 설명하기 위해서는 더 복잡한 스프링 및 대시 포트 시스템이 필요하다. 이런 고분자 레올로지적 접근법을 통해 설계 기준을 제공할 수 있으나 이 접근법은 상당히 복잡하다. 단순한 접근법은 **크리프 모듈러스** E_c에 대한 도식 자료를 사용하여 구조 수명 동안의 변형 추정치를 제공하는 것이다. 그림 13.17은 온도 T 및 시간 t에 따른 E_c에 대한 자료를 나타낸다. 탄성해는 크리프 모듈러스 자료를 통해 크리프에 대한 설계에 사용 될 수 있다. 서비스 온도 및 설계 수명이 결정된 후 결과 크리프 모듈러스가 그래프에서 판독된다. 이 판독값은 5장에 수록된 설계 문제에 대한 해로서 영률을 대신하여 사용된다.

13.5 내크리프 재료

내크리프 금속 및 세라믹

입자가 소형(일반적으로 세라믹에 해당)이며 구성품이 고온의 저하중에 노출될 경우, 확산 유동은 중요하다.

방정식 (13.15)를 통해 확산 유동을 방지하는 방법하기 위해서는 녹는점이 높은 재료를 선택하고 입자 크기 d가 큰 재료를 사용하여 확산 거리를 늘려야 한다는 것을 알 수 있다. 공공 소스 및 싱크 역할을 하는 결정립계가 존재하지 않아 확산 크리프가 완벽히 억제되는 단결정이 이런 조건에 해당한다. 이것이 제트 엔진에서 단결정 터빈 블

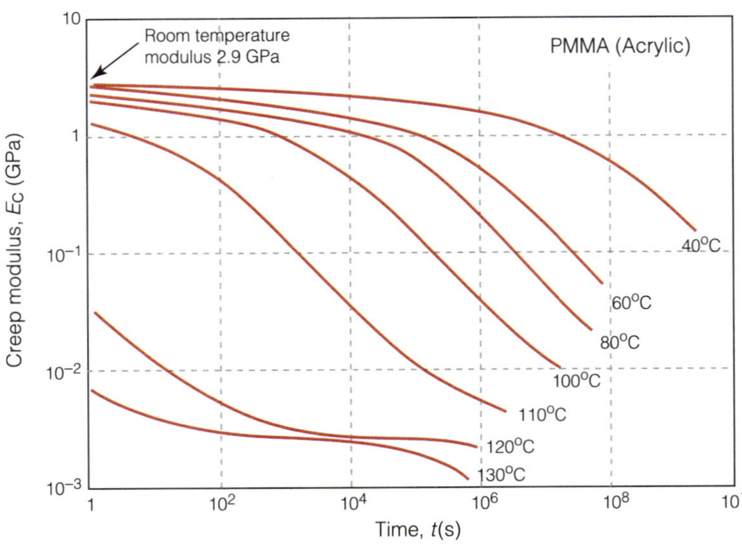

그림 13.17 PMMA의 크리프 모듈러스

레이드가 광범위하게 사용되는 이유이다.

멱법칙 크리프의 경우, 내멱법칙 크리프성이 가장 높은 재료는 확산 및 크리프 속도가 T/T_m이므로 녹는점이 높으며 합금화를 통해 전위 운동에 대한 방해를 최대화하여 고용체를 생성하고 입자를 침전시킬 수 있는 미세 구조이다. 현재의 내크리프성 재료(초합금)는 이런 점에 있어서는 상당한 성공작이다. 초합금의 대부분은 철, 니켈 또는 코발트 기반에 알루미늄, 크롬 및 텅스텐을 대량으로 합금한 재료이다. 그림 13.18의 차트는 내화 금속 및 대량 합금한 초합금의 두 가지 효과를 나타낸다.

대개 세라믹의 녹는점은 높으므로 첫 번째 기준을 충족한다. 공유 결합에 의해 내격자성이 높은 세라믹은 합금화할 필요가 없다. 이 중 일반적인 세라믹은 테크니컬 세라믹, 알루미나(Al_2O_3), 실리콘 카바이드(SiC) 및 그림 13.8에 수록된 실리콘 질화물(Si_3N_4)이다. 내격자성은 전위를 고정시키나 고온에서도 재료의 파괴 인성을 감소시켜 사용을 어렵게 한다.

내크리프 고분자

고분자의 내크리프성은 해당 유리 전이 온도 T_g에 따라 결정된다. T_g는 교차 결합 정도에 따라 상승한다. T_g가 높으며 교차 결합이 많은 고분자(예: 에폭시)는 실온에서 T_g가 낮으며 교차 결합이 없는 고분자(예: 폴리에틸렌) 보다 내크리프성이 높다.

T_g 이상에서의 고분자 점도는 분자량에 따라 증가하므로 크리프 속도는 분자량이 높으면 감소한다. 결론적으로 결정성 또는 부분 결정성 고분자(예 : 고밀도 폴리에틸렌)는 완전한 유리상 고분자(예: 저밀도 폴리에틸렌) 보다 내크리프성이 높다.

고분자를 분말 유리, 실리카(모래) 또는 활성으로 충진시킬 경우, 대략적으로 충진재 양에 비례하여 크리프 속도는 감소한다.

소스 냄비의 PTFE 및 자동차 구성품에 사용되는 폴리프로필렌 모두 이런 방식으로 강화된다. 단상 또는 연속상 섬유로 구성된 복합 재료(GFRP 및 CFRP)를 사용할 경우, 대부분의 하중이 강도가 높으며 크리프가 발생하지 않는 섬유에 가해지기 때문에 내크리프성이 더 향상될 수 있다.

내크리프 재료의 선택

공업 용도의 등급은 특성 온도 범위와 관련된다. 수소, 산소 또는 질소 같은 액상 기체의 사용과 관련된 −273℃에서 실온까지의 극저온 범위가 존재한다. 이 온도 범위에서의 문제는 크리프가 아닌 취성 파괴의 방지이다. 실온 근처(−20 ~ + 150℃)에 일

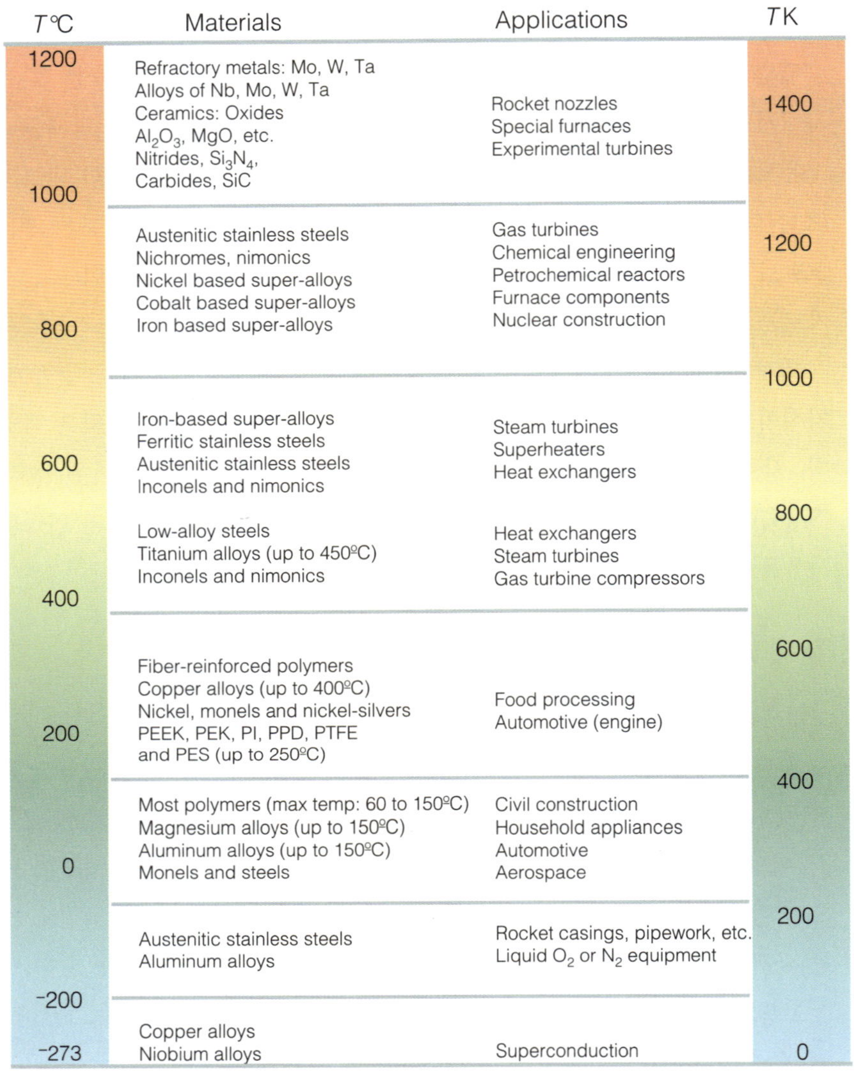

그림 13.18 각 온도 범위에서 사용 가능한 재료

반적 기계 공학 및 토목 공학 관련 영역(가전 제품, 스포츠 제품, 비행기 구조물 및 하우징)이 존재한다. 150~400℃는 차량용 엔진과 식료품 및 공업용 가공과 관련된 범위이다. 이 이상의 온도 범위는 증기 기관, 과열기(400~650℃), 가스 터빈 및 화학 반응기(650~1000℃)와 관련된 영역이다. 특수 용도(램프 필라멘트 및 로케트 노즐)에는 약 2800℃까지 온도를 견딜 수 있는 재료가 사용된다.

재료는 이런 온도 범위의 각 요구를 충족하기 위해 발전해 왔다(그림 13.18). 이런 재료를 기반으로 하는 특정 고분자 및 복합 재료는 최대 250℃의 환경에서도 사용할 수 있으며 마그네슘 및 알루미늄 합금 외에도 일반적으로 이 용도로 사용되는 고중량의 주철 및 강철과 경쟁하고 있다. 400℃이상의 온도에서는 페라이트강, 티타늄 합금(경량이나 고가) 및 특정 스테인리스강 등의 특수 내크리프 합금이 필요하다. 스테인리스강 및 초합금화 철은 이 이상의 온도 범위(증기, 터빈 및 열 교환기)에 적합하다. 가스 터빈에는 일반적으로 니켈 기반 또는 코발트 기반 초합금이 필요하다. 1000℃이상의 온도에서는 내화 금속 및 세라믹만을 사용 가능하다. 일반적으로 고온에서 사용되는 재료는 저온에서도 완벽히 작동하나 비용 문제 때문에 저온에 사용되지 않는다.

그림 13.8의 차트는 950℃에서 하중을 지지할 수 있는 재료의 성능을 나타낸다. 이런 차트는 저온 특성 설계 시 사용한 것과 동일한 방법으로 사용된다.

13.6 내크리프성 설계

크리프 문제에는 다음의 4가지 타입이 존재한다.

- 크리프 변형률은 제한적으로 수락 가능하나 파이프 워크 또는 납 지붕의 및 건물 피복의 크리프 등의 크리프 파단 발생은 방지해야 하는 문제
- 간극 발생이 치명적인 증기 기관 및 가스 터빈의 블레이드용으로 제한 설계된 크리프 변형의 문제
- 크리프 변형률, 강성 손실 및 휨 발생 위험 등의 복잡한 문제가 포함된 문제(초음속 항공기 및 우주 비행선의 잠재적 입체 뼈대 문제)
- 응력 완화를 포함한 문제(미리 조여진 볼트의 인장력 손실)

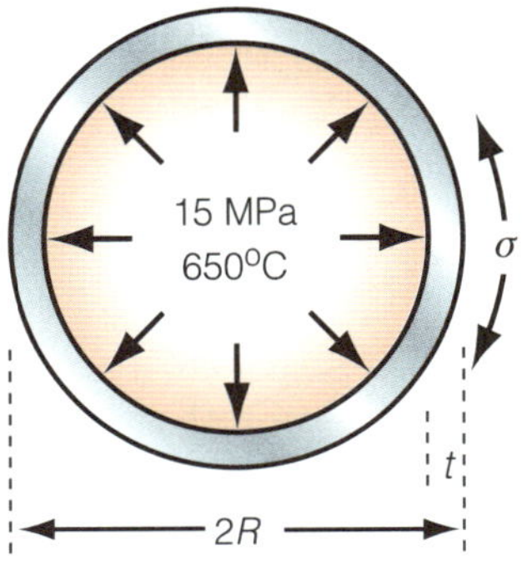

그림 13.19 가압 파이프

고온 파이프 워크의 수명 예상

화학 공학 및 발전 시설에는 고온 고압의 기체 및 액체를 운반하는 파이프 워크가 설치된다. 소량의 크리프에 의해 파이프가 약간 확장하는 것은 허용 가능하나 고온 고압 유체의 격렬한 방출에 의한 파단 발생은 허용 가능하지 않다. 예를 들어 증기 터빈 발전소의 파이프 워크의 경우, 일반적 600MW급의 파이프는 650℃에서 압력 p가 15 MPa인 증기를 운반한다. 그림 13.19와 같이 반경이 R이며 벽 두께가 t이며 압력이 p인 박막 측벽 파이프의 벽에 가해지는 응력은 다음과 같이 계산한다.

$$\sigma = \frac{pR}{t} \tag{13.17}$$

공장을 개조하는 동안 임시 수리용으로 사용할 파이프를 추천해 달라고 부탁받았다고 가정한다. 사용 공간은 제한되며 파이프 직경은 300mm 이하여야 한다. 설계 수명은 6개월이다. 소량의 크리프 발생은 상관없으나 파이프에 파단이 발생하면 안된다. 직경이 300mm이며 벽 두께가 10mm인 타입 304 스테인리스강 파이프가 사용 가능하다. 이 파이프가 설계 수명까지 안전하게 작동할 것인가?

식 (13.17)로 계산한 이 치수의 파이프 벽의 응력은 225MPa이다. 그림 13.20은 타입 304 스테인레스강에 대한 응력-파단 자료를 나타낸다. 이 그림에서의 650℃, 225MPa에서의 파단 시간은 약 7시간으로서 그렇게 양호한 값은 아니다.

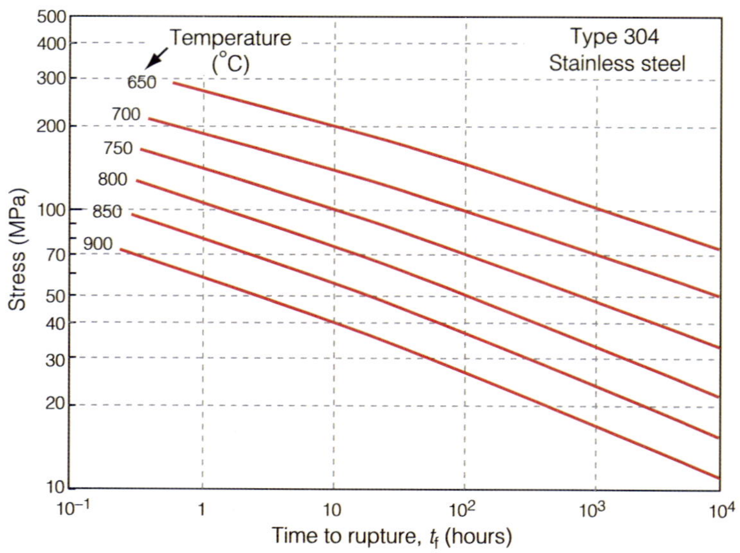

그림 13.20 타입 304 스테인리스강에 대한 응력-파단 시간 자료

그러면 파이프 두께는 얼마여야 하는가? 역 추리를 통해 적정 두께를 구할 수 있다. 설계 수명은 6개월 즉 4,380시간이다. 파이프 등의 안전 우선 구성품에는 안전 계수가 필요하므로 4,380시간의 두 배인 8,760시간을 설정한다. 이 값과 응력-파단 그래프의 온도를 입력한 후 구해진 허용 가능한 응력 값(80MPa)을 판독한다. 이 응력 값을 식 (13.17)에 대입하여 벽 두께를 구한다. 안전한 파이프 벽의 두께는 최소 28mm 이상이어야 한다는 답이 도출된다.

터빈 블레이드

가스 터빈의 개발 과정을 뒤돌아 볼 때 가스 터빈은 고압 고온을 견딜 수 있는 재료의 가용도에 따라 추력 및 효율이 제한된다는 것을 알 수 있다. 응력 발생원은 고속으로 회전하는 터빈 디스크 및 로터 블레이드에 의해 생성되는 원심 하중이다. 가장 극단적인 조건하에서 작동되는 1단 터빈의 경우, 현재 고온 강도, 인성 및 내산화성이 높은 니켈 및 코발트 기반 초합금이 사용된다. 이런 합금의 일반적 예가 니켈 기반 합금으로서-텅스텐 및 코발트 고용체와 Ni_3(Ti 및 Al)의 침전물로 강화하고 크롬을 함유시켜 내고온성을 향상시킨 MAR-M200이다.

터빈이 정상 상태로 동작할 경우, 원심력이 각 로터 블레이드에 축 방향 인장력으로 인가된다(식 (7.8)). 블레이드의 단면이 일정할 경우, 인장 응력은 팁에서의 0에서 루트(Root)의 최대값까지 선형으로 증가한다. 예를 들어 10,000rpm의 각속도 ω(1000 반경/s)로 회전하는 반경 r = 0.3m인 로터는 150MPa의 축방향 응력($R\omega^2 \rho x$)을 유발한다(ρ는 합금의 밀도로서 약 8,000kg/m^3이며 x는 팁으로부터의 거리로서 일반적 블레이드의 경우 80mm). 중력 엔진(medium duty engine)의 블레이드에 대한 일반적 응력 및 온도 분포는 그림 13.21을 참조한다. 그림 13.22의 2개의 변형 기구 지도에서는 회색으로 표시되어 있다. 순수 니켈(그림 13.22(a))로 제작될 경우, 블레이드는 멱법칙 크리프에 따라 허용 불가능한 속도로 변형된다. 주조상태 입자의 크기가 0.1mm인 MAR-M200에 사용된 강화 방법은 멱법칙 크리프의 속도를 10^6배 감소시키며 주요 유동 기구를 멱법칙 크리프에서 확산 유동으로 변화시킨다.

이 기구의 속도를 감소시키지 않는 한 기타 강화 또는 석출 경화법은 효과가 없다. 새로운 강화법이 필요하며 그 중 분명한 강화법은 입자 크기를 증가시키거나 단결정을 사용하여 결정립계를 완전히 제거하는 것이다.

이 경우, 기타 유동 기구는 변경되지 않은 상태에서 확산 유동의 속도가 감소하거나 완전히 정지한다. 멱법칙 크리프 영역이 증가하며 터빈 블레이드의 크리프 속도는 무

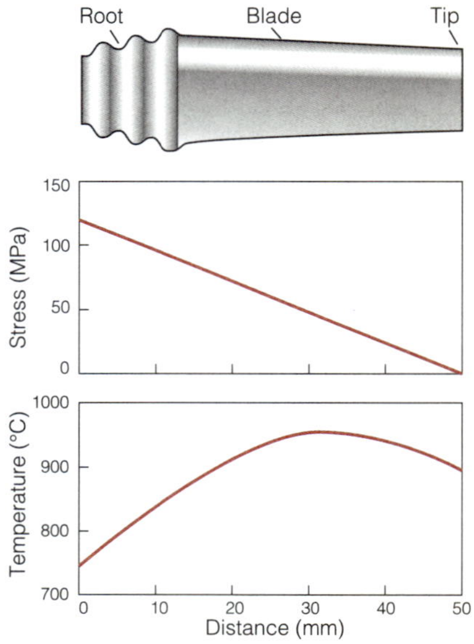

그림 13.21 응력 및 온도 분포를 나타내는 터빈 블레이드

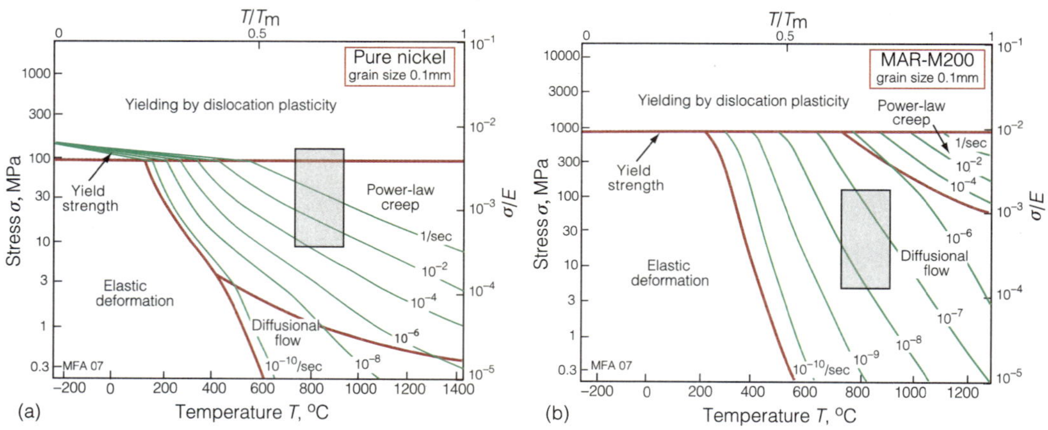

그림 13.22 (a) 순수 니켈에 대한 변형 지도에 표시된 블레이드의 응력–온도 분포 (b) 합금 MAR–M200에 대한 지도에 표시된 동일 분포. 변형률 속도는 약 106배 차이가 난다.

시 가능한 수준으로 감소한다.

기억해야 할 것은 크리프가 여러 개의 개별 기구의 영향을 받는다는 것이다. 그 중 하나는 재료에 인가되는 응력 및 온도에 상당한 영향을 받는다. 한 기구가 억제될 경우, 기타 기구가 그 기구를 대신한다. 강화법은 선택적으로써 일정 응력 및 온도 범위에서는 양호하게 작동하는 방법이 기타 범위에서는 비효율적일 수도 있다. 강화법은

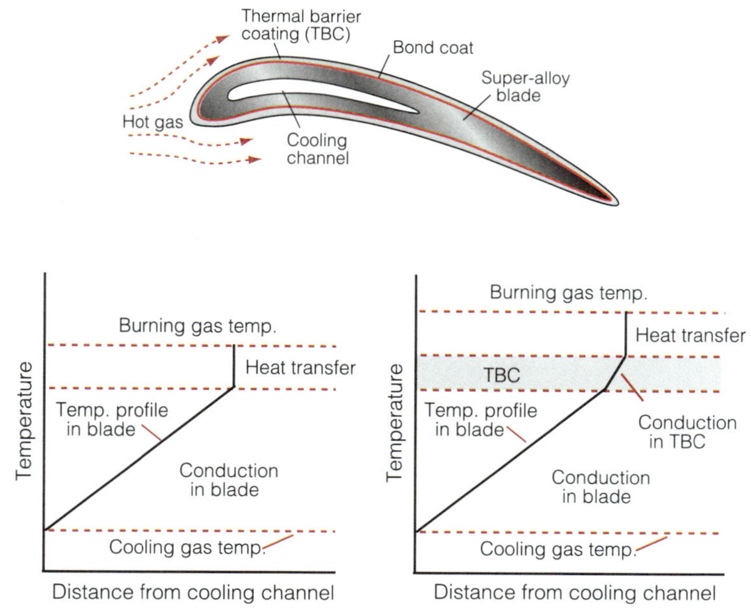

그림 13.23 열 차폐 코팅(TBC)이 도포된 터빈 블레이드의 단면도. 좌측은 코팅되지 않은 블레이드의 온도 분포이고 우측은 코팅된 블레이드의 온도 분포이다.

특정 유동 기구를 억제하는 방식으로 간주되어야 한다. 내크리프성이 양호한 재료에 강화법을 적용하여 다른 모든 유동 기구를 억제할 수 있다. 단결정 MAR-M200이 이 방식의 대표적 예이다.

열 차폐 코팅

상기에 설명했듯이 최신 가스 터빈의 효율 및 추력대 중량비는 연소 온도에 의해 제한되며 연소 온도는 로터 및 고정 블레이드의 구성 재료에 의해 제한된다. 연소 가스의 열은 그림 13.23과 같이 블레이드에 전달된다. 블레이드는 내부 통로를 통해 공급된 공기에 의해 냉각되어 좌측의 온도 분포가 도출된다. 블레이드 표면 온도는 가스와 블레이드 간의 열 전달 계수(유입 열을 결정)와 블레이드 내에서 냉각 통로로의 전도(유출 열을 결정) 간의 균형에 따라 결정된다.

표면의 온도 단계는 블레이드 표면의 구멍을 통해 냉각 공기가 일부 빠져나가면서 증가한다. 이 기술은 이미 상당히 주목을 받고 있다. 공랭 블레이드는 구성 합금의 녹는점 이상의 온도에서 기체 내에서 운용된다. 어떻게 소성 온도가 증가할 수 있는가?

상당수의 세라믹은 금속보다 녹는점이 높으며 일부는 열 전도성이 낮다. 세라믹으로 전체 블레이드를 만들기에는 인성이 부족하나 금속 블레이드를 세라믹으로 코팅하여 열 차폐 코팅을 형성시키면 우측 그래프와 같이 블레이드의 온도는 증가시키지 않은 상태에서 기체 온도를 증가시킬 수 있다. 세라믹은 어떻게 선택하는가? 첫 번째 고려 사항은 열 전도성이 낮으며 최대 서비스 온도가 기체의 최대 서비스 온도(일부 안전 여유도를 제공) 이상이고 강도가 충분해야 한다는 점이다. α−λ 차트(그림 12.4)는 열 전도성이 가장 낮은 테크니컬 세라믹은 지르코니아(ZrO_2)라는 것을 나타낸다. $T_{max}-\sigma_f$ 차트(그림 13.7)를 통해 초고온까지 사용가능하며 강도가 상당한 것을 확인할 수 있다. 지르코니아는 적절한 선택인 것처럼 보이며 실제로 TBC용으로 사용되고 있다.

그러나 항상 이렇게 간단한 것은 아니다. 우수한 TBC를 생산하기 위해서는 기타 문제가 극복되어야 한다. 블레이드에 집중해야 한다는 점도 쉽지 않다. 이를 위해서는 블레이드 표면에 박막 **접착 코팅**(복합 Ni-Cr-Al-Y 합금)으로 도금되어야 한다. 이 코팅은 그림 13.23에 나타난 것과 같이 블레이드와 코팅 간의 접착제 역할을 한다. 대부분 세라믹은 블레이드용 초합금 보다 팽창 계수가 낮으므로(그림 12.4의 Ni와 ZrO_2의 α를 비교) 블레이드가 가열될 경우, 블레이드는 코팅보다 더 팽창한다. 이것은 열 응력 및 균열이 발생함을 의미한다. 코팅에 미세 간격의 균열을 초소형 주상절리처럼 겹쳐진 기둥 모양의 열 형태로 표면에 수직 방향으로 사전에 만들 경우, 문제가 해결된다. 블레이드가 팽창할 경우, 각 기둥이 대량의 고온 기체가 통과하지 못할 만큼 소폭 분리되어 열 차폐 기능은 정상적으로 작동하게 된다. 다음에 항공기에 탑승할 기회가 있으면 이것을 꼭 관찰하기 바란다. 항공기의 대부분은 코팅된 블레이드가 장착되어 있을 것이다.

기체

마하 1(760mph) 이상의 속도로 비행하기를 원할 경우, 공력 가열 문제를 고려 해야 한다. 초음속 기류가 흐르는 풍동내의 정적 구조물을 상상하면 이해가 쉽다. 구조물에 인접한 표면층에서 공기 속도는 0으로 감소하며 운동 에너지는 열로 변환되어 대부분이 구조물의 표면에 가해진. 다음 식을 사용하여 표면 온도 T_s를 대략적으로 계산 가능하다.

$$T_s \approx (1 + 0.2M_a^2)\, T_o$$

M_a는 마하수이며 T_o는 주위 온도이다. 일반적으로 초음속 비행은 $T_o = -50°C$인 35,000 ft 이상의 고도에서 실시된다. 그림 13.24는 T_s의 거동을 나타낸다.

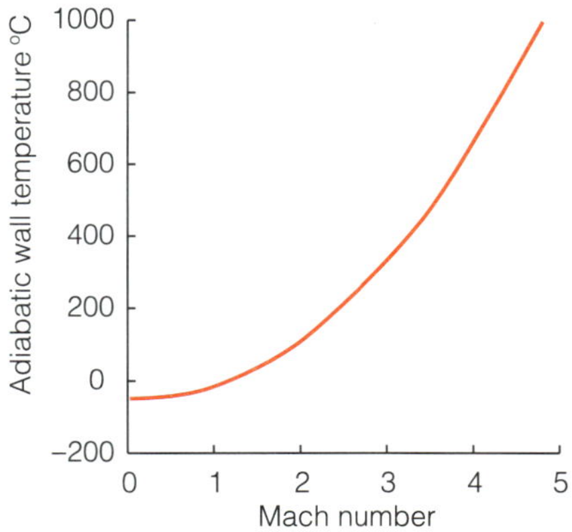

그림 13.24 속도에 따른 단열 가열

당연히 이것은 문제를 초래한다. 우선 크리프에 의해 시간 경과에 따라 크기가 점진적으로 변화하며 날개 처짐이 증가하여 공력 성능에 영향을 미친다.

두 번째, 확장에 의해 야기된 열응력은 공력 하중을 증가시켜 추가적 크리프 손상을 초래할 수 있다. 마지막으로 모듈러스 E 감소에 의해 상당한 탄성 처짐이 발생하며 휨 및 플러터(진동) 특성이 변화된다.

대형 항공기의 경우, 지상 주기 시와 정상 비행시간의 익단 변위 량은 약 0.5m로서 날개보(굽힘 하중이 가해짐) 변형률의 약 0.1%에 해당한다.

공력성 손실을 방지하기 위해 비행기의 시간 경과에 따른 크리프 변형률은 상기 비율을 초과하면 안 된다. 그림 13.25는 3개의 예상 구조물 재료의 강도가 재료 선택에 어떻게 영향을 미치는지를 나타낸다. 각 온도 구간에서 기울기가 완만한(곡선의 좌측) 재료를 선택하는 것이 실용적이다. 강도가 감소하는 온도는 그래프의 상단에 표시된 마하수를 제한한다. 알루미나는 경량이다. 티타늄은 알루미나 밀도의 2배이며 초합금은 알루미나 밀도의 4배이므로 마하수가 증가할 경우, 중량도 증가해야 한다. 구조물의 중량 증가에 따라 필요 출력 및 연료량은 증가하며 연료도 자체 중량이 있으므로 마하 3에서의 비행을 위해 설계된 항공기의 구조 중량은 마하 1의 비행을 위해 설계된 항공기 구조 중량의 3배이다. 따라서 실용적 속도 한계가 존재한다는 것을 알 수 있다. 마하 3.5 이하의 속도에서는 중량 페널티에 의해 지속 비행이 제한된다.

크리프 이완

크리프에 의해 프리텐션 구성품이 시간 경과에 따라 이완되므로 고온 터빈 케이싱 내의 볼트를 정기적으로 조여야 하며 고온 유체가 흐르는 파이프 커넥터를 재조정해야

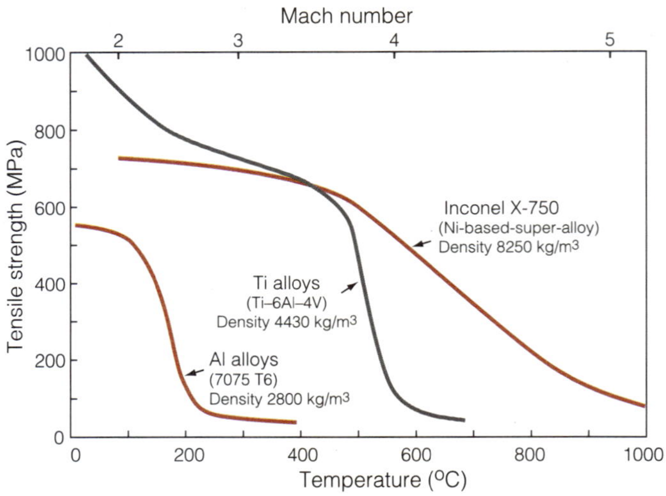

그림 13.25 온도에 따른 합금 강도

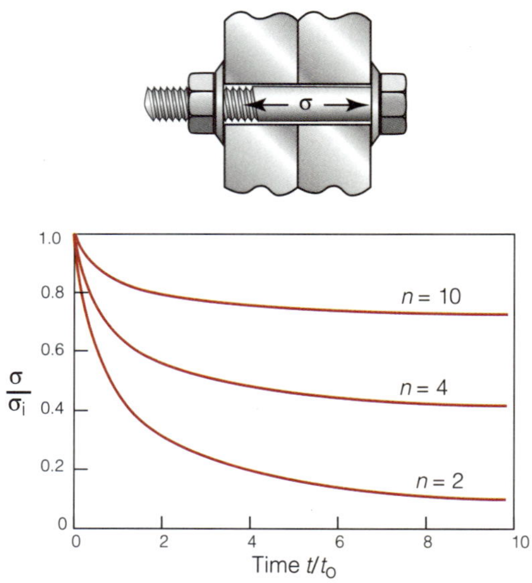

그림 13.26 크리프에 의한 응력 완화

한다. 프리텐션 작업에 의해 초래된 탄성 변형률 ε_{el} 분율이 충분하며 ε_{el}이 10^{-3} 이상일 경우가 거의 없으므로 미소량의 크리프 변형률 ε_{cr}로도 응력을 완화할 수 있다. 그림 13.26은 생크의 초기 응력이 σ_i이 되도록 강성 구성품에 체결된 볼트를 나타낸다. 이 경우, 탄성 변형률은 다음과 같다.

$$\varepsilon_{el} = \frac{\sigma_i}{E}$$

크리프 변형률 ε_{cr}이 ε_{el}의 일부를 대체할 경우, 응력은 완화된다. 특정 시간에서의 총 변형률 ε_{tot}는 다음과 같다.

$$\varepsilon_{tot} = \varepsilon_{el} + \varepsilon_{cr}$$

볼트가 고정된 구성품이 강성이므로 이 총 변형률 ε_{tot}는 일정하다. 시간을 미분하여 방정식 (13.3)을 $\dot{\varepsilon}_{cr}$에 대입하면 다음 식이 도출된다.

$$\dot{\varepsilon}_{tot} = \dot{\varepsilon}_{el} + \dot{\varepsilon}_{cr} = \frac{\dot{\sigma}}{E} + B\sigma^n = 0$$

$n > 1$일 경우, 응력을 σ_i에서 σ로 완화시키는 데 필요한 시간 t는 시간을 적분하여 구한다.

$$t = \frac{1}{(n-1)BE}\left(\frac{1}{\sigma^{n-1}} - \frac{1}{\sigma_i^{n-1}}\right)$$

t의 함수인σ/σ_i를 구하면 다음과 같다.

$$\frac{\sigma}{\sigma_i} = \frac{1}{(t/t_o + 1)^{1/(n-1)}} \quad \text{with} \quad t_o = (n-1)\,B\,E\,\sigma_i^{n-1}$$

응력σ/σ_i는 그림 13.26에 세 가지 n값에 대한 t/t_o의 함수로서 표시된다. n이 작을 경우, 완화가 가장 광범위하게 발생한다. n 증가에 따라 n이 무한대에 접근하므로(속도 의존 소성) 응력이 사라질 때까지 응력 감소는 줄어든다. 전이 크리프는 무시되므로 이 곡선은 볼트의 1차 조임에 대한 완화 시간을 과대평가한 것이나 장기적 측면에서는 개선한 것이다.

13.7 요약 및 결론

모든 재료 특성은 온도에 따라 결정된다. 밀도 및 모듈러스 등의 일부 특성은 비교적 변화가 없으며 예측 가능하게 변화하므로 보정이 용이하다. 열 전도성 및 물질 유동(확산)에 대한 전도성을 나타내는 이동 특성의 변화는 더 복잡하다. 고온일 경우, 확산은 기계적 특성에 중대한 영향을 미친다. 확산을 이해하고 사용하기 위해서는 원자가

열에너지를 발판으로 사용하여 한 장소에서 다른 장소로 점프하여 이동할 수 있는 능력을 나타내는 **열활성**이라는 이론이 필요하다. 결정의 경우, 원자는 공공에서 공공으로 점프하여 이동하나 고정된 격자 자리가 존재하지 않는 유리상의 경우, 자유 부피가 충분하여 원자 크기의 구멍을 형성할 수 있을 시 점프가 실시된다. 이 원자 운동을 통해 농도 경사에서의 원자 혼합이 가능하다. 외부 응력은 원자 흐름을 조종하여 응력 작용이 가능한 형태로 재료 외형을 변화시킨다.

확산은 18장 및 19장의 주제인 재료 가공에 있어 필수적 역할을 하며 크리프 및 크리프 파괴를 초래한다. 확산 속도는 온도에 따라 기하급수적으로 증가하므로 설계 시 1차적 도전 과제가 된다. 그러므로 확산 속도를 정확하게 예측해야 한다. 활성화 에너지가 약간 변화더라도 증가율은 상당히 변화하므로 기하급수적 증가율에는 정확한 자료가 필요하다. 이 자료는 측정하기 어려우며 미세한 조성 변화에도 민감하게 반응한다. 각 문제가 조합된 복수의 크리프 기구가 존재한다. 증가율이 가장 높은 즉 가장 경쟁력 있는 기구가 채택된다. 자료를 사용하여 설계를 실시하며 자료를 공식화하나 서비스 조건하에서 기타 기구가 주도적일 경우, 문제가 발생한다.

이 경우, 변형 기구 지도를 사용하여 기구 및 대략적 크리프 속도를 식별할 수 있다.

결론은 고온 설계를 위한 재료 선택 및 설계는 대부분 5, 7 및 10장의 탄성 및 플라스틱 설계에 사용된 모델이 아닌 실험적 자료를 토대로 실시된다는 것이다. 실험적 자료는 개별 합금의 온도에 따른 크리프 변형률 속도 및 수명 도표를 의미한다. 고분자의 경우, 상이한 접근법이 사용된다. 녹는점 및 유리 전이 온도가 저온인 고분자는 실온에서 점탄성이다. 이 경우, **크리프 모듈러스** 도표(크리프 발생 재료에 대한 영률에 해당)를 토대로 설계를 실시할 수 있다. 주어진 온도 및 시간에서의 크리프 모듈러스는 도표를 작성과 응력 또는 처짐 평가를 위한 탄성 문제(5장)에 대한 표준해에 사용된다.

다음은 이런 방식의 일부 예시이다.

13.8 참고문헌

Cottrell, A.H. (1964) *The Mechanical Properties of* Matter, Wiley, London, UK. Library of Congress Number 64-14262. (*New 40 years old, inevitably somewhat dated, and now out of print, but still the best introduction to the mechanical properties of matter that I have ever found. Worth hunting for.*)

Finnie, I. and Heller, W.R. (1959) *Creep of Engineering Materials*, McGraw-Hill, New Youk, USA. Library of Congress No. 58-11171. (*Old and somewhat dated, but still an excellent introduction to creep in an engineering context.*)

Frost, H.J. and Ashby, M.F. (1982) *Deformation Mechanism Maps*, Pergamon Press, Oxford, UK. ISBN 0-08-029337-9. (*A monograph compiling deformation mechanism maps for a wide range of materials, with explanation of their construction.*)

Penny, R.K. and Marriott, D.L. (1971) *Design for Creep*, McGraw-Hill, New York, USA. ISBN 07-094157-2. (*A monograph bringing together the mechanics and the materials aspeccts of creep and creep fracture.*)

Waterman, N.A. and Ashby, M.F. (1991) *The Elsevier Materials Selector*, Elsevier Applied Science, Barking, UK. ISBN 1-85166-605-2. (*A three-volume compilation of data and charts for material properties, including creep and creep fracture.*)

13.9 연습문제

연습 문제 E13.1 알루미늄의 자체 확산 상수 D_o는 1.7×10^{-4}m²/s이며 Q_d는 142 kJ/mol이다. 400°C에서 알루미늄의 확산 계수는 얼마인가?

연습 문제 E13.2 강 구성품은 니켈 도금을 하여 방식 처리한다. 구성품을 1000°C에서 4시간 동안 가열하여 강 및 니켈 간의 결합력을 증가시킨다. 니켈의 확산 파라미터가 D_o는 1.9×10^{-4}m²/s이며 Q_d는 284kJ/mol일 경우, 니켈의 강으로의 확산 거리는 얼마인가?

연습 문제 E13.3 D가 10^{-12}m²/s일 경우, 재료 녹는점에서의 확산 계수는 대략적으로 상수이다. 재료를 녹는점 바로 아래 온도에서 12시간 동안 방치했을 시의 확산 거리는 얼마인가? 이 거리를 통해 농도 경사가 확산에 의해 완만해 질수 있는 최대 거리를 구할 수 있다.

연습 문제 E13.4 내크리프 재료의 요구 조건은 무엇인가? 550°C에서 사용이 권장되는 재료는 무엇인가?

연습 문제 E13.5 $2^1/_4$ Cr-Mo 강으로 제작된 파이프 워크(벽 두께 4mm 및 반경 20 mm)에 가압상태의 고온 유체를 보관한다고 가정한다. 600°C에서의 압력은 10MPa이다. 다음 표는 이 강에 대한 크리프 상수이다. 정상 상태 멱법칙 크리프일 경우, 파이프 벽의 크리프 속도를 구하라.

재료	참조 변형률 $\dot{\varepsilon}_o$ (1/s)	참조 응력 σ_o	파단 지수 m	속도 활성화 에너지 Q_c(kJ/mol)
$2^1/_4$Cr Mo 강	3.48×10^{10}	169	7.5	280

연습 문제 E13.6 상기 문제에 설명된 파이프 워크에는 1년의 설계 수명 전에 파단이 발생한다는 문제가 존재한다. $2^1/_4$ Cr-Mo 강의 Monkman-Grant 상수가 0.06일 경우, 예상 파단 시간은 얼마인가?

연습 문제 E13.7 $2^1/_4$ Cr-Mo 강으로 제작된 구성품의 크리프 속도가 500°C에서 10^{-8}/s 이하일 경우, 안전하게 지탱 가능한 최고 응력은 얼마인가? 상기 두 문제에 수록된 자료를 사용하여 구하라.

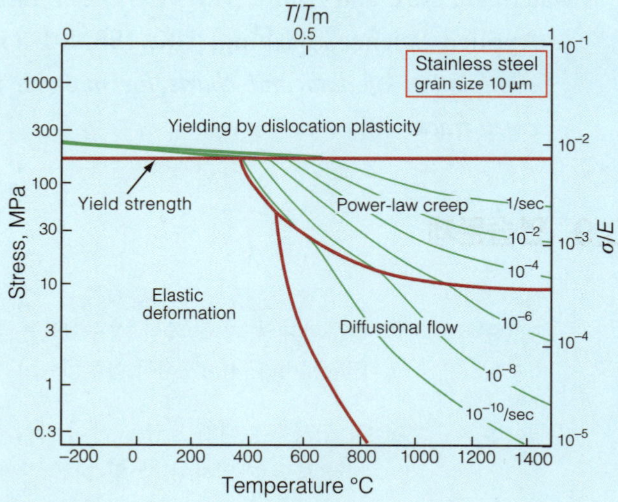

연습 문제 E13.8 노내의 스테인리스강 케이블에는 700°C에서 100MPa의 응력이 인가된다. 케이블의 크리프 속도는 상당히 높다(허용 불가능한 수준). 크리프 발생 기구는 무엇인가? 문제 해결을 위해 어떤 조치를 취해야 하나? 그림은 재료의 변형 기구 지도를 나타낸다.

연습 문제 E13.9 E13.5와 동일한 스테인리스강으로 제작된 파이프의 벽에 1000°C에서 3MPa의 응력이 가해진다. 이 경우의 크리프 속도도 상당히 높다(허용 불가능한 수준). 크리프 발생 기구는 무엇이며 문제 해결을 위해 어떤 조치를 취해야 하나?

연습 문제 E13.10 아크릴 시트를 사용해 고온 공기 건조 시스템을 위한 선반을 제작한다고 가정한다. 선반(폭 w = 500mm, 두께 t = 8mm, 깊이 b = 200mm)은 다음 다이어그램과 같이 지지된다. 60°C에서 50N의 하중이 인가되는 이 선반의 설계 수명은 연속 사용 시 800시간(약 1년)이다. 그림 13.17의 크리프 모듈러스와 5장의 해당 탄성 문제의 해석을 사용하여 이 설계 수명 동안의 처짐(sag) 정도를 구하라.

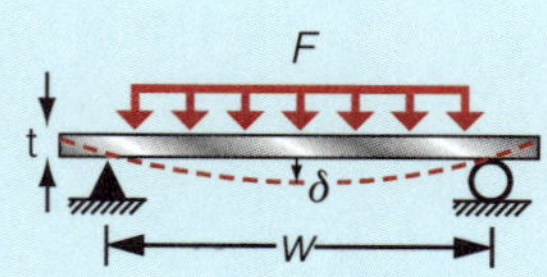

13.10 CES를 이용한 설계 탐구(특별한 언급이 없을 경우, 레벨 2를 사용)

연습 문제 E13.11 CES의 'Search' 기능을 사용하여 다음을 구하라.

(a) 터빈 블레이드용 재료
(b) 열 차폐 코팅용 재료

연습 문제 E13.12 CES 소프트웨어를 사용하여 본문의 그림 13.6과 같은 고분자의 유리 전이 온도에 대한 막대그래프를 그려라. 고분자의 유리 전이 온도 범위는 얼마인가?

연습 문제 E13.13 열 차폐 코팅의 분석을 통해 설계 제약을 공식화한다. 셀렉터를 사용하여 최적의 재료를 구하라. 설계 제약 및 목표의 개요는 다음과 같다.

기능	• 열 차폐 코팅
제약 사항	• 최대사용온도 > 1300°C
	• 적합 강도 σ_y > 400Mpa
목표	• 열 전도성의 최소화
자유 변항	• 재료 선택

연습 문제 E13.14 T_{max}가 500°C 이상이며 최소 가능 열 전도성을 가지는 재료를 구하라. 데이터베이스를 레벨 3으로 전환하여 세부 사항을 구하라. 최소 가능 열 전도성을 나타내는 재료 3개를 구하라.

13.11 CES 요소를 이용한 과학 탐구

연습 문제 E13.15 본문(방정식 (13.13b))에서는 $\bar{R}T_m$으로 나누어 표준화한 자체 확산을 위한 활성화 에너지는 금속에 따라 대략 일정하다고 주장한다.

$$\frac{Q_d}{\bar{R}T_m} \approx 18$$

이 값에 대한 막대그래프를 그려서 이 주장이 적용되는 범위를 구하라.

연습 문제 E13.16 본문(방정식 (13.13c))에서는 녹는점에서 측정된 금속의 확산 계수도 대략 일정하다고 주장한다.

$$D_{Tm} = D_o \exp - \left(\frac{Q_d}{\bar{R}T_m} \right) \approx 10^{-12}\ \mathrm{m^2/s}$$

이 값에 대한 막대그래프를 그려서 이 주장이 적용되는 범위를 구하라.

연습 문제 E13.17 선 지수 D_o에 대한 '일반적' 값은 무엇인가? 이 값은 원소에 따라 대략 일정한가? 확산을 위한 활성화 에너지 Q_d가 x축이며 선 지수 D_o가 y축인 차트를 작성하여 조사한다.

연습 문제 E13.18 그림 13.9에 표시된 확산 점프를 수행하기 위해서는 확산 원자가 시작 위치에서 결합을 깬 후 최종 위치로 점프해야 한다. 자체 확산을 위한 활성화 에너지 Q_d와 재료의 응집 에너지 H_c가 최소한 대략적으로 비례해야 한다는 것을 예상 가능하다. H_c가가 x축이며 Q_d가 y축인 차트를 작성하여 발견 사항을 보고하라.

제 14 장

전도체, 절연체 및 유전체

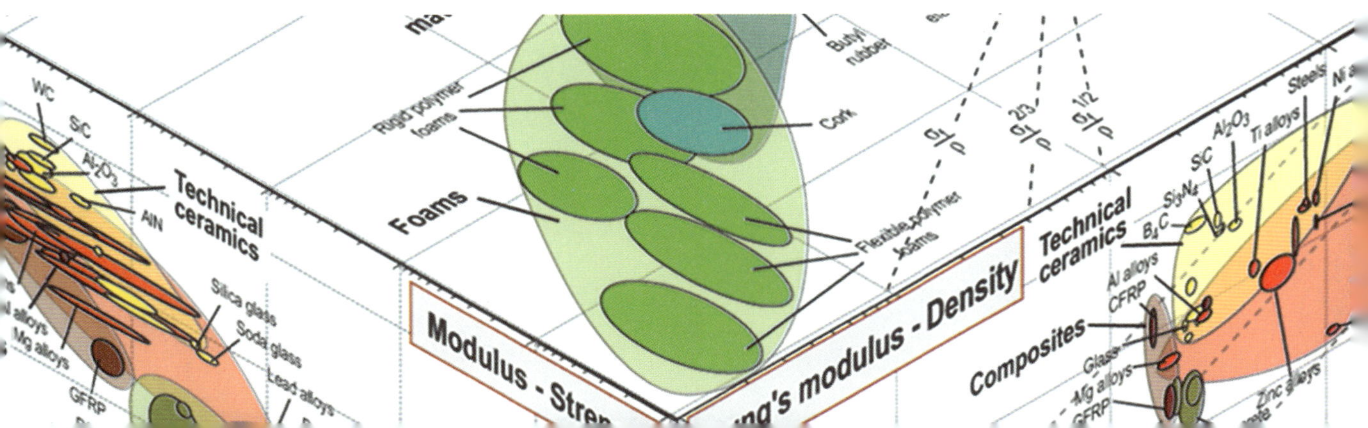

전도체 및 절연체.
구리, 알루미늄 및 은(구매 능력이 있는 경우)은 우수한 전도체를 형성한다. 파이렉스(Pyrex), 포르셀린(Porcelain) 및 세라믹은 알루미늄과 같이 우수한 절연체를 형성하는 유전체이다. (미국 구리개발협회 홍보물)

14.1 서론 및 개요

1220~1400년에 건축된 요크 민스터(York Minster)는 유럽의 유명 대성당 중 하나이다. 이 성당에서는 많은 성직자로부터 훌륭한 설교가 전파되고 있었는데, 1984년 대성당의 대주교가 그리스도의 동정녀 탄생(Virgin Birth)에 대한 믿음을 불신하는 발언을 했을 때 요크 민스터에 번개가 내리쳐 심한 손상을 입는 사건이 있었다. 일부 사람들은 신의 노여움으로 건축물이 파손되었다고 하지만 그 실체는 간단했다. 요크 민스터 대성당의 접지 공사가 부적절한 방법으로 이루어졌던 것이다. 여기에는 다음과 같은 메시지가 담겨 있다. "심지어 대성당을 설계하는 경우에라도 전기적 특성이 중대한 문제가 된다."

본 장에서는 이와 같이 가장 간단한 문제에 대해 설명한다. 이는 전도, 절연 및 유전 동작과 관련된다. 전기적 전도(피뢰침) 및 절연(전기 플러그 케이싱)은 잘 알려져 있는 특성이다. 이에 비해 유전 거동(Dielectric Behavior)은 덜 알려져 있다. 유전체는 절연체를 말한다. 전기를 전도할 수 없는 유전체의 능력을 나타낼 경우에는 일반적으로 '절연체' 라는 용어를 사용하고, 전기장(Electric Field)에서의 유전 거동을 나타낼 경우에는 일반적으로 '유전체' 라는 용어를 사용한다. 여기에서 다루는 중요 특성은 세 가지로 분류된다. 첫 번째인 유전 상수(또는 상대 유전율)는 전기장에서 물질이 쌍극자 모멘트를 획득하는(물질이 분극하는) 방법과 관계가 있다. 두 번째인 유전 손실계수는

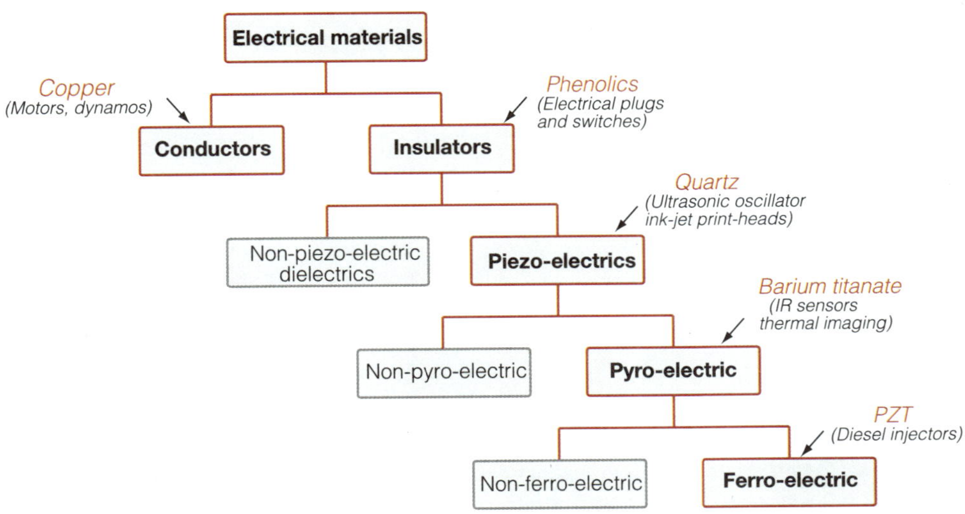

그림 14.1 전기적 거동의 계층. 관심을 가져야 하는 부분은 물질과 응용 부분을 예로 든 적색으로 표시된 부분이다. 본 장에서는 그 특성과 어원에 대해 설명한다.

라디오파(Radio-frequency Wave)가 물질을 통과할 때 손실되는 에너지를 측정한다. 이때 에너지는 열로 나타난다(전자레인지를 이용한 조리 원리). 세 번째는 유전파괴전위(Dielectric Breakdown Potential)로서, 이 특성을 기반으로 요크 민스터 대성당 사건을 살펴보자. 번개는 유전 파괴 현상이며, 대규모 뿐 아니라 예를 들면 전기 장비와 같이 소규모에 대해서도 피해를 줄 수 있다.

전기적 거동의 종류는 상당히 다양하며, 이들은 모두 유용하게 사용된다. 그림 14.1은 물질의 예와 각 물질의 응용 분야를 중심으로 전기적 거동을 간략히 설명하고 있다. 본 장에서는 전기적 특성 및 물리적 어원과 함께 전기적 성능을 위한 설계의 예에 대해 설명한다.

14.2 전도체, 절연체 및 유전체

저항성 및 전도성

재료 막대의 전기 저항 R(단위: 옴[1], 부호 Ω)은 그림 14.2에 나타나는 바와 같이, 재료의 전위 강하량 V(볼트[2])에 재료를 통과하는 전류량 I(암페어[3])를 나눈 값이다. 이러한 관계를 옴의 법칙이라 한다.

$$R = \frac{V}{i} \tag{14.1}$$

저항을 결정하는 재료의 특성은 전기 저항성 ρ_e이다. 이는 다음 공식을 이용한 저항과 관계가 있다.

$$\rho_e = \frac{A}{L} R \tag{14.2}$$

여기서 A는 단면적을, L은 시험 재료의 막대 길이를 나타내는데, 여기서는 재료의 단

---

1) George Simon Ohm(1787~1854)은 Erlangen 대학에서 수학 보다 당구를 더 좋아하여 수업을 중도 포기하였지만, 이후 전기와 자기학 이론에 열중하게 되었다.

2)Alessandro Guiseppe Antonio Anastasio Volta(1745~1827), 이탈리아 물리학자, 배터리, 또는 이후 볼타 전지(Voltaic Pile)라고 잘 알려진 전지 발명가. 그의 얼굴은 10,000 리라 지폐에 사용되기도 함.

3) Andre Marie Ampere (1775~1836), 수학자 및 물리학자. 그의 나이 14세 때 알려진 모든 수학을 마스터하였다고 함. 그의 삶은 불행하였다. 그의 아버지는 프랑스 혁명 때 교수형 당하였으며, 그의 결혼 생활은 비참하였으며 까다로운 자녀들로 불행한 나날을 보냈다. 하지만, 죽음에 이르기까지도 연구에 대한 그의 열정만은 변함이 없었다.

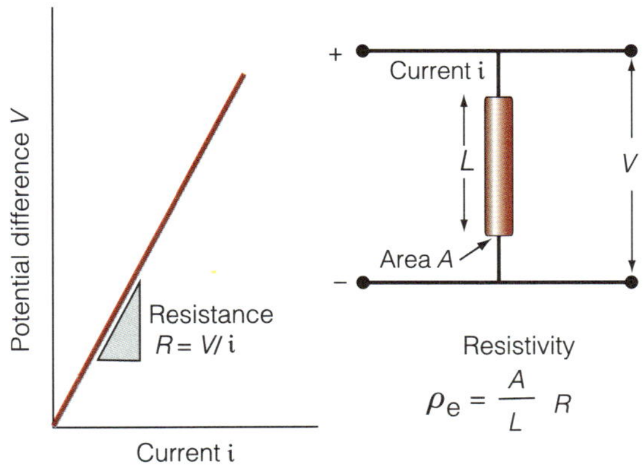

그림 14.2 전기 저항성 ρ_e. 전기 저항성 값의 범위는 1~$10^{24}\mu\Omega$.cm이다.

위 정육면체의 저항이라고 생각한다. 미터법에서 그 단위는 Ω.m이지만, 일반적으로 μΩ.cm 단위로 보고된다. 저항값은 전도성이 우수한 재료의 경우에는 $10^{-8}\Omega$.m (이 값은 1μΩ.cm에 해당하며, 이렇게 나타내는 이유는 μΩ.cm 단위를 현재까지 사용하고 있기 때문이다) 이상에서부터 최고 품질의 절연체의 경우에는 $10^{16}\mu\Omega$.m($10^{24}\mu\Omega$.cm) 이상까지 그 범위는 엄청나다. 전기 전도성 K_e는 저항성의 역수로 간단히 나타낼 수 있다. 단위는 미터당 지멘스 S/m 또는 $(\Omega.\mathrm{m})^{-1}$로 나타낸다.

유전 특성(Dielectric Properties)

우선 전계의 의미가 무엇인지 살펴보자. 전기장은 물질들이 정확한 특성을 가지고 있다고 가정했을 때 이러한 물체들이 힘을 받는 공간 구역이다. 전하는 **전기장** E를 생성한다. 2개의 정반대 하전 극판이 거리 t 만큼 분리되어 있고 그 전위차를 V라고 했을 때의 전기장 강도는 다음과 같이 나타낼 수 있다.

$$E = \frac{V}{t} \tag{14.3}$$

전기장 강도는 이들 하전 극판의 가장자리 주위를 제외한 지점에 대해서는 독립적으로 나타난다. 유전체에 의해 분리된 2개의 전도 극판은 커패시터를 형성한다(그림 14.3). 커패시터(콘덴서라고 칭하기도 함)는 전하량을 저장한다. 전하량 Q(쿨롬[4])은

4) Charles Augustin Coulomb (1736~1806). 방산 물리학자. 정전기력에 대한 수학적 설명과 마찰 법칙에 대한 기초를 정립하였다. Des Eaus et Fontaines de Paris라는 감독관직에 있었음에도 그는 유체역학 분야에서는 어떠한 공헌도 하지 못했다.

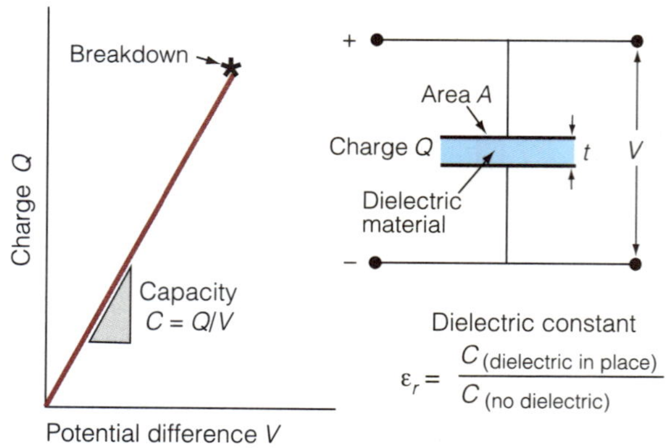

그림 14.3 유전 상수 및 유전 파괴. 콘덴서 용량은 유전 상수와 비례하며, 수용할 수 있는 최대 전하량은 파괴에 의해 제한된다.

양 극판 사이의 전위차, V(볼트)와 정비례한다.

$$Q = CV \tag{14.4}$$

여기서 C(패럿[5])는 정전용량을 나타낸다. 빈 공간(또는 공기)에 의해 분리된 A 구역의 병렬 극판 커패시터의 정전 용량은 다음과 같다.

$$C = \varepsilon_o \frac{A}{t} \tag{14.5}$$

여기서 ε_o는 자유 공간의 유전율(8.85×10^{-12}F/m, 여기서 F는 패럿)을 나타낸다. 빈 공간이 유전체로 대체되면 정전 용량은 증가하는데, 이는 유전체가 분극화되기 때문이다. 분극화에 의해 생성되는 전계는 전하량을 지지하는 데 필요한 전위차 V를 감소시키면서 전계 E에 대항한다. 이러한 결과로 콘덴서의 용량은 새로운 값으로 증가하게 된다.

$$C = \varepsilon \frac{A}{t} \tag{14.6}$$

여기서 ε는 ε_o와 동일한 단위를 가지는 유전체의 유전율을 나타낸다. 이는 통상적으로

5) Michael Faraday(1791~1867). 물리학 및 화학 분야의 유명 실험가. 전자기 유도 현상의 발견자이며 영국 런던 왕립 과학 연구소의 저명한 강사였다.

상대 유전율 또는 유전상수, ε_r로 나타낸다.

$$\varepsilon_r = \frac{C_{\text{with dielectric}}}{C_{\text{no dielectric}}} = \frac{\varepsilon}{\varepsilon_o} \tag{14.7}$$

정전 용량은 다음과 같이 구할 수 있다.

$$C = \varepsilon_r \varepsilon_o \frac{A}{t} \tag{14.8}$$

비율 ε_r은 무한의 값이다. 빈 공간에 대한 경우와 대부분의 기체에 대한 유전율 값은 1이 된다. 저밀도의 기포는 대부분 공기로 이루어져 있기 때문에 1에 근접하지만 대부분의 유전체들은 2와 20 사이의 값을 가진다. 강유전체는 특별한 경우에 해당한다. 이들은 20,000만큼 높은 ε_r 값을 가진다.

정전 용량은 재료의 유전 상수를 측정하는 한 가지 방법이다(그림 14.3). 커패시터에 저장된 전하량은 전위차 V가 증가할 때 커패시터 내부로 흐르는 전류를 적분하여 측정한다. Q/V 비율은 정전 용량이 된다. 유전 상수 ε_r는 식 (14.7)을 이용해 계산한다.

마이크로패럿(μF) 또는 피코패럿(pF) 단위로 측정되는 정전 용량의 소형 커패시터는 진동의 동조와 제어 시간 지연을 위해 R−C 회로에 사용된다. 저항기와 직렬로 연결된 커패시터를 충전 또는 방전하기 위한 시간 상수는 다음과 같다.

$$\tau = RC \tag{14.9}$$

여기서 R은 회로 저항을 나타낸다. 충전이 이루어지면 커패시터에 저장된 에너지는 다음 공식을 통해 산출할 수 있다.

$$\frac{1}{2}QV = \frac{1}{2}CV^2 \tag{14.10}$$

또한 이 에너지는 증가할 수 있다. 즉, 패럿 단위로 측정된 정전 용량을 가지는 '슈퍼-커패시터'는 하이브리드 자동차에 동력을 공급할 수 있을 정도로 충분한 에너지를 저장한다.

파괴 전위 또는 유전 강도(단위 : MV/m)는 절연체가 파괴되며 손상을 주는 전류의 서지가 통과하는 전위 기울기를 가진다. 파괴 전위는 일반적으로 1과 100MV/m 사이의 전위 기울기에서 파괴가 발생할 때까지 그림 14.3과 같은 형상에서 재료의 극판 전면을 가로질러 가해지는 60Hz 교류 전위를 동일한 비율로 증가시키면서 측정된다.

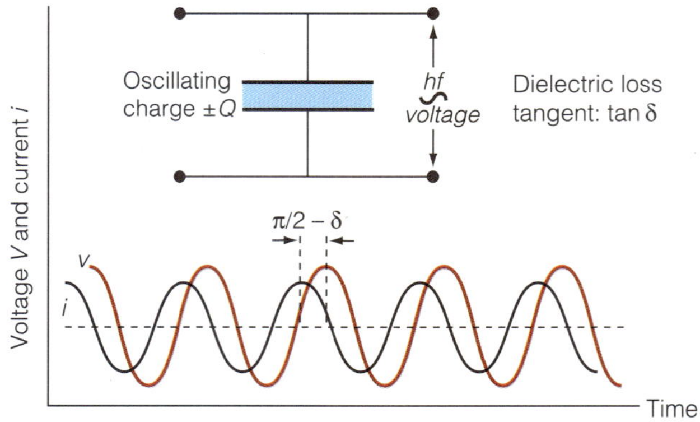

그림 14.4 유전 손실. 손실 계수가 클수록 마이크로파 커플링 및 가열 기능은 증가한다.

손실 탄젠트 및 손실 계수에 대해서는 좀 더 상세한 설명이 요구된다. 14.4항에서 보다 상세한 내용을 다루게 되며, 여기에서는 재료에 전기장(Electric Field)을 가할 때 쌍극자 모멘트를 운반하는 전하의 미소 변위 (전자 또는 이온의 미소 변위) 또는 분자의 미소 변위와 관계있는 분극화에 대한 설명도 수록한다. 진동장(Oscillating Field)은 전하를 두 가지의 대체 형상 사이로 이동시킨다. 이 전하 운동은 어떠한 손실도 없다고 가정했을 때, 전압에 의한 90도 위상 이동이 될 수 있는 전류의 흐름과 유사하게 나타난다. 실제 유전체에 있어서는, 이 전류는 소량의 위상 이동, δ을 발생하면서 저항기에서 전류가 거동하는 것처럼 에너지를 손실시킨다(그림 14.4). 손실 계수 D라고도 부르는 손실 탄젠트, tan δ는 손실 각의 탄젠트 값이다. 역률 P_f는 손실 각의 사인 값이다. δ가 작으면 세 가지 모든 값은 본질적으로 동일하다.

$$P_f \approx D \approx \tan\delta \approx \sin\delta \tag{14.11}$$

연구 목적 상 더욱 유용한 것은 손실 계수 L인데, 이것은 유전 상수의 몇 배에 해당하는 손실 탄젠트 값이 된다.

$$L = \varepsilon_r \tan\delta \tag{14.12}$$

이러한 손실 계수는 진동장에 있는 위치해 있다면 유전체에서 손실된 에너지를 측정한다. 유전 손실을 최소화 또는 최대화시키기 위한 재료를 선택하고자 하는 경우, 원하는 척도는 L이 된다.

진폭 E 및 주파수 f의 주기적 전기장에 유전체가 위치할 경우, 역률 p가 손실되며 이에 상응하여 전기장이 감쇄된다. 단위체적(W/m^3)당 손실되는 역률은 다음 공식으로 나타낸다.

$$P \approx f E^2 \varepsilon \tan \delta = f E^2 \varepsilon_o \varepsilon_r \tan \delta = f E^2 \varepsilon_o L \tag{14.13}$$

여기서 ε_r은 이전과 마찬가지로 재료의 유전 상수이며 tan δ는 그 손실 탄젠트이다. 이 역률은 열로 나타나며 재료의 체적에 있어서 균일하게 생성된다. 따라서 주파수 또는 전기장 강도가 클수록, 그리고 손실 계수 ε_r가 클수록 가열 및 에너지 손실이 높아진다. 유전 손실은 가공 공정, 예를 들면 고주파 중합체 용접에서 활용된다.

모든 유전체는 전기장의 형태를 변화시키며, 이러한 전하 내에서의 미세한 이동 결과로 유전체의 분극이 일어난다. 이러한 효과를 **전왜성(Electrostriction)**이라고 한다. 전왜성은 단방향 관계를 나타내는데, 전기장은 변형을 유발시키는 반면 변형으로 전기장이 생성되지는 않는다. 이와는 반대로, **압전체**는 분극과 변형 사이에서 양방향 관계를 나타낸다. 즉, 전기장은 변형을 유도하고 변형은 그 표면 사이에서 전하 차이를 유발하기 때문에 전기장이 생성되는 것이다. 압전 계수는 전기장의 단위당 변형이며, 비록 그 양은 매우 소량이기는 하지만 실제 선형 효과에 해당되기 때문에 유용하게 활용할 수 있다. 나노 크기의 정밀도를 가지는 프로브를 위치시키거나 이동시키고자 할 경우, 압전 계수가 필요하다. **초전체**는 단결정(Single Crystal)으로 배열되는 영구 쌍극자 모멘트를 가지는 분자를 함유하면서 단결정이 영구 분극이 일어나도록 한다. 온도가 변하면 분극이 변하여 표면 전하가 생성되며, 표면이 전기적으로 연결되는 경우에는 도난 방지 시스템 및 열상 감지장치 원리인 초전 전류가 생성된다. **강유전체** 또한 자연 쌍극자 모멘트를 가지는데, 이러한 강유전체는 분극이 이루어지며 분극이 일어난 각 분자는 자석에서의 자기 모멘트와 같이 쌍극자 모멘트가 병렬로 구성되도록 배열된다. 강유전체의 고유 기능은 전기장을 가하여 분극 방향을 변경시킬 수 있다는 것이며, 이러한 변경은 곧 형태 변경으로 이어진다. 이러한 모든 재료의 적용에 대해서는 14.5절에서 다루게 된다.

14.3 전기적 특성 차트

모든 재료는 전기 저항성을 지니고 있으며 모든 유전체는 유전 상수 및 손실 계수를 가지고 있다. 이에 관한 특성 차트는 광범위하고 다양한 집단과의 비교 및 선정이 가능하게 해 준다는 측면에서 유용하게 활용할 수 있다.

몇몇 다른 특성들은 소수의 재료에만 고유하게 나타난다(예, 유용한 압전체 및 강유전체 거동). 이를 토대로, 소수의 선정 후보들을 직접 비교하여 재료를 선정한다. 이러

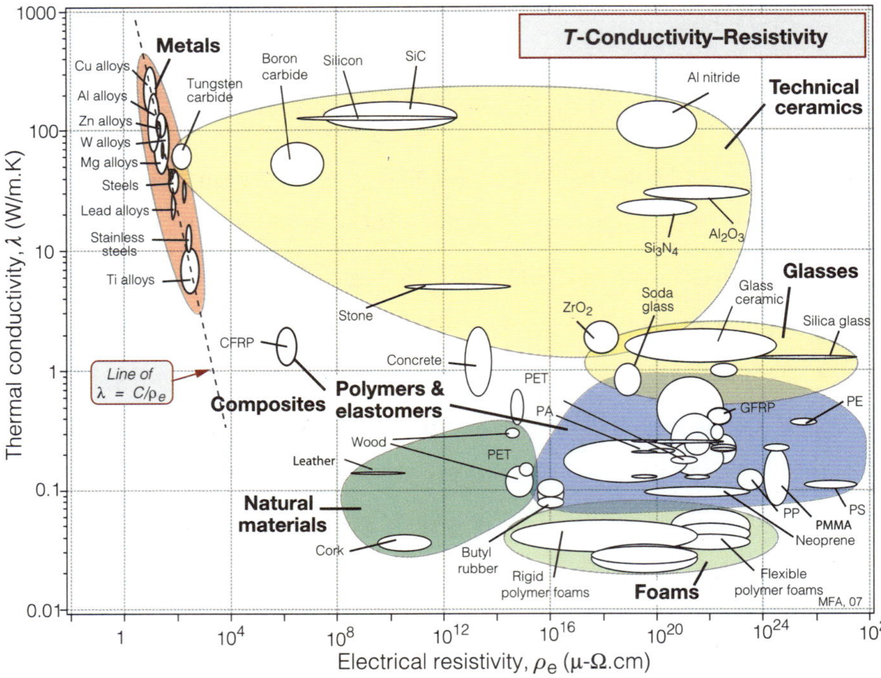

그림 14.5 전기 저항성(ρ_e) 및 열전도성(λ)

한 경우 특성 차트는 필요하지 않다.

열전도성 및 전기 저항성

첫 번째 차트(그림 14.5)는 열전도성(λ) 및 전기 저항성(ρ_e)을 나타낸다. 첫 번째는 10^5의 범위를 가지며 두 번째는 10^{28}의 범위를 가진다. 이 차트는 이들 두 가지 특성이 중요한 적용 분야에 적합한 재료를 선정하는데 유용하다. 금속의 경우, 열전도성 및 전기 전도성은 모두 자유 전자에 의존하기 때문에 서로 근사적으로 비례하는데, 이는 차트의 좌측 최상단에 위치한 두 금속 사이의 명확한 상관관계를 나타낸다.(λ는 W/m.K, ρ_e는 $\mu\Omega$.cm 단위).

$$\lambda \approx \frac{1400}{\rho_e}$$

이를 비데만-프란츠(Wiedemann-Franz)의 법칙이라고 한다.

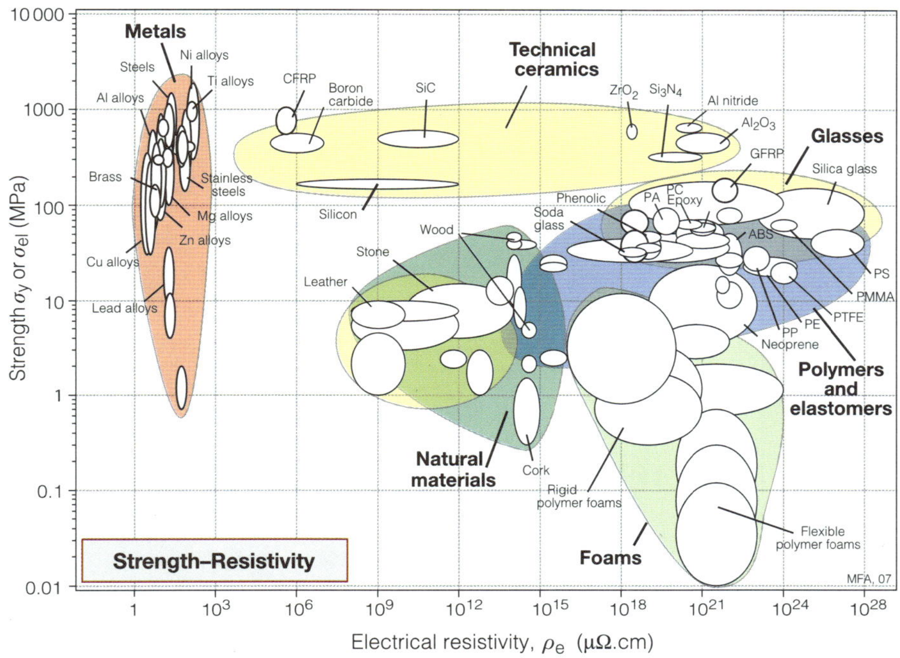

그림 14.6 전기 저항성 ρ_e 및 항복 강도 σ_y 또는 탄성 한도 σ_{el}에 대한 재료 특성 차트

강도 및 전기 저항성

두 번째 차트(그림 14.6)는 전기 저항성 ρ_e 및 강도 σ_{el}를 나타낸다. 금속은 가장 좌측 지점에 위치한다. 구리와 은(그림에 나타나 있지 않음)은 가장 낮은 저항성을 가지며, 그 다음으로 저항성이 낮은 금속은 알루미늄이다. 가장 강한 합금은 10~100배 이상의 전기 저항성을 가진다. 우측 상부에 위치한 알루미나, 질화 알루미늄 및 실리카와 같은 세라믹류는 매우 높은 저항성을 가지며 강하다. 이러한 세라믹 류는 전선용 절연체 및 전자 회로용 기판 제작에 사용된다. 그 바로 아래에는 강도는 덜하지만 유연하며 주조가 용이하여 우수한 절연체로 사용되는 폴리머가 위치한다. 이들 폴리머는 전선 피복, 스위치 기어 절연체용으로 사용된다.

강도 및 유전 손실

마지막 차트(그림 14.7)는 유전 손실 계수 L 및 강도 σ_y 또는 σ_{el}를 나타낸다. 마이크로파를 통과시키는 재료(레이더는 마이크로파 주파수 사용)는 좌측에 위치한다. 폴리머 폼, 특정 폴리머(PP, PE, PTFE) 및 일부 세라믹은 특히 낮은 값을 가진다. 마이크로파를 흡수하여 공정 시 뜨거워지는 재료는 우측에 위치한다. 나일론 및 폴리우레탄과

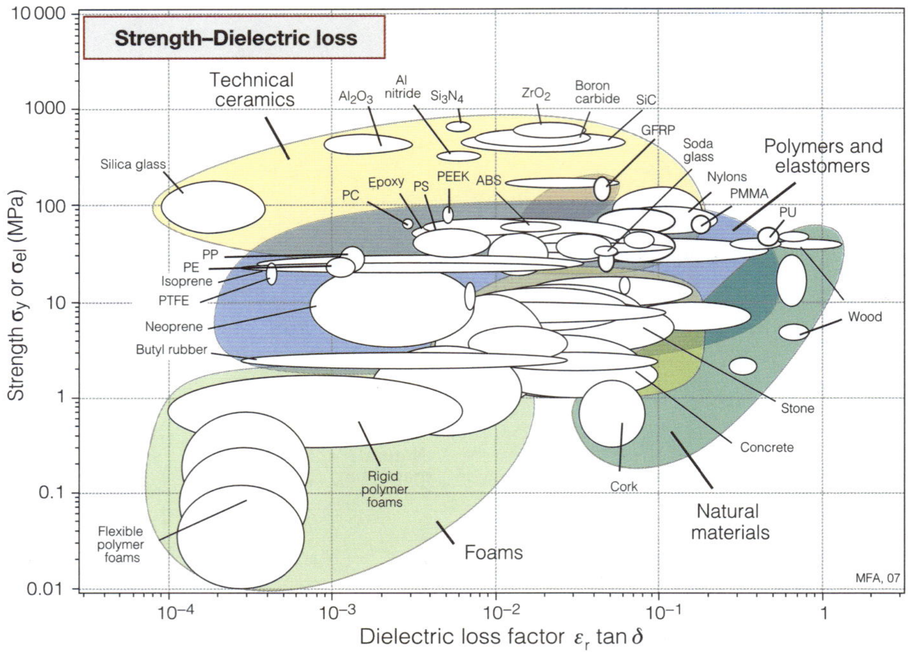

그림 14.7 유전 손실 $\varepsilon_r \tan\delta$ 및 항복 강도 σ_y 또는 탄성 한도 σ_{el}에 대한 재료 특성 차트

같은 극성기를 함유하는 폴리머, 및 목재와 같은 천연 재료(목재는 마이크로파의 가열에 의해 건조된다).

극성 분자를 가지는 물은 특히 높은 손실 계수를 가지는데, 이러한 특성으로 대부분의 음식을 전자레인지(Microwave Oven)에서 요리할 수가 있다.

14.4 심화학습 : 전기적 특성의 어원 및 발달

전기 전도성

전기장 E(V/m)는 전하를 이동시키는 입자상에 작용하는 힘 Ee를 관여한다. 고체는 각각 양의 전하 $+e$를 가지는 양성자를 포함하고 있는 핵과 음의 전하 $-e$를 이동시키는 전자를 포함하고 있는 원자로 구성되어 있다. 전하 운반체의 이동이 가능하다면, 입자상의 힘 Ee에 의해 전하 운반체가 재료 속으로 흐르게 된다. 다시 말해, 힘 Ee로 인해 전도가 이루어지게 된다. 금속은 전자 전도체(Electron Conductor)가 되며, 이는 전자가 전하 운반체가 된다는 것을 의미한다. 이온적 고체(Na^+Cl^-와 같이 음전하 및 양전하 이온으로 구성된 고체)에서, 이온의 확산 운동으로 이온 전도가 이루어지게 되지만,

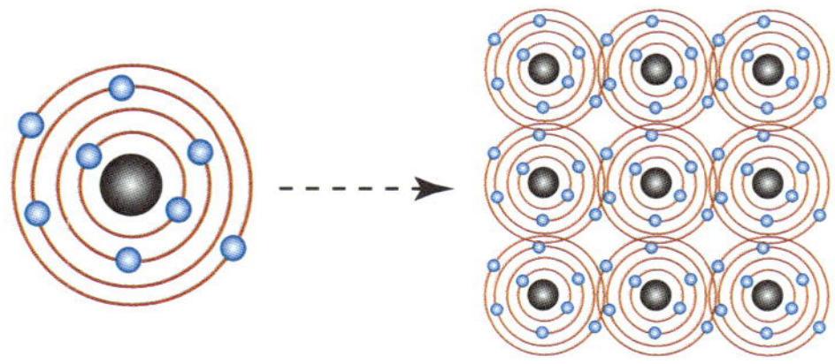

그림 14.8 결정체 형성을 위해 원자들이 함께 이동되는 경우, 가장 바깥쪽에 위치한 전자들이 상호 작용하게 되어 이산 에너지 준위(Discrete Energy Level)가 따로 분할된다.

이러한 반응은 확산이 급속도로 이루어지는 온도에서만 가능하다. 많은 재료들이 이동이 가능한 전자를 가지고 있지 않으며, 실온에서 이들 재료는 이온 전도체로 작용하기에는 너무 차가운 특성을 지니고 있다.

많은 재료들에 포함되어 있는 하전 입자(Charged Particles)는 전기장에서 여전히 힘을 받게 되는데, 이는 전하량을 치환할 수 있을 만큼 충분한 정도이지만, 소량의 원자 공간 보다 많이 이동하는 것은 불가능하다. 이들은 절연체로서 작용한다. 소량의 전하 변위를 통해 이들 재료는 유전 특성을 가지게 된다.

재료의 종류에 따라 어떤 것들은 이동 전자를 가지며 또 어떤 것들은 가지지 않는 이유는 무엇인가? 이를 설명하기 위해서는 두 가지의 상이한 양자 역학 결과를 검토할 필요가 있다. 간단히 말해, 원자 내 전자에는 이산 에너지 상태 또는 궤도가 점유되어 있으며, 이들은 셀(가장 안쪽에서부터 바깥쪽 방향으로 1, 2, 3 등으로 지정됨) 내부에 배열되어 있다. 각 셀은 하부셀(s, p, d 및 f로 지정됨)로 구성되며 이들 각 하부셀은 한 개, 세 개, 다섯 개 또는 일곱 개의 궤도를 각각 포함하고 있다. 전자는 셀에 가장 낮은 에너지로 채우게 되며 각 궤도에 정반대 스핀으로 이루어진 두 개의 전자가 위치한다. 파울리[6]의 배타 원리(Exclusion Principle)는 에너지 상태가 두 개 이상의 전자를 가지지 못하도록 보호한다. *n*개의 원자(다수)가 고체 형성을 위해 함께 이동되는 경우에는 내부 전자는 이들 전자가 출발하는 원자의 특성을 그대로 유지하는 반면 외부 전자는 상호 작용한다(그림 14.8). 이러면 각 원자는 인접해 있는 원자의 전하에 의해 생성된 전계에 안착하게 된다. 이는 인접해 있는 원자의 전계에 의해 조정되는 방향으로

6) Wolfgang Joseph Pauli (1900~1958). 양자 이론가. 중성 미자 창시자 및 노벨상 수상. 그는 정신분석치료를 필요로 하는 불행한 사람들 중 하나였다. 유명 정신분석학자 칼 융 이외의 다른 어떤 사람에게도 정신치료를 받으려 하지 않았다.

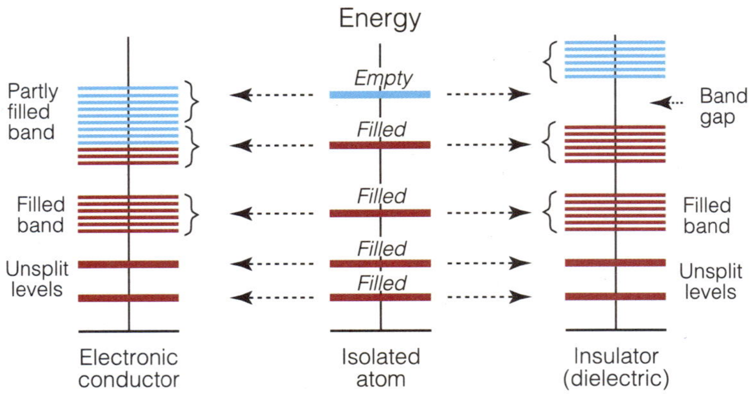

그림 14.9 좌측 전도체는 부분적으로 채워진 외측 충만대를 가지고 있으며, 이 충만대 안의 전자는 쉽게 이동할 수 있다. 우측 절연체는 외측 충만대를 가지고 있는데, 이는 띠 간격에 의해 가장 근접한 비충만대로부터 분리되어 있다. (적색 띠는 채워지고 청색 띠는 비어있다.)

회전하는 전자의 에너지 준위를 약간 감소시키고 반대 방향의 스핀을 가지는 전자의 에너지 준위는 증가시켜 각 에너지 준위가 분할되게 한다. 따라서, 고립 원자의 이산 준위는 고체 상태에서 매우 근접한 공간을 가지는 준위의 띠로 확대된다. 수용해야 하는 원자당 전자 수는 원자의 원자번호에 따라서만 결정된다. 이들 전자는 모든 보드를 채울 때까지 가장 낮은 에너지로 하부에서부터 띠를 채워 나간다. 가장 상부에 채워지는 에너지 준위를 페르미[7] 준위(상세 내용은 이후 단락에서 논의됨)라고 한다. 이 준위 안에 위치하는 전자는 만약 전자에서 멀리 떨어진 진공에서 고립되었을 경우 가질 수 있는 수준보다 낮은 에너지를 가지게 된다.

이러한 에너지 차이를 일 함수(Work Function)라고 부르는데, 이는 이러한 에너지 차이가 페르미 준위에서부터 무한으로 전자를 이동시키기 위해 행해야 하는 일을 의미하기 때문이다. 고전계(High Electric Field)(전계방출형 전자총이라고 함)를 이용해 금속에서 전자를 빼내어 전자빔을 생성하고자 한다면 이를 수행하기 위한 일 함수를 제공해야 한다.

물질이 전도체인지 절연체인지는 띠가 얼마나 채워져 있는지, 그리고 이들의 오버랩 유무에 따라 결정된다. 그림 14.9에서 중앙에 위치한 칼럼은 고립 원자를 설명하고 있으며, 바깥쪽 칼럼들은 에너지띠에 에너지를 확산하면서 원자를 배열 구성으로 함께

7) Enrico Fermi (1901~1954). 고체 상의 전자 거동에 관한 페르미 통계로 잘 알려져 있는 통계법칙 창시자. 원자폭탄 개발을 위한 맨하탄 프로젝트에서 물리학 팀의 리더 중 하나였다.

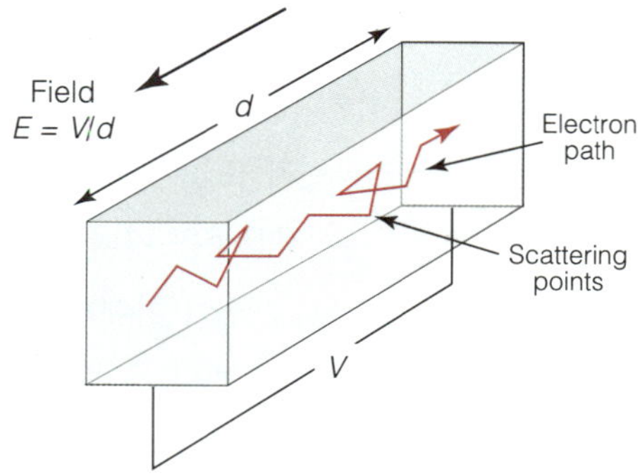

그림 14.10 전계 E에 의해 가속화된 전자는 그 움직임에 대한 저항을 발생시키는 결점에 의해 산란된다.

이동시킴으로써 생성되는 가능성을 설명하고 있다. 그림 좌측에 나타나는 구리와 같은 전도체는 채워지지 않은 외측 띠를 가지는데, 여기에는 가장 마지막에 채워지는 준위 바로 위에 매우 근접한 공간으로 채워진 준위들이 다수 존재한다. 전계에 의해 가속화될 경우, 전자들은 이러한 준위들을 활용하여 물질 속으로 자유롭게 이동할 수 있다. 우측에 나타나는 절연체를 보면, 전자를 가지는 가장 바깥쪽 띠는 채워지는데 가장 인접한 비어 있는 띠는 에너지 내의 넓은 띠 간격에 의해 가장 바깥쪽 띠와 분리된다. 반도체 또한 띠 간격을 가지고 있지만, 그 범위는 전도가 이루어지는 비어 있는 띠 안으로 소량의 전자를 열 에너지가 이동시킬 수 있을 만큼 좁다. 도핑(극소량의 불순물 주입)을 수행하면, 띠 간격 안에서 새로운 레벨이 생성되고 비어 있는 상태에 진입하기 위한 에너지 장벽을 감소시키며, 결과적으로 보다 많은 운반체들이 이동 가능할 수 있게 된다는 것을 고려한다.

전기 저항

전계 E가 전자에 가해지는 힘 Ee를 다룬다면, 시간의 경과에 따라 지속적인 전류 증가와 함께 왜 이 힘이 가속화되지 않는 것일까? 이러한 현상은 발생되지 않는다. 대신, 전계를 전환하면 전류가 안정 값에 즉시 도달하게 된다.

식 (14.1) 및 (14.2)를 다시 살펴보면 전류 밀도 i/A는 전계 E와 비례 관계에 있다.

$$\frac{i}{A} = \frac{E}{\rho_e} = \kappa_e E \tag{14.14}$$

여기서 ρ_e는 저항성을, 그 역수 κ_e는 전기 전도성을 나타낸다.

대체적으로 말해서, 상황은 이러하다. 전도 전자는 고체를 자유롭게 이동한다. 전도

전자의 열 에너지 $k_B T$(k_B = 볼츠만 상수, T = 절대 온도)로 인해 이들 전도 전자가 기체 원자와 같이 모든 방향으로 이동하게 된다. 이러한 과정에서 전도 전자는 산란 중심체와 충돌하여 새로운 방향으로 튀어 오른다. 불순물 원자 또는 용질 원자는 특히 산란 중심체에 효과적(이것은 합금이 순수 금속보다 높은 저항성을 지니는 이유에 해당한다)이지만, 전자는 전위(Dislocation)와 같은 결함, 그리고 원자 자체의 열 진동에 의해서도 산란된다. 전계가 존재하지 않을 경우에는 모든 전도 전자가 자유롭게 이동한다 하더라도 전하는 어느 방향으로도 순수 전달되지 않는다. 전계는 전자에 대해 이동 속도 $v_d = \mu_e E$를 강요하는데, 여기서 μ_e는 전자 이동도를 나타내며 이를 통해 전류가 주어진다(그림 14.10). 이동 속도는 열 속도에 비해 적은데, 이는 마치 공기 속의 미풍과도 같다. 공기 분자의 열 운동은 미풍으로 느낄 수 있는 '이동' 보다 훨씬 더 크다. 산란 중심체의 수가 많으면 많을수록 충돌 간 전자의 평균 자유 경로 λ_{mfp}가 짧아지고 이들이 이동하는 평균 속도는 느려진다. 열 전도성과 마찬가지로 전기 전도성은 평균 자유 경로, 운반체의 밀도(단위체적당 이동 전자 수 n_v) 및 운반체가 운반하는 전하량에 의존한다. 따라서 다음 식을 통해 전류 밀도 i/A를 구할 수 있다.

$$\frac{i}{A} = n_v e v_d = n_v \, e \, \mu_e \, E$$

상기 식을 식 (14.14)과 비교하여 전도성을 산출한다.

$$\kappa_e = n_v \, e \, \mu_e \tag{14.15}$$

따라서, 전도성은 자유 전자 밀도 및 전자 이동도와 비례하며, 평균 자유 경로와 정비례한다. 전도체가 더욱 순수하고 완벽할수록 전도성은 높아진다.

금속은 고용체의 경화, 가공 경화 또는 석출 경화에 의해 단단해진다(7장). 이러한 모든 작용으로 인해 저항성도 변한다. 강도-저항성 차트 부분을 확대해 보면 이들 두 특성이 어떻게 영향을 받는지를 확인할 수 있으며, 그림 14.11은 이에 대해 가장 우수한 2개의 전도체(구리 및 알루미늄)를 예를 들어 나타내 보이고 있다. 두 금속 중 하나에 용질을 추가하면 산란 중심체로서 작용하는 그 금속의 용질 전자가 증가함은 물론, 전기 저항성도 증가하게 된다. 전위는 (가공 경화에 의해) 강도를 추가시키며 용질만큼 많은 수준은 아니지만 일정 부분 전자를 산란시킨다. 침전물은 강도 부분에서 최대의 이득을 제공하며, 전자의 평균 자유 경로와 비교했을 때 그 크기와 공간 채움 정도, 그리고 격자에 남아 있는 잔류 용질량에 따라 저항성에 미치는 침전물의 영향은 달라진

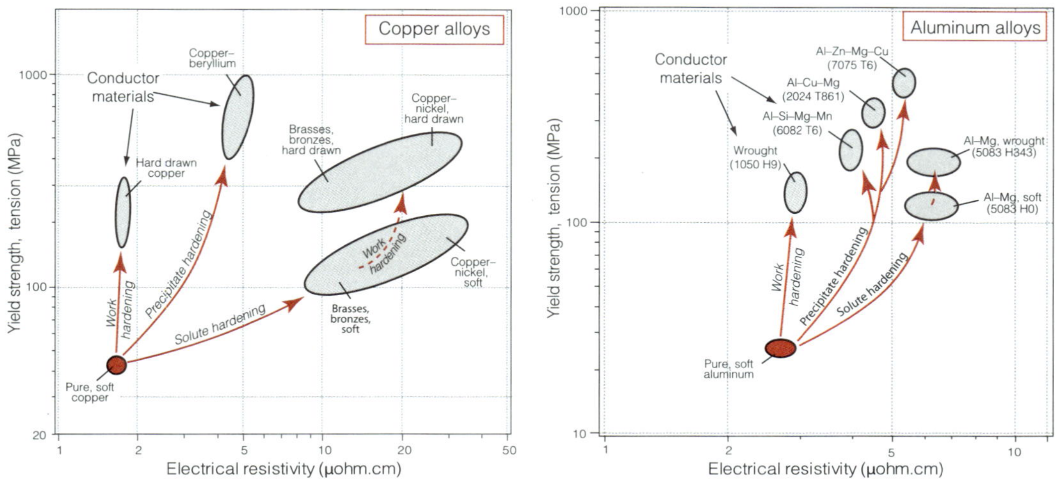

그림 14.11 케이블용에 적합한 최고의 재료는 고강도 및 저저항성을 가지는 물질이다. 하지만, 강화 기구(Strengthening Mechanism)로 인해 저항성이 증가된다. 가공 경화 및 석출 경화는 고용 경화에 비해 저항성을 증가시키는 정도가 덜하다.

다. 따라서 전도체를 강화시키는 데 있어서 최고의 방법은 (잔류 용질이 적은) 침전 경화 또는 가공 경화이다. 아래 두 그림은 상용 전도체 합금이 순수 금속보다 훨씬 큰 강도와 약간 높은 저항성을 가지고 있음을 나타내 보인다.

금속 저항성은 열 진동으로 인해 전자의 산란이 이루어지기 때문에 온도에 따라 증가한다. 저항은 온도가 내려가면 감소되는데, 이는 고출력 전자석을 액체 질소에서 미리 냉동시키는 이유이기도 하다.

대부분의 금속은 절대 영도에 근접함에 따라 일정 수준의 저항성을 유지하지만, 0~4K 사이에서는 일부 금속들은 모든 저항을 갑자기 상실하여 초전도성을 띄게 된다. 이와는 반대로, 반도체의 저항성은 온도가 상승하면 감소하는데, 이는 앞에서도 설명한 바와 같이 열 에너지로 인해 보다 많은 운반체가 띠 간격을 통과하기 때문이다.

유전 거동(Dielectric Behavior)

유전체는 절연체이다. 전계 E가 가해지면 이들의 전자에는 어떤 현상이 발생하는가? 무자기장에서, 대부분의 유전체에 포함되어 있는 전자 및 양성자는 대칭적으로 분포되기 때문에 이들 물질은 어떠한 순 모멘트 또는 쌍극자 모멘트도 운반하지 않는다. 전계는 양전하는 전계 방향으로 밀고 음전하는 반대 방향으로 밀어서 전하에 작용하는 힘을 관장한다. 이러한 효과는 그림 14.12의 좌측 그림에서 나타나는 바와 같이 인접한 이온들은 반대 전하를 운반하기 때문에 이온 결정에서 가장 쉽게 확인할 수 있다. 아래

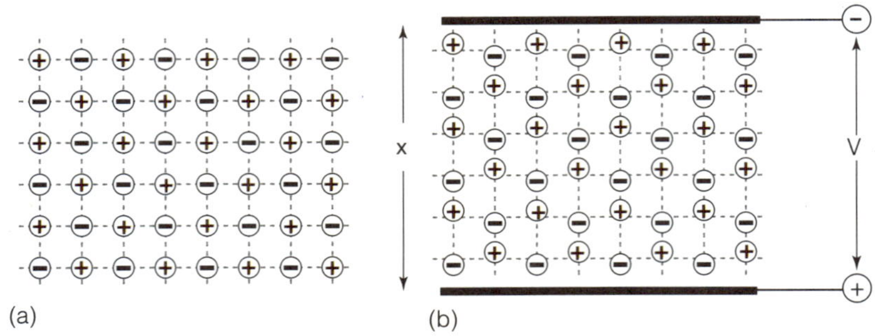

그림 14.12 무전기장에서의 이온 결정 (a) 및 전계 V/x를 가했을 때의 이온 결정 (b). 전계는 전하의 변위를 일으키며, 이를 통해 재료는 쌍극자 모멘트를 얻게 된다.

의 우측 그림에서 나타나는 바와 같이, 변위량 Δx에서의 전계 때문에 전계 상의 원자 간 결합 회복력으로 인해 힘의 균형이 이루어질 때까지 양이온(전하 $+q$)은 전계 방향으로 당겨지고 음이온(전하 $-q$)은 반대 방향으로 당겨진다. Δx만큼 분리된 두 개의 전하 q는 쌍극자 모멘트 d를 가지는 쌍극자를 생성하게 되며 그 공식은 다음과 같다.

$$d = q\Delta x \tag{14.16}$$

재료의 분극 P는 이 재료가 포함하고 있는 모든 쌍극자 모멘트의 부피 평균이다.

$$P = \frac{\sum d}{\text{Volume}}$$

실리콘과 같이 이온성을 띄지 않는 재료에서도 전계는 쌍극자 모멘트를 생성하게 되는데, 이는 각 원자의 분자가 전계 방향으로 미세한 거리만큼 변위를 일으키고 그 주변 전자들은 반대 방향으로 변위를 일으키기 때문이다.

쌍극자 모멘트의 결과는 변위의 크기와 단위체적당 전하 수에 따라 결정되며, 이를 토대로 유전체 상수가 결정된다. 이동이 크면 클수록 유전체 상수가 커진다. 따라서 이온 결합으로 이루어진 화합물과 $-OH^-$ 및 $-NH^-$ 등과 같은 극성기를 포함하고 있는 폴리머(예를 들면, 나일론)는 그렇지 않은 물질보다 큰 유전 상수를 가진다.

유전 손실(Dielectric Loss)

교류 전기장에서 일어나는 분극에 대해 살펴보자. 그림 14.12(b)의 상부 극판이 음극일 때, 변위는 그림에서 나타나는 방향으로 일어난다. 그 극성이 뒤바뀌면, 극판은 상부 방향으로 변위가 일어나는 음이온이 된다. 진동장에서는 이온이 진동한다. 이온 진동이 이와 같은 진동장을 가지는 위상에서 정확하게 이루어졌다면, 어떠한 에너지 손실도 일어나지 않겠지만, 이는 엄연히 실제로는 이루어지지 않으며, 반면 위상 이동이 상당 부분 이루어지는 경우가 종종 있다. 일반적으로 유전 손실이 높은 재료는 자체적으로 쌍극자 모멘트를 가지는 기하학적 형태의 분자(예를 들면, 물 분자—그림 14.13)를 함유하고 있다. 이들 재료는 회전을 통해 진동자에 반응을 보이지만 그 형태 때문에 재료 각각들이 서로 충돌(이를 분자 마찰로 생각할 수 있음)되며, 이러한 과정이 열로 나타나는 에너지를 분산시킨다. 이것이 바로 마이크로파 가열이 작용하는 원리이다. 공식 (14.13)에서 나타난 바와 같이, 분산되는 에너지는 전기장의 주파수에 의존한다. 일반적으로 말해서, 주파수가 높을수록 (힘은 초당 일이며, 분자 셔틀이 많을수록 에너지 손실량은 커지기 때문에) 분산되는 힘이 커지지만, 재료 구조의 특성에 해당하는 특정 주파수에서 피크가 존재하게 된다.

유전 파괴(Dielectric Breakdown)

앞에서 살펴본 바와 같이, 금속에서는 가장 작은 전계라 할지라도 전자의 이동이 가능하다. 절연체에서는 띠 간격 때문에 전자가 흐르지 못한다. 특정 결함 지점에서 한 개의 전자가 모원자로부터 자유롭게 이탈되는 경우 전계 E에 의해 작용하는 힘 Ee에 의해 이러한 반응은 가속화되어 운동 에너지가 발생한다. 이 힘에 의한 가속은 또 다른 원자와 충돌할 때까지 끊임없이 이루어진다. 충분히 큰 전계는 전자에 매우 많은 운동에너지를 제공하는데 이를 통해 충돌시 원자에서 한 개 이상의 새로운 전자가 이탈되며, 반대로 이들 새로운 전자는 가속되어 에너지를 얻게 된다. 그 결과는 그림 14.14와 같이 캐스케이드로 나타나며 이를 전하의 붕괴라고 한다. 이는 재료의 영구 손상을 초래할 수 있을 정도로 강력하다.

이러한 현상을 발생시키기 위한 임계 전계 강도(파괴 전위라고 함)는 산출하기가 힘들다. 첫 번째 전자는 취약 부분, 즉 전계에 국부적으로 집중되는 미세 균열(Crack), 보이드(Void) 또는 혼입(Inclusion) 등과 같은 재료 내 결함에서 파괴된다.

요구되는 전계의 크기는 일반적으로 1~15MV/m 정도로 크다. 이는 많은 것으로 보

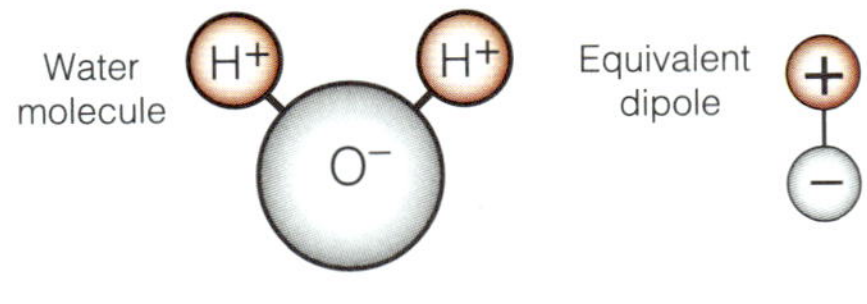

그림 14.13 물 분자. 비대칭 구조로 인해 물분자에 쌍극자 모멘트가 발생된다.

이지만 이러한 전계는 두 가지의 각기 다른 상황, 즉 전압이 매우 높거나 거리가 매우 짧은 경우에 발견된다. 출력 전송장치의 경우, 전압은 라인을 지지하는 절연체에서 파괴가 발생할 수 있을 정도로 충분히 높은(20,000V 정도) 반면, 마이크로회로와 박막 장치의 경우 구성품들 간의 거리는 매우 짧다. 1μm의 거리에서 1V 차이가 발생하면 1MV/m의 전계가 발생된다.

압전체(Piezo-electric Materials)

사람들이 착용하고 있는 시계 전면에서 볼 수 있는 단어 'Quartz'는 시계의 타임 스텝이 압전체 수정 결정(Piezo-electric Quartz Crystal)의 진동에 의해 설정되었음을 보증하는 것이다. 압전 거동은 이온들이 비대칭적으로 분포되어 있는 결정(결정 구조는 대칭심이 부족함)에서 확인할 수 있으며, 여기서 각 분자는 영구 쌍극자 모멘트를 운반한다(그림 14.15(a)). 면(Faces)이 결정면과 평행이 되도록 하여 재료에서 작은 입

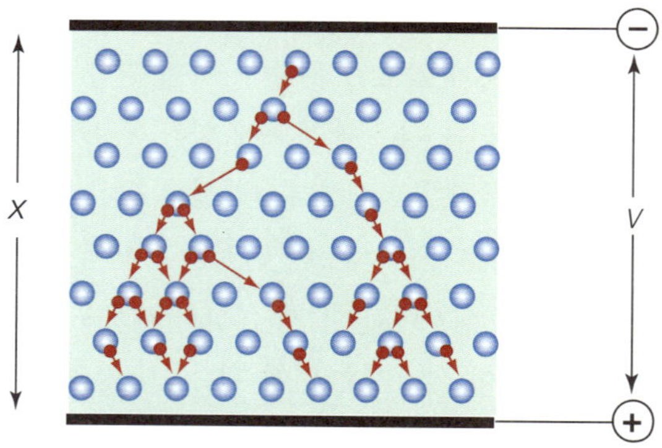

그림 14.14 파괴는 번개와 같은 전자의 캐스케이드와 관계있다.

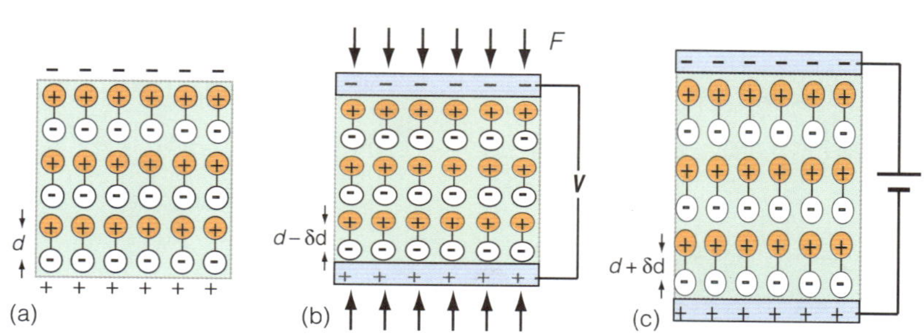

그림 14.15 파압전체는 자연 쌍극자 모멘트를 제공하는 비대칭으로 분포된 전하를 가진다. 이와 관계있는 표면 전하는 이온의 픽업에 의해 중화되지만, (b)에서와 같이 변형되면, 쌍극자 모멘트가 변하고 표면이 하전된다. 그 반대 논리도 참이 된다. 전계는 그림 (c)와 같이 압전 동작의 형태와 기본 원리의 변경을 유도한다.

방정계를 절단하면 그 면은 전하를 운반하게 된다.

이 전하는 전하를 중화하는 보이지 않는 표면층을 제공하기 위해 텔레비전 스크린에서 일어나는 것과 같이 대기로부터 이온과 하전 입자를 끌어당긴다. 결정(Crystal)을 스퀴징(Squeezing)한다면, 결정 이온들이 각각 이동하고 양극자 모멘트가 변하며 표면 상의 전하가 변한다(그림 14.15(b). 시간의 경과에 따라 새로 나타난 전하가 중화 이온을 끌어당기지만, 이러한 반응은 즉시 나타나지 않으며, 이로 인해 전위차가 발생한다. 이는 전기 마이크로폰 및 픽업의 작동 원리가 된다. 면(Faces)들 간의 전위차는 좁은 틈에서 불꽃을 발생할 수 있을 정도로 크다. 이는 가스 라이터의 작동 원리가 된다.

이후, 변형이 압전체 내에서 전계를 유도하며, 그 반대 논리 또한 참이 된다. 다시 말해, 전계가 변형을 유도한다. 전계는 양이온을 잡아 당기고 음이온을 밀어 내어 공간을 바꾸게 되며 이는 결정 형태의 변경으로 이어진다(그림 14.15(c)). 미소 변형(Small Strain)에 의해 큰 전계가 생성되면, 큰 전계는 초 미소 변형만을 생성하게 된다. 하지만 변형은 전계의 선형 함수가 되기 때문에, 크기가 작을 경우에는 서브-미크론 규모의 공간 위치 및 동작을 위한 초정밀 변위로 사용할 수 있다.

압전체는 이러한 자극이나 기타 다른 자극에 대해 대부분의 물질들이 반응하는 속도보다 빨리 전기장 내에서의 변화에 반응한다. 압전체를 메가헤르쯔 전계에 두면 이들 물질은 마이크로초 정밀 단위로 반응한다. 압전체는 많은 분야에서 사용되기 시작했으며, 이에 대한 상세한 설명은 본 장 후반부에 수록되어 있다. 특히, 이 재료는 가청 주파수 사이(20~20,000kHz)의 주파수를 가지는 초음파 세계를 개척하였다.

초전체(Pyro-electric Materials)

초전 분극-온도 변화로 인한 분극은 어떤 돌은 열을 가하거나 차갑게 하는 지푸라기나 마른 잎을 픽업할 수 있는 능력을 가지고 있다고 주장한 그리스 철학자 데오프라스투스[8)]에게 알려졌다(데오프라스투스에 의해 알려진 것이 아님). 20세기까지 이러한 이상한 거동은 이해되지 않고 이용되지도 않았다.

일부 물질들은 그들의 양이온과 음이온이 전기적으로 균형을 이루고 있기 때문에 영구 쌍극자 모멘트를 가지고 있지만 이들 각 물질은 균형의 열에서 약간 벗어나 있

8) Theophrastus(372~287 BC). 아리스토텔레스의 제자. 과학 교사이자 식물의 역사에 관한 10권의 책 저술. 이 업적은 이후 1200년 동안 식물학에 있어서 가장 중요한 공헌을 한 것으로 남아 있다.

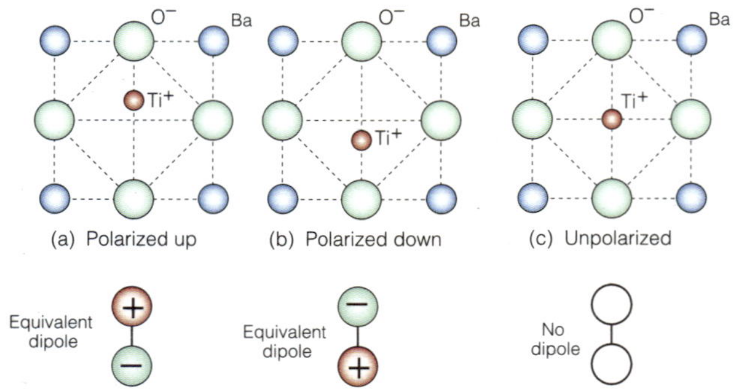

그림 14.16 강유전체는 전환 가능한 영구 쌍극자 모멘트를 가진다. 여기서 Ti+ 이온은 상부에서 하부 위치로 이동이 가능하다. 퀴리 온도(Curie Temperature)보다 높으면 비대칭이 사라진다.

다. 이들 물질 중 하나의 물질의 얇은 격자를 불일치가 발생되는 면과 얇은 격자면(Face)이 평행이 되도록 위치시키면, 이 격자는 자체의 쌍극자 모멘트를 가지게 된다. 유전체의 단위 셀이 이와 같은 구조를 가진다. 물질의 단위체적당 쌍극자 모멘트를 자연 분극 P_s라고 한다. 이 순(Net) 쌍극자 모멘트는 어떠한 전기장도 가해지지 않을 때 존재하며, 각각의 평탄한 표면 상의 구속 전하 층에 해당한다. 전자 또는 이온과 같은 인접한 자유 전하는 평탄 표면으로 당겨져 전하를 중화시킨다. 이후 전도성 전극을 평탄 표면으로 당겨 전류를 통해 연결한다고 가정하자. 표본의 온도가 일정하다면 P_s가 발생되고 회로를 통해 어떠한 전류 흐름도 나타나지 않는다.

하지만 온도가 증가되면 팽창이 이루어져 순 쌍극자 모멘트 및 분극의 변화가 일어난다. 구속 전하의 변경에 대한 보상을 위해 자유 전하가 재분포되면 회로에 전류(초전류)가 흐르게 된다. 가열이 아닌 냉각은 전류의 방향을 바뀌게 한다. 따라서 초전류는 온도가 변하는 동안에만 흐른다. 이는 침입자 경보장치, 자동문 및 안전등의 작동원리로 사용된다.

개방 회로에서 자유 전하는 전극 상에 잔류하며 반응에 관여한다. 이에 대해서는 다음 항에서 다루어진다. 초전체는 전기석과 같은 광물질(테오프라스투스가 발견), 티탄산바륨과 같은 세라믹, 폴리비닐리덴 플루오라이드와 같은 폴리머, 그리고 콜라겐과 같은 생물학적 물질을 함유하고 있다.

강유전체(Ferro-electric Materials)

강유전체는 압전 거동의 특수한 사례에 해당한다. 강유전체 또한 비대칭 구조를 가지지만, 대칭 구조로 전환할 수 있는 특수한 능력을 가지고 있다. 그림 14.16에 도식적

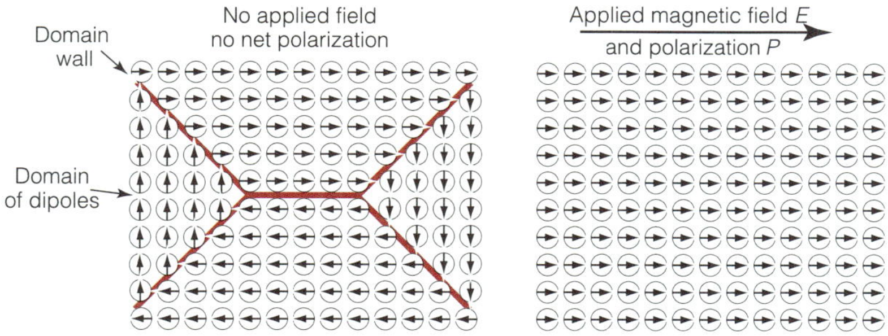

그림 14.17 강유전체 도메인은 자체적으로 배열하여 쌍극자 모멘트가 소멸된다. 전기장 E에서 이들 도메인은 그 크기가 큰 순 쌍극자 모멘트를 결정에 제공하면서 정렬된다.

으로 나타나 있는 티탄산바륨 $BaTiO_3$이 이러한 물질 중 하나이다. 임계 온도인 퀴리[9] 온도(티탄산바륨의 경우 약 120℃) 이하가 되면 티타늄 원자는 단위 셀의 중심에 안착하지 않고, 그림 14.16의 (a) 및 (b)와 같이 좌측 또는 우측으로 상하 전위된다. 퀴리 온도 이상에서는 (c)와 같이 쌍극자 모멘트와 함께 비대칭이 사라진다. 강유전체에서는 어떠한 전기장이 가해지지 않더라도 물질의 상당 부분이 분극될 수 있도록 이들 쌍극자들이 자연적으로 정렬된다.

외부장이 존재하지 않으면 강유전체는 분극 방향이 변하는 도메인 벽에 의해 분리되는 도메인(모든 쌍극자가 한 방향으로 정렬되는 구역)으로 자체 분할된다(그림 14.17).

도메인은 자체적으로 배향되기 때문에 한 개 정도의 쌍극자 모멘트에 의해 인접한 쌍극자 모멘트가 소멸된다. 전기장이 가해지면 도메인 벽은 이동하기 때문에, 모든 표본이 한 방향으로 분극 (또는 '극성화')될 때까지 전기장과 평행으로 분극되는 도메인 벽은 확산되고 전기장과 교차 방향 또는 반대 방향으로 분극되는 도메인 벽은 수축한다. 그림 14.18은 전기장 E가 증가할 때 분극 P가 어떻게 변하는지를 보여 준다. 포화 분극 P_s에서 최대값에 도달하면 P가 증가한다. 전기장을 제거하면 대부분의 분극이 그대로 남게(잔여 분극) 되는데, 이러한 분극은 전기장을 값 $-E_c$ 항자기장으로 전환할 경우에만 제거된다. 이 그림은 최종 지점은 최대 전방 분극을 향하고 있는 최대 역분극을 통한 완전 주기를 나타내고 있다. 미세한 삽입은 이 주기 주위를 둘러싸고 있는 도메인 구조를 나타낸다.

강유전체는 엄청나게 큰 유전 상수를 가진다. 비대칭 전하 분포를 가지는 정상 물질

9) Pierre Curie(1859~1906). 프랑스 물리학자. 압전 효과 및 자기 변태(Magnetic Transformations) 현상 발견자. 퀴리 부인의 남편. 1906년 파리 시내에서 교통 사고로 사망.

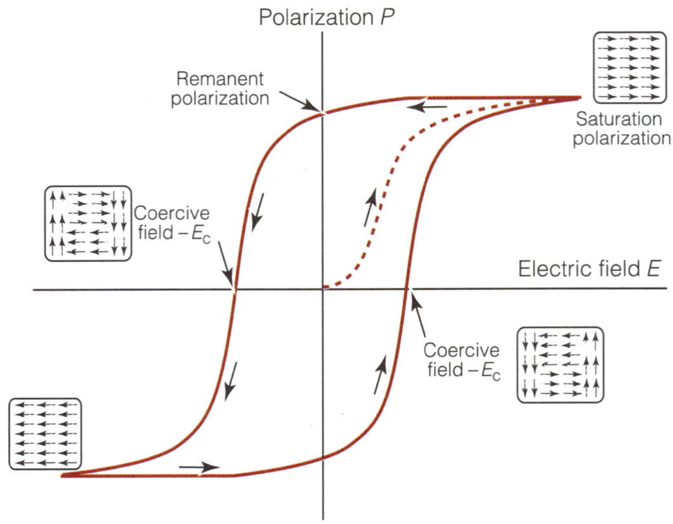

그림 14.18 강유전체 이력 곡선

의 유전 상수는 2~20 범위를 가진다. 강유전체의 유전 상수는 20,000 정도 만큼 크다. 이러한 구조로 인해 강유전성 물질을 이용하여 일반적인 커패시터보다 1,000배 이상의 에너지를 저장할 수 있는 슈퍼-커패시터를 제작할 수가 있다. 이러한 슈퍼-커패시터의 에너지 밀도는 현재 에너지 저장용 배터리와 경쟁할 수 있는 수준이다.

14.5 설계 : 재료의 전기적 특성 이용

송전(Transmitting Electrical Power)

송전의 목적은 전기적 손실 P_L(Watt[10])을 최소화하는 데 있다.

$$P_L = i^2R \tag{14.17}$$

여기서 i는 전류(A)이고 R은 송전 라인의 저항을 나타내며 이는 식 (14.2)에 따라 재료의 저항성 ρ_e에 비례한다. 단면적 A가 주어졌을 때는 가능한 최저의 ρ_e 값을 가지는 재료를 선정하는 것이 최선의 방법이다. 송전 라인이 매설되어 있거나 전체 길이가 지

10) James Watt(1736~1819). 측정기 제작공 및 엄청난 노력 끝에 개발한 콘덴싱 증기 기관의 발명가(그 아이디어는 '어느 멋진 안식일 오후 산책하는' 동안 떠올랐다). 본 책자의 각주에 설명된 다른 어느 인물들과는 달리 그의 마지막 여생은 건강하고 행복하고 훌륭했다.

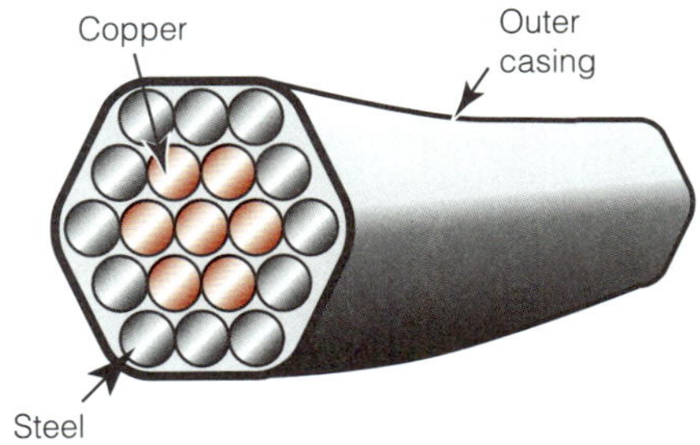

그림 14.19 강으로 강화 처리된 구리 가닥으로 이루어진 하이브리드 케이블.

지되어 있는 경우 유일한 제약사항은 재료비이다. 그림 14.5의 표는 도식화되어 있는 재료 중 구리가 가장 낮은 저항을 가지고 그 다음이 알루미늄이라는 것을 나타내고 있다. 이에 비해 송전 라인이 지상에 위치하고 대형 철탑에 의해 지지되어 있는 경우에는 송전 라인의 강도와 밀도가 중요해진다. 자체 하중과 바람의 하중을 지지하기 위해서는 강도가 높아야 하며 자체 하중을 최소화하기 위해서는 밀도가 낮아야 한다.

여기에는 한 가지 문제가 있다. 가장 낮은 저항을 가지는 재료는 강도가 낮으며 강도가 높은 재료는 높은 저항을 가진다. 오버헤드 케이블에 사용되는 알루미늄과 구리 전도체는 그림 14.11에 나타나는 것과 같다(최소한의 전도도 손실을 가지는 강도를 제공하기 위해 석출 경화 또는 가공 경화됨). 또 다른 해결방안은 하이브리드 케이블을 제작하는 것이다. 첫 번째 물질은 전도도를 제공하고 두 번째 물질은 강도를 제공하는 방식으로 두 가지의 물질을 조합하여 하나의 케이블을 제작한다. 이에 대한 예는 그림 14.19에 나타나 있다. 그림에서 보면 케이블은 순수 고전도도 구리 또는 알루미늄 코어가 고강도 탄소강 와이어 케이싱에 의해 둘러싸여 있다. 혼합비를 50:50으로 했을 때 하이브리드의 강도는 강(Steel)의 거의 반 수준이고 구리 저항성의 두 배 수준이다. 이는 한 개의 물질에 의해 제공되는 수준보다 훨씬 우수한 방법이다. 수많은 오버헤드 케이블들은 강 코어가 알루미늄 전도체에 의해 둘러싸여져 있는 이러한 방법을 채택하고 있다. 일부 케이블은 자체 하중을 줄이기 위해 저강도 알루미늄 합금과 고강도 알루미늄 합금을 조합하여 사용하고 있다.

전기 절연(Electrical Insulation)

전기 절연체는 전기가 흐르지 않도록 한다. 그림 14.6 및 14.7의 차트는 대부분의 폴리머가 $10^{20}\mu\Omega$.cm 이상의 저항성을 가지는 아주 우수한 전기 절연체라는 것을 나타내 보이고 있다. 폴리머는 플러그, 커넥터 및 스위치기어 케이스 및 케이블 절연용으

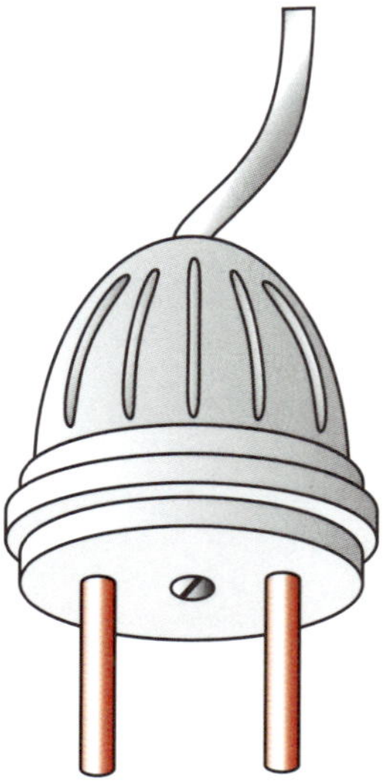

그림 14.20 전기 플러그. 케이싱은 절연체로 이루어져야 하며 주조가 가능해야 하며 작업 부하를 견딜 수 있는 충분한 강도를 지녀야 한다.

로 사용된다. 많은 종류의 세라믹류, 그 중에서도 알루미나(Al_2O_3), 실리카(SiO_2) 및 유리(파이렉스) 또한 우수한 전기 절연체로 사용된다. 이들 물질은 전자 회로 기판 및 고전압 절연체 등과 같이 강성과 열 저항성이 중요하게 작용하는 응용 분야에 사용된다. 전기 절연이 아주 중요한 응용 분야에서는 저항성을 극대화하는 것이 주요 목표이지만 전도와 마찬가지로 일반적으로 추가적인 제약조건이 존재한다. 이에 대한 예를 들어보자.

전기 제품 중에서 가장 흔한 제품이 아마도 전기 플러그(그림 14.20)일 것이다. 대부분의 전기 플러그는 한 가지 이상의 기능을 수행하는 다수의 구성품으로 구성되어 있다.

전기 플러그에는 다른 구성품(커넥터, 케이블 클램프, 패스너, 그리고 일부 플러그의 경우 퓨즈)도 많지만 이 중에서 가장 두드러진 구성품은 케이스와 핀이다. 전기 플러그는 2~3개의 핀을 구성하고 있으며 견실한 구조로 이루어져 있다. 컴퓨터의 비디오 포트와 같은 시스템 플러그는 25개 이상의 핀으로 구성되어 있으며, 소형화 및 정교하게 이루어져 있으면서 핀 및 케이스 재료의 전기적 특성 뿐만 아니라 물리적 특성에 대해서도 중요한 기능을 담당하고 있다. 여기서 다룰 업무는 플러그 케이스용 재료를 선정하는 것이다.

플러그의 형태는 복잡하며 상당수의 부품으로 제작되며, 핀은 주형 제작해야 한다.

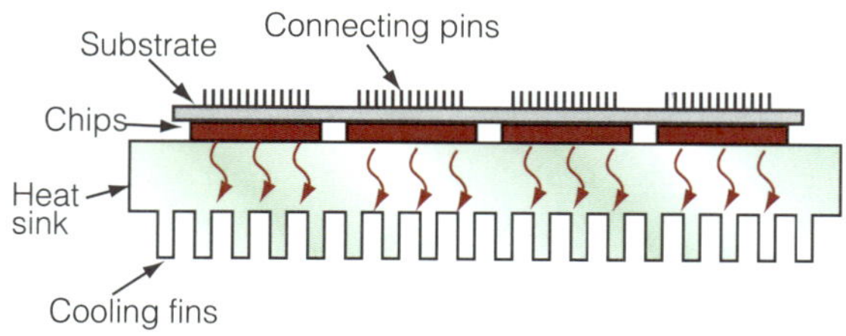

그림 14.21 히트 싱크. 히트 싱크는 전기가 아닌 열을 전도해야 한다.

플러그를 제작하는 유일한 실용적 방법은 폴리머를 이용하는 것이다. 설계자는 요구 강도를 최소 25MPa로 설정해야 하며 전기 저항성은 가능한 한 높게 설정해야 한다. 그림 14.6의 차트에서는 최적의 후보로 ABS, PMMA 및 PC를 제안하고 있다. 이들 재료는 충분히 강하며 높은 저항성을 지니고 있다. 하지만, 여기에는 한 가지 문제점이 있다. 이들 세 가지 물질은 모두 열가소성이기 때문에 열이 가해지면 연화된다는 것이다. 회로의 과부하나 접촉 불량으로 열이 발생하면 플러그가 연화되고 비틀어지며 심지어는 녹아버리게 될 것이며, 이로 인한 위험이 초래될 것이다. 따라서 열이 가해졌을 때 녹지 않고 타버리는 열경화성 재료를 선택해야 한다. 그림 14.6의 차트에서는 페놀을 제안하고 있으며 플러그들은 실제로 이 재료로 제작되고 있다. CES 소프트웨어를 통해 훨씬 복잡한 제안을 활용할 수 있다. 본 장의 끝부분에 수록된 연습문제를 통해 재료의 선정을 발전시킨다.

열전도와 전기 절연 : 마이크로칩의 온도 유지

일정한 스케일 및 클록 속도 상승 시 마이크로칩이 수축하면 과열이 문제가 된다. 오늘날 PC의 펜티엄 칩의 온도는 이미 85°C에 도달하였으며, 이러한 결과로 강제 냉각이 요구된다. 다중칩 모듈(MCM)은 단일 기판에 장착된 칩 개수가 130개 정도로 많기 때문에 이로 인한 문제는 갈수록 심각해진다. 열은 히트 싱크에 칩을 부착하는 방법(그림 14.21)으로 제어되고 있는데, 칩들은 히트 싱크에 우수하게 열 접촉되어 있다. 현재 히트 싱크는 아주 중요한 구성품이 되었으며, 이로 인해 전자부품의 추가 개발이 제한되고 있다.

칩으로부터 열을 가능한 한 빨리 배출시키려면 히트 싱크는 가능한 최고의 열전도도 λ를 가져야 한다. 구리 및 알루미늄과 같은 금속은 높은 λ를 가지지만, 이들 금속은 우수한 전기 전도체이기 때문에 히트 싱크용으로는 적합하지가 않다. 왜냐하면 이러한 특성으로 인해 전기 결합이 발생할 수 있으며 칩과 히트 싱크 사이에 표류용량

(Stray Capacitance)이 발생하여 정보 전송율이 느려지기 때문이다(회로 내에서의 시간 지연 $\tau = RC$라는 것을 유의한다). 이를 방지하기 위해서는 히트 싱크가 우수한 전기 절연체가 되어야 한다. 그림 14.5는 우리가 원하는 재료의 특성(열전도도 λ와 전기 저항성 ρ_e) 차트를 나타낸다. 차트의 상단 우측에 위치하는 재료는 높은 열전도도와 매우 높은 저항성을 가진다. 이들은 전기 절연체이다.

가장 적절한 히트 싱크용 물질은 질화알루미늄(AlN), 알루미나(Al_2O_3) 또는 탄화규소(SiC)이다. 이들 물질은 히트 싱크용으로 현재 사용되고 있다.

유전체 손실 활용 : 마이크로파 가열

우리가 전자레인지에서 치킨을 요리할 때는 유전체 손실(Dielectric loss)을 활용한다. 식 (14.13)에서, 유전체 손실과 그에 따른 가열이 손실 계수 $L = \varepsilon_r \tan \delta$, 그림 14.7의 차트의 한 축에 비례한다는 것을 알 수 있다. 치킨이 실제 차트에 수록된 것은 아니지만 손실 계수가 크다는 것은 확실하며, 이는 수분을 함유한 모든 음식에 공통되는 사항이다. 치킨을 요리하는 방법은 여러 가지지만 전자레인지에서 요리하는 데에는 한 가지 이점이 있다. 그것은 마이크로파가 전 부위에 일정하게 흡수되어 고르게 가열하기 때문에 빨리 요리할 수 있다는 것이다. 마이크로파 가열은 주방에서 뿐 아니라, 산업 난방에도 폭넓게 활용된다. 마이크로파 가열을 활용해서 목재 건조, 접착제 경화, 고분자 몰딩 및 세라믹 소결 등을 행할 수 있다. 식 (14.13)에서 알 수 있듯이 전기장의 주파수, f가 높을수록 가열하는 힘이 크기 때문에 산업에서 마이크로파 응용시 기가헤르츠 주파수(0.3~3GHz)까지 사용하는 것이 일반적인 것이 된 것이다.

유전체 손실 활용 : 스텔스 기술

제2차 세계 대전 중에 개발된 레이더는 적으로부터 영국(및 기타 국가)을 보호하는 데 주요한 역할을 한 바 있다. 이 레이더는 경로 상에 있는 물체에 의해 반사된 무선 주파수파의 버스트(Burst)를 전송함으로써 작동한다. 그러면 레이더 안테나가 반사된 것이 돌아오는 시간을 측정해 그 물체의 거리와 속도를 계산한다.

항공기의 금속 동체는 아주 훌륭한 레이더 반사체로서 그 곡선으로 된 모양이 모든 방향으로 반사가 가능하게끔 한다. 이 곡선 모양이 안전한 항공 교통 관제에 필요한 것이다. 그러나 목적이 탐지를 회피하는 것이라면 이런 반사 기능을 원하지 않을 것이다. 스텔스 기술은 이 탐지를 최소화하기 위해서 세 가지 트릭을 종합한 기술이다.

- 항공기 형상이 평면으로 되어 있어 항공기의 거의 표면과 수직으로 놓이지 않는 한, 레이더 신호를 탐지자에게서 멀리 떨어지도록 반사한다.
- 비금속 구조용재료—일반적으로 복합재료는 마이크로파에 반투명하다(투명성을 얻는 기법은 제16장을 참조하시오.).
- 마이크로파를 반사하기 보다는 흡수하는 레이더파 흡수 재료(RAM이라 불림)로 코팅된 표면. RAM은 유전체 손실을 활용한 것이다. 예를 들어, 강유전체와 같이 재료의 표면층의 손실 계수, $\varepsilon_r \tan \delta$의 값이 큰 재료는 유입되는 파를 감쇠시켜 반사되는 신호를 줄인다.

유전체 손실 회피 : 레이돔용 재료

레이돔의 기능은 송수신하는 신호에 미치는 영향을 가능한 한 최소화하면서 악천후로부터 마이크로파 안테나를 보호하는 것이다(그림 14.22). 처음부터 약한 수신 신호를 탐지하려고 할 때 소량 감쇠되었다 하더라도 신호가 레이돔을 통과하면서 시스템의 감도를 감소시킨다. 아직까지도 레이돔은 구조 하중을 견뎌야 하며, 이 하중은 돔 내외부 간의 압력 차이로 인해 발생하고, 초음속 비행기의 경우 고온으로 인해 하중이 발생한다.

여기서 문제가 되는 것은 스텔스 코팅면의 반대쪽 면으로, 전자기파를 감쇠시키지 않는 재료를 어떻게 설계하느냐의 문제이다. 그 해답은 예외적으로 $\varepsilon_r \tan \delta$ 값이 낮은 재료를 찾는 것이다. 레이돔이 구조 하중을 지탱하기 때문에 재료 또한 강성이어야 한다.

그림 14.7의 차트를 보면 일부 고분자가 손실 계수가 낮지만 강성이 아니라는 것을 알 수 있다. 유리 섬유로 이들 재료를 보강하여 GFRP를 만들면, 손실은 낮지만 강성은 높게 조합할 수 있다. 고온 문제와 관련해서는, 그림 14.7의 좌측 상부에 수록되어

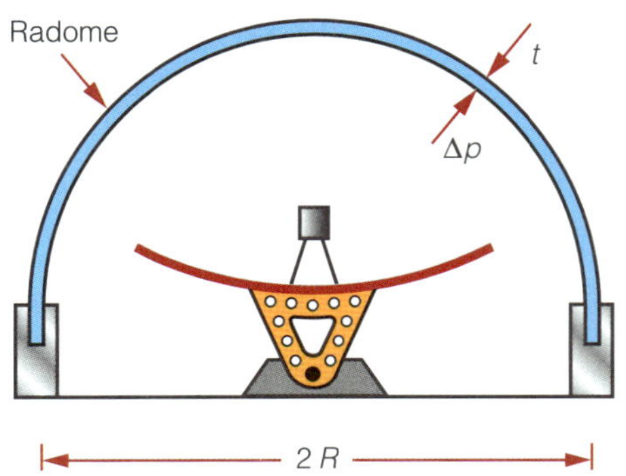

그림 14.22 레이돔. 강도가 높은데 반해 유전체 손실 계수는 낮아야 하는 쉘은 마이크로파에 투명하다.

있는 세라믹 재료—실리카(SiO_2), 알루미나(Al_2O_3) 및 실리콘 질화물(Si_3N_4)—를 이용할 수 있다.

압전체 구동 : 잉크젯 프린터

오늘날 잉크젯 프린트는 흑백 또는 컬러 출력에 널리 사용되고 있다. 여러 프린터가 열적('버블젯') 처리기술을 활용하는 데 이 기술은 아주 작은 가열 와이어가 프린트 헤드의 미세한 양의 잉크를 끓여 증기 형태의 버블을 만들어낸다. 충격 압력이 이 잉크물방울(Droplet)을 잉크에 떨어뜨리게 되고 그러면 와이어가 냉각되면서 버블이 파괴되고, 저장 용기에서 프린트 헤드로 잉크를 더 빨아들여 잉크물방울이 대신 남게 된다. 아주 단순하게나마 열적 처리기술이 잉크물방울의 크기나 모양에 아주 적은 영향을 미치게 되는 것이다.

대안책으로는 피에조 프린트 헤드로, 하나의 유니트가 그림 14.23에 수록되어 있다. 압전체 재료로 된 디스크에 생성된 전기장이 진동판에 힘을 가하여 맥파가 발생하면, 이 맥파가 노즐로부터 잉크물방울을 뿌린다. 전기장을 이완시키면 더 많은 잉크가 스며들게 된다. 버블젯 프린터와 같이 피에조 프린트 헤드에는 300~600개의 노즐이 있다. 피에조 기술의 큰 이점은 피에조 디스크에 의해 제공되는 모양과 펄스 지속 시간을 제어할 수 있다는 것이다. 잉크의 물방울이 더 작아지고, 잉크물방울 크기를 제어할 수 있으면 해상도가 높아지고 색상의 변화가 다양해진다.

초전 열이미징(Thermal Imaging)

야간, 재난 현장에서의 생존자 위치, 야생 동물 촬영 및 여러 방면에서 열이미징 분석 기법을 활용한다.

이 기법은 비교적 최신 기술로 2차원 초전 이미징을 위한 첫 번째 장치로 1970년대 후반에 개발된 것이다. 일반적인 셋업은 그림 14.24와 같다. 렌즈, 적외선을 통과시키는 재료(예, 게르마늄)로 된 렌즈가 좌측에 있는 물체로부터 나오는 적외선에 초점을 맞추어 우측에 있는 초전 디스크에 상을 맺힌다. 초점이 모인 적외선이 디스크 상에서 온도 및 물체 지점의 복사열에 따라 정도의 차이를 두고 지점을 따뜻하게 하며, 온도 변화가 국부 편향을 유발한다. 디스크는 절연체로서, 이미지가 전자빔으로 '판독' 할 수 있는 디스크의 표면에 전하 패턴을 생성해 낸다.

초기 장치의 문제점은 전자빔이 연속해서 훑고 지나가는(Sweep) 시간 사이에 디스크 상에서 측면으로 열이 확산되어 해상도가 떨어지는 것이었다. 이 문제는 디스크의

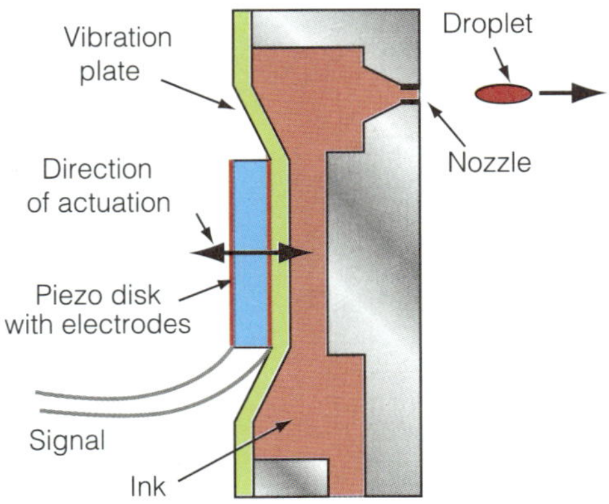

그림 14.23 피에조 프린트 헤드

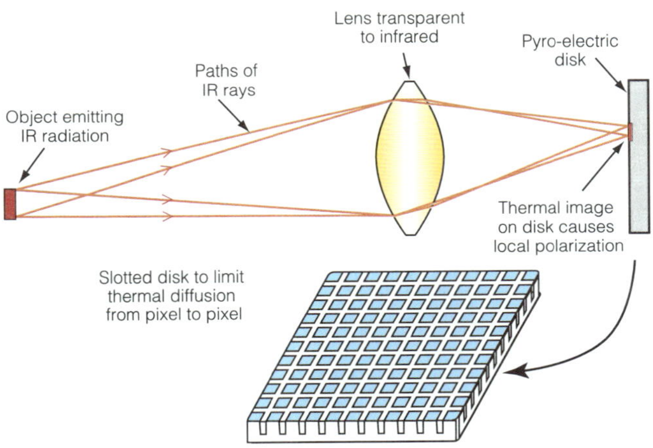

그림 14.24 열이미징

표면을 각각의 아일랜드(Island)를 이웃한 아일랜드와 열적으로 분리하는 이온 밀링(Ion Milling: 고에너지 이온 빔으로 채널을 아주 가늘게 자르는 방식)으로 20μm 간격으로 그물모양을 만들어 해결할 수 있다.

오늘날 이미징 시스템은 목표 디스크 상에서 0.2°C의 온도 변화도 탐지할 수 있다.

강유전체 구동 : 디젤 엔진 인젝터

각 실린더당 하나의 마이크로 펌프로 디젤 엔진의 연소실에 연료를 주입한다. 정확한 연료를 계량하고 엔진에 필요로 하는 양을 주입하기 위해서는 펌프가 정확한 비례 제어를 할 수 있어야 한다. 최근까지 이 비례 제어를 할 수 있는 작동기는 솔레노이드(이

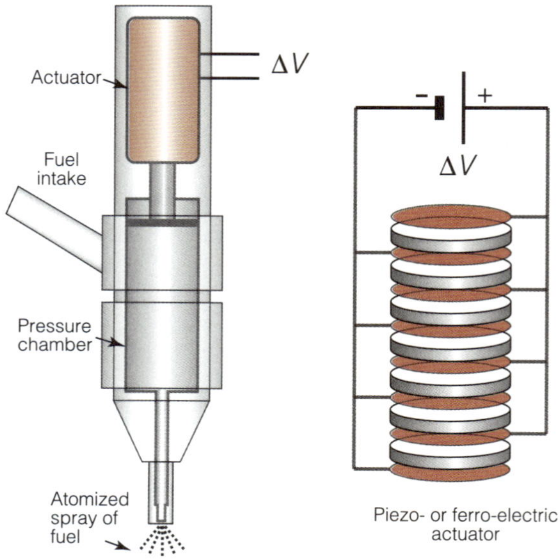

그림 14.25 디젤 인젝터. 인젝터의 작동기는 연료를 정확하게 측량할 수 있어야 하며 엔진의 상태에 부합하는 타이밍과 스트로크를 갖추어야 한다.

동식 강자성 코어로 된 코일)이었으나, 실린더의 압력이 높은 곳으로 연료를 주입하기에 충분한 힘을 내기 위해서는 솔레노이드가 크고, 코어 관성이 작동 장치 속도를 제한했어야 했다. 그 해답은 강유전체 작동기(그림 14.25)를 이용하는 것이었다. 이러한 종류의 작동기 대부분은 지르코늄 티탄산(PZT) 납화합물을 기초로 한 것이다. 전위 기울기 dV/dx가 PZT 디스크의 앞면을 가로질러 지나갈 경우, 전위 기울기에 비례하는 변형률 ε가 발생한다.

$$\varepsilon = k\frac{dV}{dx} \tag{14.18}$$

식에서, k는 재료의 강유전체 계수이다. 실제 k 값은 적으며, 유용한 변형률을 얻기 위해서는 기울기가 높아야 한다는 것을 의미한다. 자동차 또는 트럭의 시스템 전압은 보통 12 또는 24V로, 높은 기울기를 얻을 수 있는 유일한 방법은 일반적으로 미터당 200,000V의 기울기, dV/dx를 제공하는 두께가 100μm인 아주 얇은 PZT를 사용하는 것이다. 여기서 문제는 변위(변형률 ε가 디스크의 두께, x를 정함)가 작다는 것이다.

해결책은 그림 14.25의 우측에서 보는 바와 같이 스택(Stack)을 만드는 것이다. 얇은(x = 100μm) 박편의 PZT는 기울기를 생성하는, 교대로 충전이 되는 전도성 전극 사이에 샌드위치 형태로 되어 있다. 100개의 스택(Stack)으로 이루어지면(높이는

10mm) 적절한 변위를 제공한다. 이러한 작동기는 크기는 절반이면서 솔레노이드의 펄스율의 두 배의 펄스율을 제공하기 때문에 보다 정교한 제어와, 성능 및 연료 절약이 가능하다.

14.6 요약 및 결론

모든 재료에는 전자, 양성자, 이온, 대전 분자 및 이와 유사한 소립자와 같은 하전 입자가 포함되어 있다. 전기장 E는 전하 q에 힘 qE를 발휘함으로써 q가 양전하일 때는 전하가 전기장의 방향으로 전하가 움직이도록 하고, q가 음전하일 때는 전기장의 반대 방향으로 전하가 움직이도록 한다. 금속에서 전자가 움직일 수 있는 것처럼, 만약 소립자가 자유롭게 움직일 수 있다면 전류가 재료를 통해 흐른다. 이를 우리는 전도성이라고 일컫는다. 반대로 절연체의 경우와 같이 자유롭게 움직일 수 없다면, 소립자는 전기장에 의해 변위되어 유전체 분극을 초래하게 된다.

쉽게 분극되는 재료는 유전 상수가 높다. 그러한 재료를 커패시터의 절연 필름으로 사용할 경우, 분극이 서로의 전극을 차폐시켜 정전 용량을 늘린다. 전하의 변위는 다른 결과를 가져온다. 그 결과 중 하나는 전하 이동으로 인해 재료의 모양이 바뀌는 전왜성이다. 재료가 이온으로 제작되고 대칭점이 없는 방식으로 배열된 경우, 압전 반응이라는 또 다른 결과가 발생한다. 대칭점이 없다는 것은 각 분자가 쌍극자 모멘트를 가지며, 단결정 내부에 모멘트가 정렬되어 있다는 것을 의미한다. 전기장은 모양의 변화시키고 모야의 변화는 쌍극자 모멘트를 변화시켜 그 결과 분극의 변화를 초래하여 전기장을 발생시킨다. 온도의 변화 또한 분자 쌍극자 모멘트를 변화시키기 때문에 압전체인 재료는 초전체이기도 하다. 몇몇 재료는 강유전체로 쌍극자 모멘트가 자동적으로 정렬되어 분극 도메인을 형성한다. 몇몇 재료는 또 다른 특성이 있다. 이온들이 결정에서 같은 자리를 차지할 수 있기 때문에 위치를 전환할 수 있는 분자 비대칭이 그것이다. 이러한 재료가 강유전체로, 분자 쌍극자가 자발적으로 정렬되어 분극 도메인을 형성하게 된다. 안정된 상태에서 도메인은 하나의 전기장이 이웃한 전기장에 의해 상쇄되어 방향을 회복한다. 그러나 전기장에서 변위로 인해 분극(Poled)된 경우, 도메인은 정렬되어 커다란 순 분극(Net Polarization)을 일으키는데 이 분극은 전기장이 제거될 때 유지된다.

14.7 참고문헌

Braithwaite, N. and Weaver, G. (1990) *Electronic Materials*, The Open University and Butterworth-Heinemann, Oxford, UK. ISBN 0-408-02840-8. (*One of the excellent Open University tests that form part of their Materials program.*)

Jiles, D. (2001) *Introduction to the Electronic Properties of Materials*, 2nd edition, Nelson Thornes, Cheltenham, UK. ISBN 0-7487-6042-3. (*The author develops the electronic properties of materials, relating them to thermal and optical as well as the electrical behavior.*)

Solymar, L. and Walsh, D. (2004) *Electrical Properties of Materials*, 7th edition, Oxford University Press, Oxford, UK. ISBN 0-19-926793-6. (*A mature introduction to electrical materials.*)

14.8 연습문제

연습 문제 E14.1 왜 금속이 전류를 전도시키는가? 절연체는 차가운 상태에서 왜 전류를 전도시키지 않는가?

연습 문제 E14.2 유전체란 무엇인가? 유전체의 주요 특성은 무엇인가? 분극은 무엇을 의미하는가? 왜 일부 유전체는 다른 것보다 더 많은 마이크로파를 흡수하는가?

연습 문제 E14.3 열전도도를 측정하는 것보다 전기전도도를 측정하는 것이 훨씬 쉽다. 14.3절의 비데만-프란쯔의 법칙을 이용하여 다음 항의 열전도도를 측정하라.

(가) 전기 비저항 ρ_e가 28 μΩ.cm인 합금

(나) 전기전도도 κ_e가 9.9×10^6S/m(1 S/m = 1/Ω.m)인 램프 필라멘트에 사용되는 텅스텐 종류

연습 문제 E14.4 아연 금속은 단위체적당 자유 전자 농도, n_v이 $1.3 \times 10^{29}/m^3$이고, 전자 이동도, μ_e는 $8 \times 10^{-4}m^2/V.s$이다. 전자에 의해 이동되는 전하, e는 1.6×10^{-19}이다. 이를 바탕으로 아연의 전기전도도는 얼마인가? 핸드북에 아연의 측정된 비저항 값이 5.9μΩ.cm라고 수록하고 있다. 본인이 계산한 값과 일치하는가?(단위에 주의)

연습 문제 E14.5 전력선은 460m 떨어진 파일론 이용시 11kV로 5kA를 보낸다. 단위 길이당 와이어 중량, m_1의 강하 d가 인장력, T로 L 간격으로 파일론 사이에 매달려 있다면 식은 $d = L^2m_1/8T$와 같다. 허용된 최대 인장력

은 항복 응력, σ_y이 0.8이다. 최대 허용가능 강하가 6m라면 다음 표에서 어느 재료를 사용해야 하는가?

재료	전기 비저항, ρ_e (Ω/m)	항복 응력 σ_y (MPa)	밀도 ρ (kg/m^3)
알루미늄	1.7×10^{-8}	102	2700
구리	1.5×10^{-8}	300	8900
강철	55×10^{-8}	510	7800

연습 문제 E14.6 전송선에 필요한 재료는 최저 수명 비용이 20년을 초과한다. 총비용은 자료 비용과 줄로 분산된 에너지 비용의 합이다.

전기 비용 C_E는 6×10^{-3}\$/MJ이다. 재료 가격은 도표에 수록되어 있다. 단면적 A(자유 매개변수), 재료 및 전기 비용 및 재료 파라미터의 관점에서 케이블 미터당 총 비용의 식을 도출하라. 비용에 대한 두 항목이 동일할 때 최소 비용이 발생하는 것을 나타내어라. 재료 성과 지표를 도출하고 표에서 최적의 재료를 결정하라.

재료	전기 비저항, ρ_e (Ω/m)	밀도 ρ (kg/m^3)	가격 c_m (\$/kg)
알루미늄	1.7×10^{-8}	2700	1.6
구리	1.5×10^{-8}	8900	5.2
강철	55×10^{-8}	7800	0.5

연습 문제 E14.7 도체에 대한 논의에서 구리와 강철 스트랜드의 50:50 혼합물을 전송선으로 제안한 적이 있었다. 비저항 및 강도에 대한 표에 수록된 값을 활용하여 혼합 설계 방법을 고려하여 케이블에 효과적인 값을 계산하라. 계산된 값을 그림 14.6 및 14.11의 $\sigma_y - \rho_e$ 차트 사본에 도식화하여 성능을 조사한다.

재료	강도 σ_y (MPa)	비저항 ρ_e (μΩ/cm)
냉간인발 고강도강	1700	22
고전도율의 구리	300	1.7

자체 중량이 주요하기 때문에 장거리(Long-span) 전송선의 경우 저밀도가 가장 중요한 점이다. 최대한 적은 중량으로 하이브리드 전송선을 설계한다고 가정하자. 어떤 재료를 조합하겠는가? 차트에서 영감을 얻

어라.

연습 문제 E14.8 포르투갈에서 수확이 되는 모든 코르크 나무의 50%가 단지 코르크 먼지로서 그 생애를 마치게 된다. 재료 전문가인 당신에게 마이크로파를 이용하여 코르크 먼지를 압축시키고 가열하여 유용한 제품으로 만들 수 있는 아이디어를 가진 사업주로부터 교섭이 들어왔다고 가정하자. 코르크의 손실 계수, L은 0.21이다. 사업주는 m^3당 최소 2kW의 전력 밀도를 가질것을 요구한다. 최대 전기장, E가 10^2V/m로 제한되어 있다면 마이크로파 주파수 f는 얼마가 필요한가?

14.9 CES를 이용한 설계 탐구(특별한 언급이 없을 경우 레벨 2를 사용)

연습 문제 E14.9 CES의 'Search' 기능을 사용하여 다음을 구하라.

(가) 전기 도체
(나) 히트 싱크

연습 문제 E14.10 제3장의 히트 싱크 분석은 다음 설계 제약 사항 및 목적을 명확히 나타내고 있다. 제약 사항과 목적은 도표에 요약되어 있다. 그에 가장 적합한 재료 탐색시 선택기를 사용한다.

기능	• 히트 싱크
제약 사항	• 재료는 우수한 전기 절연체이어야 한다. • 최대 작동 온도 > 200°C
목적	• 열전도도의 최대화
자유 변항	• 재료 선택

연습 문제 E14.11 그림 14.19에 수록된 케이블 외피는 번들형 와이어 위로 몰딩되어 있다. 외피의 재료는 전기 절연형으로 유연성이 있어야 하며, 방수가 되고 경제적이어야 한다. 표에서 요구조건을 유추할 수 있다. "나무"와 "한계" 단계를 사용하여 제약 사항을 적용하고 재료 가격에 대한 막대 그래프를 그려 모든 제약 사항을 충족시키는 가장 비싼 3개의 재료를 찾는다.

기능	• 케이블 외피
제약 사항	• 몰딩이 가능해야 한다. • 우수한 전기 절연체이어야 한다. • 담수에서 내구성이 아주 뛰어나야 한다. • 영률 $<$ 3GPa
목적	• 재료 가격 최소화
자유 변항	• 재료 선택

연습 문제 E14.12 그림 14.20에 수록된 플러그의 핀은 전류를 잘 전도해야 하며, 부식 저항 처리가 되어 있어 접촉차가 좋은 상태로 유지되어야 한다. 또한 마찰 및 마모에 견딜 수 있도록 충분히 경질이어야 한다. 표에서 요구조건을 유추할 수 있다. 이를 적용하여 재료 가격별로 가장 유망한 후보 재료를 분류하라.

기능	• 전원 플러그용 연결 핀
제약 사항	• 우수한 전기 절연체이어야 한다. • 담수에서 내구성이 아주 뛰어나야 한다. • 경도 $>$ 200Hv
목적	• 재료 가격 최소화
자유 변항	• 재료 선택

연습 문제 E14.13 그림 14.20에 수록된 플러그의 케이싱은 기계적 및 전기적 기능을 둘 다 수행한다. 이 케이싱은 절연이 가능해야 하며, 서비스 부하(Service Load)를 견딜 수 있을 정도로 충분한 경질과 탄력성을 갖추어야 한다. (탄력성은 고 항복 변형률, σ_y/E을 요하는 탄성 변형이 일부 가능함을 일컫는다.)

기능	• 케이블 외피
제약 사항	• 몰딩이 가능해야 한다. • 우수한 전기 절연체이어야 한다. • 가연성: 불연재 또는 자기 소화성 • 영률 $>$ 2GPa • 항복 변형률, $\sigma_y/E > 0.01$
목적	• 재료 가격 최소화
자유 변항	• 재료 선택

14.10 CES 요소를 이용한 과학 탐구

연습 문제 E14.14 x축을 원자 번호로(리니어 스케일(Linear Scale) 활용), y축을 전기 전도성, κ로 하여 그래프를 작성한다. $\kappa = 10^8/\rho_e$를 이용하여 비저항, ρ_e 값을 지멘스/m(S/m) 단위의 전도성 값으로 환산하라. 이 때, 축 선택 대화 상자의 'Advanced' 기능을 사용하라. 전도성이 주기율표에 따라 주기적인 방식으로 변화하는가? 가장 높은 전도성을 가진 원소 3가지는 무엇인가?

연습 문제 E14.15 원소에 대한 비데만-프란쯔 순서 관계를 조사하라. 관계를 조사한 다음 x축에 전기전도도를, y축에 열전도도를 이전에 작성한 그래프처럼 그린다. 'Limit' 단계—State at 300K만을 활용하여 금속에 대한 선택에 제한을 둔다. 도출된 그래프에 대한 식을 도출한다. 전기전도도가 4×10^7 S/m인 새로운 합금이 주어진다면 이 합금의 열전도도는 얼마로 추정할 수 있는가?(이와 같은 관계에 대해 혹자는 재료 특성 데이터베이스에 데이터를 지능적으로 점검(Intelligent Checking)하는 방법을 구축하는 방법을 제시하였다.)

연습 문제 E14.16 x축을 원자 번호로(리니어 스케일(Linear Scale) 활용), y축을 유전 상수로 하여 그래프를 작성한다. 일반적인 경향이 보이는가? 그렇다면 그것을 어떻게 설명할 수 있는가?

연습 문제 E14.17 판독시에는 온도에 따른 전기 비저항을 사용할 것을 권하는 바이다. 상대적 비용에 따른 양을 그래프로 작성하여 이 온도 의존성 값이 가장 큰 3개의 금속을 찾아라.

연습 문제 E14.18 본문 식 (14.15)에서 다음과 같이 전기전도도 식을 도출할 수 있다.

$$\kappa_e = n_v\, e\, \mu_e$$

CES 원소 데이터베이스에는 자유 전자 농도, n_v 그리고 전자 이동도 μ_e에 대한 데이터를 수록하고 있다. 그래프의 축을 선택하는 'Advance' 기능의 'Constants/Parameters' 에서 전자 전하를 찾을 수 있다. y축을 $\kappa_e = n_v\, e\, \mu_e$로, x축을 비저항의 역수로 하여 'Advance' 기능을 사용하여 그래프를 그려라. 모든 단위가 자체 모순이 없도록 확인하라. 이 공식이 측정된 금속의 전도성을 적절히 설명하고 있는가?

연습 문제 E14.19 주기율표에서 초전도체를 찾아라. CES 원소를 활용하여 원자 번호에 따른 초전도 전이 온도, T_C를 그래프로 그려라(리니어 스케일(Linear Scale) 활용). 가장 높은 전이 온도를 가진 원소는 무엇인가? 그 원소의 T_C는 얼마인가?

제 15 장

자성 재료

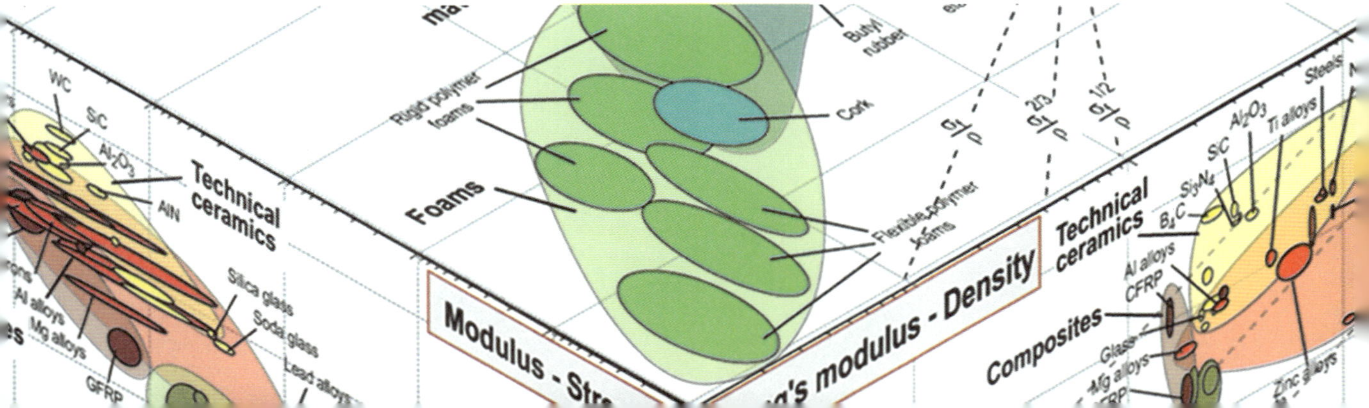

WC
SiC
AlN
Technical ceramics
Silica glass
Soda glass
Al alloys
Mg alloys
GFRP
Rigid polymer foams
Foams
Butyl rubber
Cork
Flexible polymer foams
Modulus - Strength
Young's modulus - Density
Technical ceramics
Composites
Al alloys
CFRP
Ti alloys
Steels
Zinc alloys

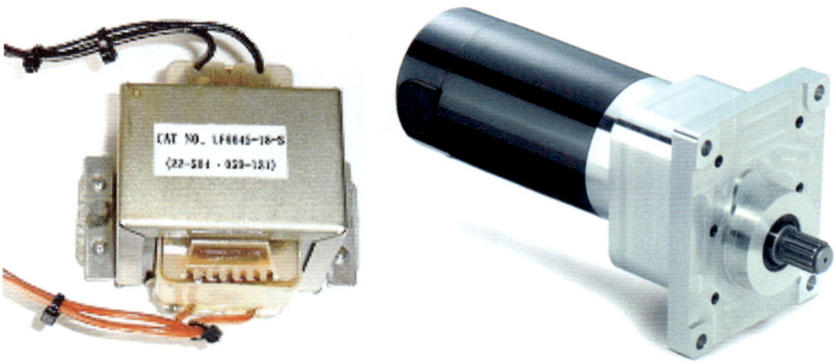

실제 사용 중인 자성 재료. 좌측 사진의 음성 주파 트랜스에는 연자성 코어가 장착되어 있으며 우측 사진의 DC 모터에는 강(영구) 자성 고정자 및 연 자성 로터가 장착되어 있음

15.1 서론 및 개요

철새는 이동시 지구의 자기장을 사용한다는 이론이 있다. 의문의 여지가 있는 이론이나 실제로 수 세기동안 뱃사람은 천연 자석을 사용하여 항해해 왔다. 천연 자석은 미네랄 및 가끔 자연적 자화 상태로 발견되는 자철광(Fe_3O_4)으로 구성된다. 현대인들은 천연 자석이 라디오, 텔레비전 및 전자 레인지에 사용되는 페라이트의 일종이라는 것을 알고 있다. 페라이트는 2가지 자성 재료족 중 하나이며 기타 자성 재료족은 철로 대표되는 강자성족으로서 니켈, 코발트 및 이 세 가지 금속의 합금이 포함된다. 이 재료는 자기장 내에 위치할 경우 자기 유도라는 현상에 의해 자기화 된다. 일부 재료(연자석)는 자기장에서 제거할 경우, 자기화가 사라지며 일부 재료(강자석)는 자기화가 유지된다.

자기장은 전하 이동(전자석 내의 전류이자 자성 재료 원자의 전자 스핀)에 의해 생성된다. 이 장에서는 자성 재료의 각 특징과 특성 발생 이유와 재료의 선택 및 사용 방법에 관해 다룬다. 먼저 자성 특성의 정의 측정 방법이 설명된다. 기타 장에서와 마찬가지로 차트를 사용하여 각 응용 분야에 사용 가능한 재료를 구별하며 자성 거동의 원인을 규명하고 최적의 응용 분야 및 재료에 대해 논의한다.

15.2 자성 특성 : 정의 및 측정

진공에서의 자기장

그림 15.1과 같이 전류i가 빈 코일(n 회전이며 길이는 L)을 통과할 경우, 자기장이 생성된다. 자기장 크기 H는 다음 암페어[1]의 법칙을 사용하여 구한다.

$$H = \frac{ni}{L} \tag{15.1}$$

자기장 크기의 단위는 암페어/미터(A/m)이다. 자기장은 크기와 방향이 존재하는 벡터장이다.

자기장은 전류가 흐르는 와이어에 힘을 미친다. 영역 S의 단일 루프S에 흐르는 전류 i는 다음과 같은 쌍극자 모멘트 m을 생성한다.

---

1) Andre Marie Ampere(1775~1836), 프랑스의 물리학자로서 주로 독학으로 공부하였다. 빛, 전기, 자기 및 화학 이론의 발전에 기여했으며 지방 판사였던 아버지는 프랑스 혁명 중 처형당했다.

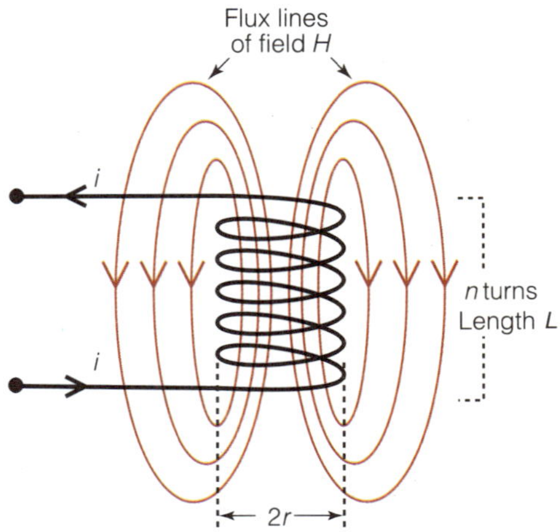

그림 15.1 솔레노이드가 자기장 H를 생성한다. 플럭스 선은 장의 세기를 나타낸다.

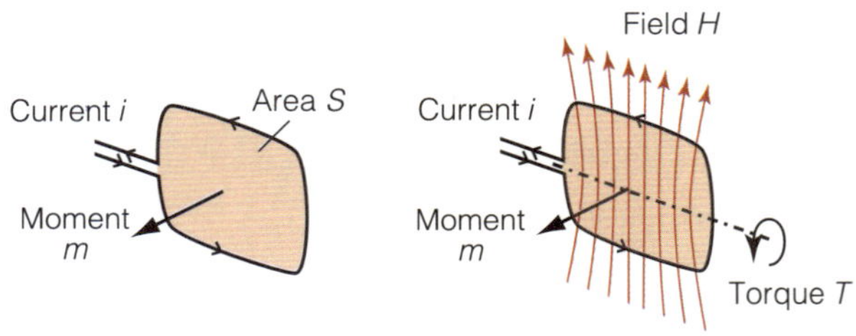

그림 15.2 자기 모멘트 및 모멘트장 상호 작용의 정의

$$m = i\,S \tag{15.2}$$

m의 단위는 $A.m^2$이며 S 평면을 수직으로 통과하는 벡터장이다(그림 15.2).

루프가 자기장 H 내에 직각으로 위치할 경우, 다음과 같은 토크 T가 루프에 가해진다.

$$T = \mu_o\, m\, H \tag{15.3}$$

μ_o는 진공 투자율이며 $\mu_o = 4\pi \times 10^{-7}$ 헨리/미터(H/m)이다. 단위 자기 모멘트에 영향을 미치는 토크와 직접적으로 관련되는 두 번째 자기장 측정법을 정의하여 상기 사항을 연관시킨다. 진공 또는 비자성 재료일 경우, 자기 유도 또는 플럭스 밀도 B는 다음과 같다.

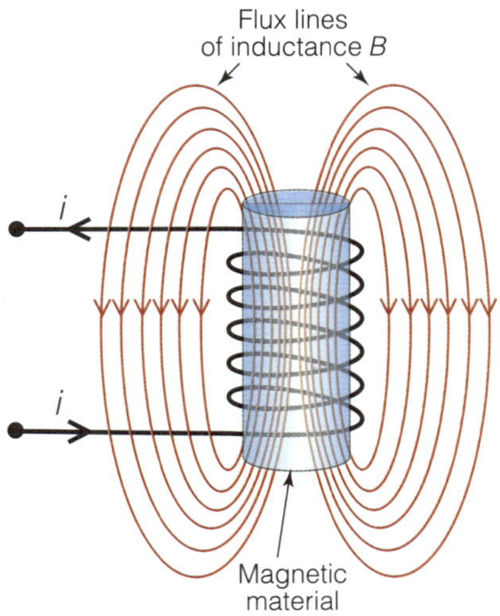

그림 15.3 자기장 H에 노출된 자성 재료는 자기화되어 플럭스 선이 집중된다.

$$B = \mu_o H \tag{15.4}$$

B의 단위는 테슬라[2)]이며 1 테슬라는 1 HA/m^{2}이다. 1 테슬라의 자기 유도 B는 단위 쌍극에 자기장 H와 직각으로 1 N.m의 토크를 가한다.

재료의 자기장

그림 15.2의 코일 내부 공간이 그림 15.3과 같이 재료로 채워질 경우, 내부의 유도가 변화한다. 이 현상은 원자가 15.4절에 설명된 방식으로 소규모의 자기 쌍극자를 형성하여 장에 반응하기 때문에 발생한다. 재료는 거시적 쌍극자 모멘트를 얻는다. 즉, 자기화 M(단위 : A/m)이 된다. 자기 유도는 다음과 같다.

$$B = \mu_o (H + M) \tag{15.5}$$

M 및 H가 독립적이라고 표시하고 있는 상기 방정식의 단순성이 오해를 일으킬 수 있다. 실제의 M은 재료의 H에 대한 반응이므로 두 요소는 관련되어 있다. 코어의 재료가 강자성체일 경우, 반응은 모멘트와 같이 매우 강하며 비선형적이다. 일반적으로

2) Nikola Tesla(1856~1943), 세르비아계 미국인 발명가로서 회전 자기장을 발견하고 교류 장치의 원리를 개발했으며 테슬라 코일 및 초보적 비행기(구상 수준)를 발명하였다.

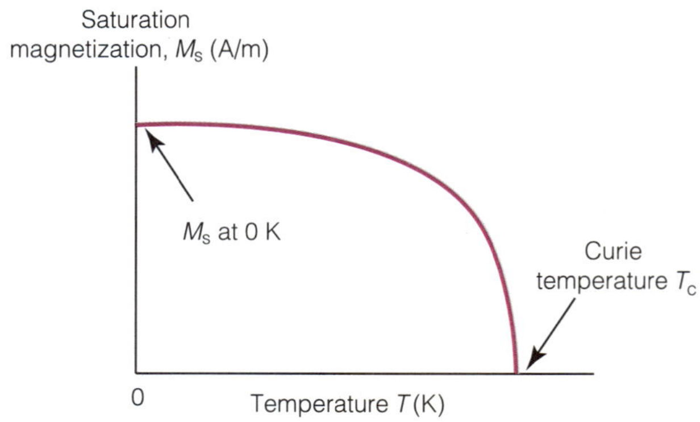

그림 15.4 포화 자기화는 온도 증가에 따라 감소하여 퀴리 온도 T_c에서는 0이 된다.

방정식 (15.5)는 다음 형태로 변형하여 사용한다,

$$B = \mu_R \, \mu_o \, H$$

μ_R은 비투자율로서 14장의 상대 유전율과 같이 무차원이다. 따라서 자기화 M은 다음과 같다.

$$M = (\mu_R - 1)\, H = \chi\, H \tag{15.6}$$

χ는 자화율이다. μ_R 및 χ는 상수가 아니므로 재료 및 장 크기에 따라 결정된다.

거의 모든 재료는 자기장에 반응하여 자기화되나 대부분이 반응이 매우 미약한 상자성이므로 실용성이 없다. 그러나 일부에는 강유전체 재료의 전기 쌍극자와 같이 쌍극자 모멘트가 크며 자발적으로 자기화하여 쌍극자를 평행 정렬시킬 수 있는 원자가 포함된다. 이런 재료가 **강자성** 재료이며 **준강자석** 재료(줄여서 **페라이트**)로서 실용성이 있는 재료이다.

자기화는 온도 증가에 따라 감소한다. 강유전체와 마찬가지로 그림 15,4와 같이 자기화가 사라지는 온도인 큐리 온도 T_c가 존재한다. 본 장에서 다루는 재료의 큐리 온도값은 실온보다 상당히 높으나(일반적으로 300~500°C) 초고온에서 사용되는 자석을 제조하는 데 있어서는 문제가 된다.

자성 특성 측정

자성 특성은 그림 15.5와 같은 $M-H$ 곡선을 작성하여 측정한다. 증가 추세의 자기장 H를 사전에 소자된 샘플에 적용할 경우(그림의 A 지점에서부터 시작), 자기화는 파선

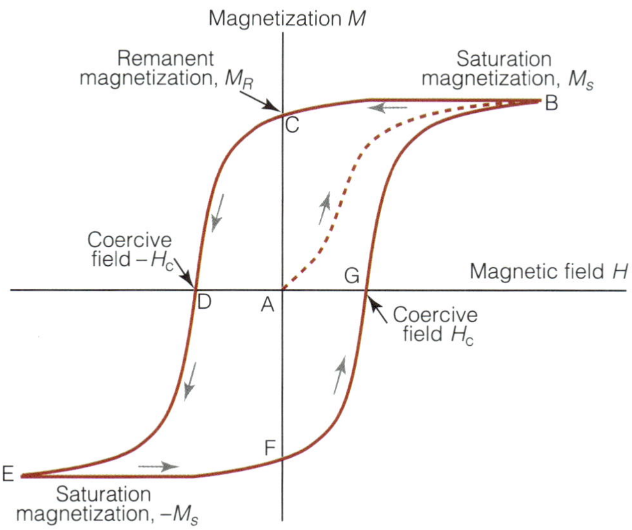

그림 15.5 중요 자성 특성을 나타내는 이력 곡선

을 따라 초기에는 서서히 증가하나 이 후 B 지점의 포화 자기화 M_s에 도달할 때까지 빠른 속도로 증가한다. 자기장이 감소할 경우, M은 원래의 경로를 따라 감소하지 않고 일부 자기화를 유지하여 H가 C 지점에서 0이 되었을 때 일부 자기화가 잔류된다. 이 자기화를 잔류 자기 또는 잔류 M_R이라 하며 일반적으로 M_s보다 약간 낮은 값이다. 추가적으로 M을 감소시키기 위해서는 자기장이 소자를 방지하기 위한 항자기장 H_c일 때, M이 D 지점에서 0을 통과할 때까지 자기장을 반대 방향으로 증가시켜야 한다. H_c가 가능한 높아야 하는 응용 분야도 있고 가능한 낮아야 하는 응용 분야도 있다.

자기화 M은 D 지점 이후부터 반대 방향으로 증가하기 시작하여 E 지점의 점차 포화 자기화에 도달한다. 자기장이 다시 감소할 경우, M은 곡선을 따라 F 및 G 지점을 지나 B 지점의 전속 자기 포화 상태로 복귀하여 이력 곡선이라는 폐쇄형 $M-H$ 회로를 형성한다.

자성 재료는 각 이력 곡선의 크기 및 형태에 의해 특징지어진다. 최초 구획인 AB는 최초 자기화 곡선으로서 평균 기울기(또는 가장 급경사 부분의 기울기)가 자화율 χ이다. 기타 핵심 특성인 포화 자기화 M_s, 잔류 자기화 M_R 및 항자기장 H_c는 상기에서 정의하였다. 이력 곡선의 각 전체 사이클은 곡선 면적에 진공 투자율 μ_o을 곱한 값에 해당하는 단위 부피당 에너지를 방출한다. 이 에너지는 열 형태로 나타난다(자기 마찰과 유사). 대부분의 자료에는 $M-H$ 곡선이 아닌 인덕턴스 B와 H에 대한 곡선이 수록된다. 방정식 (15.5)는 B는 $(M + H)$에 비례하며 실용성이 높은 자성 재료에 대한 M값

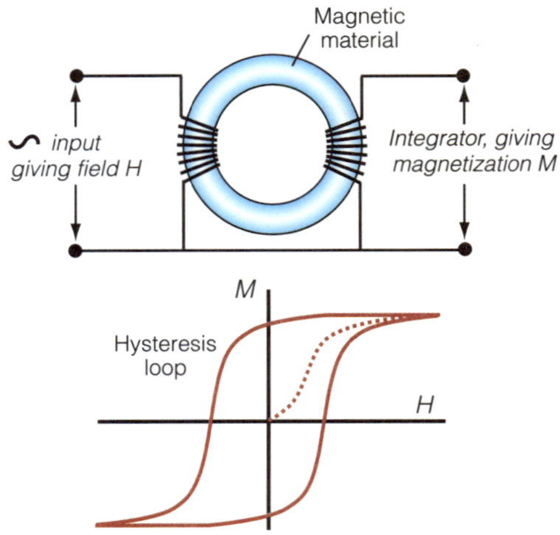

그림 15.6 이력 곡선 측정

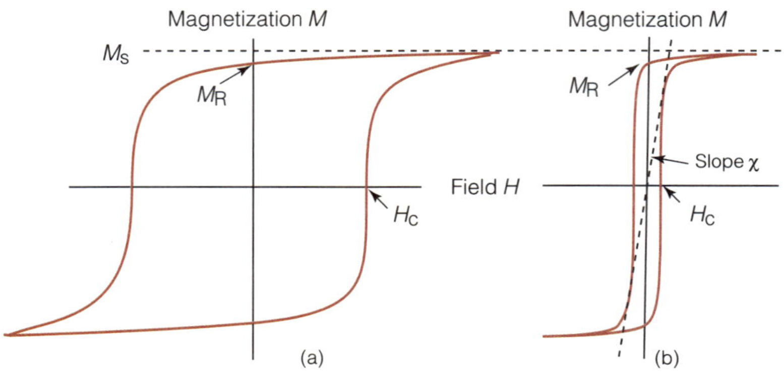

그림 15.6 이력 곡선. (a) 경자성체의 두꺼운 폭 곡선. (b) 연자성체의 좁은 폭의 사각형 곡선.

은 방정식 (15.5)에 적용된 H 값보다 상당히 크므로 $B \approx \mu_o M$이며 강자성 재료의 B-H 곡선은 $M-H$ 곡선과 유사해진다는 것을 나타낸다(M축은 μ_o에 따라 결정된 것).

이력 곡선 측정 방식에는 여러 가지가 있다. 그 중 한 방식이 그림 15.6에 표시된다. 이 그림에서 재료는 실제로 변압기의 코어를 구성한다. 1차 입력 코일을 통한 진동 전류는 코어 재료에 자기화 M을 유도하는 자기장 H를 생성하여 이력 곡선에 따라 진행시킨다. 2차 코일은 인덕턴스를 가진다. 곡선을 매핑 아웃(Map out)하여 이 인덕턴스를 통해 자기화 순간 상태를 구할 수 있다.

각 자성 재료마다 이력 곡선의 형태 및 면적이 상당히 다르며 특히 그림 15.7과 같이 곡선 폭이 좁은 연자성체와 곡선 폭이 두꺼운 경자성체 간의 이력 곡선 형태 및 면적

차이가 가장 크다.

실제 차이는 상기 그림보다 더 크다. Alcino와 같은 경자성 재료의 항자기장 H_c(곡선 폭을 결정)값은 실리콘-철과 같은 연자성 재료의 H_c값보다 10^5배 크다. 이에 대해 다음 두 항에서 자세히 다룬다.

15.3 자성 특성 차트

잔류-항자기장 차트

연자성 재료군과 경자성 재료군 간의 차이는 그림 15.8에 나타난다. *y*축은 잔류 자기화 M_r이며 *x*축은 항자기장 H_c이다.

이 차트는 주로 연자성과 관련된 포화 자기화 M_s가 M_r보다 약간 크다는 것 외에는 M_s-H_c 차트와 거의 일치한다. 색상 있는 원으로 둘러싸인 12개의 개별 군이 표시된다. 소형 타원으로 표시된 각 군의 구성 재료는 난해한 상표명을 가지고 있으므로(예: H-페라이트YBM-1A) 개별적으로 레이블링하지 않는다.[3)] M_s값이 높고 H_c값은 낮아

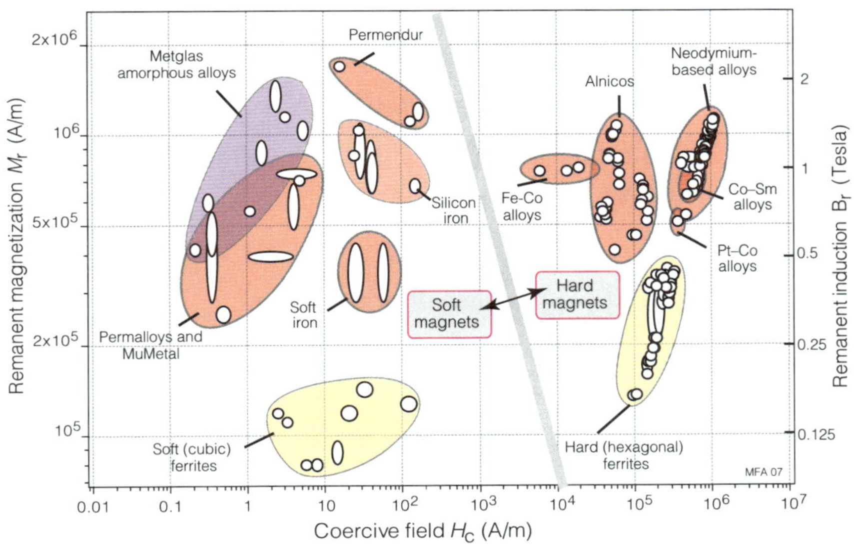

그림 15.8 잔류 자기화 및 항자기장. 연자성 재료는 좌측에 위치하며 경자성 재료는 우측에 위치한다. 적색 및 보라색 원으로 둘러싸인 재료는 전도체이며 황색 원으로 둘러싸인 재료는 절연체이다.

3) 이 차트 및 다음 차트는 222개의 자성 물질 자료가 수록된 레벨 3 CES Edu 데이터베이스를 사용해 작성되었다. 레벨 1 및 2는 전문화된 데이터베이스이므로 자성 물질은 포함하지 않는다.

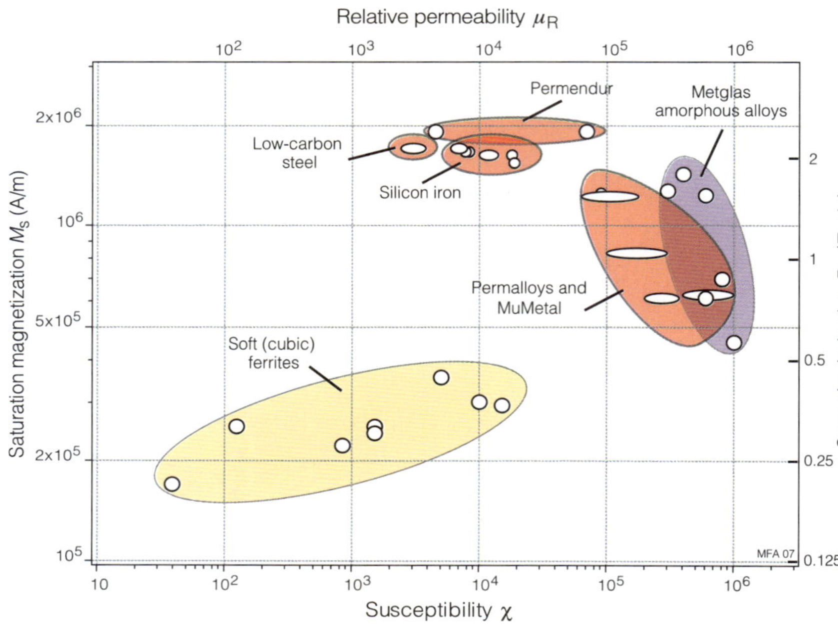

그림 15.9 연자성 재료의 포화 자기화 및 자화율. 적색 및 보라색 원으로 둘러싸인 재료는 전도체이며 황색 원으로 둘러싸인 재료는 절연체이다.

야 하는 연자석은 차트의 좌측 하단에 위치한다. 강자성 유지를 위해 높은 H_c값과 M_r값이 필요한 경자성은 우측 최상단에 위치한다.

와전류 손실 때문에 전기 비저항이 중요한 응용 분야도 다수 존재한다. 이에 대해서는 다음에 설명하기로 한다. 자기장을 변화시킬 경우, 와전류는 절연체가 아닌 전도체에 유도된다. 차트의 적색 및 보라색 원은 우수한 전도체인 금속성 강자성 재료를 둘러싸고 있다. 황색 원은 절연체인 페라이트를 나타낸다.

포화 자기화-자화율 차트

이 차트는 연자성 재료의 선택에 사용된다(그림 15.9). 이 차트의 각 축에는 재료의 자속 최고 집중 가능 정도인 포화 자기화 M_s와 자기화 용이함의 측정에 사용되는 자화율 χ가 표시된다. 상당수의 자료에서는 대신 포화 인덕턴스 B_s 및 최대 비투자율 μ_R을 사용한다. B_s 및 μ_R은 차트의 축에 표시된다.

첫 번째 차트와 같이 전기 전도성 재료는 적색 및 보라색 원으로 둘러싸여 있고 절연체는 황색 원으로 둘러싸여 있다.

15.4 심화학습 : 자성 특성의 물리적 성질 및 조작

원자의 고전적 그림은 그림 15.10과 같이 원자핵 주위를 전자가 회전하고 있는 것이다. 전하 이동은 전류를 의미하며 루프에서의 전류 흐름은 그림 15.2와 같이 자기 쌍극자를 생성한다. 따라서 각 선회 전자와 관련된 자기 쌍극자가 존재한다. 각 전자에는 자체적인 추가 모멘트인 스핀 모멘트가 존재한다. 이것을 적절히 설명하기 위해서는 양자 기구가 필요하나 이 원인을 관찰하기 위해서는 전자를 점전하가 아닌 약간 펼쳐진 상태로 축을 중심으로 회전하여 회전 전하 및 쌍극자 모멘트를 재생성(대량의 모멘트 및 전하가 생성되는 것으로 판명됨)하는 전자로 간주해야 한다. 원자의 총 모멘트는 벡터의 전체 합이다.

헬륨과 같은 단순한 원자에는 궤도당 2개의 전자가 존재하며 그림 15.10(a) 및 (c)와 같이 한 모멘트에 의해 기타 모멘트가 정확히 상쇄하여 순 모멘트가 생성되지 않도록 배열된다.

그림 (b)와 같이 2개의 전자가 아닌 전자가 3개인 원자가 있다고 가정하자. 2개의 모멘트는 상쇄되나 1개의 모멘트가 남아서 원자가 그림 15.10(b)에 우측 적색 화살표로 표시된 순 모멘트를 가지게 된다. 따라서 상쇄되는 전자 모멘트가 존재하는 원자는 비자성이며 상쇄되지 않는 전자 모멘트가 존재하는 원자는 자기 쌍극자를 운반할 수 있다. 요약하면 1개의 홀전자는 9.3×10^{-24}A.m^2(보어[4] 자자(magneton))의 자기 쌍

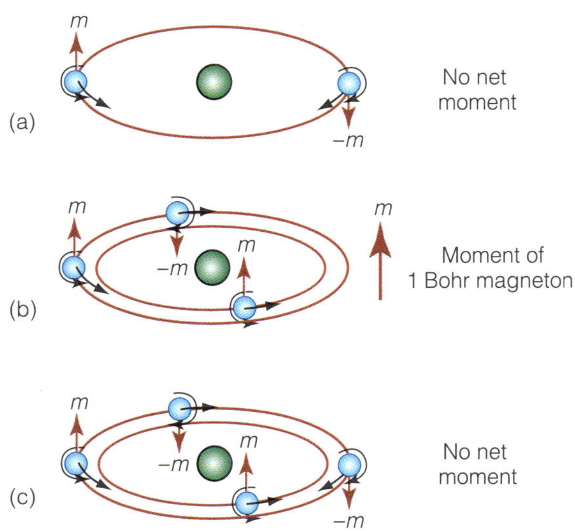

그림 15.10 궤도 및 전자 스핀은 자기 쌍극자를 생성한다. 에너지 레벨을 쌍으로 채우고 있는 짝수의 전자에는 (a) 및 (c)와 같이 상쇄되는 모멘트가 존재한다. 홀전자는 그림 (b)와 같이 원자에 영구 자기 모멘트를 제공한다.

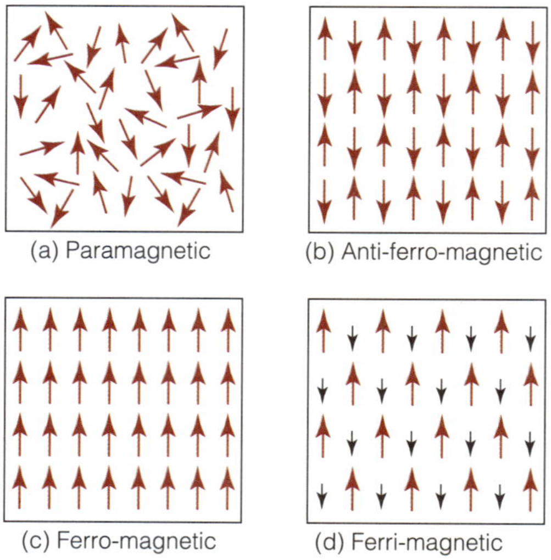

그림 15.11 자성 거동의 종류

극자를 공급한다. 2개의 홑전자는 2개의 보어 자자를 공급하며 3개의 홑전자는 3개의 보어 자자를 공급한다.

결정의 자성 원자를 가정하자. 대부분의 재료의 경우, 원자 모멘트의 영향이 거의 존재하지 않아 운동 방향이 열 운동에 의해 그림 15.11(a)와 같이 무작위화된다. 자성 원자에도 불구하고 전체 구조에는 자기 모멘트가 존재하지 않는다. 이런 재료를 상자성이라 한다. 그러나 일부 재료의 경우, 때때로 상이한 현상이 발생한다. 자기 모멘트가 정렬될 경우, 이웃 원자장이 상호 작용하여 원자 에너지가 감소한다. 이 에너지 감소를 교환 에너지라고 하며 교환 에너지는 온도가 고온이 아닌 한 열 에너지의 무작위화 효과를 압도할 수 있을 만큼 강하다(그림 15.4의 퀴리 곡선의 형태는 퀴리 온도에 도달함에 따라 열 에너지가 교환 에너지를 압도하는 양상을 나타냄). 자기 모멘트는 그림 15.11(b)와 같이 머리와 꼬리가 마주보는 반대 평형 방식으로 정렬된다. 이 경우에도 순 모멘트는 존재하지 않으며 이런 재료를 반강자성체라고 한다.

그러나 일부 원소(특히 철, 니켈 및 코발트)의 경우, 정확히 반대인 현상이 발생한다. 모멘트가 자연적으로 정렬하여(모두 평행할 경우) 포함된 모든 원자의 모멘트 총합인 순 모멘트가 발생한다. 이런 재료를 강자성체라고 한다. 철에는 원자당 3개의 홑

4) Niels Henrik David Bohr(1885~1962), 덴마크의 이론 물리학자로서 원자 구조를 설명하였으며 맨하탄 프로젝트에 참가하였다.

전자가 존재하며, 니켈에는 2개, 코발트에는 1개의 홀전자가 존재하므로 모든 스핀이 정렬될 경우, 철의 순 모멘트가 가장 크며 니켈, 코발트 순으로 줄어든다.

화합물은 4번째 가능성을 제공한다. 일반적으로 페라이트라고 부르는 재료는 산화물로서 이 중 일부의 화학식은 MFe_2O_4이다. M은 코발트(Co)와 같은 자성 원자를 나타낸다. 철과 코발트 원자에는 쌍극자가 존재하나 그 세기에서 차이가 난다. 이 쌍극자는 반대 평형 배열로 정렬하나 모멘트 차이에 의해 계산이 불완전해져 순 모멘트 M이 생성된다. 이것이 **준강자석**이다(줄여서 페라이트). 부분적 상쇄 및 단위 부피당 자성 원자수의 감소는 페라이트의 포화 자기화 값이 철보다 낮다는 것을 의미하나 전기 절연체라는 이점도 존재한다.

도메인

원자 모멘트가 정렬할 경우, 철, 니켈 또는 코발트는 영구 자석이 되어야 하지 않는가? 자성 재료는 영구 자석화 되나 자석은 그렇지 않다. 그 이유는 무엇인가?

균일하게 자기화된 봉은 솔레노이드와 같이 자기장 H를 생성한다. 생성 자기장의 위치에너지는 다음과 같다. 이 위치에너지는 자기장이 위치한 부피 V에 대해 적분하여 구한다.

$$U = \frac{1}{2}\mu_o \int_V H^2 dV \tag{15.7}$$

계산이 어려운 이 적분 값을 구해야 할 필요는 없다. H 및 H가 영향을 미치는 부피가 작을 수록 에너지는 작아진다는 점만 주의하면 된다. 구조 내의 모멘트를 정렬하여 H를 최소화하거나 H를 완전히 제거할 수 있을 경우(교환 에너지에서 이웃 원자 모멘트가 평행을 유지하고자 하는 성질이 있음을 명심해야 함), 그렇게 해야 한다.

그 방법은 그림 15.12를 참조한다. 재료는 외부장을 최소화하기 위해 도메인으로 구분된다. 각 도메인 내부의 원자 모멘트는 평행이나 접하고 있는 도메인 간의 모멘트 방향이 반대이다. 도메인이 접하고 있는 영역을 **도메인 벽**이라 한다. 모멘트는 두께가 몇 개 원자의 두께를 합한 것과 같은 이 영역에서 한 도메인의 방위에서 다른 도메인의 방위로 이동(Swing)한다. (b) 및 (c)와 같이 역 자기화된 평행 도메인으로 나눌 경우, 자기장은 상당히 감소하며 (d)와 같이 수직으로 자기화된 덮개를 추가할 경우, 자기장은 거의 완전히 제거된다. 즉 특수한 방법으로 조종하지 않을 경우, 대부분의 자성 재료는 외부장이 가장 작아지는 도메인 구조를 채택한다. 따라서 자기화 중인 재료는 아직 자석이 아니다.

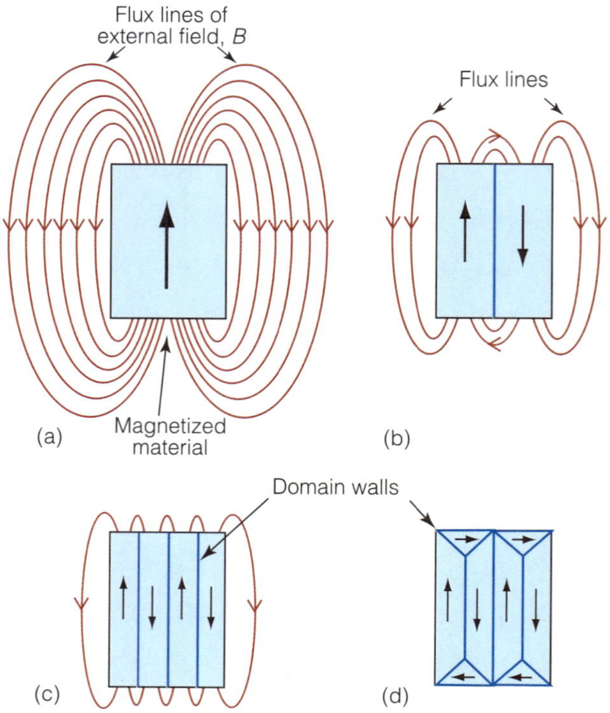

그림 15.12 도메인은 타협 가능하다. 재료 자체의 자기화를 유지한 상태에서 외부장을 상쇄한다. 화살표는 자기화 방향을 나타낸다.

이런 재료를 어떻게 자기화하는가? 솔레이드로 생성한 자기장내에 도메인을 위치시킬 경우, 이미 자기장과 정렬된 도메인의 에너지는 역정렬된 도메인의 에너지보다 낮다.

도메인을 분리하고 있는 도메인 벽에는 힘(로렌츠[5] 힘)이 가해져 다른 방향으로 배향된 도메인을 희생시키면서 도메인 벽을 우호적 배향 도메인(Favorably oriented domain)이 성장할 수 있는 방향으로 민다. 그림 15.13과 같이 샘플이 자기장과 평행하게 배향된 한 개의 도메인으로 구성될 경우, 도메인이 성장에 따라 재료 자기화가 증가하여 $M-H$ 곡선은 M_s에서 포화될 때까지 상승한다.

모든 도메인이 한 방향으로 정렬될 경우, 포화 자기화는 재료의 단위 부피에 포함된 모든 원자 모멘트의 합이다. 원자당 자기 쌍극자는 $n_m m_B$이다(n_m은 원자당 홑전자의 개수이며 m_B는 보어 자자). 포화 자기화는 다음과 같다.

5) Hendrik Antoon Lorents(1853~1928), 네덜란드의 수리 물리학자로서 Raleigh, Einstein 등과 친분이 있었다. 광학, 전기, 상대론 및 수력학 등의 핵심 개념의 창시자이다.

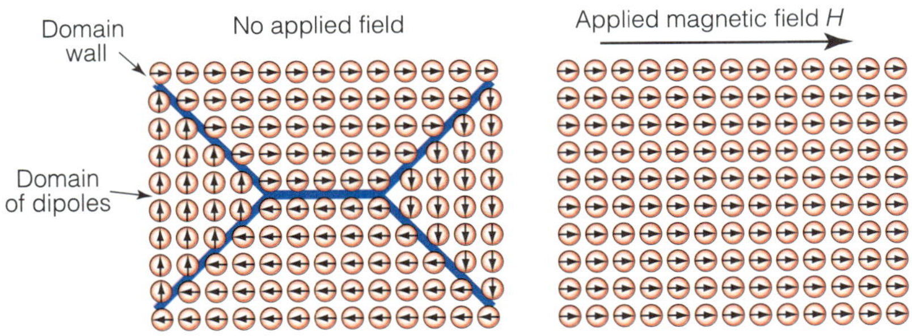

그림 15.13 가해진 장(Applied field)은 도메인 경계의 이동을 초래한다. 포화 상태의 경우, 우측 그림과 같은 단일 도메인이 생성된다. 연자성 재료의 도메인 벽은 쉽게 이동한다. 경자성 재료의 경우, 합금화를 통해 도메인 이동을 방지한다.

$$M_s = \mu_o \frac{n_m m_B}{\Omega} \tag{15.8}$$

Ω는 원자 부피이다. 원자 내 홑전자 개수가 가장 많으며 원자가 뭉쳐져 있는 철의 값이 가장 높다. n_m나 m_B가 감소하면 포화 자기화는 감소한다. 원자 모멘트가 작은 니켈 및 코발트의 포화 자기화 값은 낮으며 비자성 합금 원자가 자성철을 약화시키므로 철 합금의 포화 자기화도 낮아지는 경향이 있다. 페라이트의 포화 자기화 값은 산소에 의한 약화와 그림 15.11와 같은 원자 모멘트의 부분 상쇄 때문에 더 낮다.

그럼에도 불구하고 철을 합금화하고 페라이트화해야 하는 충분한 이유가 존재한다. 그 중 한 이유는 항자기장 H_c와 관련되어 있다. 우수한 영구 자석은 역 자기장 내에 위치해 있을 경우에도 자기화를 유지한다. 이를 위해서는 H_c가 높아야 한다. H_c가 낮은 연자성체의 도메인 벽이 쉽게 이동한다. 경자성체는 그 반대이다. 경자성체를 만들기 위해서는 도메인 벽의 이동을 정지시켜야 한다.

불순물, 이물질, 침전물 및 다공도는 모두 도메인 벽에 영향을 미쳐 도메인 벽을 정위치에 고정 시키는 역할을 한다(전위 이동의 방해물 역할도 하므로 자기적으로 강한 재료는 기계적으로 강함). 도메인 벽 이동에 있어 더 미세한 장벽도 존재한다. 자기 결정 내 특정 자기화 방향이 기타 방향보다 선호되어 유발된 이방성과 시료 자체의 외형 및 크기가 그것이다. 특히 소형의 단일 도메인 자성 입자는 역자기 생성을 방해한다.

경자성체의 성능은 대략적으로 자기화 곡선의 면적에 비례하는 에너지 적을 사용해 측정한다. 에너지 적이 높을수록 소자가 어렵다.

15.5 자성 설계를 위한 재료 선택

각 자성 특성에 적합한 재료의 선택 시, 설계 요구 조건 해석을 위한 일반적 신규 패턴에 따라 선발 및 분류를 실시한다.

이 경우, 본 장의 특성 차트에 수록된 특수 재료는 첫 번째 선발 단계 '자성체여야 함'에서 탈락하게 된다. 핵심 선정 문제는 연자성 또는 경자성 반응이 필요한 지의 여부이다.

연자성 장치

전자석, 변압기 및 전자 렌즈 등에는 자기장 작동 시, 쉽게 자기화되며 고 플럭스 밀도를 생성할 수 있으나 자기장 작동 중지 시 자기가 사라지는 자심이 존재한다. 일반적으로 자심에는 그림 15.8 차트의 좌측에 표시된 연자성이며 H_c가 낮은 재료를 사용한다. 그림 15.14와 같이 연자성 재료를 사용하여 '전도'를 실시하고 자속을 집중시킨다. 전류 흐름 코일은 코어에 자기장을 유도한다. 자기장은 그림 15.3처럼 퍼지지 않고 확장 강자성 회로 내에 갇힌다. 자화율 χ가 높을수록 주어진 전류 루프에 의해 유도된 자기화 및 플럭스 밀도는 증가한다. 최대 증가 상한은 포화 자기화 M_s에 따라 설정된다. 자기 회로는 플럭스를 코일에서 코일 또는 코일에서 공극으로 전도시킨다. 코어 구역이 축소됨에 따라 증가하는 공극은 그림 15.14의 우측과 같이 전자빔의 집중 또는 작동에 사용된다.

따라서, 우수한 연자성체의 첫 번째 요구 조건은 그림 15.15과 같이 폭이 좁은 이력곡선을 가지며 χ 및 M_s가 높은 재료여야 한다는 것이다. 그림 15.9의 차트는 이 두 가지 특성을 나타낸다. Permendur(Fe-Co-V 합금) 및 Metglass 무정형 합금은 우수한 재료이나 고가이므로 소형 장치에만 사용된다. 실리콘-철(Fe-1~4% Si)은 저가이며 대형으로 제조하기 쉬우므로 대형 변압기의 주성분으로 사용되는 재료이다.

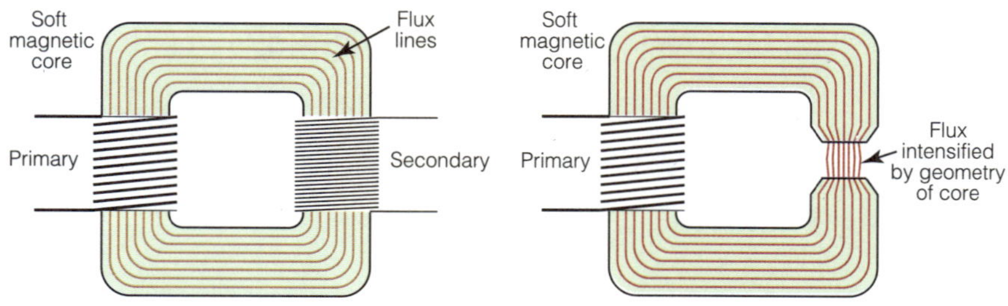

그림 15.14 연자성체는 자속을 '전도'시키며 자석 단면이 감소할 경우 집중된다.

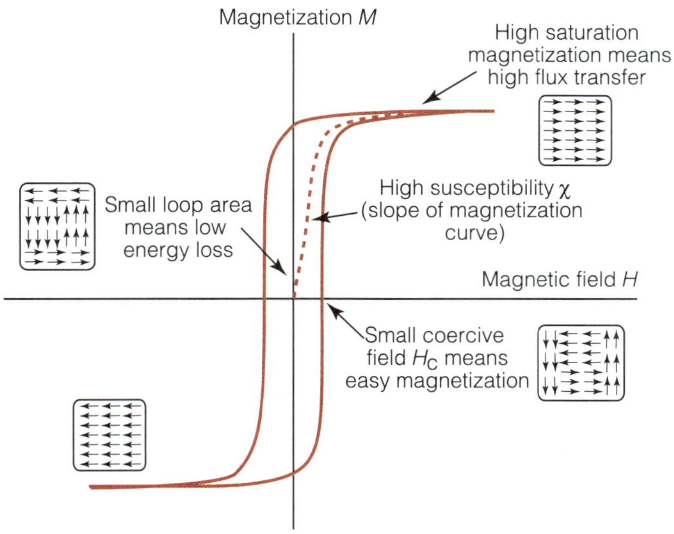

그림 15.15 연자성체의 특성 이력 곡선

대부분의 연자성체는 AC 장치에 사용된다. 이 경우, 이력 곡선의 면적에 비례하는 에너지 손실이 주요 고려 사항이 된다. 에너지 손실에는 전술한 이력 손실(전환 주파수 f에 비례)과 AC 장에 의해 코어 자체에 유도된 와전류에 의해 발생하는 와전류 손실(f^2에 비례)의 두 가지 종류가 있다. 저 주파수(100Hz 이하)에서 작동하는 변압기의 코어에서는 주로 이력 손실이 발생하므로 이 경우에는 M_s값이 높으며 저면적의 폭이 좁은 이력 곡선을 가지는 재료가 필요하다. 와전류 손실도 존재하나 필요할 경우, 와전류를 차단하는 박막 절연층이 삽입된 박판을 중첩하는 방식으로 코어를 제작하는 **적층 성형**을 통해 억제 가능하다. 가청 주파수(f < 50kHz)의 경우, 매 사이클마다 손실이 발생하여 더 많은 손실이 존재하므로 두 손실은 모두 증가하여 폭이 더 좁은 이력 곡선과 얇은 적층이 필요해진다. 이 경우, 고가의 Permalloy 및 Permendur를 사용한다. 고주파수의 경우(주파수가 MHz 범위일 경우), f^2에 비례하여 증가하는 와전류 손실은 상당히 심각해진다. 와전류 손실을 방지할 수 있는 유일한 방법은 전기 절연이 되는 자성 재료를 사용하는 것이다. 즉 M_s가 낮더라도 페라이트(양 차트를 황색 원으로 둘러싸인 재료)를 사용해야 한다.

초고주파수(f > 100MHz)에서는 최신형 세라믹 자석만이 작동 가능하다. 그림 15.15는 연자성체의 곡선 특성을 요약한 자료이다. 이 차트에 따라 표 15.1과 같이 재료를 선택한다.

표 15.1 연자성 재료의 응용 분야

응용 분야	주파수 f	재료 요구 조건	선택 재료
전자석	<1 Hz	M_s 및 χ가 높은 재료	실리콘-철 Fe-Co 합금 (Permendur)
모터 및 저주파 변압기	<100Hz	M_s 및 χ가 높은 재료	실리콘-철 AMA(무정형 Ni-Fe-P 합금)
저주파 증폭기, 확성기 및 마이크	<100kHz	M_s 및 χ가 높으며 H_c가 매우 낮은 재료	Ni-Fe(Permalloy 및 Mumetal)
전자 레인지 및 UHF 장치	<MHz	M_s가 높으며 H_c가 매우 낮으며 전기 절연체인 재료	큐빅 페라이트 MFe_2O_4(M = Cu/Mn/Ni)
기가 헤르츠 장치	>100MHz	이력이 상당히 낮으며 뛰어난 절연체인 재료	석류석

경자성 장치

영구 자석은 냉장고 문, 자석 클러치, 확성기, 이어폰, DC 모터 및 무마찰 베어링 등의 여러 장치에 사용된다. 이 경우, 중요한 특성은 잔류 자기화 M_R이다. 잔류 자기화는 최대 자기화이므로 재료는 자기화 유지를 위한 강제적 외부장 없이도 자기화가 가능하다. 그러나 높은 M_R값이 전부는 아니다. 재료가 자기화되어 자기화장이 제거될 경우, 자기장 자체는 이 재료를 소자화하려는 경향을 보인다. 재료는 이 소자장을 통해 샘플의 순 자기화를 감소 또는 제거하는 도메인 구조를 테이크 업(Take up)한다. 영구 자석은 자체장에 의한 소자를 방지할 수 있어야 한다. 항자기장 H_c가 그 방지 수단으로서 소자 방지를 위해서는 H_c가 커야 한다. M_R 및 H_c 값이 크다는 것은 이력 곡선의 폭이 그림 15.16과 같이 넓다는 것을 의미한다. 일반적 철 및 강은 드라이버가 나사에 붙을 정도나 가위에 클립이 붙는 수준의 약한 자기화가 가능하나 자성적 의미에서 이런 것은 강한 자성은 아니다. 여기에서의 '강하다'는 것은 '소자가 어렵다'는 것을 의미하므로 H_c가 높아 자석의 소자를 방지해야 하는 것이다.

강자성 재료는 그림 15.8의 M_R-H_c 차트 우측에 위치한다. 영구 자석 업계에서 가장 많이 사용되는 재료는 Alnico와 육방정계 페라이트이다. Alnico(다량 존재)는 알루미늄, 니켈, 코발트 및 철의 합금으로서 M_R은 약 10^6A/m이며 항자기장 값은 5×10^4 A/m이다. 육방정계 페라이트도 M_R 및 H_c 값이 높다. 두 재료는 큐빅 연자성 페라이트와 마찬가지로 절연체이다. 금속 형태의 Alcino는 주조 또는 미세 소결 파우더를 사용해 가공하며 페라이트는 파우더 방식만을 사용할 수 있다. 이 경우, 파우더는

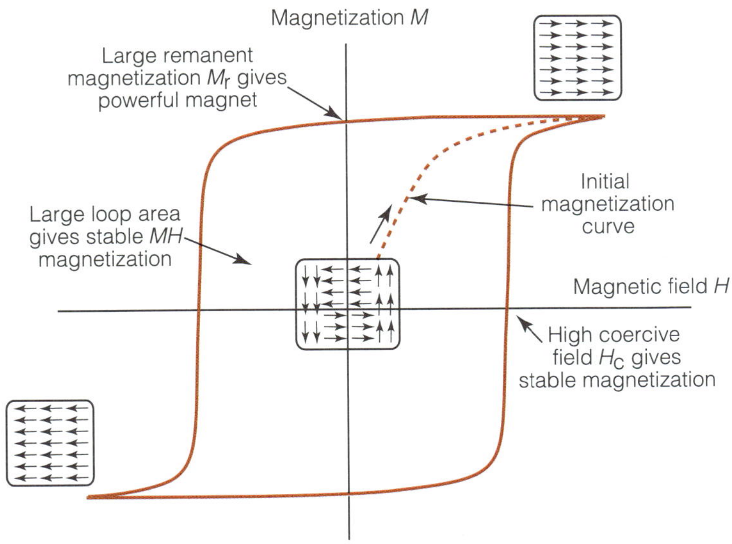

그림 15.16 연자성체의 특성 이력 곡선

소결이 아닌 다른 방식으로 결합시켜야 한다.

레진 혼합 자성 입자는 복잡한 외형으로 주형 가능하다. 탄성체로 이 입자를 결합시킬 경우, 유연하거나 부드러운 자석이 형성된다(예 : 냉장고 문의 magnetic seal).

그림 15.8의 차트는 Alnico 및 육방정계 페라이트 보다 강한 항자기장이 존재하는 경자성체(3가지 족)를 나타낸다. 이 재료는 최근 30년 간 연구의 결과물로서 강력한 영구 자기장을 제공할 수 있으며 이를 통해 이어폰, 마이크 및 모터의 소형화가 가능하다. 이 재료 중 최초에 발견된 것은 귀금속 Pt-Co 족이나 현재는 완전히 고갈된 재료여서 상당한 고가이다. 금속간 화합물 $SmCo_5$를 기반으로 하는 코발크-사마륨 족은 Pt-Co 족보다 성능이 뛰어나며 최근에 개발된 네오디뮴-철-보론 족은 코발크-사마륨 족보다 성능이 좋다. 이상의 재료는 모두 고가이나 가장 적합한 응용 분야에서는 극소량의 재료만이 필요하며 상품 가치는 상당히 높으므로 가격은 장애물이 되지 않는다. 이 차트에 따라 표 15.2와 같이 재료를 선택한다.

자기 정보 기억 장치

자기 정보 기억 장치에는 이력 곡선의 모양이 독특한(4각형) 경자성체가 사용된다. 4각형 곡선은 $+H_c$ 또는 $-H_c$ 이상의 자기장에 노출될 경우, 재료 유니트(Unit)의 자기화가 $+M_R$에서 $-M_R$로 플립(Flip)될 수 있다는 것을 의미한다. 따라서 유니트에는 정보가 2진수로 저장된다. 자기화된 유니트를 전기 펄스를 유도하는 판독 헤드를 지나가

표 15.2 연자성 재료의 응용 분야

응용 분야	재료 요구 조건	선택 재료
대형 영구 자석	M_R 및 H_c 및 에너지적이 높은 저가의 재료	Alnicos 및 육방정계 페라이트
고성능 소형 자석	어쿠스틱, 전자 및 소형 기계적 용도로 사용 가능한 재료	코발트-사마륨, 백은-코발트 및 네오디뮴-보온
정보 저장 장치	좁은 폭의 '4각형' 이력 곡선을 가진 재료	Fe_2O_3, Cr_2O_3 또는 육방정계 페라이트의 장방형 입자

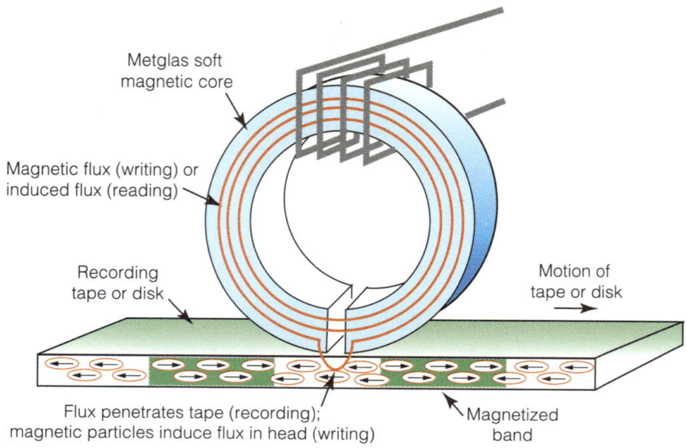

그림 15.17 탄자성 판독/기록 헤드. 플럭스는 연자성체의 간극을 통해 빠져나가 테이프를 관통하여 입자를 재배열시킨다.

도록 이동시켜 정보를 읽는다. 고분자 테이프 또는 디스크 내에 내장된 단립자 형태이거나 한 방향으로 자기화된 소형의 고정 도메인(거품(Bubble))이 이동할 수 있는 박막 자성 필름이 다른 방향으로 자기화된 백그라운드(Background)에 내장된 형태 등 여러 형태를 취할 수 있으므로 고의적으로 '유니트' 라는 모호한 용어를 선택하였다.

그림 15.17은 정보 저장 시스템의 일부이다. 신호는 연자성체 코어(자화율이 높아야 하므로 일반적으로 무정형 금속 합금(AMA)을 사용)에 자속을 생성한다. 플러스 방향은 신호 전류의 방향에 따라 결정되므로 신호 전류의 방향을 바꾸면 플럭스 방향도 역전된다. 자기장은 코어의 공극을 통해 빠져나가 초미세 강자성 재료 입자가 내장된 테이프 또는 디스크를 관통한다. 신호가 한 방향일 경우, 쓰기 헤드를 지나가는 테이프 또는 디스크 띠(Band)의 모든 입자도 한 방향으로 자기화된다. 신호 방향을 역전시킬 경우, 자기화 방향도 역전된다. 판독 헤드와 기록 헤드는 동일한 헤드이다. 테이

프 또는 디스트가 공극 밑을 지나갈 경우, 자기화된 띠의 표류 자기장에 의해 연철 코어에는 플럭스가 유도되며 코일에는 증폭 후 판독 가능해진 신호가 유도된다.

미세 입자를 사용하는 이유는 소형 입자의 경우, 도메인 벽이 불안정기 때문이다(각 입자는 단일 도메인임). 입자가 신장될 경우, 장축 방향과 평행하게 자기화해야 한다. 이 경우, 각 입자는 양 끝단에 북극(N) 및 남극(S)이 위치한 소형 막대 자석처럼 행동한다. 기록 헤드에서 생성된 자기장에 의해 N-S 자기화가 정보 저장에 적합한 이진 반응인 S-N 자기화로 방향이 플립될 수 있다. 재기록 가능한 테이프 및 디스크에는 일반적으로 길이가 0.1μm이며 종횡비가 10 : 1인 Fe_2O_3 또는 CrO_2 입자가 사용된다. 육방정계 페라이트$(MO)(Fe_2O_3)_6$ 입자의 항자기장은 크므로 자기화 상태를 변경시키기 위해서는 강력한 장이 필요하다. 그러나 이런 장이 생성되더라도 육방정계 페라이트를 소자하기는 어렵다. 이러한 이유 때문에 신용 카드 및 자기 카드의 식별띠와 같이 판독 전용의 용도로만 사용된다.

15.6 요약 및 결론

원자의 고전적 그림은 원자핵 주위를 전자가 개별 궤도(Discrete orbit)상에서 회전하면서 동시에 자체 축을 중심으로 자전하고 있는 그림이다. 이 회전에 의해 평행일 경우 중첩되며 반대일 경우 상쇄되어 크기가 증가 또는 감소하는 자기 모멘트가 생성된다. 대부분의 재료는 원자 궤도 내에서 거의 완전히 상쇄되거나 그렇지 않을 경우—머리와 꼬리가 마주 보는 원자 모멘트 쌓임(Stacking) 또는 임의화를 통해 거의 완전히 상쇄된다. 자기 모멘트가 있는 원자가 존재하는 재료도 있다(대부분은 3개 원소(Fe, Ni 및 Co)를 토대로 함).

잔류 모멘트 및 원자를 정렬시켜 원자에 순 자기 모멘트 또는 자기화를 생성시키는 원자간 상호 작용이 있는 원자가 존재하는 재료도 있다. 이런 원자의 대부분은 3개 원소(Fe, Ni 및 Co)를 기반으로 하고 있다. 각 구역을 도메인으로 분할하여 이런 재료의 자체 자기화를 방지할 수 있는 방법이 존재할 수도 있다(원자 모멘트가 콜로니(Colony) 또는 도메인으로 분리되도록 구역 배열. 각 콜로니 또는 도메인에는 이웃 원자의 자기화를 상쇄시키는 경향을 가지도록 편향된 자기화가 존재). 강력한 자기장은 분할을 무효화시켜 모든 원자 모멘트가 평형인 단일 결합 도메인을 생성할 수 있으며 항자기장이 강력할 경우, 구동장이 제거된 후에도 평행 상태를 유지하여 '영구' 자기화 될 수 있다.

자성 재료는 두 종류로 구분 가능하다. 가해진 장으로부터의 약간의 자극만으로도 자기화가 가능할 정도로 쉽게 자기화되는 재료가 있다. 이런 재료는 자속을 방출하며 가해진 장으로부터의 소량의 반전으로도 재정렬된다. 그 외에는 한번 자기화되면 재정렬되기 어려운 재료가 있다. 이런 재료가 영구 자석이다. 본 장의 차트에서는 이 두 종류의 재료를 소개하고 있으며 해당 용도에 따른 선택에 있어 가장 결정적 영향을 미치는 특성이 수록되어 있다.

15.7 참고문헌

Braithwaite, N. and Weaver, G. (1990) *Electronic Materials*, The Open University and Butterworth-Heinemann, Oxford, UK. ISBN 0-408-02840-8. (*One of the excellent Open University texts that form part of their Materals program.*)

Campbell, P. (1994) *Permanent Magnetic Materials and their Applications*, Cambridge University Press, Cambridge, UK.

Douglas, W.D. (1995) Magnetically soft materials, in *ASM Metals Handbook*, 9th edition, Volume 2, *Properties and Selection of Non-ferrous Alloys and Special Purpose Materials*, pp 761-781, ABM, Metals Park, OH, USA.

Fiepke, J.W. (1995) Permanent magnet materials, in *ASM Metals Handbook*, 9th edition, Volume 2, *Properties and Selection of Non-ferrous Alloys and Special Purpose Materials*, pp 782-803, ABM, Metals Park, OH, USA.

Jakubovics, J.P. (1994) *Magnetism and Magnetic Materials,* 2nd edition, The Institute of Materials, London, UK. ISBN 0-901716-54-5. (*A simple introduction to magnetic materials, short and readable.*)

15.8 연습문제

연습문제 E15.1 강자성 재료의 $M_s - H$ 곡선을 그린 후 중요 자성 특성을 식별하라.

연습문제 E15.2 일부 원소는 강자성이고 일부 원소는 그렇지 않은 이유는 무엇인가?

연습문제 E15.3 페라이트는 무엇이며 페라이트의 특성은 무엇인가?

연습문제 E15.4 보어 자자는 무엇인가? 자성 원소에는 두 개의 홑전자와 자기장이 평행해지도록 전자를 배열시키는 교환 상호 작용이 존재한다. 원자 부피 Ω는 $3.7 \times 10^{-29}\text{m}^3$이다. 포화 자기화 *Ms*를 구하라.

연습문제 E15.5 50번 감겨 있으며 길이가 10mm인 코일은 0.01A의 전류를 견딘다. 코일 코어 구성 재료의 자화율 χ는 10^4이다. 자기화 M 및 유도 B를 구하라.

연습문제 E15.6 인덕터 코어는 저주파 고조파 필터에 사용된다. 코어 요구 조건은 손실은 낮으며 포화 자기화는 높아야 하는 것이다. 그림 15.8 및 15.9의 차트를 자료로 사용하여 적절한 자성 재료를 선택하라.

연습문제 E15.7 속도 감지 카메라의 구성품인 변압기 코어에는 자성 재료가 필요하다. 변압기 코어는 500kHz의 마이크로파 주파수에서 작동한다. 적절한 자성 재료를 선택하라.

연습문제 E15.8 유연성 자성 시일에 사용될 특정 재료가 필요하다. 이 재료는 탄성 중합체 시트 형태여야 하며 전지 절연체여야 한다. 이 재료의 제조 방식을 구하라.

연습문제 E15.9 자기 정보 기억 장치용으로 사용되는 재료의 특성은 무엇인가?

15.9 CES를 이용한 설계 탐구

'*Browse*' 모드에서 CES를 레벨 3로 작동시킨다. *Browse* 목록은 '*Table*' 및 '*Subset*' 의 2개의 풀다운 메뉴로 시작된다. '*Subset*' 메뉴를 연 후 '*Magnetic*' 모드를 선택하면 233개의 자성 재료에 대한 기록이 표시된다. 이 기록에는 각 자성 특성 및 사용 분야와 기계적, 열적, 전기적 및 기타 특성이 포함되어 있다.

툴바에서 '*Select*' 를 클릭한 후 대화 상자의 *Materials Universe* > *Magnetic Materials*를 선택한다.

연습문제 E15.10 CES의 'Search' 기능을 사용하여 다음을 구하라.

(가) 변압기 코어용 재료

(나) 전동기용 재료

연습문제 E15.11 기록을 검색하여 다음을 구하라.

(a) Cast Alnico 3의 항자기장 H_c값은 얼마인가?

(b) 무정형 합금 Metglas 2605-Co의 항자기장 H_c값은 얼마인가?

이 값을 통해 상기 두 개 재료의 잠재적 응용 분야에 대해 알 수 있는 것은 무엇인가?

연습문제 E15.12 기록을 검색하여 다음을 구하라.

(a) 페라이트 G(Ni−Zn 페라이트)의 항자기장 H_c 및 비저항 값은 얼마인가?

(b) 2.5Si−Fe 연자성 합금의 항자기장 H_c 및 비저항 값은 얼마인가?

상기 재료 중 한 개를 변압기에 사용해야 할 경우, 가장 먼저 고려해야 할 사항은 무엇인가?

연습문제 E15.13 포화 유도 B_s(포화 자기화 $M_s = B_s/\mu_o$이므로 M_s와 B_s는 비례)의 막대 그래프를 그려라. 최대 값을 가지는 재료 3개를 구하라.

연습문제 E15.14 항자기장 H_c의 막대 그래프를 그려라. 최소값을 가지는 재료 4개를 구하라. 이 재료는 어떤 분야에 응용 가능한가?

연습문제 E15.15 연자성 재료는 AC 유도 전동기의 적층형 모터에 사용된다. 이 재료는 압연 후 스탬핑 처리를 하여 성형되며 신장율은 최소 40% 이상이어야 한다. 이력 손실을 최소로 유지하기 위해서는 항자기력이 최대한 낮아야 한다. 아래 요약된 요구 조건을 가장 충족하는 재료를 2개 구하여 재료명과 상표명을 적어라.

기능	• 모터 적층화
제약 사항	• 연자성 재료여야 한다. • 연성 재료(신장율 > 40%)여야 한다.
목표	• 항자기력의 최소화
자유 변항	• 재료 선택

연습문제 E15.16 자성 재료는 하드 디스크 드라이브의 판독/기록 헤드에 사용된다. 이 재료는 내마모성으로서 경도가 높아야 하며 판독/기록 반응의 정확도를 향상시키기 위해서 항자기력이 최대한 낮아야 한다.

(가) CES를 사용하여 표에 요약된 요구 조건을 충족하는 예상 후보 재료를 식별하라.

(나) 이력 손실이 낮으며 고주파수 제동일 경우, 자성 재료의 전지 비저항은 $10^8 \mu\Omega$.cm 이상 이어야 한다는 제약 사항을 추가하라.

기능	• 자성 판독 헤드
제약 사항	• 연자성 재료여야 한다. • 고경도(비커스 경도 > 500 Hv)의 내마모성 재료여야 한다.
목표	• 항자기력의 최소화
자유 변항	• 재료 선택

15.10 CES 요소를 이용한 과학 탐구

연습문제 E15.17 x축은 원자수이며 y축(리니어 스테어 사용)은 원자당 자자 모멘트(보어 자자)인 차트를 그려서 강자성 원소를 식별하라. 몇 개의 강자성 원소가 존재하는가? 원자당 자자 모멘트가 가장 높은 원소는 무엇인가?

연습문제 E15.18 본문의 방정식 (15.8)에 의하면 포화 자기화는 다음과 같다.

$$M_s = \mu_o \frac{n_m m_B}{\Omega}$$

n_m은 보어 자자 유니트의 원자당 자기 쌍극자이며 Ω는 원자 부피이고 m_B는 보어 자자 값(9.3×10^{-24}A/m^2)이며 μ_o는 진공 투자율($\mu_o = 4\pi \times 10^{-7}$H/m)이다. 주기율표상의 원소에 대해 x축은 상기 특성 조합이며 y축은 포화 자기화 M_s인 차트를 그려라. 상기 방정식과 그려진 차트는 얼마나 정확히 일치하는가?

제 16 장

광학기기용 재료

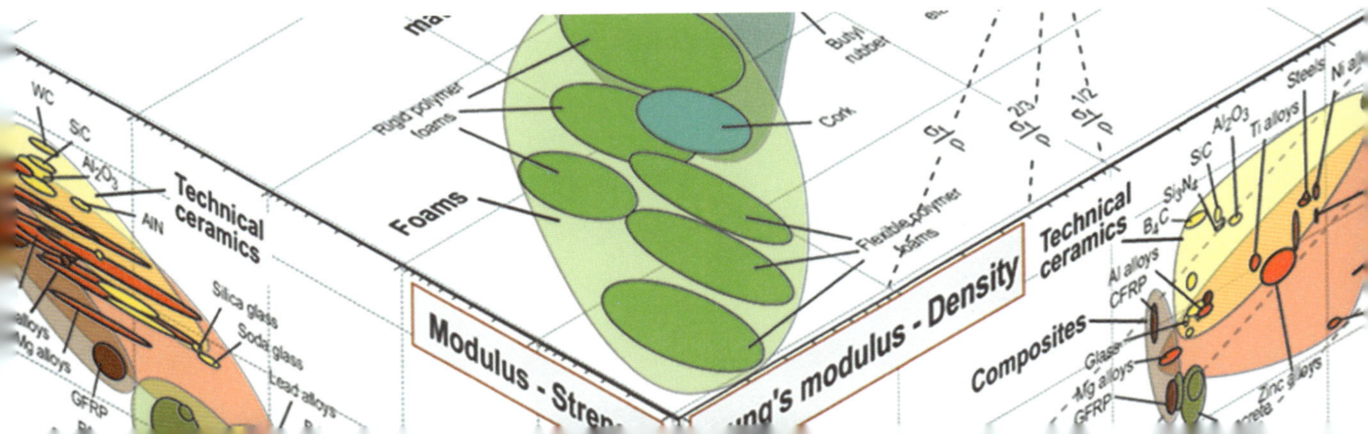

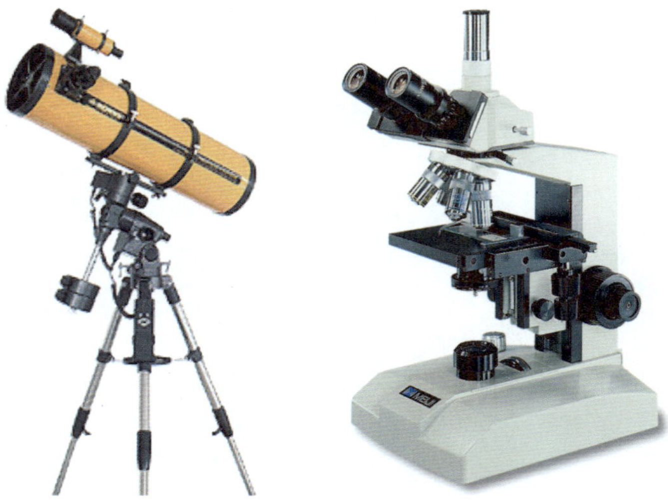

재료의 반사와 굴절 능력을 이용한 여러 장비(A-Z 현미경 제작사, 미국 캘리포니아소재, 제공)

16.1 서론 및 개요

한때는 빛이 공간을 여행한다는 사실(예로 태양에서 지구까지)은 빈 공간이 아닌 '발광성의 가상매체'로 가득 찬 공간이 있기 때문이라 생각했다. 이것은 미켈슨[1)]과 몰리가 1881년 실험에 의해서 빛의 이동은 물질이 필요한 것이 아니라 완전히 빈 공간이라도 이동이 가능하다는 사실을 알았다. 또한 궁극적인 속도 3×10^8m/s를 가진다는 것도 알았다.

복사선이 재료에 부딪히면 어떠한 현상이 일어난다. 재료가 복사선의 영향을 받아 이를 반사, 흡수, 투과, 그리고 굴절시키기도 한다. 이 장에서는 여러 가지 현상을 다루며 가장 좋은 재료 및 사용하는 방법을 다룬다. 이 장을 시작할 때 보여 준 두 가지의 예는 반사 망원경 및 굴절 현미경이고 이는 각각 재료의 광학적 물성에 달려있다.

16.2 재료와 빛의 상호작용

전자기 복사선은 전 우주를 투과한다. 우리 눈으로 하늘을 보면 우리는 가시스펙트럼을 보게 되는데, 파장의 영역이 0.4~0.77μm을 빛이라 부른다. X-선 혹은 γ-선의 탐지기로는 월등히 짧은 파장(10^{-4}nm 보다 짧은 혹은 원자 크기의 천분에 1)의 복사선도 볼 수 있다. 반면에 전파 망원경으로 보면 전파 및 초단파로 알려진 파장이 mm, m 혹은 km의 파장을 가진 복사선도 흡착할 수 있다. 복사선의 파장범위는 10^{18} 영역으로 매우 넓다(그림 16.1). 스펙트럼의 가시영역은 아주 작은 범위이지만 황홀할 정도의 다양성으로 우리에게 진한 보라색에서 청색, 녹색 및 노란 색에서 진한 붉은색의 여러 가지 색을 준다.

전자기 복사선의 세기, I는 진폭의 제곱에 비례하고, 이것이 가지는 측정된 힘이다. 세기 I_o의 복사선이 재료에 부딪히면, 일부는 반사, I_R, 일부는 흡수, I_A, 일부는 통과, I_T,된다. 에너지 보존의 법칙에 의해

$$\frac{I_R}{I_o} + \frac{I_A}{I_o} + \frac{I_T}{I_o} = 1 \tag{16.1}$$

첫 번째 부분은 재료의 반사율, 두 번째는 흡수율, 그리고 세 번째는 투과율(모두 무치

---

1) Albert A. Michelson(1852~1931), 프러시아-미국계 실험 물리학자, E. W. Morley와 함께 처음으로 빛의 속도는 지구의 운동과 무관함을 보였으며, 이는 상대성 이론의 기초가 되었다.

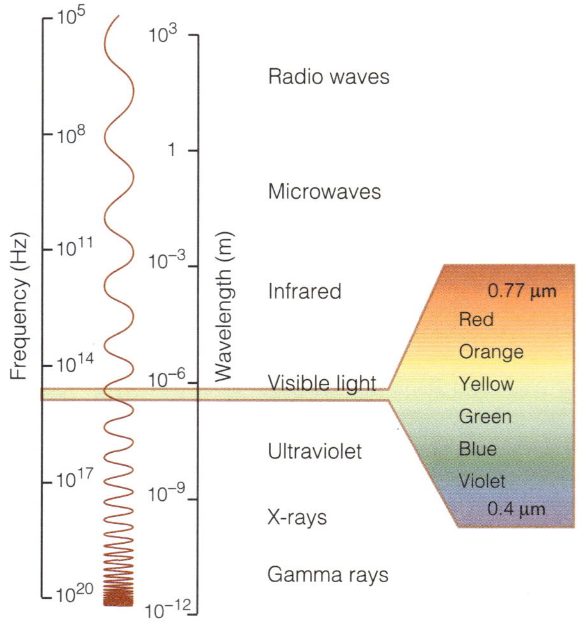

그림 16.1 전자기 복사선의 스펙트럼. 가시영역은 파장이 0.4 와 0.77μm 사이에 있다.

수)로 부른다. 각각은 복사선의 파장, 재료의 특성, 그리고 표면의 상태에 따라 다르다. 이것들은 재료의 물성으로 여겨지며 표면의 마무리, 평평함 혹은 거칠기를 나타낸다.

우리는 광학적으로 가시적인 스펙트럼의 파장에 관심을 갖고 있다. 모든 가시적인 빛을 흡수 혹은 반사하거나 전혀 투과시키지 못하는 재료를 우리는 **불투명**하다고 한다. 이것은 거의 가시에 가까운 파장(적외선 혹은 자외선)을 통과시키도록 한다. 조금 산란된 빛을 투과시키는 재료를 우리는 **반투명**이라고 한다. 빛을 충분히 잘 투과시켜서, 우리가 그 재료를 통하여 무엇을 볼 수 있는 재료를 **투명**하다고 한다. 빛을 거의 완전히 투과시키는, 그래서 렌즈나 빛 가이드. 광섬유를 만들기에 적합한, 그러한 구분은 **광학적 품질**의 추가적인 명칭을 주고 있다. 대부분의 금속은 불투명하다. 재료가 투명하기 위해서는 유전체가 되어야 한다.

거울 그리고 산란반사

금속에 부딪친 대부분의 빛은 반사를 하게 된다. 즉 아무것도 투과하지도 않고, 일부분만 흡수가 된다. 빛이 반사표면에 입사각도 θ_1을 가지고 부딪히게 되면, 일부는 반사를 하게 되는데, 반사각 θ_2을 가지고 표면을 떠나게 된다. 따라서

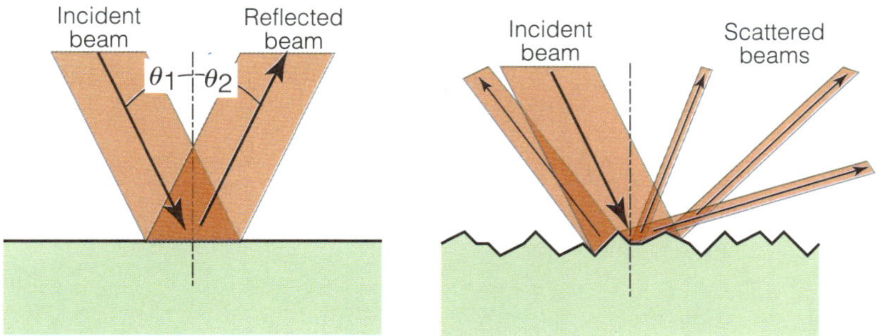

그림 16.2 평면인 경우 반사면은 거울반사, 즉 $\theta_1 = \theta_2$를 보인다. 입사각 및 반사각이 국소적으로 같더라도 거친 표면에서는 산란된 반사를 보인다.

$$\theta_1 = \theta_2 \tag{16.2}$$

거울표면은 미시적으로 평면하며 평탄하다. 이러한 표면을 부딪치는 빛을 거울반사를 하게 되고, 이것은 빛으로서 반사됨을 뜻하는 데, 그림 16.2의 왼쪽에 나타나 있다. 산란표면은 불규칙 하다. 반사법칙 식 (16.2)은 국소적으로 유효하나 그림의 오른쪽에서 보이는 불규칙한 표면에 의해서 입사각은 많은 다른 방향으로 반사가 된다.

흡수

만약 복사선이 재료에 침투하게 되면, 일부는 흡수가 된다. 복사선이 지나가는 두께 x가 크면 클수록 흡수는 많아지게 된다. 처음 값 I_0에서 시작하는 세기 I는 아래와 같이 감소하게 된다.

$$I = I_o \exp - \beta x \tag{16.3}$$

여기서 β는 흡수 상수이며, 치수는 m^{-1}(혹은 일반적으로 mm^{-1})이다.

흡수상수는 파장에 따라 달라지고, 결과적으로 재료를 통과하는 하얀 빛은 가장 흡수가 작은 파장에 상응하는 색으로 나타나게 된다. 이는 결과적으로 두꺼운 얼음이 무청색으로 보이는 결과이다.

투과

빛의 광선이 두꺼운 재료를 완전히 투과하게 될 즈음에는 일부는 세기를 잃게 된다. 이것은 빛이 들어갈 때에 표면에서의 반사와 빛이 반사되어 나갈 때의 표면에서의 반사. 그리고 두께 사이의 재료에 흡수되는 데 기인한다. 여기서 세기는

$$I = I_o \left(1 - \frac{I_R}{I_o}\right)^2 \exp - \beta x \qquad (16.4)$$

이다. 여기서 $(1 - I_R / I_0)$는 두제곱으로 양쪽 표면의 반사에 의해서 세기가 감소하기 때문이다.

굴절

진공에서의 빛의 속도, $C_0 = 3 \times 10^8$m/s는 빛이 최대한 빨리 갈수 있는 속도이다. 빛이 (다른 전자기 복사선) 재료에 들어갔을 때는 빛의 속도는 낮아진다. **굴절지수** n은 진공에서 빛의 속도 c_o와 재료 내에서의 속도 C와의 비이다.

$$n = \frac{c_o}{c} \qquad (16.5)$$

이러한 감속은 빛 광선이 휘어지게 만들거나, 혹은 다른 굴절지수를 가진 재료에 들어가게 되면 굴절하게 된다. 광선이 굴절지수 n_1의 재료 1을 통과하여 굴절지수 n_2의 재료 2 안으로 들어가는 경우 입사각 θ_1을 가지고 재료 2에 들어가게 되면 광선은 각도 θ_2로 반사하게 된다.

$$\frac{\sin \theta_1}{\sin \theta_2} = \frac{n_2}{n_1} \qquad (16.6)$$

그림 16.3(a)와 같고, 이 공식은 Snell[2)]의 법칙으로 알려져 있다. 굴절지수는 파장에 의해서 결정되며 흰 빛을 만드는 각각의 색깔들은 약간씩 다른 각도로 산란되는 것이며 빛이 프리즘을 통과하는 생성되는 스펙트럼을 만든다. 여기서 재료 1이 진공 혹은 공기라면 $n_1 = 1$이 되고, 공식은 간단히 된다.

$$\frac{\sin \theta_1}{\sin \theta_2} = n_2$$

식 (16.6)은 빛이 지수가 $n_1 = 1$인 재료로부터 $n_2 = 1$인 공기 속을 통과할 때에, 그림 16.3(b)에 보이는 것과 같이 재료의 수직선을 기준으로 일정한 각도로 굴절하게

---

2) Willebrord Snell(1591–1626), 독일 천문학자, Snell van Royen 혹은 Snellius으로 알려짐. 하나의 투명 매개체에서 다른 매개체로 빛이 지나갈 때 다른 각의 관계를 처음으로 유도함.

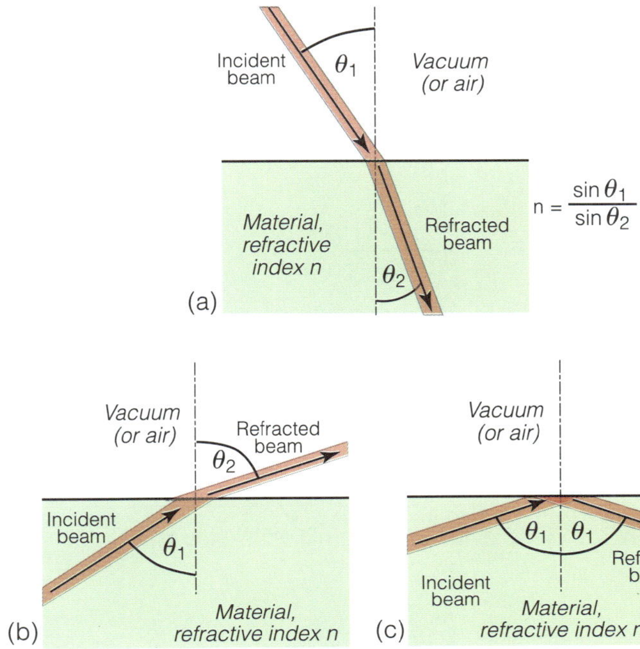

그림 16.3 굴절 및 완전 내부반사

된다. 만약에 입사각, θ_1이 천천히 증가하게 되면 나오는 빛은 점점 낮아지는데, $\theta_2 = 90^0$ 및 $\sin\theta_2 = 1$이 되는 표면과 평형하게 될 때까지 내려가게 된다. 이러한 현상이 일어나는 입사각은 식 (16.6)으로부터 아래와 같이 된다.

$$\sin\theta_1 = \frac{1}{n} \tag{16.7}$$

θ_1의 값이 이것보다 커지게 되면 공식에서 $\sin\theta_2$의 값이 1보다 커다는 것을 예측 할 수 있다. 하지만 이러한 현상은 일어날 수가 없다. 따라서 특수한 현상이 일어나게 되는데, 일반적으로 빛이 재료로부터 완전히 반사하게 된다. 이는 그림 16.3(c)에 나타나 있다. 이러한 완전내부 반사를 이용하여 많은 사용처를 갖는데, 반사카메라나 프리즘 쌍안경과 같은 경우에 빛의 경로를 휘게 하는 데 사용된다. 또 다른 사용처는 광섬유 속에 빛을 가두는 현상으로 사용하게 되는데, 이러한 응용은 현재가 우리가 사용하는 통신의 혁명을 이루었다. 반사는 굴절과 일부 상관관계가 있다. 빛이 굴절지수 n_1인 재료를 통과하여 굴절지수 n_2인 두 번째 재료의 표면에 직선으로 들어가게 되는 경우 반사율은 다음과 같다.

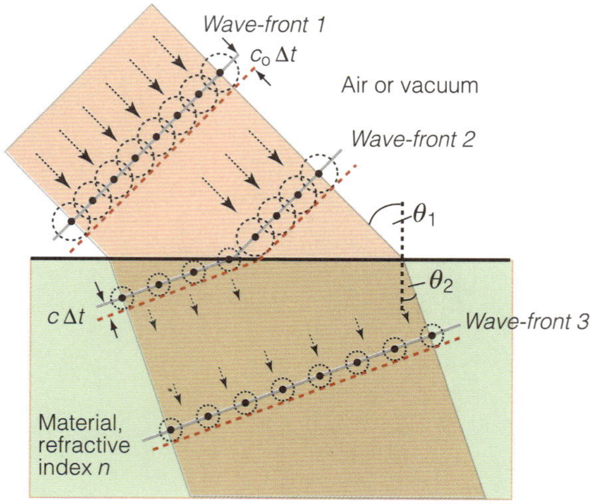

그림 16.4 왜 빛이 높은 굴절지수를 갖는 재료로 들어갈 때 휘어지는지를 설명한 Fresnel 도식

$$R = \frac{I_R}{I_o} = \left(\frac{n_2 - n_1}{n_2 + n_1}\right)^2 \tag{16.8a}$$

만약 입사광선이 굴절지수 1인 공기였다면, 공식은 다음과 같이 된다.

$$R = \frac{I_R}{I_o} = \left(\frac{n - 1}{n + 1}\right)^2 \tag{16.8b}$$

따라서 높은 굴절지수 가진 재료는 높은 반사율을 갖게 된다. 여기서 Snell과 그의 법칙을 끝내기 전에 광선이 조금이라도 휘어지는 이상한 현상에 대해서 잠시 생각해 보기로 한다. 이 생각은 앞에서도 언급한 바와 같이 빛이 유전체에 들어가게 되면 속도가 늦어지게 된다. 그렇다면 왜 빛은 직선으로 계속가지 않는가? 단순히 좀 더 천천히 가는가? 왜 휘어져야 하는가? 이러한 것을 이해하기 위해서는 우리는 Fresnel's[3]의 설명을 필요로 한다. 이는 빛이 파도의 연속에 의해서 진보된다고 생각한다. 파도의 모든 점이 하나의 원인으로 작용하게 되며 따라서 Δt의 시간만큼 파도의 연은 $c\Delta t$만큼 진보하게 된다. 여기서 c는 빛이 통과하는 매개체 내의 빛의 속도이다. 그림16.4에서 보여 주는 것과 같이 진공이나 공기 속에서는 $c = c_0$가 되며 파도 1은 $c_0\Delta t$만큼 진보하게 된다. 파가 높은 굴절지수를 갖는 매개체 내에 들어가게 되면 파의 조건은 늦어

3) Augustin Jean Fresnel(1788–1827), 프랑스 물리학자, 공학자, 빛, 굴절 및 편광이론 관련 연구로 알려짐.

지고, 따라서 그 매개체 내의 파도의 진보는 바깥쪽 경우보다 작게 된다. 이는 그림에서 파도 2가 $c\Delta t$만큼 진보한 경우이다. 만약에 입사각 θ_1이 0이 아니라면 파도는 두 번째 매개체에 연속적으로 입사하면서 휘게 되는 원인이 되고, 따라서 완전히 새로운 재료 내를 통과할 때는 반사각 θ_2로 정의할 수 있는 완전히 새로운 방향으로 진행하게 된다. 간단한 기하학은 식 (16.6)에 주어져 있다.

16.3 광학적 성질

굴절지수와 유전상수

그림 16.5는 유전체의 굴절지수 n과 유전상수 ε_R(14장에 정의됨)을 도식하였다.

하얀 원은 가시광선에 투명한 것을 나타내고, 붉은 원은 그렇지 않다. 하지만 긴 파장을 가진 복사선은 투과시킨다. (예로 Germanium이 적외선 명상의 렌즈로 사용되는 경우이다.) 또한 유리의 굴절지수가 광범위한 영역에 걸치는 것은 유리의 상학에 의해 결정된다는 것을 알아야 한다. 성분을 조정함으로써 굴절지수 n을 조정 할 수 있는 가능성은 렌즈나 광학 섬유의 재료 선택에 중요한 요소이다. n과 ε_R의 상관관계는 16.4

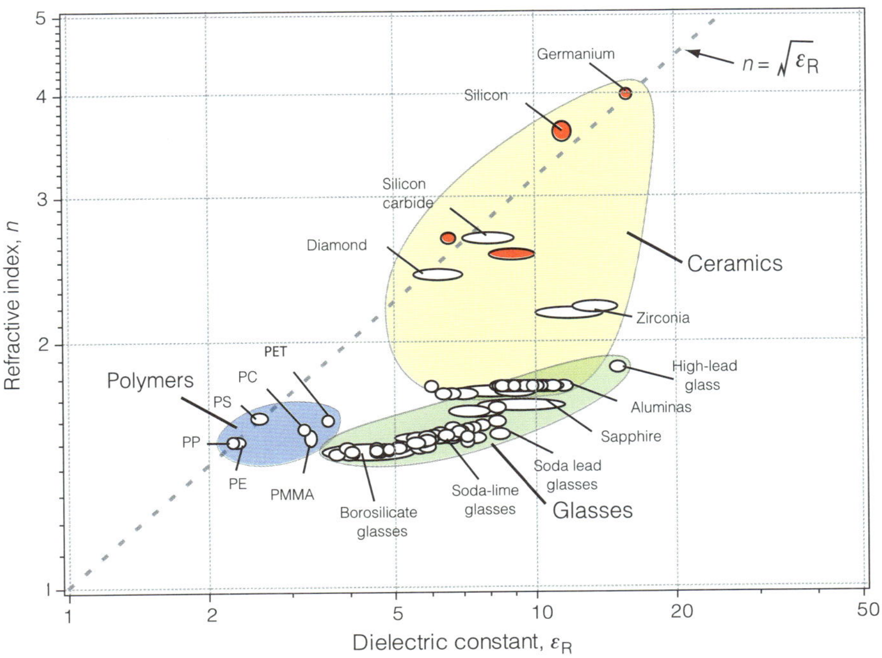

그림 16.5 대략적 관계 $n = \sqrt{\varepsilon_R}$을 보이는 굴절지수와 유전상수의 도표. (이번 및 다음 도표는 CES 데이터베이스의 레벨 3을 이용함)

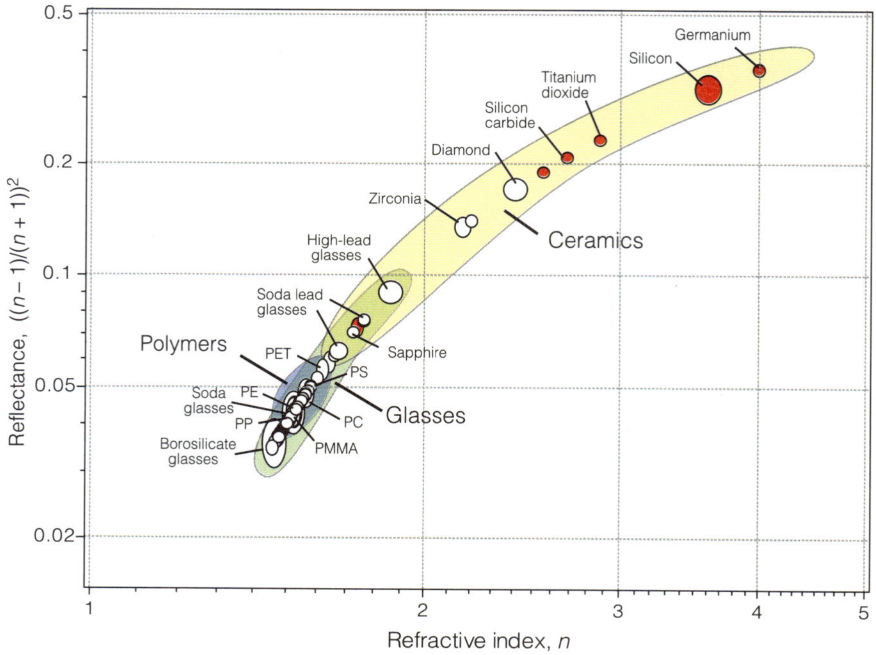

그림 16.6 굴절지수와 유전상수의 도표. 하얀 원은 가시광선에 투명하고, 빨간 원은 적외선 혹은 그 아래 파장에 투명하지만, 가시복사선에는 아니다. 다이몬드는 높은 굴절지수, 가시스펙트럼에서 반사율 및 투과성으로 예외이다.

절에서 다시 설명하겠다.

반사율과 굴절지수

거울반사와 다이아몬드의 반짝임은 높은 굴절지수로부터 기인한다. 이는 광범위하면서 완전한 내부 반사를 주게 된다. 그림16.6은 이러한 두 성질을 도식화 한 것이다. 앞 절에서 보인 것처럼 투명한 재료는 하얀 원으로 표시되었으며 불투명한 것은 빨간색으로 표시되었다. 반사가 n의 상수이듯이 많은 재료들은 특정한 선의 영역에 포함되게 된다. 높은 굴절지수는 높은 반사율로 나타나게 되고, 여기서 다이아몬드(n = 2.42)가 뛰어나다. 다이아몬드의 높은 경도와 내구성(다이아몬드여 영원하라)은 또한 희귀성은 보석으로서의 특출한 욕망성을 키웠다. 인조 보석은 값싼 대체 재료를 사용하게 되는데 모조품 다이아몬드에서도 높은 굴절지수를 갖는 것이다. 즉 Zircon, $ZrSiO_4$(n = 1.98)과 Cubic Zirconia; ZrO_2(n = 2.17)이다. 차트에 보여 주는 것과 같이 플라스틱 보석은 많이 떨어지게 되는데, n = 1.58을 가진 폴리스티렌(PS)이 많은 플라스틱 중에서 가장 높은 굴절지수를 가지고 있다. 또한 CD 포장재로, 소위 말하는 보석 같은, 사용되는 단 한 가지 이유이며 실질보석의 그것들 보다는 많이 낮은 것을 알 수 있다.

16.4 심화학습 : 광학적 물성의 물리와 응용

빛은 다른 복사선들과 같이 전자의 복사파이다. 결합된 영역이 그림 16.7에 그려져 있다. 그림 16.1의 스펙트럼에 나타난 것과 같이 전기장 성분은 주파수 ν에 따라서 진동을 한다. 진동하는 전기장은 전기성분에 대해 정확히 $\pi/2$의 위상차를 가지고 진동하는 자기장을 생성하게 되는데, 그 이유는 전기장이 가장 급격히 바뀔 때에 최고의 유도를 갖기 때문이다. 또한 편광광선이 유사하게 보이는데, 이는 전기 및 자기장이 주어진 면에 고정되어 움직이기 때문이다. 자연광의 경우에는 편광이 되어 있지 않기 때문에 파장은 회전을 하게 되고 따라서 각각의 판은 연속적으로 바꾸어지는 면을 갖게 된다.

복사선의 많은 특징은 파로 생각할 때에 쉽게 이해가 될 수 있다. 다른 것은 다르게 설명해야 하는데 복사선은 추상적인 에너지 묶음, 즉 광자로 설명한다. 추상적인 에너지 단위로 파의 개념은 직관적이지 않으며, 이는 일반적인 경험과 일치하지 않는 양자역학적인 결과이다. 주파수 ν 혹은 파장 λ의 복사선 광자의 에너지 E_{ph}는 아래와 같다.

$$E_{ph} = h\nu = \frac{hc}{\lambda} \tag{16.9}$$

여기서 h는 Planck[4] 상수이다($6.626 = 10^{-34}$J.s). 그리고 c는 복사선의 속도이다. 따라서 주어진 주파수의 복사선은 일정한 에너지의 광자를 가지며 강도와는 관계가 없고, 강한 광선은 단순히 많은 층을 갖고 있다. 이것이 반사, 흡수 그리고 투과를 이해하는 데 중요한 요소가 된다.

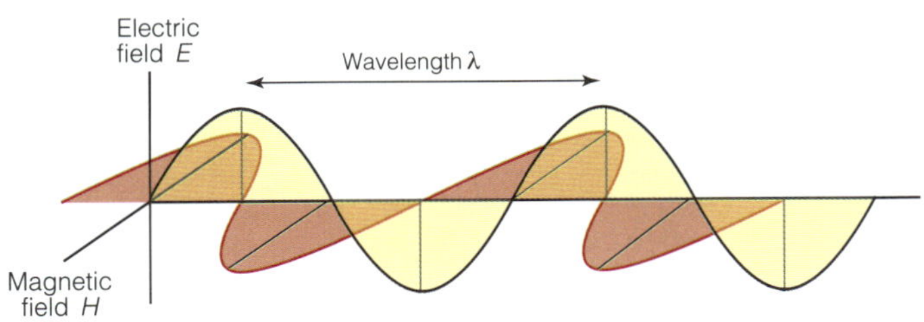

그림 16.7 전자기파. 전기장 부분은 자기장 성분(붉은색)에 $\pi/2$의 위상차를 가지고 있다.

4) Max Karl Ernst Ludiwig Planck(1858–1947), 양자이론을 발전시킨 주요학자로 식 (16.9)를 유도한 사람이다.

왜 금속들은 투명하지 않은가?

14장을 다시 생각해 보면 재료 내의 전자들은 본래원자와 분리된 에너지 수준의 궤도를 돌고 있다. 또한 단 두 개의 전자만이 같은 수준의 들어 갈 수 있다. 금속의 경우에는 그들의 유도밴드 안에 정렬된 굉장히 많은 숫자의 에너지 수준을 갖게 되는데 금속 내에 전자는 단지 그것들의 일부만을 채우게 된다. 금속의 에너지 수준을 채우는 것은 통에 물을 부을 때에 일부만을 채우는 것과 같다. 그것의 수면은 같은 수준이고, 그 후에는 빈 것이 된다. 만약에 당신이 통을 흔드는 것과 같이 물을 자극하게 되면 물의 일부는 좀 더 높은 수준으로 튀어 오르게 된다. 만약 물 튀기기를 멈춘다면, 물들은 다시 Fermi[5] 레벨로 드러나게 된다.

복사선은 전자를 자극 혹은 역위 하게 되는데, 금속들의 경우에는 전자가 자극되어 들어 갈수 있는 유도밴드 내에 많은 빈 에너지 수준이 있다. 여기서 양자효과로 설명하여 본다. 에너지 $h\nu$를 갖는 광자는 Fermi 레벨 위에 정확히 $h\nu$의 에너지 수준을 갖는 경우의 전자만을 역위하게 된다. (그리고 이 금속들의 경우에는 그러한 에너지 레벨이 있다.) 그리고 광석의 모든 광자는 그들의 파장에 관계없이 금속의 전자에 의해서만 구속된다. 그림 16.8의 좌측은 이러한 현상을 보여 주고 있다.

그럼 다음은 어떻게 되는가? 흔들리는 물이 안정 되듯이 전자도 같이 안정이 된다.

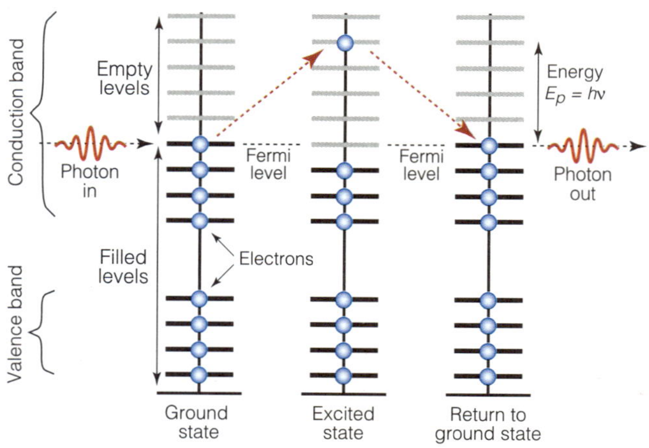

그림 16.8 금속의 광자흡수기구. 유도밴드의 가득한 부분에서 높은, 빈 에너지수준으로 전자의 이동에 따르는 에너지 흡수 도식. 전자가 떨어지면 광자는 재방출된다.

5) Enrico Fermi(1901~1954), 고체 속에 전자의 운동을 다룬 Fermi 통계법칙의 고안자. 원자탄 개발의 맨하탄 사업의 핵심 물리학자.

그러면 이러한 현상이 일어남으로써 첫 번째 역위시켰던 것과 같은 정확히 같은 에너지의 광자를 내보내게 되는데, 이때는 임의의 방향으로 나가게 된다. 재료 속으로 들어가는 어떠한 광자도 즉각 구속이 되며, 그 깊이는 표면으로부터 0.01μm(약 30원자 지름)보다 작다. 궁극적으로 금속의 표면으로부터 몽땅 방출되게 되는데, 이러한 것을 반사되었다고 한다.

많은 금속 중 은, 알루미늄 그리고 스테인리스 스틸이 이러한 예로 모든 파장의 빛을 반사 한다. 따라서 이 재료가 백색 빛에 노출이 되게 되면 그들은 은색으로 보이게 된다. 다른 금속 예로 구리, 황동, 청동은 어떠한 색은 다른 것들보다 더 잘 반사를 하게 되고, 빛의 일부가 표면으로부터 약간 침투해 들어가서 일부의 파장이 약간 흡수되었기 때문에, 색깔을 띠게 된다. 여기서 금속의 반사는 유도밴드의 위쪽에 있는 전자와 관계가 있다. 또한 위쪽의 전자들은 전기전도성과 연관이 있다. 이러한 이유에서 가장 좋은 금속 반사경은 가장 전기전도도가 좋은 금속을 사용하게 되고, 높은 품질의 거울은 은을 사용하고, 값싼 것은 알루미늄을 사용하는 이유이다.

왜 빛은 유전체를 통과하는가?

만약 전자들이 광자들을 강탈한다면 어떻게 일부 고체재료는 투명한가? 즉, 빛이 재료를 투과하게 되는가? 비금속은 다른 복사선과 다르게 반응한다. 복사선의 일부는 반사되지만 대부분은 재료에 침투하게 되고, 유전 및 자기 반응을 일으키게 된다. 따라서 전자기 복사파의 속도는 이것이 통과하는 재료의 유전 및 자기 성질의 따르게 되는 것이 당연하다.

진공 속의 속도는

$$c_o = \frac{1}{\sqrt{\varepsilon_o \mu_o}} \tag{16.10}$$

이고, 여기서 ε_0는 진공에서의 전기 유전율이다. μ_0는 14장과15장에서 정의한 것과 같이 자기 투과율이다. 재료 내에서의 빛은 속도는

$$c = \frac{1}{\sqrt{\varepsilon \mu}} \tag{16.11}$$

과 같고, 여기서 $\varepsilon = \varepsilon_R \varepsilon_0$와 $\mu = \mu_R \mu_0$는 재료의 유전율과 투자율이다. 따라서 굴절지수는

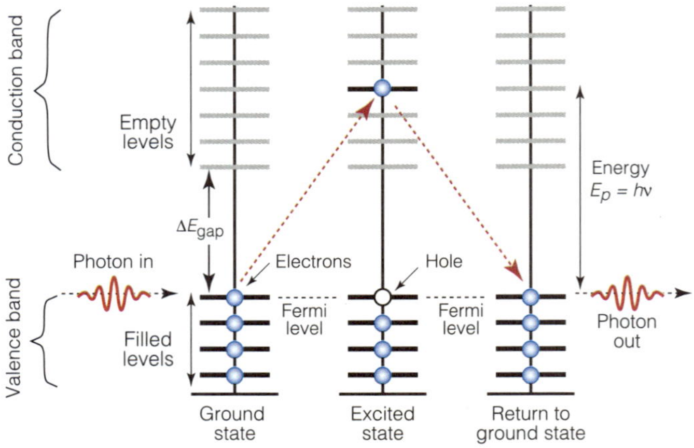

그림 16.9 유전체는 빈 유도밴드와 분리되는 에너지 공간을 갖는 완전한 밴드를 가진다. 재료가 ΔE_{gap}보다 작은 에너지를 가진 광자를 잡지 못하게 되고 재료는 이 주파수 영역에서는 투명하게 된다. 여기서는 ΔE_{gap}보다 큰 에너지를 가진 광자가 흡수되는 것을 보여 준다(그림 내 유도밴드, 외곽밴드, 기지상태, 여기상태, 기지상태로 회복).

$$n = \frac{c_o}{c} = \sqrt{\varepsilon_R \, \mu_R} \tag{16.12}$$

이다. 대부분의 유전체의 상대 투자율μ_R은 1에 가깝고, 15장에 언급된 자기 재료들만 높은 값을 갖게 된다. 따라서

$$n \approx \sqrt{\varepsilon_R} \tag{16.13}$$

그림 16.5는 각 좌표가 n과 ε_R이다. 이 공식(로그눈금으로 직선이 됨)을 그리면 대각선이 된다. 고분자 재료 및 다이몬드, 실리콘, 제라늄 같은 순수 재료는 이 대각선에 가까우나, 다른 재료는 잘 일치하지 않는다. 이것은 굴절지수와 유전상수가 주파수와 관계가 있기 때문이다. 굴절지수는 일반적으로 광학적으로 측정되고 이는 광학 주파수, 약 10^{15}Hz임을 뜻한다. 유전상수들은 특히 주파 전파수, 10^6Hz, 혹은 그 아래에서 측정된다. 만약 위의 두 상수가 같은 주파수에서 측정된다면 식 (16.13)은 유효하다.

어떤 파장이 복사선이 유전체에 침투할 수 있는 이유는 이것의 페르미 수준이 최외각 밴드의 최고점, 빈 밴드(14장 및 그림 16.9)가 바로 아래에 있기 때문이다. 많은 수의 비어있는 수준의 유도밴드가 바로 위에 위치한다. 전자를 공간 사이로 여기(厲起)하기 위하여서는 적어도 공간 ΔE_{gap} 넓이보다도 큰 에너지의 광자가 필요하다. 따라서 광자 에너지가 ΔE_{gap}보다도 작은 복사선은 전자들을 여기시킬 수 없고, 전자들이 여기되어 들어갈 공간내의 에너지 상태가 아니다. 복사선이 투명한 재료를 통과할 때 어떠

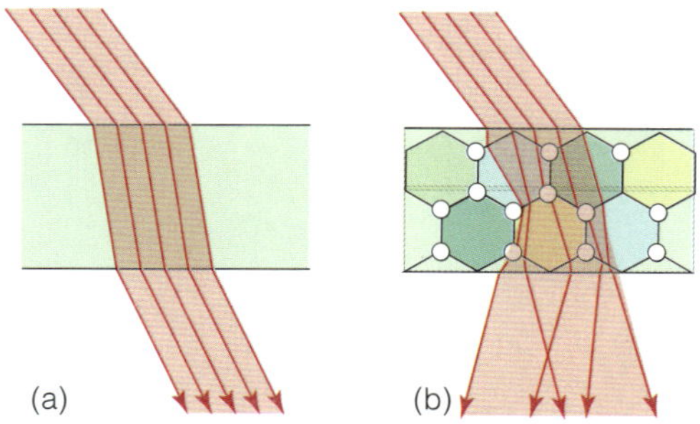

그림 16.10 (a) 내부구조없고 큰 밴드의 공간을 갖는 순수 유리는 완전히 투명하다. (b) 다결정체 세라믹 혹은 일부 결정의 고분자에 들어가는 빛은 많은 굴절을 하며, 기공에 의한 산란으로 반투명이 된다.

한 작용도 없이 그냥 지나쳐 간다.

하여간 전자들은 ΔE_{gap} 에너지(즉 높은 주파수와 짧은 파장)보다 큰 광자의 복사선에 의해 여기된다. 이 광자들은 전자들을 유도밴드에 들어가게 할 충분한 에너지를 가졌고, 그들이 이동한 외곽밴드에 구멍을 남긴다. 광자들이 다시 원위치로 오면 구멍은 막히고 처음 그들을 여기한 것과 같은 파장의 복사선을 방출한다. 그리고 그러한 파장의 재료는 투명하지 않게 된다(그림 16.9에서 오른쪽). 상호작용이 일어나는 임계주파수 ν_{crit}는 아래와 같이 주어진다.

$$h\nu_{crit} = \Delta E_{gap} \tag{16.14}$$

이보다 높은 주파수에서는 재료는 불투명하다. 따라서 베이커라이트는 적외선 빛에 투명한데 이는 주파수가 낮고, 이것의 광자가 전자를 밴드공간으로 보내기에는 너무 약하기 때문이다. 하지만 가시스펙트럼은 밴드공간의 에너지보다 큰 에너지의 광자를 가진 높은 주파수를 가지므로 모두 흡수되고 반사된다.

비록 유전체는 밴드공간의 에너지보다 적은 광자의 복사선은 흡수하지 못하지만, 유전체는 모두 투명하지는 않다. 대부분은 다결정체이고, 방향에 따라 다른 굴절지수를 가진다. 따라서 빛은 하나의 결정에서 다른 결정으로 통과할 때 산란이 된다. 결함, 특히 다공은 같은 역할을 한다. 비록 완전한 단결정으로 투명한 경우라도, 그림 16.10에 보인 것과 같은 산란은 재료를 반투명 혹은 불투명하게 한다. 따라서 장식용 결정, 시계유리 및 예로 비행기의 조종석 창문에 사용되는 사파이어(알루미나 세라믹)는 투명하나, 전자 대체 재료로 사용되는 약간의 다공을 가진 다결정체의 경우는 반투명하거나 불투명하다. 산란은 왜 고분자 재료가 반투명 혹은 불투명한지를 설명하고 있다. 이는 미세구조가 다른 굴절지수를 가지는 결정과 비결정의 혼합체이기 때문이다. 또한

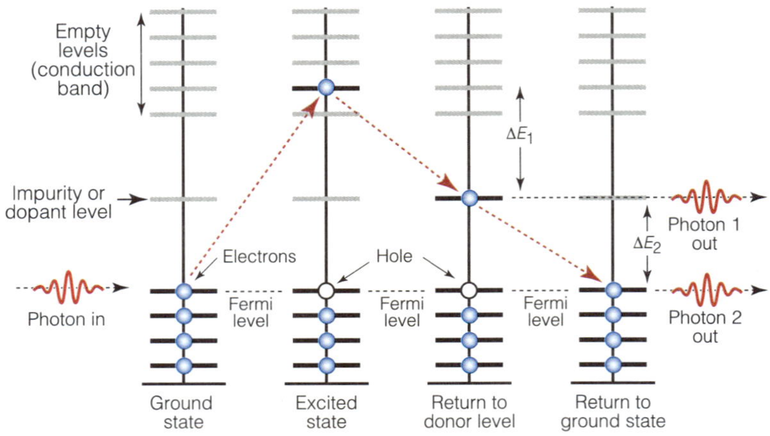

그림 16.11 불순물 혹은 도핑은 밴드공간에 새로운 에너지 수준을 형성한다. 이 수준에 출입하는 전자는 특별한 주파수 및 색의 광자를 발산한다.

이것은 굽히면 일부 고분자 재료는 흰색으로 변하는 이유이다. 즉, 6장에 설명된 재료 내부의 미세크랙인 크레이즈에 의해 빛이 산란되기 때문이다.

색

만약 재료가 가시범위 내의 ΔE_{gap} 에너지의 밴드공간을 가진 경우, 이보다 큰 에너지의 파장은 흡수되고, 이보다 적은 에너지 파장은 흡수되지 않는다. 흡수된 복사선은 여기된 전자가 더욱 낮은 에너지 상태로 떨어지면 재발광 된다. 하지만 처음 흡수된 전자가 아닌 다른 것이 될 수도 있고, 방사하는 광자는 다른 파장을 가졌다. 재료에서 방사하는 빛은 투과와 재방사하는 파장의 혼합 상태로 특별한 색을 가지게 된다.

특별한 색의 조정은 도핑에 의해 가능한 데 그림 16.11에서 보인 것과 같이 의도적으로 불순물을 입혀서 새로운 에너지수준을 형성하면 가능하다. 복사선은 예전과 같이 흡수되나 재방사시 2개의 뚜렷한 영역, 즉 전자들이 도핑재료의 밴드까지 먼저 떨어졌다가 주파수가 $\nu_1 = \Delta E_1/h$인 광자로 방사되고, 또 일부는 최외곽밴드로 되돌아가 두 번째 $\nu_2 = \Delta E_2/h$인 광자로 방사된다. 특히 순수한 색은 유리가 금속이온으로 도핑되었을 때 나며 구리는 청색, 코발트는 보라색, 크롬은 녹색, 마그네슘은 노란색을 낸다.

형광, 인광 그리고 전계 발광

전자들은 에너지가 큰 입사 광자에 의해 높은 에너지 상태로 여기된다. 진공관의 음극선과 같은 충전된 전자도 같은 역할을 한다. 대부분의 재료는 흡수된 에너지를 재방사하고 아래 밴드로 내려오는 데는 시간이 필요하다. 만약 되돌아오는 과정에서 방사한 광자가 가시범위이면 이 효과를 발광이라 한다. 입사 빛이 제거된 상태에도 계속 방사되는 현상이다. 또한 지연 방사 상태가 몇 초만 유지되면 형광이라 하고, 가스 배출로부터 적외선에 의한 여기되는 형광등 혹은 주사전자 빛으로부터 여기되는 TV 브라운관이 된다. 만약 지연 방사가 길게 되면 이를 인광이라 한다. 이는 움직이는 동영상을 형성하는 데 더 이상 유용하지는 않지만 시계 표시와 같은 정지영상에 사용되는데, 이는 페인트안의 순한 방사선 물질로부터 나오는 전자(β-분자)로부터 여기된다.

광전도도

유전체들은 만약 유도밴드 내에 전자들이 없으면 진짜 절연체가 된다. 만약 조금이라도 있다면 전자를 가속시키는 밴드가 형성되고 전기가 흐른다. 가시광선의 광자가 다른 쪽의 전자를 여기시킬 수 있는 충분히 좁은 빈 밴드를 가진 유전체들은 비록 큰 저항이 있더라도 빛에 노출되면 전도를 한다. 빛의 강도가 크면 클수록 큰 전도성을 보인다. 광측정기는 이 현상을 이용했는데 이 기계는 단순히 카드뮴 설파이드와 같은 광전도 요소의 저항을 전교회로(bridge circuit)로 측정하는 것이다.

16.5 광학적 설계

반사와 굴절의 이용

망원경, 현미경, 카메라, 자동차 전조등은 모두 빛의 집중에 의해 이루어진다. 반사 현미경 및 자동차 전조등은 금속을 입힌 유리 혹은 플라스틱 표면을 이용하여 오목한 형태로 모양을 만들어 이용한다. 일반적으로 금속은 은을 사용하는데 넓은 광학영역에서 높은 반사율을 보이기 때문이다.

굴절 망원경, 현미경 및 카메라는 렌즈를 사용한다. 여기서 중요한 성질은 굴절지수 및 파장(파장이 크면 빛의 다른 파장은 다른 면에 조정이 된다), 또한 반사율(반사된 빛은 사라지고 이미지 형성에 도움이 되지 않음)에 따른 굴절지수이다. 그림 16.5는 대부분의 요소와 화합물들은 일정한 굴절지수를 가진 것을 보여 준다. 유리의 경우는 다른데 그것들의 굴절지수는 1.5에서 2보다 큰 범위의 값이다. 나트륨(소다-석회 유리 경우)같은 가벼운 요소에 어떤 성분을 넣으면 낮은 굴절지수를 갖고, 납(납유리 혹은 결정유리 경우)과 같은 중금속을 넣으면 높은 굴절지수를 갖는다.

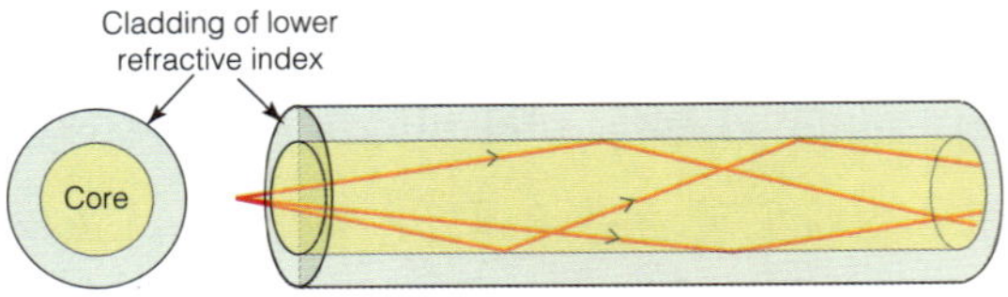

그림 16.12 광섬유. 점진적인 굴절지수(graded refractive index)는 완전 내부반사에 의해 빛을 가두며 굽혀진 섬유 내에서도 유지된다.

전체 내부 굴절의 이용

광섬유는 정보의 디지털 전송의 혁명을 가져왔다. 현재 거의 모든 지상 전송은 구리선 대신에 광섬유를 전송체로 사용한다. 단 광섬유는 그림 16.12에 보인 것과 같이 순수 유리의 핵심부분과 낮은 굴절지수를 가진 다른 유리의 외피로 이루어져 있다. 디지털 신호는 빛을 내는 다이오드에 의해 광학 파동으로 바뀌어 광섬유에 투입된다. 광섬유가 구부려진 경우에도 신호는 핵심부분에 남게 되는데 이는 핵-외피경계에 낮은 각도로 충돌하는 모든 빛은 전부 내부 반사가 일어나기 때문이다. 석영유리의 핵심부분 순도는 높아서 흡수는 거의 없으므로, 장거리 송신을 위하여서는 가끔 빛을 받아 확대하고 재전송하는 장치가 필요하다.

16.6 요약 및 결론

재료들은 여러 가지 방법으로 전자기 복사선에 반응한다. 즉, 반사, 굴절 및 흡수한다. 이는 복사선이 주파수 ν의 파장으로, 또한 에너지 $E_{ph} = h\nu$의 뚜렷한 광자 흐름이기 때문이다. 만약 에너지 수준이 그들이 차지할 접지상태보다 높은 상태, E_{ph} 상태이면 재료내의 전자는 광자 에너지를 갖는다. 일반적으로 짧은 시간적 지연 후에 전자는 다시 접지상태로 되돌아가고, 새로운 광자로 에너지를 발산한다. 금속의 경우 항상 사용 가능한 에너지를 가지고 있으므로 금속에 부딪치는 모든 광자는 흡수 및 나오게 되는데, 즉 반사를 한다. 유전체의 경우는 원자들은 낮은 주파수, 낮은 에너지의 광자에는 반응이 없고, 빈 밴드에 의해 결정되는 임계수준 이상의 에너지를 가진 것을 흡수한다. 흡수되지 않은 것은 바로 투과되어 나가게 되고 이러한 재료는 투명하다. 도핑은 전자가 그들의 에너지를 발사하면서 구속되는 빈 밴드에 추가로 자리를 만드는 것이다. 따라서 특정한 주파수 및 색을 가지는 광자를 발산하게 된다.

복사선이 유전체에 들어가면 속도는 느려진다. 이 결과로 각도를 가진 빛은 휘게 되고 이러한 현상이 굴절이다. 빛이 렌즈에 의해 이러한 현상이 일어나고, 프리즘에 의해 반사되며, 투명하고 정밀한 섬유에 구속되어 정보를 전한다.

우리 주위에 많은 투명한 재료 중에 유리가 가장 다양한 굴절지수 및 색을 제공한다. 유리는 비정질 실리카, SiO_2를 기초로 하고 있다. 실리카는 특별히 좋은 용매로 다양한 산화물이 넓은 범위의 농도로 용해하게 한다. 이는 유리의 광학적 성질이 다양한 디자인에 사용되게 하는 이유이다.

16.7 참고문헌

Callister, W.D., Jr (2003), *Materials science and engineering*, An *Introduction*, 6th edition, John Wiley, New York, USA. ISBN 0-471-13576-3. (*A well-established and comprehensive introduction to the science of materials.*)

Jiles, D. (2001), *Introduction to the Electronic Properties of Materials*, Nelson Thompson, Cheltenham, UK. ISBN 0-7487-6042-3. (*A refreshingly direct approach to the thermal, electrical, magnetic and optical properties of materials and their electronic origins.*)

16.8 연습문제

연습문제 E16.1 굴절지수를 정의하고 굴절을 이용하는 장치 5개를 기술하라.

연습문제 E16.2 반사를 정의하고 이용하는 장치 5개를 기술하라.

연습문제 E16.3 광학 주파수에 따른 폴리에틸렌의 흡수계수는 $86.6 m^{-1}$이다. 처음 값의 반만 빛의 강도를 투과시킬 폴리에틸렌의 두께는 얼마로 해야 하는가?

연습문제 E16.4 왜 금속은 복사선의 좋은 반사체인가?

연습문제 E16.5 온실의 소다유리를 폴리카보네이트(PC)로 교체할 예정이다. PC유리가 빛은 더 많이 반사하겠는가? PC 및 유리의 반사계수는 각각 1.6과 1.5이다.

연습문제 E16.6 장식용 및 고급그릇 으로 사용되는 워터포드와 슈튜벤 유리는 납산화물을 포함하는 높은 납유리이다. 그림16.6에 보인 정보를 이용하여 성분을 설명하여 보라.

연습문제 E16.7 X-ray장치는 빔이 지나가게 베릴륨 유리창을 가졌다. X-ray파장에 대한 베릴륨의 흡수계수는 $3.02 \times 10^2 m^{-1}$이다. 만약 유리창의 두께가 2 mm이면 몇%의 입사 빔이 투과하겠는가? 장치의 나머지 부분은 흡수계수가 $3.35 \times 10^6 m^{-1}$인 4mm의 납으로 만들어져 있다. 몇%의 X-ray 입사 빔이 장치의 다른 부분을 빠져 나가겠는가?

연습문제 E16.8 온실의 점등 스위치를 무슨 원리로, 어떠한 재료를 선택하겠는가?

연습문제 E16.9 차고에 움직이는 사람이 없으면 조명이 끄지는 열 감지 스위치를 무슨 원리로, 어떠한 재료를 선택하겠는가?

연습문제 E16.10 광섬유의 유리 핵심부분의 굴절지수 $n_1 = 1.48$이고, 외피유리의 굴절지수 $n_2 = 1.45$이다. 입사광 신호가 핵심 유리부분에 구속되기 위해서는 핵심 축으로부터 벗어날 최대 각은 얼마인가?

16.9 CES를 이용한 설계 탐구

연습문제 E16.11 *"Seach"* 도구를 이용하여 아래의 목적에 맞는 재료를 찾아라.

(a) 렌즈
(b) 거울

연습문제 E16.12 가장 가격이 싼, 사출로 만들 새로운 장신구를 만들 고분자를 선택하여 보라. 이것의 투명도는 좋아야 하며, 최대한 높은 굴절지수를 가져야 한다. 아래 표는 필요한 요구조건이다.

목적	• 플라스틱 장신구
한계	• 투명성이 좋을 것 • 사출이 가능해야 • 가격은 kg당 5000원 이하
목표	• 굴절지수 극대화
고려사항	• 재료의 선택

연습문제 E16.13 반사 만원경의 반사체 유리 재료가 필요하다. 이 재료는 적어도 50 GPa의 탄성계수를 가져 자체무게에 의해 휘지는 않아야 한다. 또 은으로 입혀질 표면은 뒤틀림이 없어야 하고, 가능하면 낮은 열팽창으로 열에 의한 뒤틀림도 없어야 한다. 또 연마하기 전에 성형 혹은 주물로 기본 형태를 만들 수 있어야 한다. CES를 사용하여 가능한 재료를 선정하라.

목적	• 거울 반사체
한계	• 탄성계수가 50GPa보다 커야 • 공정 : 사출성 5
목표	• 최소 열팽창 계수에 경도 극대화
고려사항	• 재료의 선택

연습문제 E16.14 광학적으로 투명하고 성형성 비교가 5를 가지고, 콘택렌즈로 사용하기 위해 담수 및 해수에 강한 재료를 찾아라.

16.10 CES 요소를 이용한 과학 탐구

연습문제 E16.15 실험식 Hagen-Rubens의 법칙은 재료의 반사율 R이 아래와 같다.

$$R \approx 1 - 0.02\sqrt{\rho_e}$$

여기서 전기저항 ρ_e는 $\mu\Omega$.cm단위이다) y축이 R이고, x축이 전기전도성, $1/\rho_e$인 도표를 만들어라. 최고의 반사율을 갖는 3가지 요소를 찾아라.

연습문제 E16.16 이 장에서 반사지수 n은 유전상수 ε_R과 아래와 같은 관계임을 보였다.

$$n = \sqrt{\varepsilon_R}$$

y축이 n이고, x축이 $\sqrt{\varepsilon_R}$인 도표를 만들고 여러 요소들로 위의 공식이 얼마나 정확한지를 보여라. 또 가장 잘 맞는 요소를 찾아라.

제 17 장

내구성 : 산화, 부식 및 열화

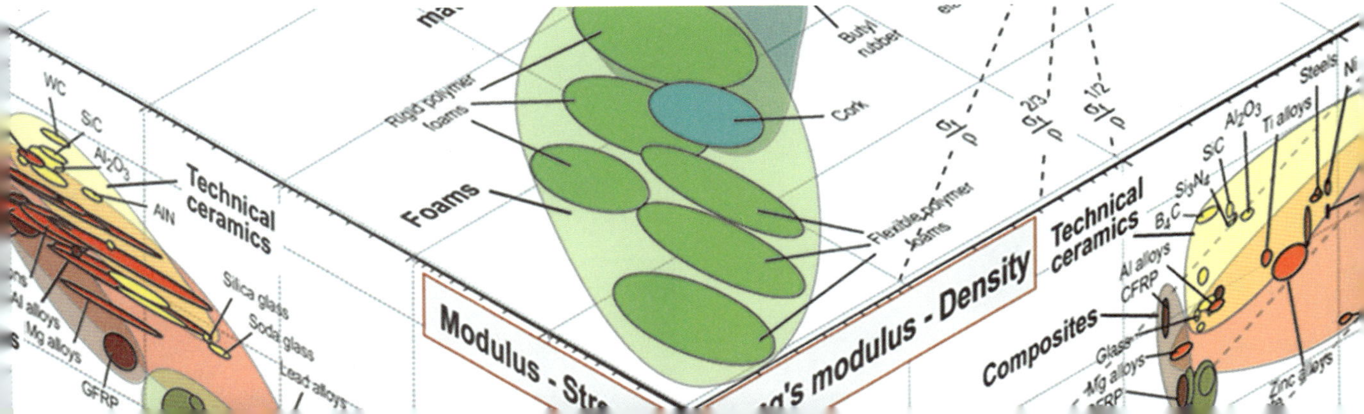

부식(Norbert Wodhnl 제공)

17.1 서론 및 개요

성 마태의 성서에 따르면 "얼룩과 녹은 오염된 것이다"는 부식, 열화 및 퇴화(앞장 그림)가 있는 세상에 우리는 살고 있다. 이 장을 시작하면서 유쾌한 생각은 아니다. 하지만 그것들은 이해함으로 어느 정도 억제는 가능하다. 이 장에서는 재료가 어떻게 열화 혹은 부식되는가, 어떻게 측정하며, 어떻게 늦출 것인가를 설명한다.

먼저 재료가 어떻게 열화되는 방식부터 시작한다. 당연히 많은 방식이 있다. 방사선 및 열에 의한 손상의 영향이 있다. 지난 장에서 본 역방향의 물성변화는 없다. 하지만 환원이 불가능할 정도로 손상시킬 화학적 변화가 원인이 된다. 공격적인 화학물질 즉 산, 알칼리, 고분자 재료에 영향을 미치는 유기용제의 공격이다. 또 담수에서도 일어나는 액상부식이 있는데 이는 산소가 용해되는 경우로 굉장히 공격적이다.

여기에는 많은 다른 물성이 관여하므로 2개의 과학적 분석을 한다. 첫 번째는 산화, 화염성 및 광열화로 탐구하고, 두 번째는 액체에 의한 부식으로 탐구한다. 각 부분은 열화를 억제하는 방법 설명으로 끝내고자 한다.

17.2 산화, 화염성, 그리고 광–열화

모든 요소 중에 가장 안정된 것은 산화물이다. 이러한 이유에서 지구상에 존재하는 대부분은 간단하거나 혹은 복잡한 산화물, 예로 화강암 같은 규산염, 현무암 같은 알루민산염, 석회석 같은 탄산염으로 만들어져 있다. 열화학, 전기화학 및 합성의 기술로 그러한 산화물들은 공학적인 재료로 가공된다. 그러나 공학적인 재료는 일반적으로 산화물은 아니다. 그들의 일부는 굉장히 빠르게, 일부는 천천히 만들어지고, 또는 높은 온도일수록 빠르게 재산화된다. 높은 온도에서 안전한 설계를 위해서는 우리는 산화 속도를 이해해야 한다.

정의 및 측정

그림17.1은 금속 산화율을 측정하는 방식이 그려져 있다. 얇은 재료 판(표면비가 큰)이 일정한 온도 T에서 시간의 지남에 따라 무게가 늘거나, 줄어드는 경우로 Δm를 측정한다. 만약 재료표면에 산화물이 붙어있는 경우 시편의 무게 증가는 시간 t에 따라 선형($\Delta m \propto t$) 혹은 포물선형($\Delta m \propto t^{1/2}$)이다. 만약 산화물이 휘발성이면 시편은 그림 17.2에서와 같이 시간에 따라 무게가 선형적($\Delta m \sim -t$)으로 감소한다.

고분자도 역시 산화가 되는데 좀 더 극적으로 진행된다.

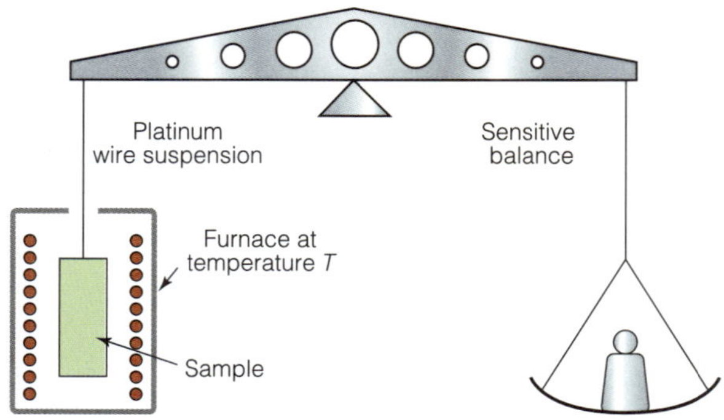

그림 17.1 산화율 측정

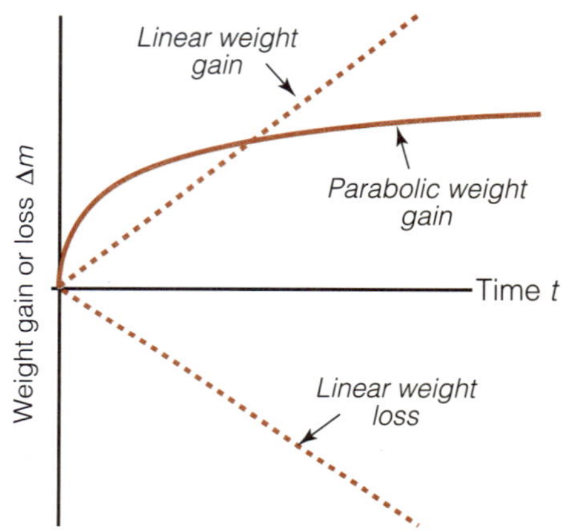

그림 17.2 산화율 : 선형적 중량증가, 포물선적 중량증가 및 선형적 손실

화염성

무기재료 및 유리는 타지 않는다. 만약 미세분말로 된 금속은 연소될 가능성이 있으나 큰 덩어리는, 마그네슘도 포함해서, 불에 타지는 않는다. 반면에 대부분의 고분자는 정도의 차이는 있으나 고유한 형태로 불이 붙는다. 발화가 되면 어떤 것은 순식간에 붙고, 다른 것은 불에 직접 노출될 경우에만 붙기도 한다.

몇 가지로 화염성을 구분할 수 있다. 가장 합리적인 것은 억제산소지수(*LOI*)로 이것은 계속 불이 붙기 위해서 필요한 산소 농도 %이다. 대기는 대략 21%의 산소를 가지고 있다. 산소지수가 이 값보다 아래인 고분자 재료는 공기 중에서 쉽게 탄다. 만약 이것보다 높은 값의 고분자 재료는 불의 영향이 없으면 자체적으로 꺼지게 되거나 불에 직접 다이면 탄다. 따라서 높은 산소지수는 계속 연소의 가능성을 뜻한다. 합리적이지

표 17.1 화염성 비교

산소지수(LOI)	실험실보증 94(1.6mm)	화염성
16까지	기준 설정 안 됨	화염
16-20	HB	
21-24	HB	
25-29	V-2	
30-43	V-0	자체 진화
44이상	V-0 혹은 이상(예: 5V)	

는 않지만 실험실보증(UL) 평가가 많이 사용되었다. 1.6mm 두께의 고분자 조각을 수평(H) 혹은 수직(V)으로 불을 붙인다. 이때 반응을 HB(수평 화염)의 기호로 기록한다. 표 17.1은 서로의 기준을 비교하였다.

광-열화

산화를 시키기 위하여 고분자재료에 불을 붙일 필요는 없다. 고분자 혹은 고무는 빛(특히 자외선)과 산소에 노출되면 열화가 되는데 강도, 탄성 및 인성이 낮아지는 또한 탈색 및 탈광의 원인이 된다. 이 경우는 첨가물, 산화 방지제, 빛 안정제, 형광표백제, 등을 넣어서 해결한다. 이것들의 일부는 일반적으로 사용되는 고분자 재료에 충분히 포함되어 저항성이 좋게 한다. PP, ABS, 폴리스타린, PET, PMMA, 폴리카보네이트, 나일론 및 폴리우레탄(PU)은 모두 자외선차단의 보호가 필요하다.

17.3. 산화기구

산화 작용

실온에서 대부분의 금속 산화율은 공학적 문제가 될 정도로 빠르지는 않다. 실제로 다른 형태의 부식으로부터 금속들을 보호하는 이점이 있다. 하지만 온도가 올라가면 산화속도가 증가하고 문제가 된다. 금속이 산화되는 동력은 산화의 자유에너지, 즉 산소와 반응할 때 방출되는 에너지이다. 하지만 큰 산화 동력이 항상 빠른 산화를 뜻하지는 않는다. 일반적으로 산화물과 관련이 있다. 산화율은 산화 반응의 운동(율)에 의해 결정된다. 금, 백금 등과 같은 것을 제외한 금속이 공기 중에 노출되면 즉시 굉장히 얇은 산화물막을 형성한다. 이 반응은

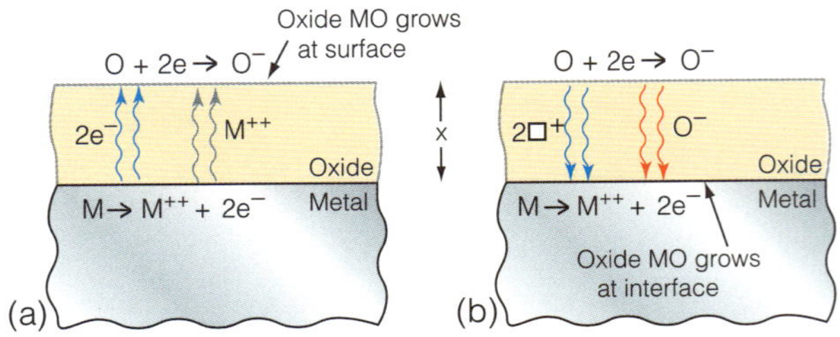

그림 17.3 산화기구. (a) 금속 확산 및 전자유도로 형성, (b) 산소 및 전자구멍의 확산에 의한 형성

$$\text{M(metal)} + \text{O(oxygen)} \rightarrow \text{MO(oxide)} + \text{energy} \tag{17.1}$$

산화막이 형성되고 막 아래 금속은 산소로부터 격리된다. 만약 이러한 반응이 오래되면 막 아래로 산소가 들어가게 된다.

그림 17.2에는 2가지의 다른 반응을 보여 준다. 어떤 금속은 산화가 일정한 속도로 진행되면서 선형적인 중량 증가를 보인다.

$$\frac{\mathrm{d}m}{\mathrm{d}t} = k_\ell \quad \text{giving} \quad \Delta m = k_\ell t \tag{17.2}$$

여기서 k_ℓ은 선형운동 상수이다. 이는 산화막이 갈라지거나 혹은 두꺼워 떨어져 나가기 때문이고 이때는 아래 금속을 보호하지 못하게 된다. 어떤 금속은 이때도 산화에 강하다. 이들 표면에 생긴 막은 압축적이며, 태생적으로 금속에 강하게 붙는다. 이러한 경우는 중량 증가가 시간에 따라 서서히 증가하는 포물선 형태인 데, 이때 산화율은 아래와 같다.

$$\frac{\mathrm{d}(\Delta m)}{\mathrm{d}t} = \frac{k_\mathrm{p}}{\Delta m} \quad \text{giving} \quad \Delta m^2 = k_\mathrm{p} t \tag{17.3}$$

여기서 k_p는 포물운동 상수이다. 형성된 막은 산소로부터 금속을 분리한다. 반응이 계속되면 산소는 막 안으로 확산되어 들어가 금속에 도달되거나, 금속 원자가 확산되어 바깥쪽의 산소와 만나게 된다. 동력은 산화의 자유에너지이고, 산화율은 확산율에 의해 결정된다. 따라서 두꺼운 막일수록 산화 시간이 오래 걸린다.

그림 17.3은 산화막의 생성을 보여 준다. 반응은 산화물 MO를 생성시키기 위해 2개의 순서를 갖는다.

$$M + O = MO$$

금속은 먼저 금속 이온, M^{2+}으로 되며 전자를 방출한다.

$$M = M^{2+} + 2e$$

그 다음 전자는 산소에 흡수되어 산소이온이 된다.

$$O + 2e = O^{2-}$$

문제는 산소 반응에 반하여 위의 첫 번째 반응은 산화물의 금속 쪽에서 일어난다. 금속이온이나 전자가 산소와 결합하기 위하여 밖으로 확산되고, 혹은 산소나 전자구멍(14장에 설명)은 금속 안으로 확산된다. 만약 다른 여러 산화물과 같이 산화막이 전기 절연체이면 전자의 침투는 불가능하고 따라서 산소는 안으로만 확산되어야 한다. 산소의 농도편차는 가스 C_o를 막의 두께 x로 나눈 것이다. 막의 생성속도는 막을 통해 확산하는 원자의 유동에 비례한다. 따라서

$$\frac{dx}{dt} \propto D\frac{C_o}{x} = K_o\left(\exp - \frac{Q_d}{RT}\right)\frac{C_o}{x} \tag{17.4}$$

여기서 D는 확산계수이고, K_o는 운동상수, 그리고 Q_d는 산소의 확산 운동에너지이다. 적분하면 아래와 같이 되고

$$x^2 = k_p t$$

이는 산화율이 온도의 상승에 따라 급속히 증가하며, 산화막 생성이 포물선 형태인 이유이다. 대부분의 보호막은 낮은 확산계수를 가진 것으로, 이는 높은 용융점을 갖게된다. 따라서 알루미늄의 Al_2O_3 산화막, 스텐리스 스틸 및 크롬 판의 Cr_2O_3막, 고실리콘주철의 SiO_2막이 그렇게 보호 작용을 하는 이유이다.

모든 산화물은 포물선 형태로 생성되는 것은 아니다. 선형적인 무게 증가를 보이는 것은 형성되는 산화물이 알차게 되지 않고, 부피의 과다한 변화 및 산소에 노출되는 새로운 표면의 연속적인 노출, 등으로 부서지거나 혹은 깨어지기 때문이다. 또 다른 형태인 선형적인 중량 감소는 산화물이 휘발적인 경우 및 생성과 동시에 단순히 휘발되는 경우 일어난다.

17.4 산화에 강한 금속 만들기

난방기, 노(furnace)의 부품, 발전 혹은 화학공장의 부품들은 고온에서 공기에 노출되어 사용된다. 백금의 산화물이 금속자체보다 덜 안정되었으므로 우리가 원하는 순수금속은 백금이어야 한다(사실, 어떤 특수 노의 경우 백금도포를 가짐). 만약 값싼 실용적 재료라면 합금이 된다.

당연히 이미 산화된 산화물은 고온에서 안정된다. 고온에서의 보호를 위한 방법은 주철, 탄소강 혹은 니켈합금과 같은 금속을 산화물과 같이 입히는 것이다. 열 난방기(대부분 SiO_2인 유리 보호막)는 범랑화로 보호하고, 터빈 날은 산화 지르코니아(ZrO_2)를 기초로 한 프라즈마 처리된 TBC를 입힌다(13장 참조). 하지만 이러한 보호막은 값이 비싸고 손상을 입으면 역할은 하지 못한다.

또 다른 방법으로 금속의 산화저항을 향상시키는 것은 손상을 입으면 자신이 보수하는 경우이다. 크롬(Cr_2O_3), 알루미늄(Al_2O_3), 티타늄(TiO_2) 및 실리콘(SiO_2)의 산화물들은 굉장히 높은 용융점을 갖고 있다. 따라서 이들을 통해 다른 금속 혹은 산소가 확산되기에는 늦다. 또한 전기 불연체이므로 전자가 통과하지도 못한다. 산화기구는 확산과 전도가 필요하다. 따라서 k_p의 속도상수가 작으면, 미세한 분자 두께에도 산화물의 형성이 막힌다. 이러한 산화물들은 접착력이 좋고, 보호 능력이 좋아, 보호막 없이 반응에 민감한 금속도 부동(passive)시킨다. 보호막은 인공적으로 **양극산화**, 즉 산화반응을 증진시켜 보호능력을 증가시키는 전기화학공정를 통하여 두껍게 만들 수 있다. 양극 산화막은 다양한 염색이 가능하여 치장 및 보호 작용으로도 사용한다.

만약 12~20%이상의 크롬, 알루미늄, 혹은 실리콘이 철 혹은 니켈 같은 금속에 들어가 있으면 그 합금에는 유사한 보호 산화물이 자란다. 만약 그 산화물이 손상을 입으면 금방 안에 있는 Cr, Al, 혹은 Si이 산화되어 손상부위를 복구한다. 일반적으로 Fe-18%와 Cr-8%인 스텐리스 스틸은 고온용 기기에 사용되고, Ni의 함유량이 10~30%인 니크롬은 가열요소로 사용되는데 이들 재료도 같은 방법으로 산화 저항을 갖는다. 그 외에도 10% Al를 함유한 구리인 알루미늄 청동 및 16~18% Si함유 철인 고Si주철도 같은 경우이다. 이러한 방법으로 산화를 억제하는 것이 얼마나 중요한지는 그림 13.8을 다시 보면 알 수 있다. 재료 선정 도표는 저온 및 고온에서 재료의 선정을 도와준다. 400℃이상에서 사용되는 모든 금속은 산화방어를 위해 합금방식을 사용한다.

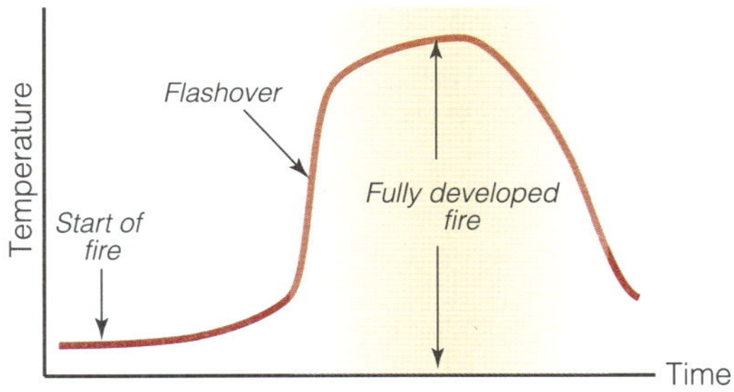

그림 17.4 불에 의한 온도증가

화염성: 고분자는 어떻게 타는가? 그리고 어떻게 진화할 것인가?

연소는 탄화수소가 CO_2와 H_2O로 산화되는 외부 열 반응이다. 쉬운 것 같으나 그렇지는 않다. 연소는 가스-상의 반응이다. 고분자 혹은 이것의 분해물은 불이 붙기 전에 가스화가 되어야 한다. 촛불을 켤 때 초를 녹여야하며, 열분해 가능온도(400~800°C)까지 온도를 올려야 하며, 가스모양의 탄화수소 분해물을 만들어야 한다. 이러한 가스는 불과 반응하여 열을 만들고, 더 많은 초를 분해시켜 녹게 하고, 계속 불이 붙게 한다.

스파크 혹은 담배 같은 점화원이 종이와 같은 연소재료에 점화가 되어 충분히 커지면 불이 난다. 여기서 열이 나며 또 다른 연소재료(고분자 혹은 천 같은)가 연소가스로 분해되는 원인이 된다. 그림 17.4에서 온도의 급증은 이러한 가스가 불이 붙어 재료 전체로 급속히 불이 퍼질 때이고 온도는 1000°C이상이 된다.

연소는 자유기(free radical)의 반응과 연관된다. 고온에서 공유결합(기호 **H·**)에서 하나의 전자와 수소는 고분자 분자의 탄소원자로부터 털어지고, 가스의 굉장한 반응성 자유기, **R·** 로 된다. 수소기는 산소와 반응하고 탄화수소기는 CO_2와 열이 된다. 여기서 방출된 **H·** 는 이러한 반응이 계속되게 한다.

연소 저지제는 아래 2가지 중 한 가지 방법으로 작동이 된다. 어떤 것은 연소반응을 끄기 혹은 연기하기 위해 자유기를 없애거나 혹은 해가 되지 않게 한다. 일반적으로 크로닌 혹은 브로민을 함유한 화합물로 이것들도 탄화수소기에 붙어있는 **Cl·** 와 **Br·** 의 자유기로 분해된다. 이는 반응으로부터 탄화수소기를 제거하는 것이다. 또 다른 방법은 고체 고분자와 가스화 분해물사이에 물증기의 보호층을 생성시켜 열전달을 막고, 냉각시켜 열분해를 감소시키는 것이다. 이러한 것에는 약 300°C에서 분해되어 H_2O와 불활성인 MgO를 생기게 하는 $Mg(OH)_2$를 넣는 것이다.

광-열화의 원인은 ?

일반적으로 상업적 고분자는 긴 체인, 큰 분자량의 탄화수소이다. 복사선에 노출되면 화학성분 및 분자량의 변화하는 화학반응이 시작된다. 이러한 자유기들이 생기게 되는 반응을 광-산화 혹은 광-열화라 한다. 그것들은 고분자의 물리적 및 광학적 물성을 변하게 해서 취성적으로, 만약 투명하면 흰색 혹은 회색으로 변하게 한다. 일단 이러한 반응이 시작되면 연쇄반응이 되고, 산화 사이클을 막을 수 있는 안정제를 첨가하지 않으면 열화가 가속된다. 역시, 열도 산소가 포함된 대기 중에서 열화를 촉진한다.

벤조페논 혹은 벤조트라졸과 같은 자외선 흡수제는 우선적으로 자외선 복사선을 흡수한다. Beer-Lambert법칙에 의하면 흡수된 자외선(UV) 복사선의 양은 시편의 두께 및 안정제 농도의 증가에 따라 같이 증가한다. 실제적으로 충분한 흡수제의 양과 두꺼운 고분자 두께는 광-열화를 효과적으로 느리게 하기 위해 필수적이다. 대부분 빛에 의한 열화를 안정화시키는 데는 잠수 아민 안정제(Hindered Amine Stabilizers, HALS)가 효과적이다. 그것들은 UV 복사선을 흡수하지 않고, 고분자의 열화를 억제하는 작용을 한다. 그것들의 효용성 및 수명은 사이클 작용에 달려있고, 반면에 HALS는 소모되기 보다는 재생된다. 소량이라도 안정제로서 충분하다.

17.5 부식 : 산, 알칼리, 물 및 유기용제

산, 알칼리 및 수용액

황산(H_2SO_4), 질산(HNO_3) 및 염화수소(HCl) 같은 강산은 화학업계에 많이 사용된다. 역시 가성소다(NaOH)같은 강알칼리도 같다. 집에서 사용되는 이러한 재료는 희석하여 사용되며, 유기산인 식초 및 연한 알칼리인 세척제는 쉽게 볼 수 있다.

금속을 산에 넣으면 문제가 생길 것은 예측된다. 대부분 금속의 황화물, 질산염, 초산염, 및 염화물은 금속자체보다 안정되어 있다. 예로 아연은 황산과 반응하여 수소를 배출한다. 이때 문제는 금속이 손상되느냐가 아니라 얼마나 빨리 손상되는가이다. 산화와 같이 이때에도 부식물의 특성 및 금속이 갖고 있는 표면층에 달려있다. Al, Ti 및 Cr의 산화막은 만약 산화물 자체에 손상이 없다면 일부의 산으로부터 보호가 된다.

알칼리 역시 일부 금속에 손상을 준다. 예로 아연, 주석, 납 및 알루미늄은 가성소다와 반응하여 아연산염, 석산염, 납염 및 알루미늄산염(알루미늄접시에 세척 소다를 넣고 가열하면 생긴 것을 볼 수 있다)을 생성한다.

물 또한 나쁘다. 순수하더라도 물은 산소가 있으면 부식의 원인이 된다. 단순히 탄소강의 녹씀은 경제적 혹은 안정성에 문제가 된다. 하지만 부식은 가끔 아름답다. 예로 부식에 의해 생긴 구리 지붕의 터기옥은 녹색이며 청동 동상은 진한 고동색이다.

유기용제

유기용제는 우리의 주위 어느 곳에나 있다. 요리하는데 연료 및 윤활제, 찌꺼기 제거, 얼굴크림, 손톱 광택제, 등 다양하게 사용하고 있다. 많은 재료들이 유기용제와 만나게 된다. 금속, 세라믹 및 유리는 대부분 별문제가 없으며, 일부 고분자 재료는 어떤 유기용제는 문제가 없으나, 일부는 문제가 된다.

유기용제에 저항은 일반적으로 5가지 순위, 매우 나쁨에서 매우 좋음까지로 의심되는 넓은 표시로 나타낸다. 주어진 고분자와의 적합성과 관한 용제의 표시는 대부분 경험, 시행착오, 어떤 것에 잘 용해되는가의 직관 및 다양한 용제강도 정의에 기초한다.

17.6 심화학습 : 부식기구

용액 속의 이온 및 *pH*

순수한 물 H_2O는 분해되어 수소이온 H^+과 수산기 이온 OH^-가 된다.

$$H_2O \leftrightarrow H^+ + OH^- \tag{17.6}$$

두 이온 농도의 적은 일정하다. 즉, 한쪽이 증가하면 다른 쪽은 감소한다. 이것은 질량운동의 법칙이다.

$$[H^+].[OH^-] = \text{constant} \tag{17.7}$$

여기서 대괄호는 그램분자의 농도를 뜻한다. 순수한 물에서는 2개 이온이 같은 수가 존재한다. 즉, $[H^+] = [OH^-]$이다. 그 값을 측정하면 10^{-14}이다. 따라서 두 형태 이온의 그램분자의 농도는 10^{-7}이고, 10^7인 하나의 물(H_2O)분자가 이온화 되었다. 이온화된 물의 pH는 수소이온 농도의 $-\log$로 정의되며

$$pH = -\log_{10}[H^+] \tag{17.8}$$

따라서 순수 물의 $pH = 7$이다.

여러 산은 H^+ 이온을 생성하기 위해 물 속에서 분해된다. 예를 들어 황산은 분해되어

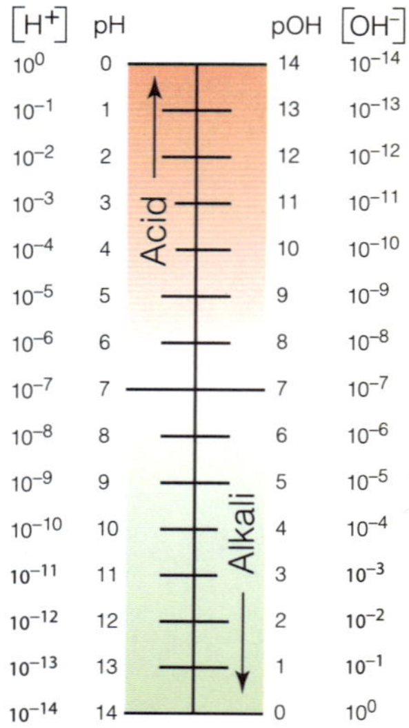

그림 17.5 pH와 pOH의 척도

$$H_2SO_4 \leftrightarrow 2H^+ + SO_4^{2-} \tag{17.9}$$

가 된다. 이것은 $[H^+]$의 농도를 높이고, 식 (17.8)에 의하면 $[OH^-]$의 농도를 낮게 한다. 약산은 pH가 4~6이고, 강산은 그 이하에서 0까지이다. 알칼리는 반대이다. 예로 염수산화물은 물에서 용해되면 OH^- 이온으로 분해된다.

$$NaOH \leftrightarrow Na^+ + OH^- \tag{17.10}$$

약 알칼리는 pH가 8~10이고, 강알칼리는 13까지이다(그림 17.5).

산 혹은 알칼리에 의한 부식은 전기화학적 반응이다. 이것의 반쪽반응은 금속이 분해 반응하여 금속이온 M^{z+}가 되고 전자 e^-를 내보낸다.

$$M \rightarrow M^{z+} + z^{e-}$$

여기서 상수 1, 2, 3인 z는 금속의 최외각전자수이다. 주위에 강[H+] 산은 이 반응을 촉진하고, 황산 용액속의 구리 같은 금속과 빠르게 반응한다.

$$\left.\begin{array}{l} Cu \rightarrow Cu^{2+} + 2e \\ H_2SO_4 \leftrightarrow 2H^+ + SO_4^{2-} \end{array}\right\} Cu^{2+} + SO_4^{2-} \rightarrow CuSO_4 \tag{17.11}$$

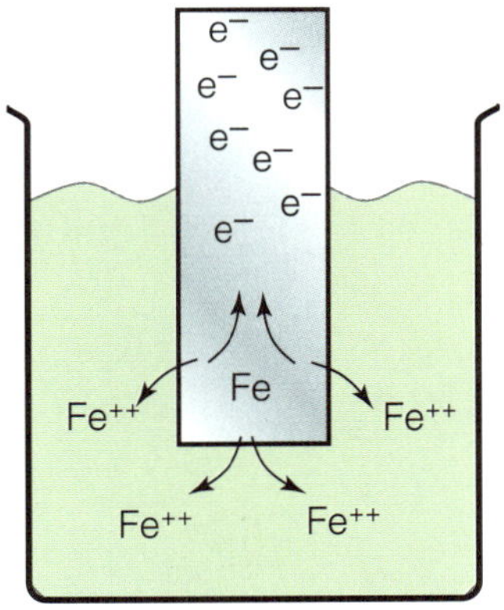

그림 17.6 이온화

어떤 금속은 일부의 산에도 견딘다. 이는 반응물, 여기서 $CuSO_4$가 보호층이기 때문이다. 따라서 황산가공에 납 용기를 사용하는 데 이는 납-유황이 보호성이 있기 때문이다.

역시 알칼리도 전기화학반응에 의해 부식의 원인이 된다. 예로 아연이 가성소다에 노출되면 아래와 같은 반응이 일어난다.

$$\left.\begin{array}{l} Zn \rightarrow Zn^{2+} + 2e \\ 2NaOH \leftrightarrow 2Na^{+} + 2OH^{-} \end{array}\right\} \; Zn^{2+} + 2Na^{+} + 2OH^{-} \rightarrow Na_2ZnO_2 + H_2$$

앞에서 본 것과 같이 부식은 주위환경에 따라 금속이 열화되는 전기화학적 반응이다. 그림 17.6은 좀 더 자세히 전기화학반응을 설명했다. 만약 금속이 소금물 같은 전도용액 속에 있다면 금속은 이온이 되고 전자를 방출한다. 그림에서 보는것 같이 철은 다음과 같이 반응한다.

$$Fe \leftrightarrow Fe^{2+} + 2e^{-} \tag{17.12}$$

전자는 철에 축적되고, 음의 충전은 Fe^{2+}이온이 정전기적 당김에 의해 다시 금속표면에 끌어들인다. 이는 계속적인 분해 작용을 멈춘다. 여기서 철은 −0.44Volts의 기전력(수소 기준표준과 연관)을 갖는다. 각 금속은 그림 17.7에서 보는 것 같이 특유의 기전력(표준환원기전력으로 불림)을 갖는다. 다른 전자가 Fermi 수준 아래의 금속 전자 궤도에 들어가는 데 Fermi 에너지가 얼마나 강한가에 따라 결정된다. 또한 Fermi 수준은 일함수(work function : 14장 참조)를 성립시키고, 둘의 연관관계를 예측할 수

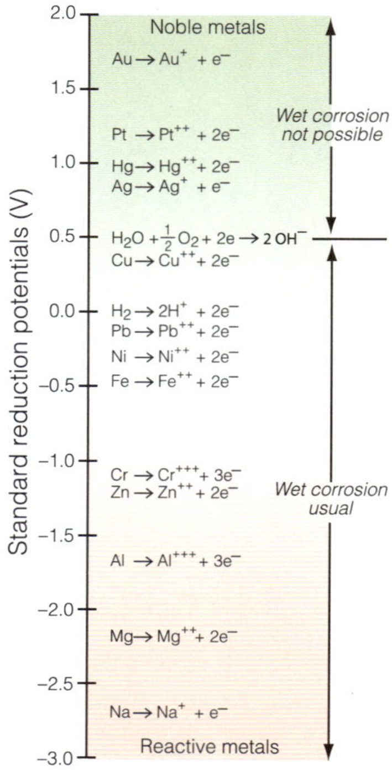

그림 17.7 금속의 표준 환원력

있다. 이 장의 예제 E17.12에 이 관계를 연습한다.

만약 두 금속이 부식 전지(cell) 연결되어 있으면, 그림 17.8의 철과 구리 시편같이, 그 두 개 사이는 그림17.7에서와 같이 기전력차이가 있게 된다. 철의 부식력, −0.44V는 구리의 +0.34V와 0.78V의 차이가 있고, 만약 전류의 흐름이 없으면 전압계는 이 차이를 나타낼 것이다. 만약 전류 흐름이 있으면 전자는 철(양극)에서 구리(음극)로 흐르고, 식 (17.12)의 양극반응에 따라 철은 이온화, 즉 부식이 된다. 만약 용액이 구리 유황-구리이온 Cu^{2+}은 환원반응에 따라 구리로 된다.

$$Cu^{2+} + 2e^- \leftrightarrow Cu \qquad (17.13)$$

여기서 용액이 구리유황용액이 아니고 물인 경우는 물이 산소를 용해한다(그림 17.9). 특별히 산소의 분해 혹은 공기접촉이 없어도 용액 속에는 산소가 있다. 철과 구리는 둘의 부식력 차이가 있는 경우 분해되나, 전류의 흐름이 있을 때는 분리될 구리이온은 없다. 만약 환원반응이 변하면 철은 부식하는데 이때는 가수분해 반응이다.

$$H_2O + O + 2e^- \leftrightarrow 2OH^- \qquad (17.14)$$

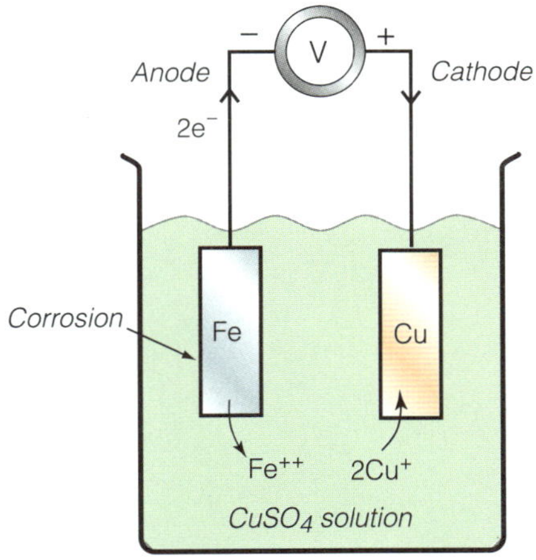

그림 17.8 두 금속의 부식전지. 부식력은 수소 표준과 비교하여 금속이 분해될 기전력이다.

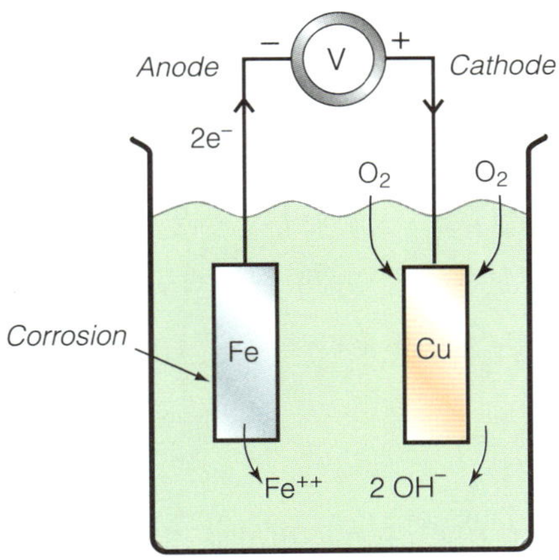

그림 17.9 산소가 용해될 수 있는 순수물이 담긴 두 금속의 전지

산소가 구리에 도달하는 동안 부식 반응은 계속되고 양극에는 Fe^{2+}이온을 만들고 음극에는 OH^- 이온을 만든다. 이들은 반응하여 불수몰 $Fe(OH)^2$가 되는데 녹인 $Fe_2O_3 \cdot H_2O$로 궁극적으로 산화된다.

따라서 다른 금속을 물 혹은 소금이 녹아 있는 물에 연결시키면 좋지 않다. 즉, 부식전지가 되어 낮은 부식 기전력(혹은 좀 더 음극화)을 가진 금속이 부식된다. 나쁜 것은 두 개의 금속에서만 일어나는 것이 아니라, 양극 및 음극 반응이 같은 면에서 일어날 경우이다. 그림 17.10은 이러한 경우를 보여 주고 있다. 여기서 철 시편이 공기에 일부 노출된 상태의 경우이다. 수면과 가까운 시편 부분은 산소의 공급이 쉽고, 먼 쪽은 그렇지 못하다. 식 (17.12)과 같은 이온반응이 먼 쪽에서 일어나고 철을 부식시킨다.

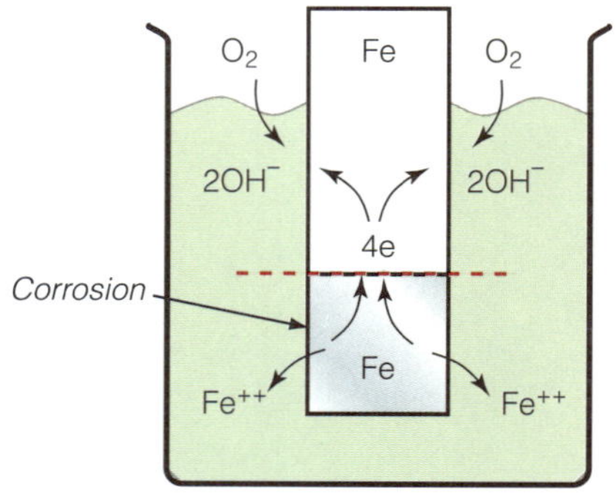

그림 17.10 산소의 접근성 차이에 의한 부식전지

시편에서 나온 전자는 산소가 많은 표면부위에서 식 (17.14)와 같은 가수분해가 일어난다. 이 가수분해는 그림 17.7에 보인 것 같이 0.81volts의 부식기전력을 가진다. 이것과 철의 기전력 −0.44volts의 차이가 부식을 일으킨다. 만약 그림 17.10과 같이 시편의 구분선을 따라 2개로 분리를 시키고, 작은 전압계를 연결하면 1.23volts를 나타낼 것이다.

이런 차등에 따른 산화부식이 가장 일반적인 형태이고, 예방도 힘들다. 물이 있고 산소에 접촉할 수 있는 부분이 있으면 전지가 형성된다. 이 경우 그림 17.7에서 가수분해 기전력이 +0.81volts이상인 금속은 예외가 된다.

선택적 부식

가끔 수중 부식은 균일하기보다 선택적으로 일어난다. 이러한 경우 부식은 균일속도보다 월등히 빠르게 일어난다. 응력과 부식이 동시에 작용하면 ('응력부식' 혹은 '부식피로') 가끔 국부 공격이 되어, 용접접합에서 미세 구조가 변경되는 것과 같은 국부변형이 있게 된다. 간단히 국부부식 기구는 아래와 같다.

입계부식은 결정입계가 결정입하고 다른 화학적 물성을 가지고 있기에 일어난다. 이는 입계의 원자가 높은 에너지를 갖고 있기 때문이다. **공식**(pitting corrosion)은 금속의 산화막이 벗겨진 경우 혹은 특정 합금의 석출화합물에서 일어나는 위험한 부식이다. 미세구조상의 **전지부식**은 2개상의 미세구조를 갖는 합금에서 일어나며, 하나의 성분과 다른 성분의 결정립에서 일어난다. 일반적으로 2개의 성분은 환원기전력 크기에서 약간 차이가 있는 경우이다. 만약 도전용액에 담겨 있으면 수천 개의 작은 부식전지가 생기게 되고, 낮은 환원기전력을 가진 상에서 부식이 일어난다.

응력부식 크랙(SCC)은 하중을 받고 있는 국부부식으로 빠르다. 응력이 보호 산화막을 깨고, 크랙 끝 부분의 탄성에너지가 부식을 자극한다. 결과는 파괴인성치(K_{1c})보다 작은 응력확대 계수 K_{scc}에 의해 크랙이 커지게 된다. 예로 암모니아 액 속의 황동, 가성소다 속의 연 탄소강, 소금물 속의 일부 Al 및 Ti 합금이다. 부식피로는 부식 환경 속에서 피로 균열이 빨리 진보되는 경우이다. 소금물 속에 일부 탄소강의 피로한도는 크게는 4배까지 감소한다. 또한 피로균열속도는 부식 및 피로파괴가 동시에 작용할 때의 합보다도 커진다.

17.7 부식방지 대책

부식 방지를 위해서는 몇 가지 해야 할 것과 하지 말아야 할 것이 있다. 먼저 하지 말아야 할 것이다. 2개의 다른 금속을 전기적으로 연결하고 아무것이나 녹아 있는 물 속에 넣어서 그림17.8과 같은 부식전지를 형성하지 말아야 한다. 이 경우 환원기전력이 낮은 금속이 부식이 된다. 부식 속도는 접촉부위 혹은 가까운 곳에 국부적으로 크게 된다. 따라서 구리 리벳으로 철을 고정시키는 것은 그림 17.11(a)와 같이 리벳머리 주위에 탄소강의 심각한 부식 위험을 준다. 또 부주의 한 자동차 업체가 가끔 설치하는 자동차체에 Al 부품을 붙이는 것도 같은 운명이 된다. 해결책은 물에 노출되는 경우는 2개 금속접합을 피하는 것이다. 혹은 접합시켜야만 한다면 전기가 통하지 않게 절연시키는 것이다. 이러한 것도 불가능한 경우는 아래와 같이 해야 한다.

두 번째 하지 말아야 할 것이다. 그림 17.10에서 보인 기구에서 유도, 즉 산소 접근성의 차이를 피하는 경우이다. 그림 17.11(b)은 리벳과 판이 같은 재료로 만들어진 겹칩 이음을 보여 준다. 만약 물이 판의 한쪽 끝에 들어가게 되면 물-공기 면은 산소에 쉽게 접근하고, 판사이의 금속면은 그렇지 못하게 된다. 따라서 가장 원하지 않는 접합면에 부식이 일어난다. 이는 물의 바로 아래 있는 방파제 혹은 선창의 지침대에 녹이 쓰는 이유이다. 또한 이번 장의 앞 그림에 보인 물통의 끝이 다른 곳보다 많이 녹슨 이유이다.

이제 해야 할 것이다. 만약 금속을 환원 기전력이 낮은 다른 금속에 붙이면 낮은 쪽이 부식되고 높은 쪽은 보호된다. 따라서 땅에 묻힌 탄소강 관에 아연판을 연결하여 아연을 희생시키는 전지를 형성하면 관은 안전하다(그림 17.12(a)). 큰 배의 비싼 청동프로펠러는 사용조건이 열악하여 표면 보호가 없게 된다. 구리 및 청동은 환원기전력도표에서 탄소강보다 위에 있으므로 전기적 단절이 불가능하다. 소금물 속에서 탄소강과 연결된 청동은 사고를 일으킬 수 있는 좋은 경우이다. 이 경우 프로펠러 축 주위 선체에 아연판을 붙여서 문제를 해결할 수 있다. 위의 두 가지 경우는 아연이 청동과

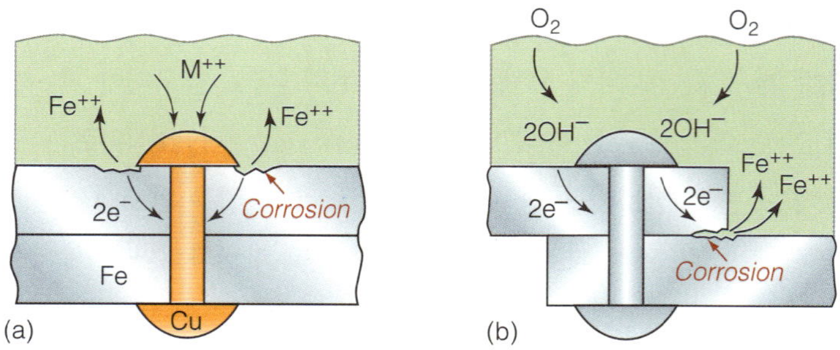

그림 17.11 (a) 2개의 다른 금속이 전기적으로 연결되어 전기화학적 부식인 경우. (b) 산소의 접근성 차이에서 오는 틈새 부식(crevice corrosion).

탄소강을 보호하는 희생양극 역할을 했다. 아연을 버리는 희생 소품은 실질적인 것으로 아연이 남아있을 때에만 보호되므로 정기적으로 대체해 주어야 한다.

도금도 같은 역할을 한다. 전지된 철은 얇은 아연이 입혀진 탄소강 판이다. 아연은 희생양극의 역할을 한다(그림 17.12(b)). 만약 흠이 생겨서 탄소강이 노출되더라도 아연이 강을 계속 보호한다. 어떤 도금은 보기는 좋으나 보호는 잘 안될 경우도 있다. 예로 구리 도금은 노출된 강이 구리대신에 부식이 일어나는 전지를 형성한다. 크롬은 기전력 표에서 철보다 아래에 있으나 자신이 산화막을 형성하여 보호하기 때문에 크롬 도금은 전지형성이 없이 보이는 것과 같이 보호된다. 17.3절에 설명한 스텐리스 스틸이 습식부식에 강한 이유를 설명했듯이 이 경우를 부동태라고 한다. 스텐리스 스틸은 단순히 산화 저항뿐만 아니라 부식저항도 좋다. 이러한 경우는 거기에 언급된 다른 합금도 같이 설명된다.

위에 설명한 방법이 부식을 막는 데 적용될 수 없다면 반응될 금속에 고분자 막을 입히는 것이다. 최근까지는 기초 용해제의 페인트를 많이 사용하였으나 증발하는 용해제가 일반적으로 독성(휘발하는 유기화합물: Volatile Organic Compound)이 있어 건강상의 이유로 최근에는 사용을 억제하고 있다. 수성 페인트는 이러한 문제를 해결할 수 있으나 페인트 막의 성질이 좋지 않다. 플라즈마 분사 혹은 가열된 부품을 고분자분말의 녹은 통에 넣어야 하는 고분자 분말 코팅은 표면에 두꺼운 고분자 막을 형성시킨다. 손상이 없을 때는 페인트 막 혹은 고분자 분말 코팅은 좋으나 이들이 손상을 입으면 아연과 같은 아래 금속을 보호하는 아래 막이 없으면 문제가 된다.

유기 용해제 및 용해도 매개변수

용해제는 어떤 고분자에 손상을 준다. 이러한 것을 과학적으로 설명할 수 있는 것이 용

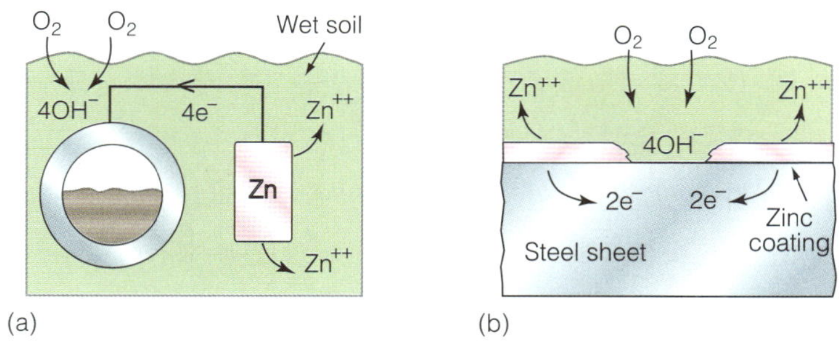

그림 17.12 (a) 아연 희생 양극을 이용한 탄소강 관의 보호. (b) 흠이 있더라도 탄소강을 보호하는 아연; 전지된 탄소강판.

해도 매개변수이다. 고분자 사슬은 그들의 길이를 따라 강하게 공유 결합되어 있다. 하지만 사슬사이는 약하게 반데르발스결합(van der waals bonding)이 되어 있다. 용해제가 고분자에 침투하기 위해서는 바이러스같이 결합들을 헤집어야 하는데 이는 앞에서 언급한 것과 같이 용해시킨다. 바이러스와 같이 일단 들어가면 대부분이 나쁜, 일부는 좋은 역할을 하게 된다.

자외 복사선, 탈색시키는 악성 용해제 같은 나쁜 것은 강도저하, 취성화 및 크레이징(미세균열 같은 확장된 기공에 의해 고분자가 백색화)의 원인이 된다. 가소제 역할의 일부 용해제는 좋은 것으로 유리전이온도를 낮추나 강도에는 영향을 주지 않고, 단단한 고분자에 유연성을 주어 가죽 같은 재료로 변하게 한다. 가소된 PVC인 인조가죽이 한 예이다. 많은 가소제는 프탈렌으로 이것들의 독성 가능성이 있어 대체물을 사용하도록 권고되고 있다. 따라서 점차적으로 가격은 비싸지만 채소오일, 콩 혹은 아마씨 오일같은 생화학적 가소제로 대체되고 있다.

쉽지 않은 질문이 그렇다면 어떤 유기용해제가 가장 나쁜가? 손톱 미용제인 아밀아세트는 Chloroform(마취용)과 같이 특히 공격적이다. 이러한 형태의 분류는 충분치 않으므로 완전한 해결을 위해 좀 더 전문적인 CES OPS자료(이 책에서 적용한 것 같은 도표를 만드는 제도를 적용하는)를 이용해야 한다. 이것은 많은 다른 유기 혹은 다른 가스 및 용액에 대해 각각의 수많은 고분자의 순위를 자세히 설명한 것이다.

17.8 요약 및 결론

부식은 암과 같다. 만약 다른 것(노화 같은)이 원인이 아니면 암에 의해서 인간은 죽게 된다. 따라서 암에 투자되는 연구비만큼 부식연구에도 많은 투자가 필요하다. 이러한 연구는 재료가 산소, 산, 알칼리, 수용액, 탄산수 및 유기용해제, 등이 재료와 반응할 때 원자단위에 일어나는 현상을 연구한다.

모든 것이 전기화학적 반응 혹은 자유기 관련 반응이다. 금속의 산화에서 금속은 전자를 내고 이온화한다. 전자는 산소분자와 결합하여 산소이온을 형성하고, 결과적으로 금속이온과 결합하여 산화물을 형성한다. 산화막이 형성되면 이온 및 전자들은 계속 반응을 하기 위해 이 막을 통해서 확산되어야 한다. 이러한 확산에 대한 저항 및 금속에 접착능력이 금속보호의 정도를 결정한다. 고분자들은 자유기의 작용을 통해 산화된다. 자외선 같은 복사선은 열과 같이 자유기를 생성한다. 고분자들은 자외선 필터 및 자유기를 흡수하는 첨가제를 입혀서 보호시킨다.

부식에 있어 전기화학적 반응은 고체 속에서 보다 부식액 속에서 일어난다. 금속이 물 속에 있으면 이온화 하는데 이온화의 정도는 재료의 환원기전력에 의해 결정된다. 가장 작은(가장 음극적) 환원기전력을 가진 금속이 공격에 약하고, 산소가 있는 순수한 물에서도 순간적으로 부식된다. 만약 작은 환원기전력을 가진 금속이 전기적으로 높은 기전력의 금속과 연결되어 있으면 첫 번째 금속이 먼저 부식되고 두 번째 금속은 보호된다.

부식에 강한 설계는 금속에 강하게 접착되는 보호산화막을 형성하는 크롬, 알루미늄, 실리콘 및 티타늄 같은 재료의 능력에 달려있다. 이러한 합금원소를 이용하면 다른 금속도 같은 보호를 할 수 있다. 반면에 세라믹 혹은 고분자의 부식저항 막으로 표면을 코팅하여 금속을 보호할 수도 있다.

17.9 참고문헌

Bradford, S.A (1993) *Corrosion Control*, Van Nostrand Reinhold, New York, USA. ISBN 0-442-01088-5. (*A text emphasizing practical ways of preventing or dealing with corrosion.*)

Fontanta, M.G. (1986) *Corrosion Engineering*, 3rd edition, McGraw-Hill, New York, USA. ISBN 0-07-021463-8. (*A text focusing on the practicalities of corrosion engineering rather than the science, with numerous examples and data.*)

Schweitzer, P.A. (1995) *Corrosion Resistance Tables*, 4th edition, Volumes 1-3, Marcel Dekker, New York, USA. (*The ultimate compilation of corrosion data in numerous environments, Not bedtime reading.*)

Schweitzer, P.A. (1998) *Encyclopedia of Corrosion Technology*, Marcel Dekker, New York, USA. ISBN 0-8247-0137-2. (*A curious compilation, organized alphabetically, that mixes definitions and terminology with tables of data.*)

Tretheway, K.R. and Chamberlain, J. (1995) *Corrosion for Science and Engineering*, 2nd edition, Longman Scientific and Technical, Harlow, UK. ISBN 0-582-238692. (*An unusually readable introduction to corrosion science, filled with little benchtop experiments to illustrate principles.*)

Waterman, N.A. and Ashby, M.F. (1991) *Elsevier Materials Selector*, Elsevier, Oxford, UK. ISBN 1-85-166-605-2 and, in the CRC edition, ISBN 0-8493-7790-0. (*A threevolume compilation of materials data for design, with extensive tables and guidelines for the oxidation and corrosion characteristics of metals and polumers.*)

17.10 연습문제

연습문제 E17.1 어떠한 기구로 금속이 산화되는가? 산화 속도는 무엇에 따라 변하는가?

연습문제 E17.2 티타늄이 TiO_2로 산화되는 기구는 산소의 확산에 달려있다. 여기서 산소 운동에너지 Q_d는 275kJ/mol이다. 만약 산화막이 800°C에서 1시간 동안 0.08μm 두께로 자란다면, 1000°C에서 30분 동안은 얼마나 자라겠는가?

연습문제 E17.3 표준 환원 기전력은 무엇을 뜻하는가? 구리와 백금전극을 약한 구리황산염에 넣었다. 두 전극사이에 측정될 기전력 차이는 얼마일까? 만약 서로 연결되어 전류가 흐르면 어느 쪽이 먼저 부식되겠는가?

17.11 CES를 이용한 설계 탐구(특별한 언급이 없으면 레벨 2를 사용)

연습문제 E17.4 니크롬이라는 니켈-크롬합금들의 자료를 찾아 보아라. 이 재료들의 주요 용도는 무엇인가?

연습문제 E17.5 고분자 분말 코팅의 자료(재료부분이 아닌 공정부분에 있음을 기억하라)를 찾아 보아라. 고분자 분말 코팅을 적용하는 3가지 방법은 무엇인가?

연습문제 E17.6 표면처리 도표자료에 적용되는 '한계' 수준을 사용하여 공기부식에 저항하는 표면처리 공법을 찾아라.

연습문제 E17.7 표면처리 도표자료에 적용되는 '한계' 수준을 사용하여 수중부식에 저항하는 표면처리 공법을 찾아라.

연습문제 E17.8 CES '찾기' 도구를 이용하여 음식용 공정장비에 사용되는 재료를 찾아라.

연습문제 E17.9 전기 플러그 및 전환기어에 사용되는 플라스틱은 화염성 재료로 만들면 안 된다. CES의 '선택' 도구를 이용하여 비화염성이고 자체 진화되는 고분자를 찾아라.

연습문제 E17.10 큰 통은 뜨거운 강한 알칼리인 가성소다, NaOH를 담아둘 수 있어야 한다. CES의 '선택' 도구를 이용하여 강한 알칼리에 잘 견디는 금속을 찾아 보아라.

연습문제 E17.11 작은 오이를 절이기 위해 식초(약산)를 100℃에서 다른 통으로 연결하기 위한 배관작업이 필요하다. 식초는 압력을 받고 있으며 재료는 100 MPa이상의 강도가 필요하다. 또한 설치의 용이성을 위해 구부릴 수 있게 적어도 10%이상의 연신율이 필요하다. 아래 요약된 제약사항을 만족시킬 가장 값싼 재료를 찾아라.

기능	• 뜨거운 식초산용 배관
제약사항	• 약산에 내구성 = 매우 우수 • 최고 사용온도 > 100℃ • 항복강도 > 100 MPa • 연신율 > 10%
목적	• 재료가격 최소화
자유변수	• 재료 선택

17.12 CES 요소를 이용한 과학 탐구

연습문제 E17.12 14장의 일함수는 결정의 최고 Fermi 수준에서 전자를 잡아 내려서 진공에 고립될 때까지 끄는 것이다. 그림 17.7의 표준 환원기전력은 전자를 바로 Fermi 수준 위에 떨어지게 하는 것이다. 여기서 두개가 어떠한 형태로던 상호관련이 있다고 생각될 것이다. x축에 표준 환원기전력, y축에 일함수의 그래프를 그려 보라. 어떠한 결론을 내리겠는가?

제 18 장

열, 두드려 펴기, 접착 및 광내기 : 제작공정

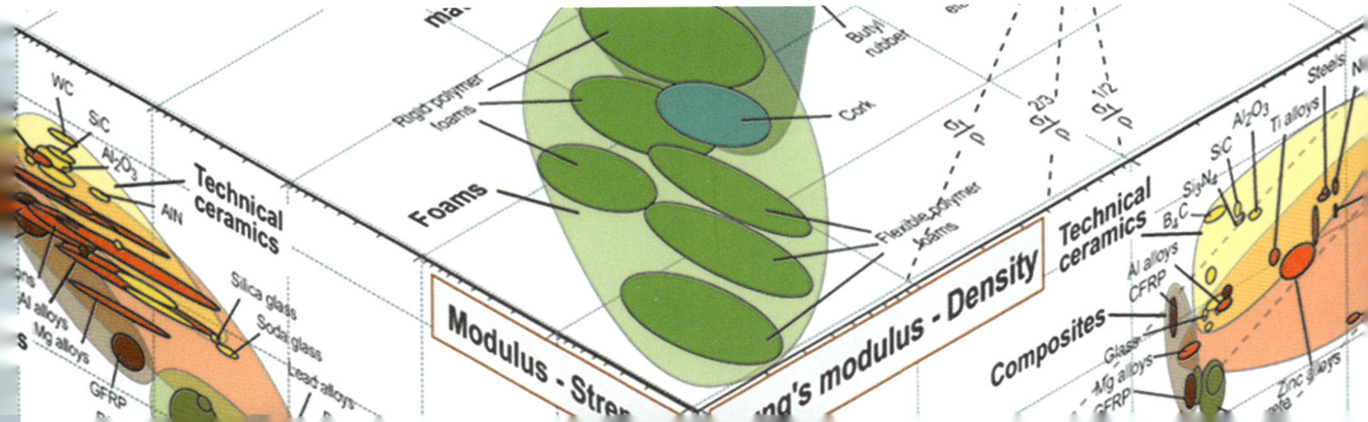

1000톤용 단조 압축기(Fu Sheng 그룹의 운동장비부 제공)

18.1 서론 및 개요

재료와 가공은 불가분의 관계이다. 광물, 광석 및 기름은 깨끗하고 사용이 가능한 공학적 재료로 가공된다. 그것들은 제품이 되기 위해 마감 및 접합되어 각종 부품으로 만들어진다. 3장에서 그러한 가공법들에 대해 정의했다. 이 장에서는 어떠한 방법을 사용할 것인가의 선택을 위한 기술적인 한계 및 방법을 설명한다. 점차적으로 법적 및 여론이 제품의 수명 사이클이 끝난 후에 재료의 재사용을 요구한다. 따라서 버려지던 것에서 사용 가능한 재료로의 재생을 위한 새로운 가공법이 대두된다.

가공법의 선정을 위한 전략은 재료를 선정하는 것과 병행된다. 역할이 불가한 것들을 제외하고, 가능한 것들에 대한 평가(가능하면 저가로 가능한 것을 파악해야), 그리고 우수한 대상의 자료를 분석하는 것이다. 가공의 많은 기술적 특징은 수치적 혹은 비수치적인 자료로 설명될 수 있다. 즉, 생산될 수 있는 부품의 크기, 조정 가능한 표면 마감, 더욱 중요한 선정이 가능한 재료의 종류와 군, 만들 수 있는 형태이다. 이러한 것들의 제약은 선정과정에 고려되어야 하고 설계의 요구조건들을 맞추기 위한 몇 가지 가공법도 고려된다.

모든 것에는 또 다른 측면도 있다. 가공과 관련된 재료자체의 물성 변화이다. 당연히 재료는 형상화, 접합 혹은 마감 전에 물성을 가지고 있고, 가공에 따라 강도 등의 물성이 좋아질 수도 있다. 하지만 가공함에 따라 기공, 균열 및 결함이 생겨, 혹은 미세구조의 변화로 물성에 악영향을 준다. 가공의 선정과 조정과 관련한 사항은 19장에서 다시 설명한다. 여기서는 생산의 성공여부는 과거로부터 기술자에게 축적된 기술, 전문성 등에 달려있다. 자료화 단계에 필요한 정보는 설계 지침서, 최적 실전공법 및 소프트웨어로 현재 존재하고 있다.

18.2 설계 시 가공법 선정

선정 전략

2장에 생산 가공법의 종류를 설명하였다. 가공법에는 크게 3가지, 즉 형상화, 접합 및 마감의 넓은 군이 있다(그림 2.4 및 2.5 참조). 그림 2.6 및 2.7은 각각의 속성을 나열로 특징졌다.

재료선정에 필요한 전략은 3장에 설명하였다. 이러한 공정은 원래 설계 혹은 존재하는 것의 재정의와 관계없이 설계에 요구되는 조건을 제약 및 목적에 맞게 변화시키는 것이다. 최적을 위한 제약은 선정하기 위해 사용되고, 목적은 구별하기 위해서 원

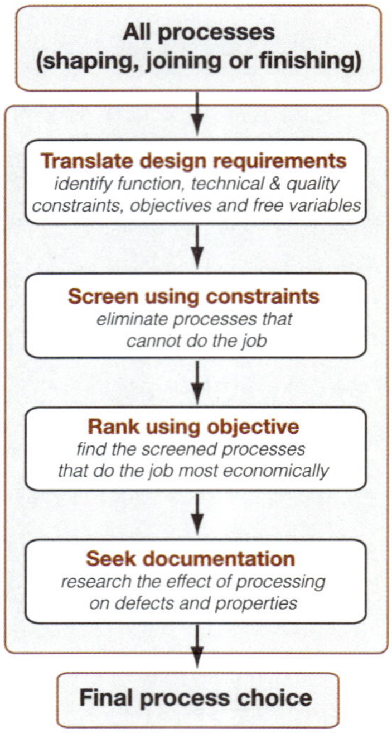

그림 18.1 가공법에 적용되는 선정 전략. 재료적 측면에 4단계는 선별, 순위 매김 그리고 보완자료화가 있다. 모든 것은 소프트웨어로 적용 가능하다.

하는 재료의 목록을 만드는 것으로 마지막은 최종선정을 위한 자료를 찾는 것이다. 가공법의 선정을 위한 전략은 그림 18.1에 보인 것과 같이 병행과정을 거친다.

해석

앞장에서 보아온 것과 같이 부품의 성능은 재료 및 형상의 처음 선정에 의해 결정된다. 이 선정은 가공법의 선정을 제한하는데 영향을 미친다. 2가지 형태의 제한을 생각하는 것이 좋다. 먼저 기술적으로 역할을 할 수가 있는 가공법인가? 또 충분히 역할을 할 수 있는 품질인가? 이다. 하나의 기술적 제한은 모든 가공방법들에 적용된다. 또한 재료와 가공은 상호 호환성이 있다. 형상화, 접합 및 마감공정의 선정 시 미치는 영향은 다르긴 하지만, 역시 형상도 일반적인 제한요소이다. 결함을 피하고 얻을 수 있는 재료의 물성을 달성하고, 정밀도 및 표면 마감을 포함하는 것들이 품질이다. 가공법의 일반적 목적은 가격을 낮추는 것이다. 자유변수는 크게 가공법의 선택 및 가공조건(예로 온도, 가공속도 등)들이다. 표 18.1은 해석과정에 결과를 요약하였다. 18.9절의 사례연구에서 각각의 가공방법에 대해 설명한다.

표 18.1 성능, 제한요소, 목적 그리고 자유변수

성능	• 가공은 무엇을 하는가?
제한요소	• 어떠한 기술적 및 품질적 한계를 맞추어야 하는가?
목적	• 최소 가격
자유변수	• 가공법 및 가공조건의 선정

선별

재료에 적용되는 것 같이 해석은 가공 속성의 제한이 된다. 제한요소를 충족하지 못한 제거공정, 선별과정이 여기에 적용된다. 일부 가공의 속성은 단순한 수치적 영역, 즉 가공 시에 다룰 수 있는 부품의 크기 및 질량, 달성될 수 있는 정밀도 혹은 반듯한 표면이다. 다른 것은 비수치적인 것으로 예로 들면 가공이 가능한 재료의 목록이다. '마그네슘 재료로 만든 약 3kg 무게' 라는 요구조건은 3kg 크기의 다룰 수 없는 부품 혹은 가공 불가능한 3 Kg의 마그네슘을 다루는 가공 속성과 비교가 된다.

순위 매김

기억해야 할 것으로 선별은 특정적인 목적을 기초로 한다. 선별과정에서 가장 분명한 목표는 가격을 최소화하는 것이다. 일반적으로 두 가지 추구하는 것 사이에 조정이 있으나, 어떤 극한 응용인 경우에는 가격에 관계없이 질을 극대화하는 목적으로 대치되기도 한다.

자료화

선별과 순위 매김은 다루기 어려운 사항(예로 부식 거동)들과 적절히 타협되지 않는다. 그들은 충분한 자료 탐구로 가장 잘 해결된다. 이것은 역시 가공 방법에도 같이 적용된다. 공정을 수십 년간 다룬 숙련공들이 이러한 정보를 가지고 있고, 조급히 과학적 설명을 거부하는 문제를 파악하는 거의 신비스러운 능력을 가지고 있다. 하지만 오늘날 평생 직업은 없다. 숙련공은 움직이며 지식도 같이 가져간다. 따라서 전문성은 설계 지침서, 사례 연구 혹은 파손분석 등의 편집물에서 쉽게 얻을 수 있다. 가장 중요한 기술적 전문성은 생산성 및 품질과 관련된 것이다. 모든 기계는 잘 작동되고, 고품질의 제품을 생산하기 위해 최적의 가동조건을 가지고 있다. 이러한 가동조건을 맞추지 못하면 과다한 기공, 균열 혹은 잔류응력 등의 결함을 만든다. 따라서 폐기물이 되고 생산성은 떨어진다. 만약 소비자에게 전가되면 조기 파손되는 불량품이 된다. 동시에 재료의 물성은 미세구조에 영향을 주므로 다양한 가공의 과정에 달려있다. 가공법의 선택은 형상을 만드는 것 이외에도 물성 결정의 요소로 선택되어야 한다.

따라서 설계에 있어 어떠한 가공이 좋고 나쁨의 지식 및 정보는 대단히 중요하다. 지금까지는 선별 및 순위 매김만이 올바른 가공법의 선정에 도움이 된다.

18.3 가공의 속성 : 재료 적합성

가공 속성을 정의하는 중요한 목적은 가공법들을 구분하는 특징을 발견하고, 선별과정을 거쳐 선택할 수 있게 하고자 한다. 이 장 및 다음 장에서도 설명될 3가지의 가공의 군, 즉 형상화, 접합 및 표면처리는 각각 그것대로의 특징적인 속성을 가지고 있다. 또한 정해진 가공법의 물리적 한계와 가공속도의 한계에서 생산된 재료의 물성을 평가방법을 분석하는 것도 흥미 있는 일이다.

한 가지 가공법의 속성이 3가지 가공 군에 적용이 되는지, 또 재료와 적합성을 먼저 분석하고자 한다.

재료-가공 적합성

그림 18.2는 재료-가공 적합성의 도표이다. 재료의 종류를 구분하는 점 색깔로 적합성을 표시하면서 형상화 가공법들은 맨 위에 있다. 선별과정에 이것들의 사용은 간단하다. 즉, 특정 재료를 명시하면 어떤 가공법은 금방 선정과정에서 제거할 수 있다. 혹은 반대로 재료의 선정이 선별과정이 된다. 도표에서 대각선으로 퍼진 점들은 각각의 재료, 예로 금속, 고분자 등은 각각 그들 나름대로의 가공법이 있다. 이것은 대체로 가공과 관련된 물리/역학과 관련이 있다. 형상화는 일반적으로 녹임 혹은 연화로 쉬워지는데 각 재료별 용융온도는 많이 다르다(그림 13.6). 약간의 중복이 있지만, 분말가공의 경우 금속 및 세라믹이 같이 사용되고, 유리와 고분자는 성형할 수 있다. 형상화에 사용되는 기계가공은 모든 재료에 적합하다. 접착제 혹은 잠그게(fastener)를 사용하는 접합 공정은 매우 다양하고 대부분의 재료와 함께 사용된다. 단, 용접은 정해진 재료에만 사용된다. 마감공정은 특히 금속 같은 강한 재료에 많이 사용되고, 고분자 재료는 형상에 따라 성형 후에 특별한 마감이외에는 추가 작업은 없다. 다음에 그 이유를 설명하겠다.

재료 선택 및 가공 선택의 조화

재료 및 가공의 선택은 밀접한 관계가 있다. 적합성 도표는 재료 선택이 가공법의 종

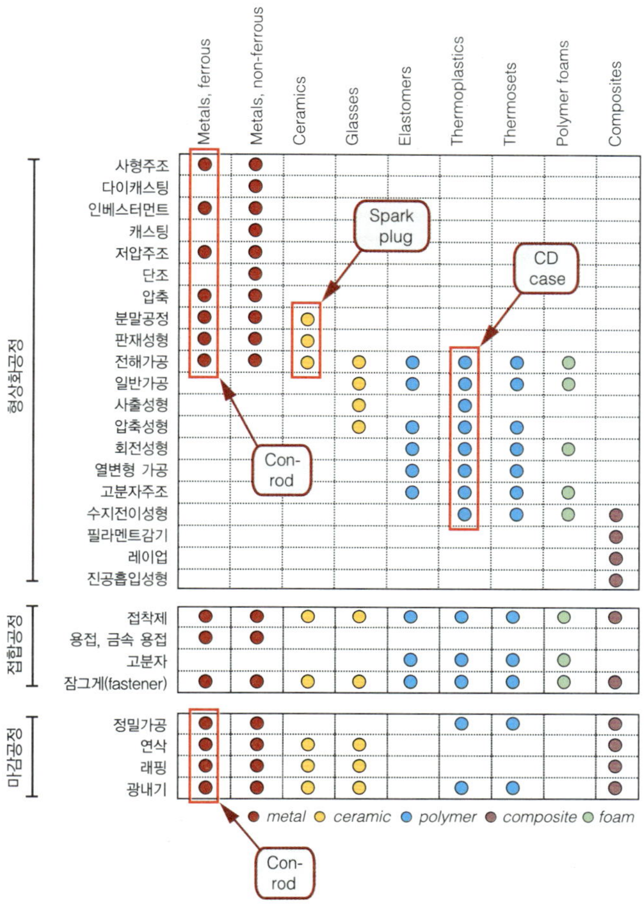

그림 18.2 형상화, 접합 및 마감공정을 위한 재료–가공 적합성 행렬로 재료에 따라 색으로 표시됨. 뒤에 나오는 사례연구에 사용될 첫 번의 괄호는 무시하라.

류별로 구분되어 있음을 보여 준다. 가공법의 선택이 재료 선택과 연관된다. 예로 만약 알루미늄 합금이 처음 재료 선택과정에서, 주물이 가공법으로 선정되면, 알루미늄 합금의 일부만이 주물공정의 사용될 수 있다. 만약 부품이 열처리 과정에서 시효경화(aged harden)된다면, 재료의 선정은 열처리가 가능한 알루미늄 주물 합금뿐이다. 따라서 우리는 계속해서 가공과 재료를 고려해야 하고 맞지 않는 결합은 피해야 한다. 중요한 것은 재료 혹은 가공법의 선정에서 다른 것을 고려하지 않고 하나를 선정하면 안 된다는 것이다. 일단 처음 선별이 통과되면 상호 선택과정을 거쳐야 한다.

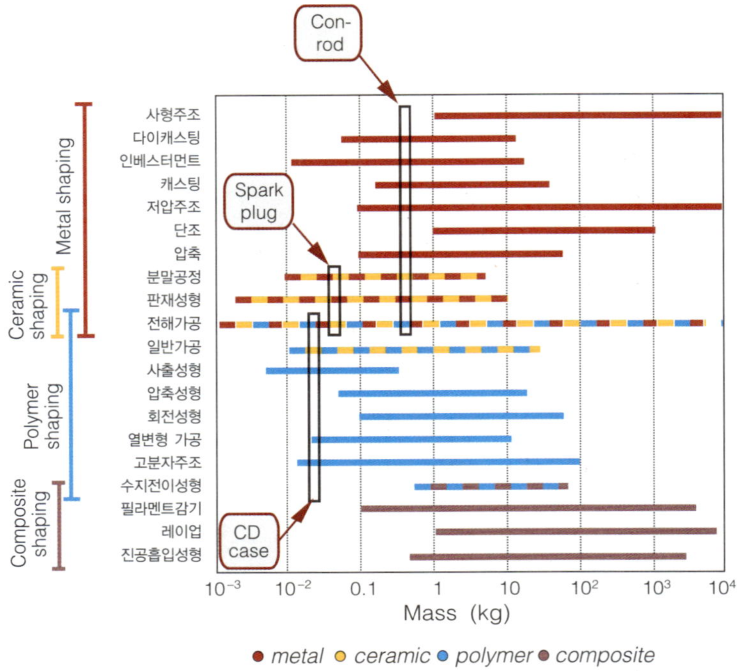

그림 18.3 형상화 공정에서 가공법–중량 범위를 나타내는 막대좌표. 뒤에 나오는 사례연구에 사용될 첫 번의 괄호는 무시해라. 그림 18.2와 같이 색깔은 재료를 나타낸다. 다색은 다른 여러 개와 적합성을 나타낸다.

18.4 형상화 공정 : 속성 및 시작

중량 및 부분 뚜께

가공 시에 부품의 크기에는 한계가 있다. 그림 18.3은 한계를 보여 준다. 재료의 적합성은 색의 기호로 표시되고, 가공법이 여러 가지 재료를 가공할 수 있으면 한 가지 이상의 색으로 표시된다. 크기는 부피 혹은 중량으로 측정될 수 있다. 단, 이 둘의 범위는 넓은 범위를 가진다. 반면에 밀도는 약 10배 인자의 간격만을 가지고 있다. 따라서 무엇으로 만들었던 큰 것은 무겁다.

대부분의 가공법은 약 1,000배 인자의 중량 범위를 갖고 있다. 이 속성은 극한상황에서 가장 잘 나타난다. 즉, 대부분의 부품이 0.1~10kg 범위이면 실질적으로 대부분의 가공법의 적용이 가능하다.

여기서 범위가 무엇을 뜻하는지 알 필요가 있다. 각 막대는 가공 시에 특별한 기술적 문제없이 생산가능 한 범위를 나타낸다. 모든 영역에서 약간의 극한적 확대 및 축소는 가능하나 생산 장비가 표준이 아니므로 추가비용은 부담해야 한다. 따라서 선별

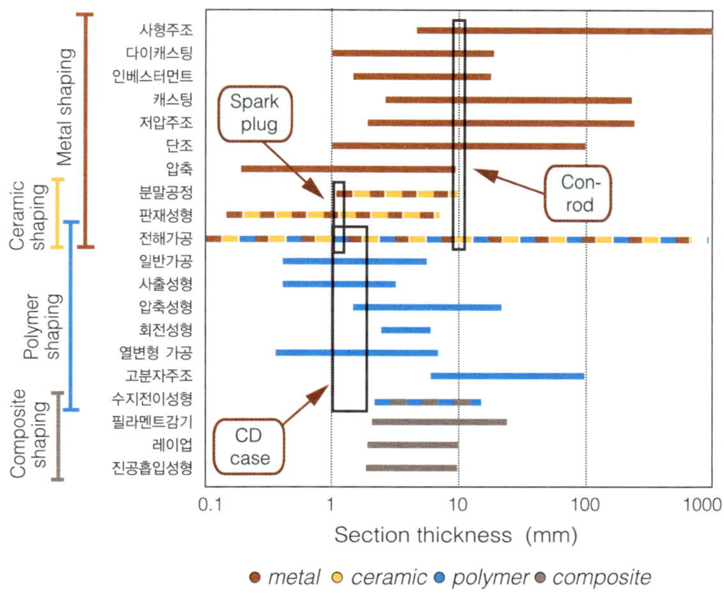

그림 18.4 재료에 따라 색깔로 표시된 형상공정의 가공법-부분 뚜께 막대 좌표. 사례연구를 위해 목표 값을 주석해 두었음.

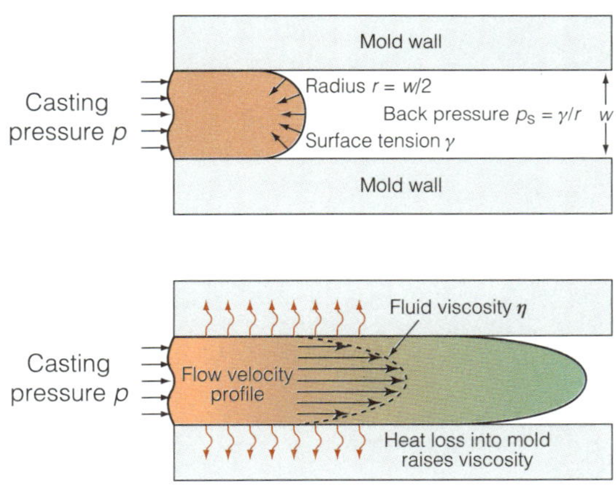

그림 18.5 액체 금속 혹은 고분자가 얇은 부분을 흐를 때 (a) 표면장력과 (b) 점력에 의해 저항됨을 보여 줌. 금형으로의 열손실은 점도를 증가시키고 조기 응고의 원인이 된다.

과정에서 '근접한 가공법' 을 재고려하고 다시 사용하게 이해하는 것이 중요하다.

그림 18.4는 두 번째 막대좌표로 각각 형상가공이 가능한 부분의 뚜께 범위를 보여준다. 아래 끝 범위는 최소 부분 뚜께로 가공법의 물리적 한계를 나타낸다. 이것들은 다음 분과의 주제이다.

크기 및 부분 두께의 물리적 한계

주물 및 성형은 액체 혹은 반액체상태의 재료 흐름에 달려 있다. 부분 뚜께의 하부한계는 유동의 운동에 의해 결정된다. 점도 및 표면장력은 좁은 도관의 흐름을 방해한다. 또 얇은 부분의 큰 표면에 의한 열손실은 흐르는 재료를 냉각시키고, 도관이 채워지기 전에 점도를 증가시킨다(그림 18.5). 고분자 및 유리의 점도는 온도가 하강함에 따라 꾸준히 증가한다. 순수 금속은 일정한 온도에서나 고체화되는데 점도는 단계적으로 증가한다. 하지만 합금은 어느 범위의 온도에서 일어나며 '죽(mushy) 영역' 이며, 이때 합금은 일부는 액체, 일부는 고체 상태이다. 이 영역의 넓이는 온도, 몇 도 혹은 몇백 도의 차이를 갖는데, 금속 주물의 흐름은 합금의 성분에 달려 있다. 일반적으로 고압다이캐스팅 및 성형방법은 얇은 부분을 만들 수 있지만 장비 가격은 높다. 빨리 생산하면 더 많은 난류흐름으로 많은 기공이 생기며 금형도 손상을 입을 수 있다.

주물 및 성형 시에 부분 및 크기의 상부한계는 수축의 문제에 의해 결정된다. 주물 및 성형물의 표면은 가장 먼저 식고 고체가 되며 단단한 표면이 된다. 내부가 후에 결정화할 때 부피의 변화는 제품을 뒤틀리게, 표면에 크랙, 혹은 내브 기공을 형성한다. 이러한 문제는 형상의 변화가 있는 곳에서 가장 심하다. 억압은 인장응력을 가져오고 열에 의한 찢어짐, 억제된 열수축에 의한 균열의 원인이 된다. 다른 성분은 다른 형태의 열 찢어짐(hot tearing)을 보이는 데 이는 재료, 가공법 및 설계의 세밀한 조화를 보여 준다.

주물 및 성형 가공 시에 대부분의 자료는 설계할 때 결함을 피하기 위한 원하는 단면을 달성하기 위한 부품의 형상 및 금형의 치수의 지침에 관한 것이다. 부품의 형상이 정해진 경우 금형에 유입되는 '금형 통로(runner)' 및 남은 재료 혹은 공기가 빠져 있을 '구멍(raiser)' 의 위치 선정이 자유롭다. 그림 18.6은 고분자 성형 시 단면적 설계의 좋은 예를 보여 준다.

금속 및 세라믹의 분말 공법 역시 유동에 달려 있다. 분말로 금형을 채우는 것은 중력에 의한 자유유동 및 분말을 밑으로 흐르게 하는 진동을 이용 균일한 충진을 완성한다. 다음은 '압축(냉 채움)' 을 하게 된다. 충진 후에 금형은 열을 가해 소결을 통한 혹은 일정한 압력의 열등압(HIPing)을 통해 고밀도화 한다. 변형에 의한 금속 형상화, 예로 열 및 냉간압연, 단조 혹은 압출도 유동이 관련되어 있다. 고체 금속은 소성변형 혹은 크립에 의해 유동된다. 13장에 온도 및 응력에 의해 유동의 변화를 설명하였다. 대부분의 형상화는 고온의 항복강도는 실온에서의 것보다 낮기 때문에 고온에서 하게 된다. 이때 실온에서 변형 시 생기는 항복강도의 증가, 즉 가공경화 현상이 없기 때문

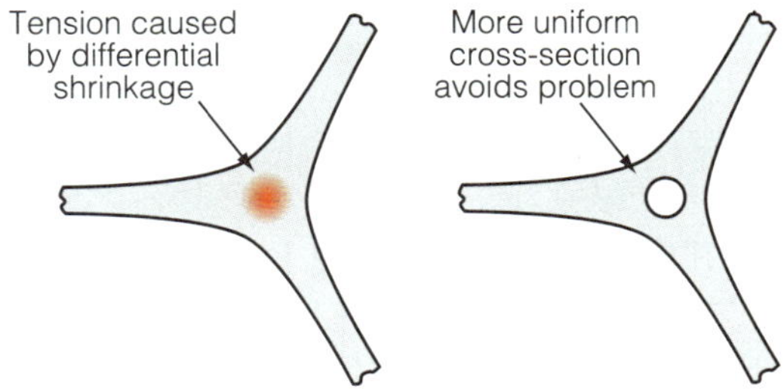

그림 18.6 (a) 두꺼운 부분 혹은 급격한 변화부분에서 수축의 차이는 내부응력, 뒤틀림 및 기공의 원인이 된다. (b) 좋은 설계는 부분의 두께를 일정하게 해서 이러한 문제를 피했다.

이다. 압연, 단조, 압출 시 얻을 수 있는 가장 얇은 뚜께는 소성 유동에 의해 결정되며, 이는 주물공정 시 얻어지는 얇은 두께가 점도에 의해 결정되는 것과 같은 원리이다. 즉, 얇은 부분일수록 압연 압력 혹은 단조력이 크게 든다.

그림 18.7은 얇은 판의 단조 혹은 압연 시에 생기는 문제를 설명하였다. 마찰은 다이 혹은 롤러에 생기는 압력의 분포를 변화시킨다. 그것들을 그림 (a)와 같이 잘 윤활시키면 하중상태는 거의 단방향이며 재료는 항복응력 σ_y에서 유동된다. 그림 (b)와 같이 마찰이 있으면 금속은 다이와의 접촉면에 전단되고 마찰이 평면방향의 퍼짐을 방해하므로 압력이 증가한다. 이를 '마찰 언덕(friction hill)' 이라 한다. 압력분포 아래 면적이 전체 형상화, 하중이 되고 마찰이 이 하중을 증가 시킨다. 그림 (c)와 같이 넓이/두께의 상호비(aspect ratio)가 크면 클수록 항복시킬 최대 응력은 큰 값이 필요하다. 마찰은 단순히 응력 및 대상물의 상호비의 한계를 증가시킬 뿐만 아니라 그림 (b)와 (c)에 보인 것처럼 형상의 뒤틀림, '봉긋한 원통모양' 이 생긴다. 단조 시에 높은 접촉력이 필요한 양(+)의 상호비는 공구표면에 미세한 특징을 가진 금속을 가공할 때, 즉, 동전을 만들 때 이용되는 경우, 유사하다.

극소형 혹은 박판 물건-극한적 추구

그렇다면 어떻게 극소형 물건을 만들 것인가? 확실한 방법은 큰 것을 잘라서 만드는 것이다. 즉, 가공하는 것인데 돌림, 형상, 드릴링, 그리고 밀링이다. 크기의 상부한계는 기계를 구입할 수 있는 예산과 그 기계를 돌릴 수 있는 전기 값에 의해 결정된다. 소형의 한계, 여기서는 밀리그램 혹은 몇 분의 1mm는 기계의 탄력성 및 재료에 달려 있다.

연속형상 가공인 압연은 부엌에서 사용 중인 알루미늄 호일 뚜께 정도인 10μm까지 생산할 수 있다. 호일은 압연 봉에 들어가서 나갈 때까지 항복하고 얇아진다. 큰 상호비 및 마찰 한계는 철 압연 봉이 탄성적으로 평평하게 될 정도의 큰 압력이다. 이 공

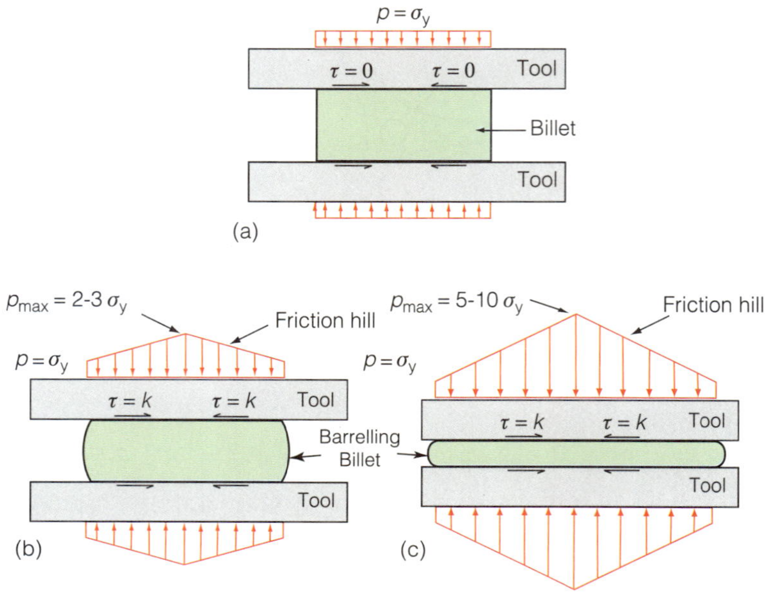

그림 18.7 열린 다이 단조 시에 마찰과 상호비의 영향 (a) 아주 낮은 마찰조건에 단순 압축, (b) 붙는 마찰로 접촉 압력은 '마찰 언덕' 형태로 증가하고 원통형이 된다. (c) 상호비가 커지면, 압력 및 원통형도 커진다.

정은 두개의 얇은 판을, 중간에 윤활제를 넣어 작업 후 분리를 쉽게 한 후, 동시에 공급하는 통합 압연(pack rolling)으로 쉽게 할 수 있다. 부엌에서 사용하는 호일이 압연봉과 접촉하는 한 쪽은 빛나고, 다른 쪽은 흐린 이유이다.

만약 더욱 작게 만들고 싶다면 유동은 더 이상 불필요하다. 그 부분은 너무 얇아 가공하려고 하면 구부려진다. 이때는 화학적 방법을 사용한다. 일반적인 화학공정, 즉, 에칭, 화학적 밀링, 전자-방전(electro-discharge) 밀링은 정밀가공 때의 크기와 같은 특징이 가능하다. 진짜로 작은 것을 만들려면 전자기 생산에 사용되는 읽기, 프린팅 및 에칭기술이 필요하다. 그러한 기술은 MEMS, 즉, 작은 센서, 동작기, 기어 및 엔진을 만들 때 사용된다. 현재 사용되는 재료인 실리콘에 기초한 기술에 의해 제약되고 있으며 현재 에어백의 터짐 방아쇠 같은 상업적 장치는 이렇게 만들어지고 있다.

형상

가공에 중요한 속성은 만들 수 있는 형상의 군(family)이다. 이 또한 가장 정의하기 힘든 것이기도 하다. 그림 18.8은 형상 구분의 원초적 3가지에 각각 2개의 분류를 보여주고 있다. 이 접근방식의 장점은 특정형상에의 접근에 있다. 그림 18.9는 다양한 조합을 보여 준다.

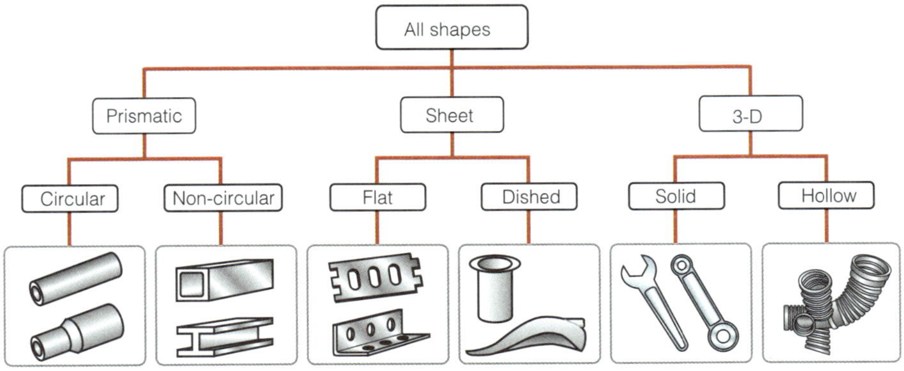

그림 18.8 형상의 분류. 6가지 항목 이상으로 세분하는 것은 어렵고 더 이상의 구별을 유용하게 하지는 않는다.

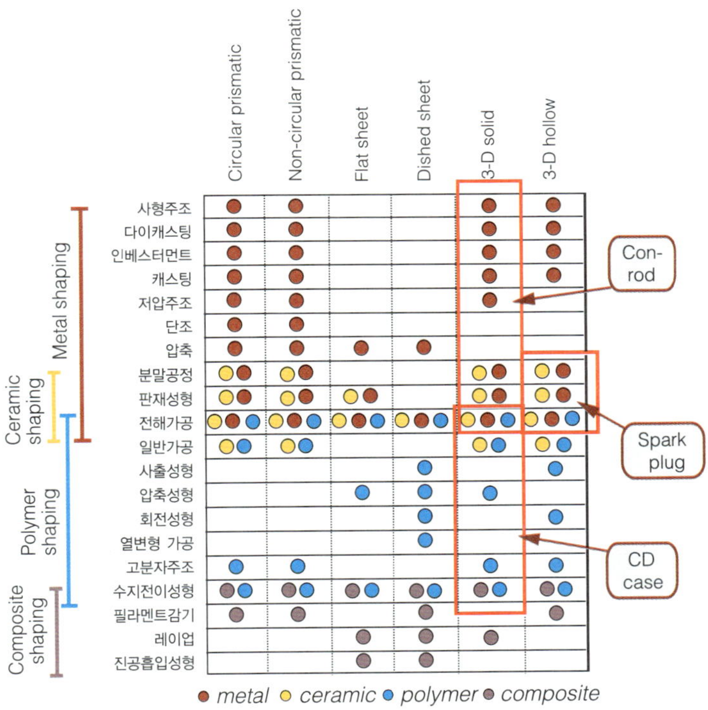

그림 18.9 형상과 공정의 조합. 위의 점들은 실행가능한 조합을 색깔로서 구분하여 나타낸다.

압연, 압출 혹은 인발로 만드는 그림 18.8의 왼쪽에 있는 각기둥 형상은 연속적으로 길게 만들어진 특징이 있다. 별개의 다른 형상은 그렇지 않으며 그것들은 만드는 공법을 단 공정(batch) 공법이다. 연속 및 별개(혹은 단)공정의 차이는 생산자의 원가에 영향을 준다. 단공정은 설정의 반복 사이클이 필요하고 따라서 시간과 돈이 들게 된다. 반면에 생산제품은 거의 완성된 형상으로 마무리 공정이 필요가 없다. 주물 및 성형

표 18.2 다른 응용에 필요한 일반적 마감 수준 및 알맞은 가공법

거칠기(μm)	응용	가공법
R = 0.01	거울	래핑
R = 0.1	정밀한 베어링	정밀 연마 혹은 래핑
R = 0.2~0.5	실린더, 피스톤, 캠, 베어링	정밀 연마
R = 0.5~2	기어, 일반기계부품	정밀 가공
R = 2~10	저하중 베어링, 일반부품	기계가공
R = 3~100	마찰없는 표면	주물 후 표면

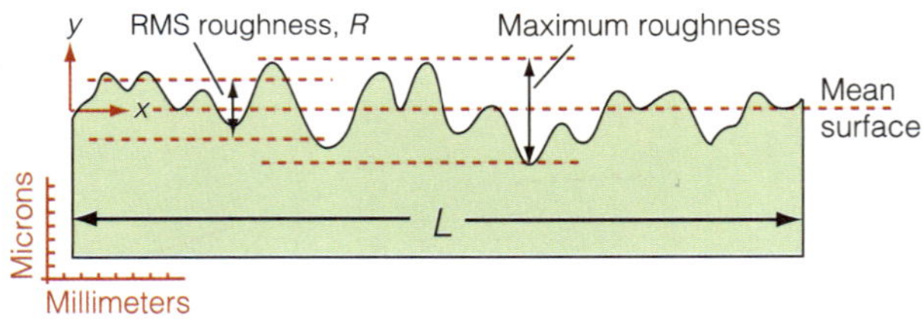

그림 18.10 불규칙적인 표면을 갖는 한 부분(수직부분을 과장해서 그림). 불규칙도는 RMS 거칠기 R로 측정된다.

가공이 거의 완성형 공법인 반면에 단조는 고체상태의 소성에 의한 형태변화 및 변형률에 제약을 받는다. 이는 표준 원자재(봉, 혹은 판)로부터 다양한 형판을 거치면서 3차원 형상을 만드는 과정이 여기에 속한다.

연속공정은 튜브, 판 혹은 박판 같은 표준 원자재 및 철도용 레일 같은 긴 각기둥 제품에 적합하다. 원통형 압연봉은 박판을 생산하고, 형상 압연봉은 복잡한 모양, 예로 기차레일을 만든다. 압출은 특별히 다양한 연속 공정으로 살(rib) 및 보강체(stiffener)와 같은 길고 안쪽에 구멍이 있는 제품을 한 번에 생산 할 수 있다.

허용한계 및 거칠기

질(quality)의 관점에서 부품의 표면 마감 및 정밀도를 생각한다. 그것들은 허용한계 T 및 표면 거칠기 R로 측정이 된다. 부품의 치수가 결정되고, 전체 표면은 아니더라도 표면의 질이 결정되면 밀봉을 위한 혹은 홈을 이동하는 슬라이드와 같이 일치하는 플렌지 면과 같은 접촉면의 표면 질은 중요하다. 이것은 피로에 의한 크랙의 초기의 저항 및 미적인 이유에서 중요하다. 치수 y에서 허용한계 T는 y = 100 ± 0.1mm 혹은 $y = 50^{+0.01}_{-0.001}$mm으로 표시하며, 일반적으로 크게 만드는 경우가 작게 만드는 것보다 여

유가 있다. 표면 거칠기 R은 상부한계 $R < 100\mu m$로 표시된다. 표 18.2는 다양한 제품의 요구되는 표면마감을 나타내었다. 표는 마감수준을 도달하기 위한 일반적인 가공법도 표시하였다.

표면 거칠기는 표면의 불규칙성을 측정하는 것이다. 이것은 표면의 형상을 제곱평균(RMS)의 넓이로 정의하며

$$R^2 = \frac{1}{L}\int_0^L y^2(x)\,dx \tag{18.1}$$

이것은 빛으로 훑으면서 혹은 뾰족한 침을 표면의 x방향으로 끌면서 수직형상 $y(x)$를 기록하면서 측정한다. 더욱 빠르고 정확한 **광학윤곽측정기**는 침을 사용하던 것을 대체했다. 이는 레이저로 간섭현상을 이용하여 표면의 불규칙성을 도식화한다. 허용한계 T는 R이 제곱평균 거칠기이므로 $2R$ 보다 분명히 크다. 최대 거칠기, 따라서 허용한계 절대하부한계는 거의 $5R$이 된다. 실제 공정의 허용한계범위는 $10R$에서 $1000R$까지이다.

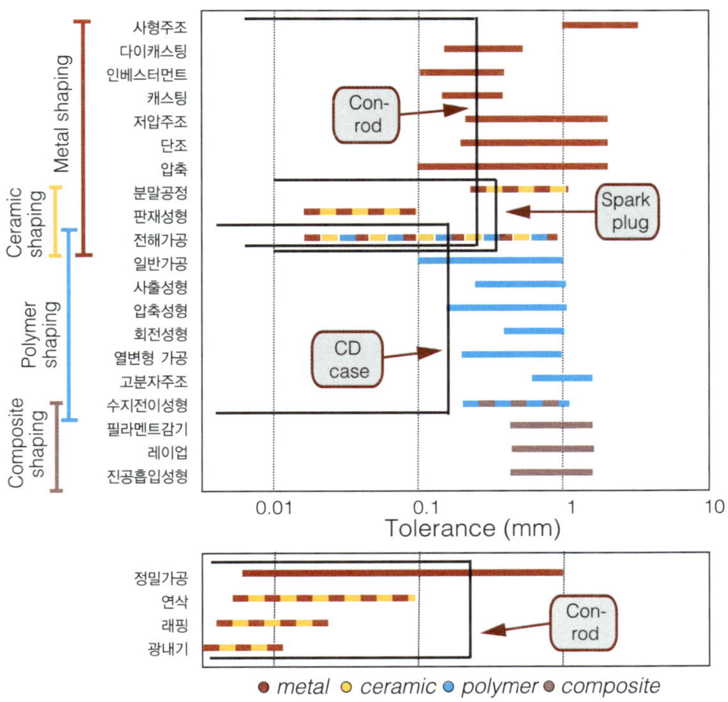

그림 8.11 가공사슬 선정을 가능하게 하는 성형공정 및 일부 마감공정의 공정-허용한계의 막대좌표. 이표는 사례연구의 목표 값으로 주를 달고 재료 별 색깔로 표시되었다.

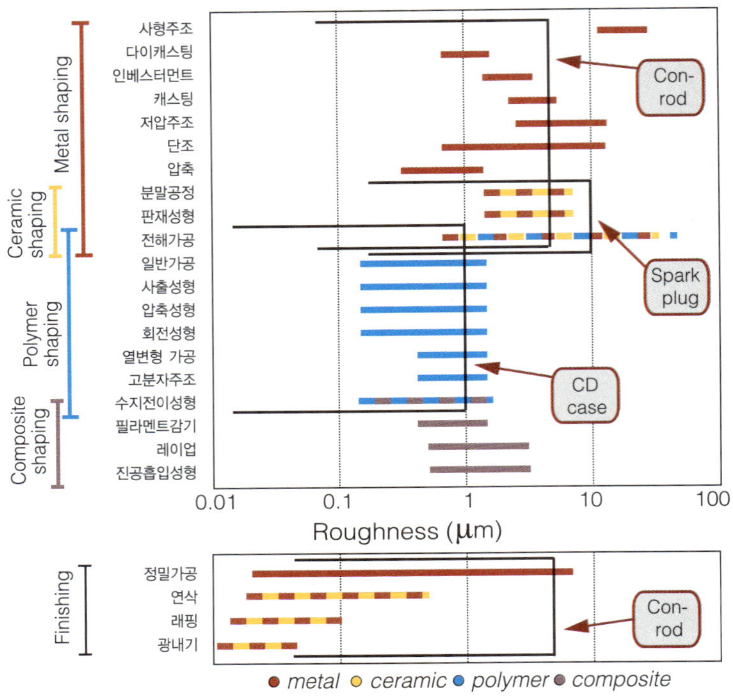

그림 8.12 선정을 위한 가공사슬의 이용이 가능한 성형공정 및 마감공정에서 공정-거칠기의 막대기 도표.

그림 18.11과 18.12는 재료 군별로 색깔부호를 유지하며 가공이 가능한 거칠기와 허용한계의 특징적 범위를 보여 준다. 마감공정의 자료는 형상공정아래 첨부하였다. 모래주물은 거친 표면을 주며, 다이주물은 매끄러운 표면을 준다. 더구나 금속의 형상공정이 생략되면 $T = 0.1$mm 와 $R = 0.5\mu$m보다 좋다. 높은 치수 정밀도와 표면마감을 위한 가공은 주물 혹은 변형가공 후에 허용한계에 맞추고 혹은 원하는 수준으로 마감하기 위해 일반적으로 사용된다. 이를 가공사슬(process chain)이라 한다. 금속 혹은 세라믹은 표면갈이가 가능하고 높은 정밀 및 표면의 관리가 가능하다. 큰 망원경의 반사경은 5μm에 가까운 허용한계와 mghr은 그이상의 치수에 걸쳐 약 1/100의 거칠기를 갖는다. 하지만 정밀도 및 표면마감은 가격에 영향을 주며, 가공비는 둘의 요구조건이 높으면 높을수록 기하급수적으로 증가한다. 따라서 필요이상으로 정밀도 및 마감을 요구하는 것은 잘못이다.

성형된 고분자는 금형의 마감에 따라 좌우되기 때문에 그림 18.2에 보인 것처럼 굉장히 매끄럽다. 성형 시의 잔류응력이 뒤틀림의 원인이 되고 또한 사용 중의 고분자는 크립이 일어나므로 허용한계가 ± 0.2mm보다 좋은 것도 가능하다(그림 18.11).

18.5 접합공정 : 속성 및 시작

접합공정을 선정함에 있어 설계조건은 성형공정을 선택하는 것과는 다르다. 재료의 적합성은 성형공정 때보다 더 복잡하다. 이 경우 다른 재료의 경우에는 이음매가 사용되기도 한다.

재료의 적합성

금속, 고분자 세라믹 및 유리의 접합공정은 다르다. 접착제가 재료를 붙이기 위해 사용되지만 그렇지 않은 경우도 있다. 고분자 재료를 용접하는 것은 금속을 용접하는 것과 다르다. 또한 특정한 금속은 특별한 형식의 용접이 필요하다. 재료-공정의 행렬(그림18.2)은 4가지의 접합공정이 포함되어 있다.

전혀 다른 재료의 접합은 생산 및 유지차원에서 새로운 고려 대상이 있게 된다. 분명한 것은 공정은 두 가지 재료에 적합해야 한다. 접착제 및 잠그게는 일반적으로 전혀 다른 재료의 접합에 쓰인다. 여러 가지 용접은 그렇지 않다. 유지목적의 실용성은 다른 문제이다. 만약 다른 두 재료가 전기적으로 접합되어 있고, 물 혹은 전도성 액에 노출되면 부식문제가 생긴다. 이러한 경우는 두 재료의 표면에 불연층을 삽입하여 해결한다. 열팽창의 차이가 심한 경우에는 온도변화에 따라 접합부분에 잔류응력이 생겨 손상의 위험이 생긴다. 전혀 다른 재료의 접합공정의 좋은 예를 확인하는 것도 자료화의 좋은 시작이다.

이음부 형상 및 하중의 형태

중요한 접합의 고려사항은 접합부의 형상, 다를 수 있는 재료의 두께와 접합시키는 방법이다. 그림 18.13 및 18.14는 표준 접합형상 및 하중의 형태를 나타내었다. 연관되는 문제로 형상의 선정은 접합부의 모양 및 두께 및 하중의 형태에 의해 결정된다. 접착제에 의한 접합은 전단에는 강하나 벗김, 즉, 접착테이프를 벗기는 경우와 같은 경우에는 약하다. 접착제는 좋은 작업부위가 중요한데 겹침이음(lap joints)은 좋고, 맞대기이음(butt joint)은 좋지 않다. 또한 리벳 및 철침은 겹침이음이 전단하중 하에서 적용하기 좋으나 인장에는 좋지 못하다. 용접 및 나사형 잠그게는 다양한 적용이 가능하나, 역시 형상 및 하중에 따라 선정에 주의해야 한다. 각각의 경우 정확한 선별에는 다양한 선택기회를 열어두고 자세한 상호보완은 서류를 정리할 때 연구되어야 한다.

접합 시 박판의 두께도 중요하다. 리벳, 철침 및 재봉과 같은 접합공정은 얇은 것에는 사용이 가능하나, 두꺼운 부위에는 불가능하다. 용접이 가능한 두께는 정도의 차이

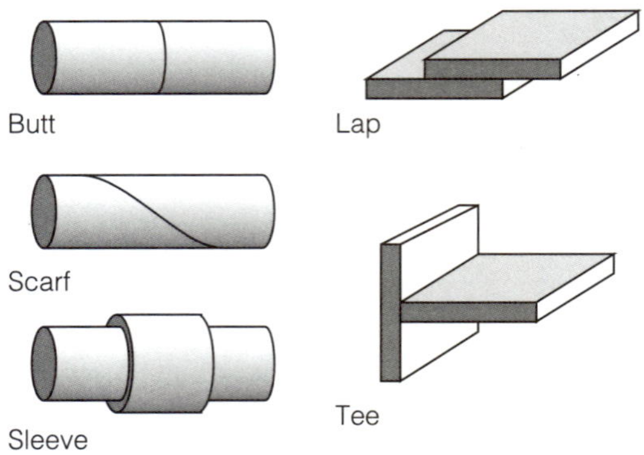

그림 18.13 접합부 형상

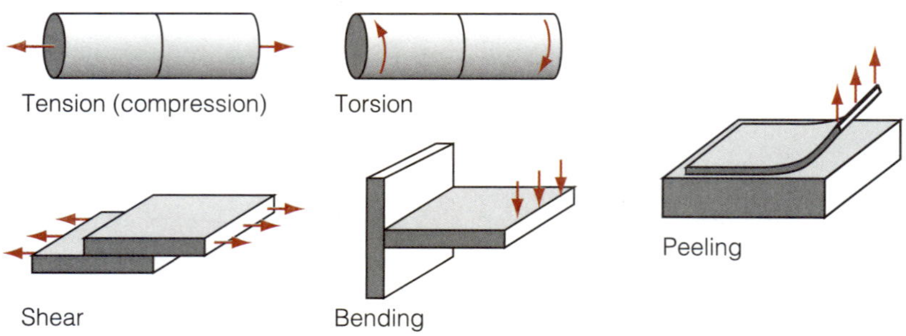

그림 18.14 접합부 하중의 표준형태

는 있으나 열전도를 고려해야 한다. 어떤 공정은 두께 차이가 큰 부위의 접합에 좋다. 즉, 접착제는 얇은 부위를 두꺼운 부위에 접합시킬 수 있으나, 리벳과 제봉은 거의 같은 부분에 잘 적용된다. 실제 두께와 형상은 연관되어 있다.

2차적 기능 및 제작 시 제약

대부분의 접합부는 하중을 지탱하는 이외 다른 작용도 한다. 접합부는 전기 및 열의 전도와 관련하여 전도 혹은 절연성이 필요하다. 혹은 높은 온도에서도 사용되어야 한다. 또한 접합부는 밀봉작용, 즉 액체 혹은 가스의 침입을 막아야 한다.

제작조건도 접합 설계에 제약을 준다. 예로 어떤 접합공정은 진공노속에 맞게 조립될 필요가 있다. 바깥 현장에서의 접합공정은 휴대가 가능한 장비, 즉, 휴대용전력 공급기가 필요하다. 이러한 예는 PVC 및 PE 파이프의 융착(hot-plate welding)이다. 반면에 효과적인 휴대성은 조립물의 크기에 관계없는 다리, 조선 및 비행기 등이 대상이다.

점차적으로 중요해지는 것은 제품의 수명이 다한 후에 재사용 및 재생을 위해 경제적인 분해의 필요성이다. 나사형 잠그개의 분해 및 용제 혹은 열을 이용한 접착제의 분리이다.

접합의 물리적 한계

열접합 공정, 예로 아크, 레이저 및 마찰용접은 액체 혹은 고체 상태에서 접합을 위해 접합부위에 국부적인 열사이클을 주면서 작업한다. 열전달 및 전도는 접합부 크기에 물리적 한계가 있다. 여기서는 가해지는 열의 강도가 중요하다. 강도 Q를 갖는 열원을 속도 v로 접합선을 따라 움직이면 단위 길이당 가열량 Q/v(J/m)는 일반적으로 용접변수의 특징으로 사용된다. 또한 최고 온도 및 Q/v에 따르는 냉각속도도 중요하다. 따라서 용접 시에 열사이클에 의해 영향을 받는 '열 영향 영역' 의 정도를 결정하는데 가열량은 중요하다. 미세구조의 변화는 최고온도 및 냉각속도에 의해서 결정되는데 용접에 의한 탄소강이 예이다. 또한 국부 열사이클에 의한 내부 잔류응력도 생긴다. 이것들의 중요성 때문에 용접 시 미세구조변화는 많은 연구가 되었고, 이제는 많이 이해되었고 이와 관련 많은 책도 나와 있다.

공정의 경제성은 설치 시간 및 접합공정 시간에 의해 결정된다. 열공정의 경우 열전도가 주어진 열의 공급에서 공정속도를 결정한다. 이는 접합공정 및 부품이 접합 후에 냉각되어 정리될 때까지를 포함한다. 어떤 접착제는 응고되어 힘을 받을 수 있을 때까지 많은 시간이 필요하다. 또한 많은 공정은 접합공정보다 준비기간, 즉 용접부위의 조정불량 및 깨끗치 못함을 피하기 위한 시간이 너무 긴 경우가 많다. 창의적인 작업설계가 경제성 향상에 도움이 되는데 다목적 장치 및 고속접합기와 병행하는 냉각영역의 조정 등이다. 또한 레이저 및 전자선 용접과 같은 고가의 공정에 의한 경제적 능률향상도 전략이 된다.

18.6 표면처리(마감) 공정 : 속성 및 시작

재료의 적합성

표면처리에 있어 재료-공정의 적합성은 그림 18.2의 아래 행렬에 보인다. 앞에서 언급했듯이 표면마감은 고분자보다는 금속의 경우가 더 중요하다.

처리의 목적

가장 차별적인 마감의 특수속성은 표면처리를 실시하는 목적임이 증명되었다. 도표

표 18.3 표면처리의 다양한 역할

• 부식방지(수중) • 부식방지(가스) • 마모저항 • 마찰 조정 • 피로저항 • 열전도 • 열절연 • 전기절연 • 자기물성 • 장식(치장) • 색 • 반사율

18.3은 표면처리가 가져올 다양한 역할을 나타내었다. 일부는 보호, 일부는 성능 일부는 보기 좋게 만드는 게 주요 목적이다. 모든 표면처리는 원가를 올리지만 가치는 더욱 커진다. 표면보호는 제품의 수명을 늘리고 보수 사이클을 늘려 준다. 절삭공구에 보호 코팅은 절삭속도의 증가로 생산성이 향상된다. 표면강화 처리는 값싼 대체 합금으로 사용 가능하다. 예로 값비싼 합금강보다는 표면 침탄된 혹은 티타늄 나이트라이드(TiN)로 코팅된 일반 철을 사용하는 것이다.

부수적인 적합성

마감공정 선택에서는 재료의 적합성 및 설계요소가 중요하다. 하지만 다른 고려사항도 있다. 어떤 표면처리는 표면의 치수, 정확도 및 거칠기에 아무런 영향도 없다. 입히는 코팅은 치수에 약간의 영향을 미치지만 매끄러운 표면은 얻어진다. 또 다른 코팅은 상대적으로 두껍고 거친 표면을 남겨, 다시 마감처리를 해야 한다. 부품의 형상 역시 선택에 영향을 준다. '시각 선(line-of-sight)' 입힘 코팅은 지정되는 표면만 코팅되고 접근불가능 표면은 그대로 둔다. 또 다른 '분말분사' 코팅은 평면, 곡선 및 요각 표면, 모두에 좋다. 많은 표면처리는 열이 필요하다. 따라서 높은 온도에 견딜 수 있는 재료에만 사용 가능하다. 일부 페인트는 차가울 때도 사용하지만 많은 것은 약 150℃까지 가열이 필요하다. 고경도가 필요한 침탄 혹은 질화표면처리는 800℃까지의 오랜 시간동안의 가열이 필요하다. 기지재에 이러한 열노출은 미세구조를 바뀌게 하는 데 항상 좋은 방향은 아니다. 일부 혁신적인 발전으로 기지재 및 표면에 맞는 열처리 방법이 가능하다. 따라서 두 가지 처리를 하나로 마칠 수도 있다. 이러한 예는 열처리가 가능한 자동차 외판용 알루미늄 페인트의 경화 및 강화 사이클로 판 재료의 시효경화도 동시에 하는 경우이다.

표면처리의 물리적 한계

열을 가하는 과정에 표면의 열강도, 흡수정도, 기지재의 열물성이 가열 시간을 결정한다. 주어진 동력으로 고정된 열원이면 온도 증가는 시간의 제곱근 $\sqrt{t}$에 비례한다. 이는 바라는 구조변화를 유도할 온도가 도달할 표면 두께를 결정할 수 있다. 물질 및 열의 확산은 수치적 공식에 따르므로 침탄과 같은 확산 공정에서 처리의 깊이는 같은 시간의 함수이다. 주어진 부피 흐름으로 뿌리는(spray) 코팅 공정에서 코팅의 두께는 시간에 선형적으로 변한다.

18.7 형상공정의 경비 예측

예로 경쟁적인 계약을 위해 정확히 공정의 예상경비를 예측하는 것은 특수한 일이다. 그것은 일반적으로 유사한 형태 및 크기의 앞선 작업을 기초로 추정 혹은 삽입을 기초로 한다. 여기서 우리의 관심은 이러한 목적의 경비 예측이 아니다. 이는 다른 선택 방법의 대략 경비를 비교하는 것이다. 가장 일반적인 하나의 선택, 즉 일괄적 형상 공정 같은 경비모델의 방법을 설명한다. 이를 위해 특별한 사용자 지정 입력, 지역의 인력경비 및 각 공정에서 경비관련 특성적인 가치 등이 필요하다.

경비모델

부품의 제작은 재원을 소모한다(그림 18.15). 각각의 공정은 경비와 연관된다. 최종경

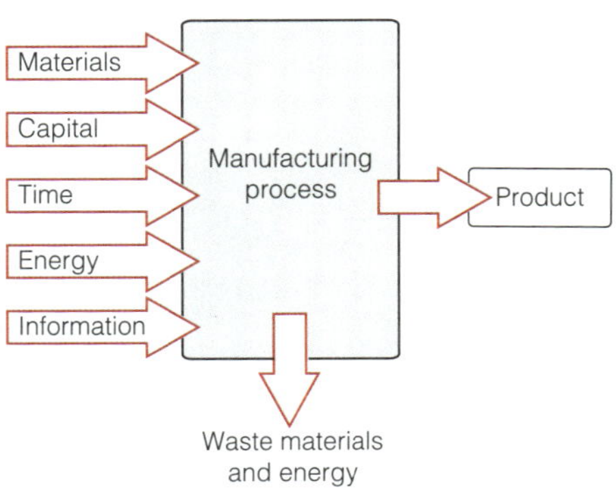

그림 18.15 제작공정에 투입물

표 18.4 경비 모델의 상징, 정의 및 단위

재원		상징	단위
재료	소모성 포함	C_m	$/kg
자본	공구비	C_t	$
	설비비	C_c	$
시간	노동, 행정, 임대비 등 포함하는 경상비율	$\dot{C}_{oh}$	$/시간
에너지	에너지비용	C_e	$/시간
정보비	연구/개발비, 특허비 등	C_i	$/년

비는 사용된 모든 재원의 합이다. 이것들은 표18.4에 정의되어 있다. 따라서 질량 m의 부품 생산 원가는 사용된 재료 원가 C_m($/kg) 및 이것으로 만들어진 소모성 원료를 포함한다. 이는 목적용 **공구비** C_t($)와 공구가 사용되는 **설비비** C_c($)를 포함한다. 전체 공정속도에 관련되는 시간 $\dot{C}_{oh}$(따라서 $/시간의 단위), 여기서는 노동력, 행정비용 및 일반 유지비, 등이 포함된다. 또한 에너지가 필요한데, 만약 많은 에너지가 필요하면 가끔은 공정별로 계산되지만 일반적으로는 종합적으로 하나의 $\dot{C}_{oh}$에 포함시켜 처리한다. 마지막으로 정보처리 비용이다. 여기는 연구 및 개발비, 저작권 및 허가비용을 포함하는데 여기서도 비용을 시간 단위로 경상비용에 포함한다.

여기서 무게 m kg이고 재료비 C_m $/kg의 부품(생산단위)을 생산한다고 가정한다. 단위 가에 첫 번째 고려는 재료, mC_m.이다. 공정에서는 부품에 사용된 정확한 재료량 이외에 기계 안에 남은 재료, 가공의 부스러기 및 반품되는 폐물분량 f가 포함된다. 일부는 재사용되지만 손실되는 양을 고려해 단위당 재료비는 $1/(1-f)$의 비로 곱할 필요가 있다. 따라서 단위 무게당 재료비는

$$C_1 = \frac{mC_m}{(1-f)} \tag{18.2}$$

다이, 금형, 비품, 지그, 등의 공구비 C_t는 **목적비**라고 한다. 하나의 부품 생산 공정에 목적적으로 사용된다. 이것은 생산 공정에 수치적 개수 n에 반하여 청구된다. 공구 수명 n_t는 한번 설치 후에 바꿀 때까지 생산되는 숫자로 정의된다. 단 하나의 생산품이라도 한 무리의 공구가 필요하다. 하지만 한번의 공구 재설치 시간은 전체의 한 공정으로 총생산비용을 증가시킨다. 이것을 완만한 함수로 표시하기 위해 전체 공구비 C_t에 $(1 + n/n_t)$를 곱한다. 따라서 단위 제품당 공구비는 아래와 같다.

$$C_2 = \frac{C_t}{n}\left(1 + \frac{n}{n_t}\right) \tag{18.3}$$

반면에 설비비 C_c는 일부만 목적성이 된다. 분말압축기 같은 하나의 장비는 다른 다이 셋트나 공구를 설치함으로 여러 가지 다른 부품을 생산할 수 있다. 비목적성 장비가격 및 임대비용은 간접경비로 전환하는 것이 일반적이고, 투자 회수를 할 수 있는 장비 감가시간 t_{wo}(예로 5년)로 나누어 생각한다. 이때 C_c/t_{wo}는 시간당 경비로 장비가 연속적으로 사용된다는 가정한 경우이다. 그러나 이런 경우는 잘 없으므로 생산 시간의 비, 즉 사용지수(load factor) L로 나누어 변형시킨다. 이는 개인의 장치를 포함하는 장비의 효과적인 시간당 경비, 예로 임대비를 산출하게 해 준다. 그러면 시간 단위당 경비에 포함되는 자본경비는 생산되는 시간당 경비를 생산속도/시간 $\dot{n}$으로 나누어 다음과 같이 표시한다.

$$C_3 = \frac{1}{\dot{n}}\left(\frac{C_c}{Lt_{wo}}\right) \tag{18.4}$$

마지막으로 인건비, 에너지 경비, 등의 일반적인 시간당 간접경비 $\dot{C}_{oh}$가 있다. 이것 역시 시간당 생산속도 $\dot{n}$로 나누어 시간당 경비로 환산한다.

$$C_4 = \frac{\dot{C}_{oh}}{\dot{n}} \tag{18.5}$$

한 부품 생산에 전체경비 C_s는 위의 네 개 부분 C_1~C_4를 합한 값으로

$$C_s = \frac{mC_m}{(1-f)} + \frac{C_t}{n}\left(1 + \frac{n}{n_t}\right) + \frac{1}{\dot{n}}\left(\frac{C_c}{Lt_{wo}} + \dot{C}_{oh}\right) \tag{18.6}$$

이 공식을 강조하기 위해 다시 정리하면

$$C_s = C_{material} + \frac{C_{dedicated}}{n} + \frac{\dot{C}_{capital} + \dot{C}_{overhead}}{\dot{n}} \tag{18.7}$$

이 공식은 세 가지 중요한 요소, 즉 한 제품의 크기 및 속도에 무관하게 생산에 드는 제품당 재료경비, 생산량에 역비례(1/n)해서 변하며 생산에 드는 제품당 목적비, 마지막으로 생산속도에 역비례 하는 제품당 전체 간접비를 보여 준다. 목적비, 효과적인 시간당 자본 감가상각비 및 생산속도는 각 공정의 유효범위로 정의할 수 있다. 즉, 사

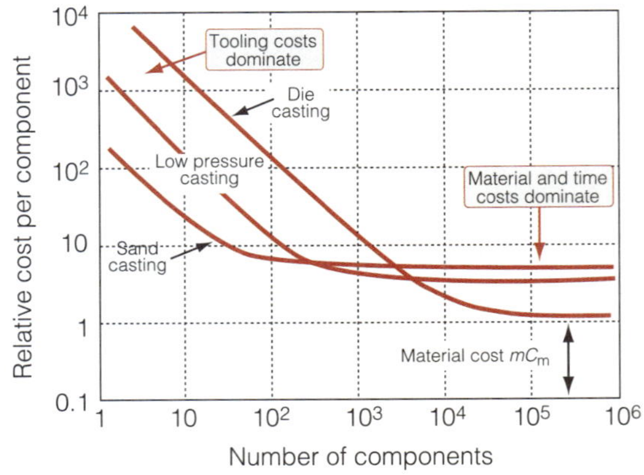

그림 18.16 작은 Al부품의 3가지 선정가능 공법의 경제성

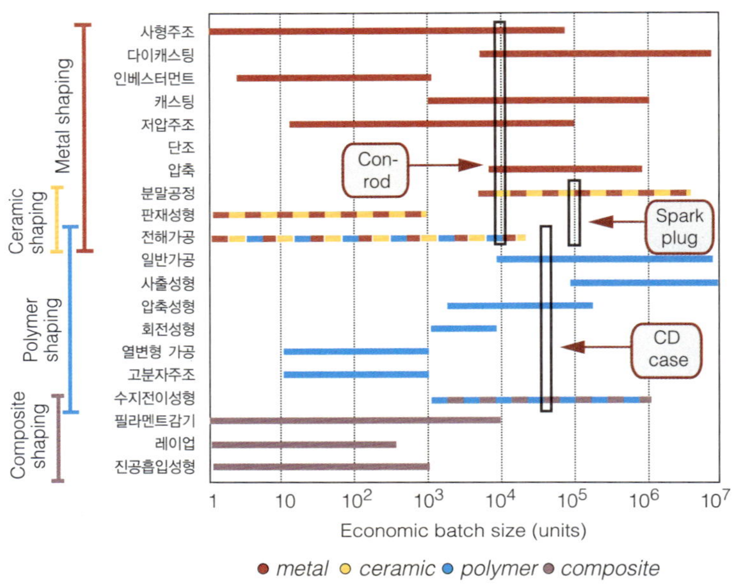

그림 18.17 재료별로 색깔부호로 표시된 공법-경제적 생산양의 막대기 좌표

용자가 간접비율 $\dot{C}_{oh}$ 사용지수 L, 및 자본재 감가시간 t_{wo}를 정의해야 한다.

그림 18.6은 공식 (18.6)을 사용하여 나타낸다. 이것은 작은 Al 주물제품을 3 가지 방법, 모래주물, 다이주물, 혹은 저압주물로 생산 시에 경비 C_s를 제품 크기 $\dot{n}$으로 표시하였다. 작은 제품 한 개당 경비는 식 (18.6)의 2 번째 요소인 공구 '고정' 경비에 의해 큰 영향을 받는다. 생산 숫자 n이 늘어남에 따라 이 고정경비의 영향은 떨어지고, '변액' 경비, 즉 재료비, 인건비 및 다른 간접경비에 주로 쓰이는 경비에서 완만해진다.

단, 당연히 공구의 수명이 n보다 클 때이다. 공구비 C_t, 장비비 C_s 및 생산속도 $\dot{n}$는 가공 공정에 따라 다르다. 모래주물 장비비는 별로 안 드나 속도는 느리다. 다이 주물용 장비비는 월등히 비싸나 생산속도는 역시 빠르다. 저압다이 주물의 금형비는 모래주물보다 비싸지만 고압용은 월등히 더 비싸다. 생산 시 이러한 여러 가지 요소의 선택은 그림 18.16에 보인 것처럼 C_s-n에서 곡선이 서로 엇갈리는 원인이 된다.

이러한 엇갈림은 경제적인 공정이 생산량에 의해 결정됨을 뜻한다. 이것은 **경제적 생산량**이란 무엇인가 생각을 하게 한다. 즉, 생산범위 기준으로 어떠한 공정이 가장 경쟁력이 있는지를 알려 준다. 공식(18.6)은 만약 모델의 변수를 알면 경쟁되는 공법의 경제성을 비교해 준다. 그렇지 못한 경우는 순위의 다른 방법으로 간단한 경제적 생산량을 예측케 한다. 그림 18.17은 앞의 그림들과 유사한 같은 색깔의 부호로 동일 공정의 속성을 막대기 좌표로 나타내었다. 금속의 인베스터먼트 캐스팅 같은 공법과 복합재료의 층층 놓기(lay-up)공법은 공구비는 적으나 느리다. 만약 적은 양의 부품을 생산하게 되면 경제적이나, 많은 생산을 요하면 그렇지 못하다. 반대로 다이주물 혹은 고분자 사출성형은 빠르나 공구비가 비싸다.

18.8 컴퓨터를 사용한 공법선정

컴퓨터-공법선정

재료 도표들과 같이 이 장의 공법도표도 전체적인 정보를 준다. 하지만 각각에 보일 수 있는 가공의 숫자는 한정적이다. 이러한 방식의 공법 선정은 몇 가지의 제약만이 있을 때 실용적이다. 하지만 선정된 공법의 실제적용 가능성을 파악하는 것, 대부분의 경우로 많이 귀찮은 일이다. 또한 경비모델은 사용자 정의 변수의 필요성으로 인해 사용하는 것이 쉽지 않다. 이러한 모든 문제의 해결은 CES를 적용하면 가능하다.

이것의 자료는 제2장의 그림 2.5~2.7에 보인 종류와 구분별로 정리한 공법들의 자료로 되어 있다. 각 자료는 각각의 일반적인 가치의 범위를 포함하는 공법의 속성 자료 와 적용 가능한 재료의 자료가 연결되어 있다. 또한 공법에 관련된 본문 형태, 이미지 및 참고자료가 제한적이지만 포함되어 있다. 이러한 자료는 재료선정에 사용되는 동일한 검색엔진에 자료를 질의한다. 이는 그림 18.18에 보인 것 같은 중첩되는 형태를 가지고 있다. 왼쪽에는 선정재료의 군, 종류 및 요소(여기서는 열가소성수지)를 가공할 수 있는 공법의 선정에 한계를 보여 준다. 중간에는 한 개 혹은 다수 공법의 특징을 훑어 볼 수 있게 한 간단한 질문 인터페이스가 있다. 제한된 특징을 위한 원하는 상

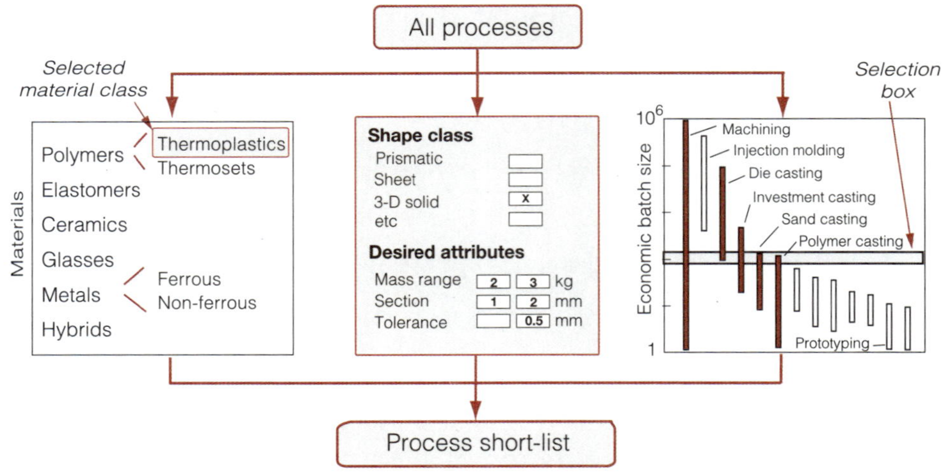

그림 18.18 공법선정(여기서 형상공법)에 있어 선정과정의 개략도. 재료 및 형상 같은 구분을 먼저 지정하고, 오른쪽 막대기 좌표같이 그래픽에서 수치적 속성을 보고 선정한다. CES 소프트웨어는 중간에 보인 대화박스를 통해 설계 요구 값을 넣을 수도 있다.

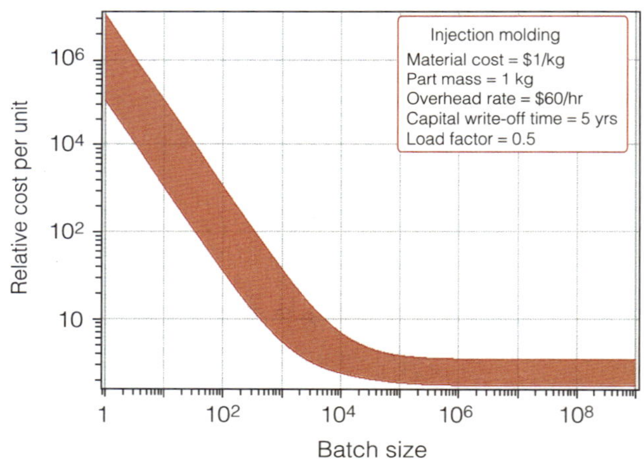

그림 18.19 생산량에 따라 단위당 경비의 변화를 보여 주는 CES 소프트웨어의 경비모델의 결과. 범위는 모델에 적용하는 입력변수의 범위를 반영한다.

부 혹은 하부 한계가 포함되고 이러한 한계를 벗어나는 속성적 값을 가진 모든 공법은 검색엔진이 거부한다. 오른쪽에는 소프트웨어에 의해 작성된 수치적 속성(여기서는 경제적인 생산량)의 막대좌표가 있다. 선정을 위해서는 선정박스를 속성이 제한된 값인 윗부분 및 아랫부분의 막대좌표에 중첩하면 된다. 이러한 방법으로 박스 내에 포함되는 값을 가진 공법을 선정하고, 바깥에 있는 것은 거부한다.

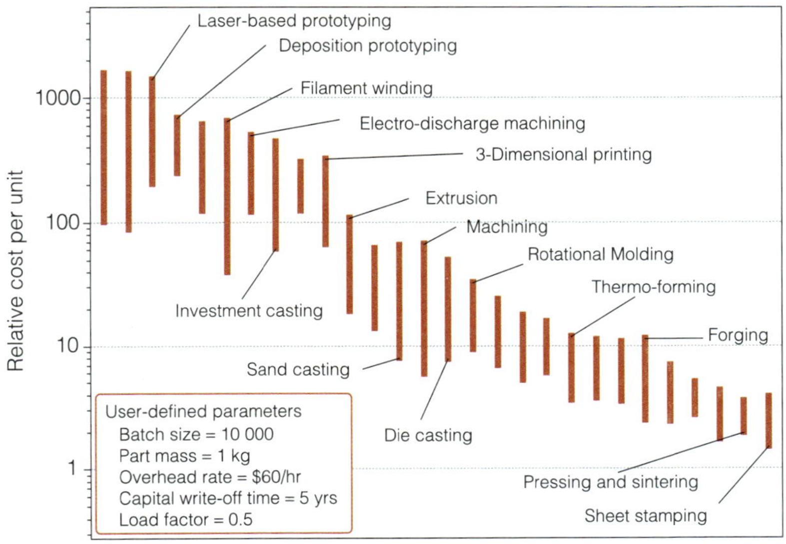

그림 18.20 특정부품의 경우 주어진 생산량에 따라 각 공법에 따른 단위당 경비를 보여 주는 CES 소프트웨어에 의한 막대기 좌표. 막대기의 범위는 모델에 적용하는 입력변수의 범위를 반영한다.

이 책에 해석된 생산량-공법 경비 모델은 소프트웨어에 포함되어 있다. 대화박스는 사용자가 자기가 정의한 변수, 예로 L, t_{wo}, $\dot{C}_{oh}$,의 기정된 값을 고칠 수 있게 되어 있다. 그러면 소프트웨어는 일정범위로 저장된 자료에서 C_c, C_t, $\dot{n}$를 추정하여 경제적인 공법에서 대략의 가격을 준다. 이러한 자료는 그림 18.19와 18.20에 보인 것 같은 형식으로 보여 준다. 첫째 그림은 앞의 그림 18.16과 같은 방식으로 한 공법(여기서 사출성형)을 이용하면 생산량과 경비를 그린 것이다. 거기에는 사용자가 정의한 변수가 포함되어 있다. 폭은 경제적 특성의 범위에서 나온 것으로 단지 간단한 다이를 요구한다면 아래 범위에, 복잡한 것으로 여러 개의 다이를 필요로 하면 위쪽에 있게 된다. 그림 18.20은 다른 형태로 나타낸 것이다. 여기서는 한 부품의 예정된 생산량(여기서 10,000)을 여러 방법으로 만들 때 원가의 범위를 막대기 좌표로 나타내었다. 사용자가 정의한 변수도 같이 나타내었다. 그림 18.18과 같이 다른 선정단계도 재료, 형상 같은 제한요소를 적용하며 어떤 막대기는 제외하면서 동시에 진행이 가능하다. 효과는 경비를 기준으로 사용가능한 공법의 순위를 매길 수 있다.

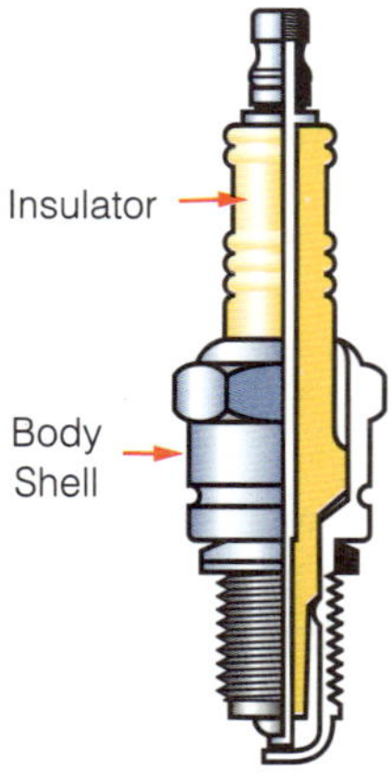

그림 18.21 점화플러그의 단면. 절연체는 형상구분에서 다채롭지 않은 기둥형태로 3차원적 빈 공간을 갖는다.

18.9 사례연구

여기서 실제로 적용되고 있는 선택법의 예를 보자. 각각의 경우, 설계 요구조건의 해석은 선정을 위한 공법 속성의 선별과정이 된다. 이 장에서는 3가지 형상화 문제를 경비모델을 이용한 좌표를 사용하여 접근한다. 그 다음에는 접합 및 표면처리 공법의 선정 예이다. 이러한 과정에서 CES 소프트웨어를 사용한다. 이 소프트웨어 내용은 방대하므로 줄이고 접합 및 마감공정의 넓은 범위의 도표만 보여 준다. 각각의 경우 단순한 선별을 넘어선 공법의 여러 면을 나타낸다. 이것들은 자료를 찾으면 설명할 수 있는 결함, 재료의 물성 혹은 경제적 한계, 등과 연관이 있다.

세라믹 점화플러그 절연재의 형상

그림 18.21은 점화플러그의 내부도를 간략히 보여 준다. 이것은 절연재를 포함하는 부품의 집합이다. 이것은 세라믹, 알루미늄으로 비대칭적이고 중간이 빈 3차형상이다. 절연체는 부품의 하나로 고정된 치수를 가진다. 재료 및 치수가 정해지면 중량을 예측할 수 있고, 최소 부분 두께가 결정된다. 절연체는 외피와 봉합되어야 하므로 정해진 정확도 및 표면 마감이 필요하다. 점화플러그는 대량생산되고 예상 생산량은 100,000이다. 표 18.5는 제한사항이다. 도표의 아랫부분은 공정에서 중요하고 민감한 결과를 나타내었다. 이러한 결과는 선별과정에서 확인할 수 없으나, 선정할 공정과 관련 자료 탐색에서 연구되어야 한다.

제약사항은 그림 18.2~18.4, 18.11 및 18.12에 보인 적합성 행렬 및 막대좌표로 그렸다. 재료의 적합성 도표는 세라믹의 경우 단지 3가지의 공정 군이 있고, 3가지 모

표 18.5 점화플러그 절연체의 형상화 및 예상되는 공정관련 결함의 해석

기능	• 점화플러그 절연재	
목적	• 경비최소화	
제약사항	• 재료 : 알루미늄 • 형상 : 3차원 빈공간 • 예측 무게 : 0.04~0.06kg • 최소 두께 : 1.5mm	기술적 제한
	• 허용치수 : <±0.3mm • 거칠기 : <10μm	품질적 제한
	• 생산량 : 100,000	경제적 제한
변수	• 형상가공 및 제작공정의 선정	
결함	• 기포 • 표면 균열	강도 및 인성에 영향

표 18.6 가스파크 플러그의 절연체 형상화의 간단한 공정방법

분말압축 및 소결
분말사출성형

표 18.7 CD곽의 형상 및 민감한 공정관련 결함의 해석

기능	• 콤택디스크용 곽	
목적	• 경비최소화	
제약사항	• 재료 : 폴리 스타일린(열가소성수지) • 형상 : 3차원 고체 • 예측 무게 : 25~35g • 최소 두께 : 1~2mm	기술적 제한
	• 허용치수 : <±0.2mm • 거칠기 : <1μm	품질적 제한
	• 생산량 : 50,000	경제적 제한
변수	• 형상가공 및 제작공정의 선정	
결함	• 균열 • 내포된 기포 • 수축표시 • 불량 표면마감	강도 및 시각적 질에 영향

표 18.8 고분자 CD곽의 형상화를 위한 간단한 공정방법

사출성형 압축성형

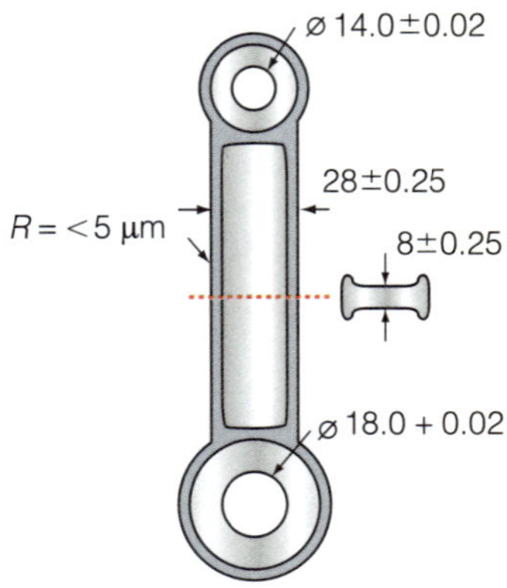

그림 18.22 연결용 강 봉. 구멍 및 구멍 면의 정밀도는 다른 곳에 비해 월등히 높고 따라서 연속가공이 필요하다.

두 필요한 형상을 만들 수 있음을 보이고 있다. 비록 분말 공정이 하한에 가깝지만 3가지는 모든 무게 및 부분 두께를 다룰 수 있고, 역시 거칠기 및 허용치수의 질적 제약사항도 만족한다. 경제적 생산규모의 제약(그림18.17)도 분말공정이 좋은 선택임을 보인다. 같은 단계를 CES 소프트웨어를 사용하여 보면 분말공정에서 제약을 만족시키는 2가지 특징적인 변수를 알 수 있게 되고 도표18.6에 나열하였다. 분말사출성형은 스파크 플러그의 절연체를 만드는 좋은 공정이다.

열가소성수지 CD곽 형상화

3장 및 그림 3.8에 고급CD 곽의 만족스럽지 못한 질에 관하여 설명하였다. 이번에 적용재료는 폴리스타일린이다. 재료변경 전에 우리는 이번 형상에 관련 열가소성수지의 공정 선정을 고려하여야 한다. 표 18.7은 CD곽과 관련된 해석을 보여 준다. 크기 및 질량은 표준 CD의 크기를 기초로 한다. 형상은 단순한 평면 판이 아닌 '3차원 고체'로 커버용지를 고정시킬 태브와 힌지를 모서리에 두는 특징이 있다. 이러한 것은 허용치수도 중요하다. 투명성을 위하여서는 낮은 거칠기가 필요하다. 목표 생산량은 50,000개로 한다.

다시 적합성 행렬 및 막대좌표를 참고한다. 재료(열가소성수지), 형상, 질량 및 최소

두께부분을 선별하여 3가지 가능한 공정: 가공, 사출성형 및 압축성형을 선정한다. 압축성형은 일반적인 질량범위를 약간 벗어난다. 3가지 공정 모두는 허용치수 및 거칠기 목표를 만족시킨다. 마지막 막대기도표는 가공은 주어진 생산량에 경제성이 떨어짐을 보인다. 다른 두 공법은 좋다. 표 18.8은 선정과정을 요약하였다.

튀어나온 부분 및 태브를 포함하는 CD곽의 좋은 형판설계는 전문가의 자료입력을 요구한다. 여러 가지 재입력 특징은 한 방향 하중 및 열린 형판을 사용하는 압축성형을 제외시킨다. 결합을 피하기 위해서 자료조사를 해 보면 본질적으로 정확한 유동용 홈 및 여분 통을 가진 좋은 형판설계의 문제임을 알 수 있다.

연결용 강 봉의 형상화

그림 18.22는 중탄소강으로 만들어진 연결용 '강 봉'의 개략도이다. 최소 두께부분은 약 8mm이고, 부피를 기초로 한 예상 질량은 약 0.35kg이다. 치수의 정확도는 작은

표 18.9 연결용 강 봉의 형상화 및 예상되는 공정관련 결함의 해석

기능	• 연결용 강 봉	
목적	• 경비최소화	
제약사항	• 재료 : 중탄소강	기술적 제한
	• 형상 : 3차원 고체	
	• 예측 무게 : 0.3~0.4kg	
	• 최소 두께 : 8mm	
	• 허용치수 : <0.25mm(표면)	품질적 제한
	• 허용치수 : <0.02mm(구멍)	
	• 거칠기 : <5μm	
	• 생산량 : 10,000	경제적 제한
변수	• 형상가공 및 제작공정의 선정	
결함	• 균열, 표면 거칠기	강도 및 시각적 질에 영향
	• 기포	
	• 잔류응력	

표 18.10 연결 강 봉의 형상화를 위한 간단한 공정방법

다이 캐스팅
단조 + 가공
분말공정 + 가공

표 18.11 연결봉 제작 시 3가지 형상화를 위한 공정 경비 모델의 입력자료

변수	다이 캐스팅	단조	분말공정
*재료, $mC_m/(1-f)$	1	1	1
*기초예비비, $\dot{C}_{oh}$(시간당)	100	100	100
자본 감가상각 시간, t_{wo}(년간)	5	5	5
중요지수	0.5	0.5	0.5
*지정 장비비, C_t	17,500	125	1,000
*자본경비, C_c	50,000	110,000	1,000,000
생산비, $\dot{n}$(시간당)	50	50	2

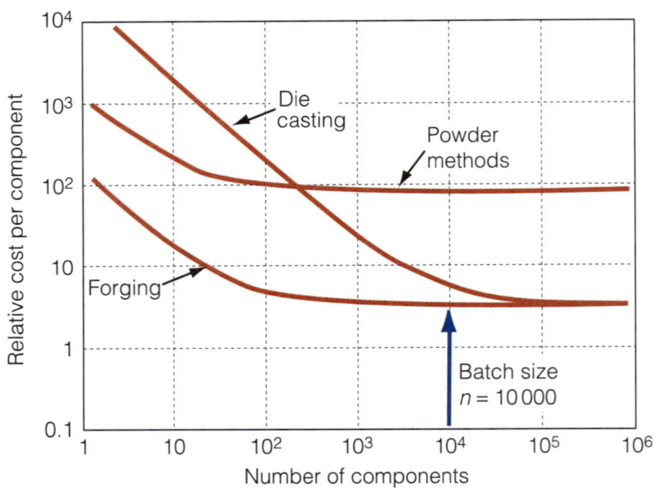

그림 18.23 모델변수에 대표적인 일정한 값을 사용했을 때 연결봉 제작에 사용 가능한 3가지 공정의 생산비 모델, 10,000개 생산목표로 가장 경제적인 공법은 단조이다.

및 큰 끝부분이 중요하다. 또 이 봉은 반복하중 하에 있으므로 피로균열의 위험이 상존한다. 따라서 전반적으로 낮은 표면 거칠기가 필요하므로 구멍은 연속가공의 마감이 필요하다. 대충 생산량은 10,000개가 요구된다. 물성 및 결합의 조절은 피로파괴를 피하기 위해 중요하다. 표 18.9는 이것들을 요약했다.

다시 적합성 행렬 및 막대좌표를 참고한다. 재료 및 형상을 선별하여 저압주물, 다이캐스팅, 압출 및 판재성형은 제거되나 다른 많은 방법이 남아 있다. 모래주물은 허용치수 제약으로 안 된다. 인베스터먼트 캐스팅, 일반가공 , 단조 및 분말공법 중에서 선정한다. 모두는 구멍에 관한 것을 제외하면 추구하는 거칠기 및 표면 허용치를 만족한다.

더구나 형상화 이후에 마감공정을 마치면 허용조건을 만족시킨다. 그림 18.11의 아랫부분에 있는 모든 마감공정은 요구되는 조건보다 좋은 허용치수 및 거칠기를 준다. 정밀가공은 구멍 및 구멍주위의 면을 마감하는 데 가장 적합하다. 마지막으로 경제적인 생산량 도표는 단조와 분말공정이 좋다고 보고, 고체로부터 가공 및 인베스터먼트 캐스팅은 10,000개 정도의 생산량에는 비경제적이다. 표 18.10은 요약사항이다.

이러한 사례연구는 중형의 표준형태 연결봉을 탄소강으로 생산하는 데 다양한 방법이 있다는 것을 보였다. 표면 마감 및 정확성에 약간의 문제는 있음을 보이나 탄소강의 가공에 마감은 어렵지 않다. 최종선정은 세부적인 생산가 비교 및 피로강도 충족에 의해 결정된다. 물성은 탄소강의 성분 및 열처리에 민감한데 이는 다음 장에 자세히 언급한다.

경비는 18.7절의 모델을 적용하여 자세히 고려한다. 표 18.11은 다이 캐스팅, 단조, 분말공정의 3가지 공정의 생산비 모델에 변수 값을 나타내었다. 각각의 공정에 동일한 양의 재료가 사용되었다고 가정하고 모든 경비는 재료비로 평균되었다. 그림 18.23은 세공정의 생산량에 대한 상대 생산비를 보여 준다.

생산량 10,000개인 경우 단조가 가장 경제적이고 다음은 다이 캐스팅이다. 분말공법은 가장 비싼데 이는 대부분 느린 생산속도와 높은 자본비가 단위당 높은 총 경비를 가져온다. 입력 자료의 불확실성으로 예상경비의 편차가 크고, 단조 후에 가공을 해야 하므로 결과적으로 단조와 다이 캐스팅의 생산비는 큰 차이가 없다. 따라서 두 공정은 물성의 달성을 위해 계속 고려대상에 둔다.

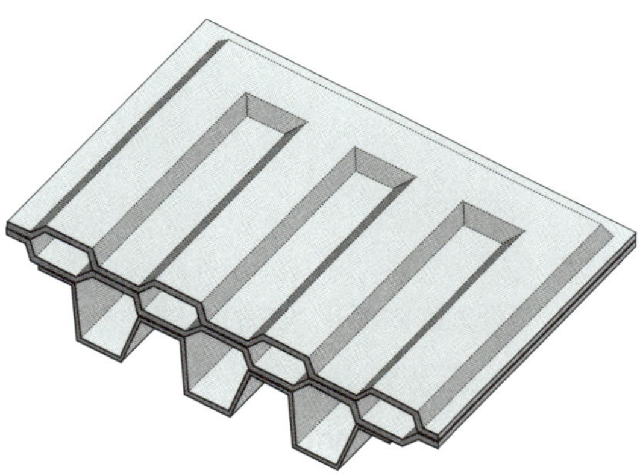

그림 18.24 가정용 방열기의 부분. 3개의 강판이 겹침이음으로 붙어 있다.

표 18.12 방열기의 접합을 위한 해석 및 공정관련 결함 및 물성의 결과

기능	• 가정용 방열기	
목적	• 경비최소화	
제약사항	• 재료 : 저탄소강 • 접합 형상 : 겹침이음 • 하중형태 :인장. 전단(조금) • 판 두께 : 1-2mm • 합부는 열전달 되어야 함 • 접합부는 물이 차단되어야 함 • 사용 온도 : >100℃	기술적 제한
	• 해체 분리는 불필요	환경적 제한
변수	• 형상가공 및 제작공정 조건의 선정	
결함	• 잔류응력 • 접합 결함	조립 및 수명에 영향

표 18.13 탄소강 방열기의 접합에 사용가능한 공법

경납접
전자빔 용접
폭발용접
불활성가스 금속 아크용접
불활성 가스 텅스턴 아크용접
레이져빔 용접
수동 금속 아크용접
산소 아세틸렌 용접
리벳팅
연납접

탄소강 방열기의 접합

그림 18.24는 주름지게 눌린 얇은 철판으로 가정용 방열기의 부분을 보여 준다. 이번에 주어진 임무는 철판을 붙이기 위한 접합공법 선정이다. 항상 해 오던 것과 같이 공법은 사용재료와 적합성이다. 여기서는 두께 1.5mm의 저탄소 철판이다. 겹친 접합은 사용 중에 작은 하중을 받으나 설치 시에 인장 및 전단력이 작용된다. 접합은 열전달이 되어야 하며 물을 차단하고, 온도 100℃까지 견뎌야 한다. 모두 탄소강이므로 사용 후에 재생을 위해 접합부를 분해할 필요는 없다. 질적 제약을 미미하며 비틀림과 잔류응력이 정확한 상호접합을 어렵게 한다. 저탄소강은 쉽게 용접이 되며 어떤 용접법도

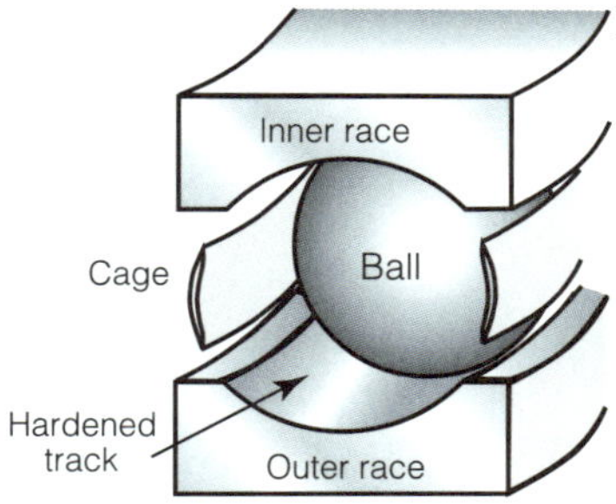

그림 18.25 볼베어링의 궤도부분, 궤도 표면은 마모강도 및 피로크랙의 시작을 늦추기 위해 강화되어야 한다.

균열이나 취화문제를 일으킬 위험은 적다. 하지만 충분한 자료조사는 필요하다. 도표 18.12에는 해석을 요약하였다.

이번 선정을 위하여 캠브리지 공학 선정프로그램을 이용한다. 이것은 52가지 접합 공정의 기록 및 속성을 가지고 있다. 먼저 재료의 적합성을 따져보니 32가지가 저탄소강의 접합에 맞는다고 나왔다. 제거된 것은 대부분 고분자 관련공법이다. 계속해서 접합형태, 하중조건 및 부분 두께의 선별과정에 의해 20개로 줄어든다. 열전달의 조건이 가장 차별적이어서 10가지가 통과했다. 물에 대한 조건 및 사용온도는 공정수를 줄이지는 못했다. 표 18.13은 선별과정을 통과한 공법을 나열하였다.

질적인 것과 경제성 목표는 접합공정 선정의 선별과정에 적용이 어렵다. 현재로는 공법들의 자료를 분석한다. 여기서 폭발용접은 특별한 장비와 놀랍게도 사용허가를 필요로 한다고 나타났다. 전자빔 및 레이저용접은 비싼 장비가 필요하므로 공유로 사용할 수 있는 장비를 사용하면 보다 경제적일 수 있다. 저항 점용접은 물을 차단할 수가 없어 제외된다. 여기서는 모서리 접합만 필요하므로 내부 접합선은 점용접할 수 있다. 이것은 자동화된 선별과정을 적용하여 판단하는 것의 중요성을 보여 준다. 항상 질문해야 하는 것은 분명한 해결책이 제외되었는가? 왜 이 방법인가? 차선책이 실패했으면 일부 재설계로 저 경비 방안이 적용되었는가? 점용접 시에 회반죽을 이용하여 봉합하는 두 가지 공법으로 약점을 보완할 수 있는가? 가장 좋은 방법은 제시되는 방안들에 대한 제약 사항들을 적용할 때와 안할 때, 수치적한계의 조절하는 것이다.

볼베어링 홈의 표면강화

볼베어링 홈의 공(ball)들은 파여진 궤도 안을 구른다(그림 18.25). 11장에 설명한 것과 같이 공 홈의 수명은 마모와 피로에 달려 있다. 이 두 가지는 강화재료를 사용하여 해결한다. 하지만 강화재료는 충격하중 혹은 잘못다루면 홈이 깨어질 위험이 있다. 따

표 18.14 볼베어링 홈 표면 경화 해석 및 공정관련 결함

기능	• 볼베어링 홈	
목적	• 경비최소화	
제약사항	• 재료 : 합금강 • 처리 작용 : 피로 및 마모저항을 위한 경화 • 곡면 정도 : 우수 • 정확도 및 표면 마감은 절대적	} 기술적 제한
변수	• 표면처리공법 및 제작공정 조건의 선정	
결함	• 균열 • 잔류응력	} 표면인성 및 피로 저항에 영향

표 18.15 합금강의 볼 홈을 경화시킬 공법

침탄 및 침탄질화법
질화법
유도 및 화염 경화
레이저 표면경화 및 녹인 금속 수증기 코팅

라서 해결방안은 합금강의 사용이다. 이 강은 탁월한 물성 및 필요하면 강도증가를 위해 열처리가 가능하다.

그러므로 우리는 마모 및 피로저항을 증대하기 위해 표면강화 철 합금의 가공법을 찾아본다. 볼 및 홈의 정학도가 중요하므로 공법은 표면의 매끄러움 혹은 치수를 희생하지 않을 공법이어야 한다. 표 18.14는 해석을 요약하였다.

CES시스템은 44개의 표면처리 공법의 자료를 가지고 있다. 많은 공법이 합금강과 적합하다. 구별되는 것은 피로 및 마모저항을 분리하는 처리 목적이며 이에 따라 8개로 줄어든다. 높은 표면의 매끄러운 조건을 걸면 마감을 보충하는 코팅 혹은 표면 변형시키는 공정은 제거된다. 표 18.15는 선별을 마친 공법을 나타내었다. 또 다른 제약, 즉 곡면 범위가 아주 우수한 나뭇잎 형상은 침탄법/침탄질화 및 질화법이다.

보다 자세한 정보를 위해 자료조사를 한다. 표면의 경도 및 경화 층의 깊이는 가공변수, 처리 시간 및 온도, 강의 성분에 달려 있다. 당연히 경제성도 고려된다. 볼베어링 홈은 대량생산되나 크기는 변하고 형상은 변하지 않는다. 이런 이유로 매우 비싸더라도 전용장비를 구한다.

18.10 요약 및 결론

재료선정에서 하는 것 같이 공정선정도 전략에 따라야 한다. 요구조건의 해석, 다양한 조건의 선별, 선별과정을 거친 공법의 순위 매김, 가장 우수한 예비공정의 자료수집으로 마칠 수 있다. 공정에서는 해석은 쉽다. 즉, 요구조건은 선별과정에서 직접 사용될 공법의 속성으로 변환된다. 공정의 속성은 그들의 기술적 한계 및 생산품의 질에 영향을 준다. 모든 공정군은 사용될 재료와의 적합성에 관한 선별과정이 있어야 한다. 하지만 이 선별 후에 속성 및 제약은 그 공정 군에만 적용된다. 형상화는 부품의 형상, 정확도 및 표면이 가장 중요하다. 접합에서는 접합형상 및 하중형태가 중요하다. 표면처리는 처리하는 목적, 즉 마모, 부식, 미관 등이 중요하다. 순위는 한 군의 생산 방법들에 할 수 있듯이 모델화가 가능하면 경비를 기초로 한다. 경비모델은 특징적인 공정의 속성, 즉 설비 및 자본경비 및 생산속도, 사용자가 정하는 변수로 요구되는 생산량 및 생산속도를 조합한다. 경제적인 생산량은 경비모델에 대략적인 대안을 제공하는데 경제적인 공법에서 생산량을 미리 예측할 수 있다.

설계요구조건의 해석은 단순한 선별과정에서 벗어나는 공법의 중요한 단면을 가끔 보여 준다. 결함을 피하기 위한, 재료물성의 요구 변경을 맞추기 위한, 또한 경제적인 생산속도 결정을 위한 것들은 공정조건, 재료성분 및 설계들과 모두 상호연관 되어 있다. 이는 공정의 최종선정에서 자료화 과정의 중요성을 나타낸다. 동시에 재료 및 공법의 특징을 재정립할 필요도 있다. 다음 장에서는 공정-물성의 상호관계를 보다 깊게 탐구한다.

18.11 참고문헌

Ashby, M.F. (2005) *Materials Selection in Mechanical Design*, 3rd edition, Butterworth-Heinemann, Oxford, UK, Chapter 4. ISBN 0-7506-6168-2. (*the source of the process selection methodology and cost model, with further case studies, giving a summary description of the key processes in each class.*)

ASM Handbook Series (1971~2004) Volume 4, *Heat Treatment*; Volume 5, *Surface Engineering*; Volume 6, *Welding, Brazing and Soldering*; Volume 7, *Powder Metal Technologies*; Volume 14, *Forming and Forgin*; Volume 15, *Casting*; and Volume 16, *Machining*; ASM International, Metals Park, OH, USA. (*A comprehensive set of handbooks on processing, occasionally updated, and now available online at www.asminternational,org/hbk/index.jsp.*)

Bralla, J.G. (1998) *Design for Manufacturability Handbook*, 2nd edition,

McGraw-Hill, New York, USA. ISBN 0-07-007139-X. (*Turgid reading, but a rich mine of information about manufacturing processes.*)

Campbell, J. (1991) *Casting*, Butterworth-Heinemann, Oxford, UK. ISBN 0-7506-1696-2. (*The fundamental science and technology of casting processes.*)

Houldcroft, P. (1990) *Which Process?*, Abington Publishing, Abington, Cambridge, UK. ISBN 1-85573-008-1. (*The title of this useful book is misleading—it deals only with a subset of joining process: the welding of steels. But here it is good, matching the process to the design requiements.*)

Kalpakjian, S. and Schmid, S.R. (2003) *Manufacturing Processes for Engineering Materials*, 4th edition, Prentice-Hall, Pearson Education, New Jersey, USA. ISBN 0-13-040871-9. (*A comprehensive and widely used text on material processing.*)

Lascoe, O.D. (1988) *Handbook of Fabrication Processes*, ASM International, Metals Park, Columbus, OH, USA. ISBN 0-87170-302-5. (*A reference source for fabrication processes.*)

Swift, K.G. and Booker, J.D. (1997) *Procss Selection, from Design to Manufacture*, Arnold, London, UK. ISBN 0-340-69249-9. (*Details of 48 processes in a standard format, structured to guide process selection.*)

18.12 연습문제

연습문제 E18.1 (a) 재료선정은 모든 재료의 단일 데이터베이스에서 할 수 있으나, 기초 공정 선정의 데이터베이스는 공정 단위 군으로 나누어야 하는지를 간단히 설명하라.

(b) 먼저 맞지 않는 공정을 선별한 후에 계속적인 정비를 위해 가공되는 재료 및 설계의 특징과 관련된 세밀한 정보가 필요하다. 왜 그러한지 형상화, 접합 및 표면처리의 영역으로부터 예를 찾고 설명하여 보라.

연습문제 E18.2 알루미늄합금 권총을 제작하기 위한 공법을 선정하고자 한다. 이것의 무게는 0.8~1kg이고 최소 두께는 4~6mm이다. 설계에서는 정밀도 0.5mm, 표면마감의 범위 2~5μm로 지정하였다. 생산량은 약 1,000개로 예상한다. 이장에서 언급된 공정 속성차트를 이용하여 사용 다양한 가능공법의 아래 세트를 알아보라. 만약 생산량이 10,000개로 증가한다면 공법의 선정이 바뀌겠는가?

연습문제 E18.3 18.5절에서는 CD곽의 형상화 공정 선정에 관하여 언급하였다. 그렇다면 CD 자체를 생산하는 데는? 이것은 다른 열가소성수지인 폴리 카본네니트로 만들어지며 곽과 대표적으로 다른 점은 정확도이다. CD를 읽기 위해서는 CD안의 두개 층사이의 접촉영역에 있는 작은 구멍에서 반사되는 레이저를 읽는 것이다. 작은 구멍은 일반적으로 0.5μm의 크기 및 1.5μm의 간격이 있다. CD가 작동하기 위해서는 0.1μm보다 좋은 공차라야 한다. 먼저 CD의 두께 와 무게를 예측하라. 도표를 이용하여 재료 군에 적합하고 다양한 조건을 만족시킬 예비 공정을 나열하라. 이러한 공정들이 필요한 공차 및 표면조건을 항상 만족시킬 수 있는가? 실질적으로 그것들이 만들어지는 과정을 알아보라.

18.13 CES를 이용한 설계 탐구

연습문제 E18.4 CES의 '훑어보기' 도구를 이용하여 아래를 답하시오.

(a) 열가소성 수지의 사출성형의 형상화 기록에서 경제적인 생산량은? 이 단어의 뜻하는 바의 크기는?
(b) 가공 기록의 형상기록도표에서 물 분사 절단이 있다. 일반적인 사용처는?
(c) 마찰이용 접합공정의 경우 다른 재료의 접합에 사용될 수가 있는가?
(d) 레이저 경화의 표면처리공정에서 3가지 가공의 변수는?

연습문제 E18.5 CES의 '탐구' 도구를 이용하여 아래를 답하시오.

(a) 보트건조를 위한 공정
(b) 병을 만들기 위한 공정
(c) 자동차 미등부품을 위한 공정
(d) 장식장를 위한 공정

연습문제 E18.6 CES의 레벨 3을 이용하여 아래 제품의 주물공정 선택을 해 보라. 먼저 재료 및 형상과의 적합성을 따지고, 제품의 치수 선정을 합리적(무게 및 두께를 정하고)으로 하고 허용치수, 거칠기 및 경제적인 생산량을 정하라.

(a) 큰 주물 수관(water pipes)
(b) 10,000의 아연합금 장난감 차(60mm 길이)
(c) 작은 Ni-Co 초내열합금(MAR-M32)가스터빈 날(가장 우수한 허용치 및 마감)
(d) 큰 배의 황동프로펠러

연습문제 E18.7 진공 청소기제작을 위한 작은 나일론 송풍기를 만든다. 설계조건은 아래 도표에 있다. CES의 레벨 3을 이용하여 가능한 사용 공정을 찾아라. 필요하면 2차 마감공정을 허용한다. 선택과정에 보충자료로 이득이 될 설계적 일부 단면을 제안해 보라.

기능	• 진공청소기용 나일론 송풍기	
목적	• 경비최소화	
제약사항	• 재료: 나일론	기술적 제한
	• 형상: 3차형 고체	
	• 무게: 0.1−0.2 kg	
	• 최소 두께 : 4 mm	
	• 허용치수: < 0.5mm	품질적 제한
	• 거칠기: < 1μm	
	• 생산량: 10,000	경제적 제한
변수	• 형상공정의 선정	

연습문제 E18.8 이장 앞에 언급된 연결봉의 제작공정에서 CES 레벨 3을 이용하여 어떤 지정되지 않은 요구조건을 합리적으로 예측해 보라. 만약 3m의 연결봉, 대략 단면: 10 × 10 cm 및 생산량은 10개로 바꾼다고 하고 설명하여 보라.

연습문제 E18.9 연습문제 E18.2에 조사된 알루미늄 권총의 공정에서 중력(gravity) 다이 캐스팅 및 세라믹 금형성형의 경제성을 보충 조사하라. 이들 공정의 생산량 대 가격의 도표를 그려라. 단 재료비는 $2/kg 이고 무게는 1 kg 이다. 관리비는 $70/시간, 감가삼각일은 5년이고, load factor는 0.5로 한다. 만약 1,000를 생산한다면 어느 공정이 경제적인가? 단 권총은 단순한 형상으로 각 가격영역에서 아래에 있는 제품이다.

연습문제 E18.10 이 장에서는 2가지 2차 공정 선정에 관하여 설명하였다. 표 18.12에 있는 방열기의 접합공정 및 표 18.14에 강의 베어링 홈을 경화공정의 설계조건을 요약하였다. CES 레벨 3을 이용하여 결과를 예측해 보라. 만약 설계변경이 된다면 CES의 '통과-실격도표' 의 기구를 이용하여 다른 공정의 사용가능성을 파악해 보라.

18.14 CES 요소를 이용한 과학 탐구

연습문제 E18.11 주물공정은 금속을 녹여야 한다. 증착법은 금속을 수증기화 해야 한다. 주물은 녹이는 절대적으로 낮은 범위(실제로 4배 이상이 필요)의 잠열이 필요하다. 증기화도 수증기로 만드는 잠열이 낮지만 필요하다. 두 가지 공법의 값이 요소 데이터베이스에 있다. 두 값을 좌표로 그려보라. 대략 증기공법이 녹이는 것보다 에너지가 더 드는가?

제 19 장

요리법을 따르라 : 공정 및 특성

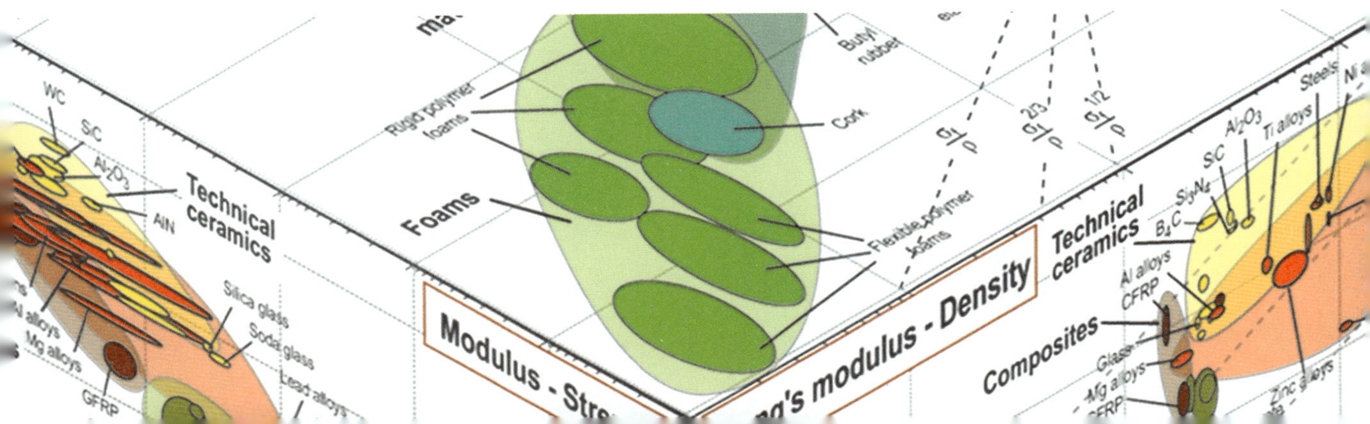

카프지 굴착장비 사고(Bic Alliance 매거진의 토마스 브린스코 제공)

19.1 서론 및 개요

어떤 사람들은 다른 사람들에 비해 동시에 여러 가지 일을 할 수 있는 능력이 우수할 수 있다. 이러한 업무에 능숙한 사람들은 제조 공정이 쉽다고 느낄 것이다. 오늘날 고객의 다양한 기술적, 경제적, 그리고 미적 요구에 부응하는 제품을 제조하기 위해서는 성형, 마무리 및 부품 조립 등에 있어 여러 가지 특성의 균형이 필요하다. 앞의 장들에서는 미세조직의 영향을 크게 받는 강도, 저항 등과 같은 재료의 고유특성에 대해 소개하였으며, 미세조직이 제조 공정의 영향을 받는다는 것을 언급하였다. 미세조직은 제조 공정 중에는 관찰할 수 없으므로, 미세조직을 제어하기 위해서는 각 공정단계별로 미세조직이 어떻게 변화하는지를 예측할 수 있어야 한다. 따라서, 생산자들은 품질이 우수하고 신뢰성이 높은 제품을 생산하기 위해서 이윤이 다소 감소하더라도 공정별로 제품을 추출하여 검사한다.

이와 유사한 것으로 요리가 있다. 요리법에는 첨가물이 나열되어 있고 조리 방식, 즉, 섞고, 두드리고, 가열하고, 마무리하는 방법, 그리고 접시에 나열하는 방법 등이 들어 있다. 좋은 요리사는 자신의 경험과 창의력을 바탕으로 달콤한 향기와 맛, 외관이 멋스러운 새로운 음식을 만들어 낸다. 여러분은 혹 이것이 그 요리의 본질이라고 생각할 수도 있을 것이다. 그러나, 만일 그 요리가 제대로 만들어지지 않았다면, 요리사는 맨 먼저 그 요리를 잘라 **미세조직**을 관찰하고 무엇이 잘못되었는지를 조사할 것이다. 예를 들어 요리가 과일케이크라고 하면, 기공의 분포와 과일의 성분 등이 그 미세조직의 성상을 결정한다.

미세조직은 재료의 공학적 특성을 결정짓는 열쇠이다. 미세조직을 이루는 성분 중에 어떤 것은 크기가 매우 작다. 예를 들어 석출물 입자는 원자 몇 개의 응집체로 구성될 수 있다. 어떤 성분은 또 매우 크다. 예로서 결정립은 수 미크론에서 수 밀리미터의 크기로 나타나기도 한다. 본 장에서는, **특성을 위한 공정**이라는 것에 중점을 두어 주요 미세조직에 대한 개요를 공부하고, 이들이 제조 공정 중에 어떻게 변화하는지 알아보고자 한다. 본 장의 핵심은 다음과 같이 표현할 수 있다.

$$\text{조성} + \text{공정} \rightarrow \text{미세조직} + \text{특성}$$

이전 장들에서는 조성과 공정의 변화에 따른 특성의 변화를 설명하기 위해 특성도표를 사용해 보았다. 여기서는 각각의 재료 분류의 예로부터 논점을 도출하고 몇 가지 사례를 탐구하고자 한다.

19.2 재료의 미세조직

재료의 특성을 최적화하는 능력이야말로 재료 공정 및 설계의 핵심이라 할 수 있으나, 이는 우수한 공정 제어기술의 필요성이 전제되어야 가능하다. 적정 '제조법' 을 따르지 않을 경우, 운 좋으면 고철이 되어 손실을 수반하는 정도지만, 최악의 경우에는 파손에 따른 사고를 당할 수 있다(표지 참조). 여기서는 이 책에서 소개한 모든 미세조직적인 특징을 모두 함께 그림으로 나타냄으로써 개략적으로 설명하고자 한다.

금속

그림 19.1에 금속의 미세조직적 특징을 요약하였다. 금속은 아래쪽의 원자들로부터 시작하여 원자들의 규칙적인 적층에 의해 결정질(특수한 경우인 비정질 금속은 제외)을 이룸으로써 탄성률과 밀도를 나타낸다. 원자 크기 단위의 결함인 공공(vacancy)과 용질원자에 대해서는 6장에서 소개한 바 있다. 재료의 열적, 전기적, 광학적 특성 및 자기적 특성은 이러한 원자 단위의 미세조직 변화에 의해 직접적인 영향을 받는다. 공공은 원자의 확산을 유발시키며 따라서 소결, 크리프, 열처리 등과 같은 현상은 원자 단위의 미세조직 변화에 크게 영향을 받게 된다. 강도, 인성 및 피로 특성은 그림 19.1에 표시한 바와 같이, 전위 및 이들의 이동을 방해하는 장애물 즉, 석출물 또는 결정립계와 같은 다소 큰 단위의 미세조직에 의해 영향을 받는다. 결정립은 대략 1−50μm 크기를 가지는데, 이는 금속의 표면 조도 및 주조 시 가스에 의해 금속 내부에 생성되는 기공의 크기와 유사하다. 피로 균열은 초기에는 결정립 크기와 유사하게 생성되나, 파괴 시에는 부품의 크기만큼 성장한다. 금속 제품은 매우 다양한 크기를 갖는다. 부엌에서 사용되는 알루미늄 호일은 두께가 약 10μm인 반면, 자동차 판넬은 약 1mm 정도이고, 선박의 프로펠러는 직경이 수 미터에 이르며, 교량 및 건축물은 킬로미터 단위에까지 이른다.

세라믹과 유리

세라믹은 결정질이며, 유리는 비정질이다. 그림 19.2는 재료의 길이 단위가 매우 작은 영역에서의 미세조직과 특성을 나타낸 것이다. 탄성률과 전기전도도를 포함하는 이들 대부분의 특성은 재료내의 원자 배열상태와 공유결합 또는 이온결합이 갖는 고유의 강한 결합 특성을 직접적으로 반영한다. 여기서 강도와 인성은 예외이다. 균열은 세라믹과 유리의 파괴를 주도하는 인자로서, 결정립의 크기와 표면 조도에 크게 관계되기 때문이다.

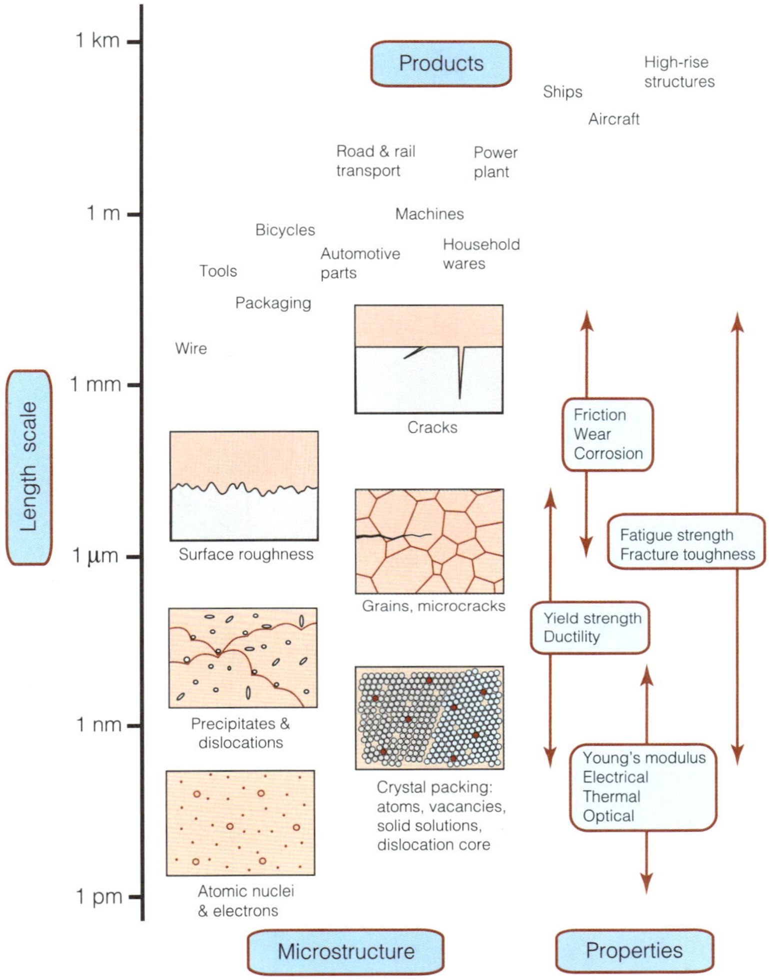

그림 19.1 금속의 미세조직적 특징. 미세조직의 크기와 이에 따라 결정되는 기계적 특성을 나타낸다. 길이단위에서 각각의 간격은 1000배이다.

폴리머와 탄성중합체

폴리머(polymer) 및 탄성중합체(elastomer)는 원자 단위가 아닌 분자 단위의 물질이다. 그림 19.3은 이들 폴리머의 크기 또한 매우 다양하다는 것을 나타낸다. 폴리머는 그림에 나타낸 바와 같이 비정질일수도 있으며, 결정질, 또는 분자간에 서로 교차 결합된 구조를 이룰 수도 있다. 강도, 인성 및 광학특성 등을 포함하는 대부분의 특성 역시 분자단위의 거동에 영향을 받으며, 이들 거동은 보다 큰 단위의 미세조직인 크레이즈(craze)나 균열 등에도 영향을 준다. 폴리머 발포제 및 섬유강화 폴리머 복합재료는 그 구성방식, 즉 기공의 크기나 섬유의 직경에 따라 그 크기 단위가 증가될 수 있다.

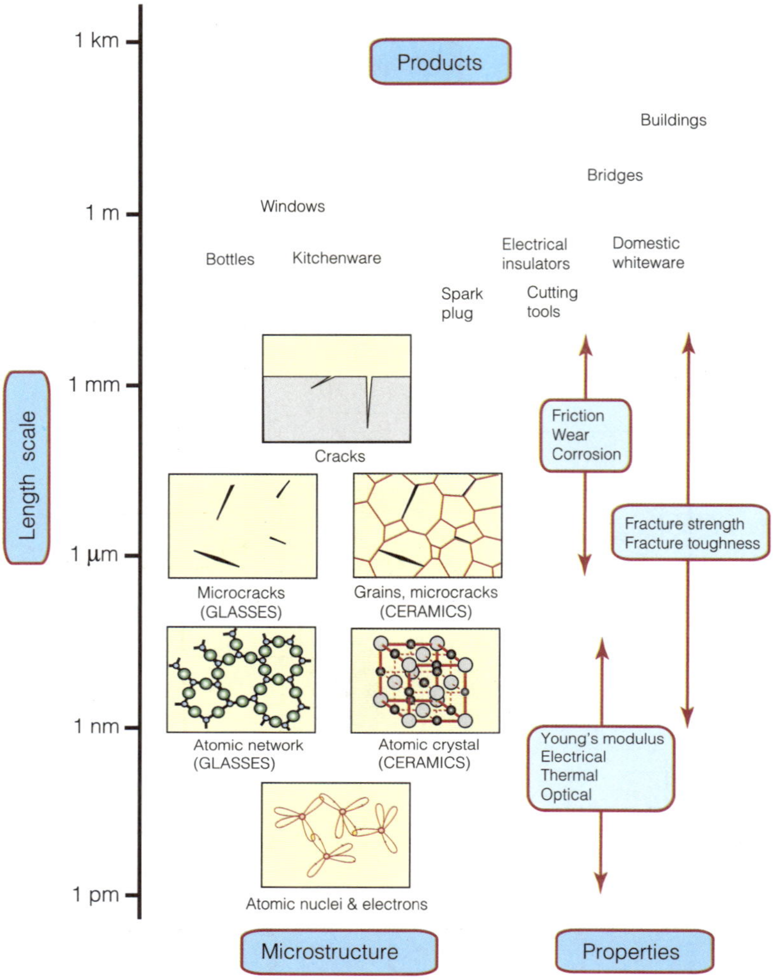

그림 19.2 세라믹과 유리의 미세조직적 특징. 미세조직의 크기와 이에 따라 결정되는 기계적 특성을 나타낸다. 길이단위에서 각각의 간격은 1000배이다.

이들 및 기타 '하이브리드' 재료에 대해서는 19.6절에서 언급하고자 한다.

19.3 제조공정 중의 미세조직 변화

성형 공정의 핵심은 올바른 미세조직을 가지면서 원하는 형상을 만드는 데 있다. 원하는 형상으로 제품을 만들기 위해서는 재료의 유동도와 소성변형 특성을 잘 제어할 수 있어야 하며, 올바른 미세조직을 갖도록 하기 위해서는 조직변화의 특질 및 속도를 잘 제어할 수 있어야 한다. 금속재료의 이차 공정(접합 및 표면처리) 동안에도 미세조직이 변화할 수 있다. 미세조직 변화 사례에 대해서는 뒤에서 논의하기로 하고, 여기에

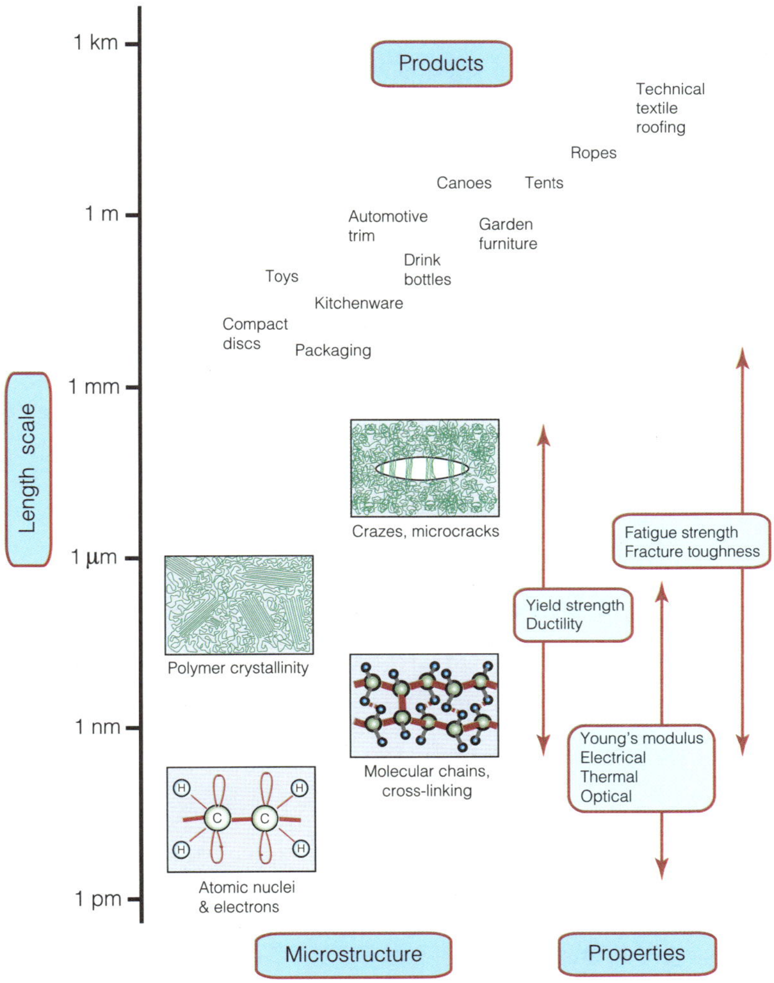

그림 19.3 폴리머와 탄성중합체의 미세조직적 특징. 미세조직의 크기와 이에 따라 결정되는 기계적 특성을 나타낸다. 길이단위에서 각각의 간격은 1000배이다.

서는 왜, 어떻게 미세조직이 바뀌는지에 대한 일반적인 원리에 대해 언급하기로 한다.

상, 상변태 및 기타 미세조직변화

상(相, phase)이란 뚜렷이 구별되는 구조와 조성을 갖는 원자들의 집합체로 정의할 수 있다. 수증기, 물, 그리고 얼음은 각각 H_2O의 기상, 액상, 그리고 고상이다. 강(鋼, steel)과 같은 공업용 합금도 적절히 가열하면 녹거나 기화된다. 흥미로운 사실은, 이들 합금은 고상 상태에서 상변화를 일으킬 수 있다는 것이며, 이를 통해 석출경화 합금강 또는 기지(matrix)내에 이종의 석출물이 분산되어 있는 비철합금을 얻을 수 있다.

상변태(相變態, phase transformation)란 어떤 공정을 통해 재료내에서 발생하는 상의 변화를 말한다. 상변태는 **구동력**(驅動力, driving force)과 **기구**(機構, mechanism)를 필요로 한다. 구동력은 열역학에 의해 결정되며, 기구는 운동역학이론에 따라 결정된다. 구동력이란, 다소 혼용될 수는 있으나, 통상 초기 상태의 에너지와 최종상태의 에너지의 차이를 말한다. 경사면에 공을 놓으면 저절로 굴러 내려가게 되는데, 그 이유는 경사면 바닥에서의 포텐셜에너지가 위에서 보다 낮기 때문이다. 이 경우 구동력은 바로 포텐셜에너지가 된다. 상변화는 화학적 자유에너지의 차이, 즉 결정질의 경우 일차적으로 내부결합에너지의 차이에 의해 발생한다. 고체는 가열하면 녹게 되는데, 그 이유는 융점이상의 온도에서는 액체 상태가 보다 낮은 자유에너지를 갖기 때문이다. 화합물은 고용체보다 낮은 자유에너지를 가질 수 있는데, 이 경우 합금은 여러 가지 상(고용체와 화합물)의 혼합체로 분해되기도 하며, 이렇게 분해됨으로써 그 물질의 전체 자유에너지를 감소시킨다.

따라서 미세조직은, 열역학적인 관점으로 볼 때 변화되는 것이 에너지적으로 선호되는 방향이라면, 하나의 상태에서 다른 상태로 변화될 수 있다. 그러나 미세조직이 변화되기 위해서는 하나의 구조에서 다른 구조로 원자가 재배열되도록 하는 기구가 있어야 한다. 액체가 응고할 때, 액상과 성장하는 고상사이에는 계면이 존재한다. 이 계면이 운동역학이론이 적용되는 곳으로서, 바로 이 계면에서 확산에 의해 원자가 액상으로부터 고상으로 옮겨진다. 사실상 모든 고체 상태의 상변화에는, 새로운 상이 생성되도록 하기 위해서 주변 원자들이 이동하는 확산과정을 포함하고 있다. 확산 속도는 온도에 매우 크게 영향을 받는다 (확산속도는 13장에서 계산한 바 있다). 재료의 미세조직이 변화되는 속도는 구동력의 크기(구동력이 없으면 변화도 없다)와 확산이 어떤 방식으로 발생하는가 하는 확산기구의 운동역학적 속도론에 의존한다. 미세조직 변화속도는 제조 공정에서 매우 중요한 의미가 있다. 우선, 이 변화속도는 결정립, 석출물 등과 같은 주요 미세조직적 성상의 크기 및 이에 따른 재료의 특성을 결정한다. 그렇지만, 이는 원하는 구조적 변화가 발생하는 데 필요한 시간이라는 항을 통해 공정의 경제성에 영향을 주기도 한다.

응고와 석출은 상변화를 수반한다. 상변화를 수반하지 않는 공정에서 주요 미세조직의 변화가 나타나는 경우도 있으나, 그 원리는 같다. 즉, 이러한 변화가 일어나기 위해서는 내부에너지가 감소하여야 하고, 운동역학적 기구가 있어야 한다. 농도가 높은 고용체는 낮은 것에 비해 높은 자유에너지를 갖기 때문에, 용질원자가 확산할 수 있을 만큼 충분히 가열하게 되면 농도기울기가 낮아진다. 회복과 재결정은 결정립 조직을

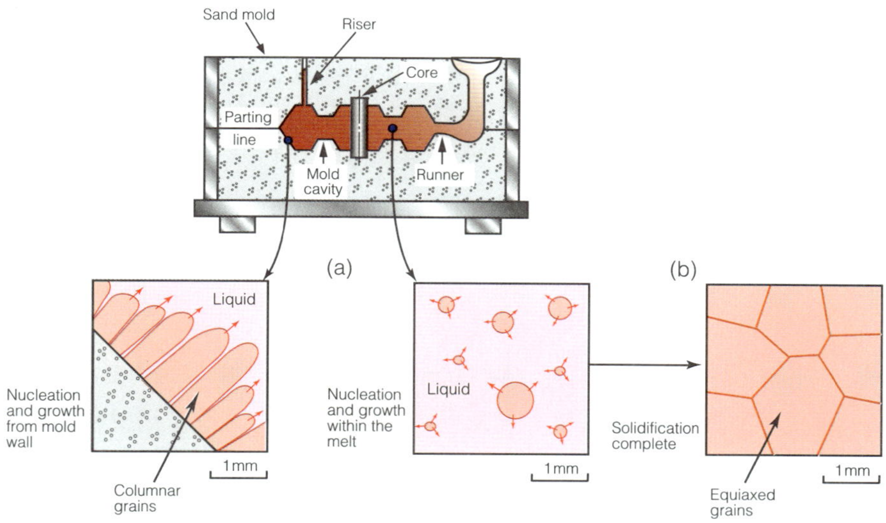

그림 19.4 금속 주조시의 응고. (a) 용탕내에서 고체 결정의 핵생성과 성장. (b) 성장하는 고체 결정끼리 서로 만나 결정립과 결정립계가 생긴다.

변화시키는 기구이다. 그 구동력은 변형된 결정 내부에 있는 전위에 축적된 탄성에너지이며, 기구는 변형된 결정립과 새로운 결정립 사이의 계면을 통과하는 원자의 확산 이동이라 할 수 있다.

이제 원하는 특성을 얻기 위해 어떻게 해야 하는지, 혹은 제조법을 따르지 않을 경우 무엇이 잘못될 수 있는지를 알 수 있도록 하기 위해 제조공정 중에 발생하는 미세조직의 주요 변화에 대해 설명하고자 한다.

응고 : 금속 주조

주조 공정에서는 융점보다 높은 온도에 있는 용탕을 금형에 부어 열전도에 의해 냉각시킨다. 이 때, 핵생성(nucleation)과정에 의해 새로운 고체가 생기게 된다. 즉, 미세한 결정들이 자발적으로 생기기도 하고, 또 용기의 벽이나 용탕내 존재하는 이종입자들 상에서 생성되기도 한다 (그림 19.4(a)). 위에서 언급한 것처럼, 핵은 고액계면에서 원자의 확산, 부착에 의해 성장한다. 응고는 반대 방향으로 성장하는 결정들이 서로 만나 결정립계를 만들면서 끝나게 되며, 최초에 생성된 각각의 핵은 고상의 결정립이 생성되는 근원지이다 (그림 19.4(b)). 주조품의 초기 결정립크기는 핵의 수에 의존하게 되는데, 이는 각각의 핵이 결정립으로 성장하기 때문이다. 결정립의 크기는 원하는 특성을 얻는데 있어 매우 중요한데, 핵생성을 쉽게 일으킬 수 있는 첨가물('접종제')을 이용하거나 냉각속도를 조절함으로써 제어할 수 있다. 단결정을 만들기 위해서는 오직 하나의 핵만을 남겨두어야 하는데, 이는 액상에 최초로 생성된 핵만 남도록 한쪽 끝에서부터 천천히 냉각시켜 시료 전체로 성장시킴으로써 얻을 수 있다. 핵생성 및 성장속도는 열전달에 의해 결정되는 변수인 냉각 과정에도 의존하며, 많은 변수가 따른다. 즉, 금속과 금형의 열적 특성, 이 둘 사이의 접촉, 액상의 초기온도, 응고시 방출하는 잠열의 양, 그리고 주물의 크기 및 형상 등의 영향을 받는다. 18장에서 설계-공정-재료를 함께 고려하여 복합적으로 논의한 바 있다. 즉, 설계시의 형상과 주조방식(금형재료, 금속의 온도 등), 그리고 합금소재가 어우러져 최종 냉각 속도를 나타낸다. 그리고, 이러한 냉각속도 및 특성을 나타내는 시료의 미세조직은 합금 조성의 영향을 받는다.

주조 공정을 더 복잡하게 만드는 것 중의 하나는, 액상은 균일한 용질원자 농도를 가지지만 고상은 그렇지 않다는 것이다. 고상내에서 불순물 및 용질의 고용도는 액상내에서 고용도보다 낮기 때문에 성장하는 결정의 전방으로 용질원자가 방출된다. 이렇게 되면, 결정립계와 같이 최종 응고한 부분에서 불순물 및 용질의 농도가 더 높게 되어 결정립내에 농도기울기가 생긴다. 이렇게 생긴 편석(segregation)은 취성을 야기하거나 결정립계에서의 부식속도를 증가시키는 요인이 될 수 있다. 따라서, 이러한 농도기울기를 감소시키고 균질화시키기 위해서 통상 주조품을 고온으로 가열한 다음 장시간 유지시킨다.

폴리머 몰딩 (polymer molding)

열가소성폴리머는 점액 상태에서 성형한다. 모든 몰딩공정이 다 그러하지만, 이중 특히 사출성형(injection molding)과 압출(extrusion)공정은 유동 중에 분자들을 특정방향으로 재배열시킨다. 이 때, 몰딩제품을 충분히 빨리 냉각시키면 폴리머가 재배열되지 않은 상태로 굳게 된다 (그림 19.5). 냉각속도가 충분치 않으면 폴리머들은 대부분 비정질 조직이 되는데, 일부 폴리머에서는 냉각속도가 느려도 결정질이 생기는 것도 있다. 모든 폴리머는 금형이 몰딩온도로부터 상온까지 냉각되는 동안 수축하는데, 이는 열에 의한 수축과 결정화에 따른 부피 감소에 기인한다. 따라서 금형을 설계할 때는 이를 고려하여 공차를 두어야 한다.

금속의 변형공정

대부분의 성형공정(압연, 단조, 압출, 인발)은 인장이 아닌 압축 공정이다. 따라서, 인장 변형시 나타나는 네킹(necking)이 없이 형상을 변화시킬 수 있고, 대변형이 가능하다. 결정립은 변형을 흡수하는 방향으로 형상이 변화되며, 섬유강화 복합재료와 같이

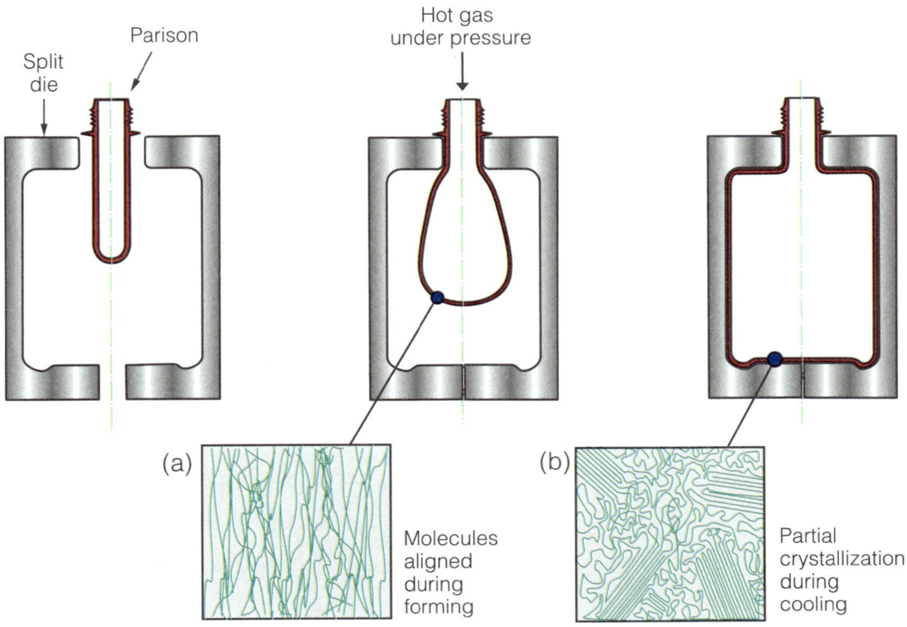

그림 19.5 폴리머 몰딩 시 발생하는 분자들의 재배열. (a) 성형시 점성 유동 중에 발생하는 분자들의 재배열. (b) 냉각 시 발생하는 부분적 결정화

길이방향으로의 강도를 다소 향상시킬 수 있다(그림 19.6(a)). 가공경화는 전위밀도를 향상시켜 최종 특성을 향상시키나, 성형하중을 증가시키고 변형량을 감소시킨다. 금속을 가열하여 연화시키는 어닐링 열처리를 하면 변형량를 크게 증가시킬 수 있다. 즉, 성형을 고온에서 하거나, 냉간가공 한 다음, 별도로 열처리를 하면 된다. 앞에서 소개한 바와 같이, 어닐링은 회복(recovery)과 재결정(recrystallization)과정을 포함한다. 회복 과정에서는, 전위들이 서로 상호작용함으로써 재배열되어 아결정립(sub-grain)을 이룬다. 아결정립이란 결정립 내에 존재하는 매우 미세한 결정립을 말한다(그림 19.6(b)). 가열을 계속하면 재결정이 일어난다 (그림 19.6(c)). 재결정이란 결정립계가 원자의 확산에 의해 긴 거리를 이동하는 것으로서, 전위가 소멸됨으로써 가공경화 효과가 완전히 없어지면서 발생한다. 두 과정 모두 항복강도를 낮추어 금속의 성형을 용이하게 한다. 이는 과거 대장장이들이, 미세조직적인 변화는 제외하더라도 수백 년 전부터 알고 있었던 사실이다. 주조용 합금과 가공용 합금의 주요 차이점은 고상성형을 통해 결정립조직을 변화시킨다는 것이라 할 수 있다. 가공용 합금에 생성된 결정립의 크기는 통상 10−100μm로서 주조재에 비해 훨씬 작다. 여기서 또 다른 복합적인 문제가 생기는데, 이는 결정립 조직이 합금종류, 공정온도, 변형속도, 변형량 및 어닐링

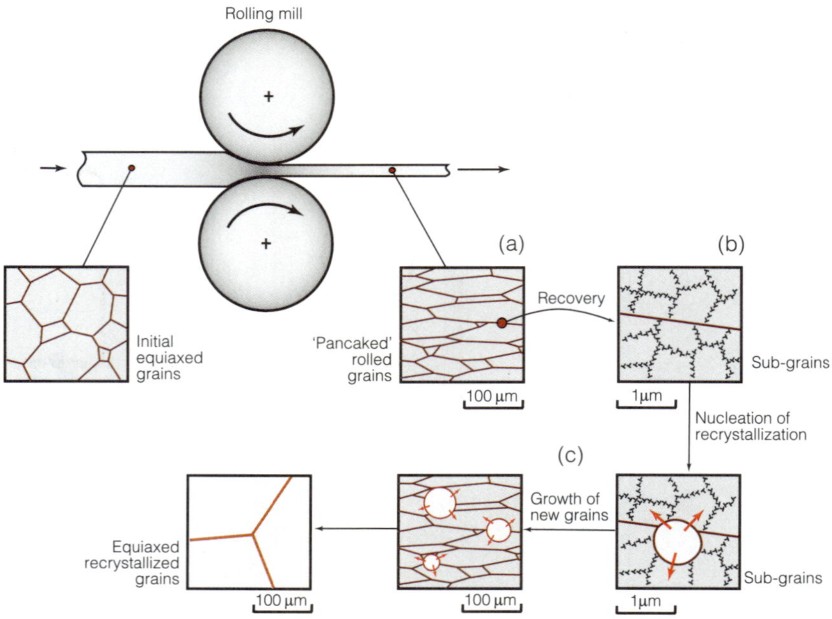

그림 19.6 변형 및 어닐링에 의해 고상에서 생기는 결정립 구조의 발달. (a) 부품의 형상 변화에 따라 결정립이 늘어난다. (b) 회복 기구 : 전위들이 아결정립(확대 그림 참조)의 형태로 재배열된다. (c) 재결정 기구 : 몇 개의 아결정립 핵으로부터 변형조직내의 전위들을 소진시키면서 입계가 이동하여 새로운 결정립이 생긴다.

온도에 따라 다르게 나타난다는 것이다. 따라서, 성형된 부품에서는 변형량, 변형속도 및 온도가 부위에 따라 다르기 때문에 결정립크기가 균일하게 나타나기 어렵다.

금속의 열처리

금속 가공재와 일부 주조품 및 분말제조부품은 흔히 열처리를 거치게 된다. 열처리의 목적은 다양하다. 먼저, 성형을 계속할 수 있도록 합금을 연하게 만들기 위해 어닐링을 실시한다. 또 다른 목적으로서는 노멀라이징하기 위해서이다. 이 과정은 특정 부품을 제조할 때의 마지막 단계로서 고온에서 서냉시키는 과정인데, 마지막까지 남아 있던 잔류응력을 최소화하고, 강도가 낮더라도 인성이 높은 미세조직을 갖도록 하는 공정이다. 이외에도, 많은 합금에 대해 석출경화에 의해 강도를 향상시키는 열처리를 실시한다. 즉, 성형된 부품을 고온으로 가열한 다음, 일정한 냉각 속도로 냉각시키고, 다시 중간정도의 온도로 재가열한다. 그러면, 온도에 따라 고상이 변하게 된다. 이 과정의 한 예를 들면 다음과 같다. 우선 시료를 고온으로 가열시켜 단상의 고용체를 만드는 용체화 처리를 실시한 다음, 조대한 미세조직이 생기지 않도록 하기 위해 상온까지 급랭시킨다. 그리고 나서 재가열을 시킴으로써 매우 미세한 상을 석출시킨다(그림

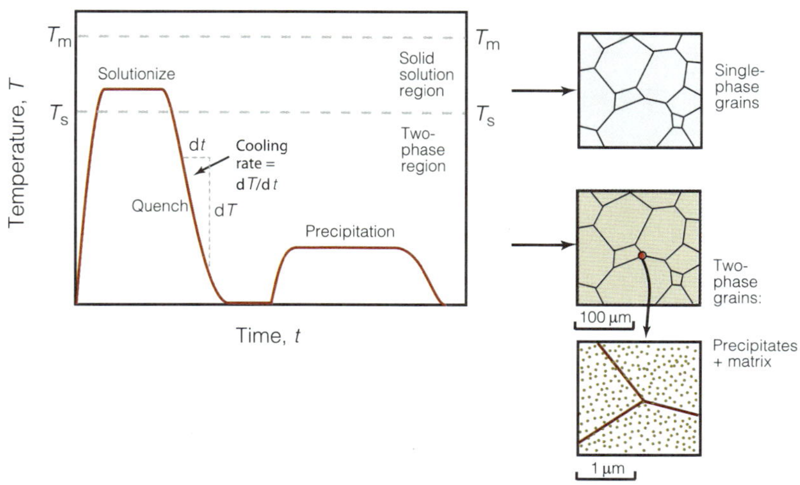

그림 19.7 석출 경화를 일으키는 열처리에 대한 열이력과 이 때 발생하는 미세조직의 변화를 나타내는 도식. 고온에서와 고용체와 저온에서 강화를 일으키는 입자(확대 그림 참조)의 석출을 나타내었다.

19.7). 이와 같은 열처리 방식에는 다음의 두 가지가 널리 사용되고 있다. 하나는 철강에서 실시하는 '급랭 및 템퍼링(quench and temper)' 이고, 다른 하나는 알루미늄합금에서 실시하는 '시효경화(age hardening)' 이다. 그렇지만 석출 경화는 대부분의 합금계에서 적용할 수 있는 일반적인 강화기구라 할 수 있다.

분말 공정

세라믹과 대부분의 금속은 금형내에 분말을 충진시킨 다음, 이를 압축시켜 성형할 수 있다. 이 과정에서 발생하는 미세조직상의 주요 변화는, 압축 성형하는 동안 기공이 수축하고, 각각의 분말입자가 최종적으로 하나의 결정립으로 된다는 것이다. 분말의 압축 성형 기구는 확산유동과 크리프에 밀접하게 관련되어 있다 (그림 19.8). 순수하게 열에 의해서만 압축성형되는 '소결(sintering)' 의 경우, 원자들은 분말의 경계를 따라 확산하여 기공을 채우게 된다. 압축성형은 온도뿐만 아니라 '열간등방향압축(hot isostatic pressing, HIP)' 과 같은 외부 압력을 통해 분말입자를 크리프 변형시킴으로써 더욱 가속시킬 수 있다.

결합 공정

금속의 용접은 가열과 냉각을 수반한다. 이 공정은 국부적인 급랭주조나 열처리공정에서 흔히 나타나는 융융 및 재응고나 고체-고체 상변화와 같은 상변태(phase

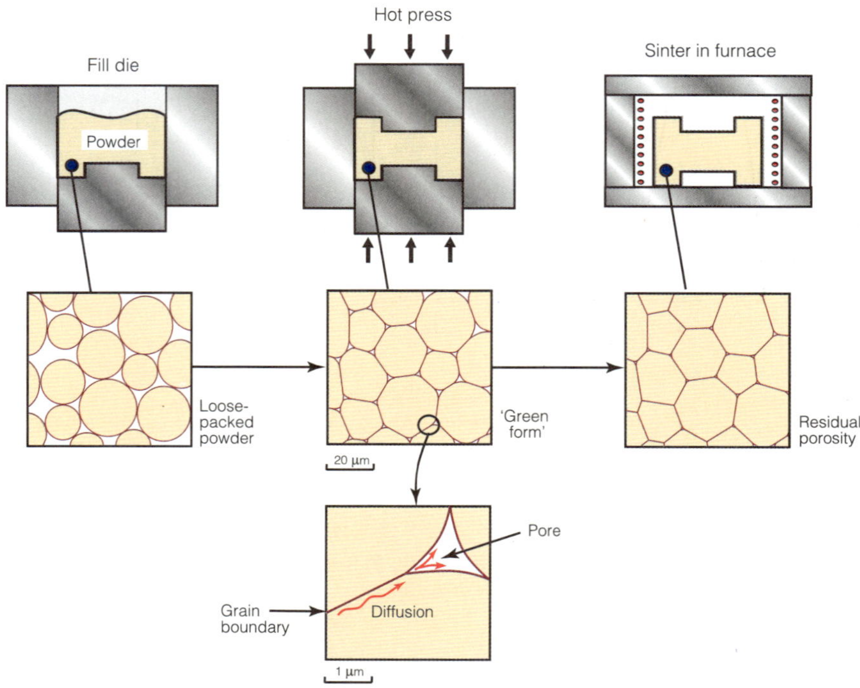

그림 19.8 열간프레싱(hot pressing) 및 소결시 분말의 충진 기구

transformation)를 유발할 수 있다. 용접부는 일반적으로 그 주위에 모재와 성질이 다소 다른 '열영향부(heat-affected zone, HAZ)가 있다. 열영향부에 나타나는 미세조직의 변화는 재료를 연화시키거나 취성을 증가시키며, 내식성을 감소시키기도 한다. 그림 19.9는 저탄소강과 저합금강, 그리고 알루미늄합금의 용접부 단면에서의 경도 변화를 비교한 것이다. 마찰용접(friction welding)과 같은 일부 기계적 접합 공정 또한, 열 및 변형에 의해 미세조직과 특성의 국부적인 변화를 수반한다.

용접야금(welding metallurgy)은 매우 중요한 학문 분야이다. 용접부는 파괴응력 및 허용응력을 결정하는 곳이기 때문에 흔히 설계시의 '아킬레스 건'이 되는 부위이다. 그 이유는, 부분적으로, 재료의 특성이 위의 예에서처럼 접합부에서 특정 방식에 따라 손상을 받기 때문이다. 다른 이유로는 공정상 발생하는 부작용으로서 잔류응력, 응력 집중, 또는 균열 등이 발생하기 때문인데, 이들은 피로파괴 및 부식 속도를 증가시키는 요인이 된다. 접착기술(adhesive technology)도 문제가 없지는 않다. 이 방식 역시 응력을 집중시키고, 결함을 함유하게 되므로 우수한 설계 및 공정 제어가 필요하다. 그러나 결합되는 부품에 열을 부과하지 않거나 변형을 시키지 않으므로 미세조직과 기계적 특성이 손상되지 않는다는 장점이 있다.

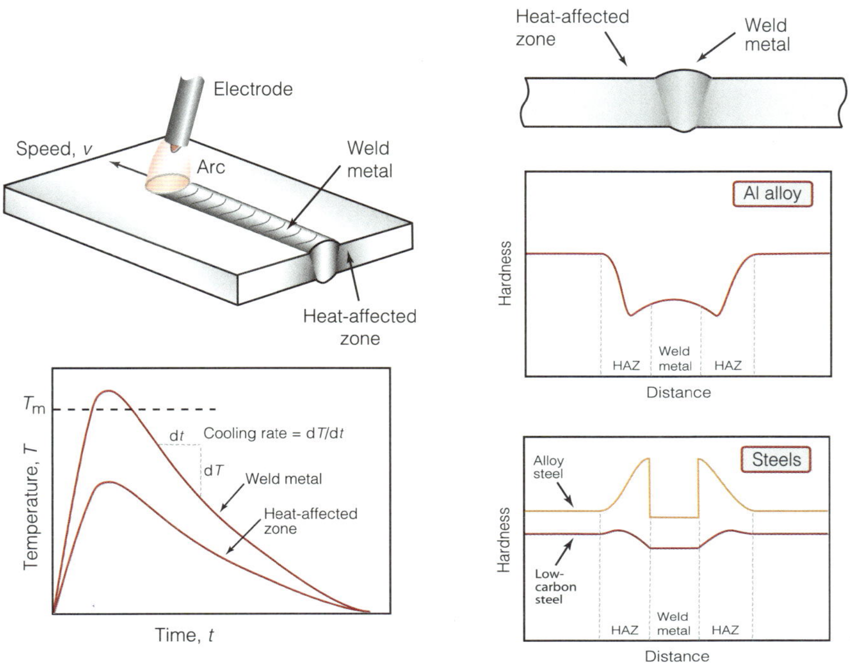

그림 19.9 용접금속과 열영향부에서의 용접부 단면과 열이력. 아래쪽 그림은 열처리용 알루미늄합금, 저탄소강 및 저합금강의 용접부를 따라 흔히 나타나는 경도의 변화를 나타낸다.

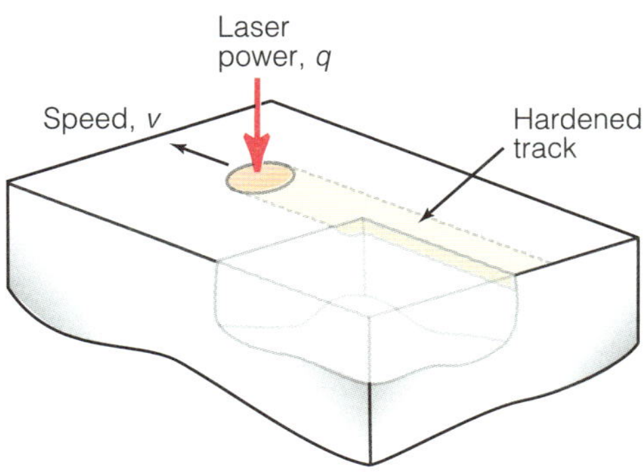

그림 19.10 레이저 경화 : 미세조직을 변화시키는 표면처리공정. 이동하는 레이저 빔은 급속 열사이클에 의해 가열 및 냉각 시 모두 상변화를 생기게 한다. 레이저 경로의 아래 부분은 높은 경도를 갖는 다른 최종 미세조직을 나타낸다.

표면 공학

표면 처리는 표면의 미세조직과 특성을 변화시키기 위해 다양한 기구와 공정을 이용한다. 일부 방식으로, 고유의 미세조직과 특성을 갖고 있는 새로운 코팅재료를 단순히 첨가하는 방식이 있다. 이것은 기판(substrate)을 변화시키지 않는 방식으로서, 이 경우 고려해야 할 부분은 코팅층이 기판에 얼마나 잘 붙어 있느냐 하는 것이다. 다른 방식으로, 국부적인 가열 및 냉각을 통해 표면주변상변태(near surface phase transformation)를 유발하는 방식이 있다. 그림 19.10에 그 한 예로 철강의 레이저경화를 나타내었다. 레이저경화에서 얻은 최종상은 초기상에 비해 훨씬 경도가 높다. 표면에 원자를 직접 확산시키는 방식도 있다. 그러나 이 방식은 고온에서 일정한 두께의 거리를 확산시켜야 하기 때문에 침입형 용질원자만 적용이 가능하다. 13장에서, 융점근처에서조차 확산거리($\sqrt{Dt}$)의 물리적 한계점이 있으며, 이는 1시간 유지 시 약 0.2mm 정도라는 것을 언급한 바 있다. 이 값은 표면처리에 충분한 거리이며, 반도체 소자와 같이 매우 작은 규모에서는 벌크 공정(bulk processing)도 수행할 수 있다. 이 기구는 철강의 탄소 함량, 즉 경도를 높이는 데 사용되고 있으며, 탄화(carburizing)라고 알려져 있는 표면처리 기법이다.

19.4 특성을 위한 공정

앞에서 다음 공식, 즉, 조성 + 공정 → 미세조직 + 특성이 된다는 것을 언급한 바 있다. 이 관계식에 대한 일반적인 현안 문제를 나타내는 일례를 소개하고자 한다.

알루미늄 자전거 프레임

자전거 프레임으로 채택된 재료는 가벼우면서 탄성률과 피로특성이 우수한 열처리형 알루미늄합금이다 (5장 및 10장 참조). 그림 19.11에 주요 제조 공정을 나타내었으며, 몇 가지 중요한 고려 사항이 있다.

주안점 1 : 선택한 합금의 조성은 제조 공정 초기, 즉 액상 상태에 맞추어져 있으며, 주조 후에는 바꿀 수 없다. 금속 원소는 액상상태에서는 자유로이 서로 용해되나, 고상이 되면 확산이 너무 느리기 때문에 첨가하기가 매우 어렵다.

주안점 2 : 재료의 제조공정은 한 가지 이상의 단계를 포함하고 있다. 금속 주조, 분말공정 및 폴리머 몰딩은 실형상 공정(near-net-shape process)이다. 즉, 원재료가 한번의 공정으로 열처리를 비롯한 마무리공정만을 남겨 두고 최종 부품의 형상으로 바뀌므로 공정단계의 수가 적다. 이와 대조적으로, 변형공정을 거치는 가공재는 다단계 공정을 거친다. 가공재용 합금의 초기 주조품은 크기가 클수록 경제적이기 때문에 표준조성의 합금을 그림 19.11(a)에 나타낸 바와 같이 대형 주괴(ingot)로 주조한다. 이 주괴는 각기 다른 공장으로 이송되어 다양한 형태의 제품으로 만들어지게 된다. 자전거 프레임을 제조하기 위해서는 이 주괴를 잘라 빌렛(billet)을 만든 다음, 압출하여 관(tube)의

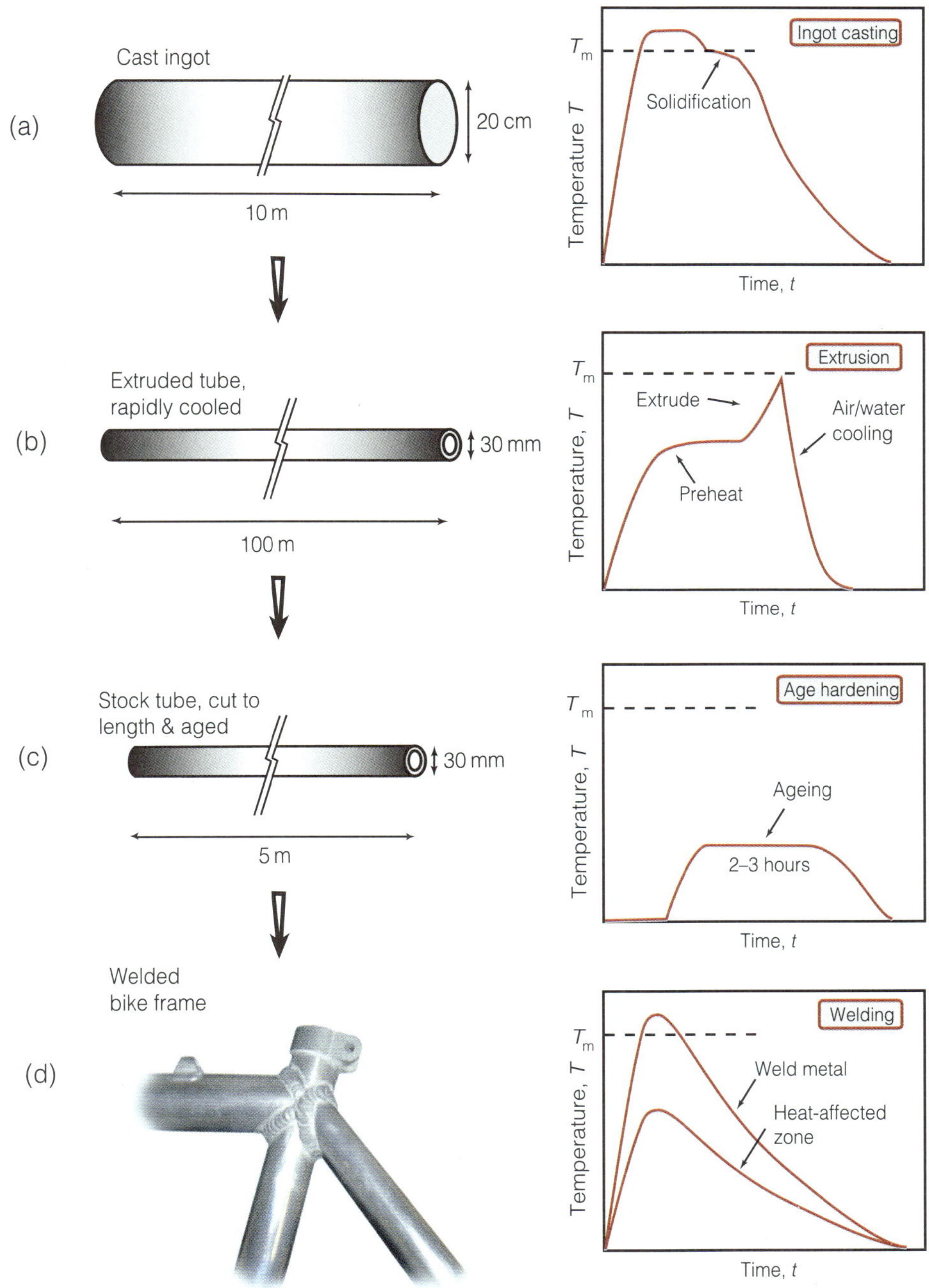

그림 19.11 자전거 프레임용 열처리형 알루미늄합금의 공정이력을 나타내는 도식. (a) 대형 주괴의 주조 및 압출을 위한 빌렛의 절단. (b) 열간압출에 의한 튜브 제조와, 동시에 이어지는 용체화처리 및 급랭. (c) 절단 및 시효 경화 (d) 아크용접에 의한 프레임의 조립.

형태로 제조한다. 그림 (b)는 직경 약 200mm의 빌렛을 이용하여 직경 30mm, 두께 3mm의 관을 제조할 때 생기는 온도변화를 나타낸 것이다. 압출은 강도가 낮고 연성이 향상되는 고온에서 실시한다. 고온에서는 소성변형을 크게 할 수 있기 때문에 비교적 낮은 압출 압력에서도 빠른 압출속도를 얻을 수 있다. 표면 마무리의 질은 바로 이 단계에서 결정된다.

주안점 3 : 설계는 최종 부품의 특성에 초점을 맞추어 진행하지만, 설계에 사용되는 일부 기계적 특성(강도, 연성 등)은 제조 공정 중에도 대단히 중요하다. 설계와 공정 특성은 서로 상반된 영향을 줄 수 있다. 예로서, 강도가 높은 합금은 제조하기가 더 어려우며, 비교적 더 비싸다. 따라서 어떤 부품을 위해 소재를 선택할 때에는 부품으로서의 성능뿐만 아니라, 제조공정에서의 안정성을 조사하는 것이 중요하다. 자전거 프레임으로 돌아가면, 압출은 필요로 하는 형재를 만들어 줌과 동시에 미세조직을 개선시킨다. 열간 변형은 주조상태의 결정립조직을 미세화하고 합금을 균질화 시킨다. 압출기에서 관이 압출되어 나오자마자 강제 공냉으로 관을 급랭시키면, 용질원자가 고용되기 때문에 이후의 시효처리를 위해 용체화 처리를 따로 할 필요가 없게 된다. 급랭된 관은 길이 방향으로 잘라 그림 19.11(c)에 나타낸 바와 같이 시효 처리를 하여 최종 제품을 만든다. 비열처리형 알루미늄 합금의 경우에는 석출 경화가 아닌, 고용체 강화 및 가공경화를 통해 강도를 향상시키며, 따라서 냉간가공 효과를 극대화시키기 위해 상온에서 가공을 실시하고 후속 열처리는 하지 않는다. 변형과 열이력은 제품의 형상과 최종 특성을 결정하는 데 매우 중요하다. 그러나 그 효과는 성형하고자 하는 합금의 종류 및 미소 성분에 따라 다소 다르다.

마지막으로, 이 프레임은 아크 용접으로 접합시킨다. 열영향부에서는 시효 경화에 의해 생긴 석출물이 재용해 되어 사라진다. 완성된 프레임은 시효경화 공정을 다시 반복하기 어렵기 때문에 용접부 주변의 열영향부는 다른 부위에 비해 특성이 저하된 상태로 있게 된다 (그림 19.9 참조). 따라서 통상의 금속 제조공정에 비추어 보았을 때 위 사례의 마지막 주안점은 이전 공정 단계에서 얻은 좋은 점들을 상쇄시키는 접합 공정, 특히 용접에 주의하라는 것이다.

이러한 배경 지식을 가지고, 이제 다양한 부류에 속하는 각각의 재료에 대해 그 특성을 개선시키기 위해 얼마나 많은 조합의 화학조성과 공정이 사용되고 있는지 조사해 보자. 그 주안점은 제조 공정과, 모든 것이 계획대로 진행되었을 때 얻을 수 있는 특성 데이터베이스에 있는 '이상적' 인 특성사이의 상관관계에 있다. 자전거프레임 사례는 이러한 게임에 왜 주목해야 되는지, 또한 설계 목표과 제조 현실 사이에 왜 흔히 절충점이 필요하게 되는지를 깨닫게 해 준다. 재료에서 '문헌 조사' 단계와 공정 선택의 중요성은 절대 과소 평가해서는 안 된다.

19.5 사례 연구

금속 – 개요

18장에서 나타낸 바와 같이, 금속이 가지는 우수한 특성은 복잡한 형상의 부품을 만들어 조립하는 데 사용될 수 있는 제조공정이 매우 다양하다는 것이다. 앞 절에서 부품을 성형하고 조립할 때 요구되는 특성을 발현시키기 위해 미세조직을 어떻게 조절하는지에 대해 나타내었다. 여기서 요구되는 특성이란 제조 공정시 필요한 특성(예: 맥주캔을 디프 드로잉하기 위한 연성)과 사용시에 요구되는 특성 (예: 자동차 부품용 합금의 강도와 인성) 모두를 포함한다. 제조 공정시 요구되는 특성과 사용시 요구되는 특성은 서로 상반될 수 있으나, 이를 무마하기 위한 방책이 있다. 즉, 연성이 높아지는 고온에서 성형한 다음, 강도를 향상시키기 위해 이어 열처리하는 방법이다.

강을 비롯한 철계 합금은 핵심적인 공업용 소재로 사용되고 있으며, Al, Cu, Ti, Ni, Zn 및 Mg합금 등을 포함하는 모든 합금계에도 유사한 원리가 적용된다. 대부분의 합금계는 다양한 주조용 및 가공용 합금을 포함하고 있으며, 많은 합금이 분말야금 공정에 사용된다. 통상적으로는 주조용 합금이나 가공용 합금 중의 어느 하나가 특정 합금계를 주도하게 된다. 이러한 사실은 서로 다른 결정구조를 갖는 원소를 얼마나 쉽게 변형시킬 수 있는가하는 변형에 대한 용이성을 반영하고 있다. 예를 들어, Zn, Mg 및 Ti 는 '조밀육방정(HCP)' 결정구조를 가지고 있다 (4장 참조). 이 결정구조는 Al, Fe 및 Cu 등이 갖고 있는 FCC 또는 BCC 결정구조에 비해 연성이 낮다. 따라서, Zn, Mg 및 Ti는 대부분 주조하여 약간만 가공을 한 다음, 연성이 높아지는 고온에서 가공한다. 연성이 높은 Al, Fe 및 Cu는 대부분 가공재로 사용되나, 주조용 합금으로도 모두 사용된다. 주어진 특정 합금계에서 주조용 합금과 가공용 합금은 서로 매우 상이한 조성을 갖는다. 우수한 주조성을 가지려면 합금 원소를 비교적 낮게 함유하는 가공용 합금과는 달리, 융점이 낮아질 수 있도록 합금 원소의 첨가량이 높아야 한다. 8장에서 알루미늄합금에 대해 언급한 바와 같이, 주조품은 가공용 소재에 비해 미세조직이 조대하고, 강도 및 인성이 낮다.

금속의 제조공정 및 특성 제어에 대한 보다 상세한 설명을 위해, 주요 금속의 하나인 철계 합금의 예를 들고자 한다.

철계 합금

철을 기반으로 하는 강(steel) 및 관련 합금은 구조용 및 기계용 재료로 널리 사용된다. 이 합금은 탄성률이 높고, 강도 및 인성이 우수하며 대부분 가격이 싸다. 수송기기용으로 적용하기에는 밀도가 높다는 것이 단점이며, 이 때문에 경량합금, 목재 및 복합재료가 경쟁소재로 대두되고 있다. 그림 19.12에 철계 합금의 다양한 적용 사례를 나타내었다. 이들 사례는 서로 다른 제조공정 이력을 가지면서 다른 화학조성을 갖는 여러 합금계를 반영하고 있다. 각각의 사례를 차례로 조사해 보면, 재료의 핵심 특성, 조성 및 공정인자가 부각되는 것을 알 수 있다.

주철 및 브레이크 디스크 브레이크 디스크 (그림 19.12(a))는 브레이크 패드상에 미끄럼 마찰을 일으켜 움직이는 수송기기를 감속시키며, 이때 많은 열을 발생시킨다 (11장 참조). 따라서, 재료가 가져야 할 핵심 특성은 내마모성을 위한 높은 경도 및 강도, 우수한 인성, 그리고 높은 최대가용온도이다. 무게가 낮으면 회전 부품으로서 좋겠지만, 이는 부차적인 문제이다. 모든 철계 합금은 이 목적에 적합하다. 그런데 왜 주철을 사용할까? 그 이유는 주조가 비교적 복잡한 형상의 디스크를 만드는 데 가장 값싼 공정이며, 주조 상태의 미세조직만으로도 추가의 열처리를 필요로 하지 않을 만큼 충분한 경도를 나타내기 때문이다. 주철은 통상 무게비로 2~4%의 탄소를 함유하고 있어 많은 철탄화물이 존재하는데, 이 철탄화물은 경도가 높은 화합물로서 우수한 석출경화 효과

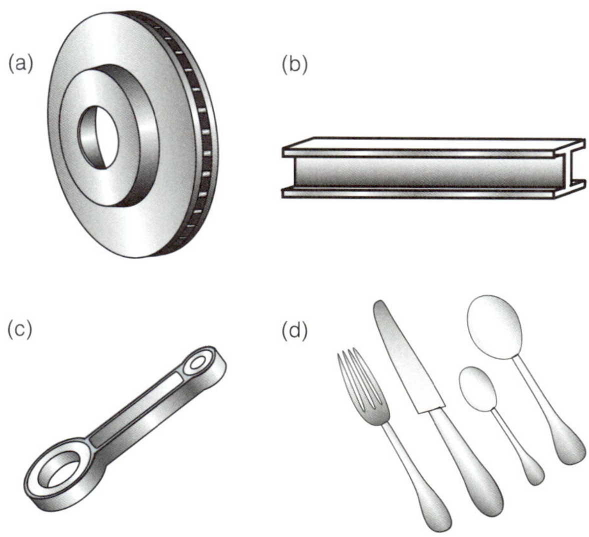

그림 19.12 철계 합금을 이용하여 만든 제품들. (a) 주철: 브레이크 디스크. (b) 저탄소강: I-빔. (c) 저합금강: 커넥팅로드. (d) 스텐레스강: 식탁용 날붙이류

를 나타낸다. 또한 유리된 흑연(free graphite)를 함유할 수도 있는데, 이 경우 최소의 윤활제만을 사용하거나 혹은 윤활제가 없어도 기계가공을 할 수 있을 만큼 우수한 기계가공특성을 나타낸다. 이는 또 다른 중요한 '공정중의 특성' 이라 할 수 있다.

9.13절에서 언급한 바와 같이, 결정립 조직은 성형 공정 중에 만들어지며 그 이후에는 변화시킬 수 없다. 제어해야 할 핵심요소는 결정립의 크기와 불순물의 분포이다. 결정립의 크기는 보통 접종제(inoculant)를 이용하여 미세화시킬 수 있다. 불순물은 용탕으로부터 제거하는 것 보다는 다른 원소를 첨가하여 불순물과 반응시켜 새로운 화합물이 생성되도록 한 뒤, 이들을 주물 내부에 고루 분포시킴으로써 불순물의 유해 효과를 감소시키는 것이 값싸고 일반적인 방법이다. 예를 들어, 철계 합금에 존재하는 황(sulfur)은 망간을 첨가하여 제거한다. 주조품의 특성을 개선하기 위해 그 화학조성을 약간 변경시키는 방법은 수세기동안 전해져온 비법이다. 현재는 주조품 내에 잔존하는 기공과 잔류응력을 최소화하기 위해, 성분을 선택하는 것에서부터 용탕을 금형에 붓기까지의 전 공정을 컴퓨터 소프트웨어를 사용하여 모델링하는 것이 가능하다.

보통탄소강 : I-빔, 자동차 및 캔 만일 보편적으로 가장 많이 쓰이는 재료를 선택하라고 한다면, 0.1～0.2%의 탄소를 함유하고 있는 연강(mild steel)을 선택할 것이다. 거의 모든 구조물의 단면부(그림 19.12(b)), 자동차용 합금, 그리고 맥주 및 음식캔에 사용되는 철제 용기는 연강 또는 소량의 합금원소로 강화시킨 연강의 변종으로 이루어져 있다. 이러한 분야에 적용되는 소재는 모두 충분히 변형이 가능한 가공재를 사용하는데, 보통탄소강이 갖고 있는 우수한 연성은 바로 이러한 목적에 적합하다. 동시에, 변형 공정 중에 가공 경화를 일으켜 제품이 필요로 하는 강도를 얻을 수 있다. 연성, 인성 및 알맞은 강도는 구조용 재료가 갖추어야 할 필수적인 요소이다. 교량은 다소 쳐질지언정 두 조각으로 깨져서는 안 되며, 자동차 충돌 사고시 운전자의 생명은 차체 전반부에서 흡수한 에너지의 양에 의존한다.

앞에서 어닐링은 저탄소강을 포함한 가공용 합금의 결정립 조직을 제어하는 데 흔히 사용된다고 언급한 바 있다. 소성 변형한 다음 어닐링할 때 고려해야 할 중요한 부작용은 결정의 우선방위가 발생한다는 것이다. 주물에서는 결정면이 모두 제 각각으로 배열되어 있다. 이는 용탕내에서 고상의 핵(nucleus)이 서로 각각 분리되어 생성되기 때문이다. 소성변형은 결정립을 '납작하게' 만들 뿐만 아니라, 결정면을 변형 방향에 따라 재배열시키는 특성이 있다. 예상과 달리, 재결정은 결정의 무질서도를 완벽히 회복시키지는 못한다. 즉, 재결정후에도 통계적으로 결정의 우선방위가 일부 남아 있게 된다. 이러한 사실은 그다지 중요하지 않은 것 같지만, 우선방위가 있는 금속의 경우 항복강도의 이방성이 크기 때문에 금속 박판을 가지고 작업을 할 때는 매우 큰 영향을 준다. 여러분이 금속 박판을 이용하여 음료 용기와 같이 둥근형태의 제품을 만들고자 할 경우 문제가 될 수 있다.

합금강과 열처리 : 크랭크, 공구 및 기어 기계류에서 움직이면서 접촉하는 부품(그림 19.12(c))은 매우 가혹한 조건에 있기 쉽다. 즉, 크랭크나 구동축과 같이 굽힘 및 비틀림 하중을 전달하면서 받는 높은 체적 응력, 기어와 같이 서로 미끄러지거나 구르면서 받는 높은 접촉응력, 그리고 커넥팅 로드와 같이 피로파괴의 요인이 되는 왕복 응력을 받는 조건에 있을 수 있다. 이를 위해 재료가 높은 강도와 함께 우수한 인성을 갖도록 하는 것은 매우 중요하다. 보통탄소강은 0.8%까지 탄소를 함유한다. 이 합금은 미세조직내에 보다 많은 철탄화물을 내포함으로써 우수한 석출경화 효과를 나타낸다. 보통탄소강은 비교적 우수한 특성을 가지고 있으나, 철의 밀도가 높은 것이 문제가 될 수 있다. 철의 강도를 높이고, 상대적으로 적게 사용해 보라. 그러면, 무게를 줄일 수 있다. 이는 특히 엔진에서 빠르게 움직이는 부품의 경우 더욱 그렇다. 왜냐하면, 관성하중이 감소하면 지지용 구조물을 더 가볍게 할 수 있기 때문이다 (이는 소위 말하는 '이차적 하중 감소' 이다). 이를 위해서는 합금 원소를 더 많이 첨가하고, 중간 공정을 더 삽입하면 된다.

탄소강에 다른 원소를 첨가함으로써 강도를 향상시킬 수 있다. 이 중 Mn, Ni, Cr, V, Mo 및 W이 가장 중요한 원소들이다. 일부 원소는 고용체 강화를 통해 직접적으로 강도를 향상시킨다. 예를 들면, 텅스텐(W)은 20%까지 첨가하여 고합금 공구강으로 사용한다. 합금원소의 함량을 다소 줄이면 (저합금강의 경우 5% 이하) 열처리에 대한 반응특성에 영향을 준다. 열처리의 핵심 공정은 그림 19.7에 나타낸 바와 같이 '급랭과 템퍼링' 이다. 우선 강재를 탄소와 합금원소가 고용되는 온도(850~1000℃)로 가열한 다음, 오일이나 물속에 담가 상온까지 급랭시킨다. 템퍼링은 급랭된 합금강을 중간 온도로 재가열하여 각각의 결정립내에 미세한 철탄화물을 균일하게 석출시키는 열처리 공정이다. 급랭은 매우 결정적인 공정으로서, 냉각속도가 낮을 경우 순철의 결정립과 조대한 철탄화물이 분산되어 있는 결정립이 서로 섞인 조직을 형성하여 경도가 감소한다. 합금원소의 탄화물이 형성됨으로써 부가적 석출경화가 발생할 수 있으나, 이를 위해 합금원소를 첨가하는 것은 아니다. 보통탄소강도 급랭 및 템퍼링을 할 수 있다. 문제는 서냉과 관련된 비효율적인 미세조직이 발생하지 않을 만큼 얼마나 냉각속도를 크게 하느냐 하는 것이다. 합금 원소를 첨가하면, 이러한 비효율적인 조직이 생성되는 것을 효과적으로 억제시킬 수 있으며, 냉각속도가 낮아도 원하는 미세조직을 얻을 수 있다. 따라서, 대형 부품일수록 중심부에서의 냉각속도가 낮기 때문에 이런 방식을 이용하여 열처리를 한다. 이 방식을 전문 용어로 경화능 향상이라 한다. 경화능 향상법은 재료, 공정 및 세부 설계가 설계 목표를 달성하기 위해 어떻게 서로 연동될 수 있는지를 나타내는 또 다른 사례이다.

여기서, 경화능이 있는 철강을 급랭할 때 생기는 '마르텐사이트(martensite)'라고 하는 중간미세조직에 대해 언급하고자 한다. 이 조직은 매우 단단하지만 또 세라믹과 같이 잘 깨진다. 따라서, 이는 시료 전체의 조직을 대표하기에 바람직한 미세조직은 아니며, 인성을 향상시키기 위해 템퍼링(tempering)이 필수적으로 수반되어야 한다. 그러나, 일부 표면처리 공정을 이용하여 부품의 표면에 얇은 마르텐사이트 층을 생성시킴으로써 기어, 베어링 등의 내마모성을 크게 향상시킬 수도 있다. 이를 이용한 것이 바로 레이저 경화법(laser hardening)이다(그림 19.10). 다른 관점에서 보면, 마르텐사이트는 다소 위험한 조직이다. 이 조직은, 급랭할 때 열수축의 차이에 의해 발생하는 응력 때문에 균열을 일으킬 수 있다 (12장 참조). 더우기, 고탄소 및 합금강을 용접할 경우 냉각속도가 너무 빠르면, 열처리의 첫 단계와 유사한 열주기를 유발시켜 의외의 취성을 일으키기 쉽다(그림 19.9). 이러한 특성 때문에 유정의 굴착장치(oil rigs) 및 교량들이 아무런 사전 징후 없이 붕괴되었다.

스테인리스강 : 식탁용 날붙이류 영국의 쉐필드씨는 식탁용 스테인리스 날붙이(그림 19.12(d))로 유명하며, 오늘날에는 과거에 비해 훨씬 다양하고 많은 양을 생산하고 있다. 무게비로 20%이상되는 충분한 양의 크롬을 철에 첨가하면, 내식성이 크게 개선되어 철이 가지고 있는 취약점인 녹이 잘 생기지 않게 된다. 그 이유는 크롬이 공기 중의 산소와 훨씬 강하게 반응하여 산소로부터 철을 보호하기 때문이다(17장 참조). 니켈도 보통 첨가하는데 그 이유는 다소 다르다. 즉, 액화가스를 저장하는데 사용되는 스텐레스 강이 매우 낮은 온도에서도 인성을 유지할 수 있도록 하기 위한 것이다. 또 다른 이유는 크롬과 니켈이 모두 고용체 강화를 일으키기 때문이다. 고용체 강화와 압연 및 단조시 나타나는 가공경화는, 석출경화를 일으키기 위해 사용되는 열처리 방식과는 다른 강화방식이며 스테인리스강의 강도를 향상시키는 일반적인 방법이다.

요약 위에서 언급한 이러한 물품들에서는 강도와 인성이 재질 특성을 좌우한다. 이와 같은 특성을 제어하는 방법에 대해서는 주요 구조용 경량 알루미늄합금에 대한 특성 도표와 함께 8장에서 언급하였다. 그렇다면, 이들 다양한 변종의 철계 합금들을 도표상에 어떻게 나타낼 수 있을까? 그림 19.13에 위에서 언급한 네 가지 종류의 철강에 해당하는 몇 가지 변종 합금들을 색깔을 이용하여 함께 나타내었다. 좌측 상단에 나타

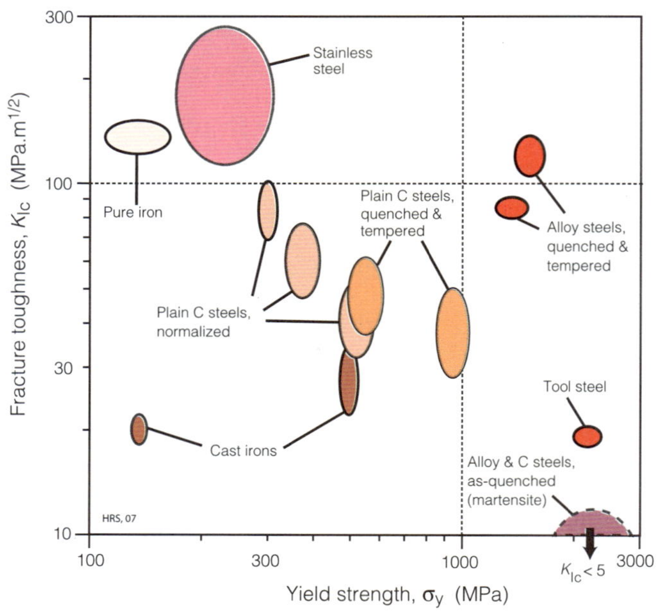

그림 19.13 철계 합금의 파괴인성-항복강도 특성 도표. 조성과 열처리 조건을 이용하여 이들 특성의 광범위한 조합을 얻을 수 있다.

낸 연성과 인성이 높은 순철을 포함하여, 20배 이상의 강도 차이를 나타내는 범위에서도 색깔을 적절히 활용함으로써 원하는 강도와 인성의 조합을 표시할 수 있다. 급랭된 상태의 마르텐사이트를 제외한 모든 구조용 또는 기계용 재료는 일반적인 임계 파괴인성치(≈15MPa.m$^{1/2}$) 이상의 값을 나타낸다. 노말라이징 처리한 상태는 구조용 재료에 대한 표준이다. 이 도표는 급랭 및 템퍼링 열처리가 어떻게 재료의 인성을 손상시키지 않고 강도를 향상시킬 수 있는지를 나타내며, 철강이 왜 중요한지를 나타낸다. 다른 어떤 재료도 이와 같이 다양하지 않으며, 현재 수 백종의 서로 다른 철계 합금이 상용화되어 사용되고 있다.

세라믹과 유리

취성이 강한 재료는 한 가지 문제가 있다. 이들에게 아무리 다른 장점이 있다하더라도 깨지기 쉬우며, 그 요인은 많은 경우 제조 공정 중에 생긴 고유의 결함에 기인하게 된다. 따라서 세라믹과 유리를 구조용 부품으로 적용하기 위해서는 그 제조 공정이 결함을 얼마나 잘 제어할 수 있는가에 초점을 맞춘다. 세라믹에 있는 미세균열은 주로 최초로 사용한 분말의 크기와 관계되지만, 기공을 최소화시키기 위한 고품위의 제조공정 또한 필요하다. 그러나 우수한 제조 공정은 형상이 단순한 부품을 제조할 경우에도 쉽게 이루기는 어렵다. 충분히 충진되지 못한 분말은 가압하여 소결할 경우 2배 이상 수축된다. 이정도의 크기로 수축할 경우 균일하게 수축시키기는 그리 쉽지 않다. 왜냐하면 제품 내에서 먼저 수축된 한 부위가 다른 부위의 충진을 제한하기 때문이다. 유리는 용융 공정을 통해 제조하므로 제조하기가 다소 용이하나, 매우 매끈한 표면을 얻기 위해서는 매우 세심한 주의를 기울여야 한다. 유리판은 대부분 용융된 주석조 위에 부유시켜 제조한다. 세라믹과 유리는 또한 냉각 중에 열응력(thermal stress)을 받기 쉽다. 고온에서 제조한다 하더라도, 이들이 가지고 있는 고유의 고탄성률 및 고강도 특성 때문에 냉각하는 도중 크리프에 의해 응력이 쉽게 제거되지 않는다. 그러나, 어떤 경우에는 열응력이 좋은 영향을 줄 때도 있다. 유리는 표면을 빨리 냉각시켜 두께에 따른 잔류응력을 의도적으로 생성시킴으로써 파괴 저항성을 향상시킬 수 있다. 표면은 인장응력하에서 파괴를 야기시키는 흠집이나 미소균열이 쉽게 발생하는 영역이므로, 이렇게 하면 표면에는 도움을 주는 압축잔류응력이, 내부에는 인장잔류응력이 생성된다.

세라믹의 성분들은 각각이 특정 화합물(알루미나, 탄화실리콘 등)로서 대부분 뚜렷이 구별되는 경향을 나타낸다. 탄화텅스텐 및 코발트와 같은 일부 복합재료 혼합물을 이용하면 금형 및 절삭공구에 사용되는 경하고, 인성이 높은 재료를 만들 수 있다. 반면, 유리 조성은 광범위에 걸쳐 연속적으로 조정할 경우 색깔 및 기타 광학적 특성(즉, 광섬유에 사용되는 경사조성)의 특정 조합을 얻게 된다. 15장의 특성 도표에 보면, 광학적 특성이 다양하게 분포되어 있는 것을 알 수 있다. 이러한 변화는 주로 공정보다는 화학조성의 미세조절 효과에 더 의존한다. 유리공정과 관련한 최신의 기술은 방풍창 표면의 생채기 및 흠을 감소시키거나, 또는 고층건물의 자체정화 및 고반사율을 위한 표면 코팅 기술과 관련되어 있다.

폴리머 및 탄성중합체

폴리머(polymer)는 여러 가지 면에서 유용한 재료이다. 즉, 저가로 복잡한 형상의 부품을 성형할 수 있고, 스냅 피팅(snap fitting)에 의해 서로 쉽게 결합시킬 수 있으며, 색깔을 내기가 쉽다. 벌크 폴리머는 비교적 낮은 다양한 범위의 영률, 강도 및 인성을 나타낸다. 폴리머의 화학성분을 조절하고 첨가제(additive) 및 충전제(filler)를 사용하면, 금속만큼 큰 강도의 향상을 이룰 수는 없지만 매우 다양한 특성의 변화를 유도할 수 있다. 또한, 폴리머는 금속이 이룰 수 없는 매우 다양한 범위의 탄성 특성의 변화를 이룰 수 있다.

4장에서 폴리머의 구조에 대해 소개하였으며, 어떻게 화학적 결합을 변화시켜 오늘날 수천 가지의 유도체를 생산하게 되었는가에 대해 소개한 바 있다. 긴사슬의 분자들은 수소, 염소, 산소 등과 결합되어 있는 탄소로 구성된 하나의 기본 단량체(monomer)의 중합반응에 의해 만들어진다. 각각의 단량체는 뚜렷이 구분되는 화학조성을 갖고 있다. 예를 들어, C_2H_4는 폴리에틸렌을 만든다. 금속 및 비금속 원자들과는 달리, 단량체는 서로 쉽게 결합되지 않는다. 오직 일부 선택된 조합의 단위체들만 서로 중합반응을 일으킴으로써, 두 개의 단량체를 갖는 공중합체(copolymer), 세 개를 갖는 삼량체(terpolymer) 등을 만들게 된다. 예를 들어, ABS 수지는 삼량체로서 아크릴로니트릴(acrylonitrile), 부타디엔(butadiene) 및 스티렌(styrene)의 단량체가 결합된 것이며, 이와 같은 이름이 붙여진 것이다. 폴리머들을 서로 섞으면 그 범위가 더 넓어지며, ABS-PVC와 같이 두 가지 형태 이상의 분자사슬이 결합된 혼합체를 얻을 수 있다. 이렇게 함으로써, 다양한 분자 건축 기법을 개발할 수 있다. 4장에서 언급한 바와 같이, 열경화성중합체와 탄성중합체는 교차결합(cross-linking)을 이루게 되며, 일부 열가소성중합체는 부분적으로 결정화를 이루게 된다. 더욱이 벌크 폴리머는 대개 어떤 이유로든지 첨가제나 충전제를 함유하고 있다. 예를 들어, 탄성률, 강도 또는 색깔을 내기 위한 유리 또는 세라믹의 입자나 섬유, 난연제, 가소제, 또는 UV보호용 첨가제 등을 함유한다.

대부분의 제조공정은 관련 폴리머들과 잘 부합하며, 이들 대부분은 폴리머를 제조할 때 공정상 약간의 영향만 줄 뿐이다. 첨가제는 점도를 변화시키므로, 사출성형(injection molding)의 용이성은 충전제의 부피 분율에 영향을 받는다. 폴리머 용접은 재용해가 가능하고 교차결합을 일으키지 않는 열가소성중합체에만 적용할 수 있다. 앞서 언급한 바와 같이 결정화는 온도 이력에 민감하게 영향을 받는다. 즉, 몰딩제품의 냉각속도는 최종 제품의 치수 뿐만 아니라 탄성률 및 강도에 영향을 준다. 그렇지만, 분자들이 성형과정에서 기계적으로 재배열될 경우에는 제조 공정 또한 최종 분자의 배열 및 특성에 크게 영향을 줄 수 있다. 그림 19.5에 패리손(parison)이라고 하는 닫힌튜브 프리폼(pre-form)을 사용하여 음료용 용기를 제조하는 블로우몰딩(blow molding)법을 나타내었다. 패리손을 부풀려 폴리머를 스트레칭시키는 공정은 용기 벽에 있는 분자들을 재배열시켜 탄성률 및 강도를 향상시킨다.

제조공정 중에 폴리머의 특성에 가장 크게 영향을 미치는 것은 섬유를 만드는 과정에서 나타난다. 섬유는 용탕으로부터 뽑아내거나, 혹은 훨씬 더 우수한 특성을 위해 냉간 인발시킨다. 이 경우, 분자들의 재배열이 훨씬 더 현저하게 나타나게 되어 섬유의 특성이 사슬을 따라 나타나는 공유결합을 특성을 잘 반영하게 된다. 이 결과 나타

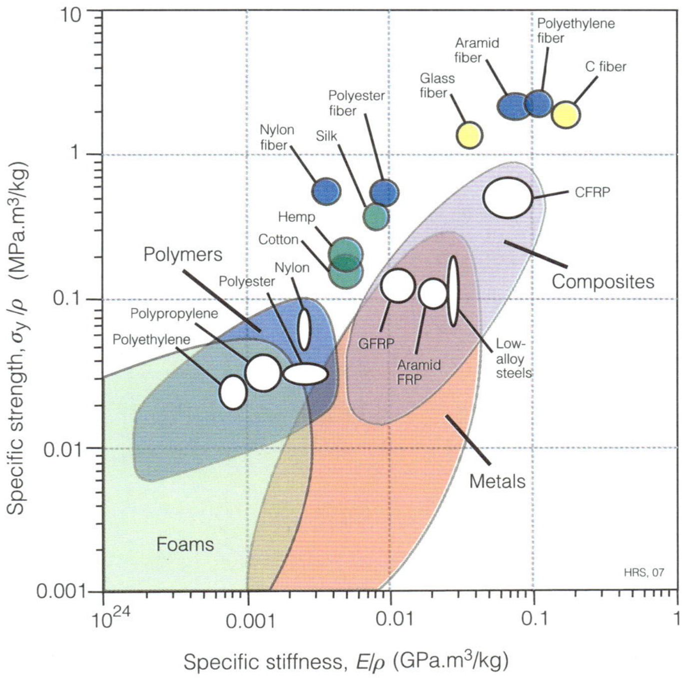

그림 19.14 비강도-비탄성률 특성 도표. 벌크 폴리머는 인발하여 섬유로 만듦으로써 탄성률과 강도를 향상시키며, 천연섬유, 탄소 및 유리섬유 등과 경쟁할 수 있다. 이들은 대부분 CFRP와 같은 복합재료내의 섬유나, 직조된 섬유의 형태로 사용된다.

나는 탄성률 및 강도를 도표 상에 표시할 수 있는데, 여기서는 다른 재료에 비해 우수한 경량성을 강조하기 위해 그림 19.14에 나타낸 바와 같이 비강도(specific strength) σ_y/ρ와 비탄성률(specific stiffness) E/ρ로 표시하였다. 벌크 폴리머는 화학적인 조작의 다양성은 있지만, 강도 및 탄성률은 약 10배 내외의 범주에만 걸쳐 있으며, 특히 비탄성률의 경우에는 금속에 비해 성능이 현저히 떨어진다. 나일론이나 폴리에스터와 같은 일반 폴리머 섬유는 벌크 폴리머보다 탄성률이 더 우수하며, 강도는 100배 더 강하다. 이들 섬유는, 매우 우수한 천연섬유인 견사를 제외한 면이나 마와 같은 천연섬유를 빠르게 대체시키고 있다. 그러나 케블라(Kevlar)와 같은 아라미드(aramid) 섬유와 특급 폴리에틸렌 섬유는 탄소섬유 및 유리 섬유와 유사하거나 더 우수한 특성을 나타내며, 벌크 폴리머에 비해 10배이상 탄성률이 높고, 강도가 크다.

섬유의 특성은 모두 대단히 우수하다. 그러나 문제는 이들 섬유를 어떻게 유용한 형태로 만드는가 하는 것이다. 한 가지 방법은 탄소섬유 및 유리섬유에 사용되는 방식과 같이 에폭시수지(expoxy resin)의 기지(matrix)에 아라미드 섬유를 사용하여 복합재료를 만드는 것이다. 앞 장에서 논의한 바와 같이, 이렇게 얻은 복합재료는 기지와 섬유의 중간 특성을 나타내며 (그림 19.14), 저합금강과 같이 가장 특성이 좋은 금속과도 경쟁할 수 있다. 다른 방법으로, 수천 년 동안 천연섬유를 이용하여 로프, 케이블 및 천 등을 만들 때 사용했던 바와 같이 폴리머 섬유를 꼬거나, 엮거나, 직조하여 사용하는 것이다. 섬유기 재료(fiber-based materials)는 그 자체가 재료공학의 전체 영역이라고도 할 수 있으며, 여러 중요한 분야에 적용될 수 있다. 로프 및 직물의 기하학적 구조는 이들이 작용하는 방식의 본질이며, 이것이 바로 인장시 나타내는 높은 탄성률 및 강도 뿐만 아니라 굽힘시의 유연성을 나타내는 요인이 된다. 로프는 조직상 꼬여 있고, 짜여져 있으므로 탄성범위 안에서 당길 수 있고, 감을 수 있으며, 매듭을 지울 수도 있다. 로프나 직물을 만들 때 섬유의 배열이 흐트러지면, 하중 전달 능력이 원래 섬유의 성능에 비해 감소한다. 그럼에도 불구하고, 특성 도표를 살펴보면 특급 폴리에틸렌 섬유로 만든 케이블이 일반 철강을 이용해 만든 케이블과 경쟁 가능성이 매우 높다는 것을 알 수 있다. 의류의 드레이프(drape)는 직조 방향에 대해 평행한 경우와 45°인('비스듬한') 방향에서의 탄성률의 차이를 활용한 것이다.

19.6 하이브리드 재료의 제조

2장에서 하이브리드 재료란 서로 다른 부류의 물질을 이용하여 만든 재료의 조합체라고 정의하였다. 여기서, 발포재(foam)의 경우와 같이 공기도 하나의 부류가 될 수 있다. 하이브리드 재료를 제조하는 데는 흔히 공정상 극복해야 할 난점이 있다. 여기서는 몇 가지 사례를 가지고 특성과 관련된 제조 공정에 대해 논의하고자 한다. 먼저 하이브리드 재료와 관련하여 다음과 같은 질문을 가질 수 있다. 즉, 왜 하이브리드 재료를 굳이 만들려 하는가? 이에 대한 대답은 간단하다. 즉, 하이브리드 재료는 균일한 재료가 나타낼 수 없는, 특성도표상의 빈 공간을 채울 수 있다는 것이다. 경우에 따라, 설계 제한요소에 의해 단일 재료만으로는 요구되는 특성을 만족시킬 수 없는 조건이 있다. 예를 들어, 합금이 최적인 고강도 조건과 순금속이 최적인 고전기전도도가 있다. 하이브리드 재료는 혁신적인 설계 해법 및 성능의 개선을 가능케 함으로써 구성 재료의 개별 특성을 극대화시킨다. 하이브리드 재료는 여러 가지 형태를 취할 수 있는데, 그림 19.15에 이들을 간단히 분류하여 나타내었다. 복합재료는 가장 일반적인 사례로서, 한 가지 재료로 만들어진 입자나 섬유가 다른 재료에 삽입되어 있는 재료이다. 다음은 샌드위치구조인데, 이것은 고성능재료로 표면층을 만들고, 다소 성능이 떨어지는 재료로 내부를 만든 것이다. 임의로 배열되어 있거나 규칙적으로 배열되어 있는 격자재료로서 발포재 및 기타 높은 기공률을 갖는 다공성재료가 있다. 반면에, 세그먼트재

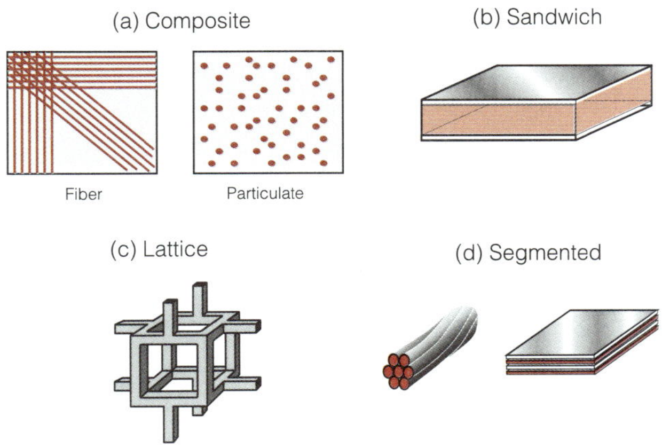

그림 19.15 하이브리드 재료의 분류. (a) 섬유 및 입자 복합재료. (b) 샌드위치 판넬. (c) 발포재와 같은 격자구조. (d) 로프 및 층상재료와 같은 세그먼트재료.

료(segmented materials)는 서로 얽혀있는 가닥이나 층상재료로 구성되어 있다. 로프 및 케이블은 여러 가지 형태를 가진 재료들의 하이브리드 재료라 할 수 있다.

이와 같은 분류는 100% 구분되어 있는 것은 아니다. 왜냐하면, 가장자리에서는 그 경계가 다소 모호해지기 때문이다. 예를 들어, 최신 '나노복합재료(nanocomposite)'는 나노미터 크기의 입자를 용융 금속에 잘 섞은 다음 주조하여 만든다. 그림 19.15에 의하면, 이 재료는 하이브리드 재료 중의 하나이다. 한편, 철강을 열처리하게 되면 철기지(iron matrix) 내부에 미세한 탄화물이 분산되어 나타난다. 즉, 앞의 경우와 궁극적으로 같은 조직이 나타나며 강도의 향상을 가져오는데, 이는 금속으로 분류한다. 다른 한편에서, 샌드위치 '재료'를 가지고 설계하는 것은 스키나 항공기 바닥판, 또는 산업용 도어와 같은 샌드위치 '구조물'을 설계하는 것과 통합된다. 본질적으로 하이브리드 재료는 일상적으로 사용했던 벌크재료에, 벌크재료 및 다른 특성을 나타내는 하이브리드 재료를 결합한 재료이다. 이와 같은 다소 일반적인 정의에도 불구하고, 하이브리드 재료는 이를 구성하는 벌크재료의 모든 조합에, 배열 및 크기를 더한 모든 개념의 재료라 할 수 있다. 배열(configuration)은 비율, 기하학적 구성 및 성분 물질의 형상을 정의하고, 크기 범위는 서로 섞이는 길이의 크기를 정의한다. 하이브리드 재료의 길이 범위는 대부분 비교적 큰 편이며, 섬유의 경우 약 1~10μm이고, 라미네이트 및 샌드위치 판넬의 경우에는 0.1~10mm이다. 벌크재료의 미세조직은 나노미터크기의 원자 규모로부터 미크론 단위의 크기까지 걸쳐 있다 (그림 19.1~19.3 참조). 그러나, 하이브리드 재료는 구성 재료의 제 특성들을 결합하고 있으므로, 원자 규모로부터 생산품 단위 크기까지의 미세조직을 반영한다.

발포재의 제조

발포재(foam)는 특성 도표상에서 탄성률과 강도가 수 오더(order)의 크기로 감소되어 나타난다. 일부 발포재는 기포를 용탕내에 가둔 다음, 그 거품을 슬라브(slab)의 형태로 응고시켜 제조한다. 다른 방법으로는, 가스를 생성시키는 화공약품과 섞어 주어진 금형의 공동내로 사출(injection)시킨 뒤, 내부에 기포가 발생함과 동시에 부풀도록 함으로써 제조하기도 한다. 이상적인 발포재의 기계적 특성은 4장의 영률에서 나타낸 바와 같이 고체의 분율, 즉 상대 밀도에 의존하며, 기공 크기의 변화도에도 매우 민감하게 영향을 받는다고 알려져 있다. 최대 기공의 크기는 파괴를 우선적으로 발생시키는 요인이 되기 때문에, 제조시 최대 기공의 크기를 제어하는 것이 중요하다. 금속 발포재 및 탄성률이 높은 폴리머 발포재는 성형하여 자른 뒤, 샌드위치재료의 내부와 같이 다른 구조용 재료로 조합하여 사용할 수 있다.

복합재료의 제조

대부분의 폴리머는 사실 특수 복합재료이다. 벌크 폴리머는 녹여서 충전재(filler)분말을 첨가한 뒤 몰딩 성형을 한다. 이것은 폴리머 변종으로 분류할 수 있는 하이브리드 재료이다. 그 이유는 주로 첨가제의 크기가 매우 미세하여 폴리머 자체 미세조직의 크기와 같기 때문이다. 반면에, 알루미늄합금내에 분산되어 있는 SiC 입자와 같이 금속기지 복합재료는 별도의 하이브리드 재료로 대별되지만, 이들 역시 알루미늄합금과 똑같은 방식으로 제조된다. CFRP, GFRP 및 케블라(아라미드 FRP)와 같은 섬유강화복합재료는 고도의 제조기술을 요한다. 경량 설계 측면에서 이들 재료의 적용 가능성에 대해서는 앞의 장들에서 명확하게 서술한 바 있다. 그러나, 이와 같은 이상적인 특성들을 실제로 항상 얻을 수 있을까? 답은 부품 형상의 복잡성과 결합부가 미치는 영향력에 의존한다는 것이다. 복합재료로 평판을 제조하기는 쉽다. 일방향의 섬유를 넣어 부분적으로 경화시킨 '예비함침(prepreg)' 판을 특성이 비교적 균일하게 등방성이 나타나도록 여러 방향(즉, 0°, 90°, ±45°)으로 배열시켜 쌓은 다음, 오토클레이브(autoclave)내에서 가압하여 경화시키면 된다. 원형의 튜브도 섬유를 감아 쉽게 제조할 수 있다. 더 복잡한 형상은 층상구조를 만들기가 더 어려우며, 특히 단면의 두께가 변화하는 곳은 더 어렵다. 결합부는 특히 문제가 되는 부위이다. 섬유복합재료는 용접할 수 없다. 볼트나 리벳을 넣기 위해 구멍을 뚫는 경우에는 섬유를 손상시켜 응력집중을 일으키게 되는데, 이렇게 생긴 응력집중은 균열을 발생시키고 구멍주위의 층간 박리를 유발시킨다. 가장 좋은 방법은 접착제를 이용한 결합이다. 복합재료의 사용량이 증가하면서 접착제의 성능도 크게 개선되었다. 결합부 내부 또는 주변에서 조기 균열이 발생하지 않도록 하기 위해서는 결합부의 설계 및 제조를 주의 깊게 하여야 한다.

층상재료 및 샌드위치 판넬의 제조

층상재료(laminate)와 샌드위치 판넬에 나타내는 높은 관심도는 이와 같은 형태의 섬유강화복합재료, 즉, 하이브리드 재료 내의 하이브리드 재료의 장점을 이용한 적용 가능성이 매우 높다는 것을 반영한다. 샌드위치판넬은 낮은 무게를 가지면서도 높은 굽힘 탄성률과 강도를 나타낸다. 경량 내부 코어(core)는 양 표면을 분리시켜, 굽힘 저항성에 직접적으로 기여하지 않으면서도 면적상의 이차 모멘트를 최대화시킨다. 표면과 코어사이의 우수한 접착식 결합이 여기에서도 마찬가지로 대단히 중요하다. 샌드위치 판넬과 I-빔과 같이 단일재료로 성형된 재료는 보통 '굽힘 강성(flexural rigidity)' *EI*와 같은 특성으로 비교할 수 있다. 층상재료는 또 다른 형태의 하이브리드 재료이다. 여러 종류의 GFRP, 그리고 GLARE 및 ARALL과 같은 알루미늄 층상 복합재들이 항공우주용 구조물에 적용할 목적으로 알루미늄이나 복합재료의 대체재로 개발되었다. 목재는 글루램(Glulam)과 같은 층상재료의 형태로 사용됨으로써 대규모 토목 공학에 있어서의 혁명을 이루었다. 층상화 공정은 천연 목재에 있는 결함을 분산시켜 특성의 불균일도를 감소시키고, 훨씬 큰 대형의 빔 구조물을 제조할 수 있도록 한다. 다시 한번 말하자면, 모든 층상재료에서 층간에 있는 접착제야말로 하이브리드 재료의 핵심 부분이다.

19.7 요약 및 결론

제조 공정은 재료가 가져야 할 최종 특성을 이루기 위한 중심요소이다. 주조, 몰딩 및 성형과 같은 형상 제어공정은 열이력 및 변형이력을 거치게 된다. 이들 공정은 형상을 만들 뿐만 아니라, 특성에 결정적인 영향을 주는 내부 미세조직을 변화시킨다. 표면에서의 성형 공정은 국부적으로 미세조직 뿐만 아니라 내마모성과 같은 기계적 특성도 변화시킨다. 부품을 서로 접합시킬 경우 다양한 변화를 수반한다. 결합부는 설계를 제한하거나, 급작스런 파괴를 일으키는 원인을 제공한다. 따라서, 제조 시 공정상의 주의를 요하며 공정상의 혁신적 개선을 통해 특성을 향상시킬 수 있다. 금속은 가장 다양한 면모를 나타낸다. 이는 많은 서로 다른 원소가 있고, 다양한 합금조성이 가능할 뿐만 아니라 주조성 및 성형성이 좋다는 점을 고려하면 그리 놀랄만한 일은 아니다. 한 부류, 즉 철계합금 하나만으로도 핵심적인 구조적 특성인 강도와 인성을 광범위하게 표시할 수 있다. 다른 합금계도 조성을 변화시키거나, 성형 또는 열처리를 하는 등의 같은 원리를 적용함으로써 다른 특성을 발현시키는 것이 가능하다.

세라믹, 유리 및 폴리머는 모두 조성 및 공정상의 변화를 위한 범위가 있다. 혼합, 교차 결합 및 결정화도는 탄성률을 포함한 폴리머의 특성을 다소 변화시킬 수 있는 요인이다. 가장 효과적인 것은 섬유를 제조하는 것인데, 이는 벌크 폴리머를 완전히 새로운 영역으로 가져온 것으로서 천연 섬유의 성능보다 훨씬 뛰어난 섬유의 제조가 가능하다. 실제 생산품에 이들 섬유의 특성을 적용하기 위해서는 복합재료, 로프, 섬유다발 및 직물과 같은 가상의 하이브리드 구조물이 필요하다. 하이브리드 재료는 샌드위치판넬, 발포재 및 층상재료와 같은 다른 형태도 있다. 하이브리드 재료를 실제로 사용하기 위해서는 제조 공정이 중요한 역할을 한다. 설계 시 이들 재료의 적용 가능성을 극대화시키기 위해서는 고성능 접착제의 개발 또한 필수적이다.

19.8 참고문헌

Ashby, M.F. and Jones, D.R.H. (2005) *Engineering Materials II*, 3rd edition, ISBN 0-7506-6381-2. (*Popular treatment of material classes, and how processing affects microstructure and properties.*)

ASM Handbook Series (1971-2004) Volume 4, *Heat Treatment*; Volume 5, *Surface Engineering*; Volume 6, *Welding, Brazing and Soldering*; Volume 7, *Powder Metal Technologies*; Volume 14, *Forming and Forging*; Volume 15, *Casting*; and Volume 16, *Machining*; ASM International, Metals Park, OH, USA. (*A comprehensive set of handbooks on processing, occasionally updated, and now available online at www.asminternational.org/hbk/index.jsp.*)

Bralla, J.G. (1998) *Design for Manufacturability Handbook*, 2nd edition, McGraw-Hill, New York, USA. ISBN 0-07-007139-X. (*Turgid reading, but a rich mine of information about manufacturing processes.*)

Kalpakjian, S. and Schmid, S.R. (2003) *Manufacturing Processes for Engineering Materials*, 4th edition, Prentice-Hall, Pearson Education, New Jersey, USA. ISBN 0-13-040871-9. (*A comprehensive and widely used text on material processing.*)

Lascoe, O.D. (1988) *Handbook of Fabrication Processes*, ASM International, Metals Park, Columbus, OH, USA. ISBN 0-87170-302-5. (*A reference source*

19.9 연습문제

연습문제 E19.1 다음 표는 일부 동합금의 주조재 및 가공재에 대한 일반적인 강도와 파괴인성 특성을 나타낸 것이다. 로그단위로 특성 도표를 그리고 데이터를 표시하라. 이 도표를 이용하여 다음 물음에 답하라.

(a) 적정 강도 수준에서, 주조용 및 가공용 합금의 파괴인성이 어떻게 다른지 비교해 보라.
(b) 효율성의 측면에서 표에 나타낸 강화기구의 순위를 매겨 보라.
(c) (a)와 (b)에서 관찰되는 경향이 알루미늄합금 (그림 8.15)에 대한 패턴과 유사하게 나타나는가?

합금	공정	주 강화기구	항복강도 (MPa)	파괴인성 ($MPa.m^{1/2}$)
순동	주조	없음	35	105
순동	열간압연	가공	80	82
청동(10%Sn)	주조	고용체	200	55
황동(30%Zn)	주조	고용체	90	80
황동(30%Zn)	가공재 + 어닐링	고용체	100	75
황동(30%Zn)	가공재	고용체 + 가공	400	35
Cu−2%Be	가공재 + 열처리	석출	1000	17

연습문제 E19.2 천연 및 인공섬유가 나타내는 우수한 특성을 그림 19.14에 나타내었다. 최대탄성저장에너지와 같이 성능을 나타내는 여타 특성의 조합을 찾아내는 것도 또한 흥미로운 일이다. 아래의 표는 여러 가지 섬유에 대한 일반적인 특성을 일부 벌크폴리머 및 철강과 함께 비교·요약하여 나타낸 것이다.

주어진 재료에 대해 다음의 성능 지수(performance indices)를 계산하라. (a) 단위체적당 최대탄성저장에너지, σ_f^2/E, (b) 단위질량당 최대탄성저장에너지, $\sigma_f^2/E\rho$.

각 기준에 따라 어떤 재료가 가장 좋겠는가? 등반용 로프의 경우에는 어떤 기준이 더 중요하겠는가? 섬유가 갖는 잠재적 최대 특성을 실질적으로 사용하지 않는 이유는 무엇인가?

	마	거미줄 실크	벌크 나일론	아라미드 섬유	폴리에스터 섬유	PE 섬유	나일론 섬유	합금강 와이어
영률(GPa)	8	11.0	2.5	124	13	2.85	3.9	210
강도(MPa)	300	500	63	3930	784	1150	616	1330
밀도(kg/m3)	1490	1310	1090	1450	1390	950	1140	7800

19.10 CES를 이용한 설계 탐구

연습문제 E19.3 CES 레벨 3 데이터를 이용하여 Cu−Ni합금의 특성을 조사하라. 어닐링된 순수한 Cu 및 Ni과, 이 둘 사이의 몇 가지 합금(예: 10%, 30%, 70%)에 대해 영률, 항복응력, 파괴인성 및 전기비저항 값을 도출해 보라. 이들 특성이, Ni의 조성이 0과 100% 사이에서 변함에 따라 어떻게 나타나는지 그려보라.

(CES에서 여러분은 주 원소의 조성을 좌표축 상에 나타낼 수 있다. 순 Cu 및 Ni와 더불어 Cu−Ni 및 Ni−Cu 합금이 전 조성범위를 나타내도록 선택하여, 각각의 특성을 % Cu에 대해 그려보라.)

(a) 어떤 특성이 순 Cu 및 Ni의 값 사이에서 대략 혼합규칙(rule of mixture)을 따르는가?

(b) CES에 있는 합금들은 Cu−Ni 이원계 합금이 아니다. 다른 합금원소를 첨가했을 때, 어떤 특성이 가장 크게 영향을 받는가?

연습문제 E19.4 CES 레벨 3 데이터를 이용하여 Mg 및 Mg합금의 강도 및 파괴인성을 조사하라. 주조용 및 가공용 합금의 변종(variants)이 서로 어떻게 비교되는가?

연습문제 E19.5 CES에 있는 폴리머에 대한 자료는 매개변수로 충전재의 %함량을 포함하고 있다. PA, PP 및 에폭시에 대해 다음의 각각의 특성을 %충전재의 항으로 그려보고, 이들 폴리머의 영률 및 강도를 효과적으로 향상시키는 충전재의 조성이 어떻게 되는지 찾아보라. 충전재를 첨가하면 파괴인성과 1kg당 단가에 어떻게 영향을 주는가?

제 20 장

재료, 공정 및 환경

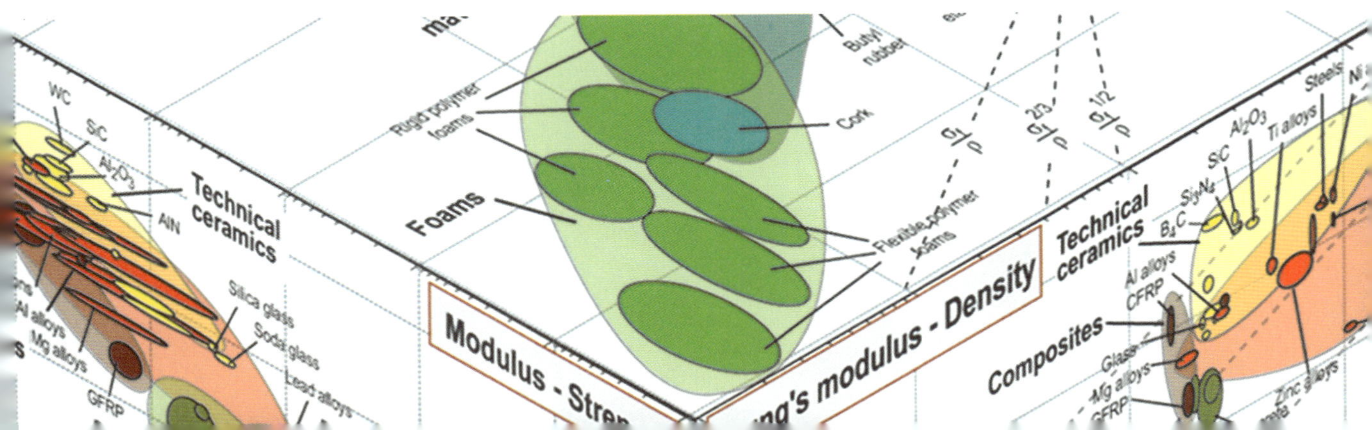

바람을 이용하여 만드는 전력(Leica Geosystems, Switzerland.)

20.1 서론 및 개요

공학 실습은 많은 양의 재료를 소비하게 되며, 이들을 얼마나 연속적으로 공급하느냐 하는 것에 의존한다. 여기서는 이들 소비량을 조사하고, 가장 많은 양을 사용한 재료를 강조하는 것으로 논의를 시작하고자 한다. 인구와 삶의 표준이 증가하면서 소비율도 증가하게 되었다. 이러한 증가율은 영원히 지속되지는 않을 것이다. 재료를 보다 효율적으로 사용하는 방법을 발견하는 것이야말로 안정된 미래를 위해 선결되어야 할 요소이다.

보다 당면한 과제는, 현재 재료의 소비량이 이미 우리가 살고 있는 환경에 부하를 주고 있다는 점이다. 환경은 이러한 부하에 대해 자정능력이 있기 때문에 어느 정도는 손상을 받지 않고 조화를 유지할 수 있다. 그러나 오늘날 인류의 활동에 따른 환경 부하의 빈도가 증가하게 됨으로써 우리가 살고 있는 세상의 질을 떨어뜨리고, 미래 세대의 복지를 명백히 위협하기에 이르렀다. 환경을 위한 설계(design for the environment)는 일반적으로 알려져 있고 측정 가능한 환경적 부하를 감소시킬수 있도록 현재의 제품을 수정하여 설계하는 것이라고 할 수 있다. 이를 위한 시간 범위는 제품의 평균 예측 수명인 약 10년 내외이다. 지속성을 위한 설계(design for sustainability)는 더 장기적 관점의 설계로서, 미래세대의 요구을 고려하지 않고 현재의 요구에 부합하는 삶의 형태에 맞추는 설계이다. 여기서의 시간 범위는 덜 명확하여 수 십년 또는 수 백년으로 평가되며, 요구되는 수정 범위도 훨씬 크다.

20.2 재료의 소비와 그 증가

재료 소비량

전 세계적으로 매년 약 100억톤의 공학용 재료를 소모하고 있다. 그림 20.1은 가장 많이 사용된 재료들의 소비량을 막대 형태로 도표에 나타낸 것이다. 이 그림으로부터 몇 가지 흥미로운 사실들을 알 수 있다. 먼저 좌측 끝에 나타낸 오일 및 석탄과 같은 탄화수소연료는 매년 90억톤이나 소비한다. 다음으로 바로 오른쪽에 있는 금속을 보자. 이 도표는 로그 단위로 표시되어 있는데, 로그 단위로 보면 맨 앞의 금속인 철강의 소모량이 다음에 놓여있는 알루미늄의 소모량에 비해 별로 크지 않은 것 같이 보인다. 그러나, 실제로 철강의 소모량은 다른 모든 금속의 소비량을 합한 것에 비해 10배 이상 많다. 철강은 타이타늄, 탄소 섬유강화 복합재료 및 최근의 나노 복합재료의 제조

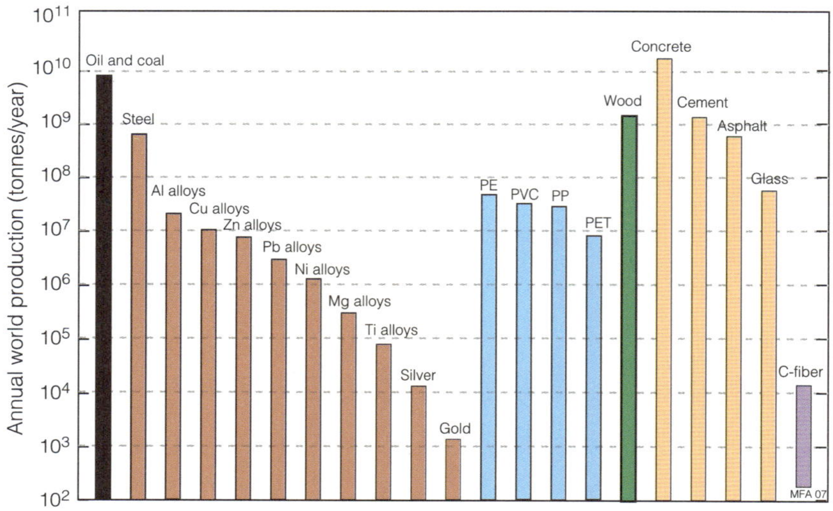

그림 20.1 탄화수소(맨 좌측 열)와 공업용 재료(나머지 열)의 소비량

에 수반되는 고도의 기술이 없을 수 있으나, 실수가 없고, 다양하며, 강도 및 인성이 우수하고, 비용이 낮을 뿐만 아니라 광범위하게 사용된다는 점에서 다른 재료가 필적하지 못한다.

다음으로 폴리머가 있다. 50년 전에 폴리머의 소비량은 매우 적었으나, 오늘날 상업용 폴리머인 폴리에틸렌(PE), 폴리비닐클로라이드(PVC), 폴리프로필렌(PP) 및 폴리에틸렌 트리프탈레이트(PET)의 소비량을 합한 양은 철강의 소비량과 맞먹는다.

그런데, 무엇보다도 소모량이 큰 것은 건축 산업에 사용되는 재료이다. 철강도 이들 중의 하나이지만, 건축용으로 사용되는 목재의 소비량은 위의 그림에 나타낸 바와 같이 연간 사용되는 톤 수로 나타내도 철강보다 크다. 목재는 철강보다 10배이상 더 가볍기 때문에, 연간 사용되는 부피(m^3)로 계산하면 철강에 비해 엄청나게 많은 양이다. 이보다 더 많이 사용되는 재료는 콘크리트인데, 콘크리트의 소비량은 다른 모든 재료의 소비량을 합한 것보다도 크다. 그 외에 많이 사용되는 것으로서 도로용 아스팔트와 유리가 있다.

제일 마지막에 있는 것은 탄소섬유이다. 겨우 20년 전에 이 재료는 위 그림의 밑바닥에 표시되기도 어려웠었다. 그러나 현재 이 재료의 소비량은 타이타늄의 소비량에 근접하고 있으며, 매우 빠르게 증가하고 있다.

이 그림에 나타낸 막대들은 광범위한 부류의 재료를 나타내고 있다. 따라서, 이들 재료는, 현재 사용되는 16만 종의 재료들 중에서 톤 수로 계산했을 때 전체 재료 소비량의 99.9%를 포함할 것으로 본다. 환경에 미치는 영향은 소비량에 비례하므로, 환경에 미치는 재료의 영향을 고려할 경우 재료의 소비량은 매우 중요한 지표이다.

소비량의 증가

대부분의 재료는 시간이 지남에 따라 지수함수적으로 그 소비율이 증가하는데 (그림 20.2), 그 이유는 인구 및 삶의 기준이 지수함수적으로 증가하기 때문이다. 이러한 결과 중의 하나는 다음과 같이 극적으로 설명할 수 있다. 즉, 전 세계적으로 매년 3%의 증가속도만 고려해도, 다음 25년만에 인류의 전 역사를 통틀어 만들어 낸 것보다 더 많은 '재료' 를 채광하여, 제조하고, 버리게 된다는 것이다 (연습문제 참조). 연간 톤 수 단위로 현재의 소비속도가 C라고 할 때, 지수함수적으로 증가하다는 것은 다음을 의미한다. 즉,

$$\frac{dC}{dt} = \frac{r}{100}C \tag{20.1}$$

여기서는 일반적으로 현재 고려하는 바와 같이 성장속도가 작은 경우(연간 1~5%), r은 백분율로 나타낸 연간성장속도라 할 수 있다.

시간에 따라 적분하면,

$$C = C_0 \exp\left\{\frac{r(t - t_0)}{100}\right\} \tag{20.2}$$

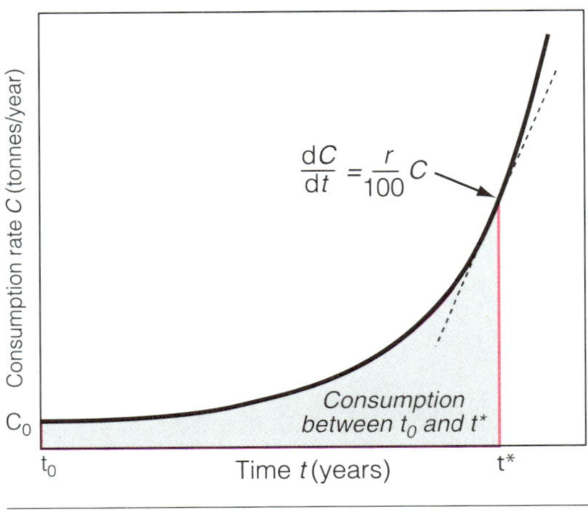

그림 20.2 지수함수적 성장. 소비속도 C는 시간 $t_d \approx 70/r$가 지난 후 두 배가 된다. 여기서 r은 연간성장속도이다.

여기서 C_0는 시간 $t = t_0$일 경우의 소비량이다. 소비속도가 두 배가 되는 시간 t_D 는 $C/C_0 = 2$로 놓음으로써 얻을 수 있으며, 다음과 같이 주어진다.

$$t_D = \frac{100}{r}\log_e(2) \approx \frac{70}{r} \tag{20.3}$$

철강 소비량은 일정기간의 침체기를 거친 후, 중국에서의 소비량 증에 힘입어 다시 증가하고 있다. 연간 4%씩 증가하게 되면, 매 18년 마다 소비량이 두 배가 된다. 폴리머의 소비량은 연간 약 5%로 증가하고 있으며, 매 14년마다 두 배가 된다. 1960년대와 1970년대와 같이 생산량이 폭발적으로 증가하던 시기에, 폴리머 생산량은 현재보다 훨씬 더 빨리 증가하였는데, 최고 연간 18%까지 치솟아 매 4년마다 두 배가 되었다.

이렇게 되면, 예상되는 결과는 세계 경제가 재생할 수 없는 원료로부터 만들어진 재료의 공급에 절대적으로 의존하게 된다는 것이다. 지속적인 방식으로 이들을 관리하기 위해서는 재료의 수명에 대한 이해가 필요하다. 다음에서 이를 다뤄보도록 하자.

20.3 재료의 수명 주기 및 평가 기준

전 과정 평가(life-cycle assessment) 및 에너지

재료의 수명 주기를 그림 20.3에 나타내었다. 지구의 부존 자원으로부터 얻는 광석 및 원료는 여러 공정을 거쳐 유용한 재료가 된다. 이들은 생활속의 제품으로 만들어져 사용되다가, 수명이 다하면 버려지거나 일부는 재활용되고 나머지는 소각 또는 매장된다. 에너지와 재료들은 이러한 주기의 각 점('단계(phase)' 이라고 불림)에서 환경에 악영향을 주는 CO_2, SO_x, NO_x와, 열, 기 · 액 · 고상의 쓰레기 및 기타 집합적 환경 '부하제(stressor)' 등을 발생시키며 소비된다. 이들은 전과정평가(life-cycle analysis, LCA)라는 기법을 통해 분석할 수 있다. 올바른 LCA는 제품의 수명을 조사하고, 수명의 각 단계 혹은 여러 단계에 걸쳐 발생하는 환경적 부하를 상세히 평가하여 부하제 목록을 작성하고 정량화한다. 이를 위해서는 제품을 제조한 이후 사용하는 과정에서 얻을 수 있는 제품의 수명 이력에 대한 상세한 정보를 필요로 한다. 이것은 새로운 제품의 설계에 이용하기 위한 것이라기 보다는 현재 존재하는 제품을 평가하고 비교하기 위한 도구라 할 수 있다. 완전한 LCA는 시간이 많이 걸리고, 비용이 많이 든다. 또한, 많은 결정해야 할 것들이 여전히 유동적인 상태에서, 제품의 환경부하 요인의

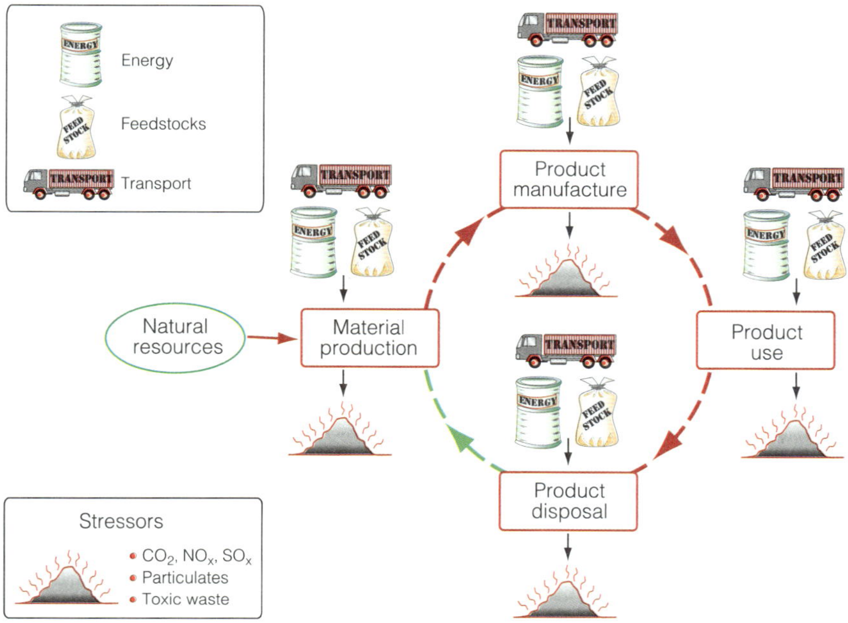

그림 20.3 재료의 수명 주기. 광석과 원료는 채광되어 환원공정을 거쳐 재료가 된다. 이것은 제품으로 제조되어 사용되다가 그 수명의 최종단계에서 버려지거나 재활용된다. 에너지와 재료는 각 단계마다 사용되며, 그 결과 쓸모없는 열, 고체, 액체 및 기체를 발생시킨다.

80%가 초기설계에 의해 결정이 되는 문제에는 도움이 되지 않는다. 따라서, 보다 적합한 '능률적인' LCA 방법이 개발되었는데, 이것은 적정비용과 충분한 정확성을 결합시켜, 결론 도출 즉, 이들 결정중의 하나인 재료의 선택을 용이하게 하도록 한다. 그렇지만, 이 경우에도 문제는 있다. 모든 설계가 가지고 있는 상호 의존적인 결론에 대처하기를 원하는 설계자는 필연적으로 이와 같은 형태의 자료를 어떻게 하면 가장 잘 사용할 수 있을지 알기가 어렵다는 것을 깨닫게 된다. 어떻게 하면 CO_2 및 SO_x 방출량이 자원고갈, 독성 또는 재활용의 용이성과 균형을 이룰 수 있을까?

이러한 생각의 결과, 재료의 생산에 관한 친환경 정보를 단일 척도 또는 지표(indicator)로 압축하게 되었는데, 이 지표는 각 부하의 요인을 표준화시키고 가감하여, 단순한 수치적 등급으로 설계자에게 나타내 준다. 일부 사람들은 단일 값을 가지는 지표를 사용하는 것에 대해 비판적이다. 이러한 비판의 배경은 표준화 또는 가감 인수가 정확히 일치하지 않는다는 것이며, 지표 값에 단순한 물리적 의미가 없기 때문에 그 방법 자체가 모호하다는 것이다. 그러나, 다른 한편에서는 국제적으로 용인되는 것도 있다. 1997년의 교토의정서(the Kyoto Protocol)에 서명한 개발 국가들은 점차로 탄소, 즉 이산화탄소(CO_2)의 배출량을 감소시키는 것에 합의하였다. 국가적인 관점에서 초점은 에너지의 소비량을 줄이자는 데 있으나, 이것과 CO_2 방출량과는 밀접한 관계에 있으므로 이들은 서로 거의 같다고 볼 수 있다. 따라서, 에너지 소비량 또는 CO_2 발생량에 대한 설계상의 결론을 내리도록 하는 논리가 있으며, 이것들은 다소 모호한 지표를 사용하는 것보다 더 설득력이 있다. 여기서는 에너지를 지표로 사용하여, 이러한 논리를 따르고자 한다. 이를 진행하기 전에 몇 가지 정의를 하고자 한다.

20.4 정의 및 측정 : 내재에너지, 공정에너지 및 수명 잠재성

내재에너지 H_m 와 CO_2 발자국

특정 재료의 내재에너지(embodied energy)란 1kg의 가용 재료, 즉 1kg의 철강이나 PET펠렛(pellet), 또는 시멘트 분말을 만드는 데 투입되어야 하는 에너지를 말하는 것으로서 MJ/kg의 단위로 측정된다. CO_2 발자국(footprint)이란 주어진 공정과 관련된 CO_2 방출량을 말하며, kg/kg의 단위로 나타낸다. 열역학적 방식으로 제조 공정에 대한 내재에너지를 평가하고자 하는 시도가 많은 관심을 끌고 있다. 예를 들어, 알루미늄 산화물로부터 알루미늄을 추출하고자 할 경우에는 알루미늄 분리와 관련하여 산화 자유에너지에 대한 사전 지식을 필요로 한다. 계산된 만큼의 에너지를 공급해 주어야 하는 것은 사실이지만, 이것은 시작에 불과하다. 여러 가지 공정의 열역학적 효율은 낮으며, 불과 50%에도 미치지 못한다. 생산품의 일부만 사용 가능하며, 스크랩의 비율은 수 %에서 10% 이상의 범위에 불과할 뿐이다. 금속 환원 및 생산 그 자체에 소요되는 원료는 내재에너지를 가지고 있다. 이송된 에너지가 포함되어 있는 것이다. 생산 공장은 그 자체가 불을 밝혀야 하고, 가열해야 하며, 일을 해야 한다. 재료나 제품을 만드는 목적으로만 지어진 공장의 경우에는 맨 처음 공장을 지을 때 소비한 에너지인 '에너지 담보(energy mortgage)' 가 있다.

내재에너지는 입력-출력 분석(input-output analysis)을 통해 보다 적절한 분석이 가능하다. 예를 들어, 철괴, 시멘트 분말, 또는 PET 입자 같은 재료의 경우, 내재에너지/kg은 원료의 내재에너지와 같이 눈에 띄지 않게 스며들어온 에너지를 포함하여 생산 공장에 투입된 에너지 총량을 일정 기간에 걸쳐 추적한 다음, 이를 공장 밖으로 배송된 가용 재료의 총량으로 나눔으로써 알아낼 수 있다. 그림 20.4의 상부는 PET 생산 설비에 투입된 입력분을 나타낸 것인데, 이에는 나프타(naphtha) 및 기타 원료와 같은 오일 유도체, 직접 사용된 전력(전기의 경우 약 34%의 효율로 생산된 것), 그리고 원료를 생산 설비까지 수송하는 데 들어간 에너지가 있음을 보여 준다. 공장은 매시간

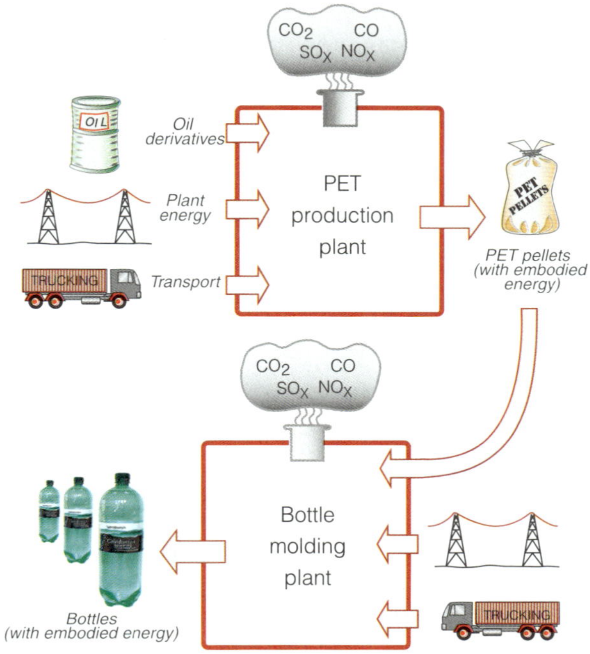

그림 20.4 PET생산(PET의 1kg당의 내재에너지) 및 병의 생산(1kg당의 내재에너지)에 대한 입력–출력 도표.

가용 PET입자를 생산해 낸다. 이들 PET의 내재에너지인 $(Hm)_{PET}$는, 통상의 MJ/kg의 단위로 다음과 같이 주어진다.

$$(H_m)_{PET} = \frac{\sum \text{Energies entering plant per hour}}{\text{Mass of PET granules produced per hour}}$$

재료와 관련된 공정에너지 H_p는 부품이나 제품을 생산하기 위해 1kg의 재료를 성형, 접합 및 마무리처리 하는 데 소요된 에너지이며, 단위는 MJ로 표시된다. 대개 폴리머는 몰딩하거나 압출하고, 금속은 주조, 단조 또는 기계가공을 하며, 세라믹은 분말공정을 이용하여 성형하는데, 1kg당의 특성에너지(characteristic energy)는 이들 각각의 공정과 관련이 있다. PET를 예로 계속 설명하면, PET입자는 이제 그림 20.4의 하부에 나타낸 바와 같이, 이송되어 PET물병 제조를 위한 블로우 몰딩(blow-molding) 설비로 투입된다. 여기서 입력분을 다시 나열할 필요는 없다. 이들은 넓은 범위에서 동일하며, PET 자체는 내재에너지 $(H_m)_{PET}$을 가지고 다닌다. 이와 같은 분석의 출력분은 생산된 병 1개당 소요된 에너지이다.

이 병이 소비자에게 도달하여 음료를 마시게 되기까지에는 훨씬 더 많은 단계가 있다. 즉, 수집, 여과 및 물 검사, 물병 공장으로 물 및 병의 이송, 상표 접착, 대형 창고로의 수송, 소매상들로의 분배, 그리고 판매하기 전의 냉장 등을 거치게 된다. 이 모든 과정은 에너지의 입력이 있는데, 이를 모두 합하면 단순한 플라스틱 냉수 한 병에 대한 소요 에너지 비용을 산출할 수 있다.

폐기잠재성(end-of-life potential) 이란 수명이 다한 시점에서 재료가 가질 수 있는 효용성을 요약하여 나타낸 것으로써, 여기에는 재활용되어 다시 제품이 될 수 있는 능력, 저급으로의 재활용이 적게 될 능력, 생분해 되어 사용 가능한 퇴비로 될 능력, 제어 연소를 통해 에너지를 발생시킬 수 있는 능력, 이들 모두가 안 될 경우, 당시 또는 미래에 주변의 토양을 오염시키지 않고 묻힐 수 있는 능력 등이 있다.

재활용 : 이상과 현실

우리는 종이, 포장, 캔, 병, TV세트, 컴퓨터, 가구, 타이어, 자동차 및 심지어 건물까지 사서, 사용한 다음 버린다. 왜 이것들에 포함되어 있는 재료를 회수하여 다시 사용하지않는가? 무엇이 더 간단하게 될까?

여러분이 이것을 생각하고 있다면, 다시 생각해 보라. 먼저, 몇 가지 사실이 있다. 단순화하여, 두 종류의 '스크랩(scrap)' 이 있다고 하자. 이 단어는 재활용 가능성이 있는 재료라는 것을 의미한다. 사내의 스크랩은 사용 가능한 재료가 배송되었을 때 생산설비에 남아 있는 찌거기, 부스러기 및 조각들이다. 이러한 것들에 대해서는 이상이 실현될 수 있다. 즉, 거의 100%가 재활용되는데, 이는 1차 생산루프(production loop)로 되돌아간다는 것을 의미한다. 그러나, 일단 재료가 회사를 벗어나 바깥 세계로 나가게 되면, 양상은 달라진다. 가공을 통해 작고, 많으며, 널리 분포할 수 있는 부품으로 만들어지거나, 많은 다른 재료를 포함하는 제품으로 조립될 수 있다. 페인트가 칠해 지기도 하고, 인쇄 및 도금이 되기도 하며, 이 후 지속적 사용으로 더욱 오염될 수도 있다. 이를 재사용하기 위해서는, 쉽지는 않겠지만 수집하여, 다른 재료로부터 분리시키고, 확인한 뒤 오염물을 제거하고, 잘게 썰어 가공한다. 수집 과정은 시간 집약적 과정으로서 단가를 상승시킨다. 분리가 완전하지 않으면, 여러 가지 문제를 야기시킨다. 매우 소량의 동이나 주석은 철강의 특성을 손상시키며, 알루미늄에 잔존하는 철은 알루미늄의 취성을 증가시킨다. 납, 카드뮴 및 수은과 같은 중금속은 많은 합금계에서 혼입이 허용되지 않는다. PVC로 오염되어 있는 PET는 사용할 수 없으며, 염료, 물 및 거의 모든 이종의 플라스틱은 폴리머가 원래의 요구 특성을 갖지 못하게 만든다. 이러한 사실은 폴리머가 '다운-사이클링(down-cycling)' 의 운명으로서, 요구특성이 덜 까다로운 적용품에만 재사용될 수 있다는 것을 의미한다.

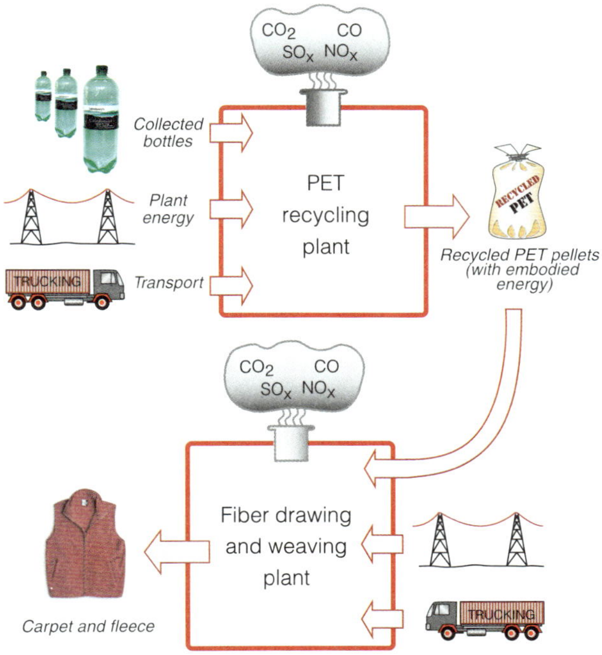

그림 20.5 PET를 회수하기 위해 플라스틱을 재활용하는 것에 대한 단순 입력-출력 도표 및 털실제품과 같은 저급 제품으로의 사용 예

표 20.1 PET 재활용할 경우 에너지를 흡수하는 단계.

1. 수집	7. 용해
2. 검사	8. 여과
3. 조각화(chopping)	9. 펠레타이징(pelletizing)
4. 세척	10. 포장
5. 부유-분리	11. 공장가열 및 점등
6. 건조	12. 수송

이와 같은 난점에도 불구하고, 재활용은 금전적 및 에너지적의 양자 모든 측면에서 경제적이다. 이것은 금속의 경우에 더욱 그렇다. 재활용된 알루미늄 1kg에 사용된 에너지는 제련공정으로 얻은 재료에 사용된 에너지의 십분의 일에 지나지 않으며, 철의 경우에는 삼분의 일밖에 되지 않는다. 일부 불가피하게 생기는 오염은 제련에 의해 얻은 재료를 첨가하여 희석시킴으로써 완화시킨다. 금속의 재활용은 경제적임과 동시에 에너지 절약적인 측면에서 중요한 기여를 한다.

플라스틱에 대한 상황은 그리 좋지 못하다. 그림 20.5의 상부는 PET에 대한 재활용

표 20.2 플라스틱의 원재 및 재활용재에 대한 내재에너지와 시장가격

폴리머	내재에너지*(MJ/kg)		가격†($/kf)	
	원재(Virgin)	재활용재(Recycled)	원재(Virgin)	재활용재(Recycled)
HDPE	82	40	1.9	0.9
PP	82	40	1.8	1.0
PET	85	55	2.0	1.1
PS	101	45	1.5	0.8
PVC	66	37	1.4	0.9

* Approximate values; see CES Edu 06 for details.

† Spot prices, December 2005.

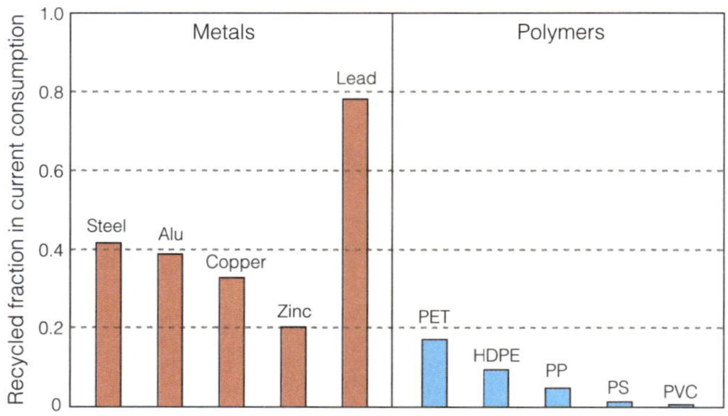

그림 20.6 현재의 소비량에 대한 재활용 재료의 사용 분율. 금속의 경우 재활용재 사용 비율이 크나, 폴리머는 작다 (2005 자료)

과정을 나타낸 것이다. 먼저, 플라스틱 병을 수집하여 재활용 공장으로 배송시키는데, 수집된 병은 대부분 PET이나 PE 및 PP병도 있다. 표 20.1은 PET를 재활용시키는 데 필요한 단계를 열거한 것이다. 각각의 단계는 에너지를 소비하며, 재활용에 소요된 에너지를 표 20.2에 나타내었다. 많지는 않으나, 대부분 약 50%의 에너지가 절감된 것을 알 수 있다.

그렇다면, PET의 재활용은 에너지를 절감한다고 할 수 있다. 그러나 이것이 과연 경제적인가? 제조 과정에서의 소요시간은 곧 돈이다. 수집, 조사, 분리 및 건조는 느리게 진행되는 공정이며, 매분마다 비용이 추가된다. 여기에, 재활용된 재료의 품질은 원재료에 비해 떨어지기 때문에, 요구특성이 덜 까다로운 제품에만 적용가능하다는 점을 고려해야 한다. 즉, 그림 20.5의 하부에서 제시한 바와 같이 재활용된 PET는 병으로는 사용할 수 없다. 표 20.2에 원상태 및 재활용상태의 다섯 가지 상용 폴리머 입자에

대한 현재의 시장 가격을 나타내었다. 만일 재활용된 것이 새 것처럼 좋다면, 재활용된 것도 새 것과 같은 가격에 팔릴 것이다. 그런데, 실제로는 중간보다 약간 높은 가격에 팔린다. 따라서, 현재의 기술 수준에서는 재활용 플라스틱의 공정비용은 높으며, 팔리는 가격은 낮으므로 그다지 만족할 만한 조건은 아니다.

이 결과를 그림 20.6에 나타내었다. 이 그림은 상용 금속과 플라스틱이 현재 재활용되는 분율을 나타낸 것이다. 재활용률(recycle fraction)이란 현재의 공급량에서 재활용된 것이 차지하는 분율을 말한다. 금속의 경우 이는 매우 높다. 현재 우리가 사용하고 있는 납의 대부분과 철강의 약 절반, 그리고 알루미늄의 약 1/3이 적어도 과거에 한 번 사용된 것들이다. 플라스틱의 경우에는 PET가 다소 재활용률이 높아 약 18%의 재활용률을 나타내고 있으나, 나머지는 매우 낮으며 많은 경우 거의 0%이다. 오일 가격이 상승하고, 제한 법률을 제정하면 이 모든 것이 바뀔 수 있을 것이나, 현재로써는 매우 낮다.

제품의 에너지 수요

이러한 배경에서, 그림 20.3에 나타낸 네 가지 수명 단계의 각각에 대해 제품이 에너지를 소비하는 방식을 고찰할 수 있다. 그 과정은 제품의 주요 부품을 그 재료 및 무게와 함께 표로 작성하는 것이다. 내재에너지와 제품의 제조에 소요된 에너지는, 무게에 이들 에너지인 H_m과 H_p를 곱한 다음, 더함으로써 평가할 수 있다. 에너지 소모제품의 에너지 사용량은 전력, 수명 주기 및 전력원 등에 대한 정보를 통해 평가할 수 있다. 이것에, 유지 관리를 위한 에너지 및 제품의 유효수명기간의 서비스가 부가되어야 한다. 폐기 에너지는 더 어렵다. 일부 에너지는 소각에 의해 회수할 수 있으며, 일부는 재활용을 통해 절약할 수 있다. 그러나, 앞서 언급한 바와 같이 수집 및 분해와 관련된 에너지 비용도 있다. 수송비용은 수송거리와 주어진 운송수단으로 1kg의 무게를 1km 수송하는 데 소요된 에너지(energy/km kg)를 이용하여 산출할 수 있다.

일부 데이터가 정확하지 않음에도 불구하고, 이러한 분석을 통해 얻을 수 있는 결과가 있다. 그림 20.7은 일정 범주에 속하는 제품군에 대한 증거를 나타낸다. 이 그림은 함축된 의미를 나타내는 두 가지 중요한 특징을 가지고 있다. 상단에 있는 제품군은 모두 특성상 사용하는 동안 에너지를 소비한다. 따라서, 사용 단계(use-phase)가 전 수명동안 사용된 에너지의 총량을 주도한다. 하단의 제품은 에너지에 그리 크게 의존하지 않지만, 재료에 더 민감하다. 이들의 경우, 주도하는 것은 재료의 내재에너지이다. 만일 커다란 변화가 있게 되면, 그것이 우선 공략 목표가 되어야 하는 주요 단계가 된

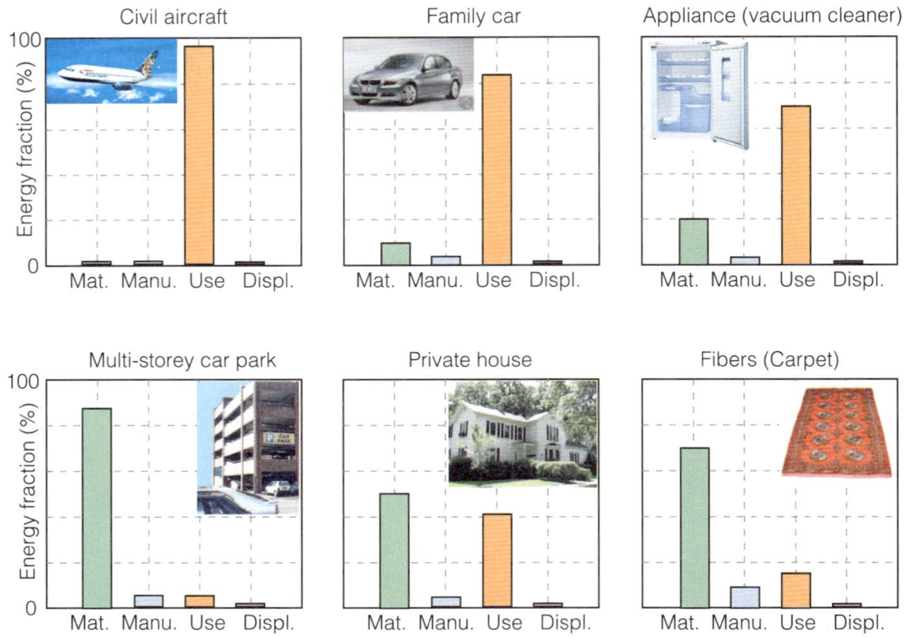

그림 20.7 일련의 제품에 대해 그림 20.3의 각 단계별로 대략적으로 소비한 에너지. 각 열은 대략적인 내재에너지('재료'), 제조에너지('제조'), 설계 수명 전반에 걸쳐 사용된 에너지('사용') 및 폐기에너지('폐기')를 나타낸다.

다. 그 차이가 여기에서 나타낸 것만큼 크면, 다른 것을 줄여도 총량에 크게 변화를 주지 못하며, H_m과 H_p에 대한 데이터의 정확도는 문제가 되지 않는다. 즉, 2배의 오차가 생겨도 결과는 그다지 변하지 않게 되는 것이다. 정밀하게 조사하기를 바라는 것은 상세 LCA를 수행하는 연구자들의 본성이며, 더 좋은 데이터를 얻는 것이야말로 항상 바람직한 목표이다. 그러나, 엔지니어 및 설계자는 정밀한 판단이 부정확한 데이터로부터 도출될 수도 있다는 것을 인식하고, 그것이 없어도 지속적으로 전진할 수 있는 능력을 갖추어야 한다.

20.5 내재에너지 도표

내재에너지를 위한 막대 도표

그림 20.8과 20.9는 각각 재료의 kg당 및 m^3당의 내재에너지를 나타낸다. 단위 질량당 비교하면, 금속, 특히 철강은 폴리머에 비해 훨씬 적은 에너지를 소요하므로 매력적인 선택같이 보인다. 그러나, 부피 기준으로 비교하면, 순위가 바뀌며 폴리머는 금속보다 낮다. 알루미늄, 마그네슘 및 티타늄에 기초한 경량합금은 어느 쪽을 기준으로

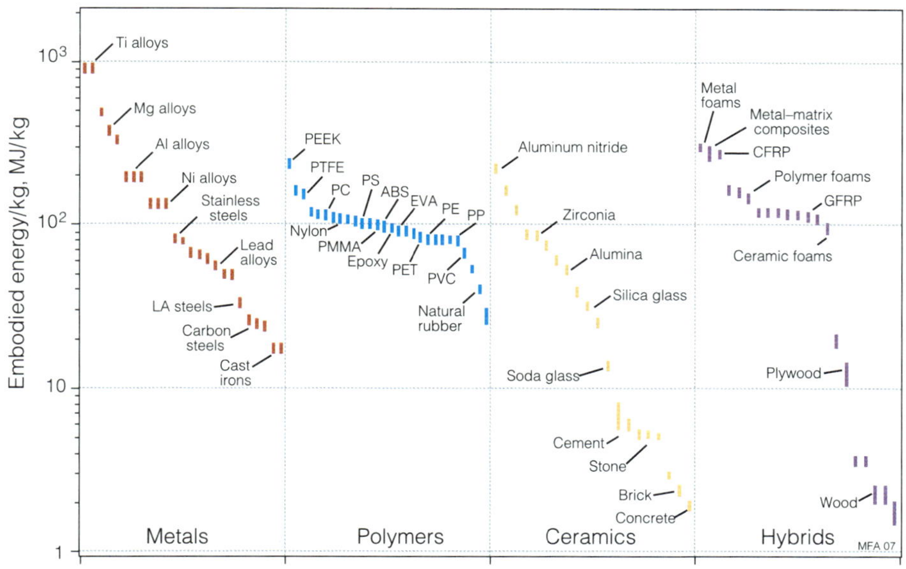

그림 20.8 기본적인 재료들의 단위무게당 내재에너지에 대한 막대그래프. 이 기준으로 보면, 폴리머가 금속에 비해 더 많은 내재에너지를 나타낸다.

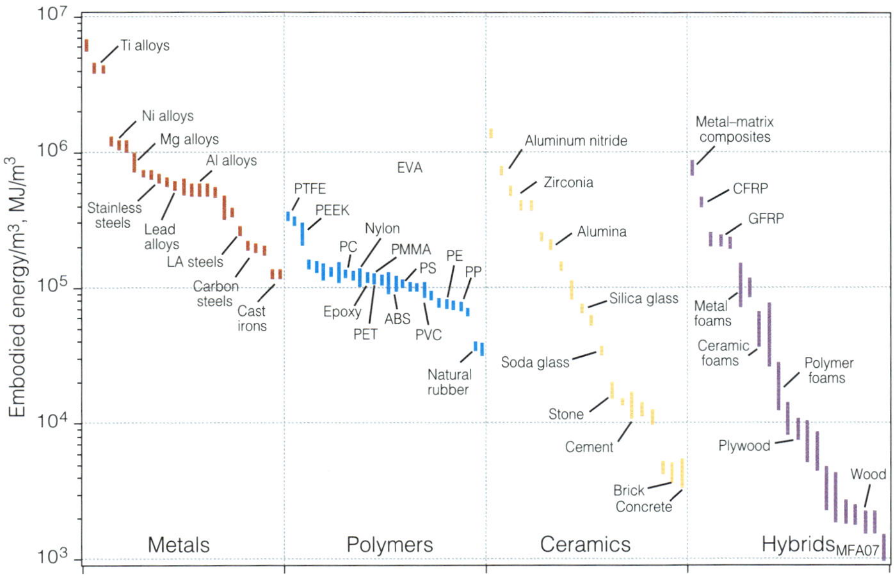

그림 20.9 기본적인 재료들의 단위부피당 내재에너지에 대한 막대그래프. 이 기준으로 보면, 폴리머가 금속에 비해 내재에너지가 적게 나타낸다.

해도 에너지 소요량이 특히 높다. 이는 다음과 같은 질문을 던지게 한다. 즉, 만일 제품의 내재에너지를 최소화시키고자 할 때, 의미있는 비교를 위해서는 어떤 기준을 선택해야 하는가? 이에 대한 대답은 질량이나 비용을 최소화시킬 목적으로 사용했던 것과 같다. 즉, 그것은 기능의 단위당 내재에너지를 최소화한다는 것이다. 이를 위해 다음의 두 도표가 필요하다.

구조설계 시 내재에너지를 위한 특성 도표

앞의 장들에서 구조설계의 문제점들에서 특성의 교환(trade-off)에 대해 논의하였다. 예를 들어, 설계의 기능은 질량을 최소화하면서 너무 많이 휘어지지 않거나, 파괴를 일으키지 않고 하중을 지탱하는 것이라고 할 수 있다. 이를 위해서는 탄성률-밀도 또는 강도-밀도 자료가 필요하다. 만일 목적이 구조적으로 기능을 다 하면서 제품의 내재에너지를 최소화하는 것이라고 할 때에도 역시 같은 도표가 필요하다.

그림 20.10과 20.11은 단위 탄성률 및 단위 강도당의 에너지 H_m을 최소화시키기 위한 한 쌍의 재료선택도표이다. 앞의 것은 탄성률 E를 $H_m\rho$에 대해 그린 것이다. 가이드라인들은 가장 일반적인 세 가지 성능 지수에 대한 기울기이다. 두 번째 그림은 강도 σ_y를 $H_m\rho$에 대해 그린 것이다. 여기서도 가이드라인들은 이 지수들에 대한 기울기이다. 이 두 도표는 최소에너지설계를 위해 조사된 자료를 나타낸 것이며, 최소질량

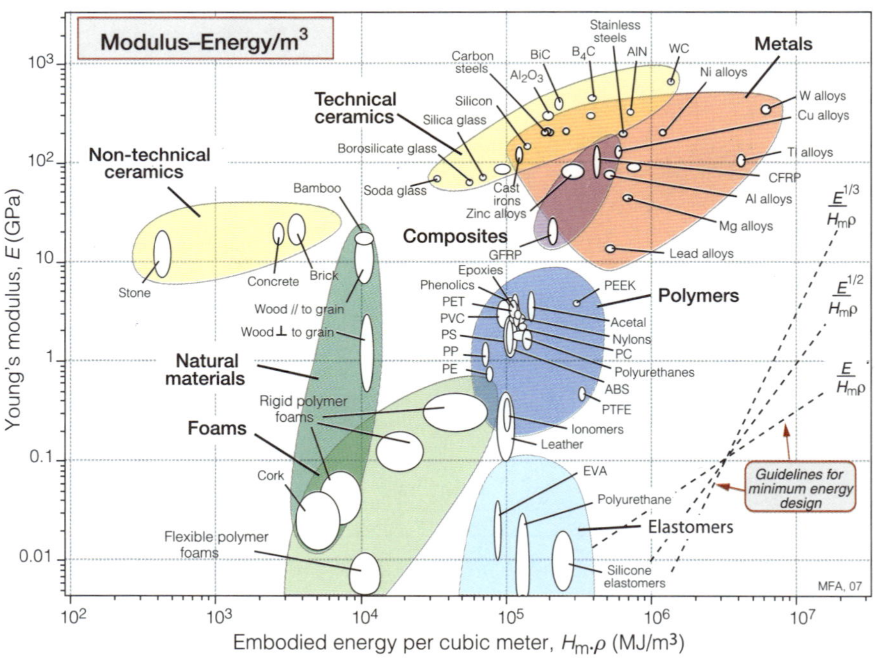

그림 20.10 CES 소프트웨어로 만든 탄성률–내재에너지 도표. 이것은 그림 4.6에 나타낸 E–ρ 도표와 동등하며 같은 방식으로 사용된다.

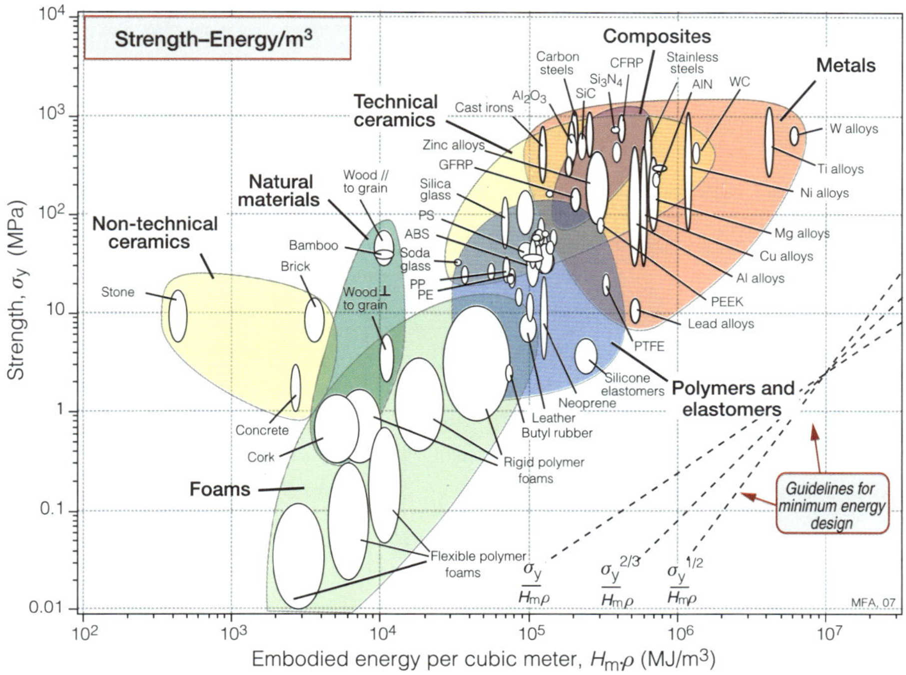

그림 20.11 CES 소프트웨어로 만든 강도-내재에너지 도표. 이것은 그림 6.6에 나타낸 σ_y-ρ 도표와 동등하며 같은 방식으로 사용된다.

설계를 위해 $E-\rho$ 및 $\sigma_y-\rho$ 도표가 사용되는 것과 마찬가지 방식으로 동일하게 적용할 수 있다.

20.6 설계 : 친환경설계를 위한 재료 선택

환경적 책임을 고려한 설계 시 재료의 선택을 위해서는 우선 다음과 같은 질문을 해야 한다. 즉, 고려중인 제품의 수명 중 어떤 단계가 환경에 가장 큰 영향을 줄 것인가? 이에 대한 답은 그림 20.12에 나타낸 방법과 같이 자료를 효율적으로 사용할 수 있도록 지시해 준다.

재료 생산 단계

재료를 생산하는 단계가 수명의 다른 단계에 비해 더 많은 에너지를 소비하면, 이 단계가 일차 목표 대상이 된다. 음료용기의 예를 들어보자. 음료용기는 원료를 추출하여 용기를 생산하는 동안에는 재료와 에너지를 소비하지만, 수송과 냉장을 제외하면 이후에는 소비가 없다. 이 경우에는 낮은 내재에너지를 갖는 재료를 선택하여 적게 사용

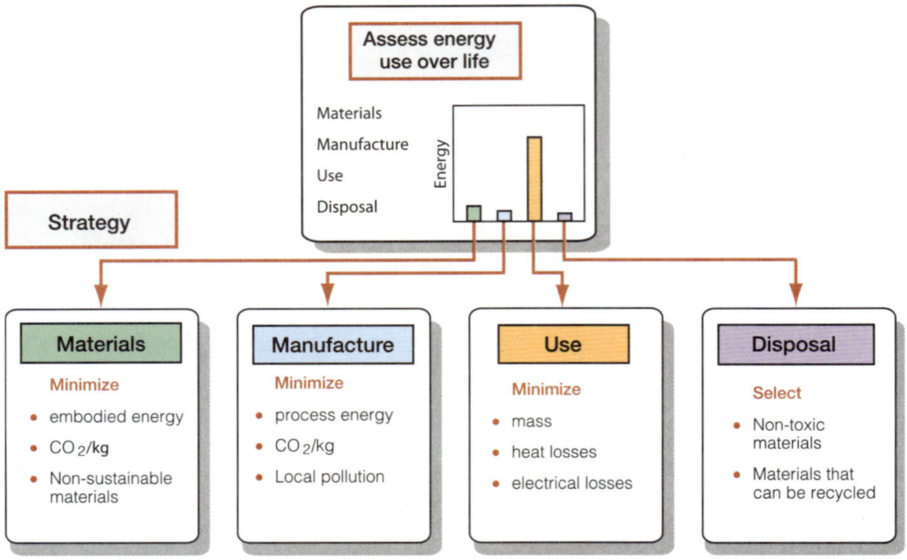

그림 20.12 데이터베이스를 합리적으로 사용하려면 수명 중에서 목표로 하는 단계를 먼저 분석해야 한다. 그 다음 내리는 결정은 선택 방법을 가이드함으로써 환경에 미치는 그 단계의 영향을 최소화시킨다.

하는 것이 가야할 방향이다. 그림 20.7은 건물, 교량, 도로와 같은 대형 건축물들이 재료 집약적인 구조물이라는 것을 나타낸 것이다. 이 경우 재료의 내재에너지가 환경 부하를 줄일 수 있는 가장 큰 고려 대상이다. 이런 이유로 건축가와 토목공학 엔지니어들은 그들이 지은 구조물의 열효율 뿐만 아니라 내재에너지를 중요하게 고려한다.

제품 제조 단계

재료를 성형하는 데 필요한 에너지는 대개 처음 그 재료를 만들어내는 데 소요되는 에너지보다 훨씬 적다. 명백히, 생산 공정에서 에너지를 절약하는 것은 중요하다. 그러나, 대개 생산과정 중에 발생하는 방출물 및 유해 폐기물의 영향에 우선 순위를 두게 되며, 그 효과는 국부적 환경에 크게 의존한다. 이 경우에는, 청정제조가 그 답이라 할 수 있다.

제품 사용 단계

에너지를 사용하는 제품에 있어 사용단계가 환경에 미치는 영향은 재료 자체의 내재에너지와는 관계가 없다. 오히려, 이를 최소화하면 많은 경우에 에너지를 사용하는 데 있어 악영향을 줄 수 있다. 에너지 소비는 기계적, 열적 및 전기적 효율에 의존하며, 이 효율을 최대화시킴으로써 에너지 소비를 최소화시킬 수 있다.

수송시스템에서 MJ/km의 단위로 평가되는 연료 효율은 수송기기 자체의 중량과 밀접하게 관련되어 있다. 이 경우 목표는 무게를 감소시키는 것이 된다. 이에 대한 증거를 그림 20.13에 나타내었다. 이 그림은 4000종의 유럽 자동차 모델 중 일부에 대한 연료소비량을 짐이 적재되지 않은 상태의 무게에 따라 엔진 형태별로 나타낸 것이다. 붉은색 심볼로 표시된 수퍼스포츠카 및 럭셔리카는 뚜렷이 분리되어 연료 소비율이 높게 나타나는데, 이들 차량의 경우 연비는 설계상의 우선 고려대상이 아니다. 점선들은 각각의 데이터에 대한 선형 표준적합도(linear fit)를 나타낸 것이다. 가장 낮은 연료 소비를 나타내는 녹색 심볼을 통과하는 점선은 디이젤 차량에 대한 값이며, 그 위에 있는 청색심볼을 통과하는 선은 가솔린엔진에 대한 것이다. 하이브리드 차량(노란색)에 대한 것도 하나 포함되어 있다. 연료 소비량과 차량의 무게가 서로 밀접하게 관련되어 있다는 것이 명백히 나타나 있는 것을 알 수 있다. 이 경우의 해결책은 앞의 장들에서 심도있게 논의한 바와 같이 최소무게설계이다. 이것은 성능위주의 설계만큼이나 환경친화적 설계에 크게 영향을 준다.

냉장 또는 가열시스템에서의 에너지 효율은 시스템으로 들어가거나 빠져나오는 열량을 최소화시킴으로써 높일 수 있다. 이 경우 목표는 열전도도 또는 열적 관성

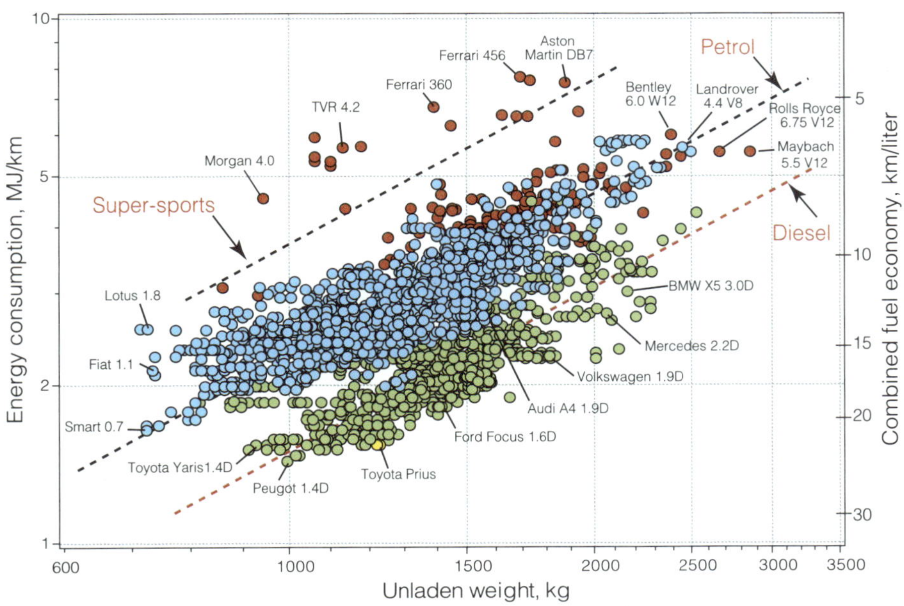

그림 20.13 2005년 모델 유럽 자동차의 에너지 소비량 및 연비 효율을 짐이 적재되지 않은 상태의 무게에 따라 그린 도표. 녹색 심볼은 디이젤 차량에 대한 값이고, 청색심볼은 가솔린엔진에 대한 것이며, 적색심볼은 성능을 우선적 고려대상으로 설계한 차량에 대한 것이다. 점선은 각 유형별 데이터에 대한 최적의 선형표준적합도를 나타낸 것이다. 에너지소비량이 무게에 거의 직선적인 의존성을 갖는다는 사실에 주목하라.

(inertia)을 최소화시키는 것이 될 것이다. 발전, 송전 또는 변전시의 에너지 효율은 도체에서의 저항손실을 최소화시킬 때 최대가 된다. 이 경우 목표는 강도, 비용 등의 요구되는 제약조건을 만족하면서 전기저항을 최소화시키는 것이다. 이러한 목표들을 달성하기 위해 어떤 재료를 선택해야 할 지에 대해서는 '참고문헌'에 수록되어 있는 다른 장절에 잘 설명이 되어 있다.

제품 폐기 단계

제품 수명의 최종 단계의 환경적 중요성은 여러 가지 형태가 있다. 이상적인 것을 다음에 제시하였다.

- 매장 시 지속적으로 토양 및 지하수의 오염을 유발시키는 중금속 및 유기금속화합물과 같은 독성이 있는 재료를 피한다.
- 재활용할 경우 재료와 에너지를 절약할 수 있으므로, 재활용이 불가능한 재료를 사용하는 방법을 검토한다. 그러나, 이들이 수명의 다른 단계에 주는 영향을 고려해야 한다.
- 앞에서 언급한 이유로 재활용이 어려운 경우라 하더라도, 재활용이 가능한 재료의 경우 이를 최대화한다.
- 재활용이 불가능할 때, 제어 연소에 의해 에너지를 회수하는 방법을 찾는다.
- 생분해성 또는 광분해성 재료는 매장 시 산소가 결핍되어 분해가 억제되긴 하지만, 이들 재료를 사용하는 것을 고려한다.

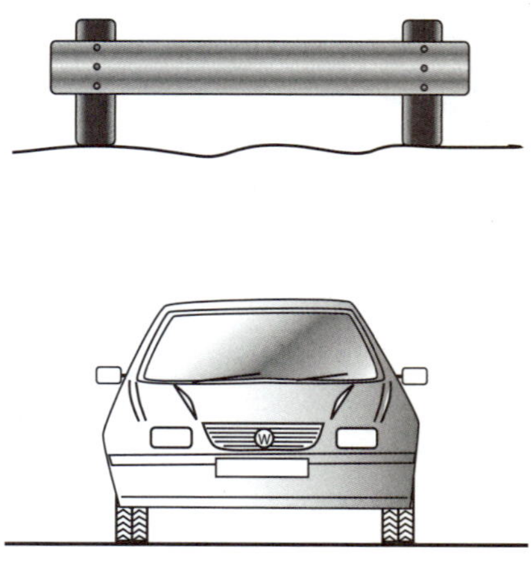

그림 20.14 두 가지 충돌 방벽 : 하나는 정지 상태에 있으며, 다른 하나인 펜더는 움직이는 물체에 붙어 있다. 각각에 대해서로 환경적 기준이 필요하다.

이것을 실행하려면 독성에 대한 정보와 함께, 재활용, 제어 연소 및 생분해 가능성이 있어야 한다. CES 소프트웨어를 이용하면 이들 각각에 대해 간단히 검토할 수 있다.

사례 연구 : 충돌 방벽

도로를 주행하는 차량의 운전자와 승객을 보호하기 위한 방벽에는 정지 상태인 것(예: 고속도로의 중간분리대)과 움직이는 것(예: 자동차의 펜더 그 자체)의 두 가지 형태가 있다 (그림 20.14). 정지 상태의 것은 수만 마일의 도로 상에 줄지어 있다. 이것들은 일단 설치되면, 에너지를 소모하지도 않고, CO_2를 방출시키지도 않으며, 오랫동안 지속이 된다. 그림 20.7의 관점에서, 이들의 수명 중 지배적 단계는 재료를 생산하고 제조하는 단계이다. 이와 대조적으로 펜더(fender)는 차량의 일부로서 무게를 증가시키고, 따라서 연료 소비량을 증가시킨다. 이 경우 지배적 단계는 사용 단계이다. 이는, 만일 친환경 설계가 목표라면, 두 종류의 방벽에 대해 재료를 선택하는 기준이 다르게 된다는 것을 의미한다.

방벽의 기능은 충격 지점으로부터 오는 하중을 지지 구조물까지 전달하는 것이며, 지지구조물에서는 차량의 하부구조나 파손부위로부터의 반작용에 의해 하중을 지탱하거나 흡수한다. 이를 위해, 방벽용 재료는 적절한 강도 σ_y와 성형성이 있어야 하고, 값싸게 접합할 수 있어야 하며, 수명의 최종 폐기단계를 고려하여 재활용을 할 수 있어야 한다. 차량의 펜더를 위한 재료는 에너지 감소를 위해 최소의 무게를 가지면서 이러한 제약 조건을 만족해야 한다. 7장으로부터 알 수 있는 바와 같이, 이는 높은 다음의 지수를 갖는 재료를 의미한다.

$$M_1 = \frac{\sigma_y}{\rho}$$

여기서 σ_y는 인장강도이며 ρ는 밀도이다. 정지 방벽의 경우에는 무게가 아닌 내재에너지가 문제가 된다. 만일 목표를 최소내재에너지로 바꾸면, 다음 값이 큰 재료가 필요하다.

$$M_2 = \frac{\sigma_y}{H_m \rho}$$

여기서 H_m은 재료의 kg당 내재에너지이다.

그림 7.8의 도표는 저무게 고강도를 요하는 차량 방벽용 재료의 선택을 위한 안내도이다. CFRP는 이러한 기준에 의하면 뛰어난 소재이나, 이들은 재활용되지 못한다.

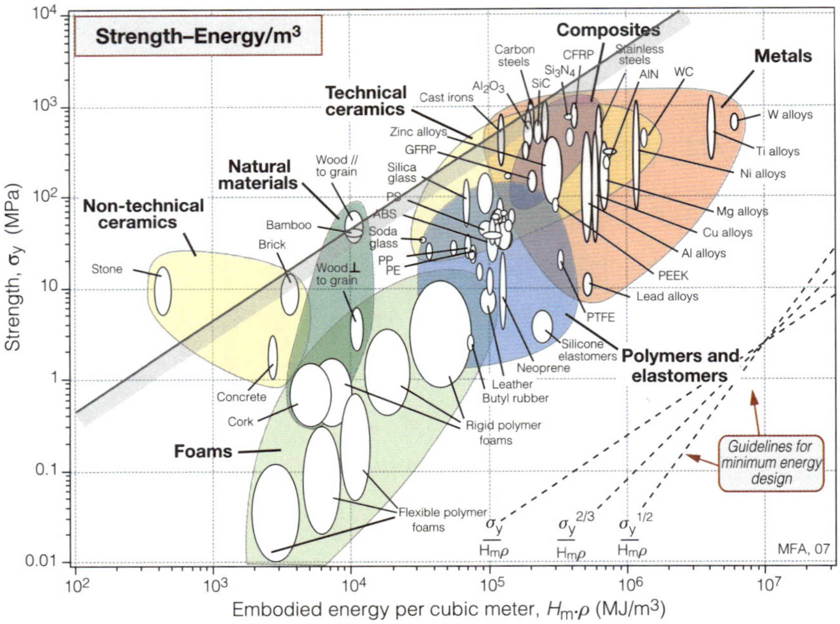

그림 20.15 최소의 내재에너지에서 높은 강도를 갖는 재료의 선택. 가장 좋은 선택을 나타내는 소재는 주철, 강 및 목재이다. 세라믹은 취성이 높으므로 제외한다.

마그네슘, 티타늄 및 알루미늄 합금들은 무겁긴 하지만 재활용이 가능하다. 세라믹은 취성과 함께 성형 및 접합상의 난점 때문에 배제시킨다.

그림 20.11의 도표는 낮은 내재에너지를 가지면서 강도가 높은 정지 방벽용 재료의 선택을 위한 안내도이다. 관련 지수 M_2는 그림 20.15에 나타내었다. 이 도표는 단위 길이당의 내재에너지(취성 때문에 세라믹은 별도로 함)가 탄소강, 주철 또는 목재를 이용하여 방벽을 만들 경우 최소가 되며, 다른 어떤 것도 이에 부합하지 못한다는 것을 보여 준다.

탄성률제한설계도 유사한 방법으로 다룰 수 있다. 4장 및 5장에서 최소 무게의 조건에서 이러한 설계를 하는 것에 대해 다루었다. 최소 내재에너지 조건에서 이 설계를 하기 위해서는 ρ를 $H_m\rho$로 치환하기만 하면 된다.

20.7 요약 및 결론

환경적 목표들을 만족시키기 위해 재료를 합리적으로 선택하는 것은, 생산, 제조, 사용 또는 폐기와 같은 제품 수명의 단계 중 환경적 영향이 가장 큰 단계를 확인함으로써 시작한다. 이들 모두를 취급하려면, 에너지, CO_2 및 기타 방출량, 독성, 재활용성 등과 같은 환경적 속성(eco-attributes)에 대한 데이터뿐만 아니라 기계적, 열적, 전기적 및 화학적 특성에 대한 데이터도 필요로 한다. 따라서, 재료 생산단계가 염려되는 단계라면, 선택은 내재에너지나 CO_2와 같은 환경유해가스 배출량을 최소화시키는 데 기초하여 이루어진다. 그러나 만일 재료 사용단계가 염려되는 단계라면, 선택은 탄성률, 강도, 비용 등의 여타 제약조건을 만족하면서 낮은 무게 또는 단열재료 또는 도전재료로서의 우수성에 기초하여 이루어진다. 이 책에 나타낸 도표들은 이와 같은 제약 및 목표들을 만족할 수 있도록 안내한다. CES 데이터베이스는 보다 더 복잡한 조건에서 선택을 할 수 있도록 데이터 및 도구를 제공한다.

20.8 참고문헌

Ashby, M.F. (2005) *Materials Selection in Mechanical Design*, 3rd edition, Butterworth-Heinemann, Oxford, UK. ISBN 0-7506-6168-2. (*A more advanced text developing the ideas presented here.*)

Brundlandt, D. (1987) *Report of the World Commission on the Environment and Development*, Oxford University Press, Oxford, UK. ISBN 0-19-282080-X. (*A much quoted report that introduced the need and potential defficulties of ensuring a sustainable future.*)

Dieter, G.E. (1991) *Engineering Design, A Materials and Processing Approach*, 2nd edition, McGraw-Hill, New York, USA. ISBN 0-07-100829-2. (*A well-balanced and respected text focusing on the place of materials and processing in technical design.*)

Goedkoop, M., Effting, S. and Collignon, M. (2000) *The Eco-indicator 99: A Damage Oriented Method for Life Cycle Impact Assessment, Manual for Designers* (14 April 2000), http://www/pre/nl. (*An introduction to eco-indicators, a technique for rolling all the damaging aspects of material production into a single number.*)

Graedel, T.E. (1998) *Streamlined Life-cycle Assessment*, Prentice-Hall, New Jersey, USA. ISBN 0-13-607425-1. (*An introduction to LCA methods and ways of streamlining them.*)

Kyoto Protocol (1997) United Nations, Framework Convention on Climate Change, Document FCCC/CP1997/7/ADD.1 (http://cop5.unfccc.de) O) 14040/14041/14042/14043, 'Environmental management—life cycle assessment' and subsections, Geneva, Switzerland. (*The international consensus on combating climate change.*)

20.9 연습문제

연습문제 E20.1 금속 1kg당 내재에너지란 무엇을 의미하는가? 이것은 금속을 환원하기 전의 형태인 산화물, 황화물 또는 규산염등의 열역학적 형성에너지와 왜 다른가?

연습문제 E20.2 금속 주물 1kg당 공정에너지란 무엇을 의미하는가? 이것은 금속의 용융잠열과 왜 다른가?

연습문제 E20.3 금속의 재활용은 고분자의 그것에 비해 왜 더 성공적인가?

연습문제 E20.4 CFRP의 세계 소비율은 매년 8%씩 증가하고 있다. 이것이 두 배가 되려면 얼마가 걸리는가?

연습문제 E20.5 다음 글귀의 내용, 즉 '전 세계적으로 매년 3%의 증가속도만 고려해도, 다음 25년만에 인류의 전 역사를 통틀어 만들어낸 것보다 더 많은 '재료' 를 채광하여, 제조하고, 버리게 된다' 는 것을 증명하라. 이를 증명하기위해, 소비는 1750년의 산업혁명의 태동기부터 시작한다고 가정하라.

연습문제 E20.6 화석 연료를 소모한다는 관점에서 볼 때, 다음 제품들의 경우 수명의 어느 단계가 가장 클 것으로 예측되는가?

- 토스터
- 차량 2대용 차고
- 자전거
- 오토바이
- 풍력 터빈
- 스키 리프트

각각의 경우에 대해 이유를 한 문장으로 설명하라.

연습문제 E20.7 최소 내재에너지를 갖고, 굽힘하중을 받고 있는 고강도 판넬용 재료를 선택하는데 사용되는 지수는 다음과 같음을 보여라.

$$M = \frac{\sigma_y}{H_m \rho}$$

연습문제 E20.8 그림 20.10의 $E-Hm\rho$ 도표를 이용하여, 100GPa이상의 탄성률과 단위체적당 최소 내재에너지를 갖는 금속을 찾아보라.

연습문제 E20.9 그림 20.11의 $\sigma_y-Hm\rho$ 도표를 이용하여, 단위체적당 최소 내재에너지를 갖는 고강도 판넬용 재료를 찾아보라.

연습문제 E20.10 과거 자동차의 펜더는 철강으로 만들었다. 현재 대부분의 차량은 압출 알루미늄펜더 또는 유리강화폴리머펜더를 가지고 있다. 두 재료 모두 철강에 비해 훨씬 큰 내재에너지를 갖는다. 철강 범퍼의 무게를 20kg이라 하고, 알루미늄 범퍼를 14kg이라 하자. 두 개의 범퍼로 이루어지는 한 조의 범퍼는 두 배의 무게가 나간다. 그림 20.13에 나타낸 데이터를 이용하여, 가솔린엔진 차량의 무게에 따른 에너지 소비량을 나타내는 방정식을 MJ/km의 단위로 나타내라.

(a) 1500kg 차량의 범퍼세트를 철강에서 알루미늄으로 대체할 경우 얼마만큼의 에너지를 절약할 수 있는지 계산해 보라.
(b) 200,000km의 수명을 가정할 때, 철강을 알루미늄으로 대체함으로써 에너지를 절약하게 될지의 여부를 계산하라. 여러분은 CES 레벨 2 데이터베이스에서 철강과 알루미늄의 내재에너지를 확인할 수 있다. 두 범퍼를 제조하는 과정에서의 에너지 차이는 작으므로 무시한다. (가솔린의 에너지함량은 44MJ/liter이다.)
(c) 철강으로부터 알루미늄으로 전환하면, 차량의 가격은 60불 증가한다. 현재의 가솔린 가격을 사용하여 주어진 수명만큼 사용했을 때, 알루미늄 펜더를 사용하는 것과 철강펜더를 사용하는 것 중 어느 경우가 더 경제적인지 계산해 보라.

20.10 CES를 이용한 설계 탐구

연습문제 E20.11 CES Edu 데이터베이스의 레벨 2로부터 얻은 데이터를 사용하여, 다음 세 가지 상용 재료, 즉 **저탄소강, 시효경화 알루미늄합금** 및 **폴리에틸렌**에 대해 내재에너지/kg 및 내재에너지/m^3 별로 순위를 매겨보라 (데이터베이스에 주어진 값의 범위의 평균치를 이용하라). 제품에서 재료는 탄성률, 강도, 열전달 등과 같은 일차적인 기능을 수행한다. 주어진 기능에 대한 내재에너지의 개략적인 측정치는 얼마인가?

연습문제 E20.12 CES를 이용하여 여러 금속의 내재에너지에 대한 막대그래프를 그리고, '단위 항복강도당' 기준으로 폴리머의 내재에너지와 비교해 보라. 여러분은 다음 함수를 만들기 위해 축-선택 창에서 '고급의(Advanced)' 설비를 사용해야 할 것이다.

$$\text{단위강도당 에너지} = \frac{\text{내재에너지} \times \text{밀도}}{\text{항복강도}}$$

이 기준으로 볼 때, 어느 재료가 더 좋은가?

연습문제 E20.13 서로 다른 많은 재료로 만들어진 음료용 용기가 공존하고 있다. 다섯 종류의 경쟁 용기에 대한 각각의 무게, 만든 원료 및 비에너지 함량을 다음 표에 나열하였다. 어떤 용기의 단위 액체당 총내재에너지가 가장 낮게 나타나는가?

용기 형태	재료	무게(g)	내재에너지 에너지(MJ/kg)
PET 400ml 병	PET	25	84
PET 1 리터 우유병	고밀도 PE	38	80
유리 750ml 병	소다 유리	325	14
알루미늄 440ml 캔	5000시리즈 Al합금	20	200
철강 440ml 캔	보통탄소강	45	23

연습문제 E20.14 철은 산화철인 Fe_2O_3를 탄소를 가지고 환원시켜 만들며, 알루미늄은 Al_2O_3가 주성분인 보오크사이트(bauxite)를 전기화학적으로 환원시켜 얻는다. 철산화물에 대한 철의 산화엔탈피는 5.5MJ/kg이며, 알루미늄 산화물에 대한 알루미늄의 그것은 20.5MJ/kg이다. 이 값들을 CES 데이터베이스로부터 얻은 주철, 탄소강 및 알루미늄의 내재에너지(주어진 범위의 평균치를 사용할 것)와 비교해 보라. 어떤 결론을 얻을 수 있는가?

연습문제 E20.15 PET를 몰딩하는 데 필요한 에너지가 상온으로부터 융점(T_m)까지 PET를 가열하는 데 필요한 에너지와 같다고 가정하고 그 값을 계산하라. 이 값과 실제 몰딩에너지를 비교해 보라. 여러분은 CES에 있는 PET에 대한 레벨 2 기록에서 몰딩에너지, 비열 및 융점을 찾을 수 있을 것이다 (이 값들의 평균치를 사용할 것). 용융잠열이 상온에서 융점까지 온도를 상승시키는 데 필요한 열량과 같다고 가정하라. 어떤 결론을 도출할 수 있는가?

찾아보기

Silica glass
Soda glass
Al alloys
Mg alloys
Modulus - Str
's modulus - Density
Composites
CFRP
Zinc alloys

• ㅅ •

WC
SiC
Technical ceramics
Foams
Cork
Ti alloys

WC
SiC
Technical
Rigid polymer foams
Foams
Cork
Ti alloys

• 기타 •

정가 28,000원

재료과학의 공정 및 설계

2009년 2월 25일 초판 인쇄
2009년 3월 6일 초판 발행

공저자 | Michael Ashby, Hugh Shercliff, David Cebon
공역자 | 윤석영, 김석환, 김선진, 김지순, 손근용, 이동주, 이준희
발행자 | 우명찬 · 송 준
발행처 | 홍릉과학출판사
주 소 | 서울시 강북구 수유5동 455-60
142-885
등 록 | 1976년 10월 21일 제5-66호
전 화 | (02) 999-2274, 996-8341, 903-7037
팩 스 | (02) 905-6729
ISBN | 978-89-7283-730-5

e-mail: hongpub@hongpub.co.kr
http://www.hongpub.co.kr

역자와의 협의하에 인지생략

PHYSICAL CONSTANTS (SI UNITS)

Absolute zero of temperature	$-273.2^\circ C$
Avogadro's number, N_A	6.022×10^{23} mol^{-1}
Base of natural logarithms, e	2.718
Boltzmann's constant, k	1.381×10^{-23} J K^{-1}
Charge on electron	1.602×10^{-19} C
Faraday's constant, F	9.649×10^{4} C mol^{-1}
Gas constant, R	8.314 J mol^{-1} K^{-1}
Magnetic moment of electron	9.274×10^{-24} A m^{-2}
Permittivity of vacuum, ε_0	8.854×10^{-12} F m^{-1}
Planck's constant, h	6.626×10^{-34} J s
Rest mass of electron	9.110×10^{-31} kg
Rest mass of neutron	1.675×10^{-27} kg
Rest mass of proton	1.673×10^{-27} kg
Unified atomic mass constant	1.661×10^{-27} kg
Velocity of light in vacuum	2.998×10^{8} m s^{-1}
Volume of perfect gas at STP (i.e., at 0°C; and under one atmosphere pressure, or 1.013×10^5 N m^{-2})	22.4×10^{-3} m^3 mol^{-1} approx.

CONVERSION OF UNITS – GENERAL

Angle	1 rad	= 57.30°
Currency	UK £1	≈ US$1.7 at 1998
Density	1 g cm^{-3}	= 1 Mg m^{-3}
Diffusion coefficient	1 cm^2 s^{-1}	= 10^{-4} m^2 s^{-1}
Dynamic viscosity	1 P	= 0.1 N m^{-2} s
Force	1 kgf 1 lbf 1 dyn	= 9.807 N = 4.448 N = 10^{-5} N
Length	1 mile 1 foot 1 inch 1 Å	= 1.609 km = 304.8 mm = 25.4 mm = 0.1 nm
Mass	1 ton (long) 1 tonne 1 ton (short) 1 flask (Hg) 1 lb mass 1 troy oz 1 avoirdupois oz 1 carat	= 1.017 Mg = 1.000 Mg = 0.908 Mg = 34.50 kg = 0.454 kg = 31.103 g = 28.35 g = 0.20 g
Stress Intensity	1 ksi $\sqrt{\text{in}}$	= 1.10 MN m$^{-3/2}$
Surface energy	1 erg cm^{-2}	= 1 mJ m^{-2}
Temperature	1°F 32°F corresponds to 0°C	= 0.556 K
Volume	1 UK gallon 1 US gallon 1 litre	= 4.546×10^{-3} m^3 = 3.785×10^{-3} m^3 = 10^{-3} m^3

CONVERSION OF UNITS – STRESS AND PRESSURE*

	$MN\ m^{-2}$	$dyn\ cm^{-2}$	$lb\ in^{-2}$	$kgf\ mm^{-2}$	bar	$long\ ton\ in^{-2}$
$MN\ m^{-2}$	1	10^{7}	1.45×10^{2}	0.102	10	6.48×10^{-2}
$dyn\ cm^{-2}$	10^{-7}	1	1.45×10^{-5}	1.02×10^{-8}	10^{-6}	6.48×10^{-9}
$lb\ in^{-2}$	6.89×10^{-3}	6.89×10^{4}	1	7.03×10^{-4}	6.89×10^{-2}	4.46×10^{-4}
$kgf\ mm^{-2}$	9.81	9.81×10^{7}	1.42×10^{3}	1	98.1	63.5×10^{-2}
bar	0.10	10^{6}	14.48	1.02×10^{-2}	1	6.48×10^{-3}
$long\ ton\ in^{-2}$	15.44	1.54×10^{8}	2.24×10^{3}	1.54	1.54×10^{2}	1

CONVERSION OF UNITS – ENERGY*

	J	erg	cal	eV	BThU	ft lbf
J	1	10^{7}	0.239	6.24×10^{18}	9.48×10^{-4}	0.738
erg	10^{-7}	1	2.39×10^{-8}	6.24×10^{11}	9.48×10^{-11}	7.38×10^{-8}
cal	4.19	4.19×10^{7}	1	2.61×10^{19}	3.97×10^{-3}	3.09
eV	1.60×10^{-19}	1.60×10^{-12}	3.83×10^{-20}	1	1.52×10^{-22}	1.18×10^{-19}
BThU	1.06×10^{3}	1.06×10^{10}	2.52×10^{2}	6.59×10^{21}	1	7.78×10^{2}
ft lbf	1.36	1.36×10^{7}	0.324	8.46×10^{18}	1.29×10^{-3}	1

1 kWh = 3.600 MJ. 1 tonne coal = 8000 kWh (thermal) = 2500 kWh (electric).
1 barrel oil (0.133 tonne) = 0.23 tce (tonne coal equivalent). 1 tonne oil = 1.7 tce

CONVERSION OF UNITS – POWER*

	kW	$erg\ s^{-1}$	hp	$ft\ lbf\ s^{-1}$
kW ($kJ\ s^{-1}$)	1	10^{10}	1.34	7.38×10^{2}
$erg\ s^{-1}$	10^{-10}	1	1.34×10^{-10}	7.38×10^{-8}
hp	7.46×10^{-1}	7.46×10^{9}	1	5.50×10^{2}
$ft\ lbf\ s^{-1}$	1.36×10^{-3}	1.36×10^{7}	1.82×10^{-3}	1

*To convert row unit to column unit, multiply it by the number at the row – column intersection; e.g. 1 $MN\ m^{-2}$ = 10 bar.